149 Vaches ↔ taches

L'HOMME ET LES MICROBES

DU MÊME AUTEUR

ESSAIS

Le Mythe de la procréation à l'âge baroque
Pauvert, 1977
Éd. du Seuil, coll. « Points Histoire », 1981

Le Tribunal de l'impuissance
Virilités et défaillances conjugales dans l'Ancienne France
Éd. du Seuil, coll. « L'Univers historique », 1979
coll. « Points Histoire », 1984

Mythologie de la femme dans l'Ancienne France : XVIe-XVIIIe
Éd. du Seuil, 1983

La Longue Traque de la variole.
Les pionniers de la médecine préventive
Librairie académique Perrin, coll. « Pour l'histoire », 1986

La Vie quotidienne du médecin parisien vers 1900
Hachette, coll. « La vie quotidienne », 1987

La Variole, les Nobles et les Princes. La variole mortelle de Louis XV
Éd. Complexe, 1989

Médecins et assassins à la Belle Époque. La médicalisation du crime
Éd. du Seuil, 1989

Les Cellules folles. L'homme face au cancer de l'Antiquité à nos jours
Librairie Plon, 1993

Pasteur
Fayard, 1995

Le Monde du cinéma sous l'Occupation
Stock, 1997

ROMANS ET RÉCITS

Gabrielle Perreau femme adultère
Grasset, 1981 ; « Le Livre de poche », 1984

La Veuve sanglante
Grasset, 1985

L'Apprenti libertin
Grasset, 1987

La Malle à Gouffé
Denoël, 1988

La Rumeur de Rodez
Albin Michel, 1991

Landru
Plon, 1994

Marguerite Steinhel, ingénue criminelle ?
Plon, 1996

Pierre Darmon

L'HOMME ET LES MICROBES

XVIIe-XXe siècle

Fayard

INTRODUCTION GÉNÉRALE

L'histoire de la microbiologie pourrait commencer ainsi : « Il était une fois, une goutte... »

En 1674, le micrographe hollandais Antony Van Leeuwenhoek, l'œil rivé au microscope, découvre qu'une goutte d'eau de pluie héberge un peuple à ce jour inconnu : le peuple des animalcules. Leur taille est infime, leur mouvement perpétuel, leur nombre prodigieux. De cette goutte vient de surgir le premier microcosme. Avec elle commence la préhistoire de la microbiologie. Certes, le monde des microbes est encore bien loin. Qu'importe, la machine est en marche.

À elle seule, précise Leeuwenhoek, cette goutte contient vingt-sept millions d'individus ! Et les surprises ne font que commencer. L'eau de son puits, celle du canal voisin, de la mer ou de la fonte des neiges donnent asile à des milliards de « petits poissons ». Son propre corps est porteur d'une faune invisible à l'œil nu. Ses selles, ses muqueuses, ses humeurs grouillent de vie. Dans un morceau de tartre dentaire de la taille d'un grain de sable, il observe un nombre de « vermicules » qui « excède la population du royaume ». En 1677, il découvre, dans le sperme des animaux, un peuple encore plus étonnant, celui des animalcules spermatiques.

Ce premier microcosme passe inaperçu et les observations de Leeuwenhoek ne seront présentées que deux ans plus tard à la *Royal Society*. Pendant longtemps, ces « atomes vivants » seront, comme la micrographie, méprisés par les savants. Buffon ne dira-t-il pas que le microscope est indigne du sage naturaliste et incapable de rivaliser avec les spéculations de l'esprit ? Le système de Galilée et celui de Copernic ont bouleversé l'image du monde et provoqué les foudres du Saint-Office. Les grands espaces font peur. Remettre en cause la représentation aristotélicienne du cosmos, c'est remettre en cause l'ordre établi et les fondements de la théologie.

Le microscope ne suscite aucun système subversif. Au contraire, il prouve la perfection de Dieu. En 1656, Pierre Borel écrit dans ses *Observationum microspicarum centuria* : « Par lui la majesté de Dieu éclate en ces petits corps plus que dans les grands, et leurs étonnantes complexions réfutent les plus athées, les conduisent à la connaissance, admiration et vénération de leur architecte suprême. » L'Église, qui aurait pu condamner une technique qui permet d'accéder à des détails que le Créateur a dérobé à l'œil, applaudit : c'est une abeille dessinée avec des détails microscopiques qui, en 1630, sert d'illustration aux armes du pape Urbain VIII.

En ce début de siècle, l'explosion tridimensionnelle de l'univers marquée par la découverte des Indes occidentales, des espaces stellaires et microcosmiques, pose l'écrasant problème philosophique des « deux infinis ».

« Que savait-on de l'infini avant 1600 ? écrit Michelet. Rien du tout. Rien de l'infiniment grand, rien de l'infiniment petit. La page célèbre de Pascal, tant citée sur ce sujet, et l'étonnement naïf de l'humanité, si vieille et si jeune, qui commence à s'apercevoir de sa prodigieuse ignorance, ouvre enfin les yeux au réel et s'éveille entre deux abîmes[1]. »

En 1610, Galilée braque sa lunette vers les astres. Puis, il la retourne, approche l'oculaire d'un objet imperceptible et regarde dans l'objectif : l'infime est devenu monumental. Le même instrument permet de sonder les deux infinis, pulvérisant les frontières du monde.

L'invention de la lunette astronomique avait révélé l'immensité du cosmos et ravalé la terre au rang des astres, réduisant l'homme à peu de chose. « Tendons les yeux vers les cieux, écrit Pierre Borel. Ne soyons point comme ces villageois qui, n'ayant jamais vu de grande ville, ne peuvent comprendre qu'il y ait d'autres villes plus belles ni plus grandes que leur village. »

Le microscope fait basculer la problématique en sens inverse. Qui ne connaît les *Pensées* de Pascal et sa fantastique représentation de ce nouveau monde constitué par le ciron, lui-même porteur de cirons encore plus petits, et ainsi de suite jusqu'à l'infini ? Micrographe avisé, Gassendi a déjà pressenti l'immensité du problème lorsqu'il écrit : « Il faut s'accoutumer à reconnaître la grossièreté et l'imprécision des sens humains, et à considérer l'adresse et la subtilité de la nature comme au-dessus de toute perception. À coup sûr, ce qui paraît tout petit à notre vue, est très grand pour la nature elle-même ; et l'on peut dire que là où finissent notre industrie et notre subtilité commencent l'industrie et la subtilité de la nature. »

Le problème de l'infiniment petit est alors au cœur des débats qui animent le cercle formé de Thévenot, du père Mersenne, de Roberval, de Le Pailleur, de Gassendi, de Pascal père et fils. Mais il n'en déborde pas. Au début du XVIIe siècle, la microscopie amuse et les premiers « microscopes composés » sont exhibés dans les fêtes foraines. Tandis que les savants les boudent, ils passionnent les philosophes et les « curieux ». Les premiers micrographes, Leeu-

1. R. Jasinsky, « Sur les deux infinis de Pascal », *Revue d'histoire de la philosophie et d'histoire générale des civilisations*, 1933, n° 56, p. 135 *sq.*

wenhoek, Joblot, Baker, sont tous des amateurs éclairés. Au XVIIIe siècle, la jeune technique n'inspire que des ouvrages de vulgarisation : *Amusements microscopiques, Le Microscope à la portée de tout le monde.*

La moisson, pourtant, est belle. Innombrables sont les observations d'importance glanées ici ou là. Un seul homme, Antony Van Leeuwenhoek, rassemble à lui seul plus de découvertes que n'en feront l'ensemble des micrographes en un siècle et demi. De nos jours, le microscope électronique n'a pas ajouté grand-chose à certaines de ses observations. Pourtant, la plupart d'entre elles ont été faites au moyen de « microscopes simples », de sa fabrication, et composés d'une seule lentille de la taille d'une tête d'épingle.

Grâce au microscope et au télescope, la science, déjà, ne peut plus être purement spéculative. La découverte du polype d'eau douce soulève la question des frontières entre le règne animal et le règne végétal. Le problème des générations spontanée et sexuée reçoit un éclairage nouveau. D'où vient l'animalcule ? Est-il la preuve de la dissémination des germes dans l'atmosphère ou conforte-t-il les assises du spontanéisme ? L'observation des êtres microscopiques stimule la recherche expérimentale. Peut-être va-t-elle aussi livrer le secret des origines de la vie.

Mais le débat se déroule en marge de la science traditionnelle. Buffon et Lamarck ne jurent que par les grands animaux et méprisent les animalcules, parasites insignifiants ou simples molécules organiques. Les visionnaires qui les croient capables de tuer un animal de la taille du bœuf font figure d'originaux. Leeuwenhoek ne soupçonne même pas leur pouvoir pathogène puisqu'il les voit dans les fluides des personnes bien portantes et dans l'eau et les aliments qu'on ingère chaque jour.

Avec la découverte du microscope achromatique, qui, à partir de 1830, conjugue lisibilité de l'image et hauts pouvoirs de résolution, la microscopie transcende la philosophie et l'amusement. C'est sur le terrain de la biologie expérimentale que se déroulent désormais ses nouvelles conquêtes. La cellule est découverte et, dans les humeurs de certains malades, on décèle la présence des mêmes bâtonnets dans chaque maladie infectieuse. Mais sont-ils une sécrétion du mal ou sa cause ?

Tout s'articule dès lors autour de la révolution pasteurienne. En 1855, Pasteur découvre le rôle des micro-organismes dans la fermentation, que l'on croyait d'origine chimique. En 1862, il porte l'estocade aux théories de la génération spontanée en démontrant la dissémination des germes dans l'atmosphère. En 1876, Robert Koch identifie et cultive pour la première fois un germe pathogène : la bactéridie charbonneuse. En 1879, Pasteur met au point le premier vaccin de laboratoire.

On est alors bien loin de la goutte de Leeuwenhoek qui faisait jadis l'amusement des curieux. Mais sans elle, la microbiologie aurait-elle existé ? Les deux infinis sont relégués aux oubliettes. Mais sans la fascination exercée par les microcosmes, qui aurait persévéré dans leur étude ? C'est un lien subtil mais nécessaire qui se tisse parfois entre les découvertes apparemment les plus insignifiantes et les plus fabuleuses.

En l'espace de vingt ans, la microbiologie s'est affranchie d'une préhistoire longue de deux siècles. Et puis, tout s'accélère. Les agents infectieux du choléra, de la diphtérie, de la tuberculose, de la fièvre typhoïde et de la syphilis sont dépistés et, parfois, neutralisés par la vaccinothérapie ou la sérothérapie. L'ennemi débusqué, on va pouvoir l'attaquer de front.

La découverte des premiers vaccins et du sérum est l'aspect le plus spectaculaire des nouvelles techniques d'investigation, mais il n'est pas le seul. Sous l'impulsion des microbiologistes, une nouvelle hygiène se met en place. Fondée sur la lutte contre les microbes, qui prend le relais de la chasse stérile aux miasmes ou aux odeurs, elle résout peu à peu les problèmes de l'eau potable, des eaux-vannes et de l'air bacillifère.

Depuis Pasteur, une rumeur populaire, parfois récupérée par le discours «érudit», voudrait relativiser, sinon nier l'apport de la microbiologie en inscrivant les conquêtes de l'hygiène dans la longue durée. Un auteur a récemment écrit : «La microbiologie va gagner, sans pour autant bouleverser profondément les médecins ni les hygiénistes. Tous les historiens se sont étonnés de ce qu'on attribue à Lister, Koch et Pasteur une révolution radicale en médecine, alors que les pratiques changent assez peu et que l'assainissement général des pays doit plus, semble-t-il, à l'urbanisme, à l'hygiène, à l'enrichissement, à la baisse séculaire de virulence des épidémies qu'aux quelques résultats pratiques sortis des laboratoires avant 1900.»

C'est à la fois vrai et faux.

C'est vrai lorsqu'on regarde le problème avec l'œil du myope. Sortis des laboratoires avant 1900, les vaccins contre la rage et la fièvre typhoïde, ou les sérums antidiphtérique et antitétanique sauvent des milliers de personnes. C'est important sur le plan individuel et psychologique, mais insuffisant pour faire basculer la courbe de la mortalité. C'est vrai lorsqu'on sait que l'expression «police sanitaire» remonte à 1810 et les «projets d'assainissement» des villes à 1850. À cette date, les hygiénistes tiennent partout le haut du pavé. Dès 1860, on parle de tout-à-l'égout et les adductions d'eau, comme l'aération, ont la priorité des urbanistes.

C'est faux lorsqu'on aborde le problème sans se laisser abuser par l'identité des mots. L'hygiène, avant la microbiologie, n'est hygiénique que dans ses intentions. C'est la science des apparences qui repose entre des mains d'aveugles : est sain ce qui est beau, bon, et ne sent pas mauvais.

L'eau est réputée pure lorsqu'elle vient d'une source, qu'elle est limpide, fraîche et savoureuse. En vertu de quoi, hygiénistes et urbanistes s'efforcent d'inonder les foyers parisiens avec les eaux de la Vanne. Or, cette eau pullule de bacilles typhiques et de colibacilles venus, par de multiples fissures, de terrains criblés de fosses d'aisance, de clos d'équarrissage, de lavoirs, de dépôts de fumiers. Aussi la mortalité typhoïdique flambe-t-elle en région parisienne au lieu de suivre le cours d'une prétendue « baisse séculaire de virulence des épidémies ».

Au demeurant, avant Koch, Pasteur et Eberth, les hygiénistes ignorent tout de la fièvre typhoïde. Ils la croient d'origine tellurique, jaillie des profondeurs de la terre avec les miasmes mortifères, et, jusqu'en 1880, négligent l'eau mais se méfient des travaux de terrassement du Champ-de-Mars ou de la butte Montmartre, qui seraient à l'origine d'explosions épidémiques.

Dès 1862, des hygiénistes parisiens militent en faveur du tout-à-l'égout, et les microbiologistes, il est vrai, n'y sont pour rien. Mais le tout-à-l'égout, alors synonyme de tout-à-la-Seine, transforme le fleuve en cloaque. Le problème des eaux usées semble insoluble : déplacer les sources de pestilence conduit à un désastre écologique. La solution vient encore des microbiologistes Schloesing et Müntz qui, en 1892, découvrent l'existence des microbes nitrificateurs. Dès lors, les premières stations biologiques d'épuration résolvent le problème des eaux-vannes.

Et que dire de l'air ? Depuis Hippocrate, les hygiénistes vantent les vertus de l'aération et les travaux haussmanniens semblent répondre à leurs vœux. Mais à quoi bon aérer lorsqu'on ignore tout des affections pulmonaires, lorsqu'on s'efforce de chasser des miasmes qui n'existent pas ou de mauvaises odeurs inoffensives ? La tuberculose est alors considérée comme une maladie héréditaire et diathésique dont les hygiénistes n'ont cure. C'est grâce à la découverte du pneumocoque par Pasteur, en 1881, et du bacille de Koch, un an plus tard, que la chasse à l'air contaminé par les poussières bacillifères et les mouches devient rationnelle et efficace.

Les authentiques précurseurs de l'hygiène moderne restent des incompris. La scandaleuse aventure de Semmelweis serait-elle survenue si les hygiénistes de 1850 avaient vu au-delà des apparences ? Après un premier échec imputable à leur incompétence, Lister lui-même reconnaîtra que sa méthode antiseptique n'aurait jamais triomphé sans les découvertes de Pasteur.

Sans doute la microbiologie, qui fait ses débuts vers 1875, reste-t-elle étrangère à la baisse de la mortalité dans l'Europe du XIXe siècle. D'autres facteurs ont joué : la généralisation de la vaccination antivariolique, le réchauffement du climat, la disparition des disettes liée à l'extension des emblavures aux dépens des marais, la suppression des douanes intérieures et les progrès de l'agronomie et des transports. En fait, c'est seulement après 1890 que la nouvelle hygiène commence à porter ses fruits avec la baisse de la mortalité tuberculeuse, typhoïdique et infantile.

Si la conquête du microcosme n'est pas l'œuvre des seuls laboratoires, ces derniers n'en ont pas moins été les postes de commandement de la guerre contre les microbes. À partir de 1880, la bataille de la nouvelle hygiène prend une ampleur universelle sur la base d'un paradoxe apparent : des milliards de milliards de micro-organismes dont le poids total, à la surface d'un pays comme la France, n'excède pas quelques centaines de grammes, vont remuer des milliards de tonnes d'eau, de ciment, de goudron et de fer.

Lorsque Calmette démontre l'efficacité du BCG, en 1921, que Ramon découvre les vaccins antidiphtérique et antitétanique, en 1923, s'achève la première étape de la lutte contre les microbes. Le problème des eaux usées, celui de l'air et des vecteurs microbiens sont alors résolus. La microbiologie a gagné. Certes, tout reste à faire sur le terrain, mais l'essentiel est dit. Il faudra attendre la découverte des antibiotiques, après 1940, pour assister à une nouvelle révolution.

Livre I

LA CONQUÊTE DES MICROBES

PREMIÈRE PARTIE

Préhistoire de la microbiologie (1674-1855)

INTRODUCTION

Commencée en 1674 avec la goutte de Leeuwenhoek, la préhistoire de la microbiologie s'achève, près de deux siècles plus tard, avec, en 1855, la découverte par Pasteur des ferments organiques, point de départ de la révolution microbienne. Entre ces deux dates : rien, du moins en apparence. Car ni Pasteur ni Koch ne sont nés de la génération spontanée. Avant eux, tout a été imaginé, tout a été dit et parfois observé, sinon démontré.

Les deux éléments de la révolution microbienne, la dissémination des germes dans l'atmosphère et la nature pathogène de certains micro-organismes, alimentent les débats depuis deux siècles. Dès la fin du XVIe siècle, les Italiens Redi et Malphigi ont récusé le dogme de la génération spontanée au moyen d'expériences d'une rigueur irréprochable. En 1711, cent cinquante ans avant Pasteur, un obscur micrographe, Louis Joblot, découvre sans le savoir la méthode des bouillons de culture et constate que les animalcules ne naissent pas spontanément mais proviennent d'œufs disséminés dans l'air. Vers le milieu du XVIIIe siècle, Spallanzani, authentique précurseur de la méthode expérimentale en qui Pasteur verra son père spirituel, reprend et perfectionne les expériences de Joblot. À l'aide de 18 fioles remplies d'infusions, dont certaines, scellées à la flamme, forment un « groupe témoin », il démontre que les animalcules se développent dans les seuls bouillons exposés à l'air.

La théorie des germes pathogènes est formulée dès 1546 par Frascator et, en 1714, par Cogrossi. Mais l'un comme l'autre développent des systèmes imaginaires dépourvus d'assises expérimentales. La panspermie infectieuse bénéficie malgré tout d'une si grande audience que Bernardin de Saint-Pierre en parle comme d'une réalité dans *Les Harmonies de la nature*.

Les choses sérieuses commencent vers 1820, lorsque l'Italien Bizio découvre le micro-organisme qui altère la polenta, et que son compatriote Bassi reconnaît l'existence du germe de la maladie des vers à soie.

Mais alors, où est le génie créateur de Pasteur ?

De multiples doctrines ou observations semblent préfigurer ses découvertes, mais elles sont éparses, parasitées par une foule de considérations fabuleuses. Passées au crible de la science traditionnelle, elles ne peuvent rivaliser avec les dogmes officiels et l'esprit de système. Pour abattre l'ancienne doctrine, Pasteur, sur la base d'une éblouissante série d'expériences, devra énoncer une représentation universelle et cohérente du microcosme, démontrer la réalité des germes pathogènes et, surtout, fonder un nouveau système thérapeutique.

Tout au long de cette préhistoire, le microscope a été, au fil de ses heurs et malheurs, un instrument de premier plan. Mais, au début du XVIIe siècle, c'est dans une atmosphère de merveilleux qu'il fait ses débuts dans le monde.

CHAPITRE PREMIER

Les premiers microscopes

Alors que triomphe la science spéculative, que l'observation de la nature est méprisée par les savants et que Descartes proclame dans le *Discours de la méthode* que le jugement des sens est négligeable au regard de celui de l'esprit, le microscope fait une entrée si discrète dans le monde des sciences qu'on discutera longtemps sur l'origine de son invention. Grâce à lui, l'esthétique du pou, de la mouche et de l'araignée est à l'ordre du jour. Et c'est tout ! S'il bouleverse l'image de la nature, il en faut davantage pour émouvoir les grands esprits. Aussi les lointains pionniers de la microbiologie sont-ils des amateurs, des artisans lunetiers besogneux, des dilettantes.

Naissance de la microscopie

Si les origines du microscope sont mal connues, la lentille existe depuis l'Antiquité. La « lunette » garnie d'une loupe d'émeraude avec laquelle Néron regardait les combats de gladiateurs est passée à la postérité grâce au témoignage de Pline. Au fil des récits se multiplient les allusions à l'existence, réelle ou supposée, de miniatures irréalisables sans le secours du verre grossissant. Pline parle d'un exemplaire de l'*Iliade* pouvant tenir dans une coquille de noix. Un certain Callicrate aurait taillé dans l'ivoire des mouches et de petits animaux présentant des détails invisibles à l'œil nu. Myrmécide aurait fabriqué un vaisseau qu'une aile d'abeille aurait pu recouvrir[1].

Si de telles observations relèvent peut-être de l'imagination, il est certain que le pouvoir comburant des lentilles était utilisé par les Anciens. Les Vestales s'en servaient pour ranimer le feu sacré et l'épisode des miroirs d'Archimède est bien connu. Plus tard, Buffon reprendra l'expérience en enflam-

1. Cité dans le *Dictionnaire encyclopédique des sciences médicales* de Dechambre, art. « microscope », 2e série, t. 7, p. 561.

mant, à cinquante mètres de distance, un tas de bois à l'aide de cent vingt-huit miroirs. Quant aux médecins, ils utilisaient de longue date la loupe pour cautériser les plaies à la chaleur solaire.

L'Antiquité connaissait donc les propriétés optiques de lentilles concaves ou convexes taillées dans le cristal, mais leur usage semble avoir été limité. Il faudra attendre des siècles pour trouver de nouvelles mentions des verres optiques. Selon une source du XVIe siècle, ce serait un Arabe, Alhazen-Ben-Alhazen qui, vers 1100, y aurait, le premier, fait de nouveau référence[1].

En Europe, des lentilles convexes et concaves sont taillées à partir du XIIIe siècle et c'est Bacon (1214-1292) qui démontre les services qu'elles peuvent rendre aux malvoyants. Peu après, les ateliers d'Alexander de Spina et d'Armati commencent à fabriquer des lunettes[2]. La chronique a gardé le souvenir d'un certain Sandro de Pippozzo qui écrit en 1299 : « Je me trouve si chargé d'années que je n'aurais pas la possibilité de lire et d'écrire sans des verres appelés lunettes (*okiali*), trouvés nouvellement pour la commodité des vieux quand leur vue s'affaiblit. » En 1670, le naturaliste Redi cite un moine nommé Giordano qui écrit : « Il y a pas moins de vingt ans qu'on a trouvé l'art de faire des lunettes ; c'est l'un des arts les meilleurs et les plus nécessaires. » Ce moine étant mort en 1311, Redi en conclut que les premières lunettes ont été fabriquées en Toscane entre 1280 et 1311[3].

La découverte du microscope se situe entre 1590 et 1620. Sur ses origines s'affrontent deux traditions. Pour les uns, il viendrait de Hollande ; pour les autres, d'Italie où Galilée en aurait été le maître d'œuvre.

Selon la première hypothèse, accréditée par l'avocat Borel[4], c'est Hans Jansen et son fils Zacharias, tous deux lunetiers à Middlebourg, petite ville de l'île de Walcheren, qui, vers 1590, auraient eu l'idée d'associer deux lentilles pour observer des objets invisibles à l'œil nu. Mais ce premier microscope était fort rudimentaire. Il s'agissait d'un tube de cuivre de deux mètres de longueur et de quatre centimètres de diamètre soutenu par un groupe de trois dauphins en bronze.

La Hollande était alors un centre intellectuel important et la découverte fit sensation. Le prince Maurice, gouverneur de Belgique, et l'archiduc Albert d'Autriche, auxquels les Hansen avaient, dès 1590, offert deux exemplaires de leur invention, furent peut-être les premiers « micrographes » amateurs.

Sans doute ne parle-t-on pas encore de « microscope » mais de « perspicillus », d'« enghiscope », de « microtelescope » et même de « telescope ». Dans sa *Dioptrique*, Descartes emploie l'expression pittoresque de « lunette à puces ».

1. *Opticae Thesaurus Alhazeni Arabis*, Basiliensis, 1572, lib VII, p. 44.
2. *Dictionnaire encyclopédique des sciences médicales*, *ibid.*, p. 561.
3. Cité par Giuseppe Penso, *La Conquête du monde invisible*, *op. cit.*, p. 124.
4. Pierre Borel, *De vero telescopii inventore, cum brevi omnium conspiciliorum historia. Accessit etiam Centuria Observationum microcospicarum*, Hagae Comitum, 1655.

C'est Giovanni Faber qui, en 1625, baptise l'appareil du nom de « microscope ».

Dès le début du siècle, l'appareil suscite l'enthousiasme des philosophes, des gens de qualité, des « curieux de la nature ». À Londres, il est présenté à la toute jeune Société royale. Quelques amateurs éclairés, qui ne savent plus voyager sans leur microscope, le montrent aux foules étonnées. Ces démonstrations désordonnées brouillent le problème des origines de l'invention. Certains, oubliant les Jansen, l'attribuent encore à l'Italien Fontana, d'autres au Hollandais Drebbel[1].

Pour quelques-uns, Galilée serait le premier constructeur de microscopes. Lui-même l'affirme en 1623 dans le *Saggiatore* et, selon l'Écossais John Wodderborn, il aurait, dès 1610, réalisé un merveilleux *perspicillus* au moyen duquel il pouvait étudier avec exactitude les organes et les mouvements d'animaux invisibles à l'œil nu. Jean Dupont, Seigneur de Tarde (1561-1636), mentionne dans son journal que, le 12 novembre 1614, Galilée alors alité et malade lui avait parlé de son microscope : « Pour voir les objects qui nous sont fort proches, lui avait-il dit, et que nous ne pouvons voir à cause de leur petitesse, il faut que le canon aye deux ou troys brasses de longueur. Avec ce long canon il me dict avoir veu des mouches qui paroissoient grandes comme un aigneau ; et avoir apprins qu'elles sont toutes couvertes de poils, et ont des ongles fort pointus, par le moyen desquels elles se soutiennent et cheminent sur le verre, quoyque pandu à plomb, mettant la pointe de leurs ongles dans les pores du verre[2]. »

En 1624, Galilée montre sa lunette microscopique à Giovanni Faber qui en garde un souvenir ému. « J'ai vu une mouche, dit-il, que Monsieur Galilée m'a montrée : j'ai été stupéfait et j'ai dit à Monsieur Galilée qu'il était un autre Créateur puisqu'il fait apparaître des choses dont on ignorait l'existence[3]. »

Galilée aurait-il vraiment découvert le microscope, comme le prétendent les adversaires de l'hypothèse hollandaise ? S'il est certain qu'il en fabriquait, puisque de grands personnages comme Bartolomeo Imperiali ou Federico Cesi lui en ont passé commande, rien ne permet d'affirmer qu'il en ait été l'inventeur. Mais est-il possible que le père de la lunette astronomique ne lui ait pas apporté de substantiels perfectionnements ?

Les hommes de l'art, pourtant, restent étrangers au mouvement de curiosité suscité par le microscope. Jusqu'à la découverte du microscope achromatique, en 1823, on y voit, souvent à tort, un instrument imparfait et incapable de faire progresser la science. Il existe en fait deux types de microscopes : le microscope simple et le microscope composé.

1. Pr A. Policard, « Histoire de l'histologie », in *Histoire de la médecine* de Laigne-Lavastine, Paris, s.d., t. 2, p. 337.
2. Cité par Giuseppe Penso, *La Conquête du monde invisible, op. cit.*, p. 125.
3. *Ibid.*

Le microscope simple

Formé de deux lentilles ou de deux systèmes de lentilles enchâssées aux extrémités d'un tube, le « microscope composé » donne des images renversées. Les lentilles inférieures font office de loupes et regardent l'objet. Elles sont l'objectif. La lentille ou les lentilles supérieures agrandissent l'image envoyée par l'objectif. Elles sont l'oculaire. Jusqu'en 1823, le microscope composé est un instrument imparfait dont les images, déformées par l'aberration chromatique, la diffusion et l'irisation, sont d'une interprétation difficile. Son pouvoir de résolution est illimité, mais à mesure que les images grossissent, les déformations s'accentuent.

Le « microscope simple » est formé d'une seule lentille convergente, de la taille d'un demi-millimètre, enchâssée dans une monture en corne, en ébène, ou entre deux plaques de laiton ou d'argent. Il s'agit en fait d'une loupe puissante et minuscule. Parfois, on réunit dans une même monture deux ou trois lentilles de distance focale différente donnant des grossissements variés. L'appareil, qu'une poignée verticale permet de tenir à hauteur de l'œil comme une loupe, est dirigé vers la lumière. Le moindre tremblement de main brouille l'observation. Aussi certains de ces microscopes reposent-ils sur un socle. Une aiguille porte-objet à vis, appelée « chevillette », leur est annexée. Les spécimens opaques (puces, poux) sont fixés sur la pointe de cette aiguille avec de la glu ou de la cire tandis que les liquides sont examinés à l'intérieur de tubes capillaires de la grosseur d'un crin de cheval.

L'instrument, de petite taille, mesure cinq centimètres de longueur sur deux centimètres et demi de largeur. Il est loin d'être archaïque, et si son grossissement est rarement supérieur à 200, il donne des images d'excellente qualité. Les meilleures lentilles du micrographe Leeuwenhoek ont un pouvoir de résolution de 0,7 micromètre. Or, les limites théoriques du microscope optique se situent aux environs de 0, 2 micromètre[1]. Au-delà, il faut avoir recours au microscope électronique.

C'est avec un microscope de ce type que Leeuwenhoek découvre de grosses bactéries, les cellules animales et végétales, les fibres musculaires, les globules du sang et les spermatozoïdes. Le microscope simple fera concurrence au microscope composé jusqu'au XIXe siècle. Darwin, qui, de 1831 à 1836, en est équipé dans son voyage autour du monde à bord du *Beagle*, écrira, en 1848, qu'il s'est procuré un « nouveau microscope simple [qui offre] des avantages infiniment vastes[2] ».

1. Brian J. Ford, « La naissance de la microscopie », *La Recherche*, décembre 1992, n° 249, p. 1376. Brian J. Ford, qui a réalisé des observations au moyen d'anciens microscopes simples, en arrive à la conclusion qu'ils peuvent rivaliser avec certains de nos appareils modernes.

2. Cité par Brian J. Ford, *ibid.*, p. 1377.

Les premiers microscopes simples apparaissent vers 1600. La lentille en est si petite et d'un pouvoir de résolution si satisfaisant que l'appareil de Huyghens, présenté à l'Académie des sciences par son constructeur, fait sensation, comme en témoignent les registres de l'Académie à la date du 16 juillet 1678 : « La compagnie estant assemblée, M. Hugens nous a fait voir par le moyen de son microscope qui est d'une petitesse extraordinaire et comme un grain de sable, une infinité de petits animaux dans de l'eau ou l'on a trempé du poivre et dans la grosseur d'un grain de sable on en voyoit un nombre incroyable. Ce microscope consiste dans un petit globe de verre, dont il a trouvé le moyen de se servir [...] On a veu aussi une infinité de petits animaux semblables aux petites grenouilles quand elles se forment[1]. »

La fabrication de lentilles d'aussi petite taille relève de l'orfèvrerie. En 1663, Hudde donne la première description du procédé de fabrication par soufflage. Elle est reprise deux ans plus tard par l'Anglais Robert Hooke dans l'introduction de son livre *Micrographia* : « Si, écrit-il, vous prenez un morceau de verre de Venise brisé et très transparent et si vous l'étirez à la flamme en minuscules cheveux ou fils, puis si vous placez l'extrémité de ces fils dans la flamme jusqu'à ce qu'elle fonde et se transforme en petites gouttelettes, si vous les frottez ensuite avec un peu de pâte de bijoutier pour qu'elles deviennent très lisses, si vous en fixez une à l'aide d'un peu de cire molle dans un trou d'aiguille et que vous l'encastrez sur une plaque de métal, vous obtiendrez non seulement un grossissement mais également une image plus nette des objets qu'avec les microscopes composés. »

En 1678, Hartsoeker procède de façon un peu différente, comme l'indique Huyghens dans une lettre au *Journal de Sçavans* : « Il estoit d'abord avisé de les faire [les lentilles] à la lampe au bout d'un fil de verre, mais depuis qu'il a trouvé qu'elles s'arrondissoient bien mieux en prenant les plus petits éclats de verre cassé et fort épuré, et en les tenant sur la flamme de la chandelle au bout d'une éguille moüillée, car alors ce petit éclat ou morceau de verre se forme en boule, laquelle est si peu attachée à l'aiguille qu'elle en tombe d'elle même. La manière dont il enfile ces boules est telle. Il les enferme entre deux lames de leton, fort minces, qu'il arrete l'une sur l'autre avec de petites pointes de cuivre, faisant à l'endroit où est placé la petite boule une petite ouverture de part et d'autre. Celle du costé de l'objet n'est environ que de la sixième partie du diamètre de la petite boule, de peur qu'estant plus grande, les rayons de la lumière ne se confondissent[2]. »

Certains préfèrent les éclats de verre fondus qui donnent de meilleurs résultats que les fils de verre, d'autres les lentilles meulées, la pureté des lentilles fondues étant altérée par des particules d'oxyde de fer détachées du support exposé à la flamme. Leeuwenhoek taille et polit des lentilles de la

1. Christiaan Huyghens, *Œuvres complètes*, La Haye, 1899, t. 8, p. 96.
2. *Ibid.*, p. 98.

grosseur d'une tête d'épingle. D'un diamètre d'un demi-millimètre, elles ont une distance focale de 1,3 à 5 millimètres[1].

Cette technique n'est pas l'apanage d'une élite de scientifiques. Des amateurs éclairés construisent leur propre microscope, comme l'indique Constantin Huyghens dans une lettre du 13 juillet 1679 : « A Bolduc, Mr Meester me mena voir l'autre jour un jeune homme du magistrat qui se mesle de faire des microscopes mais son Zele n'est pas *secundum scientiam*. Il fait assez bien les petites boules mais n'a pas l'adresse de modérer la lumière comme il faut. Il fait un instrument pour chasque objet, comme il me semble que Leewenhoeck fait aussi[2]. »

Les premiers microscopes composés

L'histoire du microscope composé est plus confuse, chacun de ses perfectionnements étant, aux XVIIe et XVIIIe siècles, attribué à différents « artisans lunetiers », amateurs ingénieux pour la plupart. Au XVIIe siècle, le Hollandais Drebbel, à qui certains ont attribué la découverte de l'appareil, n'était ni physicien ni savant mais avocat de la Compagnie des Indes mandaté en Angleterre avec des fonctions de « légat ». L'archiduc Albert lui ayant confié le microscope qu'il avait reçu de Jansen, il en construisit un second muni de deux lentilles biconvexes.

La première gravure représentant un microscope composé remonte à 1665 et figure dans la *Micrographia* de Hooke. À cette date, des progrès considérables ont été réalisés dans la miniaturisation, son tube ne mesurant plus qu'une vingtaine centimètres. Les microscopes, déjà modernes d'allure, sont alors formés d'un corps vertical glissé dans une coulisse reliée à un pied ou plateau en bois. Ainsi le tube peut-il être placé à la distance voulue de l'objet observé. La mise au point se fait déjà par mouvement hélicoïdal. Le porte-objet est remplacé par une pince pour l'étude des insectes ou des petits objets. L'optique comprend trois ou quatre lentilles et, dans certains cas, l'éclairage est obtenu à l'aide d'une lampe dont les rayons, après avoir traversé une sphère remplie d'eau, sont concentrés par une lentille biconvexe sur l'objet observé.

En 1688, Eustachio Divini met au point un microscope d'une taille monstrueuse. « L'oculaire avait presque la largeur d'une main et le tube l'épaisseur de la cuisse d'un homme. » Long de 45 centimètres, il donne un grossissement de 140. Le microscope de Grindl von Asch (1685) comprend six lentilles plan-convexes. En 1685, celui de Bonani possède un pouvoir de résolution de 300 fois. L'objet étudié est éclairé au moyen de deux lentilles et la

1. Philippe Boutibonnes, *Van Leeuwenhoek. L'exercice du regard*, Paris, Belin, 1994, p. 108.
2. *Op. cit.*, p. 188.

mobilité de l'appareil assurée par une crémaillère. C'est vers la même époque qu'apparaissent les premiers microscopes binoculaires construits d'après les données du père Cherubini d'Orléans[1].

Au XVIIIe siècle, les progrès optiques sont peu importants mais la partie mécanique fait l'objet de divers perfectionnements. La *Descriptions et usages de plusieurs nouveaux microscopes tant simples que composés*, de Joblot (1715), contient des gravures d'appareils qui sont d'authentiques bijoux avec leur canon d'ébène, d'argent ou de laiton revêtus de chagrin, leurs manches historiés, leurs viroles, leur monture ciselée. Joblot est d'ailleurs l'inventeur d'un microscope à distance focale variable muni d'un canon équipé de cinq jeux de lentilles pouvant se substituer les unes aux autres. Il s'est appliqué à la réalisation du microscope universel se prêtant à l'examen des corps opaques ou transparents, des tissus ou des liqueurs. Ses microscopes sont également pourvus de diaphragmes et de porte-objets sans qu'il soit possible de dire s'il en est l'inventeur.

L'absence de luminosité reste le problème le plus épineux. À mesure que les progrès de l'optique augmentent le pouvoir de résolution, les images deviennent plus sombres et moins contrastées. Avec un grossissement de 400 fois, on ne distingue plus que des ombres, et les efforts des lunetiers du XVIIe siècle pour surmonter l'obstacle s'avèrent infructueux. Vers le début du XVIIIe siècle, Lieberkühn essaye, avec un succès limité, de réfléchir la lumière solaire sur l'objet étudié au moyen d'un miroir concave placé entre le porte-objet et l'oculaire. Le progrès décisif intervient peu après avec la mise au point des premiers « microscopes solaires ». On attribue à Cuff et Ellis l'invention de la platine et du miroir réflecteur mobile placé au-dessous d'elle. Éclairée par transparence, l'image devient lisible dans le détail. Certains microscopes de la fin du XVIIe siècle semblent cependant avoir déjà été équipés de tels miroirs. En 1715, Hertel et Hallé réunissent dans le même microscope composé l'inclinaison variable du tube, la platine, la vis micrométrique et l'éclairage par transparence. Le premier microscope moderne est né. Il faudra attendre le début XIXe siècle pour enregistrer de nouveaux progrès.

Mais la luminosité tant souhaitée fait surgir d'autres problèmes. Les aberrations sphérique et chromatique sont accentuées et l'image n'est plus lisible qu'en son centre. Surtout, la lumière par transparence est parasitée par une foule de reflets multicolores d'une grande beauté esthétique mais encombrants.

C'est Newton qui, en 1704, le premier, signale le rôle de l'aberration chromatique dans l'imperfection des images stellaires. Quelques années après sa mort, en 1733, Chester More-Hall met au point les premiers télescopes achromatiques en associant le crown-glass au flint-glass. Mais la technique

1. Joblot, *Description et usage de nouveaux microscopes*, Paris, 1718 ; *Dictionnaire encyclopédique des sciences médicales* de Dechambre, art. « microscope », *op. cit.*, p. 563-564.

étant inapplicable au microscope, les images des meilleurs instruments de la fin du siècle sont encore brouillées par l'indésirable bouquet multicolore.

En effet, le chromatisme ne peut être neutralisé que par le groupement de plusieurs lentilles d'indice de réfraction différent. Pour obtenir de bons systèmes optiques, il faut les souder les unes aux autres, chacune d'elles étant constituée par des verres différents. Dès 1768, Euler énonce les principes d'un microscope achromatique à six lentilles, mais il s'avère incapable de le construire. Sa mise au point devient dès lors le rêve de tous les facteurs et les tentatives vouées à l'échec se succèdent. S'il est facile d'éliminer le chromatisme des volumineuses lentilles de lunettes astrales, les lentilles du microscope sont si petites qu'elles restent rebelles à toute manipulation. Comment souder entre elles des loupes de quelques millimètres de diamètre ? Ce sont des ouvriers de génie comme Huet, de Nantes, ou comme Charles-Louis Chevalier, dont le magasin, situé quai de l'Horloge, près de la place Dauphine, est à l'enseigne du « Microscope achromatique », qui vont résoudre le problème.

En 1830, Charles Chevalier soumet à l'Académie des sciences le premier microscope achromatique digne de ce nom. C'est en tournant le côté plan de la lentille vers l'objet observé et en soudant ses lentilles avec du baume de Canada qu'il a réussi à éliminer le chromatisme. Nachet et Verick fabriquent ensuite de telles lentilles à l'échelle industrielle. Vers le milieu du XIXe siècle, Ross met au point les objectifs à correction et Amici les lentilles à immersion (1855) qui éliminent l'aberration sphérique. Les derniers perfectionnements sont apportés par Abbe et un simple technicien du laboratoire de l'université d'Iéna, Carl Zeiss[1]. Le microscope peut dès lors partir à la conquête de l'invisible. Des grossissements de plusieurs centaines deviennent possibles et il faudra attendre la mise au point du microscope électronique pour obtenir de nouveaux progrès.

Premières observations microscopiques

Au seuil de cette plongée dans l'infiniment petit, n'allait-on pas se heurter à la force d'inertie des préjugés et se trouver confronté aux problèmes rencontrés par Galilée dans sa conquête du monde astral ? N'allait-on pas transgresser les lois de Dieu en fouillant un univers qu'il avait dérobé à notre sens ? Certains l'ont prétendu, mais l'enthousiasme est tel qu'en 1630 le dessin du micrographe Francesco Stelluti représentant une abeille avec des détails microscopiques sert d'illustration aux armes du pape Urbain VIII. C'est donc avec la bénédiction pontificale que les micrographes se mettent à l'œuvre.

1. Art « microscope » du *Dictionnaire encyclopédique des Sciences médicale, op. cit.*, p. 566 *sq.* ; A. Policard, « Histoire de l'histologie », in *Histoire générale de la médecine*, publiée par le Pr Laignel-Lavastine, Paris, 1938, p. 341 *sq.*

Les premières observations portent sur les insectes familiers. On en tire des conclusions d'ordre esthétique plus que scientifique. C'est ainsi que Galilée écrit à Frederico Cesi, en 1624 : « J'ai contemplé de très nombreux petits animaux avec une admiration infinie. La puce, par exemple, est tout à fait horrible, le moustique et la mite sont très beaux et c'est avec le plus grand contentement que j'ai vu comment font les mouches et d'autres petits animaux pour marcher sur les miroirs et de bas en haut. »

La même année, Bartolomeo Imperiali écrit à Galilée : « Les mouches femelles ont des poils moins nombreux et beaucoup plus courts que ceux des mâles. J'ai été étonné par les moustiques, pour autant que j'en ai observés, je ne leur ai pas vu quatre poils sur la tête et ils sont en cela hors de l'ordinaire. » En 1625, Fabio Colonna s'extasie à la vue des « petits animaux de la poussière de fromage » et de la « structure de l'œil de la mouche avec tout autour des paupières et ces réseaux dorés[1] ».

Dans ses *Nouvelles Recherches sur les découvertes microscopiques,* Spallanzani évoque l'émerveillement des premiers micrographes partis à la découverte de la structure intime des insectes. C'est un monde étrange aux valeurs esthétiques renversées. La laideur, transcendée par le miracle des multiplicateurs sensoriels, devient beauté. « Le pou, dont la vuë fait horreur, s'embellit au microscope. On y voit les ramifications de ses veines, le battement régulier de son pouls dans les artères, le mouvement péristaltique de ses intestins, et le passage rapide du sang dont il se nourrit [...]. L'araignée, que nous regardons comme un animal fort vil, a été mieux partagée que nous par la nature du côté d'un organe fort délicat. Les unes ont six yeux, d'autres quatre, quelques-unes en ont jusqu'à dix. Chaque œil est défendu par une paupière violette, tirant sur un bleu clair et entourée d'un cercle jaune [...]. La puce a des écailles d'un beau poli, placées avec beaucoup d'ordre et de régularité. On prendroit son col pour celui d'une écrevisse de mer. »

Comme dans le monde des grands animaux, les êtres microscopiques sont ravagés par la vermine. Peut-être est-elle elle-même dévorée par des animaux encore plus petits, et ainsi de suite : « Tous les animaux ont une vermine qui les afflige [...]. La limace, l'araignée, les abeilles mêmes en ont une. Kircher en a vû jusque sur les puces. La tête d'une mouche a montré à M. de la Hire des insectes quatre mille fois plus petits que la tête même de la mouche. »

Ce monde est sans pitié. Les plus gros dévorent les plus petits quand ils ne se dévorent pas entre eux : « Les mites du fromage, des fruits secs et des grains sont des animaux réguliers et voraces ; elles tournent leur voracité contre elles-mêmes lorsque la nourriture manque à leur république[2]. »

1. Cité par Penso, *La Conquête du monde invisible, op. cit.,* p. 126.
2. Spallanzani, *Nouvelles Recherches sur les découvertes microscopiques,* Londres et Paris, s.d.

Les premières micrograveurs d'insectes sont publiées en 1630 dans le livre de Francesco Stelluti, *Apiarum*. L'abeille et le charançon du blé y sont représentés avec art et fidélité.

Des animaux moins ragoûtants font l'objet de minutieuses investigations. C'est le cas de l'acare de la gale, alors appelé *ciron* ou *vermisseau*, qui a été associé à une maladie prurigineuse de la peau dès le XVIe siècle. Conformément aux lois de la génération spontanée, on pense qu'il n'est pas à l'origine de la pustule mais qu'il naît spontanément de la gale. En 1657, August Hauptmann en donne une première description : « J'ai observé au microscope, écrit-il, ce vermisseau qu'on trouve sous la peau galeuse humaine et qui prend le nom d'acare, de *cyrones* ou de *Reitliesen* en allemand, et j'ai pu en voir la forme monstrueuse qui traîne derrière de longues queues et qui, dans son ensemble, ressemble à ces petits vers poilus appelés *Mölben* en allemand qu'on trouve dans le fromage[1]. »

L'année suivante, Athanasius Kircher parle d'un « animal poilu et semblable à un ours » et Jacques Rohaut note, en 1671, que ce « ciron a le dos couvert d'escailles », qu'il a « trois pieds de chaque costé et deux taches noires à la teste que l'on juge estre ses yeux ».

C'est Leeuwenhoek qui, en 1674, donne la première description des animalcules, mais c'est Athanasius Kircher (1602-1680) qui les a découverts en 1658. Étrange personnage que ce Jésuite archéologue passionné de micrographie qui n'hésite pas à écrire que « dans les mers de Chine on pêche certains poissons à écailles de couleur safran, qui tout l'hiver habitent dans l'eau, mais le printemps arrivé, ayant jeté leurs écailles, se recouvrent de plumes, et ouvrant leurs ailes, s'envolent vers les forêts des montagnes où ils vivent tout l'été et l'automne, à la fin duquel ils retournent s'ébrouer dans les eaux, reprenant leur ancienne forme de poisson. »

Les observations microscopiques de Kircher sont encombrées de pratiques magiques. Le lait, le vinaigre, la viande ou le fromage dans lesquels il observe ces animalcules doivent être exposés, avant examen, à l'humidité d'une nuit de pleine lune. Il les appelle non seulement *animalcula* mais aussi *vermes, vermiculi, serpentuli, seminaria* et *virus*[2].

En 1665, Robert Hooke publie le premier traité de micrographie, *Micrographia or some philosophical descriptions of minutes bodies made by magnifying glasses.* Le livre, qui connaît un retentissement mondial, contient des gravures élégantes et d'une précision telle que Biran J. Ford a pu récemment écrire qu'on y trouve « plusieurs illustrations de tissus représentés avec le même réalisme que celui que procure, de nos jours, une micrographie électronique[3] ».

1. Cité par Ponso, *ibid.*, p. 157.
2. *Ibid.*, p. 177.
3. *La Recherche, op. cit.*, p. 1374.

Le lecteur de Hooke s'émerveille devant des révélations qui bouleversent la représentation traditionnelle des objets familiers. La pointe d'un couteau n'est pas de forme conique, comme on le croit, mais obtuse. Le fil du rasoir le mieux affilé est formé d'une succession de dents. Les « ondes » qui font miroiter la soie proviennent des aspérités de la structure intime du tissu. À l'inverse des plantes, les cheveux sont plus gros à leur extrémité qu'à leur racine. Les moisissures forment autant de paysages champêtres. « Qui aurait pu s'imaginer, note Hooke, que la moisissure est un amas de petites plantes et que toutes les choses qui paraissent moisies sont autant de petits prés émaillés de fleurs. » Cette tache de moisissure formée sur la couverture d'un livre est une « touffe de fleurs ». « Les unes ont des boutons ronds qui semblent ne pas être ouverts. Les autres sont à demi écloses, quelques-unes sont tout à fait fleuries. Il y en a qui paraissent rompues comme à la fin de la floraison. Leur tige est longue et transparente et leur surface tendre est presque semblable à celle des champignons, car en les touchant avec une épingle, elles se rompent facilement. »

Le règne végétal réserve d'autres surprises. La feuille d'ortie présente de nombreuses affinités avec l'aiguillon des abeilles. Elle est semée de piquants dont la base est pourvue d'un petit sac ou « vessie » renfermant une liqueur « âcre et vénéneuse » qui, introduite dans la chair, excite la douleur. Lorsqu'on fait pression sur ces piquants, on la voit monter et descendre.

L'étude des insectes permet de comprendre des phénomènes mystérieux. Les pattes de la mouche ne sont pas gluantes, comme on le supposait, mais pourvues de deux griffes qui « entrent facilement dans les plus petites porosités des corps [...]. Les plantes de leurs pieds sont couvertes d'une infinité de pointes minuscules semblables aux peignes des cardeurs avec lesquelles elles s'attachent facilement aux moindres inégalités des corps les plus polis. »

Le pou décrit par Hooke baigne dans une atmosphère dantesque : « Il n'y a rien de plus vilain qu'un pou. Cette figure représente un pou couché sur le dos et tenant un cheveu entre ses pattes. Il a les yeux placés derrière les cornes, tout au contraire des autres animaux, de peur que comme il n'a point de paupières, les cheveux au travers desquels il passe ne lui blessassent continuellement la vue. Ses pattes sont couvertes d'une écaille comme celle des écrevisses et ont deux griffes avec lesquels ils embrassent les cheveux lorsqu'il se promène sur la tête. » Hooke réalise une curieuse expérience avec un pou. Après l'avoir affamé en l'enfermant à l'intérieur d'une boîte, il le pose sur sa main : « Cet insecte, écrit-il, enfonça son museau dans la peau par le moyen d'une espèce de pompe qui sembloit le cœur ou le poumon. »

Tel était l'état de la question lorsqu'on vit surgir en Hollande un homme qui, par son génie de l'observation, allait donner ses lettres de noblesse à la microscopie.

CHAPITRE II

L'orfèvre de la nature
Antony Van Leeuwenhoek
(1632-1723)

Dans la seconde moitié du XVIIe siècle et au début du XVIIIe siècle vivait à Delft un drapier dont la maison d'Hippolytusbuurt attirait célébrités et souverains. Personnage d'exception, il ne devait sa gloire ni à son savoir-faire professionnel ni à ses qualités d'« huissier de la Chambre du Conseil » ou de « Jaugeur de vin », mais aux choses merveilleuses qu'il faisait découvrir à ses visiteurs : le duc d'York, futur Jacques II ; le roi d'Angleterre Charles II, le grand-duc de Toscane, Cosme III ; le roi de Prusse, Frédéric Ier et le tsar de Russie, Pierre le Grand. Des philosophes, des médecins et des gens sans qualité munis de lettres de recommandation se pressaient aussi à sa porte. En 1711, il se plaignait d'avoir reçu vingt-six personnes en l'espace de quatre jours, toutes « dûment munis d'une introduction, excepté un duc et un comte ».

Telle était l'affluence que Suzanna Huyghens, femme du célèbre astronome hollandais Christiaan Huyghens, pouvait écrire à son mari le 25 juillet 1680 : « Tout le monde court encore chez Leewenhoeck comme chez le grand homme du siècle. Il y a quelques mois que ceux de la Royal Society de Londres le receurent parmy leur nombre, ce qui luy donna quelque petite vanité et il demanda serieusement à Signor Padre si estant revestu de cette qualité là il seroit obligé de céder le pas à un docteur en médecine[1]. »

Mais que voyait-on chez ce Leewenhoeck ? Les splendeurs des microcosmes, les myriades d'animalcules invisibles à l'œil nu qui sillonnent les fluides, les milliers de facettes qui composent l'œil des insectes, le miracle de la circulation sanguine dans l'appendice caudal de l'anguille. Au tsar Pierre le Grand, il faisait une démonstration de son fameux « microscope aquatique » grâce auquel on découvrait le flux et le reflux des hématies chez l'anguille. Le prince émerveillé avait contemplé le spectacle deux heures durant avant de se

1. Christiaan Huyghens, *Œuvres complètes, op. cit.*, t. 8., p. 296.

retirer, non sans avoir exprimé sa profonde gratitude. À la reine Mary, Leeuwenhoek avait offert deux microscopes de sa fabrication.

Qui était l'homme, simple artisan de son état, qui frayait avec les grands ou se permettait de remettre des médecins à leur place ?

Antony Van Leeuwenhoek[1]

Leeuwenhoek est né à Delft, en 1632, d'un père vannier et d'une mère issue d'une famille de brasseurs. Il est baptisé à l'Église réformée quelques jours après le peintre Johannes Vermeer. À l'âge de six ans, il perd son père et passe une partie de son enfance avec un oncle qui exerce les fonctions de juge et d'échevin à Benhuizen, près de sa ville natale. Il ne semble pas pour autant avoir songé à une carrière d'homme de loi. De son éducation, il ne retiendra que quelques rudiments de géométrie et d'arithmétique dont il fera bon usage.

À l'âge de seize ans, on le retrouve à Amsterdam, comme apprenti dans un commerce de textile, puis au service d'un négociant en gros, l'Écossais Davidson. Employé modèle, il devient responsable du magasin et reçoit les pleins pouvoirs par acte notarié. De retour à Delft, en 1654, il se marie à Barbara de Mey. De cette union, que seule brisera la mort de sa femme, en 1666, naîtront cinq enfants dont un seul survivra, Marie, qui ne le quittera jamais. Avec quelques économies recueillies sur son salaire et la dot de sa femme, il a acheté un commerce, et, pour la somme considérable de 5 000 florins, une maison de trois étages.

Le voilà donc bourgeois de Delft. En 1660, il est nommé « huissier de la Chambre des échevins », poste occupé jusque-là par son cousin Yan Strick. Pour des appointements annuels de 400 florins, il doit « ouvrir et fermer la porte de la Chambre les jours de réunion ordinaires et extraordinaires, rendre hommage et respect aux conseillers, garder le secret sur tout ce qui se dira en la Chambre, entretenir les lieux, y faire du feu et ne pas dérober le bois qui n'aura pas été brûlé, surveiller les bougies... »

1. Sources : Antony Van Leeuwenhoek, *The Collected Letters of Antoni van Leeuwenhoek,* 12 vol, Amsterdam, 1939-1989, édition bilingue hollandais-anglais ; Clifford Dobell, *Anthoni Van Leeuwenhoek and his « little animals »*, Londres, 1932, rééd. Amsterdam, 1960 ; F.J. Cole, « Leewenhoeck's zoogical researched », *Annals of Science, t.* 2, n° 1, 15 janvier 1937, p. 1-45 ; Philippe Boutibonnes, *Van Leeuwenhoek. L'exercice du regard,* Paris, Belin, 1994 ; Carl V. Weller, « Anthony van Leeuwenhoek, 1632-1723, *Annals of international Medicine,* 1932, t. 6, p. 573-584 ; J.R. Porter, « Antony Leeuwenhoek : Tercentenary of his Discovery of Bacteria », *Bacteriological Reviews,* juin 1976, p. 260-269 ; Clifford Dobell, « A Protozoological Bicentenary : Antony Van Leeuwenhoek (1632-1723) et Louis Joblot (1645-1723) », *Parasitology,* t. 5, p. 308-319 ; Maria Rooseboom, « Antoni Van Leeuwenhoek vu dans le milieu scientifique de son époque », *Archives internationales d'histoire des sciences,* 1959.

Sans l'affranchir de son métier de drapier, cette sinécure lui donne des loisirs. À son retour d'un voyage en Angleterre, en 1668, il est nommé géomètre-arpenteur et « jaugeur de vins », nouvel office peu contraignant qui lui permet de vivre, désormais, en bourgeois dilettante. En 1671, il se remarie avec la fille d'un pasteur, Cornalia Swalmia, qui le laissera veuf pour la seconde fois en 1694.

L'année 1672 marque un tournant dans sa carrière. C'est à cette date qu'il fait la connaissance de l'un des plus grands savants de son temps, le Dr Reinier De Graaf (1641-1673). Au terme de nombreuses dissections de lapines gestantes, De Graaf a découvert le transit des œufs de mammifère par les trompes de Faloppe et les follicules qui portent son nom. Or, depuis quelques années, Leeuwenhoek consacre ses loisirs à la fabrication de microscopes et réalise une remarquable série d'observations qui seraient tombées dans l'oubli sans l'intervention de De Graaf.

L'origine de cette passion reste mystérieuse. Certains l'ont attribuée à sa rencontre avec les micrographes Swammerdam ou Hartsoeker. D'autres ont soutenu qu'il avait été séduit par le livre de Hooke au cours de son voyage en Angleterre. Quelques-uns ont parlé de l'influence d'un lunetier voisin ou d'un beau-frère médecin. L'hypothèse du compte-fils est la plus vraisemblable. Les drapiers utilisaient alors une grosse loupe, appelée « compte-fils », qui leur servait à apprécier la qualité des tissus. Séduit par l'instrument, Leeuwenhoek se serait aventuré, de fil en aiguille, dans l'examen de toutes sortes d'objets avant de se lancer, comme de nombreux amateurs, dans la fabrication de lentilles.

Au total, Leeuwenhoek a fabriqué 417 lentilles et plus de 247 microscopes. Chaque type d'observation nécessitant l'emploi d'un appareil précis, tout bon micrographe se devait d'en posséder plusieurs dizaines. De la taille d'une boîte d'allumettes, les microscopes de Leeuwenhoek sont des microscopes simples d'un grossissement de 40 à 170. Un seul possède un pouvoir de résolution de 270, deux autres sont composés de deux lentilles, un troisième en a trois. Soixante-douze des 417 lentilles sont montées entre deux plaques de laiton, 172 entre deux plaques d'argent, 3 entre deux plaques d'or.

Leeuwenhoek extrait lui-même l'argent du minerai. S'il a l'art de polir des lentilles d'une exceptionnelle qualité, la facture du microscope reste grossière. À la différence des microscopes composés, dont le profil inspire les artistes, les microscopes simples manquent d'élégance. Leeuwenhoek, qui les considère comme des instruments utilitaires, les range dans un meuble muni de plusieurs dizaines de tiroirs. Lui-même n'est pas orfèvre. « J'ai dit à plusieurs reprises, écrit-il dans sa lettre du 12 janvier 1689, comment j'avais construit mes instruments que d'autres auraient mieux faits. Mais vous devez savoir que je n'ai appris aucun des métiers où l'on se sert d'un marteau ou d'une lime. J'ai vu seulement comment le fer est durci et trempé, de quelle manière on fabrique une mèche avec laquelle on perce un trou dans le métal – fer, cuivre ou argent –, comment et avec quoi un orfèvre soude l'argent. Après avoir vu cela, je me suis entraîné pendant plusieurs années à fabriquer les outils dont j'ai eu besoin[1]. »

Leeuwenhoek peut être considéré comme le Stradivarius de la lentille. Ses microscopes ont percé des mystères et réalisé des prouesses inouïes. Avait-il un secret de fabrication, sinon un certain savoir-faire ? C'est probable. Dans sa lettre du 9 octobre 1676, il écrit : « Je ne communiquerai à personne la technique me permettant de voir ces petits animaux ni comment voir de très petits animaux à la fois. Cela, je le garde pour moi. » À plusieurs reprises, il déclare de nouveau ne rien vouloir dire de son secret. Il n'y a là ni coquetterie ni jalousie. En des temps où les brevets n'existent pas, les plagiaires s'en donnent à cœur joie.

Dès que Reinier De Graaf prend connaissance des travaux de Leeuwenhoek, il l'invite à entrer en contact avec la *Royal Society*. Mais que peut-il dire à l'auguste aréopage, lui, le modeste drapier autodidacte qui ne connaît ni l'anglais ni le latin ni les langues étrangères ? Lui qui ne parle qu'un hollandais vulgaire criblé de fautes de syntaxe ? Lui qui ne possède que des rudiments de géométrie et d'arithmétique ?

Par bonheur, la jeune *Royal Society* essaye alors de s'attacher les chercheurs de toute l'Europe sans exigence d'érudition. Quiconque apportera du nouveau « *for the promotion of naturel knowledge* » sera le bienvenu[2]. Aussi, sur recommandation de Reinier De Graaf, fait-elle bon accueil à la première lettre de Leeuwenhoek datée du 28 avril 1673 et portant sur « Quelques observations faites au microscope par M. Leeuwenhoek sur les moisissures, l'aiguillon de l'abeille... » En 1680, elle l'élève à la dignité de *Fellow*, c'est-à-dire de correspondant.

Durant un demi-siècle, de 1673 à 1723, il écrira à la *Royal Society* plus de 250 lettres qui, pour la plupart, seront traduites en anglais et publiées dans les *Philosophical Transactions*. Quelques-unes seront même reprises par le *Journal des Sçavans*. Toute chose à portée de sa main y fait l'objet de descriptions minutieuses présentées dans un désordre de caravansérail. On passe sans transition de la puce aux tissus osseux des vertébrés et des globules rouges aux animalcules.

Leeuwenhoek donne maintenant la leçon aux médecins les mieux aguerris. En 1689, il critique l'expérience d'un chirurgien qui injecte du mercure dans l'artère d'un animal avec la prétention de le faire passer dans les veines. En 1715, à l'âge de 82 ans, il remet à sa place l'un des plus célèbres professeurs hollandais qui soutient que le sang de l'homme s'échappe des artères pour se répandre dans les fibres musculaires, ce qui explique leur couleur rouge.

1. Cité par Philippe Boutibonnes, *op. cit.*, p. 106.

2. Maria Rooseboom, « Antoni Van Leeuwenhoek vu dans le milieu scientifique de son époque », *Archives internationales d'histoire des sciences*, 1959, p. 37.

En 1723, à l'âge de 90 ans, le drapier de Delft est un vieillard usé mais actif. De sa surhumaine acuité visuelle il a gardé des vestiges qui lui permettent, quelques semaines avant sa mort, de s'interroger sur la taille des globules rouges. Dans les derniers jours, alors qu'il est secoué par de terribles spasmes, les médecins diagnostiquent une affection cardiaque ou pulmonaire. Mais lui-même se croit atteint d'une maladie du diaphragme et les symptômes qu'il décrit suggèrent un cancer de l'estomac : « Selon moi, écrit-il, il ne fait aucun doute qu'une grosseur, de la taille d'une pièce d'une couronne, bloque mon diaphragme. »

Trente-six heures avant sa mort, ses pensées vont encore vers un échantillon de sable qu'un directeur de la Compagnie des Indes lui a remis afin de savoir s'il contient de l'or. Il meurt le 28 août 1723, quelques instants après avoir demandé à l'un de ses amis de traduire en latin une lettre adressée à la Royal Society.

Les 26 microscopes qu'il lègue à la *Royal Society* disparaîtront, vers 1820, après avoir été prêtés pour examen. Les autres seront, pour la plupart, vendus en 1847 au poids du métal lors d'une vente publique. N'ont survécu à ce jour que neuf de ses microscopes dûment authentifiés et disséminés dans divers musées ou collections privées.

La matière et le nombre

Alors que les explorateurs et les astronomes se lancent à la conquête d'espaces qui pulvérisent toutes les frontières connues, Leeuwenhoek part à la découverte d'un espace domestique de la taille d'un mouchoir de poche. Cet univers, il le découvre d'abord sur son propre corps : poils du nez, tartre dentaire, selles, parties calleuses des pieds. Il en tire quelques considérations intimistes : « Bien que mes dents soient bien entretenues, je trouvais entre elles une petite matière blanche semblable à de la farine humide. J'en prélevais un peu et la diluais dans de l'eau de pluie pour la voir au microscope (1684). » Ailleurs, il note : « Je traite, dans ce rapport, du grand nombre d'animalcules que nous abritons en permanence dans nos bouches, mais aussi des touffes de poils prélevés dans mon propre nez, sur mon visage et sur ceux d'autres personnes. » Ou encore : « Mes excréments étant très liquides, il fallait que je les examine, et chaque fois que je les examinais je gardais en mémoire ce que j'avais mangé ou bu et que j'essayais de retrouver après coup » (lettre du 4 novembre 1681[1]).

Son logis lui fournit sa pâture de poux : « Le 20 septembre la servante attrape trois femelles ; le 21, elle a moins de chance : elle ne capture qu'un seul mâle après avoir inspecté trois lits. » Lorsqu'ils viennent à manquer, il en

1. Cité par Philippe Boutibonnes, *op. cit.*, p. 124.

achète à des mendiants. Le cas échéant, il en pratique l'élevage sur lui-même en enfermant dans sa chaussette un couple de poux, ce qui lui permet d'ailleurs de calculer leur vitesse de reproduction. À maintes reprises, il dépose, comme Robert Hooke, un pou affamé sur le creux de sa main, observe la façon dont il plante son aiguillon dans la chair et admire le cheminement du sang à l'intérieur de son corps.

C'est dans l'eau de pluie qui ruisselle sur son toit, dans celle du canal voisin ou de la mer qu'il découvre le peuple insoupçonnable des animalcules. Dans une lettre du 7 novembre 1676, il écrit à Constantin Huyghens : « J'ay un puits dans ma cour dont l'eau sort en abondance du sable qu'on appelle mouvant, estant très fraîche au milieu de l'esté, fort bonne à boire et presque aussi claire que l'eau de pluie. J'ai observé dans cette eau pendant deux etez de suite une grande quantité de petites bustes. J'ay souvent observé de l'eau qui passe dans les canaux de cette ville de Delft, dont on brasse de fort bonne bière comme aussi celle qui est dans les fossez qui separent les terres d'icy autour et j'y ay trouve de mesme plusieurs especes de petits insectes[1]. »

Ses aliments, ses condiments font l'objet de minutieuses investigations : « Depuis deux ou trois ans je n'ay pu voir de petites anguilles dans le vinaigre dont on se sert dans mon menage qui est enfermé dans un tonneau. Mais lorsque j'avois mis de ce vinaigre dans un ver net, et qu'il avoit demeuré onze jours dans mon cabinet, j'y trouvois de ces anguilles vivantes dont le nombre s'augmentoit de jour en jour[2]. »

Sur un espace dérisoire, Leeuwenhoek réalise des milliers d'observations inédites. Dans le seul règne animal, il dénombre, selon un recensement réalisé par Cole en 1937, 217 genres dont 35 variétés de protozoaires, 13 de vermidiens, 10 de crustacés, 11 d'arachnides, 11 de mollusques, 22 de poissons. Chez chacun d'eux, il étudie l'œil, le nerf optique, les fibres musculaires, le système de reproduction. Ailleurs, il scrute les pores et les écailles de la peau, les graines des fruits et leurs cotylédons, les globules sanguins, la structure du grain de poivre.

Les problèmes les plus divers l'interpellent. Fidèle à la pensée des iatromécaniciens, disciples de Descartes, il considère la digestion comme un simple broyage. Il attribue l'action des poisons, comme l'arsenic et le sublimé, à leur densité qui provoquerait des dégâts mécaniques au niveau de l'estomac, allant jusqu'à entraîner des perforations. Armé de son microscope, il voudrait donner à ces théories une assise expérimentale. En recherchant dans une infusion de poivre les cristaux pointus qui piquent la langue, il découvre de petits animalcules qui sont sans doute de grosses bactéries.

Leeuwenhoek, comme tous les micrographes de son temps, travaille sans unité de mesure microscopique mais il se sert de pittoresques échelles de com-

1. Christiaan Huyghens, *Œuvres complètes, op. cit.*, p. 24.
2. *Ibid.*, p. 25.

paraison : certains animalcules sont à la mite ce que l'abeille est au cheval ; une morue peut rejeter en un mois autant de semence qu'il en faut pour remplir un chapeau de grande taille.

Le plus souvent, il prend comme étalon la graine de mil, le grain de sable, la goutte d'eau ou l'œil du pou. Les grains de sable à récurer auraient un diamètre d'un dix millième de pouce. Un poil de barbe ou un cheveu de perruque peuvent aussi servir de référence.

La précision de certaines estimations laisse rêveur. Leeuwenhoek calcule qu'une seule goutte de pluie contient 27 millions d'animalcules[1]. Dans une lettre de 1684, il déclare : « Le nombre des animaux qui peuplent les dents de l'homme est si important que je crois qu'il excède la population du royaume. Lorsque j'examinais une petite parcelle pas plus large que le crin d'un cheval, je les trouvais si nombreux que je pense qu'un millier peut tenir à l'intérieur du centième d'un grain de sable » (lettre du 1684[2]).

Le canal qui borde sa maison pullule d'animalcules si petits « qu'une centaine d'entre eux alignés les uns à la suite des autres n'atteignent pas le diamètre d'un grain de sable. Un million de ces créatures n'occupent pas le volume d'un grain de sable[3]. » Encore les animalcules n'ont-ils pas le monopole de l'infime. Certains vaisseaux sanguins de l'œil humain sont si ténus que la dix-huit millième partie d'un grain de sable pourrait à peine s'y faufiler[4].

Lorsque le pouce, le pied ou la livre servent d'étalon, les chiffres deviennent astronomiques. Les pores de la peau sont au nombre de 140 millions à l'intérieur d'un pied carré et de 2 016 millions sur l'étendue du corps humain. En 1723, à l'âge de 90 ans, Leeuwenhoek discute avec le Dr Jurin de la taille des globules rouges pour en conclure qu'il en faut 7 301 384 000 pour former une sphère d'un pouce de diamètre[5]. Une livre de cochenille, dont il découvre la nature animale, contient 102 400 têtes, pattes ou membres agglomérés[6]. D'autres précisions tiennent du prodige. L'œil du bombyx est composé de 6 236 facettes, celui de la libellule de 12 544, celui de la mouche de 4 000, mais chez la fourmi, il n'en dénombre que 50.

Les animalcules inspirent à Leeuwenhoek des récits encore plus fantastiques.

1. « Letter wherein somme Account is given of the Manner of his observing so great a nomber of living Animals in diverse sorts of waters... », *Philosophical Transactions*, 1678, t. 12, p. 844.

2. Cité par Carl V. Weller, « Antony Van Leeuwenhoek, 1632-1723 », *Annals of international Medicine*, 1932, t. 6, p. 582.

3. Cité par J.R. Porter, « Antony Van Leeuwenhoek : Tercentenary of his Discovery of Bacteria », *Bacteriological Reviews*, juin 1976, p. 265.

4. Cité par F.J. Cole, « Leeuwenhoek's zoogical researched », *Annals of Science, t.* 2, n° 1, 15 janvier 1937, p. 20.

5. *Ibid.*, p. 28.

6. Carl V. Weller, *op. cit.*, p. 579.

Les plus petites bêtes du monde

De toutes les observations de Leeuwenhoek, les plus spectaculaires concernent les animalcules qu'il observe pour la première fois en 1674. Mais les « Messieurs de Londres » ne semblent pas y avoir attaché grande importance. Deux ans plus tard, il y revient dans une lettre de dix-sept pages, la plus longue de sa correspondance[1].

« Vers le milieu de septembre 1674, écrit-il, je découvris dans de l'eau de pluie qui avoit demeuré pendant quelques jours dans un tonneau peint à l'huile par dedans, de petits animaux qui me parurent dix mille fois plus petits que celuy dont M. Swammerdam nous a donné la figure et qu'il nomme puce ou poux d'eau. La première espèce de ces animaux que je découvris dans l'eau avoit le corps composé de 5, 6, 7 ou 8 petites boules, fort transparentes sans que je pusse voir aucune peau qui enfermast ces boulettes. Je remarquay que de temps en temps ils poussoient en avant deux petites cornes à peu près pareilles aux oreilles d'un cheval, qui remuoient sans cesse[2]. »

Il constate que l'eau de son puits, celle du canal, de la mer et de la fonte des neiges contiennent de semblables créatures. Il en découvre à profusion dans des infusions de poivre ou de foin, dans le tartre des dents, dans ses propres excréments ou dans ceux de divers mammifères.

Plus tard appelées protozoaires, ces petites bêtes font les délices du drapier. « Parmi les merveilles que j'ai découvertes dans la nature, écrit-il, celle-ci est la plus merveilleuse, et je puis dire pour ma part que je n'ai jamais pris autant de plaisir que de voir le spectacle de tant de milliers de créatures vivantes dans une petite goutte d'eau évoluant les unes sur les autres. Et si je disais qu'elles étaient une centaine de milliers, je ne me tromperais pas. D'autres, voyant cela, multiplieraient leur nombre par dix. »

Leur grouillement, leur façon de se déplacer et d'agir, leur perpétuel ballet surprennent les imaginations, et celle de Leeuwenhoek n'a que trop tendance à s'emballer. Il voit dans ces êtres unicellulaires de minuscules insectes, des animaux à part entière dont la constitution s'apparente à celle des animaux les plus gros et les plus complexes. Il observe même leur circulation sanguine et calcule avec précision le nombre de leurs vaisseaux sanguins ! Leurs mœurs font l'objet de descriptions pittoresques. Ils mangent et se reproduisent selon les lois de la nature. Leur corps est composé de quatre, cinq, six globules, mais sans peau ni membranes visibles. « Ces animaux, remarque-t-il, sont les plus malheureux que j'ai jamais vus. » Ils évoluent dans un milieu

1. Leeuwenhoek, « Letter concerning little Animals by him observed in rain waters and snow waters ; as also waters containing pepper had laid infuse », *Philosophical Transactions*, 1678, t. 12, p. 821 *sq.*

2. « Lettre de Leeuwenhoek à Constantin Huyghens, père (7 novembre 1676) », Christiaan Huyghens, *Œuvres complètes, op. cit.*, p. 22.

hostile semé de filaments qui sont autant de pièges mortels. Ils s'y étranglent et se débattent avec l'énergie du désespoir pour s'en affranchir.

Lorsque l'eau s'évapore se déroule un drame encore plus pathétique. Les animalcules épousent la forme d'une boule, d'un globule de couleur rouge, et se pétrifient dans la boue séchée qui devient dure comme l'argile. Mais il suffit d'une goutte d'eau pour que survienne le miracle de la résurrection. En une demi-heure, ils retrouvent leur forme, leur élasticité, leur vitalité, et se remettent à nager sans se soucier du temps suspendu. Le phénomène peut se produire après une léthargie de vingt et un mois. Leeuwenhoek en conclut qu'ils n'ont pu transpirer à travers les pores resserrés de leur peau invisible, ce qui leur a permis de survivre jusqu'à la prochaine pluie.

Le premier micro-organisme étudié dans l'eau de pluie est sans doute une *vorticelle*, si l'on en croit la description aussi peu scientifique que pittoresque de Leeuwenhoek. C'est une sorte de globule qui possède deux tentacules et une queue au bout de laquelle s'attache un granule. L'animal se déplace en étendant ou rétractant son corps comme un serpent. D'autres animalcules sont pourvus d'un nombre incroyable de « petits pieds dont le mouvement, tantost circulaire, tantost droit, estoit fort rapide » (il s'agit de *ciliés*, les « pieds » étant les cils). Une troisième espèce est composée d'êtres « huit fois plus petits que l'œil d'un pou » qui se meuvent si vite qu'on ne peut en distinguer les « jambes ». « Ceux d'une quatrième espèce estoient mille fois plus petits pour le moins que l'œil d'un pou [...]. Leur mouvement depassoit en vitesse celuy des petits animaux jusqu'icy mentionnez[1]. »

La nature a infligé aux plus singuliers de ces animalcules un perpétuel mouvement de rotation. Ce sont de véritables « roues vivantes » qu'on désignera plus tard sous le nom de *rotifères*. Leeuwenhoek en donne une description baroque : « Cette petite créature a deux espèces de roues qui ont une grande quantité de dents, lesquelles partent de sa tête et tournent circulairement comme si c'étoit un essieu. Au moindre attouchement, elle retire ses roues dans son corps et son corps dans la gaine. Mais lorsque tout est tranquille, elle sort de son fourreau et la rotation continue[2]. »

Dans une infusion de poivre, il distingue un animalcule très mince qui, dit-il naïvement, possède une « jambe placée au bout de la tête ». Chez un autre, il n'a pas pu voir la tête, mais comme l'animal se déplace dans le sens de la jambe, il en déduit qu'elle se trouve à l'opposé. Les plus petits évoluent lentement d'avant en arrière. Sans doute s'agit-il de grosses bactéries. On estime d'ailleurs que sa lettre du 14 juin 1680 contient la première référence aux bactéries de la bière : « Certaines, écrit-il, semblent parfaitement rondes, d'autres irrégulières et quelques-unes plus grandes que d'autres car elles étaient formées de deux, trois ou quatre globules collés les uns contre les

1. *Ibid.*, p. 22-27.
2. Cité par Henri Baker, *Le Microscope à la portée de tout le monde*, Paris, 1714, p. 101.

autres. » Cela suffit pour qu'on ait vu en Leeuwenhoek le « premier bactériologiste ». Mais les esprits ne sont pas mûrs et le fait d'avoir observé pour la première fois des bactéries dont on ignore tout ne signifie pas grand-chose.

Il découvre l'existence de micro-organismes « anaérobies » capables de vivre et de se multiplier à l'abri de l'air. Mais c'est à Pasteur que reviendra le mérite d'avoir jeté la lumière sur le phénomène. L'observation de Leeuwenhoek n'en est pas moins intéressante. Dans sa lettre du 14 juin 1680, il déclare avoir entendu dire qu'aucune créature vivante ne peut se reproduire à l'intérieur d'un récipient hermétiquement clos. Aussi prépare-t-il une infusion de poivre stérile à l'intérieur de deux tubes de verre, l'un exposé à l'air, l'autre fermé. Au bout de cinq jours, il constate que les deux infusions grouillent d'animalcules. Mais nous sommes au XVIIe siècle et, au-delà du simple constat, il n'a pas les moyens d'apprécier la portée de l'événement.

Le tartre de ses dents dilué dans une goutte d'eau offre le spectacle d'un invraisemblable grouillement d'insectes. « Les plus gros, précise-t-il, ne sont pas les plus nombreux, mais leur mouvement, puissant et agile, leur permet de fendre l'eau comme des brochets. Ceux de la seconde espèce sont plus petits et plus nombreux. Je distingue mal leur forme et ne puis mieux faire que de les comparer à un essaim de mouches ou de moucherons tournoyant à l'intérieur d'un espace réduit. » Certains sont filamenteux, d'autres, pour se mouvoir, ondulent de leur corps (lettre du 17 septembre 1683). Ses descriptions et ses croquis indiquent qu'il s'agit bien de la faune dentaire composée de bactéries, de coccus, de germes filamenteux et de spirochètes[1].

Sa lettre du 4 novembre 1681 est consacrée à ses excréments. Il y découvre une foule d'animalcules qui « se déplacent avec beaucoup de grâce ». Certains sont « pourvus de plusieurs petites pattes avec lesquelles ils se remuent », et « bien qu'évoluant très rapidement, leurs petites pattes avancent peu ». S'agit-il de la *Giardia intestinalis* ou de protozoaires saprophytes ? On l'ignore. Il examine aussi des excréments de canards, de pigeons et de grenouilles. Les animalcules y sont si nombreux qu'il se demande s'ils ne constituent pas les excréments eux-mêmes[2].

Mais la plus extraordinaire et la plus célèbre de ses découvertes dans ce domaine est celle des animaux qui peuplent le sperme. C'est eux, nous le verrons, qui feront entrer le drapier de Delft dans la légende.

Mais à aucun moment il ne suppose les animalcules capables de jouer un rôle dans l'étiologie des maladies. Et comment le pourrait-il puisqu'ils peuplent la bouche ou l'intestin d'individus bien portants ?

Si les êtres invisibles l'ont passionné, Leeuwenhoek a découvert dans les êtres visibles des détails aussi spectaculaires.

1. Penso, *op. cit.*, p. 183.
2. *Ibid.*, p. 182-183.

Le joaillier de l'invisible : premières microdissections

Leeuwenhoek passe les règnes minéral et végétal au crible. Il décrit la structure des roches et des cristaux, les « veines » des plantes où circule la sève, les graines qui emprisonnent la future plante et dont la matière sert, croit-il, de nourriture à l'embryon. Mais il a une prédilection pour les êtres minuscules et les plus petits organes des espèces les plus grosses. Abeilles, mites, poux, fourmis, puces et pucerons le fascinent.

La précision de ses observations est telle qu'il découvre que la cochenille, qu'on prenait pour une plante tinctoriale, est un conglomérat d'insectes disloqués. En 1704, il note dans l'une de ses lettres à la *Royal Society* : « Un marchand d'Amsterdam écrit qu'il est impossible, et même incroyable que le produit nommé cochenille puisse, comme je l'ai affirmé, être composé de mouches ou d'un quelconque animal pourvu d'ailes, de tête et de pieds. » Leeuwenhoek calcule pourtant qu'une livre de cochenille est composée de 102400 morceaux d'insectes. À une certaine saison de l'année ils se décomposent, perdent la tête, les jambes et les ailes. « Je suis donc convaincu, poursuit-il, que la cochenille n'est rien d'autre que le tronc ou la partie arrière d'une créature vivante. » En les disséquant, il découvre que chaque femelle porte deux cents œufs. Il observe la « membrane » ou « coquille » qui les enveloppe. Il en arrache les pattes et constate avec stupeur qu'elles repoussent en deux jours.

À la différence de ses prédécesseurs ou de ses contemporains, Leeuwenhoek ne se contente pas de s'extasier sur la beauté et la perfection de ces insectes. Le premier dans l'histoire de la micrographie, il se livre à des microdissections d'une prodigieuse dextérité. À telle enseigne que, selon Cole, les chercheurs qui, aujourd'hui même, travaillent au microscope binoculaire avec tout un arsenal d'instruments de précision ne font guère mieux. La plupart de ces opérations sont réalisées entre 1680 et 1701, alors qu'il est âgé de 48 et 68 ans. Mais, à 80 ans, il dissèque encore une mite, extrait l'embryon de l'œuf, décortique ses ovaires remplis d'œufs et leur trouve tous les éléments qu'on peut distinguer dans l'œuf des oiseaux.

Leeuwenhoek semble avoir acquis une parfaite maîtrise de la microdissection en vingt ans. Sa première performance remonte à 1680, date à laquelle il opère la dissection de la mite et de la mouche. Il décrit la trachée, les organes génitaux du mâle, l'ovaire et les parties buccales. En 1687, il dissèque un pou et une fourmi et, chez cette dernière, parvient à distinguer les intestins et l'estomac de la larve. En 1698, il met à nu, « avec difficulté », le cerveau d'un puceron et les muscles extenseurs de sa patte. En 1700, il anatomise les « vers » extraits d'une dent corrompue qui lui a été adressée par la *Royal Society*. Un an plus tard, à l'âge de 68 ans, il dissèque des araignées et donne une excellente description des 400 glandes productrices de soie qui, dit-il, sont capables de tisser huit fils, eux-mêmes formés de plusieurs fils.

Les parties génitales, les œufs et les fœtus des mammifères retiennent aussi son attention. Il dissèque le fœtus d'une brebis dix-sept jours après la conception. Bien qu'il n'excède pas la grosseur d'un huitième de pois, il y distingue tous les membres du futur animal. Un autre embryon de trois jours, de la taille d'un gros grain de sable, n'en contient pas moins une brebis toute formée. Son scalpel plonge dans les embryons de crevettes, de homards, de charançon, dégage l'ovopositeur rétractable de la phalène et extirpe des femelles quinze à dix-sept œufs. Il découvre que le pou est un ovovivipare après avoir assisté à l'éclosion d'un œuf dans le ventre de l'un d'eux. Au cours de la dissection de la mite du fromage, il trouve des œufs chez la femelle et analyse le pénis des mâles. À la suite de patientes recherches, il démontre enfin la parthénogenèse du puceron[1].

L'œil à facettes de l'insecte fascine l'orfèvre de la nature. S'il ne l'a pas découvert, il en parle dès 1673 et se livre à des expériences d'une extraordinaire minutie. Après avoir nettoyé de ses impuretés la partie interne de la cornée d'un œil composé de libellule, il l'examine au microscope, réalisant ainsi un système optique avec lequel il observe la flamme d'une bougie. L'image est renversée et surtout, à travers les multiples facettes, c'est une constellation de bougies qui s'offre à son regard.

Braquant cette foisonnante lorgnette vers la rue, il découvre une mosaïque de maisons et de fenêtres. Les unes sont ouvertes, les autres fermées. Il distingue, multipliés par cent, les passants et la couleur de leurs vêtements. Voilà qui fera les délices de ses invités. Et que dire de l'œil de libellule, avec ses 12 544 facettes, de ceux du bombyx et de la mouche qui en possèdent respectivement 6 236 et 4 000 ? Les yeux de la crevette sont moins clairs que ceux de la mouche et, après avoir étudié l'œil du scarabée, il dénonce l'absurdité de l'expression anglaise qui dit « aveugle comme un scarabée[2] ».

Dans un autre domaine, il met au point une technique rudimentaire de coupe et de coloration qui lui permet d'observer les fibres musculaires striées et contractiles. De divers examens, il conclut que le nombre de muscles n'augmente pas avec la taille de l'animal. Il note que la peau de l'homme est, comme chez les poissons, recouverte d'écailles, mais minuscules. Après avoir examiné l'épiderme d'une négresse, il proclame que c'est l'opacité de ces écailles qui donne leur couleur noire aux Africains.

Tout au long de sa vie, Leeuwenhoek invente plusieurs techniques d'observation microscopique. En 1692, il nous apprend qu'il a étudié l'anatomie de la matrice chez l'anguille en y pratiquant une injection de mercure. En 1717, alors qu'il est âgé de 85 ans, il découvre que les nerfs sont formés de

1. Cole, « Leeuwenhoek's zoological researched », *op. cit.*, p. 29.
2. *Ibid.*, p. 16.

petits tubes parallèles qui laissent filtrer la lumière lorsqu'on les sectionne. C'est grâce à la technique des coupes transversales et longitudinales qu'il est parvenu, dès 1675, à réaliser de telles observations et à décrire la structure du nerf optique ou de l'écorce cérébrale du bœuf. En 1716, il s'aperçoit que certains objets très fins livrent beaucoup mieux leur secret lorsqu'ils sont sectionnés de façon oblique, ce qui lui permet d'étudier la structure des écailles du poisson et le conduit séminal des testicules[1].

Leeuwenhoek ne s'est pas contenté de décrire ce qu'il a vu. De ses observations, il a tiré des conclusions qui l'élèvent à la hauteur des grands physiologistes de son temps.

Leeuwenhoek physiologiste

Innombrables et diverses sont les observations de Leeuwenhoek physiologiste. En 1686, il étudie le bombyx et s'aperçoit que la chaleur accélère l'éclosion du ver à soie. Détail curieux, c'est grâce à ce phénomène que Pasteur mettra au point un système de dépistage précoce et de prévention de la pébrine, maladie qui ravagera les magnaneries vers 1865.

En étudiant la membrane superficielle de la peau, il établit que la croissance de l'épiderme s'opère à partir d'une couche sous-jacente tandis que les couches plus anciennes sont expulsées après s'être transformées en écailles.

À l'âge de 84 ans, il analyse le système nerveux du haddock et s'aperçoit, « avec un grand plaisir », que les diverses fibres tubulaires ne sont pas de taille identique. Il en conclut que des nerfs aussi minces qu'un cheveu ont la même sensibilité que les nerfs les plus épais.

Le système qu'il imagine pour déterminer l'âge des poissons à partir de l'examen de leurs écailles est pittoresque mais fantaisiste. Chacune des écailles d'un même poisson contenant le même nombre d'anneaux composés de lamelles superposées, il en déduit, par analogie avec l'arbre, qu'un nouvel anneau se forme chaque année. Il observe ainsi une perche de vingt ans, une carpe de quarante ans, une morue de cinquante ans. Il étend le système à la membrane interne du homard et, en 1716, estime qu'on peut déterminer l'âge de la vache à l'examen de la coupe de ses cornes.

Il est plus heureux dans ses conjectures sur le système optique des insectes et la circulation sanguine.

C'est en disséquant un œil de crevette qu'il découvre une multitude de nerfs optiques reliés à chaque facette (ommatidies) et des parties oblongues et transparentes (cônes cristallins). Il pense qu'à la multiplicité des facettes ne correspond pas une multiplicité d'images, les nerfs optiques fusionnant en un seul. L'homme ne voit-il pas une seule image de ses deux yeux ? Et si la

1. *Ibid.*, p. 43-45.

nature a pourvu les insectes d'un œil composé, c'est parce que l'immobilité de leur tête ne leur permettrait pas de couvrir un vaste champ de vision avec un œil simple.

Leeuwenhoek étudie la circulation sanguine de 1674 à sa mort. Il donne une description des hématies et des « globules blancs et incolores ». Dans le sang des oiseaux, ces corpuscules sont ovales, mais ils sont ronds dans celui des mammifères. L'imagination brouille quelques-unes de ses observations. Chez certains animaux, il voit du sang vert ou jaune. Il soutient que chaque globule rouge de l'homme est formé de six globules contenant chacun six autres globules. Alors, il se perd en conjectures en cherchant à comprendre comment six globules ovales peuvent, chez le poisson, s'agencer à l'intérieur d'un septième globule également ovale. Il explique la blancheur du cerveau, en dépit de sa forte vascularisation, par le changement de couleur des globules rouges arrivés à la tête.

Sa contribution la plus importante à la connaissance de la circulation sanguine vient d'une observation de 1688. Chez un têtard de grenouille, il observe le passage du sang des artères vers les veines et son retour au cœur. L'étude de la circulation dans le cerveau des oiseaux et des mammifères lui apprend que les artères et les veines ne sont pas connectées entre elles par des anastomoses mais par les capillaires. En 1696, il découvre le cœur caudal de l'anguille à l'aide de son célèbre microscope aquatique et signale qu'il en a repéré l'oreillette en insufflant de l'air dans la « grande veine ». Chez un têtard, il sectionne un vaisseau et assiste à la formation de réseaux parallèles.

Les observations de Leeuwenhoek resteront longtemps uniques en leur genre. Il faudra attendre la mise au point du microscope achromatique pour que la découverte des cellules et des microbes fasse entrer la microscopie dans une ère nouvelle.

En attendant, le microscope végète. Tout au plus se contente-t-il d'étendre son règne sur les salons du XVIIIe siècle et de devenir l'instrument favori des philosophes, des curieux de la nature et des amateurs éclairés.

CHAPITRE III

Les délassements microscopiques du XVIIIe siècle

Au XVIIIe siècle, la microscopie traverse le désert. Médecins et botanistes la boudent. Buffon la méprise et raille ces animalcules indignes des bons naturalistes. Au début du XIXe siècle, Bichat et les pionniers de l'anatomie pathologique travaillent sans microscope.

Jusqu'au triomphe de Pasteur, les infusoires feront l'objet de digressions qui n'ajoutent rien aux observations de Leeuwenhoek. Ehrenberg, Balbiani et Kölliker soutiennent qu'ils ont des yeux puisqu'ils évitent de se cogner, mais Dujardin pense le contraire. Branchion a vu battre leur cœur et leurs poumons se remplir d'air. Bory de Saint-Vincent leur prête un système cardiaque. Ehrenberg aperçoit leurs poumons à l'endroit où Klaus place leur anus[1]. Et nous sommes en 1877! Pasteur a déjà isolé les ferments lactique, butyrique et acétique. Koch vient de découvrir et d'isoler pour la première fois un germe pathogène, le bacille du charbon!

Pendant un siècle et demi, la microscopie vivote dans les salons et ses amateurs les plus passionnés sont à mille lieues d'entrevoir qu'elle bouleversera un jour le paysage du monde.

Microscopie mondaine

Le XVIIe siècle s'achevait pourtant sur une brillante période. Alors que les travaux de Leeuwenhoek donnaient au microscope ses lettres de noblesse, d'autres chercheurs lui frayaient de nouveaux horizons.

Pressentant un rapport entre les maladies infectieuses et la putréfaction, Bonani montrait que les *vermiculi* microscopiques grouillent seulement dans les eaux impures et putrides. En Allemagne, Johann Nikolaus Pechlin (1646-

1. Cité par Wlodomir Konarski, « Un savant barrisien précurseur de M. Pasteur », *Mémoires de la Société des lettres, sciences et arts de Bar-le-Duc*, t. 4, 3e série, p. 244.

1704) découvrait dans les urines d'un fiévreux un « nombre incalculable » de petits animaux. En Angleterre, Edmund King (1629-1709) constatait que les animalcules en quête d'oxygène se concentrent à la surface des liquides et testait sur eux l'action de différentes substances chimiques. John Harris (1667-1719) avait énoncé la notion de terrain après avoir constaté que l'action conjuguée du type d'infusion et de la chaleur solaire crée un « nid » favorable à l'éclosion des « œufs » d'animalcules. L'idée de bouillon de culture était dans l'air[1].

Plus importants avaient été les travaux de Malphigi (1628-1694), fondateur de l'anatomie de texture ou anatomie microscopique. Docteur en médecine, professeur à Pise puis à Bologne, médecin du pape Innocent XII, il avait été l'un des premiers à appliquer le microscope à l'étude de tous les tissus. Il avait créé l'anatomie végétale en montrant que les plantes sont constituées d'utricules et de vésicules, et qu'elles font l'objet de phénomènes physiologiques présents chez l'homme (fonction respiratoire, circulation de la sève). Il avait découvert dans les reins les glomérules qui portent son nom et, chez certains insectes, des glandes, ou « tubes », dont le contenu se déverse à la jonction de l'intestin moyen et de l'intestin postérieur. Ses descriptions du derme et de l'épiderme sont restées classiques et aucun organe n'a échappé à sa sagacité.

Beaucoup plus modestes sont les conquêtes du XVIIIᵉ siècle. La plupart des micrographes sont devenus des compilateurs au service d'amateurs éclairés et les microscopes ne trouvent asile que dans les salons ou les cabinets de « curieux ». Quant aux traités de microscopie, ce sont des recueils de recettes à l'usage du grand public. Tel est le cas, en Allemagne, des *Amusements microscopiques* (1760-1764) de Ledermuller ou, en Angleterre, du livre de Henry Baker traduit en français en 1754 et intitulé *Le Microscope à la portée de tout le monde avec les méthodes nécessaires pour préparer, appliquer, considérer et conserver toutes sortes d'objets...*

L'ouvrage comporte cependant quelques pensées de bon aloi et des principes qui annoncent le positivisme. Au chapitre XV, Baker écrit : « Gardez-vous bien de déterminer subitement et de déclarer trop vite votre sentiment sur un objet, car l'imagination prévient souvent le jugement et nous fait croire que nous voyons ce qu'il n'est pas possible que nous ayons vu. » C'est la formule de Bossuet que Pasteur reprendra en épigraphe dans ses *Études sur la bière* : « Le plus grand dérèglement de l'esprit est de croire aux choses parce que l'on veut qu'elles soient. »

C'est à Baker que revient le mérite d'avoir, pour la première fois, démontré par l'expérience le caractère mythique de la génération spontanée. Pour le reste, son ouvrage ferait plutôt penser à un livre de cuisine. Le deuxième cha-

1. Félix Dujardin, *Histoire naturelle des zoophytes infusoires*, Paris, 1841 ; Karl Claus, *Traité de zoologie*, Paris, 1884 (première édition, Vienne, 1877).

pitre, intitulé « Faire de l'eau de poivre et des petits animaux qu'on y trouve », commence ainsi : « Jetez du poivre noir ordinaire, grossièrement pulvérisé, dans un vaisseau ouvert, en sorte que le fond en soit couvert de la hauteur environ d'un demi-pouce ; versez-y de l'eau de pluie ou de rivière, en sorte qu'elle s'élève au-dessus du poivre d'un pouce ou à peu près. Agitez bien l'eau et le poivre... »

En France, le *Journal des Sçavans* se garde d'élever la microscopie à la hauteur d'une science, bien que son directeur, Huyghens, soit lui-même micrographe. Peu d'articles sérieux lui sont consacrés. Il la tourne parfois en dérision, comme le suggère ce conte mi-philosophique mi-facétieux publié dans le numéro du 10 juillet 1713 :

« Cet habile mathématicien londonien étoit un homme d'esprit qui parloit assez bien le françois. Je l'invitai à diner et comme il fut fort content de la chere, il me dit avoir quelque chose de fort curieux à me faire voir. Il tira d'un étui de chagrin une espèce de monocle garni d'écaille tortuë. C'était un excellent microscope, et si excellent, qu'il ne faisoit pas seulement voir les cirons les plus imperceptibles mais aussi le Atomes d'Épicure, la matière subtile de Descartes, les vapeurs de la terre, celles que notre corps transpire et les influences des astres. À la première épreuve que j'en fis, m'étant éloigné de mon homme de cinq ou six pas, je vis sur son habit une infinité de petits vers qui en rongoient la laine avec une avidité incroyable et je connus par là, contre l'opinion commune, que ce n'est pas nous qui usons nos habits mais que ce sont les vers qui les mangent. Je changeai de situation, et tournant le microscope dans un autre sens, mon Mathématicien me parut comme enveloppé de fumée. Il me dit que ce que je voyois de la sorte étoit la transpiration qui se faisoit après le repas et que je devois être convaincu par là que Sanctorius n'avoit pas voulu en faire accroire, quand il avoit soutenu que de tout ce que nous mangeons il en transpire plus de la moitié...

« À la sortie du logis, nous allâmes dans un jeu de Paulme. Quatre jeunes hommes joüoient : je sentis de l'inclination pour un de ceux-là et de l'aversion pour un homme avec une forte envie que l'un gagnät et l'autre perdït. Je les regardois tous deux avec le microscope. L'agitation dans laquelle ils étoient les faisoient beaucoup transpirer et la vapeur en venoit jusqu'à moi. J'en examinois toutes les parties et toutes les figures et je m'aperçus que les parties de la vapeur de celui pour qui je sentois de l'inclination étoient telles qu'elles s'accrochoient aisément à ce que je transpirois moy-même et qu'au contraire les parties de la vapeur de celui pour qui j'avois de l'aversion, étant figurées en pointes, les unes aiguës, les autres émoussées, j'en étois blessé ou choqué. Ainsi je connus que la véritable cause de nos aversions et de nos inclinations consiste dans la figure des parties de ce que nous transpirons[1]. »

1. « Mélanges d'histoire et de littérature recueillie par M. de Vigneulle Marville », *Journal des Sçavans*, 10 juillet 1713, p. 435 *sq.*

Cette veine ludique inspire plusieurs manuels de microscopie. L'un des plus célèbres, celui de Joblot, *Description et Usage de plusieurs nouveaux microscopes*... (1718), se distingue par sa verve et l'élégance du langage. La sémantique et le détail de mœurs dépassent ici l'intérêt épistémologique et le microscope, dont Leeuwenhoek ou Malphigi ont fait surgir des mondes nouveaux, se retrouve au cœur de la fête.

Joblot ou la microscopie comme une fête

Louis Joblot est né en 1645 à Bar-le-Duc où il fait ses études de mathématique et de physique. En 1680, il est nommé adjoint de Sébastien Clerc « pour enseigner la géométrie aux Estudiantz de l'Académie royale de peinture et de sculpture ». Il occupe cette chaire jusqu'en 1717, date à laquelle les procès-verbaux de l'Académie mentionnent : « M. Joblot, professeur en géométrie et perspective, ayant prié la compagnie de luy vouloir donner un adjoint, attendu que les affaires qui lui sont survenues l'empechent de vaquer régulièrement à ses leçons, l'Académie, adhérant à sa prière, a nommé M. Leclerc pour en occuper la place et en faire les fonctions en son absence. » Il meurt six ans plus tard[1].

« Les affaires qui lui sont advenues » désigne sa passion du microscope. Il en fabrique plusieurs et ne se lasse jamais du spectacle qui s'offre à ses yeux. Son livre, publié en 1718, a été « imprimé aux frais de l'auteur ». Avec ses trente-quatre planches, il lui a coûté une fortune.

Comme Baker, Joblot a tenté de détruire par l'expérience le système de la génération spontanée. Mais à ses yeux, là n'est pas l'essentiel. Son monde est celui de Leeuwenhoek. Il lui donne un charme, des couleurs et une verve baroques dignes de la *commedia dell' arte*. Il baptise ses infusoires de noms pittoresques qui feraient plutôt référence aux pièces pour clavecin de Couperin et de Rameau : « Inconstans », « bouffons », « Élégans », « cornets à bouquin », « Chaussettes », « pirouëteurs de goulus », « Cornemuses », « poules huppées », « chenilles aquatiques », « cucurbites », « aveugles », « rognons argentés ».

Certains de ses animalcules ressemblent à « la navette du tisserand », à un « crustacé avec une tête de chinois » ou à « une grenade aquatique couronnée et barbue ». C'est avec jubilation qu'il les observe. « Je ne pense pas, écrit-il, que le divertissement de la Comédie, celui de l'Opéra avec toute sa magnificence, ceux des danseurs de cordes, des Sauteurs et des combats d'animaux que nous voyons dans cette superbe Ville, doivent leur être préférez. Et il est certain que l'étude de ce que nous remarquons dans les infusions durant une année remplit davantage la capacité de l'esprit que ne le font tous les grands appareils d'un festin des plus magnifiques[2]. »

1. « Joblot et Baker », *Revue scientifique*, 1894, p. 283-284.
2. *Descriptions et usages de plusieurs nouveaux microscopes*, Paris, 1718, p. 56.

Ces animaux évoluent « comme feroient plusieurs danseurs qui prendroient plaisir à divertir une compagnie ». « Il y en a qui s'arrêtent, faisant le guet comme des sentinelles qui semblent appréhender d'être surprises tandis que d'autres, pour aller à la découverte, s'éloignent de la masse, puis s'en rapprochent comme s'ils avoient quelque chose à faire entendre à ceux qui demeurent aux environs. » Certains aspirent la nourriture en tournant sur eux-mêmes « comme une molette d'éperon tourneroit en lui donnant un coup de doigt » (allusion aux rotifères). D'autres, de forme ovale, « s'accouplent comme des hannetons et étant ainsi attachés, le plus fort entraîne le plus faible à une vitesse surprenante » (il s'agit de la mitose, ou division cellulaire). Et comme ce monde est dominé par la loi de la jungle, on y trouve « de petits insectes de diverses figures et grosseurs qui viennent de naître et qui servent ordinairement de nourriture aux plus gros ».

L'anguille du vinaigre (anguillule) est à l'origine de l'un des épisodes les plus curieux de la carrière de Joblot. En bon mécaniste, il pense que la morphologie pointue de ces animaux microscopiques explique l'acidité du vinaigre. « Ces serpens ont une queuë fort aiguë, écrit-il, et c'est ce qui a donné occasion à plusieurs personnes de croire que le vinaigre ne piquoit que par l'impression que ces petits animaux faisoient. »

Dans les salons, ils sèment la terreur : « Bien des gens qui les avoient vûës dans nos microscopes discontinuèrent de manger de la salade. J'avais beau leur dire qu'elles étoient cent mille fois plus petites qu'ils ne les voyoient par ces instrumens, que la chaleur de l'estomac les faisoit mourir en un instant et que, puisqu'ils avoient mangé de la salade jusqu'à présent sans en avoir ressenti aucune incommodité, ils pouvoient continuer sans danger l'usage d'une chose qui leur faisoit plaisir, la plûpart ne pouvoient comprendre que des serpens qui leur avoient paru plus gros que le doigt et plus longs que le bras ne fissent quelques mauvaise impression sur les membranes interieures de l'estomac. »

Pour rassurer les bonnes gens, Joblot filtre le vinaigre à travers un « papier brouïllard » et l'expose à une chaleur modérée qui tue les anguillules sans altérer la saveur du condiment[1]. Détail curieux, c'est par ce procédé que Pasteur purgera de leurs anguillules les vins susceptibles de tourner à l'aigre.

Un autre micrographe, Louis Lamy, fait ses délices de la cornée des insectes. Sa correspondance avec son parent, le R.P. Lamy, lève le voile sur les techniques employées par Leeuwenhoek dans l'examen de l'œil à facettes. Il sépare la cornée de la tête d'une mouche, évide la concavité, la rince avec un pinceau de miniaturiste imbibé d'eau. Il obtient ainsi une « vitre composée de ronds, de quarrez et le plus souvent d'exagones tout pareil à la figure des cellules des abeilles ». Il la dispose à contre-jour devant l'oculaire de son microcope composé. Les images qu'il observe ne sont pas renversées. L'ins-

1. *Description et usages de plusieurs nouveaux microscopes*, t. 2, p. 2.

trument étant équipé de trois lentilles, l'œil de l'insecte fait office de quatrième lentille.

« Les maisons voisines, note-t-il, les gens qui passoient sous mes fenêtres et d'autres objets semblables, lorsque le soleil les éclairoit, paraissoient multipliez de la mesme manière, et comme chaque cornée de la mouche est toute composée de milliers de ces petits grains transparens, dont la plupart font l'effet d'une loupe ou lentille de verre, il est certain que jamais aucun verre taillé à facettes ne produira une si prodigieuse multiplication de l'image. »

À travers les cristallins d'une sauterelle, il observe « la multiplication d'une flamme de bougie avec tant de distinction que jamais peut-être la salle d'un bal ne fut éclairée de plus de flambeaux. » Rien ne surpasse en beauté le spectacle du pont qui enjambe le Rhône : « Je tournay alors le microscope et la petite cornée de telle sorte que toutes les files ou rangs de ces cristallins fussent parallèles à l'horizon. Cela produisit un joly effet, car chaque file faisoit voir un pont d'un grand nombre d'arcades et de tours au-dessus ; et ces files étant situées les unes sur les autres, leur assemblage composoit une manière de pont de tant d'étages, de tours et d'arcades, que l'ancien et célèbre pont du Gard, avec ses arcs à triple étage, n'étoit pas comparable au pont représenté dans ce petit espace[1]. »

Dans le même temps, un naturaliste de talent, Abraham Trembley (1700-1784), faisait une découverte si étrange qu'elle allait susciter un débat d'ordre métaphysique.

L'animalcule le plus fantastique

À mesure qu'elles se vulgarisent, les observations d'animalcules inspirent des descriptions et des commentaires fort pittoresques mais si confus que certains savants éprouvent le besoin de mettre bon ordre dans ce monde hétéroclite.

Le premier, John Hill publie en 1752 une histoire naturelle qui érige en critère de distinction l'absence ou la présence de membres ou de queue. Dans la douzième édition de son *Systema Naturae* (1758), Carl von Linné met en place une ébauche de classification reprise par Otto Friedrich Müller. Il divise la catégorie des vers (*vermes*) en trois sous-catégories, celle des *Helminthica*, des *Testacea* et des *Infusoria*. Les infusoires sont eux-mêmes divisés en genres dont les noms passeront à la postérité : *monas, vibrions, paramécies, cercaires, vorticelles...* Mais où classer l'incroyable créature découverte par Trembley ?

Trembley est né en 1703 à Genève. Après des études de philosophie et de mathématiques, il soutient, en 1731, une thèse sur le calcul infinitésimal. Son

1. Cité par H. Brocard, *Louis Puget, François Lamy, Louis Joblot. Leur action scientifique d'après de nouveaux documents (1671-1711)*, Bar-le-Duc, 1905, p. 115-122.

père le destine à l'Église quoiqu'il se sente attiré par la théologie. Issu d'un milieu modeste, il émigre en Hollande où il donne des leçons tout en suivant les cours de Gravesande et d'Albinus. Il traverse ainsi une période difficile jusqu'au jour où le comte de Bentick le prend à son service comme précepteur de ses deux fils. Ses nouvelles fonctions lui permettent alors de se consacrer à sa passion de l'histoire naturelle et de la microscopie. Il s'attache d'abord à l'observation des chenilles et des vers. Il répète les expériences de son cousin et ami Charles Bonnet sur la génération des pucerons, et entre en correspondance avec Réaumur dont il dévore les ouvrages[1].

L'homme est un amoureux de la nature dont il sonde les secrets au moyen de son inséparable microscope. Au cours d'une promenade avec ses élèves, à un quart de lieue de La Haye, il aperçoit dans un fossé, sur des tiges de renoncules et de lentilles aquatiques, des sortes de tubes, de cylindres presque invisibles à l'œil nu. En bon naturaliste, il les examine au microscope. Ce qu'il découvre alors dépasse tout ce que l'imagination a pu concevoir.

Il n'est pas encore remis de ses émotions lorsqu'il écrit les premières pages de ses *Mémoires pour servir à l'histoire d'un genre de polypes d'eau douce à bras en forme de cornes* (Leyde, 1744). « Des faits aussi singuliers, aussi contraires aux idées généralement reçues sur la nature des Animaux que le sont ceux que m'a fait voir l'Insecte dont je vais donner l'histoire, demandent, pour être admis, les preuves les plus évidentes [...]. Les faits que je vais rapporter sont trop extraordinaires pour que j'exige qu'on m'en croie sur la parole. J'exposerai le plus clairement qu'il me sera possible tout ce qui m'y a conduit et toutes les précautions que j'ai prises pour éviter de me faire illusion. J'avois d'abord de la peine à en croire mes propres yeux et je devois, à plus forte raison, penser que d'autres auroient de la peine à le croire[2]. »

Trembley a observé un polype d'eau douce que Leeuwenhoek avait déjà remarqué sans y prêter attention. S'agit-il d'un animal ? d'un végétal ? L'immobilité apparente de la « chose » et sa couleur verte plaident en faveur d'une plante formée d'un cylindre évidé surmonté d'une tête hérissée de branches. Armé d'une soie de sanglier, il la retourne comme un gant.

Mais à y voir de plus près, cette plante a un comportement étrange. Elle marche lentement en se servant de « pieds », comme les chenilles, et de « bras » qui lui sortent de la tête. Le nombre de ces « bras » varie de six à dix-huit. Elle renfle son corps, composé d'un tube évidé, et le courbe à son gré, agite ses bras, se retracte. Avec ses bras, elle attrape de petits insectes qu'elle porte à sa bouche qui lui sert aussi d'anus. D'une étonnante voracité, elle avale d'énormes insectes mais n'est pas cannibale. Trembley est parvenu à intro-

1. Maurice Trembley, *La Découverte des polypes d'eau douce d'après la correspondance inédite de Réaumur et d'Abraham Trembley*, Genève, 1902, p. 4 *sq.*

2. Abraham Trembley, *Mémoires pour servir à l'histoire d'un genre nouveau de polypes,* Leyde, 1744, p. 2-3.

duire des polypes vivants à l'intérieur d'autres polypes. Ils y sont restés quelques jours avant d'être rejetés intacts alors que d'autres animaux sont digérés en l'espace d'un quart d'heure. Le volume des aliments ingérés en un seul repas correspond au triple ou au quadruple de son propre corps. Point de doute, le polype est un animal.

Mais voilà le plus extraordinaire. Trembley sectionne un polype en deux. Loin de s'étioler, les deux morceaux se régénèrent pour former deux polypes. Il les tronçonne en trois, quatre, cinq, six morceaux qui donnent naissance à autant de polypes. En 1741, nouvelle découverte. Le 25 février, Trembley aperçoit sur le corps de l'un d'eux une excroissance verte. « Dès le lendemain, note-t-il, cette excrescence avoit environ un quart de ligne de longueur et une figure à peu près cylindrique ; le 28, elle étoit longue au moins d'une demi-ligne ; le même jour, quatre bras commencent à pousser sur cette excrescence ; ils avoient déjà trois lignes de longueur le 18 mars, lorsque le jeune polype se sépara de sa mère. »

Comme la plante, cet animal se reproduit par bouturage. En un mois, un seul polype peut donner naissance, selon ce procédé, à une vingtaine d'individus. Sur le corps d'un même polype, on peut en greffer une dizaine. Des boutures peuvent même bourgeonner sur d'autres boutures, rassemblant dans la même formation le grand-père, le père et le petit-fils.

Trembley s'en donne à cœur joie. Il pratique des greffes, s'amuse à faire fusionner deux polypes sectionnés. En les fendant partiellement dans le sens de la longueur, il obtient des monstres à têtes multiples hérissées de bras. L'hydre de Lerne a trouvé son incarnation microscopique et, pour la première fois, l'homme est intervenu pour infléchir le cours de la vie. Comme le signale Jean Rostand, « il avait fait naître, par un coup de scalpel, des polypes qui ne fussent pas nés sans lui. Il avait fait concurrence au Créateur, joué le rôle de Dieu ou de magicien ; il s'était conduit en "contremaître de la création" [1]. »

Trembley écrit à Réaumur qui en tombe à la renverse. Dans la préface du tome VI de son *Histoire des insectes*, l'entomologiste confessera : « J'avouë pourtant que lorsque je vis pour la première fois deux polypes se former peu à peu de celui que j'avois coupé en deux, j'eus de la peine à en croire mes yeux, et c'est un fait que je ne m'accoutume point à voir après l'avoir vu et revu cent fois. »

Les deux savants se perdent en conjectures : « Si c'est une plante, dit Trembley, c'est une plante sensitive et ambulante ; et si c'est un animal, il peut venir de boutures comme plusieurs plantes. » Le 15 janvier 1741, Réaumur lui répond : « Vos dernières observations semblent décider que ce sont des plantes. Mais des plantes marcheraient-elles ? » Le 25 mars, il précise : « Ce sont certainement des animaux. Je leur ai même donné un nom selon votre bon plaisir, celui de polipes. » En tout cas, répond Trembley, ces polypes

1. Jean Rostand, *Aux sources de la biologie expérimentale*, p. 117.

« nous apprennent qu'il y a entre les animaux et les plantes encore plus de rapports qu'on ne l'a cru jusqu'à présent [1] ».

Le polype force les salons et devient la proie des philosophes. On discute sur le thème du « moi » et de l'unité de l'âme. « La métaphysique, écrit Réaumur à Trembley, gagne peut-être autant que l'histoire naturelle dans les découvertes que vous avez faites. Le naturaliste Charles Bonnet en est lui-même bouleversé : où réside le "moi" dans l'animal qu'on vient de couper en deux ? » Si la section est transversale, il réside dans la portion où se trouve la tête. De l'autre partie naîtra un nouveau polype. Mais si la section est longitudinale et que la tête est scindée en deux, dira-t-on que l'âme a été coupée en deux ? Fendre la volonté avec la pointe d'un scalpel, « cela fait de la peine », soupire Bonnet. Après quelques tourments, l'explication est trouvée : « On ne fend pas des volontés, mais d'une seule tête on en fait deux, et dans le germe de chaque tête résidait originairement une âme. »

Que dire de la greffe ? De la fusion de deux tronçons qui finissent par former un seul polype ? Bonnet imagine deux hypothèses : l'un des deux cerveaux s'altère, préservant l'unité de la personnalité ; les deux cerveaux sont détruits et, à partir de leurs vestiges, se forme une nouvelle personnalité. Les deux cerveaux peuvent aussi fusionner, mais cette hypothèse laisse Bonnet perplexe, « les deux moi » ne pouvant éprouver la même sensation au même moment[2].

Comment des savants et des philosophes ont-ils pu disserter sur l'âme d'un animal microscopique qui occupe un rang inférieur dans la branche des cœlentérés ? Le XVIIIe siècle est anthropocentrique. Leeuwenhoek ne prête-t-il pas une personnalité aux créatures qui peuplent la « république » des animalcules ? Ne s'inquiète-t-on pas du bien-être des spermatozoïdes ?

Prémonition ou hasard ? Des médecins du XVIIIe siècle vont associer ces animalcules à l'étiologie des maladies infectieuses et épidémiques.

Préhistoire du microbe et escroqueries au microscope

Des savants du XVIIIe siècle ont assigné aux animalcules la cause de diverses maladies. Sont-ils pour autant des précurseurs de Pasteur ou de Koch ? Non, certes. En l'absence de bases expérimentales, leurs systèmes relèvent de l'imagination, tout comme la théorie des miasmes. À la rigueur peut-on y voir une certaine ouverture d'esprit en faveur des futures théories microbiennes.

En 1700, le Dr Nicolas Andry publie un ouvrage remarquable : *De la génération des vers dans le corps de l'homme.* Il y attribue aux parasites, et particulièrement aux vers, un rôle important en pathologie. Il décrit et dessine

1. Maurice Trembley, *La Découverte de polypes d'eau douce, op. cit.,* p. 11 et 23.
2. Cité par Jean Rostand, *Aux sources de la biologie expérimentales, op. cit,* p. 117-119.

des ascarides, des oxyures, des botriocéphales et des ténias dans l'intestin ; des ascarides et des grandes douves dans le foie ; des strongles géants et des larves de mouches dans la vessie. Sa symptomatologie est excellente. Il reconnaît les troubles de l'helminthiase, voire la perforation intestinale par ascarides et déclare le pronostic mortel lorsque ces derniers sont expulsés en même temps qu'une matière noire (*malaena).*

Au-delà des vers visibles à l'œil nu, Andry soutient que les animalcules, ou vermicules, jouent un rôle actif en pathologie infectieuse. Ainsi a-t-il vu, ou cru voir, des vers microscopiques dans le pus des furoncles et des pustules de petite vérole. Ces « petites semences des insectes », écrit-il, pénètrent dans l'organisme en s'insinuant dans les pores de la peau. Elles y produisent des petits animaux qui rongent les cellules et détruisent l'individu de l'intérieur. « Dans les maladies vénériennes, précise-t-il, il n'y a point d'endroit du corps qui ne soit rongé de petits vers imperceptibles, et ce sont ces vers qui font presque tous les ravages qui arrivent dans ces sortes de maladies. »

Hartsoeker soutient les mêmes idées dans une lettre à Nicolas Andry : « Les maux que l'on appelle vénériens nourrissent dans leurs corps une infinité d'insectes invisibles, qui rongent et mordent tout ce qu'ils trouvent, et font tous les ravages que l'on sait[1]. » Andry est à ce point convaincu de l'origine parasitaire des maladies infectieuses qu'il n'hésite pas à conseiller aux médecins de soumettre le sang de leurs malades au microscope afin d'y dépister d'éventuels animalcules.

En 1710, Vallisnieri parle de *vermiculi pestiferi* (vermisseaux porteurs de peste) et d'« asticots pestilentiels ». « Il est certain, écrit-il, que chaque fois que des corps étrangers entrent dans la masse humorale, surtout s'ils sont organiques et capables de mouvement, ils peuvent s'agiter dans tous les sens, brouiller le mouvement bien réglé des particules de cette masse[2]. »

En 1720, Benjamin Marten attribue une étiologie « animée » à la phtisie pulmonaire et à plusieurs autres maladies contagieuses.

La relation de la peste de Marseille (1721), de Bertrand et Michel, contient un avertissement dans lequel l'auteur, le Dr Baptiste Goiffon, soutient que « la cause de la peste est animée ». Il s'agit de « petits insectes » invisibles à l'œil nu, « qui se renouvellent toujours, et ne finissent point ; ils peuvent se multiplier dans les vêtements, dans les meubles, dans les habitations d'où ils passent ensuite à l'homme en s'y insinuant. »

En 1741, Giovanni Battista Bianchi affirme que les fièvres malignes, la peste, la lèpre, la rage, la phtisie, la syphilis et la variole sont dues à des insectes de plusieurs espèces capables de ramper, sauter, voler ou nager[3].

1. Cité par Penso, *La Conquête du monde invisible, op. cit.*, p. 221.
2. *Ibid.*, p. 223.
3. *Ibid.*, p. 225.

On pourrait multiplier les citations. L'origine animalculiste des maladies infectieuses semble avoir connu une audience si vaste que des charlatans, plantés sur le roc de la crédulité publique, se sont avisés de battre monnaie avec leur microscope.

En 1726 est publié à Paris le livre d'un certain M.A.C.D., intitulé *Système d'un médecin anglois sur la cause de toutes les espèces de maladies avec les surprenantes configurations des différentes espèces de petits insectes qu'on voit par le moyen d'un bon microscope*... Ce médecin s'en prend d'abord à ses confrères qui « mourerons sans seulement vouloir se donner la peine d'apprendre à se servir d'un bon microscope parce qu'ils sont tellement prévenus en faveur de leurs acides, de leurs alcalis et de leurs fermentations que tout autre opinion ne pourra jamais exciter leur curiosité ».

Selon M.A.C.D., tous nos maux sont causés par des animalcules. Les rhumatismes, la sciatique, la perte d'appétit, la maigreur et la « faim canine » ont pour origine de petites bêtes invisibles à l'œil nu. Il les voit dans le sang, dans les urines, dans les excréments de ses malades. Son livre est agrémenté de gravures d'insectes semblables aux moustiques ou aux libellules. Ce sont les « cirons » que l'on trouve sous l'épiderme ; les « chancriciques » sur le prépuce ; les « morpions » sur le pénis ; les « véroliques » dans la masse du sang ; les « bubonistes » aux aines.

Sa « théorie microbienne », empruntée aux panspermistes, est bien construite. Une région est-elle ravagée par une épidémie ? en voici la raison : « quelque degré convenable de chaleur a fait éclore les œufs de quelques espèces d'animaux épidémiques [...] lesquels étant configurés comme des moucherons ou escarbots volent dans l'air et l'infectent, de sorte que lorsqu'il en entre dans une personne, soit par la respiration, soit avec le manger [...] il s'y nourrit, il s'y génère, s'y multiplie tellement qu'il se manifeste un grand préjudice de la santé et même de la vie de cette personne ».

Un malade vient-il le consulter ? le médecin anglais s'empresse de recueillir quelques gouttes de son sang, de ses urines ou de sa salive. Il lui montre, dans son extraordinaire microscope à plusieurs branches, les animalcules qui s'y agitent et s'empresse de les exterminer sous ses yeux.

En fait, le microscope de M.A.C.D. est un microscope truqué, des branches et des miroirs inutiles constituant un ingénieux trompe-l'œil. Lorsqu'il place sous l'objectif une goutte d'urine ou de sang, son malade découvre de vulgaires infusoires qu'il extermine avec une larme d'eau-forte. Au bout de deux ans, la supercherie est éventée par les Drs Chirac et Mairan, et le fameux médecin anglais, qui n'est autre qu'un Normand du nom de Robert Boile, doit fermer boutique avant de s'éclipser[1].

Dans son livre *The Quacks of London* (Londres, 1928), C.J.C. Thompson évoque un autre charlatan, Katterfelto, qui, en 1782 et 1783, fait courir les

1. D'après une relation de Vallisnieri citée par Penso, *ibid.*, p. 228.

foules anglaises au moyen d'encarts publicitaires publiés dans le *Morning Post.* Se présentant comme un « philosophe célèbre », il va de ville en ville, accompagné de son chat noir, et distribue des prospectus à la gloire de son « microscope solaire unique en Europe ». Dans une « salle d'exposition » installée dans un chariot, il draine les foules. C'est là qu'au moyen d'une lanterne magique il montre à ces dupes les animalcules de toutes sortes de maladies aussi gros que des oiseaux, avant de leur vendre une potion miraculeuse.

Au XVIIIe siècle, les « théories microbiennes » font donc recette en milieu populaire. N'est-il pas plus facile d'imaginer l'origine des maladies infectieuses à travers la présence incongrue d'animalcules nuisibles, que de comprendre le premier mot de la théorie des miasmes ou des alcalis ?

Autrement suggestives sont alors les polémiques sur le thème de la procréation et de la génération spontanée.

CHAPITRE IV

Microscope et procréation
(XVIIe-XVIIIe siècle)

Quatre siècles av. J.-C., Platon, dans le *Timée,* a une vision prophétique. Il imagine des animaux minuscules, invisibles et informes, qui, semés par l'homme dans la matrice, s'y développent et deviennent des êtres accomplis. Ces « animaux », le microscope permet de les apercevoir vingt siècles plus tard, et c'est dans une atmosphère de merveilleux qu'ils font irruption dans les systèmes de génération.

En 1677, un jeune médecin de Dantzig, alors étudiant à Leyde, Louis de Ham, examine au microscope les pollutions nocturnes d'un malade atteint de gonorrhée. Il y découvre « qu'une goutte étoit un océan ou nageoit une multitude innombrable de petits poissons dans mille directions différentes[1] ». Peu après, de passage à Delft, il attire l'attention de Leeuwenhoek sur ces petits « poissons ». Le célèbre micrographe en fait aussitôt une première description qu'il adresse à Lord Broucker, secrétaire de la *Royal Society.* Pour les spermatozoïdes, c'est le début d'une tumultueuse carrière. Pour comprendre la portée de l'événement, il faut savoir qu'un autre Hollandais, Reinier De Graaf (1641-1673), venait de bouleverser les théories de la génération en soutenant que les vivipares, comme les ovipares, naissent d'un œuf[2].

De Graaf et la révolution oviste

C'est en étudiant les « testicules » de la femelle du loup de mer, dont on connaissait la viviparité, que le savant danois Sténon constate, vers 1668, qu'il s'agit d'ovaires. Il étend ses observations à la vache, à la brebis, à la lapine et

1. Cité par Maupertuis, *Vénus physique*, Paris, 1745, p. 27.

2. Sur les problèmes de génération, voir de Jacques Roger, *Les Sciences de la vie dans la pensée française du XVIIe siècle*, Paris, Armand Colin, 1963 ; Jean Rostand, *La Formation de l'être,* Paris, Hachette, 1930 ; Pierre Darmon, *Le Mythe de la procréation à l'âge baroque,* Paris, J.-J. Pauvert, 1977 et Points-Seuil, 1984.

à la chienne, pour en conclure que les « testicules de femmes » sont sans doute analogues aux ovaires des ovipares. Jusqu'à cette date, on croyait, selon les principes d'Hippocrate, le fœtus formé du mélange dans la matrice des semences mâle et femelle. La théorie oviste, pulvérisant cette conception, est énoncée par De Graaf dont les travaux feront autorité durant plus d'un siècle et demi.

Dans la préface de son *Nouveau Traité des organes génitaux*, ce jeune savant de trente et un ans formule, en 1672, une audacieuse affirmation : « Je prétends, dit-il, que tous les animaux et l'homme même tirent leur origine d'un œuf, non pas d'un œuf formé dans la matrice par la semence, au sentiment d'Aristote, ou par la vertu séminale, suivant Harvey, mais d'un œuf qui existe avant le coït dans les testicules des femelles. »

Reprenant les observations de Sténon, il n'hésite pas à qualifier d'ovaires les « testicules féminins ». Ce sont eux qui engendrent les œufs. En les observant, il décrit très précisément les follicules qui portent son nom. Mais il les prend pour les œufs alors qu'ils sont les cellules qui libèrent les ovules. Il reconnaît l'existence de corps jaunes dans l'ovaire et établit une corrélation entre leur nombre et celui des fœtus en gestation. Ces œufs, qui transitent par les trompes de Fallope, sont fécondés par l'*aura seminalis*, sorte de vapeur éthérée ou d'effluve spiritueux qui se dégage du sperme. Arrivés dans la matrice, ils sont soumis à une incubation interne qui distingue les œufs de vivipares des œufs d'ovipares dont l'incubation est externe.

Sans doute l'analyse repose-t-elle sur des faits erronés, ce qui n'enlève rien à l'exactitude de la démarche ni à la rigueur du propos. Les recherches de De Graaf tirent l'embryologie du chaos, mais la priorité de ses découvertes lui sera âprement contestée par son professeur, Swammerdam, et De Graaf mourra, à l'âge de trente-deux ans, d'une attaque d'apoplexie provoquée, dit-on, par l'arrogance du maître.

Ses travaux soulèvent quelques objections. Les trompes de Fallope ne sont-elles pas trop étroites pour livrer passage aux vésicules de l'ovaire ? De Graaf rétorque que la matrice et le vagin se dilatent dans les mêmes proportions lors de la formation du fœtus. En outre, la vésicule se décharge de son eau en entrant dans la trompe, au niveau du pavillon. Quelques années plus tard, les ovistes italiens Malphigi et Vallisnieri, sensibles à la gravité de l'objection et aux insuffisances de la parade, pressentiront le phénomène de l'ovulation mais ne parviendront jamais à l'observer. Le mérite en reviendra, cent cinquante ans plus tard, à Prévost, Dumas, et Karl Ernst von Baer[1]. L'ovisme triomphe malgré tout lorsque survient, cinq ans après la mort de De Graaf, une découverte qui va tout remettre en cause.

1. *Troisième Mémoire sur la génération,* Genève, 1827.

Les animalcules spermatiques

Alerté par de Ham, Leeuwenhoek observe les fameux animalcules dans la semence d'un homme ne souffrant d'aucune maladie vénérienne. Parfois, écrit-il en novembre 1677, « plus de mille s'agitaient dans un espace grand comme un grain de sable ». Dans la partie « épaisse, ils gisaient presque sans mouvement ». Ils étaient si petits « qu'un million d'entre eux n'égalerait pas la taille d'un grain de sable ». Il se souvient les avoir observés, trois ou quatre ans auparavant, et confondus avec de vulgaires globules. D'ailleurs, poursuit-il, « comme j'étais dégoûté de poursuivre ma recherche, et plus encore de la raconter, je n'en parlais pas[1] ». Perclus de honte, Leeuwenhoek laisse à son correspondant la liberté de ne pas publier sa lettre, qui ne paraîtra d'ailleurs que deux ans plus tard. Par la suite, Maupertuis confirmera que ce « physicien chaste et religieux » s'est livré sur les animalcules spermatiques à « un grand nombre d'expériences, dont aucune, à ce qu'il nous assure, n'a jamais été faite aux dépens de sa famille ».

Leeuwenhoek ne leur attribue d'abord aucun rôle procréateur. Il pense que l'embryon est préformé dans la partie épaisse de la semence dont les « vaisseaux », ou « filaments », sont des ébauches d'organes. C'est donc la semence mâle, seule, qui forme l'embryon, le rôle de la femme se réduisant à la fourniture de nourriture. En cela, il se distingue de la majorité des savants gagnés aux théories ovistes. C'est seulement dans une lettre de mars 1678 qu'il envisage, pour la première fois, le rôle procréateur des animalcules spermatiques de la morue : « En voyant ces globules, je considérais qu'il n'y a pas de raison pour que la nature n'ait pas fait dans chacun de ces minuscules globules le commencement de tous les vaisseaux du poisson[2]. » Un an plus tard, cette hypothèse est devenue certitude : « Je pense, précise-t-il, que ces animalcules sont composés d'un nombre de parties aussi grandes que notre corps selon l'opinion commune[3]. »

Dès lors, les convictions animalculistes de Leeuwenhoek iront en se fortifiant. S'il pense que l'animalcule contient un embryon préformé, il ne croit ni à la préexistence des germes ni à leur emboîtement à l'infini. Qui pourrait prétendre qu'une souris puisse contenir les milliers de souris qui vont naître dans les mois prochains ? Le fœtus préformé étant unique, d'où viennent les animalcules ? Dans les testicules d'un rat, Leeuwenhoek en découvre certains, de taille normale, et d'autres, plus petits, au développement incomplet. Il en conclut que ces derniers sont nés d'un œuf et que les spermatozoïdes se reproduisent comme les insectes.

1. Jacques Roger, *op. cit.*, p. 295.
2. Cité par Jacques Roger, *ibid.*, p. 298.
3. *Ibid.*, p. 306.

Parallèlement, il se livre à une critique hargneuse des théories de son ancien protecteur Reinier De Graaf. Un œuf, dit-il, ne peut pas sortir de l'ovaire et s'engager dans les trompes de Fallope. Ce système, beaucoup trop complexe, est peu conforme aux lois de la nature.

À mesure que l'animalculisme fait de nouveaux adeptes, la priorité de la découverte est vivement revendiquée par le Hollandais Hartsoeker, à qui Leeuwenhoek a enseigné l'art de fabriquer des microscopes, et qui prétend maintenant avoir observé les animalcules spermatiques dès 1674. Mais par décence, il aurait gardé le silence[1]. Dans une lettre adressée en 1678 au *Journal des Sçavans*, il reconnaît pourtant les avoir vus depuis peu[2]. Plus tard, il accusera Huyghens, le rédacteur du journal, d'avoir altéré le sens de sa lettre.

Il faut attendre 1690 pour que les savants commencent à prendre ces animalcules au sérieux tout en restant attachés aux doctrines ovistes. C'est d'ailleurs dans les milieux mondains que le spermatozoïde rencontre la plus vive sympathie.

Le spermatozoïde à la conquête des salons

Partout, dans le monde, il alimente les conversations. Certes, on ne parle pas encore de « spermatozoïdes » mais d'« animaux », de « vers », de « vermisseaux », de « vermicules », d'« insectes spermatiques », de « poissons », de « têtards », de « crapauds » et surtout d'« animalcules spermatiques ». Bouillonnants de vie, ils détrônent l'œuf inerte. On y voit l'origine de l'homme. Aussi restaurent-ils le prestige procréateur du mâle un instant ébréché par l'ovisme. « Voilà donc toute la fécondité qui avoit été attribuée aux femmes rendue aux mâles[3] ! » s'exclame Maupertuis.

Le spermatozoïde est présenté au roi d'Angleterre, Charles II. La France lui réserve un accueil chaleureux. Et puis, l'animalcule passe dans la mode. La haute société du XVIIIe siècle se complaît dans l'observation de sa joyeuse progéniture, et, selon la formule de Voltaire, il était courant « que tous les philosophes, excepté ceux de quatre-vingts ans, dérobassent à l'union des sexes la liqueur séminale productrice du genre humain[4] » afin de l'observer au microscope.

On s'émerveille devant la multitude des êtres qui peuplent le sperme. On ne se lasse pas d'y voir « nager les petits vers qui doivent devenir hommes, comme on voit dans les étangs glisser les têtards destinés à être grenouilles[5] ».

1. Hartsoeker, « Extrait critique les lettres de M. Leeuwenhoek », *Cours de physique,* La Haye, 1730, p. 45.
2. *Journal des Sçavans*, n° 30, 1678, p. 378.
3. *Vénus physique, op. cit.*, p. 29.
4. *Les Singularités de la nature,* chap. XIX, « Des germes », Bâle, 1768, p. 63.
5. *Ibid.*, p. 63.

Maupertuis célèbre la nature prolixe : « On trouve dans la liqueur séminale du brochet, écrit-il, plus de brochets qu'il n'y auroit d'hommes sur la terre, quand elle seroit partout aussi habitée que la Hollande. » Évoquant l'emboîtement possible des germes à l'infini, il poursuit : « Mais si l'on considère les générations suivantes, quel abîme de nombre et de petitesse ! D'une génération à l'autre, les corps de ces animaux diminuent dans la proportion de la grandeur d'un homme à celle de cet atome qu'on ne découvre qu'au meilleur microscope [...]. Richesse immense de la nature ! N'êtes-vous pas ici une prodigalité ? Et ne peut-on pas vous reprocher trop d'appareil et de dépense[1] ? »

Étonnante liqueur séminale ! Les autres liqueurs animales ne sont jamais, suivant l'expression de Leeuwenhoek, que « des mers désertes dans lesquelles on n'aperçoit pas le moindre signe de vie ». L'examen du sang, de la salive, de l'urine ou des larmes distille l'ennui. Mais le grouillement du sperme, le frétillement de millions de têtards qui portent l'humanité de demain, voilà qui est fascinant !

Et c'est bien là le drame des spermatozoïdes. Ils sont beaucoup trop spectaculaires. Bientôt, l'imagination s'en empare et leur prête une personnalité animale. L'œil rivé au microscope, Leeuwenhoek a beaucoup contribué à la naissance d'un mythe. Inlassablement, il observe leurs mœurs. Il en distingue des deux sexes. Les adultes sont pourvus d'une queue, les jeunes n'en ont pas. Pendant la saison des amours, ils s'accouplent. Bientôt, les femelles deviennent grosses et mettent bas. Les petits, dont certains « ne sont pas mûrs et pas encore viables », sont accrochés par grappes à la queue de leur mère dont ils se détachent à l'âge adulte. Ces animaux spermatiques héritent de l'instinct de leur hôte. Dans la semence du bélier, on les voit se déplacer en troupeaux. Arrivés dans la matrice, ils se dépouillent de leur peau, prennent leur queue, s'enroulent sur eux-mêmes et se revêtent d'une peau nouvelle qui donnera naissance aux enveloppes embryonnaires[2].

L'animalculiste Hoffman voit dans le sperme des globules ou des œufs transparents dont chacun serait « l'auberge de deux vers » mâle et femelle[3]. En 1694, Hartsoeker imagine dans le corps de l'animalcule les nerfs, les artères et les veines du fœtus. Il prétend que l'homme, couvert d'un voile membraneux, est caché dans la tête du ver et que la queue correspond au nombril et au cordon ombilical. Il fait graver cet *homunculus* sous la forme d'un petit homme, les membres repliés, et accroupi à l'intérieur de la tête de l'animalcule. Et tous les hommes de demain seraient ainsi emboîtés les uns dans les autres[4].

1. *Vénus physique, op. cit.*, p. 30-31.
2. Cité dans l'*Histoire naturelle* de Buffon, éd. de 1749-1767, t. IX, p. 28, 146-147, 304.
3. *Opera omnia physico-medica,* 1740, p. 76.
4. *Essai de dioptrique, op. cit.*, p. 229-230.

C'en est trop ! Cette fantasmagorie inspire au secrétaire de la Faculté de médecine de Montpellier, Plantade, un article satirique qu'il publie en latin, sous le pseudonyme de Dalempatius, dans *La Nouvelle République des Lettres* de 1699. Il affirme avoir vu ces têtards se dépouiller de leur peau et prendre la forme d'un petit homme dont on distingue la tête, le tronc et les jambes[1]. Les partisans trop crédules de l'animalcule tombent dans le piège et cautionnent la « découverte » de Dalempatius. L'illustre Boerhaave ne s'est-il pas, le premier, laissé abuser ? Buffon, en tout cas, le réfute sérieusement. Comment, dit-il, ce petit personnage pourrait-il être plus formé que ne l'est un fœtus à un mois[2] ?

Le discrédit est aussitôt jeté sur l'animalcule. « Cette découverte, dira Haller, eut une célébrité aussi brève qu'une chose d'aussi peu de valeur peut en avoir. » Plus rationnel, le système oviste s'inscrit dans l'unité de la nature. Être issu d'un vulgaire têtard n'est pas flatteur, en faire son héritier ne l'est guère plus. Voilà donc le spermatozoïde ravalé au rang de parasite. Sa carrière n'en est pas pour autant terminée. En dépit de tout, il garde un certain nombre de partisans qui énoncent les théories animalculistes alors même que l'ovisme regagne le terrain perdu.

Les théories animalculistes

Malgré le scepticisme assez général illustré par la tendance nettement oviste de *L'Encyclopédie* de Diderot et d'Alembert[3], plusieurs savants, Andry, Boerhaave, Astruc, Lieutaud, restent fidèles à l'animalcule. À la fin du XVIIIe siècle, Spallanzani leur portera un coup mortel en réalisant la fécondation artificielle d'œufs de grenouilles avec du sperme dilué qu'il croit dépourvu d'animalcules[4]. Aussi la fonction procréatrice du spermatozoïde ne sera-t-elle pas consacrée avant la deuxième moitié du XIXe siècle. En 1829, Demangeon refuse d'y voir un embryon de fœtus et n'admet dans le sperme que « des éléments de vivification[5] ». Dix ans plus tard, Jean Mülle ignore si les animalcules spermatiques sont des parasites ou des animaux générateurs. Dans l'attente de jours meilleurs, les animalculistes échafaudent toutes sortes de théories sur son rôle dans la génération.

Par analogie avec le règne végétal, Leeuwenhoek imagine les spermatozoïdes dardés contre les parois de la matrice comme une volée de graines sur un terroir. Mais, telles des oasis dans le désert, seuls quelques points fournissent le suc nécessaire à leur accroissement. De rares élus, un ou deux vermisseaux, s'y fixent, le sexe de l'animalcule déterminant celui de l'enfant. Ils

1. *La Nouvelle République des Lettres*, 1699, p. 552 *sq.*
2. *Histoire naturelle, op. cit.*, t. 4, p. 149.
3. Art. « génération », t. 7, p. 567 *sq.*
4. *Expériences pour servir à l'histoire de la génération...*, Genève, 1785, p. 165.
5. *Anthropogenésie ou génération de l'homme*, p. 137.

tissent alors contre la matrice ces filets placentaires dont les racines vont puiser la sève nourricière dans les entrailles de la mère. « Les autres périront comme les grains semés dans une terre aride. Car la matrice, dit Maupertuis, est une étendue immense pour ces animalcules[1]. » Quant aux ovaires, ils seraient des glandes lubrifiantes sans effet sur la génération.

Dans un tel système, la femme se contente de fournir la nourriture, l'homme restant le principe de toute hérédité. L'explication n'étant pas suffisante pour expliquer le mélange des caractères maternel et paternel chez les hybrides comme la mule, Leeuwenhoek imagine un ingénieux système. L'animalcule du cheval trouverait une nourriture inadaptée dans la matrice de l'ânesse, les éléments nécessaires à la formation des oreilles ou de la queue y faisant défaut. Ainsi s'engendrerait la mule qui ne ressemble ni au cheval ni à l'âne[2].

Les plus nombreux soutiennent que la conjonction de l'œuf et de l'animalcule est nécessaire. Un seul animalcule sur un million entrerait dans l'œuf par le pédicule qui s'attache à l'ovaire, vouant ses congénères à une mort certaine. Une fois dans l'œuf, il y trouverait, tel un insecte dans le fruit, « le gîte et le couvert » nécessaires à son épanouissement.

La conjonction de l'œuf et de l'animalcule a suscité des impressions pittoresques. Dans cette multitude de vermisseaux, remarque Maupertuis, « l'un, plus heureux ou plus à plaindre que les autres, nageant, rampant dans les fluides dont toutes ces parties sont mouillées, emprunte la trompe de Fallope et parvient jusqu'à l'ovaire. Là, trouvant un œuf à son goût, il s'y loge. L'œuf piqué se détache de l'ovaire et, par le même itinéraire, tombe dans la matrice[3]. »

La vision d'Andry est plus étonnante. Les insectes spermatiques donnent assaut à l'œuf déposé dans la matrice. Alors commence un étrange ballet : « Ces vers spermatiques, qui sont dans un mouvement continuel, vont dans toute la cavité de la matrice; ils rencontrent cet œuf, ils tournent à l'entour, ils courent dessus. » Le plus habile trouve l'orifice formé au moment où l'œuf s'est détaché de l'ovaire. À cet endroit, « il y a une valvule qui permet au ver d'entrer dans l'œuf mais qui l'empêche d'en sortir, parce qu'elle se ferme de dedans en dehors. Cette valvule est tenuë en arrest par la queue du ver en sorte qu'elle ne peut pas même s'ouvrir de dehors en dedans : ce qui est cause qu'un autre ver n'y sçauroit entrer[4]. »

Avec Boerhaave, la conception prend une dimension épique, apocalyptique, dantesque. Elle intervient au terme d'un bain de sang. Parvenus à l'entrée des trompes de Fallope, les animalcules entrent en guerre. Le plus fort, après avoir jonché le champ de bataille de cadavres, « tout glorieux de son triomphe et resté seul pour en jouir », emprunte la trompe et va détacher

1. *Vénus physique, op. cit.*, p. 34-35.
2. F.-J. Cole, « Leeuwenhoek's zoological researches », *op. cit.*, p. 13.
3. *Vénus physique, op. cit.*, p. 34-35.
4. *De la génération des vers, op. cit.*, p. 34-35.

l'œuf, le conduit dans la matrice et s'y installe. Parfois, deux ou trois survivants y pénètrent. S'ils cohabitent en bonne intelligence, cela donnera des jumeaux ou des triplés. Dans le cas contraire, ils se battent en duel. Le vainqueur expulse le cadavre de son ou de ses malheureux concurrents. Mais lui-même n'est pas sorti indemne de la bataille. Ainsi se forment les fœtus « borgnes, estropiés, mutilés qui, arrivés au terme, donnent des monstres[1] ».

L'animalcule, l'œuf et l'*aura seminalis* interviennent dans le système d'Astruc. L'œuf comprend tout l'arrière-faix, c'est-à-dire le placenta et les enveloppes du fœtus. Après l'accouplement, la matrice se resserre, la semence est absorbée par les pores, mais les animalcules restent plaqués contre la muqueuse. L'esprit séminal du sperme est porté aux ovaires par le sang. Les œufs ainsi fécondés croissent. Quelques-uns se détachent, tombent dans la trompe qui les conduit jusque dans la matrice où l'un d'eux deviendra le gîte d'un animalcule. Dans de telles conditions, il est facile d'expliquer l'hérédité. Le ver est à l'image du père, l'œuf porte en moule l'image de la mère. Le produit final sera donc modelé par les deux parents[2].

Les théories animalculistes sont le fruit de l'imagination. Peu nombreux sont d'ailleurs les théoriciens qui ont observé l'animalcule au microscope. De même, ce sont des arguments d'ordre moral et philosophique qui vont servir de base à leur réfutation.

Le procès du spermatozoïde

Une trentaine d'années après sa découverte, l'animalcule laisse perplexe. « À mesure qu'on examinoit les choses de près, écrit le Dr Roussel, et que la première agitation des esprits se calmoit, les doutes naissoient en foule[3]. » Bien plus, on ne se contente pas de réfuter les facultés procréatrices de l'animalcule, on le met désormais au banc des accusés, comme pour se venger d'un enthousiasme trop vite déçu. Que lui reproche-t-on ?

On lance d'abord contre lui une accusation de génocide. La multitude de ces animalcules spermatiques pose un écrasant problème moral. Dès la fin du XVIIe siècle, le journal *Le Progrès de la médecine pour l'année 1697* dénonce l'animalculisme au plan théologique : « Par cette doctrine », on accuse « le Souverain Ordonnateur d'avoir fait une infinité de meurtres ou de choses inutiles en formant en petit une infinité d'hommes qui ne doivent jamais voir le jour. » À la même époque, Besse, dans sa *Recherche analytique*, se refuse, comme croyant, d'admettre le sacrifice inutile d'êtres pourvus d'une âme : « Car puisqu'ils se meuvent, il faudroit dire qu'ils sont déjà animez, Dieu

1. *Les Institutions de la médecine*, 1740, p. 448 *sq.*
2. Cité par Tinchant, *Doctrine nouvelle sur la reproduction de l'homme*, Paris, 1825, p. 42.
3. *Système philosophique de la constitution de l'état organique de la femme*, Paris, 1755, p. 73.

s'étant obligé à créer l'âme dès que le corps pourroit exercer ses fonctions; or, la foi nous apprend que Dieu ne crée l'âme du fœtus humain que tandis qu'il est dans le ventre de la mère[1]. »

Un même sentiment domine le XVIIIe siècle. « On ne pouvoit se résoudre à croire, écrit Roussel en 1755, que la nature établit l'existence d'un animal sur la destruction de plusieurs milliers d'animaux, et qu'un de ces animalcules ne pût vivre qu'en sacrifiant, comme un sultan cruel, tous ceux qui avaient les mêmes droits que lui[2]. » La grande *Encyclopédie* de Diderot et d'Alembert s'indigne de ce que le plus fort, au prix « d'un massacre général, parvienne à s'emparer seul de la matrice ou de l'œuf[3] ».

Certes, rétorquent les avocats de l'animalcule. Mais pourquoi lui reprocher une prodigalité dont la nature offre tant d'exemples? « Combien de milliers de glands tombent d'un chêne, se dessèchent et pourrissent, pour un très petit nombre qui germera et produira un arbre[4] ? » Cette analogie ne rassure personne. Les végétaux n'ont pas d'âme, souligne l'oviste Michel Procope Couteau. D'ailleurs : « Les fruits, les graines que rapporte un arbre, une plante, ne germent pas tous. Cependant, ils peuvent tous germer : leur mère commune, la terre, leur offre un champ assez vaste pour les contenir et les faire fructifier tous. » Et ce « sont l'aliment des habitants de la terre et de l'air, au lieu que les animaux spermatiques deviennent d'une inutilité parfaite[5] ».

L'immoralité de l'animalculisme et la sagesse de la nature sont encore d'actualité dans la première moitié du XIXe siècle. En 1830, Bory de Saint-Vincent s'insurge. Comment admettre que le triomphe du plus fort repose sur l'immolation de millions d'innocents[6]. En 1838, Burdach écrit, dans son *Traité de physiologie,* qu'il est inadmissible que « chaque homme porte en soi des millions d'hommes déjà vivants, dont plusieurs milliers doivent périr à chaque copulation[7] ».

Deuxième accusation : la laideur de l'animalcule. Certes, « le papillon et plusieurs espèces d'animaux sont d'abord des sortes de vers[8] ». Mais l'homme a trop d'amour-propre pour accepter cette ascendance vermiculaire. L'idée de porter en soi des rejetons semblables à ceux du crapaud lui est intolérable, sentiment exprimé avec panache par Michel Procope Couteau : « Comment cet orgueilleux tyran de tout ce qui respire peut-il se reconnaître au travers des déguisements si vils et se donner des vers pour successeurs[9] ? »

1. Cité par Jacques Roger, *ibid.,* p. 318.
2. *Ibid.,* p. 74.
3. T. 7, art. « génération », p. 567.
4. Maupertuis, *op. cit.,* p. 32.
5. Michel Procope Couteau, *L'Art de faire des garçons,* Paris, 1745, éd. de 1755, p. 65.
6. *Dictionnaire d'histoire naturelle,* art. « sperme ».
7. T. 2, p. 289.
8. Maupertuis, *op. cit.,* p. 36.
9. *L'Art de faire des garçons, op. cit.,* p. 62.

Troisième élément à charge : l'animalcule défie la logique et les lois de la nature. Si l'insecte spermatique est le germe du fœtus, comment expliquer la ressemblance avec la femelle ? « Dira-t-on que c'est pour avoir reçu la nourriture et le logement ? En ce cas, pourquoi les troupeaux ne ressembleraient-ils pas aux prairies[1] ? » Poursuivant son réquisitoire, Procope Couteau réfute l'analogie du ver spermatique tissant son placenta et de l'insecte tisserand : « On en voit bien se tisser des espèces de tombeaux, mais on en a, je crois, encore vu aucun bâtir son berceau. Est-ce avant d'éclore que les oiseaux font leur nid[2] ? » Et puis, comment justifier la disproportion entre le volume des animalcules et le volume des animaux ? Leeuwenhoek n'a-t-il pas trouvé aucune différence de taille entre les animalcules des insectes les plus petits et ceux des animaux les plus grands ?

Mais c'est Vallisnieri qui, en 1721, formule la critique la plus sérieuse en démontrant l'irréductibilité de l'animalcule spermatique aux lois de la nature. Si ces vers deviennent des hommes, leur mutation doit correspondre à une métamorphose semblable à celle des insectes. Or, la nymphe et la chrysalide font ici défaut[3]. L'animalcule, puis le fœtus se développent suivant un schéma absurde. En 1698, Lister se demande comment un ver spermatique adulte peut régresser au point de redevenir embryon, ce double développement n'offrant rien de semblable dans la nature[4].

D'autres questions restent en suspens. Quel est le mode de reproduction de ces vermisseaux (Buffon) ? Pourquoi Vallisnieri n'en a-t-il pas trouvé dans certaines semences déposées dans une matrice ? (*Istoria della generazione.*) Pourquoi le sperme de quelques animaux, comme le cochon d'Inde, n'en contient-il pas ? Comment un être entraîné dans un mouvement perpétuel ne s'épuise-t-il pas ? Comment peut-il supporter ensuite une immobilité de neuf mois (Voltaire) ? La liqueur contenue dans l'œuf ne devrait-elle pas s'échapper par le trou que l'animal doit percer avant d'y pénétrer (Dionis) ?

En prenant sa défense dans *L'Homme machine,* La Mettrie achève, malgré ses bonnes intentions, de discréditer l'animalcule. « L'homme, écrit-il, n'est qu'un ver qui devient homme, comme la chenille devient papillon [...]. Tous les curieux l'ont vu dans la semence de l'homme et non dans celle de la femme ; il n'y a que les sots qui s'en soient fait scrupule[5]. » Qu'un auteur matérialiste se fasse l'avocat de l'animalcule dans un ouvrage sacrilège brûlé sur les marches de la Sorbonne, c'est consommer sa perte, c'est le rendre justiciable de l'Inquisition.

Le verdict de la majorité des savants reste écrasant, certains allant même jusqu'à douter de l'existence animale des vermisseaux. De La Motte explique

1. *Ibid.,* p. 53.
2. *Ibid.,* p. 67.
3. Cité par Jacques Roger, *op. cit.,* p. 320-321.
4. *Ibid.,* p. 320.
5. *L'Homme machine,* Leyde, 1748, p. 135.

leur agitation par l'effet des esprits qui habitent le sang[1]. Dionis ne s'embarrasse pas de considérations si subtiles. Il les compare, injure suprême, à de fines particules de poussière voltigeant dans ces rayons de soleil qui se faufilent à l'intérieur d'une pièce sombre, et que l'on prendrait volontiers pour de petits animaux vivants si l'on n'en savait la nature exacte[2]. Verheyen estime que ce sont des bulles d'air mues par les esprits de la semence. Linné les prend pour des particules de graisse animées par le mouvement intestin du sperme[3]. Needham y voit des êtres simplement vitaux produits par une « force végétatrice » qu'il attribue à la matière[4]. En 1709, Lister pense qu'ils sont faits pour exciter les plaisirs et Vallisnieri pour agiter la semence et l'empêcher de se solidifier. Certains parlent d'hallucination. « Plusieurs curieux ont cherché à les voir et n'ont vu rien du tout, dit Voltaire. Enfin, on s'est dégoûté non pas de fournir à ces expériences, mais d'user ses yeux à contempler dans une goutte de sperme un peuple si difficile à saisir et qui probablement n'existoit pas[5]. »

Pourtant, dès la fin du XVIIIe siècle, une expérience réalisée par Spallanzani et reprise, au début du XIXe siècle, par Prévost et Dumas, aurait dû consacrer le pouvoir procréateur de l'animalcule. Tous deux s'aperçoivent que le sperme de grenouille filtré donne un filtrat stérile et un résidu capable de féconder les œufs. Mais l'esprit de système et le triomphe des conceptions ovistes sont alors si puissants que personne ne s'avise d'en tirer de justes conclusions[6].

La plupart des savants qui nient le pouvoir procréateur de l'animalcule reconnaissent qu'il est un animal, que cet animal est un parasite, et que ce parasite vit heureux.

Le spermatozoïde : un parasite

Si l'animalcule procréateur ne suscite qu'indignation et répugnance, l'animalcule parasite éveille un sentiment de sympathie. Spallanzani ne se lasse pas d'admirer le spectacle du sperme. « Eussions-nous soupçonné, s'exclame-t-il, que cette liqueur précieuse qui est le principe reproducteur des grands animaux, étoit en même temps l'élément destiné à la nourriture et aux plaisirs d'une multitude innombrable de très petits êtres vivans ? » L'abbé Spallanzani idéalise ces insectes. Ils sont les créatures d'une « sagesse suprême »,

1. *Dissertation sur la génération de l'homme,* 1718, p. 79.
2. *Dissertation de la génération de l'homme,* 1698, p. 32.
3. Cité dans *La Génération*... de Haller, 1774, t. 2, p. 15.
4. *Nouvelles Observations microscopiques,* Paris, 1750, p. 145.
5. *Dialogues d'Évehmère,* p. 83.
6. Spallanzani, *Expériences pour servir à l'histoire de la génération,* 1785, et Prévost et Dumas, *Troisième Mémoire sur la génération,* 1824, p. 42.

d'une « sagesse adorable qui s'est plu à multiplier les êtres sentans, et à ne laisser déserte aucune portion de la nature[1] ».

Bourguet, en 1729, y voit de simples parasites semblables aux vers intestinaux. Encore plus prosaïque, Haller leur assigne une origine peu glorieuse : ils naîtraient dans les sucs pourris par le voisinage du gros intestin[2].

Que leur origine s'inscrive dans le dessein du Créateur ou procède, plus vulgairement, d'un voisinage fécal, presque tous s'accordent sur leur nature animale. Bonnet souligne que « toutes les odeurs et les exhalaisons qui nuisent aux insectes nuisent pareillement aux vers spermatiques. L'étincelle électrique les tue, comme elle tue les animalcules des infusions. Nous avons donc ici, affirme-t-il, de nouvelles preuves directes de l'animalité des vers spermatiques[3]. »

Leur vivacité offre un spectacle admirable. « Leur mouvement n'est pas sans volonté, écrit Haller, car elles [ces petites bêtes] se meuvent en avant et tendent vers un endroit particulier ; ensuite, elles reviennent en sens contraire, se heurtent, se séparent, suivant chacune leur route et vont ensemble ou dans un sens contraire [...]. Elles remuent leur queue à la manière des serpens, la recourbent comme des têtards[4]. » Pour Spallanzani, les animalcules sont aveugles car leur déplacement est plus incohérent que ne le dit Haller. La vue, dans ce séjour obscur, leur serait d'ailleurs inutile : « Les animaux se heurtent contre tous les obstacles ; quand ils sont au milieu d'eux, ils s'agitent, ils y font mille contorsions jusqu'à ce qu'ils en soient dehors, ils suivent enfin la route où ils éprouvent la plus petite résistance[5]. » Parfois, la queue de plusieurs animalcules s'entortille et on les voit s'agiter dans l'espoir de se délivrer.

Mais c'est lorsque le sperme se coagule en se desséchant que se joue la tragédie. Mille petits grumeaux sont autant de pièges mortels. Voici quatre animalcules dont les appendices se sont agglutinés. Ils font des efforts désespérés pour s'affranchir : « On les voyoit, note Spallanzani, tantôt monter, tantôt descendre ; ils se tordoient à droite et à gauche, mais ils restèrent immobiles. » Un à un, ils réussissent à se libérer, mais pour se jeter contre d'autres grumeaux où les attend l'inéluctable[6].

Le bonheur de ces créatures ne laisse pas indifférent. Michel Procope Couteau constate que, de toutes les « liqueurs animales », seul le sperme abrite la vie. L'urine, le sang, la salive, les larmes en sont dépourvus. Ce savant n'a jamais mis l'œil au microscope mais les agréments du sperme lui sont familiers. Si les vermisseaux y ont élu domicile, « c'est une preuve qu'ils sont gour-

1. *Opuscules de physique animale et végétale,* Pavie, 1787, t. 2, p. 123.

2. Préface de *L'Histoire naturelle de Buffon,* « Réflexions sur le système de génération de M. de Buffon », Genève, 1751, p. 30.

3. Charles Bonnet, *Œuvres d'histoire naturelle et de philosophie,* t. 5, « Considérations sur les corps organisés », Neuchâtel, 1774, p. 242.

4. Haller, *La Génération..., op. cit.,* p. 19.

5. *Opuscules, op. cit., t.* 2, p. 9.

6. *Ibid.,* p. 6-7.

mets et qu'ils se connoissent en liqueurs. Ils choisissent pour nourriture la portion la plus exquise, la plus épurée de notre sang. Apparemment, ils ne trouvent pas les autres fluides à leur goût ni assez délicats. » Certes, leur vie est éphémère, mais « respirer un quart d'heure parmi eux est le sort d'un Mathusalem. Peut-être ont-ils trouvé pendant ce temps celui de faire l'amour, d'en goûter les douceurs et de laisser des héritiers[1]. »

Convaincu de leur bien-être, Charles Bonnet imagine une forme de vie qui échappe à nos sens. Depuis la découverte du microscope, personne n'est en mesure d'assurer « qu'il n'existe point d'animaux d'une petitesse presque infinie, sans aucun membre, sans aucune partie extérieure, dont les sens, tous intérieurs, se bornent uniquement à découvrir ce qui se passe au-dedans de l'animal et non ce qui se passe au-dehors. »

Les animalcules resteront des parasites pendant la majeure partie du XIXe siècle. En 1827, Burdach les range dans la classe des entozoaires. Il précise que, comme les autres infusoires, « ils se meuvent et se reposent par moment, vont tantôt d'un côté, tantôt de l'autre, se fuient les uns les autres[2] ». En 1830, Bory de Saint-Vincent les prend pour de simples gymnotes cercariés[3]. En 1841, Cuvier y voit des microzoaires, et d'autres savants, Czermak, Orfila, de Blainville, partagent cet avis.

Les animaux spermatiques n'étant que de simples parasites, il a bien fallu en revenir à l'ovisme. Trente ans après la découverte du spermatozoïde, l'œuf a retrouvé son prestige à travers la théorie de la préexistence et de l'emboîtement des germes à l'infini. Depuis la Création, les œufs seraient emboîtés les uns dans les autres, à la façon des poupées russes, et la génération correspondrait à leur développement successif. À la limite, Ève aurait contenu l'humanité entière dans ses ovaires. Cette théorie corrobore la vision biblique de la Création et ce n'est pas un hasard si ses partisans les plus farouches, Bonnet et Sennebier, sont des ecclésiastiques.

Il faudra attendre les découvertes fondamentales de Van Beneden, en 1875, pour avoir une juste vision de la procréation. C'est à cette date qu'il démontre que les deux noyaux trouvés dans l'œuf fécondé proviennent de l'œuf lui-même et du spermatozoïde qui l'a pénétré, le phénomène s'achevant par leur fusion.

Alors que les esprits s'échauffent autour de l'œuf et de l'animalcule, un autre problème agite, sur le même thème, les milieux scientifiques, celui de la génération spontanée. Tous les savants se posent la même question : un être vivant peut-il naître à l'exclusion de la conjonction des sexes ? De ce débat mémorable, où le microscope a joué un rôle prépondérant, naîtront un jour les théories microbiennes.

1. *L'Art de faire des garçons, op. cit.*, p. 77 *sq.*
2. *Traité de physiologie,* t. 1, p. 135-136.
3. *Dictionnaire d'histoire naturelle,* art. « sperme ».

CHAPITRE V

L'épineux problème de la génération spontanée (XVIIe-XIXe siècle)

« La théorie de la génération spontanée est une question brûlante, je ne sais trop pourquoi. » Lorsque l'auteur de l'article « génération spontanée » du *Dictionnaire d'Orbigny*, le naturaliste Gérard, écrit ces mots, vers 1840, nombreux sont ceux qui soutiennent qu'il existe une génération indépendante de toute forme de procréation, de tout germe préexistant, et produite par la seule impulsion d'une force mystérieuse appelée « force plastique » ou « végétative ».

Mais ce sentiment ne fait pas l'unanimité et, depuis des siècles, des savants se sont en pure perte épuisés dans le fantastique problème des naissances spontanées. En 1862, il appartiendra à Pasteur de le résoudre par l'expérience, donnant ainsi leur assise aux futures théories microbiennes.

Spontanéistes et panspermistes

Plusieurs de ces savants, au surplus, ont interprété la Bible à leur convenance, en citant l'histoire de Samson extraite du *Livre des Juges* où des abeilles et du miel apparaissent spontanément dans la gueule d'un lion mort. Trois siècles av. J.-C., Aristote soutient déjà, dans son *Histoire des animaux* (livre V), qu'« il y a des animaux qui naissent d'eux-mêmes sans être produits par des animaux semblables. Ceux-ci viennent de la terre putréfiée ou des plantes, comme la plupart des insectes. » Ailleurs, il parle de « rats noirs », d'anguilles et d'animaux divers sortis du limon, de choux qui produisent des chenilles, de scarabées qui s'engendrent sur le cadavre d'un âne et de guêpes qui s'échappent de la chair putréfiée des crocodiles. Diodore de Sicile et Plutarque décrivent une faune jaillie du limon du Nil, Virgile des abeilles qui font éclosion dans le cadavre d'un bœuf en putréfaction.

Vers la fin du XVIe siècle, Van Helmont réalise une expérience qui a la prétention de prouver la réalité de la génération spontanée. Il obstrue avec une chemise de femme le col d'un récipient qui contient des graines de froment.

Alors, l'odeur de femme, agissant comme un ferment, féconderait des graines dont seraient nées des souris mâles et femelles appelées à se reproduire selon des procédés plus orthodoxes. Voilà la preuve, dira Pasteur, qu'« il est aisé de faire des expériences, mais très malaisé d'en faire d'irréprochables[1] ».

Plusieurs naturalistes des XVIIe et XVIIIe siècles soutiennent la doctrine de la génération spontanée[2]. Harvey lui-même, qui a formulé le célèbre axiome *Omne vivum ex vivo* («Tout être vivant vient d'un œuf»), désigne par « œuf » un élément organisateur et admet, dans ses *Exercitationes de generatione animalium,* que les animaux et les végétaux s'engendrent d'eux-mêmes ou de la conjonction des sexes : « Les animaux et les végétaux, écrit-il, naissent tous, soit spontanément, soit d'autres êtres organisés, soit en eux, soit de parties d'entre eux, soit par la putréfaction de leurs excréments[3]. »

Vers la même époque, Sachs prétend que les scorpions viennent de la décomposition de la langouste, Kircher que la chair de serpent pulvérisée et semée en terre produit des serpents et qu'on se procure des vers à soie en tuant un taureau nourri pendant vingt jours avec des feuilles de mûriers. Certaines de ces idées ont cours au XVIIIe siècle et Buffon, le plus grand des « spontanéistes » de son temps, proclame, dans les *Bulletins de l'Académie,* que le crin des chevaux peut se transformer en vers[4].

La vermine et les insectes qui, par le seul jeu des forces physiques travaillant la matière, naissent sur les chairs gangrenées ou mortes, procèdent du même phénomène. Les puces viennent de la poussière et les poux de la substance de leurs hôtes. Leur pullulement est parfois si prodigieux que les médecins l'ont attribué à une disposition spéciale de l'organisme connue sous le nom de *phthiriasis.* Au nombre des victimes de ce mal étrange, on cite plusieurs hommes célèbres : le poète grec Alcman, Platon, Sylla, Hérode et le roi d'Espagne Philippe II[5]. Preuve suprême de la réalité du phénomène : les vers intestinaux, helminthes, nématodes ou ascarides. On les trouve seulement dans les entrailles de l'homme ou de l'animal. On ne leur connaît pas de congénères vivant au grand air. Ils se sont donc engendrés d'eux-mêmes par la glaire et la chaleur de l'individu.

Depuis l'Antiquité, cette doctrine se heurte pourtant à la théorie de la panspermie. Pour les panspermistes, l'univers est semé de germes préexistants qui flottent dans l'air et se développent à la faveur de certaines circonstances. À la limite, les animaux supérieurs, voire les femmes elles-mêmes, peuvent être fécondés par des graines invisibles portées par le vent. Au VIe siècle av.

1. Cité par Henri Simonet, *L'Œuvre de Pasteur,* Paris, Masson, 1947, p. 46

2. Voir, par exemple, de Claude Duret l'*Histoire admirable des herbes et plantes esmerveillabels...,* 1605, et de J.-B. Robinet, *De la nature* et *Vues philosophiques de la gradation naturelle des formes de l'être* ou les *Essais de la nature qui apprend à faire l'homme.*

3. Cité par Gérard, *Dictionnaire d'Orbigny,* art. « génération spontanée », 1845, t. VI, p. 54.

4. *Ibid.*, p. 58.

5. Cité par Milne-Edwards, *Leçons sur la physiologie...,* Paris, 1863, t. 8, p. 244.

J.-C., Héraclite enseigne que l'âme divine de l'univers est dispersée partout et, quelques siècles plus tard, Virgile donne à cette idée une dimension poétique : « Les juments andalouses portent la tête au vent et, s'arrêtant sur les montagnes, elles y respirent le Zéphyr au lever du soleil. De là il arrive souvent, par un effet qui tient du prodige, que sans être accouplées, elles conçoivent par la seule influence du vent[1]. »

La panspermie a connu ses outrances. Le 13 janvier 1637, le parlement de Grenoble innocentait Magdeleine d'Autemont d'Aiguemère de toute accusation d'adultère. Cette chaste épouse venait pourtant de mettre au monde un garçon qu'elle avait forcément conçu en dehors des caresses de son mari, absent depuis quatre ans. L'arrêt se fondait sur la déposition de quatre médecins panspermistes de la faculté de Montpellier. « On suppose, précisaient-ils, que la nuit du songe de la dame d'Aiguemère étoit une nuit d'été, que sa fenêtre étoit ouverte, son lit exposé au couchant, sa couverture en désordre, et que le Zéphyr au sud-ouest duement imprégné de molécules organiques d'insectes humains, d'embryons flottans, l'avoit fécondée[2]. »

À la fin du XVIIe siècle, la panspermie reste attachée au nom de Claude Perrault qui, dans un *Mémoire pour servir à l'histoire des animaux* (1676), soutient que de petits êtres invisibles et inanimés sont à l'origine de toute vie animale ou végétale, et qu'ils n'attendent que le contact d'une liqueur subtile pour les vivifier.

Jusque-là, tout n'est que poésie. Mais vers la même époque, les choses sérieuses commencent avec les expériences de deux savants italiens : Redi et Vallisnieri.

Les leçons de l'observation : Redi et Vallisnieri

En 1668, Francesco Redi, membre d'une « Académie de l'expérience » et médecin des grands-ducs de Toscane Ferdinand II et Cosme III, entreprend de démontrer que les vers éclos dans les chairs corrompues proviennent d'œufs. Il a vu des essaims de mouches virevolter autour des viandes et c'est en expérimentateur avisé qu'il s'attaque, pour la première fois, au dogme de la génération spontanée :

> « D'après ces faits que je venais d'acquérir, écrit-il dans un texte fondamental, je commençais à soupçonner que les vers qui naissent dans les chairs y sont produits par des mouches et non par ces chairs mêmes [...]. C'est pourquoi, au mois de juillet, je mis dans quatre bouteilles à large cou, un serpent, quatre petites anguilles et un morceau de veau. Je bouchai bien exactement ces bouteilles avec du papier que j'arrêtai sur leur orifice en le serrant autour du goulot avec une

1. *Géorgiques,* Livre III, vers 273 *et suiv.*
2. Cité par Troussel, *Élément de droit,* Avignon, 1771, p. 242.

ficelle; après quoi je mis ces mêmes choses et en même quantité dans autant de bouteilles que je laissai ouvertes. Peu de temps après, les poissons et les chairs de ces seconds vaisseaux se remplirent de vers et je voyais les mouches y entrer et en sortir librement; mais je n'ai pas aperçu un seul ver dans les bouteilles bouchées[1]. »

Redi en conclut que ce sont les mouches qui, en déposant leurs œufs à la surface des vestiges organiques, sont à l'origine de la génération des vers, ce que confirme l'expérience suivante. Au couvercle de papier, il substitue une toile fine à travers laquelle les émanations de viande peuvent s'exhaler. Les mouches s'y posent et, ne pouvant atteindre les chairs, y pondent leurs œufs. Après éclosion, les vers grouillent sur la toile et non sur la viande. Redi ne parvient pas pour autant à expliquer la génération des vers intestinaux ou à l'intérieur des fruits.

C'est l'un de ses élèves, Vallisnieri, neveu de l'illustre Malpighi et médecin du duc de Padoue, qui lève le mystère. Il entoure un fruit d'une gaze et constate qu'aucun ver ne s'y forme, les mouches ayant déposé leurs œufs à la surface du voile sans avoir pu les introduire dans la chair[2]. Vallisnieri apporte aussi une réponse partielle au problème des vers intestinaux en supposant que le ver appelé *oestre*, qui se développe dans l'intestin du cheval, est engendré par une sorte de mouche. Mais il se trompe sur le mode de pénétration de l'hôte. Il pense que la femelle s'introduit dans l'anus du cheval pour y pondre ses œufs. C'est l'Anglais Bracy-Clarke qui, en 1815, percera le secret du cycle. La mouche colle ses œufs sur le poil du cheval qui les avale en se léchant. Après un séjour dans l'estomac, les parasites passent dans l'intestin et s'échappent par l'anus pour achever leur métamorphose en terre[3].

Au XVIIe siècle, le naturaliste Swammerdam s'élève contre les théories spontanéistes. Selon lui, « c'est le comble de l'absurdité d'imaginer que la pourriture soit capable d'engendrer des animaux aussi bien organisés que les abeilles », qui proviennent toutes d'un « roi », ou les poux qui sortent d'un œuf. Il explique ainsi l'origine des larves incrustées dans les excroissances végétales appelées « galles », ou dans plusieurs plantes. Mais le mode d'introduction des œufs dans le végétal lui échappe et c'est Leeuwenhoek qui résoudra le problème. Swammerdam en conclut que tous les animaux, tous les végétaux « croissent et se développent suivant une même loi, et l'on sent, précise-t-il, combien est fausse l'opinion de la génération spontanée qui attribue à des causes fortuites des effets si réguliers et si constants[4] ».

1. *Experimenta circa generationem Insectorum*, éd. de Leyde, 1739, p. 32 *sq.* Cité par H. Milne-Edwards, *Leçons sur la physiologie comparée de l'homme et des animaux, faites à la Faculté des sciences de Paris*, Paris, 1863, t. 8, p. 241-242.

2. Cité par Spallanzani, *Nouvelles Recherches sur les découvertes microscopiques et la génération des corps organisés*, éd. française, Paris, 1760, p. 85.

3. Bracy-Clarke, *An Essay on the Bots of Horses and other Animals*, Londres, 1815, p. 17 *sq.*

4. *Histoire générale des insectes*, 1669, p. 96 *sq.*

Microscope et génération spontanée

Vers la fin du XVIIe siècle, la théorie de la génération spontanée semble devoir expirer sous les coups des panspermistes lorsque le microscope arrive à son secours. En découvrant les animalcules de l'eau de pluie et des infusions, Leeuwenhoek relance le débat. D'où viennent ces êtres microscopiques, se demandent les spontanéistes, sinon des forces vitales qui travaillent la matière putride pour donner naissance à la vie ? Les panspermistes peuvent bien parler d'œufs flottant dans l'air, la plupart des observateurs, n'apercevant ni œufs ni germes, préfèrent s'en remettre à l'action de la chaleur sur la chair morte.

Adversaire convaincu des théories spontanéistes, Leeuwenhoek les traite de fables. C'est avec une extraordinaire sagacité qu'il étudie le cycle de la vie chez vingt-six insectes dont l'éclosion est réputée spontanée, et démontre leur origine sexuée. Lorsque les spontanéistes invoquent les « mouches » échappées de cocons de chenilles, il découvre que les œufs ont été introduits dans la nymphe par l'insecte. De la même façon, il observe, en 1700, que les nymphes d'aphidiens putréfiées qui libèrent des mouches ont toutes été parasitées par une génitrice qui y a introduit ses œufs en se servant de la partie postérieure de son corps « comme d'un aiguillon » (ovopositeur).

Mais comment expliquer la formation du charançon sinon par la génération spontanée ? À l'intérieur d'un grain de froment sain et intact d'apparence, voilà que se forme une larve d'origine inconnue. En 1667, après avoir consacré des mois à ce mystère, Leeuwenhoek parvient à l'expliquer grâce à l'étude des habitudes alimentaires de l'insecte et de son système de génération. Il examine le rostre et montre que l'appareil buccal est capable de pratiquer un petit trou à travers la paroi du grain. Il étudie le pénis et les ovaires des charançons, aperçoit leurs spermatozoïdes, décrit l'œuf, la larve, la nymphe. Il n'observe pas l'ovoposition mais suppose que l'œuf a été introduit dans le grain grâce à la perforation opérée par le rostre.

Leeuwenhoek résout aussi le problème de la galle des plantes, excroissances charnues et putréfiées écloses à la surface des plantes dont s'échappent, comme par enchantement, toutes sortes d'insectes. En 1686, il s'aperçoit que des parasites hyménoptères creusent leur gîte dans le tissu végétal, l'altèrent et y déposent leurs œufs. L'année suivante, c'est le secret du ver de la galle des saules. Dans certaines de ces galles, Leeuwenhoek observe une seule larve. Parfois, on en trouve deux, une grande et une plus petite, montrant ainsi que le parasite a lui-même été parasité par un insecte encore plus petit qui a perforé son corps, s'est nourri de sa chair et y a déposé ses œufs[1].

1. F.J. Cole, « Leeuwenhoek's zoological researched », *Annals of Science,* vol. 2, n° 1, 15 janvier 1937, p. 4 *sq.*

Leeuwenhoek croit en l'origine sexuée des animalcules puisqu'il les crédite d'une organisation complexe et, à l'instar des insectes, de parties génitales. C'est également l'opinion de Joblot qui explique la génération des infusoires en supposant « qu'il vole ou nage dans l'air voisin de la terre un nombre incalculable de très petits animaux de diverses espèces qui s'appliquent sur les plantes, s'y reposent, y prennent quelque nourriture et y mettent au jour leurs petits, pendant que d'autres y déposent des œufs où de nouveaux insectes sont renfermés ».

En 1711, Joblot porte la question sur le terrain expérimental. Il laisse infuser du foin dans deux récipients, l'un clos, l'autre exposé à l'air. Deux jours plus tard, il constate la présence d'animalcules dans les deux liquides. « Cette expérience, dit-il, semble très propre pour persuader que ces animaux étoient produits des œufs que d'autres animaux avaient déposés sur ce foin et non de ceux qui étoient répandus dans l'air. »

Il porte ensuite l'infusion à ébullition, tuant ainsi toute forme de vie, et la dépose dans deux récipients dont l'un, hermétiquement clos, ne donne naissance à aucun animalcule, tandis que l'autre se peuple d'infusoires. C'est seulement lorsqu'il ouvre le premier récipient que la vie se développe. « Ce qui fait comprendre, conclut-il, que ces animaux avaient pris naissance des œufs répandus dans l'air puisque ceux qui étaient sur ce foin avaient été ruinés totalement dans l'eau bouillante[1]. » Le principe de la stérilisation est établi, mais les esprits ne sont pas mûrs pour en tirer des conclusions pratiques.

Trente ans plus tard, le micrographe Baker renouvelle ces expériences. « J'ai trouvé constamment, dit-il, que si l'infusion étoit couverte d'une autre toile fine, il ne s'y produisoit que très peu d'animaux ; mais qu'en ayant ôté la couverture, elle étoit dans peu de jours pleine de vie ; ce qui semble prouver que les œufs d'où proviennent ces petits animaux doivent être déposés dans l'eau par leurs pères ou qu'ils doivent y être portés par le mouvement de l'air. »

Plus loin, Baker pose le problème de la panspermie en des termes dont Pasteur démontrera l'exactitude : « Il est très probable que l'endroit où l'on fait des infusions, la ville ou la campagne, l'exposition au grand air ou audedans d'une maison, la saison de l'année, la température de l'air, le chaud ou le froid, tout cela peut causer de grandes différences dans les espèces de petits animaux que l'on trouve dans les mêmes infusions. »

Sur les vers intestinaux, Baker réalise des observations microscopiques qui le conduisent à supposer, avec une extraordinaire sagacité, l'origine aquatique des helminthes, des nématodes et des ascarides. « Ayant trouvé ces vers dans les intestins des poissons, écrit-il, il nous reste à examiner comment ils ont pu y entrer. Il est probable que ce sont des animaux naturellement aquatiques dont les œufs ou les petits entrant dans l'eau ou avec la nourriture dans l'es-

1. Paul Cazeneuve, « La génération spontanée d'après les livres d'Henri Baker et de Joblot », *Revue scientifique,* t. 1, n° 6, 10 février 1894, p. 165.

tomac, viennent y éclore et s'y nourrir. Ils peuvent, de la même manière, s'introduire dans l'estomac des autres animaux. » La réalité du phénomène sera démontrée au XIXe siècle[1].

Les expériences de Redi, de Vallisnieri, de Joblot et de Baker, comme les observations de Leeuwenhoek, auraient dû consacrer la déchéance de la génération spontanée. Il n'en a rien été. Le spontanéisme survivra jusqu'au XIXe siècle avant d'expirer sous les coups de Pasteur. Au XVIIIe siècle, il trouve même d'ardents partisans en Needham et Buffon qui redorent son blason grâce à la théorie des molécules organiques.

Les molécules organiques : Needham et Spallanzani

Ce sont trois « spontanéistes » plus résolus que d'autres, Maupertuis, et surtout Needham et Buffon, qui, au XVIIIe siècle, donnent à la génération spontanée son assise la plus forte en énonçant la théorie des « molécules organiques ». Selon cette doctrine, tout être est formé de molécules indestructibles qui, lorsque survient la mort, se décomposent avant de se regrouper pour donner naissance à de nouvelles formes de vie.

En 1730, l'ecclésiastique anglais John Tuberville Needham les intègre dans son système « moléculiste » en soutenant que des molécules élémentaires, nutritives et réparatrices sont à l'origine de toute forme de vie[2]. Ses idées sont reprises par Maupertuis qui pose avec force le principe de l'indestructibilité des « molécules organiques ». « Je me demande, écrit-il, si, à la mort, cette partie ne survivroit pas, et si, dégagée de toutes les autres, elle ne conserveroit pas inaltérablement son essence, toujours prête à produire un animal ou, pour mieux dire, à reparoître revêtue d'un nouveau corps[3]. »

En reprenant ces idées à son compte, Buffon leur confère l'aura de son génie. Dans son système, la matière organique est disséminée dans l'univers sous forme de molécules primaires inaltérables. Ces molécules sont entraînées dans le cycle perpétuel de formation et de décomposition des corps vivants. Elles s'associent et prennent des formes diverses en s'organisant au sein d'un « moule intérieur » qui donne sa spécificité aux corps. La matière vivante est toujours prête à se mouler pour produire des êtres organiques et, lorsque le moule est détruit par la mort, elle se retrouve libre et se met en quête d'un moule nouveau.

Dans la génération des êtres sexués, les animaux spermatiques ne sont eux-mêmes que des molécules organiques qui trouvent dans la femelle de leur

1. *Ibid.*, p. 164.
2. *Nouvelles observations microscopiques avec des découvertes intéressantes sur la composition et la décomposition des corps organisés,* Paris, 1730, p. 145 *sq.*
3. Pierre Louis de Maupertuis, *Vénus physique, contenant une dissertation sur l'origine des hommes et des animaux,* Paris, 1745, p. 114.

espèce un moule à leur convenance. À l'autre extrémité du cycle, lorsque l'organisme a cessé de vivre, elles se regroupent pour donner naissance aux vers, aux asticots et aux ascaris[1]. Ainsi s'explique la génération spontanée qui prolifère sur les corps putréfiés, confirmant l'adage : *Corruptio unius generatio alterius (Corruption de l'un, génération de l'autre).* « Il y a peut-être autant d'êtres, précise Buffon, qui se reproduisent par l'assemblage fortuit des molécules organiques, qu'il y a d'animaux ou de végétaux qui peuvent se reproduire par une succession constante de générations[2]. » « Plus on observera la nature, ajoute-t-il, plus on reconnaîtra qu'il se produit en petit beaucoup plus d'êtres de cette façon [par génération spontanée] que de tout autre. On s'assurera même que cette manière de génération est non seulement la plus fréquente et la plus générale, mais la plus ancienne, c'est-à-dire la première et la plus universelle[3]. »

La question réglée, Buffon se désintéresse des animalcules, dont l'étude lui paraît indigne d'un honnête philosophe, et laisse à Needham le soin de s'en occuper. Pourrait-il en être autrement d'un homme qui méprise les insectes au point de dédaigner les travaux entomologiques de Réaumur ? Les micrographes lui inspirent le même dédain : « Les découvertes qu'on peut faire au microscope, dit-il, se réduisent à bien peu de choses, car on voit de l'œil de l'esprit, et sans microscope, l'existence réelle de tous ces petits êtres, dont il est impossible de s'occuper séparément[4]. »

1755 marque un tournant dans l'histoire de la génération spontanée. Cette année-là, Needham soumet le problème à l'expérience avec l'intention de triompher définitivement des « anti-spontanéistes ». Il dépose sur de la cendre chaude un récipient rempli de jus de viande hermétiquement clos. Quatre jours plus tard, il examine la liqueur et la trouve « emplie d'animaux microscopiques vivants, de différentes dimensions, depuis les grands jusqu'aux plus petits qu'il eût jamais vus ». Il en conclut qu'ils sont issus de la force « végétatrice » ou « plastique » et non pas de germes aériens qui, s'ils existaient, auraient été détruits par le feu.

Mais Needham se heurte à un adversaire d'envergure : l'abbé Lazzaro Spallanzani (1729-1799). Professeur de philosophie à la faculté de Padoue, naturaliste de génie à ses heures de loisir, pionnier de la biologie moderne, Spallanzani est le précurseur de Pasteur qui reconnaîtra sa paternité spirituelle en décorant de son portrait un mur de son bureau. Entre Needham et Spallanzani commence d'ailleurs une querelle qui préfigure les joutes expérimentales Pasteur-Pouchet.

1. *Histoire naturelle,* t. 3, chap. II, III, IV, VI, VIII, et t. 4, chap. X *sq.* Sur le moléculisme, voir Pierre Darmon, *Le Mythe de la procréation à l'âge baroque,* Paris, Points-Seuil, 1984, p. 81 *sq.*

2. *Histoire naturelle, op. cit.,* t. 4, p. 337.

3. *Ibid.,* t. 2, p. 420.

4. Cité par Jean Rostand, *Les Origines de la biologie expérimentale et l'abbé Spallanzani,* Paris, 1951, p. 20-21.

Dans ses *Nouvelles Recherches sur les découvertes microscopiques* (1760), Spallanzani s'emploie d'abord à réfuter Buffon en montrant que le comportement des animalcules obéit à des réflexes animaux. Il donne alors un tableau pittoresque de leurs mœurs : « On les voit, écrit-il, s'élancer en tous sens ; décrire dans l'eau, tantôt une ligne droite, tantôt une ligne oblique ; quelquefois se mouvoir circulairement et se jeter tous avec une égale activité sur les petits morceaux de matière qu'ils rencontrent dans leur route [...]. Si quelques-uns se mettent à la poursuite de leurs camarades, bientôt ils les atteignent par une marche vive, s'arrêtent, tournent autour d'eux, et savent saisir une ouverture pour pénétrer dans le tissu de leur peau. » Certains « avoient le singulier instinct de se réunir et de se rassembler vers une matière séminale dispersée ça et là dans plusieurs endroits de l'infusion, de manière qu'ils tournoient tout autour, et y sautilloint comme dans un endroit où il se plaisoient beaucoup, sans paroître se soucier de se transporter ailleurs. J'ai vû très sensiblement que nos petits animaux n'alloient dans cet endroit que pour y prendre quelques sucs nourriciers[1]... »

Le point fort des recherches de Spallanzani repose toutefois sur la réfutation de l'expérience de Needham. En scientifique moderne, il soutient d'abord, et pour la première fois semble-t-il, qu'on ne peut tirer aucune conclusion définitive d'une seule expérience : « Une ou deux observations, écrit-il, ne doivent pas suffire pour mériter les suffrages des Philosophes éclairés ; on ne les obtient, ces suffrages, que par une chaîne de faits évidents, conformes entr'eux, et suivis avec l'attention la plus marquée[2]. » Claude Bernard et Pasteur ne diront rien d'autre.

Spallanzani démontre ensuite que Needham n'a pas expérimenté dans des conditions d'absolue rigueur. Il a posé sa fiole sur la cendre chaude pendant une durée insuffisante pour tuer tous les animalcules, et, surtout, l'a scellée avec un bouchon de liège, matière poreuse qui laisse les germes s'infiltrer.

Sans préjuger du résultat, il reprend l'expérience de Needham en s'efforçant d'éliminer toute cause d'erreur. Dix-neuf fioles remplies d'infusions diverses sont scellées à la flamme sous le vide d'une machine pneumatique et soumises, au bain-marie, à une ébullition d'une heure. « Par ce moyen, précise Spallanzani, il me parut qu'il n'y avoit rien à désirer du côté de l'exactitude de l'expérience. » Poussant les scrupules encore plus loin, il invente la technique du « groupe témoin » en portant à ébullition des infusions qui resteront exposées à l'air. Quelques jours plus tard, les cols des fioles sont brisés, leur contenu examiné. Il est stérile, ce qui n'est pas le cas des bouillons restés ouverts. Preuve est faite que les germes proviennent bien de l'air[3]. Après

1. *Nouvelles Recherches, op. cit.*, p. 13 *sq.*
2. *Ibid.*, p. 103.
3. *Ibid.*, chap. X, « Expériences précédentes, faites avec de nouvelles précautions pour confirmer le système de M. de Needham », p. 123 *sq.*

Baker, Spallanzani vient de mettre au point la méthode de stérilisation des produits périssables. Pasteur ne fera pas mieux dans le principe, mais les esprits ne sont toujours pas mûrs pour mesurer la portée de l'événement.

La querelle n'en est pas vidée pour autant. Needham rétorque que, « de la façon qu'il a traité, et mis à la torture ses dix-neuf infusions végétales sans aucune nécessité, il s'ensuit qu'il a totalement anéanti la force végétatrice des substances infusées et corrompu, par les exhalaisons et par l'ardeur du feu, la petite portion d'air qui restoit dans la partie vuide de ses phioles[1]. »

Qu'à cela ne tienne ! Spallanzani dispose les graines d'infusion sur une plaque de fer posée sur la braise jusqu'à complète carbonisation et les soumet à la flamme. Or, ces graines donnent quand même naissance à des animalcules. « D'où il résulte, conclut-il, par une conséquence rigoureuse et incontestable, non seulement que la première objection du naturaliste anglais est fausse, mais aussi que la "force végétative", dont il est fait un si grand usage, n'est autre chose qu'un ouvrage de pure imagination. »

Mais la méthode expérimentale, si brillamment inaugurée par Spallanzani, ne fait pas encore autorité et ses fioles restent incapables de rivaliser avec les spéculations de Buffon. Les anti-spontanéistes n'en sont pas moins nombreux. Voltaire, le premier, raille le « Jésuite irlandais » Needham, qui n'est ni jésuite ni irlandais. Plus sérieux, le naturaliste suisse Charles Bonnet et l'entomologiste Réaumur prennent fait et cause en faveur des théories de Spallanzani.

La génération spontanée au XIXe siècle

En 1810, Appert complique paradoxalement le débat en appliquant les expériences de Spallanzani à la conservation des aliments[2]. Gay-Lussac, en effet, soutient que cette conservation est liée à l'absence d'oxygène. Il confirme ainsi les idées de Needham selon lesquelles Spallanzani aurait « torturé » par le feu l'air conservé dans ses fioles[3].

En 1837, Schwann démontre que ce n'est pas l'oxygène qui provoque la fermentation ou la putréfaction, mais un principe inaltérable à la chaleur contenue dans l'air. En effet, une solution putrescible fermente au contact de l'air ordinaire, mais reste stérile au contact d'un air calciné par passage dans un tube porté au rouge. Le ferment est donc une « force végétative » contenue dans l'air ou, plus vraisemblablement, des germes de champignons et d'infusoires[4].

1. *Notes de M. Needham* faisant suite aux *Nouvelles Recherches…, op. cit.,* p. 216-217.

2. Appert, *L'Art de conserver pendant plusieurs années toutes les substances animales et végétales,* Paris, 1810.

3. « Mémoire sur la fermentation », *Annales de chimie,* 1810, t. LXXVI, p. 245-250.

4. Pasteur rend hommage à Schwann dans son mémorable « Mémoire sur les corpuscules organisés qui existent dans l'atmosphère », in *Œuvres de Pasteur,* t. II, p. 216-217.

Ce faisant, contre vents et marées, la théorie de la génération spontanée poursuit sa paisible carrière. Lamarck, Burdach, Bory de Saint-Vincent, Dumas et Dujardin s'y rallient sans états d'âme. « La nature, écrit Lamarck, à l'aide de la chaleur, de la lumière, de l'électricité, de l'humidité, forme des générations spontanées à l'extrémité de chaque région des corps vivants, où se trouvent les plus simples de ces corps[1]. » Tiedemann n'est pas moins explicite. Selon lui, les matières organiques mortes possèdent la capacité de donner la vie avec le seul concours de l'eau, de l'air et de la chaleur. Ainsi, la puissance plastique de la matière ne s'éteint pas avec la mort et possède la faculté d'imprimer de nouvelles formes de vie. Lorsque la mort touche les individus organiques, elle épargne la matière qui les compose[2]. Cabanis admet de même que « moyennant certaines conditions, la matière inanimée est capable de s'organiser, de vivre, de sentir[3] ».

Lorsque Pasteur se lance dans l'affaire, près d'un siècle après les expériences de Spallanzani, le problème est entier et les spontanéistes tiennent le haut du pavé sous la houlette de Pouchet. Selon le témoignage de Milne-Edwards, les partisans de l'hypothèse des naissances spontanées citent encore, vers 1860, le naturaliste Fray qui, au début du siècle, avait observé la formation spontanée non seulement de bon nombre d'infusoires mais aussi d'insectes et de crustacés[4].

Presque personne, en dehors de Pasteur, ne croit alors à l'origine « panspermique » des maladies infectieuses. Dans les milieux scientifiques, on parle surtout de miasmes, d'effluves, de putridité et de constitution atmosphérique ou météorologique.

1. *Philosophie zoologique, ou exposition des considérations relatives à l'histoire naturelle des animaux,* Paris, 1809, p. 48.

2. Tiedemann, *Physiologie de l'homme,* t. 1, p. 100.

3. *Rapports du moral,* éd. de 1843, p. 421.

4. Fray, *Essai sur l'origine des corps organisés et inorganisés et sur quelques phénomènes de physiologie animale et végétale,* Paris, 1817, p. 53 *sq.* Cité par Milne-Edwards, *Leçons de physiologie, op. cit.*, p. 253.

CHAPITRE VI

La terre qui tue : exhalaisons et miasmes

Le mot « microbe » est prononcé pour la première fois en 1877 et c'est un an plus tard que paraît le premier traité de microbiologie, *Les Microbes organisés*, de John Tyndall. En 1873, l'article « miasme » du *Dictionnaire encyclopédique des sciences médicales* se fondait encore sur la doctrine séculaire de la contagion. On pouvait y lire : « le terme *miasme* a le plus été employé, et telle est son acception la plus fréquente, pour exprimer le mode d'action de certains milieux dits, eux aussi, *foyers d'infection* [1] ».

Un océan sépare les conceptions miasmatiques et bactériologiques. Vers 1875, le miasme domine encore le discours médical. Pourtant, le microbe apparaît depuis longtemps en filigrane dans la panspermie et, au début du XIXe siècle, dans le concept de « contagium vivum ». Lorsque Pasteur démontre, en 1862, la dissémination des germes dans l'atmosphère, le secret de la contagion est sur le point d'être percé. Mais certains savants mettront plus de vingt ans à oublier Hippocrate.

La constitution épidémique

La constitution épidémique reste alors inséparable des conditions météorologiques, climatiques et miasmatiques. Depuis plus de deux millénaires, elle repose sur les aphorismes d'Hippocrate que de nombreux auteurs élèvent à la hauteur d'un dogme. Dans les livres de médecine, on les cite avec respect : « Si, après un automne modérément pluvieux, l'hiver est tempéré, et que le printemps et l'été rafraîchis par des pluies : l'année sera salubre. Si, au contraire, l'hiver est sec et venteux, le printemps pluvieux et chaud : l'été sera fiévreux et malsain. Si les chaleurs de la canicule sont modérées : l'automne sera salubre, etc. »

1. *Dictionnaire encyclopédique des sciences médicales*, Paris, 1873, 2e série, t. 7, p. 511.

En 1823, Ozanam distingue « cinq constitutions ou états atmosphériques [...]. Savoir : chaude-sèche, chaude-humide, froide-sèche, froide-humide et tempérée[1]. » Les maladies inflammatoires dominent au printemps ; les diarrhées, les dysenteries et les fièvres gastriques en été ; les fièvres de toutes espèces en automne ; les catarrhes et les rhumes en hiver.

À l'appui des constitutions climatiques, les statistiques arrivent à la rescousse. Entre 1806 et 1814, le Dr Loudun, médecin à l'Hôtel-Dieu, observe 1 300 cas de fièvre catarrhale sur plus de 10 000 malades. Il attribue le phénomène au froid humide qui prédomine en Europe depuis le tremblement de terre de Lisbonne[2].

D'autres facteurs interfèrent. Ozanam estime que les épidémies milanaises sont entretenues par « l'usage immodéré des salaisons, du fromage de Parme, du vin et des liqueurs spiritueuses ». Dans la flambée de fièvres catarrhales qui affectent l'Hôtel-Dieu, le Dr Loudun incrimine, outre le froid humide, « l'affaiblissement des tempéramens, conséquence du régime de vie, des mœurs, des usages, des événemens de la fin du siècle et du commencement du siècle actuel[3] ».

Nonobstant l'autorité d'Hippocrate, les constitutions climatiques laissent quelques médecins du XVIIIe siècle sceptiques. Sydenham relève année après année la température et la qualité de l'air sans trouver de rapport avec les épidémies. Van Swieten, qui enregistre la pression atmosphérique, la température et la direction du vent trois fois par jour, arrive aux mêmes conclusions[4].

Aussi certains auteurs ont-ils, dans un magma hétéroclite, assigné d'autres causes aux épidémies. Au nombre des funestes ingrédients, on trouve les éruptions volcaniques, les tremblements de terre, les grands incendies, les comètes, l'ouverture des cavernes, les exhalaisons minérales, le silence des vents, les rosées, la macération du lin et les chenilles.

Aux XVe et XVIe siècles, Van Helmont, Paracelse et tous les représentants de l'école chimiâtrique prétendent que le ferment épidémique est composé d'un sel, d'un soufre et d'un arsenic répandus dans l'air. Fracastor, Mercatus, Massaria attribuent les pandémies à des phénomènes extraordinaires : comètes, conjonctions astrales, tremblements de terre. Aux XVIIe et XVIIIe siècles, Baillou, Sydenham, Ramazzini et Tissot y voient l'effet de l'air vicié par une matière hétérogène inconnue que la physique et la chimie ont sans succès essayé d'isoler.

Vers la fin du XVIIIe siècle, le physicien américain Noah Webster n'hésite pas à mettre les pandémies sur le compte d'agents délétères engendrés par les comètes et les tremblements de terre. Après avoir dépouillé les annales de

1. Ozanam, *Histoire générale et particulière des maladies contagieuses et épizootiques*, Paris, 1835, t. 1, p. 89 (1re éd. 1817-1823).

2. *Ibid.*, p. 19.

3. *Ibid.*, p. 19.

4. *Ibid.*, p. 32.

l'Antiquité, il en arrive à la conclusion que les « pestes » sont causées par la conjonction d'une comète et de l'éruption de l'Etna, seul volcan dont les Anciens aient noté les caprices. De 1631 à 1637, poursuit-il, les trois principaux volcans d'Europe ont vomi une immense quantité de feu et l'ancien comme le nouveau monde ont été submergés par la pestilence[1].

Un autre facteur intervient dans le déclenchement des fléaux infectieux : les exhalaisons putrides. Elles occupent une place de choix dans le discours médical.

Les démons de la terre

Galien et Hippocrate, dans son livre *De natura hominis et de flatibus*, attribuent l'origine des fièvres malignes aux exhalaisons terrestres et aux vices de l'air. L'idée fera autorité durant près de vingt-quatre siècles. Denis d'Halicarnasse raconte les souffrances des Volsques, victimes d'une terrible épidémie causée par les exhalaisons des marais pontins. Venise, avec ses eaux stagnantes, ses lagunes bourbeuses et ses canaux transformés en égouts, fait figure de ville insalubre par excellence. Les exhalaisons fétides qui s'en dégagent seraient à l'origine de la peste de 1535, de l'endémie de 1576 et des différentes fièvres qui accablent la ville en permanence. Et que dire des eaux nauséabondes des fossés du château Saint-Ange, de l'atmosphère putride qui plane sur la campagne romaine, des canaux pestilentiels de Leyde ou des plaines de Calabre, foyers de « mauvais air » ou malaria !

Tels sont les effets de ces effluves que les savants du XVIIe siècle commencent à appeler « miasmes ». Venus des profondeurs chtoniennes, ils se répandent dans l'air qu'ils empoisonnent. L'historien du miasme, Alain Corbin, a montré que l'air, source de vie, contient aussi les principes de la mort : « L'atmosphère-citerne se charge des émanations telluriques, des transpirations végétales et animales. L'air d'un lieu est un effrayant bouillon dans lequel se mêlent les fumées, les soufres, les vapeurs aqueuses, volatiles, huileuses et salines qui s'exhalent de la terre et, au besoin, les matières fulminantes qu'elle vomit, les moufettes qui se dégagent des marais, de minuscules insectes et leurs œufs, des animalcules spermatiques, et, bien pire, les miasmes contagieux qui s'élèvent des corps en décomposition[2]. »

Plus encore que l'air, la terre fait peur. Réceptacle des corps en décomposition et des matières excrémentielles, elle est le creuset de redoutables fermentations. On doit en fuir le contact sous peine de s'exposer à ses démons. Vers la fin du XVIIIe siècle, un médecin dénonce à la Société Royale de médecine les dangers encourus par l'agriculteur qui remue la glèbe de trop près.

6. *Ibid.*, p. 26-27.
7. Alain Corbin, *Le Miasme et la jonquille*, Paris, Aubier-Montaigne, 1983, p. 13.

Un autre recommande aux paysans de ne pas dormir à même le sol et déplore les « vapeurs morbifiques » qui planent sur les villages et les cultures.

La hantise de la fissure torture les esprits. Des cavernes, comme la grotte du chien, près de Naples, des fosses d'aisance et des puits s'échappent les matières putrides accumulées au cours des siècles. En sillonnant le sol de crevasses, les tremblements de terre empoisonnent des régions entières et les épidémies qui ont ravagé Lisbonne et Messine n'ont pas d'autres causes[1].

Parfois, c'est l'œuvre de l'homme qui libère les exhalaisons mortifères. Paul Diacre évoque la fièvre maligne qui a ravagé Constantinople lorsque l'empereur Léonce a ordonné le curage du port. Au XVIIe siècle, Stuttgart est victime d'une épidémie de fièvre intermittente à la suite du creusement d'un canal[2]. Les cimetières, où se remue la terre des cadavres, deviennent des lieux maudits. Dans leurs travaux sur la mort, Philippe Ariès et Pierre Chaunu ont montré combien les hommes du XVIIIe siècle se sont acharnés à les exclure de la cité.

Les marécages aggravent la virulence des miasmes. Dans la journée, les particules putrides se dissipent dans l'air. Mais, lorsque la fraîcheur de la nuit succède à la chaleur diurne, la rosée tombe sur la terre, précipitant avec elle le principe morbifique libéré par les marais. Les personnes qui s'y exposent contractent presque toujours la fièvre. Au début du XIXe siècle, Ozanam a interrogé un maître de poste des marais Pontins qui, vivant dans une région imprégnée de miasmes, est toujours resté en bonne santé : « Il y a plus de quarante ans que j'habite ici, lui a-t-il confié, et je n'y ai jamais eu la fièvre. La seule précaution que je prends est de ne sortir que lorsque le soleil est déjà assez élevé, de ne rentrer qu'à son coucher et d'allumer du feu. Voilà tout mon secret[3]. »

Les miasmes telluriques soumis à de brusques variations thermiques déchaînent le tétanos. Larrey, chirurgien de Napoléon Ier, observe que, durant la campagne d'Autriche de 1809, les blessés exposés à l'air glacial des nuits de printemps qui succède à la chaleur diurne meurent tous. « J'ai encore remarqué, écrit-il, que cet accident ne se déclare ordinairement chez les blessés que dans les saisons où la température passe d'un extrême à l'autre. » Après Austerlitz et Eylau, et pendant la retraite de Russie, le tétanos fait peu de victimes par un froid vif mais constant. Dans les mêmes conditions climatiques, il épargnera la débâcle de 1870. En 1836, Sédillot observe à Constantine le funeste effet des écarts thermiques : « Nos blessés de Constantine, placés dans des chambres sans fenêtres et sans portes, dans des corridors étroits par des journées chaudes et des nuits glacées, étaient atteints de tétanos dans de très grandes proportions[4]. » On démontrera plus tard la réalité du phénomène,

1. *Ibid.*, p. 26-27.
2. Cité par Ozanam, *op. cit.*, p. 24-25.
3. *Ibid.*, p. 31.
4. Cité par Burnet, *La Lutte contre les microbes*, Paris, 1907, p. 131.

un brusque refroidissement entraînant un affaiblissement des défenses immunitaires.

Mais que sont ces miasmes qui sèment la terreur ?

Miasmes et contagion

Pendant la plus grande partie du XIXe siècle, on recherche la composition du miasme. Semblables d'apparence, l'air pur et l'air malsain ne devraient-ils pas différer par leur constitution moléculaire ? Vauquelin soumet aux réactifs l'eau de rosée condensée recueillie depuis six mois par Rigaud de l'Isle dans les marais Pontins et lui reconnaît des caractères alcalins. En 1828, le Dr Meirieu étudie la rosée des marécages du Gard qu'il trouve acide[1]. En 1847, le Dr Gasparin examine l'eau de condensation produite par les brouillards et la rosée. À l'aide de réactifs, il en isole certains principes qui tuent les moutons par inoculation. Le chimiste italien Malaguti reprend l'expérience avec les mêmes résultats[2].

Vers le milieu du siècle, le savant Moscati analyse les exhalaisons des rizières. Après le lever du soleil et durant la journée, il ne leur trouve rien d'anormal. Le soir venu, il suspend à trois pieds du sol des globes de verre remplis de glace. Le lendemain, à l'aurore, il recueille l'eau de condensation sur les parois et observe, quelques jours plus tard, la formation d'une matière floconneuse qui répand une odeur cadavéreuse. La même expérience est réalisée dans les salles de l'Hôtel-Dieu de Milan où l'on place entre les lits des globes remplis de glace. Chargée de particules miasmatiques dégagées par les malades, la buée qui s'y dépose présente des caractères identiques[3]. Ce miasme, si rebelle à l'analyse, est à l'origine de la contagion.

Jusqu'en 1880, les médecins différencient les maladies épidémiques des maladies contagieuses. Les unes s'abattent sur une communauté à l'exclusion de tout contage tandis que les autres se transmettent d'individu à individu, pouvant alors dégénérer en épidémie. On assigne aux maladies contagieuses les mêmes causes qu'aux maladies épidémiques : conjonctions astrales, éruptions volcaniques, orientation des vents.

Au XVIIIe siècle prend corps une théorie chimique des maladies infectieuses. Selon ses partisans, ce ne sont pas des miasmes putrides mais des exhalaisons acides et salines qui transmettent l'infection. En 1711, Littre y voit la source des maladies vénériennes : « La cause de la gonorrhée est probablement une espèce d'acide qui, dans le temps du coït, s'exalte et s'élève

1. Dr Meirieu fils, *Influence des miasmes marécageux sur l'économie animale*, thèse de médecine, Montpellier, 1829, p. 9, n° 93.

2. *Gazette médicale e Paris,* t. 2, 3e série, 1847, p. 22.

3. Ozanam, *op. cit.,* p. 62.

des parties naturelles d'une femme corrompue, et s'engage dans le canal de l'urètre de l'homme avec lequel elle a commerce. »

Un an plus tard, l'Italien Borromeo assigne la même origine à l'épizootie qui ravage les troupeaux de bovins : « Je crois, écrit-il, que l'atmosphère resta imprégnée de sels âcres et volatils vomis par une terre riche en sels minéraux. » Ces sels, en pénétrant dans les viscères des animaux, se transforment en « semences vénéfiques ».

Mais la théorie miasmatique reste la plus répandue. Avant de rejoindre les entrailles de la terre, les miasmes s'échappent d'un corps malade ou d'un cadavre, imprègnent l'air et peuvent contaminer le corps sain, à la différence des virus qui se transmettent par inoculation. On parle de virus vaccin ou de virus syphilitique, mais de miasmes cholériques ou typhiques. Les maladies « infectieuses » et putrides transforment l'homme en foyer miasmatique. Ses humeurs se décomposent, ses excrétions se putréfient : l'haleine est fétide, la sueur puante, l'urine odorante et les excréments nauséabonds.

Les miasmes ne sont pas des gaz. Ce sont des « fluides à l'état gazeux » qui circulent dans l'air. Leur odeur est douceâtre, nauséabonde, fade, parfois aigre et acide ou alcaline et piquante. Invisibles, ils n'altèrent pas la pureté de l'air, ce qui les rend plus dangereux et rebelles à l'analyse. « Nos appareils chimiques, nos instruments de physique n'ont pu encore mener à de semblables résultats[1] », déplore Nacquart.

Tout ce qui pue tue! Tel est l'aphorisme inspiré par la puanteur du miasme. Les anatomistes du XVIIIe siècle le savent bien, plusieurs d'entre eux ayant été, au cours de dissections, asphyxiés ou infectés par les émanations cadavériques. Au début du XIXe siècle, le médecin légiste Fodéré en arrive à la conclusion que le périmètre d'action des miasmes se détermine à l'odeur.

Les miasmes ont la propriété de s'attacher aux corps vivants « en vertu de la puissance attractive », à la laine, au coton, aux linges et aux vêtements. Mais le bois, la terre, les métaux, le verre et la toile cirée en sont mauvais conducteurs. L'eau les absorbe[2]. Ils peuvent imprégner des objets, ce qui explique les phénomènes de contamination à distance ou à longue échéance. « J'ai lu, écrit Ozanam, que des fossoyeurs ayant déterré le cadavre d'un homme mort depuis dix ans de la petite vérole, en furent eux-mêmes attaqués [...]. Des hardes de pestiférés peuvent, après un temps dont on n'a pas encore déterminé la durée, communiquer la contagion pestilentielle à ceux qui s'en servent[3]. » Les murs des hôpitaux finissent par s'imprégner de miasmes. Dans l'espoir de briser le phénomène, les malades de l'hôpital de la Marine de Saint-Pétersbourg changent de chambre en été[4].

1. *Ibid.*, p. 356-357.
2. Ozanam, *op. cit.*, p. 61-62.
3. *Ibid.*, p. 65.
4. Cité par Alain Corbin, *Le Miasme et la jonquille*, *op. cit.*, p. 29.

Pour lutter contre les miasmes, on allume, depuis l'Antiquité, de grands feux qui impriment à l'air de violentes oscillations. On a recours à la combustion de plantes aromatiques capable de neutraliser l'odeur de putréfaction. Absinthe, girofle, genièvre, gommes-résines ou baumes forment l'arsenal de la « parfumerie », lointain ancêtre de nos services de désinfection. L'ébranlement de l'air par les cloches ou le canon écarterait la menace putride, ce qui incite un médecin du XVIIIe siècle à soutenir que la santé du soldat était moins bonne au temps de l'arme blanche[1].

Dès le début du XIXe siècle, l'aération se substitue aux feux et à la fumée. Faute d'oxygène, le corps sain se transforme en foyer de miasmes, et l'entassement de plusieurs personnes dans un lieu clos présente de mortels dangers. « Qui ne connaît, rappelle Ozanam, l'histoire des fameuses assises Old Bayley, le 11 mai 1750, où presque tous les assistants périrent, excepté ceux qui se trouvaient à la droite du président, près duquel une fenêtre était ouverte ? »

Le cas n'est pas sans précédent. En 1577, on jugeait à Oxford le libraire Roland Jenkins et d'autres détenus pour outrage au roi. Les miasmes répandus dans la salle d'audience par les accusés, qui avaient longtemps macéré dans les cachots, la sueur de leurs pieds et les exhalaisons d'une foule nombreuse foudroyèrent le public. En l'espace de quarante jours, plus de trois cents personnes en moururent. En Angleterre, c'est sous le nom de *mournful day of justice* que ce jour sinistre est passé à la postérité sans recevoir d'explication[2].

L'absence d'oxygène est tenue pour responsable de la maladie connue sous le nom de « fièvre des prisons, des vaisseaux, des camps, des hôpitaux » et, d'une façon plus générale, du typhus. L'entassement et le manque d'air terrorisent malades et médecins. Dans son *Traité de chirurgie,* le chirurgien Boyer écrit : « Elle survient dans des hôpitaux situés en des endroits marécageux, au voisinage d'un foyer quelconque d'infection, au contact d'individus malpropres, dans les salles encombrées, surtout lorsqu'elles sont peu spacieuses et mal aérées [...]. Un air infecté tend à introduire jusque dans les plaies les plus simples l'espèce de dégénérescence putride dont il s'agit[3]. »

Aucun chirurgien n'ignore la subtilité du miasme hospitalier. Delpech est convaincu que « les pansements, surtout ceux qui s'imprègnent d'humidité, comme la charpie et le linge, les étoffes, les instruments de chirurgie mal tenus, les doigts, peuvent se charger de la matière contagieuse et la transmettre aux surfaces saines[4] ».

La lutte contre cette pourriture passe par la lutte contre l'odeur du miasme. « L'habile chirurgien s'aperçoit alors, note Anglada en 1853, qu'un habit dont il était vêtu pendant sa visite à l'hôpital et lorsqu'il pansait son

1. *Ibid.,* p. 114.
2. Ozanam, *op. cit.,* p. 46-47.
3. *Traité de chirurgie,* t. 1, p. 320.
4. *Mémoire sur la pourriture d'hôpital,* p. 46.

malade, s'était imprégné de l'odeur caractéristique de pourriture et, par conséquent, du principe virulent. »

Mais personne ne songe à désinfecter les vêtements, les instruments de chirurgie ou les plaies. On se contente de vaporiser sans succès de l'acide phénique dans les hôpitaux et de travailler dans les courants d'air.

Vers le milieu du XIXe siècle, l'atmosphère confinée du foyer est elle-même considérée comme dangereuse. En 1844, le Dr Michel Lévy, sans doute impressionné par l'idée d'hérédité morbide qui commence à se répandre, estime que se concocte dans « l'atmosphère familiale » un bouillon dont la virulence est accrue par l'accumulation de miasmes échappés d'une même famille, donc de même nature. Aussi la bonne hygiène domestique impose-t-elle la multiplication des espaces privés[1].

Dans la seconde moitié du siècle, les notions de « localisme » et d'air vicié se substituent aux théories telluriques et miasmatiques. Mais les anciennes croyances survivent derrière un discours rénové.

La survivance des mythes

En 1879, les théories microbiennes ont triomphé mais la hantise des démons telluriques subsiste. La viciation de l'air fait aussi peur que les miasmes, bien que le Pr Brouardel ait officiellement proclamé : « Tout ce qui tue ne pue pas et tout ce qui pue ne tue pas. »

Cette année-là, Paris serait menacé d'explosion pestilentielle et ce sont les cimetières qui font « la une » des quotidiens. Sur celui de la butte Montmartre, abandonné depuis plusieurs années, courent de terrifiantes rumeurs. Par arrêté du 4 mars 1879, le préfet de police nomme une commission d'enquête. Son rapporteur, le Dr Du Mesnil, remet des conclusions rassurantes le 7 mars suivant. Aucun dégagement des gaz, aucune infiltration ne sont à craindre. Cinq ans après l'inhumation, toutes les matières organiques sont « brûlées »[2]. Les démons de la terre seraient-ils exorcisés ?

En 1882, nouvelle alerte. La fièvre typhoïde éclate dans le XVIIIe arrondissement. Or, quelques mois auparavant, des travaux de terrassement ont été entrepris à l'emplacement de l'ancien cimetière Montmartre, libérant des miasmes[3]. Le Dr A. Meyer propose alors d'écarter le péril en substituant aux cercueils en bois des cercueils en verre fondu constitués de deux parties scellées par un mastic silicaté aussi inaltérable que le verre lui-même. Il envisage aussi d'y introduire « une atmosphère gazeuse antiputride sous une pression

1. Cité par Alain Corbin, *Le Miasme et la jonquille, op. cit.*, p. 191-192.
2. « Assainissement des cimetières », *Revue d'hygiène,* 1882, p. 102.
3. *Revue d'hygiène,* 1884, p. 49.

convenable, par exemple de l'acide carbonique, ce qui assurerait la conservation indéfinie des cadavres à l'abri de la putréfaction[1]. »

Les travaux de terrassement du Champ-de-Mars seraient responsables de l'épidémie qui endeuille l'École militaire en 1882. En 1909, le Dr Negresco établit une corrélation entre les 80 cas de fièvre typhoïde observés à Jassy et le creusement de tranchées destinées à recevoir des canalisations[2].

En 1884, le Pr Pettenkoffer développe une théorie dite « localiste », version rénovée des anciennes doctrines telluriques. Selon lui, le phénomène contagieux serait un mythe et les épidémies se développeraient, en certains endroits, à la faveur de la topographie et de la constitution géologique du sol. Les terrains poreux, désagrégés, où se concentrent l'eau et les matières organiques, seraient partout des foyers de choléra et de fièvre typhoïde. Mais le mal ne se propagerait jamais aux terrains de type granitique. Ainsi s'expliqueraient l'immunité ou la vulnérabilité de villages voisins[3].

Lorsqu'une épidémie de typhoïde éclate en Prusse, dans la région minière de Gelsenkirchen, en 1901, les théories de Pettenkoffer font encore autorité. Les experts n'ayant pu attribuer le fléau au lait ou à l'eau, ils invoquent des influences locales « mal définies » en relation avec certaines oscillations de la nappe phréatique qui chasserait les miasmes telluriques par pression[4]. La terre n'en finirait-elle pas de faire peur ?

En même temps, dans le discours médical, la « viciation de l'air » se substitue au miasme. C'est elle qui provoque les épidémies dans les collectivités. Penché, en 1872, sur le problème des casernes, creuset de toutes les contagions, le Dr Marvaud incrimine l'homme, source de viciation : « La vapeur d'eau qui se dégage, soit de la muqueuse pulmonaire, soit de la surface cutanée, renferme en suspension ou en dissolution une matière animale putrescible, à laquelle les recherches des physiologistes et les travaux des hygiénistes tendent à faire jouer le principal rôle dans les effets de l'air vicié sur l'économie animale[5]. »

Après 1865, les expériences de Pasteur sur la dissémination des germes dans l'atmosphère et les travaux précurseurs de Davaine sur les bactéries consacrent un temps la sainte alliance du miasme et du micro-organisme. Dans la chambrée d'une caserne de Saint-Denis, le Dr Lemaire recueille par condensation les miasmes dégagés par les hommes. Au microscope, il y trouve des microphytes, des microzoaires et des bactéries[6].

1. *Ibid.*, 1884, p. 87.
2. Dr Negresco, « La fièvre typhoïde à Jassy », *Journal d'hygiène*, 1911, p. 161.
3. Pettenkoffer, *Die Cholera*, Breslau-Berlin, 1884.
4. *Revue d'hygiène*, 1910, p. 1225-1226.
5. *Annales d'hygiène publique et de médecine légale*, 1872, t. 2, p. 312.
6. *Ibid.*, p. 313.

Après la découverte des microbes pathogènes, les odeurs putrides restent au cœur du débat et, jusqu'en 1920, quelques médecins y verront encore le véhicule des germes. En 1875, les dangers du méphitisme sont au cœur de la *Sewer Gaz theory* de Buchanam, selon laquelle les odeurs d'égouts seraient à l'origine de la plupart des fièvres infectieuses. En 1892, le Dr Gueniot ne trouve d'autre cause aux fièvres puerpérales survenues dans sa clientèle. Chez l'une de ses patientes, il observe que « l'appartement exhalait une odeur nauséabonde à laquelle les habitants paraissaient tellement habitués qu'ils ne s'en apercevaient pas. » « Une enquête minutieuse, poursuit-il, montra que cette infection provenait d'un plomb à bouche béante, en communication avec l'égout, et ouvrant dans le cabinet de toilette chauffé attenant à la chambre à coucher[1]. » De tels arguments alimentent alors la grande peur du tout-à-l'égout.

Certaines mesures d'aération ou de désinfection ont pu faire, et peuvent encore faire illusion. Mais lutter contre le miasme, principe imaginaire, ne suffit pas pour tuer les microbes. Contre lui, les hygiénistes déploient la stratégie de l'invisible, se contentant de chasser les mauvaises odeurs. Que de différence avec la lutte contre ces microbes, que l'on voit naître, se développer et mourir !

Alors que le miasme est dans tous les esprits, une idée prémonitoire, celle de *contagium vivum*, fait peu à peu son chemin depuis le début du XIXe siècle.

1. « Du méphitisme de l'air comme cause de septicémie puerpérale », *Bulletin de l'Académie de médecine*, 1892, p. 284.

CHAPITRE VII

Visionnaires ou précurseurs? Le *contagium vivum*

La notion de germe pathogène est antérieure à Pasteur. Elle est formulée depuis des siècles et des historiens ont vu, ou cru voir, des « précurseurs » partout. Mais pour prendre date dans le domaine de la microbiologie, il ne suffit pas d'imaginer ou de voir. Il faut identifier un germe, l'isoler, le cultiver, le transmettre à l'animal et jeter les bases d'une thérapie.

Visionnaires ou « précurseurs » n'en ont pas moins le mérite d'avoir intuitivement semé une parcelle de vérité dans un monde dominé par le miasme et le chaos, créant ainsi une certaine accoutumance à l'idée de germe pathogène et défrichant le terrain des futures théories microbiennes.

Lointains ancêtres

Depuis l'Antiquité, l'idée est dans l'air. Au Ier siècle av. J.-C., Varron et Columelle auraient parlé d'un *contagium vivum* composé d'êtres vivants invisibles (*animalia minuta*) pathogènes introduits dans l'organisme par les voies digestives ou respiratoires.

Au XVIe siècle un médecin italien, Fracastor de Vérone, énonce la première théorie des germes pathogènes (*seminaria*) dans un ouvrage publié en 1546 sous le titre *Trois Livres sur la contagion, les maladies contagieuses et leur traitement*[1]. Il y explique les « fièvres pestilentes » par la présence dans l'organisme de germes transportés à distance, au-delà des océans parfois, et qui peuvent vivre et se développer loin de leur foyer d'origine[2].

Ces *seminaria contagionum*, dépourvus de qualités « occultes » ou « spirituelles », existent dans la putréfaction. Ils s'engendrent aussi par génération

1. Traduit et annoté par Léon Meunier, Paris, 1893.

2. *Ibid.*, ch. VI, « Que la cause des contagions qui se font à distance ne doit pas être rapportée à des propriétés occultes », p. 23 *sq.*

spontanée dans l'homme malade car « rien n'empêche qu'il se passe en nous et dans nos humeurs des putréfactions qui sont sordides et closes, et desquelles naissent des germes[1] ». De là, ils peuvent contaminer d'autres organismes, « deviennent actifs à la chaleur de l'animal » et opèrent des ravages souvent mortels. Chaque maladie a sa propre semence et, le premier, Fracastor range la phtisie pulmonaire au nombre des maladies contagieuses.

Avec l'invention du microscope et la découverte des animalcules, quelques savants intègrent les vermicules dans l'étiologie des maladies infectieuses. Mais il s'agit de constructions abstraites dont la plus ingénieuse est formulée en 1714 par Carlo Francesco Cogrossi, de Milan.

Selon Cogrossi, seul le *contagium vivum* permet d'expliquer la nature des maladies contagieuses : réceptivité d'une espèce animale, immunité d'une autre ; sensibilité de certains sujets d'une même espèce, immunité des autres. Dans ces phénomènes mystérieux, les conditions climatiques et l'hygiène jouent un rôle, d'où la nécessité de mesures prophylactiques. Cogrossi fait allusion aux animalcules de Leeuwenhoek et se dit convaincu que de puissants microscopes permettront un jour de découvrir des micro-organismes encore plus petits.

Si minuscules soient-ils, ces animalcules peuvent tuer un animal aussi gros que le bœuf en altérant ses humeurs. Le *contagium vivum* explique la période d'incubation qui correspond à leur développement. Pour lutter contre eux, Cogrossi suppose qu'il existe un traitement spécifique simple et naturel. « Il suffirait, dit-il, de trouver un seul remède, même simple et plébéien, et qui pousse peut-être dans le jardin des pauvres, qui soit un poison spécifique pour cette cause et ne soit pas nuisible au corps[2]. » Ce sera, deux siècles et demi plus tard, la pénicilline.

Giovanni Rasori, titulaire de la chaire de pathologie de l'université de Pavie, formule, dès 1796, une doctrine identique des contagions. Celles-ci possèdent trois propriétés essentielles : elles se propagent à l'infini, conservent l'identité de l'espèce et se reproduisent par leur semence. Ces trois ingrédients étant ceux de la vie, il en conclut que « les contagions sont des matières vivantes[3] ».

Ozanam fait référence à ces théories lorsqu'il écrit, en 1823, dans son *Histoire médicale des maladies épidémiques* : « Nous dirons que l'essence des contagions consiste en des êtres organiques d'une espèce déterminée qui se propagent comme les poux. Nous avons un argument de plus dans la contagion de la gale que nous savons ne dépendre que d'un insecte. »

1. *Ibid.*, p. 59-60.

2. Luigi Belloni, *Le « contagium vivum » avant Pasteur*, Paris, Conférences du Palais de la Découverte, 1961, p. 12-13.

3. Cité par Belloni, *ibid.*, p. 22.

L'idée de germes pathogènes disséminés dans l'air semble avoir bénéficié d'une si grande audience populaire que Bernardin de Saint-Pierre en parle comme d'un fait acquis dans *Les Harmonies de la nature* :

> « Je crois, écrit-il, qu'on peut attribuer la plupart des maladies contagieuses à des animalcules qui vivent dans des fluides et qui s'attachent à des corps au moyen desquels ils se communiquent par le contact. Il est certains qu'elles s'engendrent toutes par des temps chauds et humides, qui sont les grands mobiles des générations végétales et animales. Ces mêmes maladies ne cessent que par des froids rudes ou des chaleurs arides, si contraires à toute espèce de génération. Celles qui naissent uniquement de la corruption de l'air ne se communiquent point par le contact, telles sont les fièvres d'automne et celles des pays marécageux. Quant aux autres, comme les dartres, la gale, la lèpre [...] qui ne se communiquent que par un attouchement plus ou moins intime, elles paraissent devoir leur origine à des animalcules invisibles qui vivent dans nos humeurs viciées et s'attachent même à de simples linges. »

Faute de preuves, la théorie du *contagium vivum*, en dépit de son caractère prémonitoire, restera longtemps, comme la théorie des miasmes, une vue de l'esprit. Mais, dans la première moitié du XIXe siècle, le microscope achromatique et la méthode expérimentale balbutiante lui ouvrent de nouveaux horizons.

Aux sources de la microbiologie

Au début du mois de juillet 1819, survenait en Vénitie un étrange phénomène. La polenta (bouillie de farine de maïs) se mit soudain à virer au pourpre. Les paysans atterrés parlaient de sorcellerie, et la rumeur prit tant d'ampleur que la police ouvrit une enquête.

Loin de cette fantasmagorie, un jeune étudiant en pharmacie à l'université de Padoue, Bartolomeo Bizio, se penche en scientifique sur le problème. Son œuvre, longtemps oubliée, a récemment été remise à l'honneur par l'historien Giuseppe Penso[1].

Bizio établit que la polenta ne s'empourpre qu'à la faveur d'une chaleur humide et il montre que la polenta saine devient rouge au contact d'un morceau de polenta contaminée. « Ces expériences et observations me conduisirent dès le début, écrit-il, à soupçonner qu'un être organique devait être le responsable d'un tel phénomène. » Cet être organique « ne pouvait être qu'un petit animal de la classe des infusoires ou bien une plante parmi les plus petites existantes ».

1. *La Conquête du monde invisible*, *op. cit.*, p. 276 *sq.*

Il cherche à tuer ce germe par la vapeur de camphre, de térébenthine, ou la fumée de tabac. En vain. Seules les vapeurs de soufre neutralisent le phénomène, mais elles altèrent la polenta. Il l'expose pendant cinq minutes à la chaleur : 80°, 100° puis 120°. Cette fois, le résultat est à la hauteur des espérances. Les germes sont détruits et la polenta devient inaltérable.

Convaincu de la culpabilité d'un « être végétal », Bizio en observe le développement. Il constate que les petites taches rouges, qui donnent sa couleur à la polenta malade, sont « formées par un agrégat de minuscules champignons sans pied, recouverts d'une très fine particule brillante qui, observée au microscope, apparaît parsemée de points d'une couleur plus foncée ». Dans une intuition fulgurante, il imagine qu'il s'agit de sacs (ou spores) chargés de graines invisibles au microscope qui se répandent et germent après rupture. En bon expérimentateur, il imprègne un morceau de papier de rouge de polenta et, après dessiccation, le suppose rempli de graines qu'il sème sur de la polenta saine, provoquant leur germination. Cet être végétal, Bizio le baptise *serriata*.

Comme l'indique Penso, « l'œuvre de Bizio est donc révolutionnaire : c'est la première étude expérimentale sur l'action d'un germe et la première démonstration acceptable de la valeur spécifique d'une bactérie dans la genèse d'un phénomène biologique sortant de l'ordinaire ».

La démarche annonce aussi Pasteur et la destruction par la chaleur des germes du vin malade. Mais elle reste limitée et ne débouche sur aucune représentation du monde microbien. En 1848, Christian Gottfried Ehrenberg se penche de nouveau sur la *serriata* de Bizio, dont il ignore les travaux, et lui donne le non de *monas prodigiosa* qui est passé à la postérité.

Les travaux d'Agostino Bassi (1773-1856) sont du même cru. Bassi est un dilettante que passionne la nature. Étudiant à la faculté de droit de Pavie, il fréquente surtout les cours d'histoire naturelle de Lazzaro Spallanzani. En 1797, alors qu'il vient de soutenir son doctorat, il abandonne la jurisprudence pour se consacrer à l'étude de la muscardine qui ravageait alors les magnaneries de Lombardie.

On croyait que cette maladie, aussi appelée pébrine, se déclarait spontanément chez le ver à soie à la faveur des conditions atmosphériques, du mode de nourriture et de la méthode de culture. Pendant dix-neuf ans, Bassi s'efforce de provoquer son éclosion chez des vers à soie sains. En 1816, c'est au bord du renoncement que l'étincelle jaillit : « Si la maladie ne se déclare pas spontanément dans le ver, pense-t-il, il se peut qu'un germe venu de l'extérieur en soit la cause[1]. »

Il plonge une aiguille en acier dans un ver malade et communique la pébrine par inoculation à un ver sain. « La contagion, conclut-il, se commu-

1. Agostino Bassi, *De la manière la plus profitable d'élever les vers à soie et du meilleur moyen de diminuer en général les dommages occasionnés par la muscardine*, Paris, 1852.

nique par l'alimentation, l'inoculation, le simple contact des animaux morts, de toute chose infectée ou par l'atmosphère contaminée. » L'agent infectieux est « organique, vivant, végétal. C'est une plante du genre des cryptogames, un champignon parasite [...]. Les graines du champignon fatal, en entrant dans le ver à soie, y germent et le tuent. » Ce champignon, Bassi l'examine au microscope et aperçoit ses « ramifications ou filaments ». En se desséchant, il « forme une fine poussière qui contient les graines des champignons parasites. Au plus léger mouvement de l'air, ils se disséminent. »

Bassi édicte aussitôt des mesures prophylactiques et, comme Pasteur quelques années plus tard, conseille aux éleveurs de nourrir leurs vers avec des feuilles de mûrier provenant de régions épargnées, de ne pas fréquenter les élevages infectés, de « revêtir une longue blouse, de couvrir les cheveux d'un mouchoir, d'être en bas sans chaussures » et d'ébouillanter vêtements et instruments ayant été en contact avec des élevages suspects.

Les théories de Bassi laissent sceptique. Mais, en 1834, alors qu'il travaille sur la pébrine depuis trente-sept ans, il reçoit l'autorisation de réaliser ses expériences devant la « Faculté de médecine et de philosophie ». Convaincu, le Pr Giuseppe Balsamo-Crivelli classe le champignon de la muscardine dans le genre Botrytis et fonde une espèce qu'il appelle *Bassiana*. Mais, difficilement applicable, la méthode prophylactique de Bassi s'avère incapable d'enrayer le fléau. Il faudra attendre 1869 et les travaux de Pasteur pour en venir à bout au moment où il s'apprêtait à détruire la sériciculture mondiale.

En même temps, les savants s'interrogent sur le phénomène de la fermentation. Est-il chimique, comme le voudrait la saine doctrine, ou provient-il d'un micro-organisme végétal ? Dès 1787, le Florentin Adamo Febbroni soutient, dans son ouvrage *Dell'arte di fare il vino*, que la fermentation alcoolique est due à une « substance végéto-animale ». Mais l'imperfection du microscope ne lui permet pas de l'identifier. En 1822, Christian Henrik Persoon observe un voile à la surface de la bière et songe à un champignon qu'il appelle *Mycoderma cervisiae.*

C'est Cagniard de La Tour qui, en 1837, et grâce au microscope achromatique, observe pour la première fois dans les liqueurs fermentées des « êtres organisés lesquels appartiennent probablement au règne végétal puisqu'ils sont inertes ». Il suppose aussi que la transformation du sucre en alcool est due à des germes qu'il appelle *séminules* et, en 1837, Theodor Schwann soutient une idée analogue en parlant d'un « champignon du sucre ». La même année, Friedrich Traugott Kützig décrit et dessine les cellules de la levure de bière et du vinaigre. Mais, ici encore, il faudra attendre les expériences de Pasteur et la mise au point des techniques de cultures pures pour imposer ces idées.

Qu'en est-il des maladies infectieuses de l'homme et des animaux ?

En 1844, Bassi devenu aveugle dicte quelques-unes de ses intuitions : « Dès que je fus certain que les contagions et toutes les maladies épidémiques, et en particulier celles qui affligent l'homme, se transmettent de l'individu malade à l'homme sain par contact direct, par le moyen d'objets infectés ou par exposition à l'air contaminé, je fus aussitôt de l'opinion que les contagions ne sont que des êtres organisés, parasites, végétaux ou animaux, mais probablement plus végétaux qu'animaux[1]. »

Bizio et Bassi ont fait de l'Italie le foyer des doctrines microbiennes en gestation. En Europe, l'idée de *contagium vivum* connaît une certaine audience grâce aux intuitions de Hameau, Bretonneau et Henle.

Jean Hameau est un obscur médecin de la région bordelaise. En 1836, il adresse à la Société de médecine de Bordeaux une *Étude sur les virus* qui sera lue à l'Académie de médecine en 1842 et publiée quatre ans plus tard dans la *Revue médicale* de Cayrol sans soulever le moindre enthousiasme[2].

Le « virus », principe abstrait, fait alors partie du contage, au même titre que les miasmes ou les exhalaisons, mais Hameau y voit un micro-organisme vivant capable « de parcourir les trois temps par lesquels tous les êtres sont initiés à la vie, savoir : la contagion, l'incubation et la multiplication ». Ce sont de véritables « parasites » qui peuvent s'introduire dans les corps étrangers, y vivre à leurs dépens et, parfois, les tuer. Comme Boyle, Hameau parle d'« insectes » invisibles à l'œil nu : « La contagion est le passage dans le corps de l'homme d'un insecte ou d'une matière animée qui le rend malade et qui peut en sortir pour produire les mêmes effets sur d'autres personnes. » Cette particule vivante « puise dans les animaux qu'elle attaque les éléments de sa grandeur et de sa régénération. Quelque petite qu'en soit la quantité, elle les moleste, trouble leurs fonctions, triomphe de toutes les forces qu'ils peuvent lui opposer jusqu'à pouvoir causer la mort. »

En 1828, Bretonneau écrit un *Traité de la Spécificité* dans lequel il évoque une multitude d'inflammations déterminées « par de véritables êtres venus du dehors ou du moins étrangers à la structure organique ». Puis, dans un *Mémoire sur la dothinenthérie*[3] (fièvre typhoïde), il parle de « la transmission de son germe reproducteur ». En 1855, il soutient encore qu'un « germe propre à chaque contagion donne naissance à chaque maladie contagieuse » et que « les fléaux épidémiques ne sont engendrés, disséminés, que par leur germe reproducteur ».

Vers la même époque, un autre médecin, Jacob Henle, publie à Berlin des *Pathologische Untersuchungen* (Berlin, 1840) qui développent une théorie prépasteurienne de l'infection. Pour Henle, la quantité de « matière morbide » nécessaire à l'éclosion du mal chez un animal est infime à côté de l'effet produit, un peu comme la semence du végétal ou de l'animal par rapport à l'être

1. Penso, *op. cit.*, p. 281.

2. René Cruchet, *Jean Hameau, médecin de campagne, et les précurseurs de Pasteur,* Bordeaux, 1924.

3. Ce mémoire sera publié en 1922.

constitué. De plus, entre le moment où la matière morbide est introduite dans l'organisme et celui où les symptômes de la maladie éclatent, s'écoule une « période d'incubation » constante pour chaque maladie mais variable de l'une à l'autre. Comment ne pas songer à la durée nécessaire au développement de germes ? Ces micro-organismes échappent à nos sens en raison des limites du microscope. Mais dans ce système, comme dans celui de Fracastor, le germe morbide n'est pas forcément exogène. Il peut se développer à l'intérieur d'un organisme par génération spontanée et se communiquer par contagion[1].

Henle se heurte à une indifférence si profonde qu'il abandonne ses recherches sur la pathologie infectieuse pour se consacrer à l'anatomie humaine. L'un des plus brillants collaborateurs de Pasteur, Metchnikoff, a été son élève. Son témoignage évoque le scepticisme des milieux scientifiques face aux intuitions microbiennes : « Quand, écrira-t-il, en qualité d'élève, je travaillais chez lui à Goettingue, en 1866, époque où commençaient à poindre diverses investigations sérieuses sur les agents microscopiques des maladies infectieuses, Henle y restait indifférent. Il me chargea d'étudier de son point de vue le rein des amphibies et le corps caverneux des organes sexuels de l'homme. Il n'était nullement question dans son laboratoire des causes des maladies infectieuses[2]. »

En l'absence de preuves et de données expérimentales, comment accepter l'idée de micro-organismes pathogènes ? Vers le milieu du XIXe siècle, on admet seulement le rôle de champignons ou d'acariens dans la genèse de certaines affections cutanées comme la gale.

Acariens et champignons

Dès 1687, Bonomo et Cestosi avaient montré que la gale avait pour origine un minuscule acarien visible au microscope, mais l'exactitude de l'observation ne sera reconnue qu'en 1834. Cette année-là, un étudiant corse, Simon Francesco Renucci, de passage à l'hôpital Saint-Louis de Paris, rencontre le spécialiste des maladies cutanées, Alibert, et lui explique avec succès comment les femmes de son pays parviennent à extraire les acares de l'épiderme des galeux.

C'est en s'inspirant des travaux de Bassi que Johann Lucas Schönlein se lance, peu après, à la recherche de l'agent de la teigne. En 1839, il établit qu'il s'agit d'un champignon parasite, l'achorion, aujourd'hui appelé *trichophyton*.

1. Sur les idées de Henle, voir É. Duclaux, *Pasteur, Histoire d'un esprit, op. cit.*, p. 284-285.

2. Élie Metchnikoff, *Trois Fondateurs de la médecine moderne : Pasteur, Lister, Koch*, Paris, Alcan, 1933, p. 21.

En 1841, David Gruby découvre à Paris le champignon de la teigne favique. C'est le point de départ de recherches sur l'étiologie de la teigne tondante qui aboutiront, en 1844, à la découverte par Malmsten de l'*achorion tonsurans*. Entre 1839 et 1842, un élève de Schönlein, Langenbeck, découvre l'*oïdium* du muguet. En 1844, Karl Meyer aperçoit le *mucor* dans la bouche d'un enfant, et John Hugues Bennet dans les crachats ou les poumons d'un pneumothoracique[1]. Dans le même temps, David Gruby (1810-1898) identifie les champignons responsables des principales mycoses.

Seuls des organismes pluricellulaires, comme les acariens ou les champignons, sont donc crédités d'un pouvoir pathogène. Mais, en 1865, Casimir Davaine démontre pour la première fois le rôle pathogène d'une bactérie dans la genèse du charbon, maladie du bétail transmissible à l'homme.

Les vrais précurseurs : Davaine et Villemin

Depuis les expériences de Barthélémy, qui avait inoculé du sang charbonneux à des animaux sains, on savait cette maladie infectieuse et transmissible. On savait aussi, grâce aux travaux de Magendie, que le sang est de moindre toxicité après filtration et que les miasmes ne sont pas responsables du mal.

Sur les conseils du Pr Rayer, son directeur à l'hôpital de la Charité, Davaine se lance dans l'étude du charbon[2]. « L'Association médicale et vétérinaire d'Eure-et-Loir », fondée au cœur d'une région ravagée par le sinistre, ne cessait d'encourager les recherches sur cette maladie et, en juin 1850, c'est à son instigation que Rayer et Davaine se rendent en Beauce. Dans leur rapport, ils signalent que le sang d'un mouton inoculé et mort du charbon est rempli de « petits corps filiformes ayant environ le double en longueur d'un globule sanguin ». Mais ni Rayer ni Davaine n'y voient encore des agents de contamination.

Cinq ans plus tard, en 1855, un médecin allemand, Aloïs Pollender (1800-1879), retrouve ces « corpuscules en forme de bâtonnet » et suppose qu'ils constituent peut-être « la matière infectieuse elle-même ou les simples véhicules de cette matière ».

En 1860, Delafond les observe à son tour et tente, mais en vain, d'en obtenir une croissance complète jusqu'à production de spores et de graines. Seize ans avant Robert Koch, l'idée d'isoler et de cultiver une bactérie a donc germé dans certains esprits.

1. Charles Philippe Robin, *Histoire naturelle des végétaux parasites qui croissent sur l'homme et sur les animaux vivants*, Paris, 1854.

2. Jean Théodoridès, *Casimir Davaine et les débuts de la bactériologie médicale*, Paris, Conférences du musée de la Découverte, 1962, p. 12 *sq.*

En 1863, Davaine revient sur ses observations de 1850 avec, cette fois, l'intention de prouver que les bâtonnets en question sont responsables du fléau. À cette date, les travaux de Pasteur commencent à faire autorité. Davaine en convient : « L'occasion, écrit-il, ne s'était point encore offerte et d'autres soins ne m'avaient pas permis de la chercher activement [la bactéridie charbonneuse], lorsque M. Pasteur, en février 1861, publia son remarquable travail sur le ferment butyrique, ferment qui consiste en petites baguettes cylindriques, possédant tous les caractères des vibrions et des bactéries. Les corpuscules filiformes que j'avais vus dans le sang des moutons charbonneux ayant une grande analogie de forme avec ces vibrions, je fus amené à examiner si des corpuscules analogues ou de même genre que ceux qui déterminent la fermentation butyrique, introduits dans le sang d'un animal, n'y joueraient pas de même le rôle d'un ferment[1]. »

Davaine montre que le sang charbonneux n'est pas infectieux tant que les bâtonnets, qu'il baptise « bactéridies », en sont absents. En 1864, il retrouve ces mêmes bactéridies dans la pustule charbonneuse de l'homme[2].

Si Davaine a puisé dans l'œuvre de Pasteur une partie de son inspiration, il reste le premier à avoir démontré le pouvoir infectieux d'une bactérie. Autre précurseur de Pasteur et de Koch, Jean Antoine Villemin (1827-1892) met en évidence le caractère contagieux de la tuberculose dix-sept ans avant la découverte de son bacille.

Lorsque Villemin décide de se consacrer à la tuberculose, l'« unité » de la maladie établie par Laennec avait été ébranlée par les travaux de l'école allemande d'anatomie pathologique. Tel était le chaos des idées qu'on la croyait héréditaire et diathésique, c'est-à-dire organique. En 1863, Villemin est reçu agrégé au Val-de-Grâce et c'est dans un coin du jardin de l'établissement qu'il se lance dans une impressionnante série d'expériences sur la transmissibilité et la contagiosité du mal. Il inocule des crachats tuberculeux à des lapins ou leur compose des litières imprégnées de mucosités tuberculeuses, et tous contractent le mal. Les résultats de ses travaux font l'objet de plusieurs articles[3] et, en 1868, d'une *Étude sur la tuberculose.*

S'élevant contre la notion de « diathèse tuberculeuse », Villemin proclame la contagiosité du fléau et l'utilité d'une prophylaxie. Il montre « que l'inoculation du tubercule développe d'abord une lésion locale, que sa généralisation dans les viscères survient après une période d'incubation et que la tuberculose expérimentale évolue comme la tuberculose humaine, offrant les

1. Casimir Davaine, « Recherches sur les infusoires du sang dans la maladie connue sous le nom de sang de rate », *Comptes rendus de l'Académie des sciences,* 1863. Cité par Jean Théodoridès, *op. cit.,* p. 16.

2. Casimir Davaine, *Nouvelles Recherches sur la maladie du sang de rate,* Paris, 1864.

3. Villemin, « Cause et nature de la tuberculose », *Gazette hebdomadaire de médecine et de chirurgie,* 1865 et 1866; *Bulletin de l'Académie de médecine,* 1866-1867, t. 32, p. 152 *sq.*

mêmes degrés d'intensité, réduisant progressivement les animaux inoculés au marasme, et entraînant la mort dans un temps variable».

Trente ans avant Behring et Calmette, il démontre l'invasion du mal par les voies digestives en mêlant la nourriture de ses lapins de fragments de poumons tuberculeux[1]. Il établit enfin que les écrouelles, comme toutes les maladies dites «scrofuleuses», ne sont que des «tuberculoses localisées» dont l'inoculation provoque une tuberculose généralisée.

Mais l'Académie de médecine reste de marbre. Peut-on, en un tour de main, bouleverser tant de certitudes? On lui objecte qu'il est impossible de tirer aucune certitude du lapin, animal «follement neurasthénique[2]», suivant l'expression du Dr Behier. Le Dr Pidoux, qui croyait en l'éclosion spontanée des tubercules sans pour autant nier, chose curieuse, la réalité d'une contagion, lui oppose une réfutation en règle : «Laissez-nous donc croire jusqu'à preuve du contraire, lui lance-t-il de la tribune de l'Académie, que nous avons raison, nous, partisans de l'étiologie commune de la phtisie, partisans de la dégénérescence tuberculeuse spontanée de l'organisme sous l'influence des causes accessibles que nous recherchons partout, pour couper peu à peu le mal dans ses racines[3].»

Heureusement, la nouvelle théorie trouve des adeptes. Le professeur Chauveau, de Lyon, renverse l'objection du lapin «follement neurasthénique» en transmettant la tuberculose à des bovins par inoculation et ingestion. Trente ans plus tard, le biologiste allemand Cohnheim pourra écrire : «C'est à cette époque qu'on fit une découverte qui marque, dans l'histoire de la tuberculose, non seulement un incomparable progrès, mais encore une transformation complète dans notre façon de concevoir cette maladie. Peu de découvertes, en effet, étaient capables d'émouvoir l'opinion médicale à un aussi haut degré que la démonstration, par Villemin, de la contagiosité de la tuberculose[4].»

Villemin vivra assez longtemps pour assister à la consécration de ses idées et mourir couvert de lauriers. On ne saurait en dire autant d'Ignace Philippe Semmelweis, dont les travaux, odieusement bafoués, établissent les vertus de l'antisepsie trente ans avant les découvertes de Lister et de Pasteur.

1. Villemin, «De la propagation de la phtisie», *Bulletin de l'Académie de médecine* du 13 avril 1869.

2. Cité par L.-H. Petit, «Monsieur le Professeur Villemin», *Revue de la tuberculose*, 1893, p. 54.

3. Cité par René Vallery-Radot, *Vie de Pasteur, op. cit.*, p. 330.

4. Cité par L.-H. Petit, *op. cit.*, p. 57.

Ignace Philippe Semmelweis

Ignace Philippe Semmelweis est né en 1818 à Bude, capitale de la Hongrie et du comté de Pesth, sur le Danube[1]. En 1837, il commence à Vienne des études de droit vite délaissées au profit de la médecine et devient docteur, à l'âge de vingt-six ans, après avoir soutenu une thèse sur *La Vie des plantes.* En février 1846, le voilà assistant titulaire de la première clinique obstétricale de l'hôpital général de Vienne, dirigée par le Pr Klein, où une effroyable mortalité par fièvre puerpérale décime les femmes en couches.

L'hôpital général était une création de l'empereur philanthrope Joseph II et la division obstétricale avait été inaugurée en 1784. En l'espace de quarante ans, la fièvre puerpérale y avait causé 837 décès sur 71 400 accouchées, soit une mortalité relativement minime pour l'époque de 1,25 %.

Depuis l'Antiquité, on connaissait ce mal qu'on attribuait à un empoisonnement lié à la suppression des lochies. Dans la seconde moitié du XVIIe siècle, on avait soutenu la théorie de la métastase laiteuse et parlé de « péritonites laiteuses » ou de « fièvres de lait malignes »[2]. Les femmes qui accouchaient chez elles étaient relativement épargnées à l'inverse des parturientes hospitalisées. Aussi la maternité de Vienne, avec une mortalité de 1,25 %, était-elle considérée comme un service privilégié. Tout change, à partir de 1833, lorsque le Pr Klein en prend la direction.

Les étudiants y sont alors admis en si grand nombre que le service doit être divisé en deux. Aussitôt, la mortalité par fièvre puerpérale se met à flamber : 7,36 % dans la première division, 6,62 % dans la seconde. En 1839, l'administration décide de confier la première division aux étudiants et la seconde aux sages-femmes. La mortalité s'effondre à 2,6 % chez les sages-femmes tandis qu'elle atteint le chiffre effrayant de 9,5 % chez les étudiants. En 1842, elle s'y élève à 15,8 % et, certains mois, le seuil des 30 % est franchi. Un vent de panique secoue la ville et, lorsqu'elles apprennent leur admission à la clinique du Pr Klein, les femmes « supplient à genoux » qu'on les envoie ailleurs.

Les causes du phénomène restent mystérieuses. On se contente d'évoquer un « ennemi caché ». Si l'endémie avait affecté la clinique des sages-femmes,

1. Semmelweis a raconté son histoire dans son livre *Die Aetiologie, der Begriff und di Prophylaxie des kindbetterfiebers,* Wien und Leipzig, 1861 ; voir également, Alfred Hegar, *Ignaz Philipp Semmelweis. Sein Leben und seine Lehre,* Freibourg, 1882 ; *Le Monument international de Semmelweis à Budapest,* Budapest, 1909, textes français, p. 229 à 291 ; Edgar Gaspard Siebold, *Essai d'une histoire de l'obstétricie,* Paris, 1892, t. 3, p. 247 *sq.* ; A. Pinard, « Ignace-Philippe Semmelweis (1818-1865) », *Annales de gynécologie et d'obstétrique,* 2e série, t. 3, p. 641 *sq.* ; Jacques Chadelat, *Semmelweis et l'asepsie,* thèse de médecine, Limoges, 1973, 36 p.

2. Henriette Carrier, *Origines de la Maternité de Paris,* Paris, 1888, 270 p.

on aurait pu incriminer leur légendaire impéritie. Mais comment suspecter l'éminent Pr Klein ? On change de literie, on blanchit les salles, on fait des fumigations. En vain. Comme la sonnette du sacristain qui accompagne le prêtre venu pour les derniers sacrements ne cesse de jeter sa plainte lugubre, on l'accuse d'impressionner les parturientes et de les faire mourir de fièvre maligne. On supprime le glas, mais la mort promène toujours sa faux. On évoque le tellurisme, mais il est le même pour les deux cliniques. Au cœur de la paranoïa, on songe à un micro-tellurisme qui s'acharnerait contre la seule clinique du Pr Klein. On change de locaux et les sages-femmes prennent possession des lieux maudits. En pure perte ! La mortalité ne cesse de coller aux talons du Pr Klein.

Semmelweis, lui, cherche ailleurs. Il a remarqué que les parturientes de la clinique des étudiants dont la période de dilatation a été lente, succombent presque toutes, tandis que chez les sages-femmes, le phénomène reste sans gravité. Aussi en arrive-t-il à incriminer les étudiants. Mais pourquoi porteraient-ils la mort avec eux ?

Étouffé par l'atmosphère macabre qui plane sur les lieux, il éprouve le besoin de s'évader et prend le train pour Venise le 2 mars 1842. Quelques heures après son retour, le 20 mars, il apprend la mort de son ami le professeur Kolletschka, qui s'est blessé au doigt avec un scalpel pendant une autopsie, provoquant une lymphangite et une phlébite suivies d'une infection générale.

Soudain, tout s'éclaire ! Comme Semmelweis le dira lui-même dans son *Aetiologie*, « la description de ces maladies fit sur moi une impression profonde augmentée par l'état de surexcitation dans lequel m'avait mis la contemplation des chefs-d'œuvre de Venise ». Ce sont, pense-t-il, des causes identiques à celles qui ont coûté la vie à son ami Kolletschka qui tuent les femmes en couches.

Il a remarqué que s'exhalent des relents cadavériques des mains des professeurs, des assistants et des étudiants qui pratiquent des dissections et des observations microscopiques. Et c'est ainsi qu'ils se rendent au chevet des femmes en couches. Cela signifie, écrit-il, « que des parcelles cadavériques étaient restées attachées à leurs mains ».

À partir du mois de mai 1847, il interdit aux étudiants et aux médecins de quitter les salles de dissection sans s'être lavé les mains avec une solution de chlore avant de se rendre au chevet des femmes en travail. Aussitôt, la mortalité s'effondre de 12,24 % à 3,04 %. Mais après avoir examiné une femme atteinte d'un cancer utérin, des étudiants ont pratiqué le toucher vaginal chez onze femmes qui ont toutes décédé. Il en conclut que le « poison cadavérique » n'est pas le seul responsable. « Toute substance organique en voie de décomposition » et, en premier lieu, « les sécrétions sanieuses des organismes vivants », peuvent tuer.

Aussitôt, il étend les formalités de désinfection à toute personne ayant été au contact d'une malade, d'instruments de chirurgie ou de pansements, et ordonne l'isolement des femmes malades. On assiste alors à un nouvel effondrement de la mortalité qui tombe à 1,24 %. L'antiseptie vient de voir le jour.

Semmelweis alerte la communauté scientifique. En France, ses observations sont publiées dans les *Annales d'hygiène* et dans *La Gazette médicale de Strasbourg.* À Londres, il fait paraître un article intitulé «On the causes of the endemie puerperal Fewer of Vienna». La presse médicale allemande est aussi saisie de l'affaire. Dans ses diverses communications, Semmelweis ne parle jamais de micro-organismes mais il n'exclut pas l'action d'«organismes vivants». Un instant, il semble devoir triompher. Le Dr Michaelis le compare à Jenner. Haller, médecin en chef de l'hôpital général de Vienne, et l'un des maîtres de Semmelweis, le Dr Skoda, frappés par l'évidence des faits, proposent de «soumettre à une expérience décisive une découverte d'une si grande importance scientifique».

C'est compter sans la routine et la rancune. Le Pr Klein, directeur de la maternité, est un personnage médiocre. «Comme spécialiste, dira un contemporain, il avait été de peu d'importance.» Selon un autre témoin, «Il avait dû sa situation plutôt aux agréments de sa personne qu'à ses titres scientifiques.» L'homme a été blessé dans sa vanité. Ulcéré par le succès de son assistant qui vient de donner une célébrité mondiale aux lacunes de son service, il décide de passer à la contre-attaque. Or, il a le bras long et l'oreille du ministre dont il obtient la dissolution d'une commission d'enquête. Semmelweis a été nommé assistant chez lui pour une durée de deux ans. Le délai expiré, il devrait, selon l'usage, obtenir une prolongation. Klein s'y oppose et, le 20 mars 1849, le voilà licencié. Il sollicite alors un poste de *Privatdozent* d'accouchement mais ne reçoit même pas de réponse.

L'homme qui était sur le point de sauver des milliers de vies se retrouve au chômage. Dans son livre *La Pratique des accouchements*, le Dr Varnier écrira : «Ce sera l'éternelle honte du professeur Klein d'avoir arrêté l'essor de Semmelweis et reculé ainsi de vingt ans au moins l'un des plus grands progrès de ce siècle.»

Mais Klein n'est pas seul responsable. Kiwish, le plus célèbre accoucheur de Prague, a fait deux fois le voyage de Vienne pour étudier la question et s'est aveuglément montré hostile à Semmelweis. Celui-ci a d'ailleurs joué de malchance. Le grand obstétricien Michaelis était prêt à se battre pour lui, à telle enseigne qu'il s'était accusé de la mort de l'une de ses cousines atteinte de fièvre puerpérale. Mais au lieu de brandir l'étendard de la révolte, il avait sombré dans la mélancolie et s'était jeté sous un train.

La communauté scientifique, un instant secouée, retombe en léthargie. Malheureux et aigri, Semmelweis quitte Vienne et retourne dans sa Hongrie natale. En mai 1851, il y est nommé médecin en chef honoraire non salarié d'une maternité à moitié désaffectée. Pendant six ans, sa méthode y fait merveille. Sur 933 accouchées, il ne perd que 8 femmes, soit une mortalité par fièvre puerpérale de 0,85 %. Dans le plaidoyer autobiographique d'une grande valeur scientifique qu'il publie en 1861 sous le titre *L'Étiologie de la fièvre puerpérale, son essence et sa prophylaxie*, il jette un dernier cri de désespoir :

> « C'est l'indignation qui inspire ma plume. Je croirais commettre un crime si je me taisais plus longtemps et si je ne publiais pas les résultats de mon expérience. J'ai l'intime conviction que, depuis 1847, des milliers de femmes et d'enfants sont morts qui seraient en vie si je n'avais gardé le silence et si j'avais combattu toutes les erreurs commises sur la fièvre puerpérale [...]. On devrait penser que, pour le médecin, le but est de sauver la vie humaine. L'expérience nous a appris que, dans les amphithéâtres cliniques, on n'entend que des philippiques contre ma doctrine ; de cette façon, on crée de nouvelles générations de praticiens infecteurs, et on ne peut prévoir quand cela cessera [...].
>
> « Ce ne sont pas mes sentiments qui sont en question, mais la vie de ceux qui ne prennent point part à la lutte. Ma consolation est dans la conviction d'avoir fondé une doctrine sur la vérité. »

Aigri, lacéré par le chagrin, Semmelweis finit par adresser des lettres publiques d'injures à plusieurs accoucheurs dont Spaeth et Siebold qui, pris de remords vingt ans plus tard, auront à cœur de le réhabiliter. Il les traite d'aveugles, d'ignares, d'assassins. Puis, sombrant dans l'autoaccusation délirante, il se reproche d'avoir échoué dans sa mission. En 1865, au cours d'une autopsie, il se pique avec un scalpel, comme son ami Kolletschka jadis. Accident? Suicide? Il mourra quelques jours plus tard, à l'âge de quarante-sept ans, dans la clinique psychiatrique où il avait été hospitalisé, de cette même septicémie qu'il avait combattue jusqu'à la folie.

Dans les annales de la médecine, l'histoire de Semmelweis restera comme la plus pitoyable. Mais alors même qu'il se mourait de chagrin, un homme commençait à faire parler de lui en France et dans le monde : Louis Pasteur.

DEUXIÈME PARTIE

La révolution pasteurienne (1855-1879)

Pendant près de trois siècles, les partisans de l'étiologie animalculiste des maladies infectieuses se sont épuisés en pure perte. De rêveries en intuitions, ils n'ont pas fait progresser leur cause d'un pouce en dépit de quelques observations ingénieuses. Aucun système cohérent, aucune approche globale, aucune expérience définitive ne sont sortis de leur cru. Spallanzani, qui a si brillamment démontré la dissémination des germes dans l'air, n'a jamais songé à leur attribuer un rôle quelconque dans la contagion.

En 1855, la situation est dans l'impasse. Or, en l'espace de vingt-cinq ans, un homme va tout bouleverser.

De son vivant, Pasteur (1822-1895) est devenu l'homme d'une revanche pacifique contre l'Allemagne et le symbole du redressement national. Après sa mort, il s'impose dans les esprits comme l'incarnation du génie, du travail, de la vertu et du patriotisme. La statue du Commandeur a pris corps. Revendiquée à tort et à travers par la Troisième République, le régime de Vichy et la Quatrième République, elle est associée à l'image du devoir. On en a oublié Roux et plusieurs autres. D'où la réaction de rejet qui commence à se manifester dès son vivant.

C'est à travers quelques schémas réducteurs que Pasteur fait son entrée dans la mémoire collective. Pour la plupart, il est le vainqueur de la rage, et cette idée, associée au cliché de la vaccination du petit Joseph Meister, a fini par faire oublier le caractère universel de son œuvre.

Et que n'a-t-on pas dit de Pasteur ! Pour certains, il n'aurait été qu'un plagiaire usurpant le talent de ses collaborateurs ou un imprudent administrant d'une main légère un vaccin antirabique dangereux. D'autres y ont vu un touche-à-tout, une sorte de bricoleur de talent passant sans but ni rive de la cristallographie aux ferments, des ferments à la génération spontanée et aux maladies du vin avant de se reconvertir dans la sériciculture. Alors, se sentant pris de soudaines démangeaisons, il se serait intéressé aux maladies infectieuses. Ce faisant, on l'aurait vu mettre son savoir-faire au service des grands industriels, des vinaigriers, des viticulteurs, des sériciculteurs.

Tout autre est la réalité. Il existe, dans l'œuvre de Pasteur, une unité profonde. Chimiste de formation, il se passionne d'abord pour les cristaux. Or la cristallographie attire son attention sur la fermentation des tartrates et des paratartrates. Comme tant d'autres, il pense qu'un champignon est peut-être à l'origine du phénomène. Mais à la différence des autres, il ne s'arrête pas là et son intuition marque le début d'une foudroyante succession d'expériences et de découvertes.

En 1857, il isole pour la première fois un ferment, le ferment lactique, mettant au point la technique des cultures pures, faussement attribuée à Koch à propos de la bactérie charbonneuse. C'est la première étape dans la voie de la fabrication d'un vaccin expérimental. Antithèse de la génération spontanée, la dissémination des germes dans l'atmosphère lui ouvre la compréhension des maladies virulentes tandis que l'étude de la maladie des vers à soie lui permet de jeter un pont entre la chimie et la biologie. Le voilà armé pour s'attaquer à la pathologie infectieuse, épisode qui culmine, en 1879, avec la mise au point du premier vaccin de laboratoire : le vaccin contre le choléra des poules.

La révolution pasteurienne atteint ici son point culminant : le microbe va bouleverser l'image de la maladie et la découverte d'un vaccin expérimental susciter de grands espoirs. Et ces espoirs ne seront pas déçus.

Une tendance actuelle de l'historiographie voudrait, selon l'expression consacrée, « dépouiller Pasteur de sa légende » à la lumière, notamment, de ses cahiers de laboratoire restés inédits jusqu'en 1971. Des historiens ont aussi fait grand cas d'un livre publié en 1954 par le pasteurien Émile Lagrange : *Monsieur Roux*. Ami d'Émile Roux, Lagrange était animé par le désir louable de réparer l'ingratitude de la postérité envers Roux. Ce faisant, il en était venu à émettre quelques réserves sur l'œuvre de Pasteur. Pieusement recueillies et mises bout à bout, ces réserves, dont il aurait fallu souligner le caractère subjectif, ont fini par donner naissance à la « légende noire » de Pasteur.

Ainsi la part du hasard dans la découverte du vaccin contre le choléra des poules aurait-elle été moins grande que ne le voudrait la tradition. Pasteur ignorait même, au début de l'expérience, que l'oxygène de l'air était l'agent d'atténuation de la virulence de la *Pasteurella multocida*, comme le prouve sa lettre à Lister du 7 août 1880. Surtout, ses collaborateurs, Roux et Chamberland, auraient, au dernier moment, joué un rôle décisif dans la mise au point du vaccin contre le charbon en renforçant l'atténuation de la bactéridie au bichromate de potasse, ce qui n'est pas impossible. Dans la mise au point du vaccin contre la rage, c'est Émile Roux qui aurait eu l'idée d'atténuer la moelle rabique en atmosphère desséchée, ce qui ressortirait d'une confidence d'Émile Roux à Lagrange. Enfin, Pasteur aurait commis de graves imprudences en vaccinant contre la rage selon la méthode dite « intensive » responsable de la mort de plusieurs personnes.

Tels sont les faits qui, selon l'expression de Mirko D. Grmek, auraient enfermé la légende de Pasteur dans « une gangue de pieuses contre-vérités [1] ». Offrent-ils une nouvelle image de Pasteur ? Souvent présentés au milieu d'une emphase érudite en dehors de tout contexte, ce ne sont ni des nouveautés ni des révélations mais des précisions.

Avec la révolution pasteurienne se termine l'âge des découvertes solitaires. Le travail de laboratoire devient un travail d'équipe et Pasteur ne s'est pas entouré de collaborateurs uniquement chargés de surveiller la température de l'étuve. S'il n'a pas poussé le zèle au point de composer une cantate à la gloire de Roux et Chamberland, du moins n'a-t-il cessé de leur rendre hommage en public et dans sa correspondance. Après le triomphe de Pouilly-le-Fort, il accepte la grand-croix à la seule condition que leur mérite soit sanctionné par le ruban rouge. Surtout, toutes les communications sur le choléra des poules, le charbon et la rage sont signées de Pasteur, Roux et Chamberland. Faut-il, après cela, être plus royaliste que le roi ?

Pour des raisons de clarté scientifique, il est difficile, sinon impossible, dans une communication conçue pour l'information et non pour l'histoire, de dresser le détail des apports personnels. Lorsque Chain et Florey rendront publics, en 1945, les procédés de fabrication de la pénicilline mis au point par l'équipe de l'université d'Oxford qu'ils dirigent, leurs communications porteront également quatre ou cinq signatures. Faudra-t-il fouiller les textes et faire des vocalises en annonçant que telle manipulation est, en vérité, l'œuvre de Heatleyn, Abraham, Fletcher, Gardner, Jennings, Baker, Holiday, Robinson ou Sanders ?

Plus grave semble l'accusation selon laquelle Pasteur aurait, au moyen de sa méthode de vaccination antirabique dite « intensive », provoqué quelques accidents mortels et, notamment, communiqué la rage paralytique à un enfant de douze ans, le jeune Jules Rouyer, mordu en 1896 par un chien « inconnu ».

Vrai ? faux ? Plus simplement possible. La vaccinologie est une science balbutiante. Mais a-t-on le droit de juger le XIXe siècle à la lumière des connaissances du XXe siècle ? Les savants frémiraient, aujourd'hui, à l'idée d'administrer le vaccin antirabique de Pasteur. En 1896, Jenner a lui-même commis une « imprudence » en administrant à James Phibbs le cow-pox prélevé au pis de la première vache venue. Procéder de la même façon serait de nos jours criminel. Jusqu'à l'éradication de la variole, le cow-pox sera cultivé sur des génisses qui, une fois l'opération terminée, seront autopsiées afin d'avoir la certitude qu'elles ne sont pas porteuses de maladies infectieuses.

Mais l'on ne peut invoquer la mort accidentelle du jeune Royer sans parler des victimes encore plus nombreuses de la campagne de dénigrement orchestrée par le Pr Peter, par Rochefort et *L'Intransigeant*. Dans une lettre au

1. « L'âge héroïque : les vaccins de Pasteur », dans *L'Aventure de la vaccination*, collectif sous la direction d'Anne-Marie Moulin, Fayard, 1996, p. 145.

Dr Grancher du 11 avril 1887, Pasteur, citant le cas d'un cocher mort de la rage à Beaujon pour avoir refusé le vaccin antirabique, s'inquiète des effets mortels du discrédit ainsi jeté sur sa méthode.

Rien de comparable, dans tout cela, à la coupable et désastreuse initiative de Robert Koch qui, en 1890, poussé par les pouvoirs publics désireux de concurrencer la France dans le domaine de la microbiologie, met en circulation une « lymphe » antituberculeuse fagotée à la hâte, essayée sans transition sur l'homme, et responsable de plusieurs décès.

Après avoir énuméré les « contre-vérités » de l'œuvre de Pasteur, Mirko D. Grmek se demande : « Que reste-t-il enfin du génie de Pasteur privé de sa légende ? » Sa réponse est éloquente : « Reste le plus important : une intuition jamais prise en défaut, une obstination et un courage sans faille dans la poursuite de quelques idées simples, fortes et justes, la capacité d'organiser de manière très efficace le travail d'équipe et – enfin et surtout – le succès. » Et M.D. Grmek d'en conclure que, sans Pasteur, « condottiere de la microbiologie », la vaccinologie ne serait pas rentrée aussi vite dans la pratique thérapeutique[1].

Donc, Pasteur privé de sa légende reste Pasteur.

Mais alors, quelle est cette légende ? Une invention d'historiens à la recherche du « scoop » ? Ou qui rougiraient à l'idée de se sentir coincés dans les sentiers battus ? Le fruit d'un esprit critique érigé en système ? Une tentative iconoclaste pour clouer le bec des bien-pensants qui vous assènent la mystique de Pasteur ? La manipulation d'un ensemble de données connues mais soigneusement triées et tirées de leur contexte pour paraître révolutionnaires ?

Certes, Roux et d'autres microbiologistes, écrasés par la stature de Pasteur, n'ont peut-être pas accédé à la postérité qu'ils méritaient. Le travail de l'historien désireux de réparer l'injustice n'est pas alors de fouiller l'œuvre de Pasteur pour y trouver des failles, mais de raconter leur histoire.

1. *Ibid.*, p. 158.

CHAPITRE VIII

Les débuts de la révolution : des ferments aux générations spontanées (1855-1860)

En 1855, Pasteur, âgé de trente-trois ans, est pourtant bien loin d'entrevoir pareille réussite. En apparence, il est un homme comblé. N'a-t-il pas résolu l'énigme du grand chimiste Mitscherlich ? Mais l'inspiration lui manque, il croit sa carrière terminée et envisage de se consacrer aux fonctions administratives de doyen de la faculté des sciences de Lille. C'est donc au fond d'un gouffre que prend naissance la fabuleuse carrière de l'homme qui va percer le secret des germes pathogènes.

Entre le spleen et le salut

En cristallographe passionné, Pasteur s'est penché sur le tartrate et le paratartrate de soude qui intriguaient si fort les chimistes. Car ces deux corps, qui présentent les mêmes propriétés moléculaires, ne présentent pas les mêmes propriétés optiques. Le premier dévie la lumière tandis que le second reste sans effet sur elle. Pourquoi ? Telle est l'énigme du Sphinx devant laquelle le cristallographe allemand Mitscherlich a lui-même baissé les bras.

En 1847, Pasteur, qui n'est encore que simple préparateur à l'École normale supérieure de la rue d'Ulm, sonde au microscope la structure interne des deux cristaux et, au terme de patientes recherches, découvre que les cristaux d'acide tartrique portent tous de minuscules facettes sur l'un des versants de leurs arêtes. Ils sont « dissymétriques » ou « hémiedriques » selon sa propre expression. C'est le trait de lumière qui lui permet d'expliquer les différences de propriété optique entre les deux cristaux. Ce faisant, il fonde la chimie dans l'espace, ou stéréochimie, dont les retombées pratiques sont aujourd'hui innombrables.

Mieux ! L'acide paratartrique, ou acide racémique, apparaît spontanément, et à de rares intervalles, sur les tonneaux de vin. À travers toute l'Europe, Pasteur se lance alors sur la piste de l'acide fugitif. Il parcourt l'Allemagne, l'Autriche, la Hongrie. En 1853, il parvient même à transformer en laboratoire l'acide tartrique en acide paratartrique. C'est un triomphe et ses travaux sont cités dans toutes les revues d'Europe.

Pasteur est alors professeur à la faculté des sciences de Strasbourg. En 1848, il a épousé Marie Laurent, fille du recteur Laurent qui lui donne trois enfants en l'espace de cinq ans. Sur le plan familial, c'est un homme heureux. Mais le scientifique veut aller plus loin et dans son esprit germe un fabuleux projet. Après avoir recréé le paratartrate en laboratoire, il veut maintenant y recréer la vie.

Créer la vie ! Tel est, digne de Bélérophon et aussi fou que le rêve d'Icare, le grand projet de Pasteur. « Je voudrais, écrit-il le 7 décembre 1853, remonter à la cause d'un des plus grands mystères de la nature et dont la connaissance aurait, il me semble, des conséquences d'une portée incalculable. »

Aussitôt, il se lance dans une série d'expériences cabalistiques. Comme ses recherches cristallographiques le lui ont appris, la vie apparaît avec la dissymétrie. Créer la vie, c'est donc créer la dissymétrie. Dans l'espoir de rendre ses cristaux dissymétriques, il met en œuvre de puissants aimants, fait construire un mécanisme d'horlogerie pour exposer une plante, dès sa germination, à l'influence de rayons solaires renversés par un miroir actionné au moyen d'un héliostat. Aussi Mme Pasteur peut-elle, un peu naïvement, déclarer à son beau-père : « Louis se préoccupe toujours un peu trop de ses expériences. Vous savez que celles qu'il entreprend cette année doivent nous donner, si elles réussissent, un Newton ou un Galilée. »

Mais Pasteur va tomber de haut. Vers la fin de l'année 1853, son directeur de recherche, le chimiste Jean-Baptiste Biot, le rappelle à l'ordre pour la première fois : « Je voudrais, lui dit-il, pouvoir vous détourner des tentatives que vous avez eu l'idée de faire sur l'influence du magnétisme dans la végétation. M. de Senarmont et moi sommes du même sentiment à cet égard. D'abord, vous allez dépenser une forte partie de votre argent, si ce n'est la totalité, pour acheter des appareils dont l'usage ne vous est pas familier et dont le succès sera très problématique. Secondement, cela vous fera quitter la voie si féconde de recherches expérimentales que vous avez suivies jusqu'à présent avec tant de succès et où vous avez tant à faire, pour courir du certain à l'incertain. »

Pasteur lui-même finit par comprendre la vanité de son rêve. Le 30 décembre, il confie à son père : « J'ai presque la crainte d'échouer dans tous mes essais et de n'avoir pas à marquer ma place par un travail important à la fin de l'année prochaine. Espérons encore. Aussi, il faut être un peu fou pour entreprendre ce que j'ai entrepris. »

Alors commence une douloureuse période de doute. Après avoir vécu, sept ans durant, dans l'exaltation des découvertes et des succès, Pasteur se retrouve confronté au pire des supplices pour un travailleur de son envergure : le désœuvrement. En lui-même il s'interroge, comme s'interrogent un jour ou l'autre tous les créateurs. Sa carrière de chercheur n'expire-t-elle pas ? L'inspiration n'est-elle pas la grâce d'un instant ?

Ne sachant trop que faire ni où chercher, laminé par le surmenage, il s'enfonce dans la mélancolie et la dépression. Bientôt, son état de santé donne des signes d'inquiétude. On imagine le pire et, le 14 février 1854, son beau-père, M. Laurent, écrit une lettre à l'inspecteur général de l'Enseignement supérieur : « Mon gendre, M. Pasteur, professeur de chimie à la faculté des sciences de Strasbourg, est atteint d'une affection au cœur dont il ignore et doit ignorer la gravité. Le mal se révèle par des symptômes assez alarmants pour exiger immédiatement la cessation momentanée du travail auquel il s'est livré avec tant de zèle depuis quelques années. »

Un congé de trois mois lui est aussitôt accordé avec traitement complet et, sur les conseils de Biot, les Pasteur en profitent pour séjourner quelques semaines à Paris. Dans le but de rassurer son père, que ce congé inquiète, Pasteur invente de vagues raisons professionnelles : « Ce congé que ces missions m'ont fait avoir, lui écrit-il, est une irrégularité qui a besoin d'être couverte par un motif de santé. En réalité, je me porte très bien quoique je ne disconvienne pas que j'aie besoin de me distraire un peu par des courses, des promenades. Je travaille seulement quelques heures par jour chez M. Biot. Le reste du temps nous nous promenons avec les enfants. »

En revoyant Pasteur, Biot s'alarme à son tour et l'adresse à son ami, le Pr Rayer, de l'Académie de médecine. Excellent clinicien, celui-ci comprend vite. Son diagnostic est rassurant et Pasteur peut, une fois de plus, calmer les alarmes de son père. « M. Rayer m'a dit que je me portais bien, que j'étais bien bâti et que mes maux de tête et mes dérangements d'estomac disparaîtraient par quelques promenades et en me livrant à un *far niente* intelligent. »

Et de longues heures durant, pour émousser ses angoisses, Pasteur se promène au jardin du Luxembourg avec sa femme, ses enfants et Biot qui éprouve pour lui une affection grandissante. Avec une pointe de nostalgie, il assiste aux cours de Dumas qui lui rappellent ses études et dans lesquels il puise désormais un enseignement pédagogique de qualité. Le soir, il écrit à ses étudiants, ou lit les journaux et commente les événements politiques dans les lettres qu'il adresse à son père. Sa foi renaissante en un empereur qui a su rétablir l'ordre et la paix civile s'y exprime ouvertement. Alors que la France et l'Angleterre viennent de s'unir à la Turquie en vue de maintenir l'intégrité de l'empire ottoman, il écrit : « Tu dois être content de l'Empereur. Il a joliment mené cette affaire d'Orient et il a pris une position bien distinguée parmi les souverains de l'Europe. »

En ce début d'été de 1854, Pasteur a le vague à l'âme. Mais il n'est de désespoir si profond qui ne cache le germe du renouveau. Au cours de ses recherches sur la cristallographie, une intuition l'a effleuré. Ayant remarqué que les tartrates font l'objet d'une véritable fermentation, il a supposé qu'il n'était pas impossible qu'un champignon microscopique soit à l'origine du phénomène. Ce jour-là, sans le savoir, il a bien ouvert une brèche dans le mystère de la vie.

En septembre 1854, il est nommé professeur et doyen de la nouvelle Faculté des sciences de Lille. Or Lille se trouve au cœur d'une région où la fermentation joue un rôle important dans les industries locales.

Le décanat de Lille. Recherches sur les fermentations

Croyant sa carrière de scientifique terminée, il semble bien que Pasteur se soit résigné à ses nouvelles fonctions. Il s'y jette à corps perdu mais, pour ce chercheur passionné, l'absence d'inspiration reste un insupportable fardeau. Soudain survient le miracle ! Au cours de l'été de 1855, un industriel de Lille, M. Bigo, vient le trouver car l'alcool de betterave qu'il fabrique ne cesse de tourner. Aussi lui propose-t-il d'étudier ce phénomène qui le menace de ruine.

Pour Pasteur, c'est l'occasion de se lancer dans l'étude des fermentations. En décembre, ses travaux sont si bien engagés que Marie Pasteur peut écrire à son beau-père Jean-Joseph : « Louis continue à travailler avec ardeur. Il est plongé maintenant dans le jus de betteraves jusqu'au cou. Il passe ses journées dans une fabrique d'alcool. Il vous a dit sans doute qu'il ne faisait plus qu'une leçon par semaine, ce qui lui donne beaucoup de temps, il en use et en abuse, je vous assure. »

Interrompu en janvier 1858 par une infructueuse candidature à l'Académie des sciences, Pasteur se retrouve dans ses fermentations vers le mois de mars. Depuis longtemps, le problème est au cœur d'un profond mystère.

Comment la lourde pâte de farine devient-elle, au contact du levain, ce pain léger agréable au palais ? Comment le raisin foulé au pied donne-t-il du vin ? Comment le sucre de l'orge germé se transforme-t-il en bière sous l'action de la levure ? Le phénomène, connu depuis l'Antiquité, n'a jamais reçu d'explication.

Dans la plupart des civilisations, la fermentation était assimilée à une sorte de bouillonnement. En hébreu, *vine* (vin) vient d'un verbe qui veut dire *bouillir*. Dans les civilisations occidentales, *fermentation* vient de *fervere*, bouillir. Au Moyen Âge, les alchimistes créditaient le levain d'une « vertu de transmutation », ce qui n'expliquait rien. En raisonnant par analogie, ils pensaient que la fermentation appliquée aux métaux leur permettrait de transformer un métal grossier en matière noble et de convertir le fer en or. Au XVIe siècle, Paracelse avait eu une intuition prophétique en assimilant les fermentations à des maladies mais, en l'absence de méthode expérimentale, l'idée relevait de la spéculation.

Au XVIIe siècle, Lefèvre, Lémery et Stahl voyaient dans la fermentation un phénomène de mort, de putréfaction se communiquant d'un corps en décomposition à un corps sain. Un siècle plus tard, les chimistes découvraient que le gaz dégagé par la fermentation est le gaz carbonique. Lavoisier, faisant appel à la balance, démontrait que la fermentation vineuse décomposait le sucre en acide carbonique et en alcool dont le poids total égalait celui du sucre d'origine.

Au XIXe siècle, les idées de deux savants d'envergure, Berzelius et Justus von Liebig, font autorité en la matière.

Baron de Hesse Darmstadt, fondateur de la biochimie, Liebig est alors titulaire de la chaire de chimie à l'université de Munich, membre de toutes les académies d'Allemagne, de la Société royale de Londres, de la plupart des sociétés savantes de l'ancien et du nouveau monde. Ce monstre sacré a déjà conquis le public. Il a inventé le lait artificiel et le concentré de « bouillon Liebig ». Mais, « faute de pouvoir expliquer le rôle du ferment, il se contente de le décrire en lui attribuant une propriété motrice ». Selon lui, la levure de bière et toutes les matières végétales et animales en putréfaction transmettraient à d'autres corps leur propre décomposition. À travers la fermentation du sucre, de la viande, du fromage ou du vin, se manifeste donc un phénomène de mort et non de vie. « De toutes ces idées, précise Patrice Debré, il faut retenir que Liebig ne nie pas le rôle du ferment mais refuse qu'il puisse agir autrement que par sa décomposition, en tant que matière morte [1]. »

Autre savant d'envergure, le Suédois Berzelius, fondateur de la théorie atomique, est, lui aussi, dépassé par le problème. Adversaire du vitalisme, qui explique ce genre de phénomène par l'action d'un principe vital, il considère la vie comme un enchaînement de réactions chimiques. Selon cette doctrine, qui fait figure de dogme au temps de Pasteur, la fermentation, au même titre que la putréfaction, serait donc un processus chimique sans rapport avec la vie. Lorsqu'un phénomène échappe à l'entendement, on invente des mots, et Berzelius en crée un pour parler des fermentations, celui de « catalyse ». Ainsi le ferment serait-il un « catalyseur » sans influence sur la réaction chimique, et tout est dit.

Mais le vitalisme garde quelques partisans. En 1839, Schwann soutient dans ses *Mikroskopishe Untersuchungen* que « la levure est un champignon qui cause la fermentation ». Deux ans plus tard, Mitscherlich démontre par l'expérience qu'elle est essentielle à la fermentation mais, influencé par l'air du temps, il doit reconnaître du bout des lèvres qu'elle n'agit pas en qualité d'être vivant. En 1843, Helmholtz se demande « quel est dans l'air ce quelque chose que la chaleur tue ou rend inerte ». Est-ce un germe ? Une exhalaison putride ?

Ces soupçons de vitalisme se heurtent au mur de l'idéologie triomphante qui a institué le culte de la réaction chimique. En 1839, un pamphlet anonyme intitulé *L'Énigme de la fermentation vineuse résolue* raille les idées de

1. Sur Liebig et ses idées, voir Patrice Debré, *Louis Pasteur*, Flammarion, 1995, p. 112-113.

Schwann. Son auteur n'est autre que Liebig, qui aurait pu s'épargner une prose si peu digne de lui : « Quand les globules de bière sont placés dans la solution sucrée, ils donnent naissance à des animalcules qui ressemblent à un appareil à distiller [...]. L'alcool sort par l'anus et le CO_2 [gaz carbonique] par les organes génitaux, etc. »

Étranger à tout dogmatisme, Pasteur aborde le problème avec des idées neuves. Or, les études de Biot lui ont appris que l'alcool amylique (alcool issu de la fermentation de la fécule de pomme de terre) tourne le plan de polarisation. Il en a conclu qu'il était d'origine organique puisque de structure moléculaire dissymétrique. Et l'acide racémique qui, lui semble-t-il, fermente sous l'action de champignons microscopiques, présente la même dissymétrie. Ainsi s'établit une filiation entre ses recherches cristallographiques et ses travaux sur les fermentations, ce qu'il soulignera vingt-cinq ans plus tard dans une de ses conférences : « Lorsque entraîné, enchaîné, devrais-je dire, par une logique presque inflexible de mes études, j'ai passé des recherches de cristallographie et de chimie moléculaire à l'étude des ferments, j'étais tout entier à la pensée d'introduire la dissymétrie dans les phénomènes chimiques. »

Se lancer dans la voie où Schwann n'a soulevé que railleries, où Mitscherlich n'a pas même osé s'engager, quel courage ! Ce retour aux conceptions vitalistes, battues en brèche par la déesse Chimie et défuntes depuis quarante ans, peut alors passer pour un archaïsme. Selon la lumineuse formule de René Dubos, « en 1857, le chimiste qui se ralliait à la théorie vitaliste de la fermentation était à peu près dans la situation d'un ingénieur des téléphones qui préconiserait de nos jours l'usage de la télépathie[1] ».

Premières cultures pures

Désormais, la voie est tracée. De retour à Lille après l'échec de sa candidature à l'Académie des sciences, Pasteur scrute les fermentations malades de jus de betterave dans la fabrique de l'industriel Bigo, puis se lance dans l'étude du lait aigri. Il y observe un ferment microscopique formé de globules plus petits que ceux de la levure de bière. Ces micro-organismes n'avaient pas retenu l'attention des chimistes qui les croyaient issus de la fermentation lactique. En 1858, Pasteur les isole par repiquages successifs dans une solution sucrée contenant de la chaux. Là, ils se reproduisent et bourgeonnent, comme la levure de bière. Il s'agit bien d'une nouvelle levure, organisée, vivante : la levure lactique.

Voilà qui est génial ! En démontrant que la fermentation tire son origine d'un germe vivant qu'il est possible d'isoler en « culture pure », Pasteur se trouve dès à présent aux sources vives d'une science nouvelle qu'on appellera,

1. *Louis Pasteur, franc-tireur de la science,* Paris, 1968.

une vingtaine d'années plus tard, la « microbiologie ». Que de différences avec les savants qui, depuis des siècles, se sont contentés d'imaginer les micro-organismes, d'en parler ou de les apercevoir sans aller au-delà !

L'étude de la fermentation lactique est la première d'une longue série d'études sur les fermentations, et les travaux sur ce thème vont se multiplier jusqu'en 1876 : *Fermentation acétique* (1866) ; *Étude sur les maladies du vin, sur leurs causes et sur le moyen de le conserver et de le faire vieillir* (1866) ; *Étude sur le vinaigre* (1867) ; *Étude sur la bière, ses maladies, causes qui les provoquent, procédé pour la rendre inaltérable avec une théorie nouvelle de la fermentation* (1876).

Ces recherches donneront une assise scientifique aux industries du vin, de la bière et du vinaigre jusqu'alors dominées par l'empirisme.

Le 3 août 1858, Pasteur fait pour la première fois état de ses travaux sur la fermentation lactique devant la « Société de l'Agriculture, des Sciences et des Arts de Lille ». L'auguste Académie des sciences, qui a rejeté sa candidature, n'en prendra officiellement connaissance que trois mois plus tard. Amour-propre oblige !

Ce faisant, la faculté des sciences de Lille est devenue l'un des centres universitaires les plus prospères de France. L'élan donné, Pasteur, qui a pour habitude de dire qu'« il ne faut pas s'arrêter aux choses acquises », songe à faire œuvre utile ailleurs. Or, à l'École normale, dont il a gardé un souvenir attendri, la direction des études scientifiques se trouve vacante depuis le mois de septembre 1857. Aussitôt, le voilà candidat. Dans une lettre adressée à Jean-Baptiste Dumas, où transparaît la très haute idée qu'il se fait désormais de sa mission, Pasteur explique les raisons idéalistes de son choix :

> « En songeant à participer à la direction de l'École dans une position modeste, j'obéis au désir de mettre mon zèle et mon courage à son service plus peut-être qu'à l'intérêt de ma carrière. C'est là ce qui m'empêcherait de m'engager immédiatement. Si l'École devait tomber entre des mains débiles ne lui apportant aucun rayon de gloire ou d'énergie, je serais loin d'y songer. Que si M. le Ministre la veut grande et forte je n'hésiterai pas à me mettre sur les rangs et, en cas de réussite, à joindre tous mes efforts pour concourir à un résultat si désirable. »

Le ministère de l'Instruction publique, qui a hautement apprécié les qualités de gestionnaire de Pasteur à Lille, n'hésite pas un seul instant. Il est nommé le 22 octobre 1857 administrateur de l'École normale et directeur des études scientifiques.

Premiers pas dans l'étude des générations spontanées

En 1859, Pasteur s'interroge sur l'origine des ferments, de ces levures, de ces êtres microscopiques qui sont les agents d'une métamorphose aussi considérable. Expérimentateur infatigable, il démontre que le ferment lactique provient de l'air. En effet, lorsqu'on met la solution fermentescible bouillie en contact avec de l'air chauffé, le liquide reste stérile. C'est un début dans la voie de la « pasteurisation ».

Par une pente naturelle, ces recherches l'amènent à se pencher sur l'immense problème des générations spontanées, sur cette prétendue production d'êtres vivants à l'exclusion de toute génération sexuée, de tout germe préexistant, et sous la seule impulsion d'une force mystérieuse appelée « force plastique » ou « végétative ».

Si la fermentation s'opère sous l'action de micro-organismes flottant dans l'air, selon le schéma des panspermistes, n'est-il pas logique de supposer que la flore et la faune qui se développent sur les corps en putréfaction, loin d'être issus de la génération spontanée, ont la même origine ? Certes, Pasteur est trop avisé pour conclure par l'affirmative, mais une grande intuition l'a averti : là se cache la clé de tous les problèmes biologiques.

Or, à cette époque, le naturaliste Félix Archimède Pouchet (1800-1872), directeur du Muséum d'histoire naturelle de Rouen et professeur à l'École de médecine de la même ville, soutient avec autant d'éclat que de passion la thèse des générations spontanées. Dans n'importe quelle circonstance et en n'importe quel lieu, il fait éclore, comme par enchantement, des êtres vivants microscopiques de la matière organique morte, et quoiqu'il n'ait rien démontré, il se sent comme outragé lorsqu'on met en doute la réalité de ces générations spontanées.

En février 1859, il écrit à Pasteur pour l'inciter à se convertir à sa religion. Mais alors que Pouchet parle en termes de croyance, Pasteur lui répond en termes de méthode expérimentale :

> « Je pense donc, monsieur, que vous avez tort, non de croire à la génération spontanée, car il est difficile, dans une pareille question de n'avoir pas une idée préconçue, mais d'affirmer la génération spontanée. Dans les sciences expérimentales, on a toujours tort de ne pas douter alors que les faits n'obligent pas à l'affirmation ; mais je me hâte de le dire, lorsqu'à la suite des expériences que je viens d'indiquer, vos adversaires prétendent qu'il y a dans l'air les germes des productions organisées des infusions, ils vont au-delà des résultats de l'expérience. Ils devraient dire simplement que dans l'air commun il y a quelque chose qui est une condition de la vie, c'est-à-dire employer un mot vague qui ne préjuge pas la question dans ce qu'elle a de plus délicat. »

Pouchet ne pouvant admettre pareille hérésie, c'est un combat de titans qui commence.

Lorsque Biot apprend que Pasteur s'attaque au problème des générations spontanées, il pousse de hauts cris, comme il l'avait fait, jadis, pour l'arracher à l'étude des influences magnétiques sur la vie. « Vous ne vous en sortirez jamais », lui dit-il. Et Dumas, autre maître à penser de Pasteur, ajoute en philosophe : « Je ne conseillerais à personne de rester trop longtemps dans un pareil sujet. » Senarmont, seul, fait confiance à Pasteur, et, cette fois, Pasteur tient bon : le problème de la génération spontanée est devenue son affaire.

Lorsqu'il se lance dans cette mêlée dont on sait l'extraordinaire complexité, près d'un siècle après les expériences de Spallanzani, le problème est entier mais les spontanéistes tiennent le haut du pavé sous la houlette de Pouchet.

Fiers d'eux-mêmes, ils se proclament maintenant *hétérogénistes*[1], les mots « génération » et « spontanée » faisant mauvais ménage à leur goût. Le 20 décembre 1858, Félix Archimède Pouchet, qui est correspondant de l'Institut, adresse à l'Académie des sciences une *Note sur les protoorganismes végétaux et animaux nés spontanément dans l'air artificiel et dans le gaz oxygène.*

Le texte commence par une envolée pompeuse : « Au moment où, secondés par les progrès de la science, plusieurs naturalistes s'efforcent de restreindre le domaine des générations spontanées, j'ai entrepris une série de travaux dans le but d'élucider cette question tant controversée. » À la suite d'expériences réalisées avec un luxe infini de précautions, il se déclare en mesure de démontrer qu'on peut faire naître « des animalcules et des plantes dans un milieu absolument privé d'air atmosphérique et dans lequel, par conséquent, celui-ci n'a pu apporter aucun germe d'être organisé. »

Un an plus tard, il publie un livre de six cent soixante-douze pages qu'il élève à la hauteur de la Bible : *Hétérogénie ou traité de la génération spontanée, basé sur de nouvelles expériences.* Naturaliste de valeur, Pouchet comprend mal la méthode expérimentale. « Lorsque par la méditation, écrit-il dans son introduction, il fut devenu évident pour moi que la génération spontanée était encore un des moyens qu'employait la nature pour la reproduction des êtres, je m'employai à découvrir par quel procédé on pourrait en mettre les phénomènes en évidence. »

En d'autres termes, Pouchet, mettant la charrue avant les bœufs, fait passer ses « méditations » avant l'expérience !

Pasteur va procéder autrement.

1. Étymologiquement : production d'un être vivant qui ne procéderait pas d'un être de son espèce.

CHAPITRE IX

La polémique Pasteur-Pouchet (1858-1864)

Dans cette nouvelle aventure, Pasteur s'engage sans idées préconçues. Si la génération spontanée existe, il faut le démontrer. Si elle n'existe pas, il faut trouver le *primum movens* de la fermentation et de la putréfaction. Le 28 février 1858, il écrit à Pouchet : « À mon avis, monsieur, la question est entière et toute vierge de preuves décisives. Qu'y a-t-il dans l'air qui provoque l'organisation ? Sont-ce des germes ? Est-ce un corps solide ? Est-ce un gaz ? Est-ce un fluide ? Est-ce un principe tel que l'ozone ? Tout cela est inconnu et invite à l'expérience. »

Mais Pouchet, qui ne l'entend pas de cette oreille, n'est pas d'humeur à faire la moindre concession.

Premières escarmouches

Pour Pasteur, le problème est crucial. La suite de ses recherches sur les fermentations en dépend. Les chimistes ont pourtant résolu le problème à leur façon en soutenant, sans preuve, que la fermentation exige le concours de deux matières, l'une fermentescible, l'autre albuminoïde qui fermente au contact de l'oxygène.

Or, Pasteur a démontré que les albuminoïdes ne sont pas des ferments mais des substances leur servant d'aliments. Tout se résume donc à la grande question de l'origine des ferments. Se forment-ils par génération spontanée au contact de l'oxygène, ou viennent-ils d'un germe aérien vivifié par l'oxygène ? « Voilà pourquoi il était indispensable, conclut-il, au point où je me trouvais dans mes études sur les fermentations, que je résolusse, s'il était possible, la question des générations spontanées. » Il réalise dès lors une série d'expériences d'une remarquable ingéniosité[1] tandis que Pouchet inonde l'Académie de sciences de « notes », de « communications » et de « comptes rendus ».

Il fait passer un courant d'air dans un tube à l'extrémité duquel est placée une petite bourre de coton. La bourre noircit. Après l'avoir plongée dans l'éther, il examine le résidu au microscope et découvre la présence de spores. Sont-elles fécondes ?

Pour le savoir, il stérilise à la chaleur l'infusion d'un ballon ainsi que l'air qu'il renferme, et scelle le tout à la lampe. La liqueur ne se trouble pas. Mais si, dans un même ballon, on introduit la bourre de coton imprégnée de spores, une végétation cryptogamique se développe.

Les hétérogénistes rétorquent que le coton, qui est une matière organique, a pu jouer un rôle dans l'altération de l'infusion. Pasteur la remplace par une bourre d'amiante, substance minérale, et recommence l'expérience avec les mêmes résultats.

La bourre, répondent les incrédules, s'est imprégnée d'une matière aérienne subtile qui a introduit dans le ballon un principe vital. Pasteur relève le défi. Dans un ballon à col en S (col en cygne), il porte le liquide fermentescible à ébullition. L'air est chassé avec la vapeur. En se refroidissant, le ballon aspire un air nouveau mais l'infusion reste stérile, les germes s'étant déposés sur les parois humides du col en S. En effet, il suffit d'incliner le ballon pour qu'elle se trouble après avoir été mise en contact avec la courbure souillée du col.

Ces démonstrations ont un immense retentissement dans les milieux scientifiques. Mais Pouchet prépare sa contre-attaque avec l'aide de ses deux lieutenants : Nicolas Joly et son élève Charles Musset. Nicolas Joly est agrégé de sciences naturelles, docteur en médecine, homme de lettres distingué et professeur de physiologie à Toulouse. Sous sa direction, Charles Musset prépare une thèse de doctorat intitulée : *Nouvelles Recherches expérimentales sur l'hétérogénie ou génération spontanée*[2]. Tous trois proclament en chœur : « Par hétérogénie ou génération spontanée nous n'entendons pas une création faite de rien, mais bien la production d'un être organisé nouveau, dénué de parents et dont les éléments primordiaux sont tirés de la matière organique ambiante. »

Pouchet affronte Pasteur sur son propre terrain en faisant appel à l'expérience. Il remplit un ballon d'eau bouillante, le ferme hermétiquement et le plonge dans une cuve à mercure. Après refroidissement, il y introduit de l'oxygène et un peu de foin calciné et observe la formation de champignons, fruits de la génération spontanée et non de germes aériens[3].

1. Pasteur a fait le récit de ces expériences dans son célèbre *Mémoire sur les corpuscules organisés qui existent dans l'atmosphère. Examen de la doctrine des générations spontanées*, Paris, 1862, et *Œuvres complètes*, t. 2, p. 210-320.

2. Thèse, Bordeaux, 1862.

3. Patrice Debré, *Louis Pasteur, op. cit.*, p. 179.

À l'appui de leurs convictions, les hétérogénistes invoquent parfois des arguments bizarres. Musset ne prétend-il pas que, pour expérimenter dans des conditions d'absolue rigueur, il faut recueillir l'air au cœur des citrouilles ou dans la vessie des poissons ? Dans cet air raffiné, il constate l'apparition spontanée de spores d'espèces parfois inconnues et baptise l'une d'elles *Aspergillus pouchetti.*

Pouchet examine d'antiques poussières recueillies à l'abbaye de Fécamp, au temple de Karnak, à Thèbes, ou à la pyramide de Gizeh. Il n'y trouve que des débris de graines, de minéraux et d'insectes. Il en conclut que les germes aériens sont rares. S'ils existaient en nombre, les ouragans devraient en brasser des milliards. Sans lésiner sur les moyens, il fait construire un aéroscope dont les ventilateurs, tournant à 500 tours par minute, répandent des torrents d'air sur ses infusions qui restent vierges[1] !

« Comment voulez-vous, ajoute-t-il, que les germes contenus dans l'air soient en assez grand nombre pour se développer dans toutes les infusions organiques ? Cet encombrement formerait un brouillard épais, dense comme le fer ; or la neige fondue est dépourvue de germes. En quelque lieu que vous préleviez de l'air, celui-ci est capable de déterminer l'apparition de la vie dans les infusions appropriées[2]. » Aussi est-on forcé d'admettre, dans le système des germes aériens, l'existence de zones stériles et de zones fécondes.

Ce à quoi Pasteur répond : « Monsieur Pouchet a-t-il pris la première neige tombée, qui entraîne les germes, ou la seconde ? » Mais l'argument est de poids. Si la génération spontanée existe, elle doit se produire partout avec la même constance. C'est donc, une fois de plus, à l'expérience de trancher.

Pasteur stérilise plusieurs ballons à col effilé remplis d'eau additionnée de levure de bière et les scelle à la lampe d'émailleur. Après en avoir brisé et refermé le col à la soudure, il va pouvoir étudier l'air de divers endroits. Au début de 1860, il effectue des prélèvements jusque dans les caves de l'Observatoire. En ce lieu peu fréquenté où l'air est stable, dix ballons remplis de bouillon sont ouverts et aussitôt refermés. Un seul se trouble. Mais dans la cour du même observatoire, onze ballons sont soumis à la même expérience et donnent tous naissance à des formations organisées. Il existe donc dans l'air des zones à forte et à faible densité de germes.

Le problème de la génération spontanée enthousiasme Pasteur. Le 6 juin 1860, il écrit à son père : « C'est un si vaste sujet que j'ai en quelque sorte trop d'idées d'expérimentations. Je suis toujours contredit par deux naturalistes, l'un de Rouen, M. Pouchet, l'autre de Toulouse, M. Joly. Mais je ne perds pas mon temps à leur répondre. Qu'ils disent ce qu'ils voudront. J'ai la vérité pour moi. Ils ne savent pas expérimenter. »

1. *Ibid.*, p. 123.

2. Pouchet, « Corps organisés recueillis dans l'air par la neige », *Comptes rendus de l'Académie des sciences,* 1860, t. L, p. 232 et 572.

En fait, les critiques des hétérogénistes l'aiguillonnent. Il songe un instant à une ascension en aérostat pour montrer que l'air des grandes altitudes est vierge de germes. Mais devant les difficultés techniques, il doit se contenter de la mer de Glace. La recherche scientifique va dès lors se doubler d'un exploit sportif.

À l'assaut des cimes

Pasteur aurait voulu associer à l'entreprise son ami Chappuis, marcheur infatigable qui a maintes fois sillonné les Alpes. Celui-ci se trouvant dans l'impossibilité de l'accompagner, il lui adresse ses regrets le 10 août 1860 et précise le but de ses recherches : « Ta lettre me fait craindre que tu n'ailles pas dans les Alpes cette année. Les expériences que je compte faire dans les montagnes sont très simples. Seulement tout se complique loin du laboratoire, et outre le plaisir de t'avoir pour guide de voyage, j'espérais utiliser quelque peu ton amour de la science en t'appliquant aux modestes fonctions de préparateur. C'est par ces études sur l'air des hauteurs éloignées d'habitations et de végétations diverses que je terminerai mon travail sur les générations dites spontanées dont je commence déjà la rédaction. »

Pasteur se met en route tout seul avec un fragile chargement dont la sauvegarde sera la hantise de son voyage. Dans ses bagages, il transporte soixante-treize ballons remplis d'infusions de levures de bière stérilisées. Mais avant de gagner les Alpes, il est attiré par l'air du terroir et s'arrête à Arbois. Non loin de la tannerie paternelle, en bordure du vieux chemin qui mène au mont de la Bergère, il ouvre vingt ballons en présence de vignerons médusés. Son ami d'enfance, Jules Vercel, ne comprend pas l'étrange manège. Bon enfant, il déclare aux Arboisiens intrigués : « Qu'est-ce que vous voulez, ça l'amuse ! »

En ce lieu bucolique, cinq des vingt ballons sont seulement contaminés. Pasteur se rend ensuite à Salins et gravit les hauteurs du mont Poupet. Là, à 850 mètres d'altitude, il ouvre vingt nouveaux ballons dont cinq se troublent.

Le 20 septembre, il est à Chamonix. Il se met en quête d'un guide et s'empresse de rassurer son père qui le croyait parti à l'assaut du mont Blanc : « Ne t'inquiète nullement quant à mes ascensions sur les montagnes. Je n'irai pas sur le mont Blanc mais seulement sur quelques points élevés et facilement accessibles. J'emporte cent dix ballons tout préparés. Je dépense pour ces expériences le reste de l'argent du prix de physiologie. Mais tu verras bientôt, d'après ce que je t'apprendrai, que je vais être riche dès le commencement de l'année qui va s'ouvrir. »

Dès le lendemain, précédé d'un guide, le voilà parti. Direction : le Montanvert. Une caisse contenant trente-trois ballons est chargée à dos de mulet. Pasteur longe le précipice en la soutenant pour éviter qu'elle ne bascule dans le vide. Arrivé à destination, il se met à l'œuvre. Soudain, le grain de sable, hantise des chercheurs, s'en mêle. Lorsqu'il veut souder le col des ballons, il ne peut diriger la flamme de la « lampe éolipyle alimentée à l'alcool ». Le vent l'agite en tous sens et, noyée dans la clarté solaire, elle se confond avec l'éclat de la glace. C'est l'échec. Les ballons sont rapportés ouverts à l'auberge du Montanvert où ils ne tardent pas à s'altérer.

Heureusement, il y a un ferblantier à Chamonix. Une fois la lampe bricolée en fonction des besoins, on remet l'ouvrage sur le métier. Vingt ballons sont ouverts et refermés dans les formes. Dix-neuf d'entre eux resteront stériles. Oui, les germes sont rares dans l'air des montagnes[1].

Ces travaux ne tardent pas à recevoir la consécration officielle de l'Académie des sciences. En juin 1862, elle propose comme thème de réflexion pour le Prix Alhumbert pour les Sciences naturelles : « Essayer, par des expériences bien faites, de jeter un nouveau jour sur la question des générations dites spontanées. » Pasteur saisit l'occasion et présente un *Mémoire sur les corpuscules organisés qui existent dans l'atmosphère. Examen de la doctrine de la génération spontanée.* Le prix lui est décerné à l'unanimité.

Au printemps de 1863, il réalise de nouvelles expériences. Ses adversaires lui ayant fait remarquer qu'il a utilisé des bouillons dont les propriétés ont pu être modifiées par l'ébullition, il relève le défi. Sous le contrôle de Claude Bernard, il prélève à leur source des produits frais hautement putrescibles comme le sang, l'urine et le lait, les enferme dans un ballon stérile placé dans une étuve à 30° et constate, quelques jours plus tard, qu'ils sont intacts[2].

Cependant, le triumvirat Pouchet-Joly-Musset prépare sa revanche. Pouchet, qui a, lui aussi, brigué le prix Alhumbert et courtisé les membres de la commission en pure perte, ressent le triomphe de Pasteur comme une brûlure. Perclus de consternation, il proclame que le prix a été « décerné d'avance » et qu'il est victime d'une « épouvantable cabale ». « Je n'aurais jamais cru, écrit-il à Joly, qu'on osât braver l'opinion jusqu'au point de couronner les ridicules expériences de M. Pasteur si bien renversées par les vôtres [...]. C'est une infamie [...]. Une lutte à mort va s'engager. »

L'hétérogéniste se remet donc en campagne, bien décidé à écraser Pasteur avec ses propres armes, en allant chatouiller l'air des cimes.

Pouchet est un homme d'esprit. Dans les lettres savoureuses qu'il écrit à Joly, il affuble Pasteur des surnoms de « Flamel II » ou de « Paracelse II », et fulmine contre lui dans un style émaillé de références érudites où l'humour se mêle à la grandiloquence :

1. *Œuvres de Pasteur,* « Projet d'expériences sur les générations spontanées », t. II, p. 203-205 et « Mémoire sur les corpuscules organisés qui existent dans l'atmosphère. Examen de la doctrine des générations spontanées », t. II, p. 210-294.

2. « Extension des résultats qui précèdent à de nouveaux liquides très altérables : urine, lait... », *ibid.,* t. II, pp. 247-258.

« Le 6 octobre 1862,

« Noble et cher ami,

« Je crois qu'en présence de vos courageuses dénégations des expériences de Pasteur, en présence de ma réponse à ce petit Paracelse II (auquel je garde une dent parce que je sais que dans ces leçons ce petit Monsieur nous traite d'ignorants ; et que je tiens à lui prouver que ceux auxquels on peut donner ce nom sont sous son bonnet), que personne n'oserait couronner ce vestige de Paracelse. Ce vestige, car si, comme l'incomparable charlatan, il serait bien capable de dire que les cordons de ses hauts-de-chausses ont plus de science que Galien et Aristote, il n'a pas le génie de Bombast Théophraste Paracelse. »

« Le 21 octobre 1862

« J'ai revu mon laboratoire, noble et cher Ami, et pour défendre notre sainte cause, je vais y arborer l'oriflamme.

« Vous ne lâcherez pas pied, dites-vous ! Mais moi non plus ! Je ne veux pas que tel savant, comme moi né à Carpentras ou à Domfort, parce que le hasard plutôt que le mérite l'a fait monter à Paris, y prenne à mon égard les allures d'un grand seigneur.

« M. Pasteur nous a traités d'ignorants dans ses leçons au Cercle chimique. Il paiera l'affront d'une sanglante manière. Comme je sens qu'auprès de lui nous avons la force d'Antée, je ne l'abandonnerai qu'étouffé sous le poids des rochers de l'hétérogénie[1]. »

En août 1863, Pouchet, Musset et Joly partent à l'assaut de l'Etna, puis des Pyrénées, armés d'une foi à toute épreuve et de ballons bien remplis de décoctions de foin stérilisées[2]. Quel que soit le degré de stérilité ou d'impureté de l'air, ils sont bien décidés à y faire naître la vie. Après avoir franchi le port de Venasque, ils font une halte à 2 083 mètres d'altitude et se disposent à ouvrir leurs premiers ballons avec mille précautions. Des chasseurs d'isards attirés par ces touristes d'un genre nouveau sont éloignés. Les guides sont eux-mêmes tenus à distance. Il s'agit de faire en sorte que nulle poussière ne vienne fausser le cours de l'opération.

Mais aucun doute ne doit persister. Il faut aller plus haut, bien plus haut que Pasteur. Il faut le dépasser de 1 000 mètres ! Avec un courage digne d'éloge et un incontestable amour de la science, ils affrontent les froids nocturnes des cimes et se faufilent de jour à travers des amoncellements de rochers. Bientôt,

1. Correspondance citée dans *Correspondance de Pasteur, op. cit.*, t. II, p. 143-145.

2. Sur l'ascension de Pouchet, Musset et Joly, « Expériences sur l'hétérogénie exécutées dans l'intérieur des glaciers de la Maladetta (Pyrénées d'Espagne) », *Comptes rendus de l'Académie des sciences,* séance du 2 novembre 1863, t. LVII, p. 724-726.

les voilà à 3 000 mètres d'altitude au pied des glaciers de la Maladetta. Quatre ballons sont ouverts et refermés en bonne et due forme.

Sur le chemin du retour, Joly fait un faux pas et c'est dans le fond d'une crevasse qu'il aurait terminé sa carrière sans le secours d'un guide. Mais quelle consolation que de constater, une fois arrivés sains et saufs à Luchon, que les ballons se sont altérés. « Donc, proclame Pouchet, l'air de la Maladetta et en général l'air des hautes montagnes n'est pas impropre à provoquer une altération quelconque dans une liqueur éminemment putrescible ; donc l'hétérogénie ou production d'un nouvel être dénué de parents, mais formé aux dépens de la matière organique ambiante, est pour nous une réalité. »

Les dossiers des deux parties bouclés, c'est à l'Académie des sciences de trancher.

Le verdict de l'Académie

Ces expériences suscitent le scepticisme de Pasteur et de l'Académie. Au cours de la discussion[1] qui suit la lecture du rapport de Pouchet, Joly et Musset, Pasteur commence par se flatter, et c'est bien là un comble pour ses adversaires, de leur avoir servi de modèle : « Ces expériences, dit-il, sont de tous points pareilles à celles que j'ai exécutées moi-même sur la mer de Glace, sur le Jura et au pied du premier plateau du Jura, au mois de septembre 1860. Je me félicite que ces habiles naturalistes aient pris la peine d'aller faire à la Rencluse et à la Maladetta ce que j'ai fait au mont Blanc et sur des plateaux du Jura, et qu'à mon exemple, comme ils le disent expressément, ils aient éloigné leurs guides, l'influence de leurs vêtements... » Voilà pour les compliments.

Pasteur critique ensuite la méthode des hétérogénistes et juge le nombre de leurs prélèvements insuffisant pour donner des résultats significatifs. Ils n'ont ouvert que quatre ballons à la Rencluse et quatre autres à la Maladetta. Or, la densité des germes est partout inégale. « J'ai ouvert, poursuit-il, vingt ballons sur le Jura et cinq m'ont présenté des formations organisées. Supposons que j'ai commis la faute de MM. Pouchet, Joly et Musset, de n'en ouvrir que quatre, j'aurais pu tomber sur quatre de ces cinq ballons qui m'ont offert des productions, et être porté à penser que l'air sur le Jura est toujours fécond... » L'argument est tortueux mais Pasteur en conclut : « Les résultats que l'on m'oppose confirment les miens. »

C'en est trop ! Le 21 novembre, Pouchet trempe sa plume dans le vitriol et écrit à Joly une lettre où percent une certaine folie des grandeurs et un réel délire de la persécution :

1. « Discussion avec MM. Pouchet, Joly et Musset. Note en réponse à des observations critiques présentées à l'Académie par MM. Pouchet, Joly et Musset dans la séance du 21 septembre dernier », *Œuvres de Pasteur, ibid.*, p. 321 *sq.*

« J'ai atteint l'apogée de l'indignation. Il est réellement sans exemple qu'on pousse l'impudence aussi loin que Paracelse II. Quoi, nos expériences viennent confirmer les siennes ! Vraiment, on ne peut se figurer que l'on puisse avoir tant d'audace et d'impudeur.

« Il faut carrément répondre, et à trois, je suis de votre avis.

« Lorsque Frédéric reprochait à Voltaire de trop se préoccuper de Fréron, l'immortel philosophe lui répondait : « Moi, je ne m'en inquiète jamais que pour cracher dessus. Nous, occupons-nous de N. Flamel pour l'écraser.

« À nous le courage et la force, jeune et noble Ami, car nous traversons une véritable crise de persécution.

« Une seule chose me console dans tout cela, c'est de voir que vous avez largement grandi, et que nos trois noms seront désormais inséparables dans cette grande lutte scientifique où, depuis presque quatre ans, à nous seuls, nous tenons en suspens le plus illustre corps savant du globe.

« On veut nous écraser, ce n'est pas douteux [...]. On étouffe un homme, mais trois ensemble c'est difficile... »

Joly et Musset réclament de l'Académie la nomination d'une commission d'arbitrage. Pasteur appuie cette requête et la commission est constituée en janvier 1864. Composée de Flourens, Dumas, Brongniart, Milne-Edwards et Balard, elle doit se réunir en mars [1]. Mais le triumvirat hétérogéniste se dérobe en invoquant, étrange raison, le gel ! « Ce serait, disent-ils, compromettre nos résultats et peut-être n'en obtenir aucun, que d'opérer par une température qui, même au printemps, est souvent de plusieurs degrés au-dessous de zéro dans le midi de la France. Qui peut donc nous assurer que, dans l'intervalle du 1er au 14 mars, il ne gèlera pas à Paris ? » « Je suis bien surpris, rétorque Pasteur [...]. À l'aide d'une étuve il eût été facile d'élever la température au degré désiré par ces messieurs. »

Les hétérogénistes sont de nouveau convoqués en juin et, cette fois, ils répondent à l'appel, se proposant de réaliser toute une série d'expériences. Mais les dés sont pipés. L'Académie, en décernant à l'unanimité le prix Alhumbert à Pasteur, a solennellement reconnu le principe de la dissémination des germes dans l'air. Ne pouvant revenir sur la chose jugée, elle somme le triumvirat de faire sa démonstration en s'appuyant sur une seule expérience. Décision inique, arbitraire. Une seule expérience ne prouve rien, conformément aux principes élémentaires de la méthode expérimentale. Mais l'esprit de système ne l'a-t-il pas emporté sur l'esprit scientifique ? Pouchet et Musset se retirent sur l'Aventin tandis que Joly s'en va faire un cours de protestation à la Faculté de médecine. Triste vengeance !

1. Sur les circonstances dans lesquelles se réunit cette commission, voir *Œuvres de Pasteur*, *op. cit.*, t. II, p. 327 et p. 637-647.

Pourtant, si Pouchet a tort dans le fond, il a raison dans les faits. Pasteur s'est servi d'infusions de levures à faible résistance tandis qu'il a utilisé des bouillons de foin, rebelles à la stérilisation, où les spores sont seulement neutralisées à l'abri de l'air. Ce n'est que quatorze ans plus tard que Pasteur mettra lui-même en évidence l'inégale résistance des différents types de spores à la chaleur. Les résultats des expériences réalisées au pied de la Maladetta n'étaient donc pas de pures rêveries et si, éprise de rigueur, l'Académie avait demandé aux deux adversaires d'opérer dans les caves et dans la cour de l'Observatoire, la joute les aurait placés sur pied d'égalité et la victoire de Pasteur aurait été différée de quelques mois ou de quelques années.

En désespoir de cause, Pouchet orchestre contre Pasteur une campagne de presse et trouve dans le quotidien *L'Opinion nationale* un porte-parole dévoué. Son chroniqueur scientifique, Victor Meunier, après avoir planté dans le système de Pasteur quelques traits acérés, s'érige en justicier et fustige l'Académie des sciences : « Porter devant le public une cause que l'Académie avait voulu étouffer, c'était protester, au nom du peuple des savants, contre cet état de servage où prétend les réduire un corps mené par des vieillards, que mènent les sacristies. » L'argument est de bonne guerre. Mais les attaques personnelles contre Pasteur, accusé, à la différence de Pouchet, de dilapider les deniers publics, dégagent un parfum diffamatoire : « M. Pasteur n'a-t-il pas obtenu le prix Jecker ? Le prix des générations spontanées ? Et l'Académie n'a-t-elle pas fait les frais de son expédition à la mer de Glace ? Total : une quinzaine de mille francs, dit-on. »

Piqué au vif, Pasteur répond aussitôt à M. Guérout, rédacteur en chef : « Dieu me garde de discuter un point de chimie physiologique avec votre honorable collaborateur. Je tiens seulement à relever dans l'article dont je parle une de ces insinuations mensongères, futiles en apparence, mais qui comptent parmi les moyens pour diffamer les gens [...]. Il est absolument contraire à la vérité que l'Académie des sciences ait fait les frais de mes expériences au Montanvert. J'ajouterai, puisque ces comptes domestiques paraissent intéresser votre collaborateur, que les dépenses des laboratoires des professeurs dont il défend les opinions figurent au budget des établissements où ils enseignent, et je les en félicite ; tandis que ma position dans l'Université étant une position administrative, les frais de mes travaux personnels sont entièrement à ma charge. Il n'existe dans mon laboratoire pas un objet de la plus minime valeur qui ne soit ma propriété exclusive. »

Guérout refuse de publier sous cette forme une réponse qu'il juge blessante pour Meunier et propose à Pasteur quelques aménagements. Alors, non sans panache, celui-ci abandonne une partie qu'il juge indigne de lui : « Je vous remercie de vos observations et je supprime non seulement ces quelques expressions trop vives, mais la lettre elle-même, et si votre collaborateur en a eu connaissance je lui en fais mes excuses. Je suis sorti de mon rôle de chercheur de la vérité. Le savant doit s'inquiéter de ce que l'on dira de lui dans un siècle et non des injures ou des compliments du jour. »

En 1872, la direction du Muséum d'histoire naturelle de Rouen décidera d'enrichir sa galerie d'un buste de Pouchet, récemment décédé, et Pasteur fera preuve, à cette occasion, d'une grandeur d'âme mêlée de condescendance en écrivant au directeur du Muséum : « Je vous remercie de m'informer de la souscription ouverte pour l'érection d'un buste en marbre de M. Pouchet, au rez-de-chaussée du Muséum d'histoire naturelle, dont il a été le directeur fondateur, et c'est avec empressement que je vous prie de m'inscrire pour une somme de 20 francs sur la liste des souscripteurs. Le savant consciencieux mérite la reconnaissance de tous pour ce qu'il a fait de bon et d'utile et jusque dans ses erreurs il a droit à tous les respects. »

Le problème des générations dites spontanées rejoignant celui de l'origine de la vie, il n'est pas étonnant que la polémique ait passionné le grand public.

La conquête des salons

L'intérêt soulevé par la question remonte à 1860. Cette année-là, le quotidien *La Patrie* s'enthousiasme pour les travaux de Pasteur : « M. Pasteur a démontré par des procédés ingénieux – je devrais dire par des procédés de génie – que ces atomes étaient comme on le soupçonnait de véritables corpuscules organisés. »

Mais, quelques jours plus tard, Victor Meunier critique déjà les travaux de Pasteur dans la « Revue scientifique » du quotidien *Le Siècle* : « M. Pasteur, étant chimiste, l'insuffisance du travail physiologique qui nous occupe ne saurait nuire à sa renommée, fondée sur des travaux d'un autre genre. Mais s'il doit continuer les études dans lesquelles il vient de débuter, il lui faudra s'assurer le concours d'un micrographe et d'un logicien. »

À cette date, Pasteur, dont les travaux sur les générations spontanées n'ont pas encore reçu la consécration des milieux scientifiques, semble avoir été affecté par la virulence du propos, comme en témoigne une lettre de Marie Pasteur à son beau-père : « Vous avez donc lu ce fameux article du *Siècle*. Nous voyons avec plaisir que vous ne vous en préoccupez pas plus que nous. L'avenir dira qui a tort ou raison. En attendant, tous les hommes compétents en pareille matière donnent raison à notre chimiste, c'est déjà quelque chose. »

Quatre ans plus tard, le 7 avril 1864, à la Sorbonne, où l'on vient d'inaugurer des conférences du soir pour grand public, c'est une prestation triomphale que fait Pasteur en présence d'un amphithéâtre noir de monde[1]. La foule a envahi les couloirs, on se presse sur les gradins. Dans l'assistance, on

1. « Des générations spontanées », conférence faite aux « Soirées scientifiques de la Sorbonne » le 7 avril 1864, *Œuvres de Pasteur, op. cit.*, t. II, p. 328-346.

distingue de prestigieuses silhouettes : Victor Duruy, alors ministre de l'Instruction publique, Alexandre Dumas père, George Sand, la princesse Mathilde, cousine de l'Empereur, dont le salon est devenu le rendez-vous des scientifiques et des hommes de lettres.

Avec une extraordinaire sûreté d'élocution, l'orateur passe au crible le système des générations dites spontanées et promène son public dans le monde inconnu des animalcules. Puis, devant ses ballons au long col, il explique ses expériences à son auditoire subjugué :

> « Voici une infusion de matière organique d'une limpidité parfaite, limpide comme de l'eau distillée, et qui est extrêmement altérable. elle a été préparée aujourd'hui. Demain déjà elle contiendra des animalcules, des petits infusoires ou des flocons de moisissures.
>
> « Je place une portion de cette infusion de matière organique dans un vase à long col, tel que celui-ci. Je suppose que je fasse bouillir le liquide et qu'ensuite je fasse refroidir. Au bout de quelques jours, il y aura des moisissures ou des animalcules infusoires développés dans le liquide. En faisant bouillir, j'ai détruit les germes qui pouvaient exister dans le liquide et à la surface des parois du vase. Mais, comme cette infusion se trouve remise au contact de l'air, elle s'altère comme toutes les infusions.
>
> « Maintenant, je suppose que je répète cette expérience, mais qu'avant de faire bouillir le liquide, j'étire à la lampe d'émailleur le col du ballon, de manière à l'effiler, en laissant toutefois son extrémité ouverte. Cela fait, je porte le liquide du ballon à l'ébullition puis je le laisse refroidir. Or le liquide de ce deuxième ballon restera complètement inaltéré non pas deux jours [...] mais trois, quatre années [...]. Quelle différence y a-t-il entre ces deux vases ? Ils renferment le même liquide, ils renferment tous deux de l'air, tous les deux sont ouverts. Pourquoi donc celui-ci s'altère-t-il tandis que celui-là ne s'altère pas ? La seule différence, la voici. Dans celui-ci, les poussières qui sont en suspension dans l'air peuvent tomber par le goulot du vase et arriver au contact du liquide où elles trouvent un aliment approprié et se développent. Ici, au contraire, il n'est pas possible, ou du moins il est très difficile que les poussières en suspension dans l'air puissent entrer dans ce vase. »

Le problème des générations spontanées remue bientôt les salons. Si tout vient d'un germe, quelle est, se demande-t-on, l'origine du premier germe ? Cette question, maintes fois agitée, agace Pasteur. Le problème des causes premières, répond-il, n'intéresse pas la science. Le savant se préoccupe seulement de ce qu'il peut démontrer, des causes secondes, des phénomènes. Quant aux grands mystères, ils relèvent de ce qu'il appelle « les sujets éternels de méditations solitaires ».

Certains voient dans ses idées une justification de l'existence de Dieu. D'autres le taxent d'athéisme. Des chroniqueurs attisent la braise. Fondateur de la revue scientifique *Cosmos* et futur inventeur de la fosse sceptique, l'abbé Moignon prétend que la théorie de la préexistence des germes est susceptible de convertir les incroyants et les athées tandis que Edmond About, partisan fanatique des générations spontanées, soutient que la nature peut créer toute seule des éléphants, des baleines et, pourquoi pas, des hommes. « Monsieur Pasteur, écrit-il, a prêché en Sorbonne au milieu d'un concert d'applaudissements qui a dû faire plaisir aux anges. »

Irrité, Pasteur tranche sèchement : « Il n'y a ici ni philosophie ni athéisme ni matérialisme ni spiritualisme qui tiennent. Je pourrais même ajouter : comme savant, peu m'importe. C'est une question de fait (la question des générations spontanées) ; je l'ai abordée sans idée préconçue, aussi prêt à déclarer, si l'expérience m'en avait imposé l'aveu, qu'il existe des générations spontanées, que je suis persuadé aujourd'hui que ceux qui les affirment ont un bandeau sur les yeux[1]. »

Pasteur a résolu la question de la préexistence des germes avec éclat. Certes, ses idées s'inscrivent dans le sillage d'un courant de pensée ancien, et ce ne sont pas seulement ses expériences qui portent la marque du génie. Le vrai génie est aussi celui du visionnaire. Dans les phénomènes de la dissémination des germes, de la fermentation et de la putréfaction, il a vu la source des maladies contagieuses. D'autres y ont songé, mais aucun d'eux, à ce jour, n'a tenté de le prouver.

Dès 1862, Pasteur annonce son grand dessein à plusieurs personnalités. Dans une lettre du 27 février 1862 au colonel Favé, aide de camp de l'empereur, il déclare : « Vous savez, monsieur, que ces recherches (sur les générations spontanées) n'ont été qu'une digression obligée parmi celles que je poursuis depuis plusieurs années sur les mystérieux phénomènes de fermentations, phénomènes si voisins de ceux de la vie, plus voisins encore que ceux de la mort et des maladies, surtout des maladies contagieuses. Je suis bien éloigné encore de ces belles études. »

Au ministre de l'Instruction publique, il écrit, en avril 1862 : « Vous pressentez dès lors, monsieur le ministre, combien est vaste et utile à parcourir le champ de ces études qui offrent tant de rapports avec diverses maladies des animaux et des plantes, et qui sont certainement un premier pas dans la voie si désirable de recherches sérieuses sur les maladies putrides et contagieuses. »

En mars 1863, Pasteur et plusieurs académiciens sont reçus aux Tuileries. Napoléon III le félicite pour ses belles recherches : « Toute mon ambition, lui répond-il, est de pouvoir arriver à la connaissance des causes des maladies putrides et contagieuses. »

À la même époque, il déclare au colonel Favé : « Les applications de mes idées semblent immenses. Ainsi, Dieu veuille que cela ne soit pas une illu-

1. Sur la question des générations spontanées dans les discussions de salon, voir René Vallery-Radot, *Vie de Pasteur, op. cit.*, p. 134-136.

sion, je me trouve préparé pour aborder ce grand mystère des maladies putrides dont je ne puis détacher ma pensée, quoique j'en mesure la difficulté et le danger. »

Dans l'immédiat, Pasteur va bien s'attaquer aux maladies, mais aux maladies du vin et du ver à soie. Ce faisant, il mettra son génie au service de la richesse nationale.

CHAPITRE X

Les micro-organismes du vinaigre, du vin et de la bière (1861-1866)

Les recherches sur la dissémination aérienne des germes n'étaient, dans l'esprit de Pasteur, qu'une étape dans ses travaux sur les fermentations. Il sait désormais que le phénomène procède d'un micro-organisme et non d'une réaction chimique. Dès 1857, il a mis au point la technique des cultures pures en milieu sélectif qui va lui permettre de contrôler la marche de n'importe quel type de fermentation. Et ce sont les vinaigriers et les viticulteurs qui, les premiers, vont en tirer profit.

Pasteur et les vinaigriers

Innombrables sont alors ses observations pionnières. Jusque-là chercheur solitaire, Pasteur travaille maintenant avec l'aide de ses agrégés-préparateurs à l'École normale, Raulin et Émile Duclaux, et d'un petit nombre d'élèves passionnés. C'est vers 1860, alors même qu'il met en pièces la théorie des générations spontanées, qu'il fait une découverte qui bouleverse les idées reçues sur les lois de la vie. Depuis les travaux de Lavoisier, on croyait que l'oxygène était nécessaire à la vie. Or, en observant certains micro-organismes, il constate que tel n'est pas toujours le cas.

Au cours de ses études sur les fermentations, il a, en 1860, identifié le ferment de l'acide butyrique. Il s'agit de bâtonnets mobiles de nature animale auxquels il a donné le nom de vibrions. L'œil rivé au microscope, un phénomène étrange attire alors son attention : à la différence des autres micro-organismes, ces vibrions perdent toute mobilité sur les franges d'une goutte en fermentation mais restent agiles en son centre. Ils semblent fuir l'air, et cette impression se transforme en certitude lorsqu'il fait cesser la fermentation butyrique au moyen d'un courant d'oxygène. À l'inverse, il la stimule en la soumettant à un courant de gaz carbonique.

Avec l'aide de Chassang, professeur de grec à l'École normale, Pasteur forge deux mots; l'un pour désigner la forme de vie où l'oxygène est nécessaire, «aérobie»; l'autre pour désigner celle où il lui est funeste, «anaérobie»[1]. Il y aura donc des micro-organismes aérobies et d'autres anaérobies.

Un mystère subsiste. Comment les vibrions anaérobies ont-ils pu se développer en l'absence d'oxygène? Son intuition lui dicte une réponse bientôt vérifiée par l'expérience. Certains ont d'abord absorbé l'oxygène du liquide avant de mourir et de tomber au fond du vase tandis que des micro-organismes aérobies pullulaient en surface, formant une couche protectrice à l'abri de laquelle les anaérobies survivants ont pu se multiplier. Ce phénomène ne concerne pas seulement la fermentation butyrique mais aussi d'autres types de fermentation et la putréfaction elle-même. De cette découverte, sans utilité apparente, les microbiologistes tireront bientôt des leçons d'une importance décisive pour la compréhension des maladies infectieuses. En revanche, les retombées pratiques des recherches de Pasteur sur la fermentation acétique, qui donne le vinaigre, sont immédiates.

Alors que le chimiste allemand Liebig avait établi une théorie purement chimique de l'acétification de l'alcool, les fabricants de vinaigre opéraient selon des méthodes empiriques, incertaines, lentes et coûteuses. Avant Pasteur, il existait deux procédés de fabrication du vinaigre.

L'un, connu sous le nom de «procédé d'Orléans», était surtout employé dans le Loiret et dans la Sarthe et ne s'appliquait qu'au vin. On versait cent litres de vinaigre et dix litres de vin dans un tonneau où le mélange se transformait en vinaigre au bout de deux mois. Puis, toutes les semaines, on en retirait dix litres à mesure qu'on ajoutait dix litres de vin.

Le second procédé était connu sous le nom de «procédé des copeaux de hêtre» ou «procédé allemand». On faisait tomber goutte par goutte un liquide légèrement alcoolisé, dont on voulait obtenir du vinaigre, sur des copeaux placés à l'intérieur d'un tonneau à double fond percé de trous. Cette technique, fort sommaire, ne pouvait s'appliquer ni au vin ni à la bière et donnait un vinaigre de mauvaise qualité[2].

Le prix du vinaigre de vin était deux fois plus élevé que celui du vinaigre d'alcool obtenu par le procédé des copeaux. Mais la fabrication du vinaigre de vin présentait de multiples inconvénients. Elle était tributaire du prix du vin, ne pouvait être interrompue en raison d'une remise en route de six semaines et, surtout, donnait un produit sensible aux agressions d'un micro-organisme

1. «Quelques résultats nouveaux relatifs aux fermentations acétique et butyrique», *Œuvres de Pasteur, op. cit.*, t. III, pp. 21-23.

2. Pasteur, «Suite à une précédente communication sur les mycodermes. Nouveau procédé industriel de fabrication du vinaigre», *Œuvres complètes, ibid.*, t.3, p. 17. Sur cet aspect du problème, voir également l'excellent essai de Misette Godard, *Le Goût de l'aigre. Essai de gastronomie historique,* Paris, Quai Voltaire, 1991, «L'histoire du vinaigre continuée avec Pasteur», p. 91 *sq.*

parasite que Pasteur connaissait bien et que Leeuwenhoek et Joblot avaient déjà observé aux XVIIe et XVIIIe siècles : l'anguillule du vinaigre.

Ces anguillules étaient les hôtes ordinaires du vinaigre mais elles proliféraient de façon prodigieuse dans le système d'Orléans qui favorisait leur accumulation. Elles entraient alors en concurrence avec le *mycoderma aceti*, ou ferment du vinaigre, dont Pasteur venait de découvrir l'existence, provoquant ainsi la maladie du vinaigre[1]. Et c'est grâce à la découverte de ce ferment, qui infirme une fois de plus la théorie chimique de Liebig, que Pasteur va percer la nature profonde de la fermentation acétique[2].

Le *mycoderma aceti* est un micro-organisme végétal présent dans l'air et disposé en chapelets d'articles légèrement étranglés au centre. D'un diamètre d'un millième de millimètre, ses caractères sont extraordinaires, son pouvoir de reproduction prodigieux. Chaque article se scinde pour donner deux nouveaux globules qui, en grandissant, se divisent à leur tour, en sorte qu'il s'en forme trois cents milliards à la surface d'un seul mètre carré. Et ces trois cents milliards ne pèsent pas plus d'un gramme. Un gramme qui, en l'espace de cinq jours, peut transformer dix litres d'alcool en vinaigre ! Car les *mycoderma* sont d'une voracité prodigieuse, chacun d'eux pouvant absorber une quantité de nourriture deux mille fois supérieure à son propre poids.

Comment lutter contre les anguillules qui les menacent, compromettant la fabrication du vinaigre ? Grâce à la méthode des cultures pures, Pasteur isole des cellules saines qui donnent par ensemencement une acétification régulière et d'excellente qualité. Jusque-là, l'industrie du vinaigre était soumise aux aléas de la conjoncture, du hasard et de l'empirisme. Libérés de l'angoisse journalière, les vinaigriers disposent désormais d'une méthode de fabrication facile et sûre, et d'une inestimable source de richesse. Cette méthode, Pasteur l'a exposée avec une si grande clarté dans une communication à l'Académie des sciences, qu'elle peut servir de mode d'emploi à l'usage des vinaigriers :

> « Je sème le *mycoderma aceti,* ou fleur de vinaigre, à la surface d'un liquide formé d'eau ordinaire contenant 2 % d'acide acétique provenant d'une opération précédente. La petite plante se développe et recouvre bientôt la surface du liquide sans qu'il y ait la moindre place vide. En même temps, l'alcool s'acétifie. Dès que l'opération est bien en train, que la moitié, par exemple, de la quantité totale d'alcool employée à l'origine est transformée en acide acétique, on ajoute chaque jour de l'alcool par petites portions, ou du vin, ou de la bière alcoolisée, jusqu'à ce que le liquide ait reçu assez d'alcool pour que le vinaigre marque le titre commercial désiré. Tant que la plante peut provoquer l'acétification, on ajoute de l'alcool.

1. *Ibid.,* p. 18-19.

2. « Étude sur les mycodermes. Rôle de ces plantes dans la fermentation acétique », *ibid.,* p. 7-12.

« Lorsque son action commence à s'user, on laisse s'achever l'acétification de l'alcool qui reste encore dans le liquide. On soutire alors ce dernier, puis on met à part la plante, qui, par lavage, peut donner un liquide un peu acide et azoté capable de servir ultérieurement[1]. »

Le prix de revient du litre de vinaigre s'effondre de 90 %, tombant à dix centimes. On pourrait, précise Pasteur, « dans l'espace de quelques jours, presque sans frais de main-d'œuvre ni d'installation, fabriquer des milliers d'hectolitres d'acide acétique de force quelconque et presque sans perte d'alcool ». Mais la révolution du progrès fait le bonheur des uns et le malheur des autres. Les maîtres vinaigriers feront de belles affaires tandis que la plupart des ouvriers se retrouveront au chômage.

Pasteur aurait pu faire fortune en exploitant sa découverte, mais il a préféré la faire breveter sans en tirer profit. Le préambule du brevet, déposé le 9 juillet 1861, indique ses raisons : « Comme il arrive fréquemment que des principes scientifiques, livrés à la publicité par leurs auteurs, deviennent, entre les mains d'autrui, l'objet de brevets d'invention par l'addition de dispositifs d'appareil ou de modifications insignifiantes, j'ai pris, antérieurement à ma Communication de février, d'après l'avis de personnes autorisées, un brevet qui primerait tous ceux auxquels mon travail aurait pu donner lieu ; et j'ajoute que je suis résolu dès aujourd'hui à laisser tomber ce brevet dans le domaine public[2]. »

Les travaux de Pasteur sur le vinaigre marquent le début de ses recherches pratiques sur les fermentations. Quelque temps plus tard, elles donnent lieu à de nouvelles découvertes aux retombées économiques incalculables.

L'appel des viticulteurs

En ce temps-là, la France était couverte de deux millions d'hectares de vignobles qui donnaient cinquante millions d'hectolitres de vin par an. Le seul département de l'Hérault en fournissait à lui seul sept millions, soit trois fois plus que le royaume de Portugal. Cette richesse nationale était devenue un enjeu majeur depuis 1860, date du traité franco-anglais de libre-échange. Malheureusement, ces vins, surtout ceux des meilleurs crus, étaient sujets à de rapides détériorations et résistaient mal au voyage.

Les propriétaires et les négociants soutenaient que leurs vins étaient irréprochables et qu'ils avaient l'art de les mettre à l'abri des altérations. Mais selon Pasteur, « cette assertion » était « très ordinairement dictée par l'intérêt

1. *Ibid.*, p. 14-15.

2. Brevet n° 50359, en date du 9 juillet 1861, Extrait des brevets d'invention, année 1861, LXXXI, classe XIV, fascicule 7, p. 3. Cité par Louis Pasteur Vallery-Radot, *ibid.*, p. 13.

ou l'amour-propre» et il n'y avait pas «une seule cave en France, chez le pauvre comme chez le riche, qui ne renferm[ât] quelque portion de vin plus ou moins altérée». Le 29 octobre 1863, un négociant anglais lui écrivait : «On s'étonne en France que le commerce des vins français n'ait pas pris plus d'extension en Angleterre depuis le traité de commerce. La raison en est simple. Tout d'abord, nous avons accueilli ces vins avec empressement, mais on n'a pas tardé à découvrir qu'ils causent de grandes pertes et des embarras infinis en raison des maladies auxquelles ils sont exposés[1].»

Devant l'ampleur des dommages, Napoléon III, que la découverte d'un nouveau procédé de fabrication du vinaigre a vivement impressionné, propose à Pasteur d'étudier les maladies du vin. Mais celui-ci n'a pas attendu la suggestion impériale pour s'y intéresser. Dès le 28 août 1858, il écrivait à son ami Chappuis : «Je place dans ma malle un microscope, avec l'intention de suivre la fermentation du moût de raisin, ce qui exige ma présence à Arbois pendant tout le mois de septembre.» Et cette année-là, examinant pour la première fois au microscope des vins altérés du Jura, il y découvrait un ferment offrant de grandes similitudes avec le ferment lactique qu'il venait de découvrir.

Nombreuses sont les maladies du vin auxquelles Pasteur s'attaque à partir de 1863 : acescence, pousse, graisse, amer.

La plus commune de toutes est l'acescence qui donne au vin un goût acide. On le dit «piqué» ou «aigre». Cette dégénérescence est précédée, comme l'a remarqué Chaptal, par la formation à la surface des tonneaux, ou au niveau du goulot des bouteilles, d'une pellicule grasse appelée «fleur de vin»[2]. Un tel vin est condamné à servir de vinaigre.

La maladie des vins «tournés», «montés», qui «ont la pousse», survient lorsque les chaleurs forcent les caves ou les celliers. Alors, remarque Pasteur, «le vin est plus ou moins trouble et, si on l'agite dans un tube de verre on y voit des ondes soyeuses se déplacer et se mouvoir en divers sens [...]. Le tonneau est-il bien fermé et plein, il n'est pas rare de voir des suintements aux joints des douves; les fonds même du tonneau peuvent bomber. Si l'on pratique un fausset, le vin jaillit avec force et très loin. De là l'expression vulgaire : *il a la pousse*[3].» Il perd alors toute saveur et devient si fade qu'on peut le croire falcifié par addition d'eau. Pour les négociants, c'était une source de perpétuels cauchemars.

La maladie de la «graisse» rend les vins «filants», «huileux». Rare chez les vins rouges, elle s'attaque surtout aux vins blancs, notamment à ceux de la

1. Pasteur, «Études sur le vin. Ses maladies; causes qui les provoquent. Procédés nouveaux pour le conserver et le vieillir», *Œuvres de Pasteur, op. cit.*, p. 118.
2. «Traité sur les vins», *Annales de chimie*, XXXVI, an IX (1801), p. 249-251.
3. *Étude sur le vin, op. cit.*, p. 137.

Loire. Ils perdent leur limpidité, deviennent plats et, quand on les transvase, « filent » comme de l'huile.

La maladie de l'« amertume », de l'« amer », du « goût de vieux » touche tous les vins rouges avec une préférence pour les grands crus. En 1864, un propriétaire écrit à Pasteur : « Voilà un vin qui valait 500 francs pièce et qui n'en vaut plus que 100, et une bouteille de Romanée qui, payée 15 francs, vaudra à peine 1 franc [...]. Si l'on parvenait à trouver le moyen de prévenir cette maladie, on aurait donné des millions à la France[1]. »

Jusqu'aux découvertes de Pasteur, les auteurs attribuaient aux maladies du vin des causes vagues et spéculatives. Le vin, disaient-ils, est « toujours en travail » sous l'influence de l'oxygène. Les divers principes qui le composent réagissent les uns sur les autres et, s'ils ne s'équilibrent pas, le vin tombe malade. C'est, en quelque sorte, la transposition à l'œnologie de la théorie hippocratique des humeurs dont l'équilibre, ou *crase*, détermine la bonne santé des animaux, et le déséquilibre, ou *dyscrasie*, la maladie.

Vers 1860, deux ouvrages anciens font encore autorité. L'un, de Fabroni, intitulé *De l'art de faire du vin*[2], avait été couronné en 1775 par l'Académie de Florence. L'autre, de Chaptal, *L'Art de faire du vin,* avait été publié en 1799 dans les *Annales de chimie.* Mais aucun d'eux n'apporte de solution.

Peu nombreux et chimériques étaient les remèdes. Contre la maladie des vins filants, un pharmacien de Châlons-sur-Marne préconisait l'emploi du tanin, procédé très apprécié en Champagne. Chaptal conseillait d'agiter pendant un quart d'heure la bouteille de vin malade et de la déboucher ensuite pour laisser s'échapper le gaz et l'écume. Le vicomte de Vergnette-Lamotte, propriétaire bourguignon et œnologue célèbre, recommandait la congélation pour les vins destinés à un long voyage[3].

Chaque région avait son savoir-faire qui, pour empirique qu'il fût, n'en avait pas moins sa raison d'être. « Je suis volontiers porté à croire, écrit Pasteur, que les usages séculaires ont plus ou moins leur raison d'être dans la nature même des choses. Si le Jura fait le vin et le soigne autrement que la Côte-d'Or, dont il lui serait si facile d'imiter les coutumes, n'est-ce pas la nature du vin qui l'exige ? »

Lorsque Pasteur se lance dans cette nouvelle enquête, il se heurte très vite à d'importants problèmes techniques. Il faut travailler sur le terrain, dans les celliers ou dans les caves, loin de tout laboratoire, être sur place pendant la saison des vendanges, visiter les vignobles de plusieurs régions, entrer en correspondance avec les propriétaires, se faire adresser des échantillons de vins

1. *Ibid.,* p. 160.

2. A. Fabroni, *De l'art de faire du vin,* ouvrage couronné par l'Académie royale d'économie de Florence, avec tableau et 13 figures. Traduit de l'italien par F.-R. Baud. Paris, an X (1802).

3. Cité par Pasteur, *Études sur le vin, op. cit.,* p. 213.

sains et malades. Ainsi écrit-il au vicomte de Vergnette-Lamotte en mai 1864 : « Vous rendriez à mes études un grand service si vous pouviez m'envoyer des échantillons de vins tirant à l'amertume, d'autres aussi altérés qu'il est possible de les rencontrer, d'autres enfin non malades mais très disposés à le devenir. »

À son ami d'enfance Jules Vercel, viticulteur à Arbois, il adresse, en novembre de la même année, une lettre contenant des instructions précises : « Je désirerais qu'au moment où tu soutireras le vin clair, tu en renfermes quelques bouteilles de chaque sorte, avec étiquettes, bien exactes, et les bouteilles bien bouchées et même mastiquées au besoin. Il faudrait que ces bouteilles fussent remplies rapidement au moment même où le vin coule à plein jet afin d'éloigner le plus possible le contact de l'air. »

Avec ses assistants Raulin et Duclaux, Pasteur s'installe dans la ville de son enfance, Arbois, et se lance dans l'étude des vins du terroir. Un vieux café désaffecté lui sert de laboratoire et c'est dans des conditions pittoresques qu'il travaille. Guidé par sa connaissance des ferments, il estime que la fermentation vineuse pathogène ne provient pas d'un « mouvement moléculaire intestin » du « vin qui travaille ». Conformément à la règle, elle doit être, comme les fermentations, un phénomène provoqué par un micro-organisme parasite d'origine aérienne.

Encore faut-il le prouver. À force d'observations microscopiques, d'analyses comparatives et d'expériences, Pasteur démontre que l'oxygène n'est pas, comme on le croyait, nuisible au vin. Au contraire, c'est lui qui favorise son vieillissement et son bouquet. Le vrai coupable est bien un germe.

Dans la maladie du « vin aigre », il découvre que le *mycoderma aceti*, facteur d'acétification, entre en concurrence avec le *mycoderma vini* qui donne le bon vin. « L'observation microscopique, écrit-il, m'a permis de constater que, toutes les fois qu'un vin était considéré par un dégustateur habile comme sain et non piqué, les fleurs étaient composées de *mycoderma vini* très pur. Au contraire, et sans aucune exception, les fleurs étaient un mélange de *mycoderma vini* et de *mycoderma aceti* lorsque le vin tournait à l'acide[1]. »

Dans les vins « tournés », il met en évidence la présence d'un parasite filamenteux un peu semblable au ferment lactique et « qui donne lieu, lorsque le vin est agité, à des ondes soyeuses ». Ce sont de tels micro-organismes qui forment les amas de filaments enchevêtrés qu'on prenait pour la lie[2]. Le germe de la maladie des « vins filants » est une bactérie anaérobie qui a élu domicile dans le raisin au moment de la vendange[3] et celui des vins « amers » un parasite « branchu » et « contourné »[4].

1. Pasteur, *Études sur le vin, op. cit.*, p. 130.
2. *Ibid.*, p. 139.
3. *Ibid.*, p. 157-158.
4. *Ibid.*, p. 162-163.

Surtout, Pasteur fait un constat qui a de quoi effrayer viticulteurs et gourmets : ces hôtes indésirables ne peuplent pas les vins par accident. Ils y habitent en permanence et c'est leur développement anormal qui provoque la maladie. Tout vin est donc susceptible de dégénérer et le mal peut être diagnostiqué avant qu'il n'éclate. En avril 1865, il annonce au vicomte de Vergnette-Lamotte, qui lui a adressé des échantillons de vin de 1858, 1862 et 1863 : « Il ne vous sera pas possible de conserver ces vins et j'ai tout lieu de croire que vos vins nouveaux, à peu près sains actuellement, s'altéreront eux-mêmes ultérieurement. »

Comment éliminer ces parasites ? Pasteur essaye sans succès un traitement à base d'antiseptiques inodores et insipides. Il tente ensuite de les détruire par la chaleur et soumet des échantillons de vin à des températures diverses pendant des durées variables. Cette fois, l'expérience est concluante. Soumis à une chaleur de 55 degrés pendant une seule minute, les parasites sont tués et le vin acquiert un pouvoir de conservation illimité à l'abri de l'air[1].

Dans une lettre à de Vergnette-Lamotte il prend soin, néanmoins, de préciser les limites de sa découverte : « Mon procédé n'a pas pour effet de guérir les vins malades, mais il arrête le mal lorsqu'il existe, et le prévient absolument lorsqu'il n'existe pas. Ce n'est pas un remède aux vins altérés mais un préservatif et, appliqué aux vins déjà altérés plus ou moins, il empêche la continuation de la maladie. »

En octobre 1865, Pasteur propose au président de la commission représentative du commerce des vins en gros de Paris la réunion d'une commission d'experts chargés de faire une dégustation de vins chauffés et non chauffés. Les dégustateurs se réunissent entre le 16 et le 23 novembre à l'École normale et publient un rapport sans ambiguïté : « Nous ne saurions trop faire l'éloge du procédé de M. Pasteur. Il nous paraît pratique en ce qui concerne son application aux vins en bouteilles, car il est peu coûteux, et il le serait d'autant moins qu'on l'appliquerait à de plus grandes quantités. »

L'efficacité du nouveau procédé est confirmée par une mise à l'épreuve. Des vins chauffés et non chauffés sont embarqués, à Brest, à bord du *Jean-Bart*. Après dix mois de navigation, les premiers ont gardé leur saveur alors que les seconds ont tourné à l'aigre. L'expérience est renouvelée sur la frégate *Sybille* avec les mêmes résultats.

Mais le chauffage du vin heurte les préjugés. On croit qu'il détruit le bouquet et la plupart des viticulteurs répugnent d'abord à l'employer. C'est seulement à l'usage qu'on se persuade qu'il n'en est rien. Au contraire. Lors d'une réunion du Conseil général de la Côte-d'Or, son président peut déclarer : « Il est avéré aujourd'hui que le vin non seulement se conserve par l'effet de cette

1. Pasteur, « Procédé pratique de conservation et d'amélioration des vins », « Nouvelles observations au sujet de la conservation des vins », « De la pratique du chauffage pour la conservation et l'amélioration des vins », *Œuvres de Pasteur, op. cit.*, p. 409 *sq.*

opération du chauffage mais qu'il vieillit et s'améliore dans des conditions plus sûres que si on ne l'avait pas chauffé. »

Une fois de plus, Pasteur annonce sa volonté de ne tirer aucun profit de sa découverte en la faisant tomber dans le domaine public : « Je suis bien décidé aujourd'hui, écrit-il le 2 septembre 1862, à ne pas vendre mon brevet et n'ai plus par conséquent que l'ambition d'apporter par ce procédé une révolution complète dans l'art de la vinification. »

La victoire sera suivie d'une attristante polémique. Le vicomte de Vergnette-Lamotte adresse à Pasteur une lettre de dépit dans laquelle il revendique l'invention de la méthode de conservation des vins par chauffage. En 1869, un de ses amis, Thénard, prend sa défense dans un article publié le 9 septembre dans le journal *Le Bien public,* de Dijon, en affirmant que l'inventeur de l'inestimable panacée est Appert dont les travaux ont été poursuivis par de Vergnette-Lamotte qui, seize ans avant Pasteur, a soumis au chauffage ses vins les moins délicats.

Accusation d'autant plus injuste que, dans sa longue correspondance avec Pasteur, de Vergnette-Lamotte n'y a jamais fait allusion. Tout au plus peut-il se prévaloir d'avoir, le 1er mai 1865, donné lecture à l'Académie des sciences, dont il était correspondant, d'une note dans laquelle il proposait le séjour des vins dans un grenier durant les mois de juillet et août, ce qui aurait précipité leur altération. Or, c'est au cours de la même séance que Pasteur avait présenté son propre procédé de conservation.

Nombreux sont ceux qui, dans la presse viticole, attribuent l'invention de Pasteur à de Vergnette-Lamotte. *Le Moniteur vinicole* ayant fait la confusion, Pasteur adresse à son rédacteur en chef une mise au point cinglante : « J'ai quelques motifs de penser que le séjour du vin pendant l'été dans un grenier, ainsi que le propose M. de Vergnette, pourrait souvent hâter l'apparition et les ravages des maladies plutôt que de les empêcher de naître. »

Pasteur n'en sera pas moins considéré comme le sauveur de la viticulture nationale et mondiale. En 1867, il reçoit du jury de l'Exposition universelle un grand prix pour ses travaux sur les vins. Napoléon III, que ses recherches passionnent, organisera un dîner en l'honneur des lauréats. Ce soir-là, l'impératrice lui dira : « C'est surtout vous, monsieur Pasteur, que l'Empereur a été fier de présenter aux suffrages universels. »

Quelques années plus tard, les fermentations inspirent à Pasteur une nouvelle découverte.

Nous sommes en 1871. La France est vaincue. Pasteur, à peine remis de la crise d'hémiplégie qui, en 1868, l'a laissé paralysé du côté gauche, a quitté Arbois occupé par l'ennemi et ne peut revenir à Paris livré à la Commune. Il répond donc à l'invitation de son ancien préparateur Émile Duclaux, alors professeur de chimie à la faculté de Clermont-Ferrand, et va s'installer chez lui dans l'attente de jours meilleurs.

Le relèvement de la France est alors son obsession : « J'ai la tête pleine de beaux projets de travaux, écrit-il. La guerre a mis mon cerveau en jachère. Je suis prêt pour de nouvelles productions. Hélas ! je me fais peut-être illusion. Dans tous les cas j'essaierai. Pauvre France ! Chère Patrie, que ne puis-je contribuer à te relever de tes désastres ! »

À cette date, Pasteur a brillamment résolu le problème de la maladie du ver à soie. À peine arrivé à Clermont-Ferrand, il improvise un élevage dans l'appartement du pauvre Duclaux. L'endroit est exigu, on manque de tout, y compris de feuilles de mûrier, et des bois de balais font office de bruyère. Bientôt, il abandonne la besogne à sa femme et à sa fille pour se consacrer à de nouvelles recherches.

Aiguillonné par son insatiable curiosité, il visite les industries de la région. Il y a, à Chamalières, entre Clermont-Ferrand et Royat, une brasserie dont le propriétaire, M. Kuhn, est devenu son ami. Celui-ci lui dit un jour : « Puisque les Allemands possèdent une incontestable supériorité dans la fabrication de la bière, pourquoi la France n'essayerait-elle pas de les dépasser ? » Aussitôt, Pasteur se met à l'œuvre. C'est grâce à « sa » bière que la France remportera sa première revanche.

La « bière de la revanche »

« Il serait très désirable, écrit-il à Raulin, s'il [le futur procédé de fabrication de la bière] avait pour résultat de nuire à ces gredins d'Allemands dont la supériorité comme brasseurs est bien acquise en ce moment. »

Un mois plus tard, la solution est trouvée dans le principe et les premières bouteilles prêtes à la consommation. Raulin lui ayant annoncé la naissance de son fils, Pasteur lui répond le 22 juin : « Nous allons nous mettre à table et tous, les Pasteur et les Duclaux, nous chargent de vous dire que nous allons boire à la santé de votre fils et de votre femme. [Marie-]Louise ajoute *et avec la bière de la Revanche.* C'est le nom que nous donnons au nouveau produit. »

Comme le vinaigre, la bière était fabriquée selon des procédés archaïques. On employait un ferment dont on ignorait l'origine et qui se transmettait de brasserie en brasserie. Quand un brasseur en manquait, ou que le sien s'altérait, il en faisait venir d'Alsace ou d'Allemagne. La fermentation avait lieu dans des glacières à une température comprise entre 0 et 10 degrés centigrades[1]. Si certains brasseurs avaient acquis, à force de tâtonnements, un savoir-faire qui leur permettait d'obtenir des bières savoureuses, celles-ci étaient fragiles, résistaient mal à l'épreuve du temps et s'altéraient avec les chaleurs.

1. Clermont-Ferrand, 16 juillet 1871. Lettre à J.-B. Dumas.

Dès les débuts du mois de mai 1871, Pasteur réalise les premières expériences dans le laboratoire de Duclaux, à la faculté des sciences, et dans celui de chimie de l'École de médecine de Clermont-Ferrand. L'examen des moûts et des levures de bière lui apprend qu'ils s'altèrent sous l'effet de micro-organismes pathogènes. Comme le vin, la bière, elle aussi, a ses maladies. Il faudra donc obtenir une levure pure de germes pathogènes avant d'en produire de grandes quantités en laboratoire.

Au bout de deux mois, la levure «pasteurisée» est isolée et, le 16 juillet, Pasteur peut écrire à Dumas : «Mon procédé supprime cette exigence de la fermentation à basse température, de l'emploi de la glace par conséquent, mais la difficulté que j'ai surmontée et dont je veux vous parler consiste en ceci : j'ai maintenant le moyen de préparer *ab ovo*, quand je veux, le ferment de la bière blanche (blonde). Une fois obtenu, même en très petite quantité, rien de plus simple, vous le savez, que sa multiplication, puisqu'elle est le fait même de la fabrication [...]. J'ai maintenant à 18° centigrades d'excellentes fermentations avec le ferment bas, celui des brasseries ou le mien propre, qui me paraît supérieur au premier.» Le 4 août, il ajoute : «J'ai prié le brasseur de vous adresser douze bouteilles de ma bière afin d'avoir votre appréciation comme goût.»

Pasteur soumet sa bière à une température de 50 à 55° pour la protéger, comme le vin, des maladies et du temps. Mais quelques années d'observation seront nécessaires avant d'apprécier la valeur du procédé. Surtout, il faut l'adapter à l'industrie.

La brasserie de Chamalières, avec ses fûts de vingt-cinq litres, est mal adaptée à la besogne. Les brasseries françaises n'étant pas assez importantes et les allemandes lui inspirant un incoercible dégoût patriotique, Pasteur s'embarque pour l'Angleterre vers le début du mois de septembre 1871.

À son arrivée, il est frappé et déconcerté par le gigantisme des brasseries anglaises. «Aujourd'hui, écrit-il à Dumas, j'ai pu commencer mes visites des brasseries de Londres dont l'étendue est vraiment effrayante. Les procédés de fabrication exigeront de ma part quelques nouvelles études afin de savoir dans quelle mesure exacte je puis leur appliquer mes idées.»

La première brasserie visitée est l'une des plus petites d'Angleterre. Elle fabrique pourtant 500 000 hectolitres de bière par an (deux cents millions de bocks), emploie deux cent cinquante ouvriers et une centaine de chevaux. Alors que le directeur lui fait les honneurs de son établissement, Pasteur prélève un échantillon de levure servant à fabriquer le *Porter* et le soumet à la lentille de son inséparable microscope. «Le travail du *Porter* doit laisser à désirer», dit-il au directeur. Ce dernier, interloqué et blessé, demande des explications. Pasteur lui montre alors les germes pathogènes qui grouillent dans la goutte de levure et, pour mieux se faire comprendre, les dessine sur une feuille de papier. «Cette bière ne doit pas avoir bon goût et certains clients ont dû vous le signaler», ajoute-t-il. Un peu embarrassé, le directeur finit par avouer que, le matin même, on a dû se procurer un nouveau levain. Une semaine plus tard, Pasteur est de retour dans cette même brasserie. On l'avait équipée de microscopes et tous les levains avaient été changés.

Il fait ainsi la tournée des brasseries londoniennes, examine quelques échantillons de bière, observe un, deux, trois filaments suspects et rend son verdict : telle bière n'a pas bon goût, telle autre aura une durée de conservation limitée. Et partout les brasseurs font appel au microscope.

À son retour en France, il poursuit ses recherches au laboratoire de la rue d'Ulm et dans la plus grande brasserie du pays, celle des frères Tourtel à Tantonville, près de Nancy. Mais un obstacle le paralyse. S'il est fin dégustateur de vin, il n'aime pas la bière. Or, une bière peut être parfaitement saine, et même agréable, sans avoir ce bouquet qui fait les délices des gourmets. Comme l'a souligné Duclaux, « bien qu'à force de volonté il fût arrivé à se faire un goût et un palais assez exercés, il restait insensible à des différences que relevaient les brasseurs et qu'il était stupéfait de voir finement appréciées aussi par son ami Bertin qui était fréquemment convoqué au laboratoire pour les séances de dégustation[1] ».

Bertin, en Strasbourgeois orfèvre, ne mâche pas ses mots. Pour saine qu'elle soit, la bière « pasteurisée » n'en est pas moins fade. « Donne-moi d'abord un bon bock, tu m'instruiras ensuite », dit-il à Pasteur en souriant. Piqué au vif, Pasteur fait acheter dans divers cafés parisiens recommandés par Bertin les bières les plus fameuses, les laisse décanter et introduit un échantillon des dépôts dans des ballons de moûts déposés dans une étuve à 20°. Au bout de deux semaines, il les goutte et proclame : « Toutes détestables[2] ! »

En vain ! Il faut se rendre à l'évidence. Les brasseurs ont l'art de choisir la levure qui donne à la bière son incontestable saveur et Pasteur doit faire appel au secours d'une société d'études pour le choix de ses levures.

En juin 1876, il publie ses *Études sur la bière*[3] qu'il dédie à son père. Sa méthode et ses procédés de fabrication vont permettre aux brasseurs français de lutter contre la concurrence étrangère. Réunis en congrès en 1885, ils rendront à Pasteur un solennel hommage.

En 1878, un brasseur danois, M. Jacobsen, fonde à Carlsberg une brasserie appelée à la célébrité mondiale. Après la lecture des *Études sur la bière*, il a décidé d'y annexer un laboratoire dont l'entrée sera ornée d'un buste de Pasteur exécuté par le sculpteur Paul Dubois. Sur le socle, on pourra lire cette phrase : « En commémoration des services rendus à la chimie, à la physiologie et à la brasserie. »

1. É. Duclaux, *Histoire d'un esprit, op. cit.*, p. 237.
2. Cité par René Vallery-Radot, *Vie de Pasteur, op. cit.*, p. 307.
3. *Études sur la bière,* Paris, Gauthier-Villars, 1876. Réédité dans le tome V des *Œuvres complètes.*

Mais si, comme l'a écrit René Vallery-Radot, « Pasteur aimait faire gagner de l'argent aux autres », il était fort peu soucieux d'en gagner lui-même. Une fois de plus, il fait tomber son procédé dans le domaine public. Quant à ses *Études sur la bière,* il les publiera à compte d'auteur, ce qui le placera dans une situation pécuniaire délicate. Le 24 décembre 1876, il écrit au Dr Godelier : « Dans quelques jours je saurai si elles ont obtenu un succès de librairie. Gauthier-Villars me donnera son compte à la fin de ce mois de décembre. Pourvu que la vente me permette de payer treize mille francs que je lui dois sur l'impression ou le tirage des planches. » Le livre sera vendu dans le monde entier mais Pasteur interdira désormais la publication de ses travaux en allemand.

À cette date, il vient par ailleurs de rendre un inestimable service à la sériciculture mondiale.

CHAPITRE XI

La maladie du ver à soie (1865-1869)

Vers le début du mois de mai 1865, Jean-Baptiste Dumas, sénateur depuis peu, est saisi d'une pétition de 3 574 sériciculteurs qu'une implacable maladie du ver à soie réduit à la misère. Il prend l'affaire d'autant plus à cœur qu'il est lui-même originaire du Gard, l'un des départements sinistrés. Se tournant vers Pasteur, il lui demande comme un service d'effectuer sur place une simple enquête : « Vous en prendriez occasion, lui dit-il, pour interroger en mon nom les éleveurs (de vers à soie) les plus instruits. Vous demanderiez à constater certains faits sur lesquels j'ai des doutes. Vous diriez que vous êtes bien fâché, mais que vous n'y connaissez rien et qu'on aurait pu choisir un meilleur commissionnaire. »

Un peu sceptique, Pasteur répond : « Votre proposition est très flatteuse, son but fort élevé, mais combien elle m'inquiète et m'embarrasse. Considérez, je vous prie, que je n'ai jamais touché à un ver à soie, et qu'il me faudra consacrer à mon éducation un temps considérable peut-être. »

De surcroît, Pasteur, qui se veut administrateur avant tout, est tenaillé par sa conscience professionnelle : « Avez-vous pensé, précise-t-il, à la difficulté d'un congé à l'École normale ? » Et, tel un élève discipliné, il ajoute avec une sorte de crainte révérencieuse : « M. Duruy verra-t-il cela d'un œil favorable ? » Si grande est sa réserve qu'il désire, non sans une certaine naïveté, que l'affaire soit entourée de silence : « Je vous en prie, que ma mission soit pour ainsi dire secrète tant qu'elle sera sans résultat. Je crains que cela soit ainsi pendant longtemps. »

Pour ces travaux, Pasteur aurait voulu s'assurer la collaboration de Raulin, son ancien agrégé-préparateur à l'École normale. Dans la lettre qu'il lui adresse le 19 mai 1865, il présente l'entreprise avec des airs de mystère dignes d'un agent secret : « Le ministre de l'Agriculture me charge d'une mission scientifique dans le midi de la France pour un objet que je vous indiquerai ultérieurement [...]. Le départ aurait lieu la semaine prochaine. Tout ceci est confidentiel. N'en parlez à personne. » Et ce n'est qu'à la fin de la lettre qu'il précise, en tremblant et du bout des lèvres : « J'ajoute en grand secret, vous saurez plus tard le motif de ma réserve, qu'il s'agirait principalement de la question de la maladie des vers à soie. Tout à vous d'affection. » Mais Raulin, qui achève sa thèse, décline la proposition

Pasteur s'initie alors à la sériciculture et rassemble un maximum d'informations sur cette mystérieuse maladie qui décime les élevages de vers à soie. Il découvre ainsi l'ampleur du désastre.

Une sériciculture dévastée

La culture du mûrier et l'élevage des vers à soie remontent en France aux XIIIe et XIVe siècles sur leurs terres d'élection de Provence, du Comtat Venaissin et du Languedoc. Henri IV et Colbert avaient encouragé cette activité à laquelle l'agronome Olivier de Serres avait consacré une large part de ses recherches [1].

L'industrie de la soie avait connu un développement spectaculaire dans la seconde moitié du XVIIIe siècle. La France de Louis XIV produisait 100 tonnes de cocons par an, chiffre porté à 6000 en 1788. La Révolution brisa l'élan, comme elle le fit de toutes les industries de luxe. Mais le Consulat et l'Empire donnèrent un nouvel essor à la sériciculture. En 1808, la production annuelle de cocons avait retrouvé son volume de 1788 et, avec la fin des guerres européennes, elle reprit sa courbe ascendante [2] : 10000 tonnes entre 1821 et 1830, 21 000 entre 1846 et 1852. En 1853, la production record de 26000 tonnes était atteinte. Avec un prix moyen de cinq francs le kilogramme de cocons, la sériciculture assurait alors un revenu de cent trente millions de francs [3]. Or un danger mortel planait sur cette manne.

La récolte de 1848 avait été excellente mais, à partir de 1849, des chambrées entières étaient mystérieusement anéanties. Des éleveurs avaient remarqué le phénomène depuis 1845 mais de façon si sporadique qu'il était passé à peu près inaperçu et que l'idée d'une quelconque maladie n'avait pas effleuré les esprits.

Pour éviter ce genre de mécompte, on avait d'abord importé des graines (ou œufs de vers à soie) de Lombardie que le fléau avait épargnée. C'est grâce à ces graines que 1853 fut l'année séricicole la plus faste du siècle. Mais pareille réussite cachait mal la misère croissante des élevages français et, cette

1. Olivier de Serres, *Le Théâtre d'agriculture et ménage des champs*, Genève, 1619, chap. XV : « La cueillette de la soie par la nourriture des vers qui la font », p. 398-435.
2. Comte de Gasparin, *Essai sur l'histoire de l'introduction du ver à soie en Europe*, Paris, 1841, p. 111.
3. Statistiques citées par Pasteur, « Étude sur la maladie des vers à soie », *Œuvres complètes*, *op. cit.*, t. IV, p. 10-11.

année-là, le mal touchait l'Italie elle-même. En 1856, la production de cocons s'effondrait à 7 000 tonnes, entraînant un renchérissement du cours de la soie.

Reculant les frontières de leurs investigations, les importateurs se rendirent dans les îles de l'Archipel, en Grèce et en Turquie. Entre 1856 et 1860, on fit venir d'excellentes graines d'Andrinople qui apportèrent un soulagement éphémère car la maladie, poursuivant sa marche galopante, atteignait bientôt les rives du Bosphore. La Syrie, les provinces du Caucase, la Valachie, la Moldavie furent sollicitées puis rattrapées par le fléau. En 1864, la sériciculture européenne et une partie de la sériciculture asiatique étaient à leur tour gagnées par la gangrène. Seul le Japon semblait encore épargné.

En 1865, on procéda donc à des importations massives de cartons de graines de Taïcoun et la production de cocons retrouva ses niveaux de 1850. Mais l'industrie locale était ruinée. Il était impossible d'acclimater les graines d'importation qui, dès la deuxième génération, contractaient le mal indigène. Seuls les importateurs faisaient fortune et c'est contre leur égoïsme, autant que contre le mal lui-même, que Pasteur allait devoir partir en guerre.

À peine arrivé dans le Midi, le 6 juin 1865, il rend visite au célèbre Henri Fabre. Alors se produit un épisode insolite que l'entomologiste a consigné dans ses *Mémoires*. Pasteur demande à voir des cocons. Fabre lui en apporte une poignée. Il en prend un, le porte à l'oreille, l'agite et, à la grande surprise de son interlocuteur, s'exclame :

« Mais, il y a quelque chose dedans !

– La chrysalide, répond Fabre.

– Comment la chrysalide !

– Oui, l'espèce de momie en laquelle se change la chenille avant de devenir papillon.

– Et dans tout cocon il y a ces choses-là ?

– Évidemment, c'est pour la sauvegarde de la chrysalide que la chenille a filé.

– Ah ! »

Voilà le génie ! Pasteur ne sait rien du ver à soie. Il va tout apprendre, tout comprendre et tout résoudre. Le problème le passionne car il est, comme Bassi jadis, convaincu de l'origine infectieuse de la maladie. Le pont est ainsi jeté entre les fermentations et la biologie. Grâce à lui, Pasteur espère accéder à la compréhension de la pathologie infectieuse. Il commence par étudier les différentes périodes de la vie du laborieux insecte.

Il naît d'un œuf appelé « graine » en raison de sa ressemblance avec certaines graines végétales. Il traverse ensuite quatre mues, ou changements de peau, pendant lesquelles le ver cesse de manger, reste immobile et se revêt, sous son ancienne enveloppe, d'une peau nouvelle souple et élastique. Deux ou trois jours après la quatrième mue commence une période de grande voracité. Le ver augmente de volume et acquiert sa taille maximum : c'est la « grande frèze ». Cette période terminée, il ne mange plus. Si on lui présente des brindilles de bruyère, il y monte et choisit l'endroit le plus propice pour filer ce cocon de soie à l'intérieur duquel il deviendra chrysalide d'abord, papillon ensuite. Alors, le temps des amours venu, déchirant les murs de sa prison, il prendra son envol nuptial, prélude à la ponte des graines et au début d'un nouveau cycle.

La maladie qui frappait cette belle ordonnance était la fameuse muscardine, ou *pébrine*, qui avait attiré l'attention de Bassi. Elle s'annonçait par l'apparition sur le corps des vers de tâches noires semblables à des grains de poivre, d'où son nom, du mot languedocien *pébré* qui veut dire poivre. Elle pouvait survenir à tous les stades du cycle. Tel ver, à peine éclos, languissait sur la claie. D'autres à la seconde phase. Certains franchissaient la troisième et la quatrième mue, montaient à la bruyère et filaient le cocon. La chrysalide devenant papillon, les éleveurs criaient victoire. Mais l'insecte présentait peu après les syndromes de la maladie, antennes déformées, pattes desséchées. Recueillir leurs graines, c'était donner naissance à de nouvelles générations empoisonnées.

Pasteur sillonne les départements sinistrés du Gard et de l'Hérault. Ce n'est partout que désolation. Comme l'écrit un éducateur (de vers à soie) en 1862 : « Le voyageur qui aurait parcouru, il y a une quinzaine d'années, les montagnes des Cévennes, et qui reviendrait actuellement sur ses pas, serait étonné et vivement affecté des changements de toute nature qui se sont opérés en si peu de temps dans cette contrée. Jadis, il voyait, sur le penchant des collines, des hommes agiles et robustes briser le roc, établir avec ses débris des murs solidement construits, destinés à supporter une terre fertile, mais péniblement préparée, et élever ainsi, jusques au sommet des monts, des gradins échelonnés, plantés en mûriers. Ces hommes, malgré les fatigues d'un rude travail, étaient alors contents et heureux, parce que l'aisance régnait à leur foyer domestique. Aujourd'hui, les plantations de mûriers sont complètement délaissées ; *l'arbre d'or* n'enrichit plus le pays, et ces visages, autrefois radieux, sont maintenant mornes et tristes : là où régnait l'abondance ont succédé la gêne et le malaise[1]. »

« Ce tableau, ajoute Pasteur, est plutôt affaibli qu'exagéré. Le temps n'a fait que l'assombrir, et la misère est la même dans tous nos départements séricicoles[2]. » Aussi, à peine arrivé sur les lieux du sinistre, commence-t-il son enquête par la visite des magnaneries, ou chambrées (ateliers d'élevage des vers à soie), et par l'interrogatoire des magnaniers. On lui répond qu'il s'agit là d'une sorte de choléra, de peste causée par des « miasmes ». On dit aussi que, contre le pébrine, il n'y a « rien à faire ».

1. Jeanjean (secrétaire du Comice agricole de Vigan), *La Maladie des vers à soie. Conseils aux éducateurs*, Montpellier, 1862, 112 p. Cité par Pasteur, « Études sur la maladie des vers à soie », *Œuvres complètes*, *op. cit.*, p. 9.
2. *Ibid.*, p. 9.

Quant aux remèdes, ils sont aussi décourageants et vagues que les causes assignées au mal. Guidé par le seul empirisme, on a tout essayé. Sur les vers et les feuilles de mûrier, on a répandu l'arsenal des poudres et des liquides connus : gentiane, valériane, sucre, suie. On a cru au soufre en fleurs et, comme il n'a rien donné, on l'a mêlé de charbon pilé. On a arrosé les magnaneries de vin, de rhum, d'eau-de-vie, d'eaux sulfureuses. On les a soumises à des fumigations de chlore, d'acide sulfureux, de goudron. On a même eu recours à l'électricité, en sorte qu'un savant italien pouvait affirmer en 1860 : « La pharmacopée des vers à soie est aujourd'hui aussi compliquée que celle de l'homme [...]. Les plus sévères observateurs s'accordent à ne plus appliquer aucun remède et à placer leur seule confiance dans une bonne graine et dans une éducation autant que possible voisine des conditions naturelles[1]. » Mais ces conseils de sagesse restaient sans effet.

C'est avec une confiance aveugle qu'on achetait les remèdes secrets et empiriques. À la faveur du désarroi, des charlatans faisaient fortune. En 1863, le gouvernement français avait signé avec un certain Onesti, de Vicence, un protocole aux termes duquel il s'engageait à lui verser la somme de 500 000 francs s'il parvenait à donner la preuve de l'efficacité de son traitement. Mais une commission nommée par le ministère de l'Agriculture n'avait pu que constater la vanité de la prétendue panacée dans les douze départements séricicoles où elle avait été mise à l'épreuve.

Des professeurs reconnus avaient leur propre chimère. Béchamp, de la faculté de médecine de Montpellier, conseillait l'emploi de fumigations de créosote en se fondant sur des considérations scientifiques si sérieuses d'apparence que le prix du produit flamba dans le Midi. Quatrefages, dans un livre très érudit sur la maladie du ver à soie, à laquelle il avait donné le nom de *pébrine*, avait proposé un préservatif basé sur la sélection des vers dépourvus de taches[2]. Mais comme le mal pouvait aussi se déclarer chez la chrysalide, toute sélection devenait inutile. D'autres savants connus s'étaient attaqués au fléau : Guérin-Menneville, Lebert, Frey, Osimo, Cantoni... en vain !

Pasteur magnanier

Pasteur décide d'établir le quartier général de ses recherches à Alais. Il a commencé son enquête le 9 juin 1865 lorsque, au bout de neuf jours, il est appelé à Arbois au chevet de son père mourant. Et c'est quelques semaines plus tard qu'il va assister à l'agonie de sa petite fille Camille atteinte d'une tumeur du foie.

1. Cornalia, *La Perseveranza* de Milan, 16 juillet 1860. Cité par Pasteur, *ibid.*, p. 49.

2. A. de Quatrefages, *Nouvelles Recherches faites en 1859 sur les maladies du ver à soie*, Paris, 1860, p. 85 *sq.*

Au milieu de ces tragédies, puisant des raisons d'espérer dans le travail et sa foi en la science, il jette un premier trait de lumière dans les ténèbres. Le 26 juin, quinze jours après son arrivée dans le Midi, il déclare au comice agricole d'Alais qu'il ne faut pas rechercher le corpuscule symptomatique dans la graine et le ver, mais dans le papillon. Seuls les papillons exempts de corpuscules sont, selon lui, susceptibles de fournir une lignée saine.

Puis, à contre-courant de l'opinion commune qui voyait dans la pébrine une maladie organique, il se dit, comme Bassi, convaincu du caractère infectieux et contagieux du fléau et, non sans audace, esquisse une comparaison avec la tuberculose : « Si l'on réunissait, dit-il, dans un même lieu une foule d'enfants nés de parents malades de la phtisie pulmonaire, ils grandiraient plus ou moins maladifs, mais ne montreraient qu'à des degrés et des âges divers les tubercules pulmonaires, signe certain de leur mauvaise constitution. Les choses se passent à peu près de même pour les vers à soie. »

La voie est tracée. Mais comment dépister les chambrées malsaines ? Comment dépister le mal avant que les papillons malades, à peine échappés de leur sarcophage, n'aillent engendrer des lignées empoisonnées ? Là est le problème, là est la clé du salut.

En juin 1865, Pasteur n'a réalisé en pays séricicole qu'une enquête préliminaire. Dès le mois de juillet, il est de retour à Paris. La mort de sa fille Camille, la mise au point d'une édition critique des œuvres de Lavoisier, l'étude de la littérature sur les vers à soie, l'organisation de la rentrée à l'École normale vont absorber son temps jusqu'au mois de janvier 1866. Mais il avait demandé et obtenu de Victor Duruy un congé de six mois afin d'étudier le problème des vers à soie du premier au dernier jour des éducations industrielles. Son second séjour à Alais va s'étendre du mois de février au mois d'août 1866. Il en a préparé l'organisation matérielle dans les moindres détails.

Il s'est assuré la collaboration de deux normaliens : son ancien camarade à l'École normale, Guernez, alors professeur au lycée Louis-le-Grand ; et Maillot, un jeune savant de vingt-cinq ans sorti de Polytechnique et de l'École normale.

Arrivés à Alais vers le début du mois de février, les trois chercheurs se mettent en quête d'un local destiné à servir de laboratoire. Près du faubourg de Rochebelle ils louent une maison basse, appelée maison Combalusier, composée d'une chambre et d'un simple grenier. « C'est là, écrira Guernez, que pendant plusieurs semaines Pasteur passa toutes ses journées. Installé au microscope devant une fenêtre, il ne le quittait que pour pénétrer dans le grenier, véritable étuve obscure, où il suivait, à la flamme d'une chandelle, les évolutions des vers mis à l'essai[1]. »

1. Cité par René Vallery-Radot, *Vie de Pasteur, op. cit.*, p. 165.

Aussitôt l'affaire conclue, les savants partent à la recherche d'une maison, car ils logent à l'hôtel, solution dispendieuse et peu commode. À quinze cents mètres d'Alais, au pied de la montagne de l'Ermitage, au lieu-dit Pont-Gisquet, dans une région jadis plantée en mûriers, ils découvrent une maison isolée qu'ils trouvent à leur goût. L'affaire est conclue séance tenante.

Dès le 18 février, Pasteur peut, dans une lettre adressée à sa sœur Virginie, tracer les grandes lignes de leur organisation matérielle : « Après bien des recherches nous avons fini par trouver à louer une maison située plus à la campagne qu'à la ville, très propre, très bien meublée et fort bien située sur un ravin entre deux montagnes. Notre laboratoire n'est qu'à 20 minutes de cette habitation. Nous avons engagé une cuisinière très entendue qui retourne à Alais tous les soirs et revient le matin avec les provisions de la journée. Nous lui donnons 45 francs par mois, et nous avons fait prix pour 600 francs pour la location de la maison durant toute la campagne de cinq ou six mois. Tu vois que ce sont des prix raisonnables. D'ailleurs, tous les frais sont couverts par le ministre de l'Agriculture, c'est bien entendu. Quoi qu'il en soit, il est bon d'être convenablement logé sans trop dépenser. »

En avril, Marie Pasteur rejoint son mari à Pont-Gisquet accompagnée de ses filles Cécile et Marie-Louise. C'est au cours de ce séjour dans le Midi que Cécile mourra de la fièvre typhoïde le 23 mai, quinze mois après sa sœur Camille. Peu après, Pasteur écrira à Dumas : « Dieu veuille, comme vous me le faites espérer, que le travail soit une distraction à une perte si cruelle. »

Au Pont-Gisquet, le labeur reprend son cours. Pasteur s'est transformé en éleveur de vers à soie et partage l'existence des magnaniers. Il vit au rythme de ses chambrées, scrutant heure par heure l'évolution des vers, des chrysalides, des papillons. Il pousse la rigueur au point d'étudier des cocons étouffés depuis trente, quarante, soixante ans et, après quelques semaines d'observation, allant bien au-delà des conclusions déjà remarquables de Bassi, il éclaire la maladie d'un jour nouveau.

Il en identifie d'abord les symptômes. Il s'agit de corpuscules visibles au microscope dans un fragment d'animal réduit en bouilli. Ces corpuscules peuvent apparaître à n'importe quel stade du cycle : ver, chrysalide, papillon. Un ver, une chrysalide de la plus belle apparence pourront donc donner un papillon malade dont sortira une progéniture frelatée.

Après avoir examiné des cocons vieux de trente ou quarante ans, il en conclut qu'« il n'existe pas de maladie actuelle du ver à soie. Comme dans les maladies du vin, il y a exagération d'un phénomène qui a toujours existé, qui est partout, et qui existera tant qu'il y aura des vers à soie (lettre à Dumas du 27 juin 1866) ».

Plus inquiétante, sa troisième observation semble devoir remettre en cause l'avenir de la sériciculture fondée sur l'importation de graines saines. Depuis que la pébrine ravageait les magnaneries françaises, l'administration impériale faisait venir des cartons de graines du Japon qu'on croyait à l'abri du fléau.

Or, ce n'était qu'illusion. Une nouvelle catastrophe était imminente. C'est en tremblant, tant l'enjeu est grave, que Pasteur en informe Dumas : « Si les corpuscules sont un signe certain de la maladie [...] celle-ci est en plein Japon. La grande majorité des cartons du Taïcoun et des cartons d'importation directe m'offre des corpuscules et souvent en très grand nombre. Je ne dis rien de ce fait qu'à quelques personnes sûres afin de ne pas décourager, car la confiance dans les *cartons de l'Empereur* est grande et il y aura de nombreuses déceptions. J'ai trouvé beaucoup de graines françaises bien meilleures. »

L'examen microscopique des poussières de magnaneries révèle partout la présence de corpuscules. « Est-ce là, se demande-t-il, l'origine de l'infection des graines pures ? » En faisant avaler à des vers des feuilles de mûrier saupoudrées de cette poussière, il leur transmet le mal. L'affection a donc une double origine. Elle est « héréditaire[1] » puisque les vers issus de papillons corpusculeux la contractent toujours, et contagieuse car les vers s'infectent au contact de poussières empoisonnées.

Dès le début, Pasteur a compris que la parade réside dans une méthode de sélection permettant de livrer les papillons sains à la reproduction tandis que les cocons douteux seraient envoyés à la filature. Mais comment savoir si une chambrée est contaminée alors que les chrysalides sont enfermées dans leur prison de soie ?

En juin 1866, il imagine une solution qu'il expose au ministre de l'Instruction publique Victor Duruy : « Vous avez une chambrée. Elle a bien ou mal ou médiocrement réussi. Vous voulez savoir s'il faut étouffer les cocons et les livrer à la filature ou les conserver à la reproduction ? Rien de plus simple. Par une élévation de température de quelques degrés vous hâtez la sortie d'une centaine de papillons que vous examinez au microscope, lequel vous dira ce qu'il faut faire. »

Certes, les magnaneries ne sont pas équipées de microscopes, mais n'importe qui peut opérer le prélèvement, déposer les papillons dans une bouteille remplie d'eau-de-vie et adresser le tout au bureau d'étude le plus proche. C'est la simplicité même, mais ce n'est qu'une idée et la méthode doit faire ses preuves.

Dans sa propre magnanerie, Pasteur provoque par la chaleur l'éclosion précoce des papillons. Une fois les sélections opérées, il procède au grainage de seize lots et, dans l'attente des résultats, qui ne seront pas connus avant six mois, regagne Paris où l'attendent ses fonctions d'administrateur de l'École normale.

En février 1867, le voilà de retour au Pont-Gisquet accompagné de Guernez, Maillot, sa femme et sa fille Marie-Louise. Sa première lettre est adressée à Dumas. C'est un bulletin de victoire : « Vous verrez que la situation sera bientôt plus prospère qu'autrefois et que les éducations auront une régularité

1. La pébrine était en fait congénitale.

et des réussites inconnues ou du moins exceptionnelles avant l'époque de la maladie. »

Le fléau jugulé

Dans le Gard, dans le Vaucluse, dans l'Hérault et dans les Basses-Alpes, les sériciculteurs qui ont suivi les consignes de sélection et procédé aux mesures d'hygiène destinées à éliminer jusqu'à la dernière trace de poussière infectée, obtiennent des récoltes inespérées.

Mais au moment où Pasteur croit avoir touché au but, un phénomène imprévu vient tempérer son optimisme. Sur les seize élevages qui se présentaient sous de belles apparences, le dernier, aussitôt après la quatrième mue, est anéanti dans d'étranges circonstances : « Dans une éducation de cent vers, écrit-il, je relevais chaque jour dix, quinze, vingt morts qui devenaient noirs et pourrissaient avec une rapidité extraordinaire. Ils étaient mous et flasques à la manière d'un boyau plissé. J'avais beau rechercher dans ces vers la présence de corpuscules, il m'était impossible d'en rencontrer la moindre trace. »

Pasteur effondré murmure : « Il n'y a rien de fait, il y a deux maladies ! » Alors, revenant au point de départ, il se replonge dans ses livres et découvre qu'il s'agit de la maladie dite des *morts-flats* ou *flacherie*. Dans les profondeurs du désespoir, il écrit à Dumas le 23 mai : « Autant je crois bien connaître la maladie des corpuscules, autant je vois d'obscurité dans la seconde maladie. » Mais il ajoute : « J'étudie et j'étudierai de nouveau l'an prochain la maladie des morts-flats. Elle m'effraie beaucoup moins que celle des corpuscules. »

Pasteur en découvre le germe en l'espace de quelques semaines. Il s'agit d'un vibrion qui se développe dans le tube digestif du ver et qui semble « identique de forme et peut-être de fonction avec celui de la fermentation vineuse ». Son élimination nécessite une seconde opération de sélection. On prélève avec la pointe d'un scalpel une partie de la poche stomacale du papillon et on la délaye dans une goutte d'eau. Si elle est peuplée de vibrions, les cocons de la chambrée sont envoyés à la filature. Dans le cas contraire, les papillons sont conservés pour la reproduction.

Les méthodes de sélection se heurtent d'abord à l'opposition conjuguée de la routine et des intérêts particuliers. Plusieurs magnaniers répugnent à sacrifier des chambrées de belle apparence sur décret des micrographes. Les industriels de la chimie reprochent à Pasteur de mettre à profit sa « haute renommée » pour discréditer le traitement à la créosote dont le commerce a fait leur prospérité, bien qu'il ait été reconnu qu'elle tuait les vers plus vite que la pébrine. Les importateurs de graines, menacés de ruine, répandent des bruits calomnieux contre Pasteur accusé d'avoir inutilement ruiné plusieurs magnaneries.

En juin 1868, le père de Marie Pasteur, M. Laurent, écrit à sa fille de Lyon : « On a répandu ici le bruit que le peu de succès des éducations et des procédés de Pasteur ont ému la population de vos contrées au point de l'obliger à quitter précipitamment Alais assailli par les pierres que les habitants lui jetaient de tous côtés. » En janvier 1869, Pasteur déclare au ministre de l'Instruction publique : « J'ai contre moi tous les marchands de graines dont l'intérêt majeur est de chercher à établir qu'il est impossible d'avoir une récolte à moins de s'adresser aux graines étrangères et surtout à celles du Japon. La France a porté dans ce dernier pays, l'an dernier, plus de vingt millions de francs. Bien des fortunes sont donc engagées dans ce commerce. Mais la vérité finit toujours par triompher tôt ou tard. »

En effet, les sériciculteurs qui suivent les conseils de Pasteur obtiennent de superbes récoltes. Voilà qui incite le préfet du Gard à instituer une commission chargée d'encourager la diffusion de la nouvelle méthode. Aussitôt, on procède à l'achat de quarante microscopes qui sont distribués avec une notice dans tous les points du département et des sériciculteurs annexent un laboratoire à leur magnanerie. « Le microscope devient le *vade-mecum* de tous les graineurs intelligents », note Pasteur avec joie. En 1869, la récolte de soie retrouvera ses niveaux de la décennie 1840-1850.

En août 1868, Pasteur est promu au rang de Commandeur de la Légion d'honneur, élevé par Napoléon III à la dignité de sénateur d'Empire et le ministère de l'Instruction publique débloque les fonds nécessaires à l'édification d'un laboratoire digne de ses recherches. Il semble alors au faîte de la gloire et comblé de bonheur. Mais une double tragédie va bouleverser sa vie : une attaque cérébrale et la défaite de 1870.

C'est en octobre 1868 que Pasteur, à l'âge de quarante-six ans, est victime d'une attaque cérébrale qui aurait pu l'emporter. À Sainte-Claire Deville venu à son chevet, il murmure d'une voix laborieuse : « Je regrette de mourir. J'aurais voulu rendre plus de services à mon pays. – Rassurez-vous, lui répond Sainte-Claire Deville, vous ferez encore de merveilleuses découvertes, vous vivrez d'heureux jours ; vous me survivrez, je suis votre aîné, promettez-moi de prononcer mon oraison funèbre. Je le souhaite parce que vous direz du bien de moi. »

Pasteur survivra et prononcera l'oraison funèbre de Sainte-Claire Deville, mais il restera hémiplégique, paralysé du bras et de la main gauche. Alors que ses médecins n'envisageaient aucun retour à une vie normale avant plusieurs mois, il décide à la hâte de se rendre auprès de ses éducations et, dès le 19 janvier 1869, il est à Saint-Hippolyte-du-Fort où il supervise ses assistants Maillot et Raulin dans l'étude des éducations précoces.

En avril, la bataille est gagnée et la sériciculture sauvée. Toutes les graines sélectionnées selon ses principes donnent un rendement supérieur à celui des années les plus fastes : quarante à cinquante kilos de cocons pour vingt-cinq grammes de graine ! « J'affirme, écrit Pasteur à l'Empereur le 17 juillet, que les graines faites par mon procédé ont produit, en 1868 et 1869, un bénéfice qui est au moins le double de celui qu'on eût retiré d'un poids égal de graines japonaises. »

Le maréchal Vaillant, ministre de la maison de Napoléon III, décide d'expérimenter la méthode de Pasteur dans un domaine de la couronne afin, dit-il, de « vaincre d'une manière sans réplique l'opposition faite par l'ignorance et la jalousie ». Il y avait dans le Frioul autrichien, à quelques kilomètres de Trieste, près de Villa Vicentina, un vaste domaine de la couronne impériale planté de vignes et de mûriers. Depuis dix ans, il n'avait donné aucun cocon, la pébrine et la flacherie ayant promené leur faux partout. Pasteur s'y rend en novembre 1869 avec quelques centaines de grammes de graines sélectionnées selon son procédé par trois éducateurs du Gard. Il en distribue une partie aux éleveurs de la région et en conserve quelques dizaines de grammes pour le domaine impérial. Alors, comme par magie, la prospérité revient et la bruyère se couvre de millions de cocons. Tel éleveur en produit jusqu'à dix tonnes et la récolte procure un gain de près de 30 000 francs. À l'annonce de cette nouvelle, l'Empereur, qui n'en croit pas ses oreilles, murmure trois mots : « Je suis émerveillé. »

En avril 1870, Pasteur convalescent publie ce livre qu'il a dicté bribes par bribes à sa femme au milieu d'indicibles fatigues : *Étude sur la maladie des vers à soie, moyen assuré de la combattre et d'en prévenir le retour.* Il est dédié à l'Impératrice, allusion discrète à l'Impératrice du Céleste Empire qui vivait 2600 ans av. J.-C. et à qui la légende attribue la découverte de l'élève du ver à soie et l'art de filer le cocon. Peu avant, il avait écrit à Dumas : « Je veux que le nom de notre gracieuse Impératrice qui, lui aussi, vivra longtemps dans les annales de notre pays, soit attaché à la régénération de cette admirable industrie, si cruellement frappée depuis vingt ans. » Dans la dédicace, on pouvait lire cet hommage aux sciences théoriques : « Les résultats auxquels je suis arrivé offrent peut-être moins d'éclat que ceux que j'aurais pu attendre de recherches poursuivies dans le champ de la science pure, mais j'ai la satisfaction d'avoir servi mon pays en m'appliquant, dans la mesure de mes forces, à trouver un remède à de grandes misères. »

Dans les premiers jours de juillet 1870, Pasteur quitte Villa Vicentina entouré d'une reconnaissance universelle. La guerre et la débâcle sont proches. Elles vont si profondément l'affecter qu'il sera désormais, comme tant de Français, hanté par l'obsession du redressement national et de la revanche. C'est alors qu'il met au point la « bière de la revanche ». Surtout, il se sent désormais armé pour s'attaquer aux maladies épidémiques et infectieuses. Or, dans ce domaine, ses leçons ont déjà porté quelques beaux fruits, mais il l'ignore.

CHAPITRE XII

L'avènement du microbe
Les débuts de l'antisepsie

En 1876, Pasteur écrivait dans ses *Études sur la bière* : « Lorsqu'on voit la bière et le vin éprouver des profondes altérations parce que ces liquides ont donné asile à des organismes microscopiques, qui se sont introduits d'une manière invisible et fortuitement dans leur intérieur, où ils ont ensuite pullulé, comment n'être pas obsédé par la pensée que des faits du même ordre peuvent et doivent se présenter quelquefois chez l'homme et chez les animaux ? »

Un an plus tard, en 1877, il engage la lutte contre ces micro-organismes pathogènes qu'on n'appelait pas encore « microbes ». Il les tient pour responsables d'une maladie qui décime le cheptel et dont il vient d'entreprendre l'étude : le charbon.

Ce sont ses premiers pas dans la réalisation d'un grand dessein, d'un rêve, d'une obsession de tous les instants depuis près de vingt ans. Cette obsession, on la retrouve dans ses propos, dans sa correspondance, dans ses écrits.

Le grand dessein

Dès 1859, s'interrogeant sur l'action délétère de la fermentation et de la putréfaction sur les végétaux et les animaux morts, Pasteur écrit dans ses notes personnelles : « Tout annonce également que c'est à des causes de cette nature que les maladies contagieuses doivent leur existence. Séduit par la grandeur de ces études, je m'y suis consacré depuis plusieurs années et j'ai été assez heureux pour leur faire faire quelques progrès[1]. »

En 1860, frappé par l'origine aérienne des ferments, il ne peut s'empêcher de penser que « ces agents mystérieux, si faibles en apparence, si puissants dans la réalité » sont aussi à la source des maladies infectieuses et contagieuses. Le

1. *Œuvres de Pasteur, op. cit.*, t. 3, p. 481.

5 novembre, il s'en explique pour la première fois devant les membres de l'Académie des sciences : « Je n'ai pas fini avec toutes ces études. Ce qu'il y aurait de plus désirable serait de les conduire assez loin pour préparer la voie à une recherche sérieuse de l'origine de diverses maladies[1]. »

En avril 1862, il en informe les pouvoirs publics, annonçant au ministre de l'Instruction, Victor Duruy : « Vous pressentez combien est vaste et utile à parcourir le champ de ces études qui offrent tant de rapports avec les diverses maladies des animaux et des plantes, et qui sont certainement un premier pas dans la voie si désirable des recherches sérieuses sur les maladies putrides et contagieuses. »

En mars 1863, il met dans la confidence le général Favé, aide de camp de l'Empereur. Puis, reçu aux Tuileries, c'est à Napoléon III en personne qu'il annonce son grand dessein.

Inconnus ou seulement soupçonnés, les germes pathogènes partout disséminés ont déjà leur place dans l'univers quotidien de Pasteur. Son gendre René Vallery-Radot se souvient d'une anecdote éloquente : « On pouvait noter dans sa vie un détail bien minuscule mais qui, se renouvelant matin et soir, à chaque repas, trahissait des préoccupations qui s'appliquaient aux plus petites choses de l'existence. Il ne se servait pas d'une assiette, il ne prenait pas un verre sans les avoir examinés avec un soin méticuleux et essuyés à plusieurs reprises. Trace imperceptible, grain de poussière microscopique, rien n'échappait à ses yeux de myope. Puis, c'était le tour de son pain qu'il grattait, raclait jusqu'à la mie. Qu'il fût en famille ou chez les étrangers, il procédait avec une régularité invariable à ces exercices préliminaires, malgré l'étonnement inquiet de certaines maîtresses de maison qui croyaient à une inadvertance de service[2]. »

Mais Pasteur se garde bien de tomber dans le travers de Pouchet en affirmant sans preuve le dogme de l'origine microbienne des maladies infectieuses. Après avoir exposé sa profession de foi dans ses *Études sur la bière*, il s'empresse d'ajouter : « Mais si nous sommes disposés à croire que cela est parce que nous le jugeons vraisemblable et possible, efforçons-nous aussitôt, avant de l'affirmer, de nous rappeler l'épigraphe de ce livre : *Le plus grand dérèglement de l'esprit est de croire les choses parce qu'on veut qu'elles soient.* »

Dans ce nouveau combat, il va devoir affronter l'hostilité d'une partie du monde médical. La putréfaction, la fermentation, les maladies du vin ou de la bière étaient alors considérées comme des problèmes chimiques qu'il avait pu étudier à l'abri de toute réaction corporatiste. Il leur avait apporté des réponses d'ordre physiologique et le jumelage des deux disciplines avait été consacré par la création de son laboratoire de « chimie physiologique ». Il est significatif qu'il ait accepté d'étudier la maladie des vers à soie à laquelle rien,

1. *Ibid.*, t. 2, p. 205.
2. *Vie de Pasteur, op. cit.*, p. 308-309.

dans sa formation de chimiste, ne le prédestinait, avec l'intention de résoudre un problème biologique, premier jalon vers l'étude des maladies infectieuses.

Avec la pathologie des vertébrés supérieurs, il bascule dans un monde que médecins et vétérinaires ont hérissé de barrières. De surcroît, il aborde la question en agitant l'hypothèse des micro-organismes qui ne peuvent être en odeur de sainteté quand Virchow fait autorité en expliquant toutes les maladies par la pathologie cellulaire.

Les théories sur les maladies infectieuses, épidémiques et contagieuses, comme la théorie des miasmes et des exhalaisons, sont depuis toujours au cœur d'explications embarrassées. Comme le souligne Émile Duclaux : « On éprouve, à se les assimiler, la même peine que s'il s'agissait de quelque œuvre philosophique du Moyen Âge[1]. » Avec l'essor de l'anatomie pathologique, le brouillard qui les entourait s'est encore épaissi.

Lorsque Pasteur commence ses recherches sur la question, elle est dominée par la haute stature de Virchow qui réduit la pathologie cellulaire aux principes confus d'*hétérotopie* et d'*hétérochronie*. Selon ces principes, écrit Duclaux, « toute modification pathologique n'était qu'une transformation physiologique déplacée dans l'espace ou dans le temps, se produisant sur un organe qui ne devait pas la subir ou à un moment où elle était anormale. Le secret de la maladie était donc dans l'anatomie des tissus qui, sous cette impulsion puissante, multipliait ses découvertes et embrassait tout, des tumeurs aux virus, des exostoses aux exanthèmes et aux pustules de la variole ou du vaccin[2] ». On ne saurait être plus obscur !

On parle aussi de « virus » (poison), de miasmes, de constitution épidémique et d'odeurs pathogènes. En effet, l'éclosion de l'infection purulente des plaies concorde toujours avec l'émission de gaz fétides. Ne suffit-il pas d'entrer dans une salle de blessés pour flairer une odeur de mortelle putréfaction[3] ?

Dans ce magma, trois facteurs ont été nécessaires au succès des théories microbiennes : la mise au point du microscope achromatique dont la haute résolution ouvre la voie à de formidables plongées microcosmiques ; le développement de la méthode expérimentale qui a brisé le monopole de la spéculation ; le génie de Pasteur.

En 1873, Pasteur est reçu à l'Académie de médecine en qualité d'associé libre à une seule voix de majorité. Un mardi d'avril, jour consacré de toute éternité à la réunion des académiciens, le voilà qui franchit pour la première fois les marches de l'ancienne chapelle de l'hôpital de la Charité, siège de l'Académie avant son transfert rue Bonaparte. Il n'a qu'un but : prouver et

1. *Pasteur. Histoire d'un esprit, op cit.*, p. 283.
2. *Ibid.*, p. 288.
3. Élie Metchnikoff, *Trois Fondateurs de la médecine moderne, Pasteur, Lister, Koch,* Paris, Alcan, 1933, p. 15.

imposer l'idée de l'origine parasitaire des maladies infectieuses. Dans ce domaine, il se trouve en terrain vierge au milieu d'un scepticisme à peu près général. Pourtant, il n'est pas vraiment seul. À son insu, les premiers microbiologistes sont à l'œuvre. L'un d'eux, Joseph Lister, va rendre à l'humanité un inestimable service en reprenant l'œuvre de Semmelweis, mais au prix de quelles difficultés!

Le baron Joseph Lister (1827-1912). Les débuts de l'antisepsie

Grâce à Pasteur, l'idée d'une dissémination aérienne des micro-organismes pathogènes commence à se répandre vers la fin de la décennie 1860-1870. En 1869, le Dr Angus Smith analyse l'air de Manchester au moyen d'un aéroscope sommaire. Il en introduit quelques centimètres cubes dans un flacon à moitié rempli d'eau stérilisée qu'il scelle et agite. Après avoir renouvelé l'opération 500 fois, il constate que 150 gouttes d'eau contiennent 37 millions de spores[1].

Un an plus tard, c'est un véritable cri d'alarme que jette l'Anglais Tyndall dans un article « Poussières et maladies » publié en 1870 dans la *Revue des cours scientifiques*[2]. Après avoir analysé l'air de Londres et d'autres régions dans un « tube expérimental », il conclut : « L'air de nos appartements, à Londres, est comme saturé de poussières organiques, et l'air de la campagne n'en est pas exclu. » C'est une impression de dégoût qu'il éprouve en songeant que de semblables impuretés envahissent nos poumons en permanence. « Il y a à ce contact impur, précise-t-il, ni trêve ni répit, et ce qui doit nous étonner, ce n'est pas que nous en puissions souffrir mais qu'une si minime fraction de poussière paraisse être funeste à l'homme. »

Assurément, ces poussières sont à l'origine de toutes les maladies épidémiques. Tyndall évoque « une sorte de malaria ou infection de l'atmosphère due à la présence d'une matière organique en état de putréfaction active ». Ces impuretés trouveraient asile dans nos poumons. En effet, l'analyse de l'air exhalé ne révèle la présence d'aucune impureté, nos voies aériennes faisant fonction de filtre.

En guise de protection, il propose l'emploi généralisé d'un « respirateur de coton », sorte de filtre adaptable au nez comme un masque. Le procédé serait salutaire dans les quartiers miséreux de Londres, où l'entassement rend l'isolement des malades impossible. « Au moyen du respirateur de coton, écrit-il, on pourra respirer dans la chambre d'un malade un air aussi pur que celui

1. Cité par J. Tyndall, « Poussières et maladies », *Revue des cours scientifiques*, 12 mars 1870, p. 240.
2. 12 mars 1870, p. 235-240.

des sommets les plus élevés des Alpes. » À cette époque, Lister a pourtant trouvé un moyen plus efficace pour lutter contre les germes pathogènes.

Le baron Joseph Lister[1] est né en 1827 à Upton (Essex) dans une modeste famille de sept enfants. L'un de ses frères aînés, Joseph Jackson, est un micrographe distingué qui a perfectionné le microscope achromatique, dont les travaux sont publiés dans les *Philosophical Transactions,* et qui accède, en 1830, à la dignité de « Fellow » de la *Royal Society.* Joseph Lister fait quant à lui des études de chirurgie. Reçu médecin-chirurgien à Londres en 1852, il est admis la même année comme « Fellow » au *Royal College of Surgeons.* Durant une quinzaine d'années, il se consacre à des travaux d'histologie et de physiologie. En 1853, son premier article est publié dans le *Quaterly Journal of Microscopical Science* sous le titre « Observation sur le tissu contractile de l'iris ». Il y relate le cas d'un malade opéré par le Dr Wharton John au Collège de l'Université. La même année, il écrit un second article : « Observation sur les tissus musculaires de la peau ».

Peu après, il est demandé à l'Université d'Édimbourg par l'un des plus éminents chirurgiens du royaume, le Pr James Syme, dont il deviendra le gendre. Une solide amitié, fondée sur l'estime réciproque, s'établit entre les deux hommes. En 1855, Lister est nommé professeur à l'Université d'Édimbourg et c'est à cette occasion que son nom est pour la première fois mentionné dans *The Lancet.* Plusieurs de ses articles paraissent alors dans l'*Edimburgh Medical Journal.* Son domaine de prédilection est l'histologie et la physiologie et, plus particulièrement, les problèmes de coagulation sanguine et de structure des fibres nerveuses.

En 1860, son destin prend un cours nouveau. Cette année-là, il succède au Dr James Adair, récemment décédé, à la tête du service des amputations de l'hôpital de l'Université de Glasgow. Ce qu'il découvre alors le glace d'horreur, comme Semmelweis une quinzaine d'années auparavant.

Dans cet hôpital, comme dans tous les hôpitaux de l'époque, l'érysipèle, les escarres, la gangrène, la pourriture d'hôpital et la septicémie opèrent des ravages plus considérables que la maladie elle-même. Dans ses *Principle of Surgery,* John Bell écrivait en 1801 : « Quand la gangrène s'abat sur un hôpital, c'est comme une plaie. Peu de ceux qui en sont attaqués survivent. Il n'y a pas d'hôpital, si petit, si bien aéré, si bien organisé fût-il, où cette épidémie ulcéreuse ne fasse son apparition à un moment ou à un autre et alors, personne ne peut prendre le risque d'opérer et toutes les guérisons sont compromises. Chaque blessure devient une plaie, chaque plaie un ulcère et chaque ulcère dégénère en gangrène. Dans les grands hôpitaux, le mal est endémique. »

1. Kenneth Walker, *Joseph Lister,* Londres, 1956 ; « Lord Lister », *Lancet* du 17 février 1912, p. 465-467 ; « Lord Lister », *British Medical Journal,* 17 février 1912, p. 397-412.

Un autre chirurgien s'interroge vers le milieu du siècle : « Que doit faire le chirurgien contre la gangrène d'hôpital ? Doit-il avoir recours aux emplâtres et aux onguents ? Doit-il se contenter de faire boire du vin ? Non. Mettez en tête du malade qu'aucun pansement n'a jamais pu venir à bout de cet ulcère, qu'aucune quantité de vin qu'un homme puisse supporter n'a jamais retardé l'évolution de cette gangrène. L'infection imprègne les murs. Chassez-le de cette maison de mort, laissez-le changer de salle, mettez-le dans une maison vide. Mettez les malades dans un air sain, mettez-les dans une salle de classe, sur un tas de fumier ou dans une étable, mettez-les partout ailleurs que dans leurs tombes. »

Tels sont les ravages de la gangrène à l'Hôtel-Dieu de Paris que les chirurgiens n'osent pas l'appeler par son nom qui sonne comme une sentence de mort. Aussi parle-t-on de « pourriture », de « saleté » de « boue de plaie ». Le phénomène est aggravé par la découverte de l'anesthésie qui augmente la durée des interventions chirurgicales.

Ces évolutions mortelles sont alors considérées avec fatalité comme les suites normales de la blessure ou de la maladie et, pour tout traitement, on a recours aux cataplasmes. Mais l'absence d'hygiène est générale. « Le pus, dira le Pr Landouzy, semblait germer de toutes parts comme s'il avait été semé par le chirurgien. » La même charpie faite de vieux draps, après avoir traîné partout, est utilisée sur plusieurs malades, semant la mort à coup sûr. Les mains des chirurgiens, les éponges, les instruments chirurgicaux ne sont jamais nettoyés. L'incision d'un abcès ou d'un panaris peut avoir des conséquences si terribles que certains chirurgiens hésitent avant d'y plonger leur lancette.

Et que dire des opérations graves ! Dans le meilleur des cas, 60 % des opérés succombent de septicémie quelques jours après l'intervention. Cette atmosphère de perpétuelle agonie est dominée par une odeur âcre et fétide. On parle de « putridité », de « gaz infectants », de miasmes qu'on rend responsables de la mortalité hospitalière. Aussi s'efforce-t-on d'aérer les salles pour les en chasser.

Le phénomène atteint son paroxysme en temps de guerre. Un rapport adressé en 1865 par le Dr Chenu au conseil de santé des armées donne une description apocalyptique de l'état sanitaire des troupes françaises de Crimée et de Turquie entre 1854 et 1856 [1]. Sur un corps expéditionnaire de 300 000 hommes, on a relevé une mortalité par balle de 3,31 %, mais les pertes dues aux blessures ou aux maladies (typhus, typhoïde, choléra, dysenterie) ont été huit fois plus élevées (27,6 %). Sur 1681 soldats soumis à l'amputation, 136 ont survécu. La mortalité post-opératoire s'est donc élevée à 92 % alors que seulement 68 % des 487 blessés non opérés ont succombé.

1. *Rapport au conseil de santé des armées sur l'état sanitaire de l'armée française en Crimée et en Turquie en 1854, 1855 et 1856*, Paris, 1865.

De cette terrible mortalité, Chenu brosse un tableau dantesque : « Il était impossible de songer au combat, on ne pouvait penser qu'au moyen d'éviter la maladie. Les morts et les mourants étaient entassés dans toutes les tentes de la colonne du général Espinasse. Malgré l'absence de l'ennemi, des cadavres étaient disséminés partout ; on creusait des fosses et le terrain labouré exhalait au loin une odeur infecte. Souvent les bras des fossoyeurs retombaient avant d'avoir accompli leur tâche et ceux qui maniaient la bêche se couchaient au bord de la fosse ouverte pour ne plus se relever[1]. »

On n'ose imaginer ce qu'aurait été la Grande Guerre avec une mortalité par maladie et par septicémie huit fois supérieure à la mortalité par balles, sans l'œuvre de Lister, de Pasteur et de son école !

La gangrène d'hôpital est si répandue à l'Hôpital royal de Glasgow que Lister, comme jadis Semmelweis, sent le pourpre lui monter aux joues lorsqu'il fait le bilan de ses interventions. Aussi en est-il réduit à traiter de simples fractures sans intérêt pour faire baisser la mortalité de son service. Mais il se refuse à parler de fatalité et cherche à juguler le fléau par tous les moyens. Or, à cette époque, les idées de Pasteur sur la dissémination des germes dans l'atmosphère commencent à se répandre. Ne serait-elle pas à l'origine des complications post-opératoires et de l'effrayante mortalité qui s'ensuit ?

Non loin de l'hôpital de Glasgow s'étendent plusieurs fosses communes où, à de faibles profondeurs, s'entassent les cadavres du choléra de 1849. Peut-être empestent-ils l'air d'une multitude de germes qui imprègnent tout, distillant le fléau, transformant des plaies bénignes en ulcères mortels. Aussitôt Lister met en place un arsenal de mesures destinées à lutter contre l'invasion. Les ventilations illusoires sont abandonnées, et les plaies traitées à l'acide phénique et recouvertes de charpie imprégnée du même acide. Nous sommes en 1867. L'antisepsie renaît de ses cendres alors que Semmelweis vient de mourir.

En 1906, au cours d'une conférence organisée par l'Association britannique des sciences, Lister retracera la genèse de cette expérience pionnière : « Il devint évident que, si l'on trouvait le moyen de traiter les plaies par une substance quelconque, anodine pour les tissus humains mais destructrice pour les microbes intrus de la plaie, une substance capable d'entraver leur pénétration de l'extérieur, alors la putréfaction pourrait être éliminée, malgré la présence d'oxygène dans la plaie. Ayant appris que l'acide phénique avait la propriété extraordinaire d'éliminer la mauvaise odeur des conduits d'égouts, je résolus d'essayer son action dans le traitement des fractures compliquées. Mon collègue Anderson, professeur de chimie à l'université de Glasgow, me procura un peu de cette substance, alors une nouveauté de laboratoire. Je l'appliquai telle quelle à la plaie avec un dispositif pour renouveler le pansement et j'eus la joie de constater que la plaie guérissait aussi faci-

1. *Ibid.*, p. 29.

lement qu'une fracture simple et qu'en même temps la peau ne souffrait pas[1]. »

Lister s'efforce aussi de détruire les germes aériens par des pulvérisations d'acide phénique. Il isole la plaie de l'air et maintient ses instruments dans un état de constante propreté. Son service, le plus dangereux du royaume, devient dès lors le plus sûr du monde. Entre 1867 et 1869, il y pratique quarante amputations avec une mortalité de 12 % alors qu'en pareil cas celle-ci dépasse 60 % partout ailleurs.

Mais nul n'est prophète en son pays. L'ombre de Semmelweis plane sur Lister qui est tourné en dérision dans son propre hôpital. Par malheur, il n'est pas davantage prophète à l'étranger. Un interne des hôpitaux de Paris, Just Lucas-Championnière, publie à son retour de Glasgow, en 1869, un article sur l'antisepsie dans le *Journal de médecine et de chirurgie pratiques*. Mais le papier passe inaperçu.

L'antisepsie remporte un peu plus de succès en Allemagne. À l'*Allgemeines Krankenhaus* de Munich, la gangrène d'hôpital touchait 80 % des blessés. En désespoir de cause, l'administration avait décidé d'abattre l'édifice maudit pour en reconstruire un nouveau où la gangrène bourgeonnait avec la même intensité. L'un des médecins de l'établissement, Lindpainter, part alors pour l'Écosse où il s'initie à l'antisepsie sous la direction de Lister. À son retour, il jugule la mortalité gangreneuse à l'*Allgemeines Krankenhaus*[2].

Il en faut davantage pour briser la routine. Un peu partout, on continue à chasser les odeurs en ventilant les salles où la pourriture prolifère sans contrainte. Mais l'idée fait son chemin. Ici ou là, des voix ne tardent pas à s'élever.

Au cours de la guerre de 1870, le chirurgien Sédillot, responsable en Alsace d'un service d'ambulances où il pratique jusqu'à quinze amputations par jour, adresse deux lettres à l'Académie de médecine. Confronté à l'échec de la chirurgie, il lance un cri d'alarme : « L'affreuse mortalité des blessés par armes de guerre appelle l'attention de tous les amis de la science et de l'humanité. L'art, hésitant et déconcerté, poursuit une doctrine et des règles qui semblent fuir devant ses recherches. On reconnaît les lieux où séjournent les blessés à l'odeur de suppuration et de gangrène qui s'en dégage[3]. » Bouleversé, Sédillot invoque la méthode de Lister qui pourrait peut-être sauver des milliers de vies. Mais, dans le désarroi de la débâcle, il n'est pas question d'expérimenter des techniques pionnières et ses recommandations restent lettre morte.

1. Lister, *The collected papers*, Oxford, 1909, t. 2, p. 489, cité par Metchnikoff, *op. cit.*, p. 40-41.
2. Metchnikoff, *op. cit.*, p. 42-43.
3. Cité par René Vallery-Radot, *op. cit.*, p. 265-266.

Quelques mois plus tard, le chirurgien Alphonse Guérin, qui n'a jamais entendu parler de Lister ni de Sédillot, applique les idées de Pasteur. Lui aussi a été bouleversé par le spectacle des blessés terrassés par cette infection purulente qui, selon l'expression du Dr Reclus, « était devenue pour nous une maladie fatale, nécessaire, attachée, comme par un décret divin à tout acte chirurgical important ».

À l'origine, Guérin croyait, comme tout le monde, qu'elle puisait sa source dans les miasmes et les « gaz infectants » qui envahissent les salles d'hôpitaux, mais comme les mieux ventilées n'étaient pas les moins épargnées, il en avait conclu que la cause du fléau était ailleurs. « Dans mon désespoir, dira-t-il en 1873 dans un discours prononcé à l'Académie de médecine, cherchant toujours un moyen de prévenir cette terrible complication des plaies, j'eus la pensée que les miasmes, dont j'avais admis l'existence parce que je ne pouvais pas expliquer autrement la production d'infection purulente, pourraient bien être des corpuscules animés de la nature de ceux que Pasteur avait vus dans l'air, et dès lors l'histoire des empoisonnements miasmatiques s'éclaira pour moi d'un jour nouveau. Si, dis-je alors, les miasmes sont des ferments, je pourrais prémunir les blessés contre leur funeste influence en filtrant l'air, comme Pasteur l'avait fait [...]. J'imaginais alors un pansement ouaté et j'eus la satisfaction de voir mes prévisions se réaliser[1]. »

Après avoir nettoyé la plaie à l'acide phénique, Guérin y applique des pansements ouatés qui l'isolent de l'air et des objets infectés. La méthode est essayée à l'hôpital Saint-Louis sur les blessés de la Commune et, au grand étonnement des chirurgiens, dix-neuf des trente-quatre opérés ainsi traités échappent à l'infection purulente.

En 1873, Alphonse Guérin invite Pasteur à l'hôpital Saint-Louis et lui montre les résultats de sa méthode. Émerveillé, celui-ci lui propose d'en faire un exposé à l'Académie de médecine.

Un an plus tard, le 18 février 1874, Pasteur reçoit de Lister, dont il ignore l'existence, une lettre éloquente :

« Mon cher Monsieur,

« Voulez-vous me permettre de vous offrir une brochure que je vous envoie par le même courrier et qui rend compte de quelques recherches sur un sujet que vous avez entouré de tant de lumière : la théorie des germes et de la fermentation. J'aime à croire que vous pourrez lire avec quelque intérêt ce que j'ai écrit sur un organisme que vous avez le premier étudié dans votre *Mémoire sur la fermentation appelée lactique.*

« J'ignore si les *Annales de la chirurgie britannique* ont jamais passé sous vos yeux. Dans le cas où vous les auriez lues, vous avez dû y trouver, de temps à autre,

1. Sur le pansement ouaté de Guérin, voir *Œuvres de Pasteur,* t. 6, p. 86-104.

des nouvelles du système antiseptique que, depuis ces neuf dernières années, je tâche d'amener à la perfection.

« Permettez-moi de saisir cette occasion de vous adresser mes plus cordiaux remerciements pour m'avoir, par vos brillantes recherches, démontré la vérité de la théorie des germes de putréfaction et m'avoir donné ainsi le seul principe qui pût mener à bonne fin le système antiseptique. »

La brochure en question s'intitule : *Mémoire sur le principe de l'antisepsie dans ses applications à la chirurgie.* Dès l'introduction, Lister y rend hommage à Pasteur : « Quand les recherches de Pasteur eurent montré que l'atmosphère était septique, non à cause de l'oxygène ou d'un autre constituant gazeux, mais du fait d'organismes minuscules qui s'y trouvent en suspension [...] alors j'eus l'idée qu'on pouvait éviter la décomposition des régions blessées sans supprimer l'air, en leur appliquant comme pansement une substance capable de détruire la vie des particules flottantes. »

Où l'on parle de «microbe» pour la première fois (1878)

Cette fois, les idées de Pasteur ont fait leur chemin et Lister, à la différence de Semmelweis, ne prêche plus dans le désert. En 1876, Just Lucas-Championnière publie une monographie de ses travaux qui, à la différence de l'article rédigé en 1869, retient l'attention des milieux scientifiques. La méthode se perfectionne. Les pulvérisations d'acide phénique sont abandonnées, on renonce aux applications sur les plaies d'antiseptiques qui provoquaient des inflammations, on s'efforce d'opérer en milieu stérile : air filtré, salles d'opérations lavées à grande eau, instruments, linges soumis à la chaleur de l'étuve. Peu à peu, l'asepsie se substitue ainsi à l'antisepsie. La nouvelle méthode sera portée à son point de perfection en 1889 par le Pr Terrier dans son service de l'hôpital Bichat.

D'autres découvertes, d'ailleurs critiquées en leur temps, confortent la position de Pasteur.

Entre 1865 et 1868, Villemin, a démontré l'inoculabilité et la contagiosité de la tuberculose. Un autre précurseur, Davaine, a découvert en 1850 une multitude de bâtonnets microscopiques dans une goutte de sang charbonneux. Quelques années plus tard, tirant les leçons des expériences de Pasteur sur la fermentation butyrique, il en conclut que ces bâtonnets sont peut-être les agents du charbon.

Ainsi, en ce jour d'avril 1873 où Pasteur gravit pour la première fois les marches de l'Académie de médecine avec l'idée bien arrêtée de faire triompher la théorie des germes pathogènes, il peut compter sur le soutien d'une équipe de chercheurs gagnés à sa cause. Entre 1873 et 1879, année qui marque la reconnaissance officielle de ses idées, il va devoir livrer contre les dogmes et le culte de la clinique un âpre combat dont le *Bulletin de l'Académie de médecine* a relaté l'histoire

Pasteur a souvent regretté de ne pas être médecin. Sans doute se méprenait-il. Imprégné par la pensée médicale dominante, son esprit, hérissé de contraintes, n'aurait peut-être pas connu le même épanouissement. Certains académiciens, en tout cas, ne se sont pas privés de lui jeter ses origines « plébéiennes » à la figure.

Circonstance aggravante, les médecins, subjugués par la clinique, se méfient des chimistes et, plus encore, des hommes de laboratoire qui, sans avoir jamais approché un seul malade, braconnent sur leurs terres. La maladie, disent-ils, ne forme pas une entité abstraite, indépendante du malade. Elle forme corps avec lui et ce n'est pas dans son laboratoire de la rue d'Ulm que Pasteur, penché sur son microscope et ses cobayes, pourra jamais soigner les malades de l'Hôtel-Dieu ou de la Pitié. À l'Académie, le Dr Piorry proclame : « Ce n'est pas la maladie, être abstrait, qu'il s'agit de traiter, c'est le malade qu'il faut étudier avec le plus grand soin par tous les moyens physiques, chimiques et cliniques que la science comporte. »

L'un de ces cliniciens, le Dr Chassaignac, va jusqu'à dénoncer « une chirurgie de laboratoire qui fait périr beaucoup d'animaux et sauve très peu d'hommes ». « Il faut, ajoute-t-il, que tout ce qui sort du laboratoire soit circonspect, modeste, réservé tant qu'il n'a pas reçu la sanction des longues et patientes recherches du clinicien, tant qu'il n'a pas obtenu cette manière d'investiture clinique sans laquelle il n'y a pas de véritable science médicale et pratique[1]. »

Le microscope inspire une méfiance encore plus grande. Tant que la micrographie s'était cantonnée dans le champ des observations spéculatives, cliniciens et chirurgiens l'avaient accueillie avec une curiosité paterne. Mais lorsqu'ils furent mis en demeure de se plier à la dictature du microscope, lorsque, dans le domaine de la pathologie cellulaire, ils se virent imposer le diagnostic des micrographes qui innocentaient de toute malignité un adénome ou un kyste mammaire dépourvu de cellules polynucléaires, alors se leva le vent de la révolte.

Dans le domaine des maladies infectieuses, on voulait bien admettre que certaines affections de la peau comme la teigne, l'herpès tonsurans, le muguet où la gale fussent provoquées par un champignon ou un insecte minuscule. Dans son livre sur l'*Histoire naturelle des végétaux parasites,* le Pr Robin avait mis le phénomène en évidence dès 1853. Que d'infimes micro-organismes provoquent la fermentation d'une liqueur ou la putréfaction d'une substance albuminoïde, tout le monde en était maintenant convaincu. Mais que des bâtonnets ou des vibrions microscopiques, dont plusieurs millions ne pèsent pas plus d'un gramme, puissent terrasser des animaux aussi imposants que l'homme ou le bœuf, voilà qui dépasse l'entendement.

1. Cité par René Vallery-Radot, *Vie de Pasteur, op. cit.,* p. 331.

Contre ces nouveautés, le Dr Pidoux proclame à l'Académie de médecine : « La maladie est en nous, de nous, par nous. » Certes, chacun peut observer la prolifération bactérienne dans les cas de gangrène ou de maladies infectieuses. Mais il s'agit-là d'une circonstance accidentelle, d'une manifestation secondaire, d'un épiphénomène. L'invasion parasitaire survient seulement à la faveur de la lésion dont elle n'est pas la cause.

Et puis, comment admettre l'existence de ce monde d'épouvante peuplé de milliards de créatures invisibles et voraces toujours prêtes à dévaster des régions entières selon le caprice du moment ? À cela, Pasteur répond : « S'il est terrifiant de penser que la vie puisse être à la merci de la multiplication de ces infiniment petits, il est consolant aussi d'espérer que la science ne restera pas toujours impuissante devant de tels ennemis, lorsqu'on la voit, prenant possession de leur étude, nous apprendre, par exemple, que le simple contact de l'air suffit parfois pour les détruire. »

Au scepticisme des cliniciens s'ajoute le poids d'un géant, Virchow, fondateur de la pathologie cellulaire, qu'un simple chimiste aidé de quelques laborantins s'efforce d'abattre.

Pasteur se défend pied à pied au cours d'une impressionnante succession de discussions sur l'origine de la gangrène d'hôpital, de la fièvre typhoïde, du choléra, du charbon. En 1876, l'Allemand Robert Koch isole et cultive pour la première fois un germe infectieux : la bactéridie charbonneuse.

En 1878, la cause est entendue. Cette année-là, l'un des derniers partisans de l'ancienne école, le Dr Lefort, livre à l'Académie un baroud d'honneur en soutenant que l'infection purulente puise sa source dans « un poison septique » né spontanément dans le corps d'un malade. Mais il admet que ce poison puisse se propager à d'autres malades par l'intermédiaire des pansements, des instruments chirurgicaux, des mains du chirurgien.

En 1870, le Dr Sédillot avait en vain appelé l'attention de l'Académie de médecine sur la méthode de Lister. En 1879, c'est en qualité d'académicien qu'il prend la parole pour lire une note *Sur l'influence des travaux de M. Pasteur sur les progrès de la chirurgie*. Dans cette communication, il prononce pour la première fois le mot de *microbe*. Sous ce terme générique se trouvent fédérés tous les micro-organismes jusqu'alors désignés sous le nom de bactérie, bactéridie, vibrion, virus[1].

1. Le terme de *microbe* est d'abord une appellation générique recouvrant l'ensemble des micro-organismes pathogènes. On s'aperçoit par la suite qu'il existe de « bons microbes » dont l'intervention est capitale dans les cycles de la nature, notamment dans le cycle d'épuration des eaux par la terre ou les rivières. Le terme de *bactéridie* est employé pour la première fois vers 1860 à propos de la bactéridie charbonneuse dont on ignore encore le pouvoir pathogène. Il est peu à peu relayé par celui de *bactérie* qui désigne les microbes d'origine végétale et de forme allongée (*bacilles*) ou sphérique (*cocci*) comme le pneumocoque ou le gonocoque. Les *virus* sont des micro-organismes si petits que le microscope optique ne permet pas de les apercevoir.

Avant d'employer ce terme, il a consulté Littré qui lui a répondu : « Très cher confrère et ami. *Microbes* et *microbies* sont de très bons mots. Pour désigner les animalcules je donnerais préférence à *microbe,* d'abord parce que, comme vous le dites, il est plus court, puis parce qu'il réserve *microbie,* substantif féminin, pour la désignation de l'état de microbe. » Quelques années plus tard, le mot de « bactérie » sera réservé aux microbes de forme allongée (bacilles) ou sphérique (cocci).

Que de chemin parcouru depuis l'époque où, trente ans plus tôt, Semmelweis ne soulevait que railleries ! Où, dix-huit ans plus tôt, Pouchet et sa génération spontanée faisaient autorité ! Où, douze ans plus tôt, les conseils de Lister étaient tournés en dérision à l'hôpital de Glasgow. Même si le dernier carré de l'ancienne école fourbit ses armes sous la houlette du Pr Peter, Pasteur et des savants de l'envergure de Lister, Villemin, Guérin, Sédillot et Davaine ont changé la face de la maladie infectieuse. L'adversaire dépisté, on va pouvoir le traquer dans ses retranchements.

Depuis 1877, Pasteur est à l'œuvre. Et c'est en s'attaquant au problème du charbon qu'il vient de déclarer la guerre aux microbes.

CHAPITRE XIII

Le charbon livre son secret

En 1877, le ministre de l'Agriculture, à la demande du conseil général d'Eure-et-Loir, confie à Pasteur la mission de s'attaquer au problème du charbon, maladie infectieuse qui ravage les troupeaux du monde entier, d'en rechercher les causes et de trouver la méthode susceptible de le vaincre. Pasteur accepte d'autant plus volontiers qu'il se sentait désormais armé pour réaliser son vieux rêve : la mise au point d'un vaccin de laboratoire. À cette date n'existent en effet que deux méthodes naturelles de prévention : le vaccin antivariolique de Jenner et, moins connu, l'inoculation des bovidés contre la péripneumonie du Belge Louis Willems.

Les vaccins naturels

En 1721, Lady Wortley Montagu débarquait en Angleterre après avoir accompagné son mari en ambassade à Istanbul. Dans ses bagages, elle avait ramené une étrange pratique : l'inoculation variolique à laquelle elle avait soumis ses deux enfants. Il s'agissait d'introduire par scarification une goutte de pus variolique dans le bras d'un enfant. Celui-ci contractait une petite vérole bénigne qui l'immunisait contre une maladie qui, un jour ou l'autre, frappait tous les enfants, faisant périr le dixième d'entre eux.

Vers la fin du mois d'avril, les enfants princiers et plusieurs enfants de la noblesse sont inoculés avec bonheur. L'élan donné, des médecins et chirurgiens de renom s'instituent inoculateurs et près de deux cents personnes reçoivent en Angleterre la « petite vérole artificielle ». La presse s'empare de l'affaire et, la même année, le premier traité sur l'inoculation voit le jour. Mais, peu après, une tragédie sonnait le glas des illusions.

L'enthousiasme à son comble ignorait les dangers de la pratique. De cette panacée venue d'Orient, on ne retenait que les effets magiques qui, comme dans un conte des *Mille et une Nuits*, protégeaient d'un souffle princes et princesses, dissipait les sempiternelles hantises, éloignaient le spectacle de l'horreur, réchauffaient les cœurs. À l'exaltation succéda la consternation lorsque l'inoculation s'avisa de tuer.

La première victime est un enfant de trois ans. La seconde le valet d'un lord âgé de seize ans. En Angleterre et sur le continent, les inoculations se poursuivent malgré tout, souvent heureuses, parfois mortelles, mais la confiance s'efface derrière la polémique. Dans l'ensemble, la petite vérole artificielle tue dans des proportions qui varient, selon les estimations, de 1/50 à 1/250. Le dilemme est clair : peut-on prendre, dans l'immédiat, un risque relativement réduit pour s'épargner un risque ultérieur plus grand ? Tel était le cas de conscience qui devait agiter les esprits jusqu'à la découverte par Jenner de la vaccination antivariolique, en 1796.

Modeste médecin inoculateur du Glowcester, Edward Jenner a constaté que les garçons vachers de sa région ne contractent jamais la petite vérole artificielle. En d'autres termes, ils semblent jouir d'une immunité naturelle. Poussant ses investigations plus loin, il découvre que leurs mains ont été, un jour où l'autre, infectées par le contact des pustules qui apparaissent sur le pie des vaches atteintes d'une maladie bénigne, le cow-pox ou petite vérole des vaches.

En 1796, il inocule donc un peu de pus de cow-pox à James Phipps, un garçon de sept ans qui n'a jamais eu la variole. Trois semaines plus tard, il lui inocule du pus de variole humaine auquel l'enfant reste réfractaire. Ainsi sont démontrées les propriétés prophylactiques de la vaccine (de *vacca*, vache). À partir de 1804, la vaccination traverse la Manche et s'élance à l'assaut du continent, consacrant un effondrement spectaculaire de la mortalité variolique.

Tout le monde connaît le nom de Jenner, mais qui connaît celui de Louis Willems, en dehors des habitants de la rue qui porte son nom à Louvain ? Quant à savoir qui est l'homme…

Louis Willems est le Jenner du pauvre. Il a découvert, après Jenner mais avant Pasteur, une méthode d'inoculation contre une maladie ruineuse pour les fermiers, la péripneumonie des bovidés, infection pulmonaire mortelle caractérisée par des lésions respiratoires et des œdèmes sous-cutanés.

Étudiant en médecine à Louvain vers 1845, Willems se livre, sur les bovidés de la ferme de son père, à Hasselt, en Belgique, à de coûteuses expériences d'inoculation de sérosités pulmonaires infectées. On ne sait trop pourquoi, il s'est mis en tête de tenter l'expérience sur toutes les parties de leur corps afin de trouver le bon endroit. Avec une persévérance désarmante, il inocule la croupe, les pattes, le dos, le ventre, le cou, la face…

C'est une histoire de fou, une lubie, une aberration méthodologique. Cette expérience, à faire mourir de rire tout savant digne de ce nom, ne part d'aucune observation, d'aucun raisonnement. Willems a pu vérifier que, dans tous les cas, il a transmis aux bovins une péripneumonie mortelle, ruinant ainsi son père qui ignore tout de l'entreprise.

En 1848, à l'âge de vingt-six ans, il termine ses études de médecine, rentre à Hasselt où il s'installe comme praticien, et reprend ses essais. Mais il ne reste qu'une seule partie du bœuf qu'il n'a pas encore inoculée : la queue. Avec un entêtement farouche, c'est sur elle qu'il va jouer sa dernière carte. Lorsqu'il introduit la sérosité à sa base ou en son milieu, l'animal contracte le mal et meurt. Mais lorsqu'il inocule l'extrémité de la queue, ultime parcelle non expérimentée, il n'infecte qu'un seul bovidé sur 108. Or, dans l'année qui suit, tous ces animaux se montrent réfractaires au mal tandis que, sur 50 bêtes non inoculées, 17 meurent de péripneumonie. L'inoculation du bout de la queue a prouvé son efficacité et, depuis, personne n'a jamais compris pourquoi !

Le 22 mars 1852, Willems communique sa méthode au ministre de l'Intérieur, Charles Rogier, dans un rapport de 33 pages. Par crainte de s'attirer les foudres paternelles, il ne demande d'indemnisation que pour trois animaux ! « Vous le voyiez, monsieur le ministre, écrit-il, je vous ai parlé en toute confiance, sans détour aucun ; je vous ai fait connaître mon secret et je compte sur votre loyauté. En cas que (*sic*) le nouveau moyen que j'ai découvert soit reconnu par vous bon et efficace, j'espère que vous saurez m'indemniser dignement de mes peines et de mes sacrifices. »

On aurait pu croire que les travaux de Willems finiraient leur carrière dans la corbeille du ministre, mais six semaines plus tard, une commission de vétérinaires est instituée. Elle vérifie l'efficacité de la méthode qui se propage aussitôt à travers l'Europe et jusqu'en Afrique du Sud. La péripneumonie des bovidés vaincue, Willems ne sera jamais indemnisé et son père mourra sans savoir ce qu'il lui en a coûté. Mais, en 1900, le fils prodigue fera l'objet d'une manifestation au cours de laquelle on lui remettra la médaille belge du mérite agricole[1].

Les expériences de Jenner et de Willems fascinent Pasteur. Mais comment trouver dans la nature des produits susceptibles d'immuniser contre diverses maladies infectieuses ? Et qui songerait à recommencer le coup du bout de la queue ? Reste la solution idéale : fabriquer des vaccins en laboratoire. Le charbon sera donc un « banc d'essai » privilégié, de multiples expériences étant possibles sur l'animal à l'abri de tout cas de conscience.

1. Sur l'inoculation de la péripneumonie de bovidés : Louis Willems, *Encore un mot sur l'inoculation de la pleuropneumonie exsudative dans l'espèce bovine* (contient la lettre de Willems au ministre de l'Intérieur), Hasselt, 1853 ; *Résultats de trois années de pratique de l'inoculation de la pleuropneumonie*, Bruxelles, 1855 ; Pasteur, *Œuvres*, t. 6, « Rapport à la commission de la péripneumonie, p. 506-512 ; « Note sur la péripneumonie contagieuse des bêtes à Cornes », p. 513-522 ; Émile Lagrange, *Monsieur Roux*, *op. cit.*, 169 *sq.*

Le charbon

Le charbon, ou « sang de rate », était une maladie à évolution foudroyante qui, depuis l'Antiquité, décimait les troupeaux d'herbivores et pouvait contaminer l'homme de façon mortelle. En France, la Beauce, la Brie, la Bourgogne, le Nivernais, le Berry, la Champagne, le Poitou, le Dauphiné et l'Auvergne étaient des régions très exposées où, chaque année, les troupeaux étaient frappés dans des proportions pouvant varier de 10 % à 50 %, entraînant des pertes de plusieurs dizaines de millions de francs.

Certaines épidémies étaient désastreuses. De 1867 à 1870, on avait enregistré 56 000 cas de charbon mortel dans la seule région de Novgorod, en Russie. Et comme il suffisait d'une simple écorchure pour que l'infection se communiquât à l'homme, 528 bergers, bouchers ou équarrisseurs avaient péri dans la catastrophe[1].

Le fléau s'attachait à certains lieux qu'un mauvais sort semblait avoir frappés. On parlait de « fermes à charbon », de « champs maudits », de « montagnes maudites ». L'animal mourait en quelques heures. Il restait à l'arrière du troupeau, les jambes chancelantes, la respiration haletante, les déjections sanguinolentes, la bouche et les naseaux injectés de sang. L'asphyxie et l'apoplexie survenaient si brusquement que le berger n'avait même pas le temps de s'en apercevoir. Le cadavre se ballonnait et, à la moindre déchirure, un sang noir, épais et visqueux s'en écoulait. D'où le nom de *charbon* attribué à la maladie. L'autopsie montrait la rate transformée en une bouillie noire, le fameux « sang de rate », expression désignant aussi le fléau.

Des causes du fléau, on ne savait rien. Parce qu'on avait remarqué qu'il frappait les pays où le bétail était bien nourri, on parlait de maladie de pléthore et on conseillait la diète. On incriminait aussi les gaz malfaisants, les miasmes, les émanations putrides dues à l'encombrement des étables et des bergeries. On invoquait l'influence néfaste des sols humides et des terrains inondés par les pluies d'orage.

En 1850, pourtant, Davaine et Rayer, étudiant au microscope une goutte de sang de mouton mort du charbon, avaient fait de curieuses observations : « Les globules, au lieu de rester bien distincts comme les globules du sang sain, s'agglutinaient généralement en masses irrégulières ; il y avait en outre dans le sang des petits corps filiformes, ayant environ le double en longueur d'un globule sanguin. Ces corps n'offraient point de mouvements spontanés[2]. »

Mais ni Rayer ni Davaine n'avaient eu l'idée d'établir un lien entre ces bâtonnets insignifiants, ces « bactéridies » ou « bacilles », comme on les appelait alors, et la maladie. Dix ans plus tard, Delafond observait à son tour les

1. Cité par René Vallery-Radot, *Vie de Pasteur, op. cit.*, p. 372-373.
2. *Comptes rendus de la Société de biologie,* 1850, p. 45.

corps filiformes du charbon et, les mettant en culture, il constatait que leur taille quintuplait en l'espace de quinze jours. Il s'agissait donc d'êtres vivants d'origine végétale. Lui aussi se garda bien d'y voir l'agent causal du charbon : « Je suis loin de penser, disait-il, que ces formations puissent provoquer le charbon, ou bien de voir en elles des corps contenant le principe infectieux de cette maladie. Pourtant il me semble que le sang des animaux charbonneux acquiert une prédisposition morbide favorable à la pullulation de ces corpuscules[1]. »

Pour tous, la bactéridie charbonneuse n'était donc qu'un épiphénomène, qu'une conséquence de la maladie dont la cause résidait, comme dans la théorie de Liebig sur les fermentations, dans un principe infectieux amorphe travaillant la matière albuminoïde en voie de décomposition. Et dans le cas du charbon, ce principe s'attachait au sol, à la végétation, à certaines conditions climatiques. N'était-il pas prouvé que la bactéridie ne survivait pas à la dessiccation du sang alors que le principe infectieux du charbon collait aux « lieux maudits » ?

C'est Davaine qui, en 1861, remet pour la première fois cette théorie en cause. Après avoir lu la note de Pasteur sur la fermentation butyrique, il en arrive à la conclusion que les bactéridies charbonneuses pourraient bien jouer dans le charbon le rôle des vibrions dans la fermentation. En 1863, il déclare à l'Académie des sciences : « D'autres soins ne m'avaient pas permis de la rechercher [la cause du charbon] lorsque M. Pasteur, en 1861, publia son remarquable travail sur le ferment butyrique, ferment qui consiste en petites baguettes cylindriques possédant tous les caractères des vibrions ou des bacilles. Les corpuscules filiformes que j'avais vus dans le sang des moutons atteints de *sang de rate* ayant une grande analogie de forme avec ces vibrions, je fus amené à examiner si des corpuscules analogues ou du même genre que ceux qui déterminent la fermentation butyrique, introduits dans le sang d'un animal, n'y joueraient pas de même le rôle d'un ferment[2]. »

Pendant dix ans, Davaine s'efforce d'en apporter la preuve. Il montre que les femelles gestantes atteintes du charbon sont porteuses de bactéridies qui n'existent pas dans le sang fœtal filtré par le placenta. Il verse du sang charbonneux dans une bougie en porcelaine. Inoculé à des lapins, le sérum s'avère inoffensif tandis que le filtrat transmet le mal.

Ces arguments ne parviennent pas à ébranler les convictions. On rétorque que le principe amorphe de la maladie, tout comme les globules et les bâtonnets, sont retenus par le filtre. Jaillard et Leplat n'ont-ils pas inoculé un charbon mortel à des lapins avec un sang pur de bactéridies ? En vain Davaine fait-il valoir que ces bêtes ne sont pas mortes du charbon mais de septicémie[3].

1. Cité par Metchnikoff, *op. cit.*, p. 48.

2. *Comptes rendus de l'Académie des sciences,* 27 juillet 1863.

3. *Recherches sur quelques questions relatives à la septicémie.* Mémoires lus à l'Académie de médecine le 17 septembre et le 8 octobre 1872 ; le 28 janvier et le 23 avril 1873 ; *L'Œuvre de C.-J. Davaine, charbon, septicémie, parasitisme, microbisme...*, Paris, 1888, chap. V, p. 23 *sq.*

Sa théorie n'explique pas davantage l'étiologie d'un mal qui s'attache au sol où les bâtonnets ne peuvent survivre, et son idée selon laquelle les mouches sont les vecteurs de la bactéridie ne résiste pas aux faits. Le charbon n'apparaît qu'en certains lieux alors que les mouches ignorent les frontières. En outre, il peut frapper en hiver, avant l'apparition des mouches[1].

L'origine du mal semblait devoir se perdre dans les ténèbres lorsque Robert Koch, médecin allemand que personne ne connaissait encore, et Pasteur, allaient marquer le problème de leur empreinte. L'un découvrira l'épidémiologie du charbon, l'autre sa prophylaxie.

Robert Koch et le charbon

C'est vers 1875 que Koch s'attaque au problème du charbon. Simple médecin de campagne à Clausthal, il n'a alors que trente-deux ans et travaille avec des moyens de fortune. Il faut d'abord démontrer que la bactéridie est bien le germe du charbon, expliquer la contradiction entre sa fragilité et la résistance du contage, la réapparition périodique du mal en certains endroits, notamment dans les lieux humides et durant la saison chaude.

Koch songe à un cycle avec production de spores capables de conserver leur puissance germinative avant de donner naissance à de nouvelles bactéridies. Il s'agit d'une intuition, mais Pasteur n'a-t-il pas déjà signalé un cycle identique chez le bacille butyrique où les « corpuscules-germes » font office de spores ? Les spores jouent aussi un rôle dans la pébrine où elles font éclore le mal à la bonne saison, comme les graines qui germent au printemps. C'est simple, mais il faut le démontrer.

Koch commence par pratiquer l'inoculation de souris saines en insérant sous leur peau une écharde stérilisée imprégnée de sang charbonneux. En l'espace de vingt-quatre heures, les animaux contractent la maladie et meurent. À l'autopsie, il trouve la rate hypertrophiée et le sang pullulant de bâtonnets. Il plonge ensuite une écharde dans le corps de la souris morte et inocule une deuxième souris saine qui contracte à son tour le charbon, et ainsi de suite.

L'expérience, qui ne présente aucun caractère de nouveauté, n'est pas probante, les souris ayant pu mourir d'un autre germe inoculé à l'insu de l'expérimentateur. Il faut donc cultiver le germe après l'avoir isolé. Dans une goutte d'humeur aqueuse provenant d'un œil de bœuf ou de lapin et placée sur une lamelle de verre évidée en son centre, Koch dépose un minuscule fragment de rate grouillant de bâtonnets. Il enduit de vaseline les bords de la lamelle et la recouvre d'une seconde lamelle. Lorsqu'il retourne ces lamelles, la goutte, protégée par la vaseline de toute contamination accidentelle, reste suspendue

1. Davaine, « Sur la nature des maladies charbonneuses », note lue à l'Académie de médecine dans la séance du 3 décembre 1867, Paris, 1868, et *Œuvre de Davaine, op. cit.*, p. 42 *sq.*

par capillarité à l'intérieur de la cavité. Dans cette sorte d'aquarium en miniature contenant un bouillon de culture idéal, il est désormais possible d'observer les mystérieux bâtonnets.

Certains s'allongent, se scindent en deux, puis en quatre, puis en huit, et ainsi de suite, jusqu'à l'infini. La goutte se transforme bientôt en une masse de bâtonnets qui s'emmêlent comme une pelote de fils. Il s'agit bien d'êtres vivants capables de se reproduire à une vitesse prodigieuse. Mais l'observation, déjà réalisée par Delafond, ne prouve pas leur virulence.

Koch prélève une parcelle d'humeur d'œil de bœuf contaminé et la dépose à l'intérieur d'une autre goutte, provoquant ainsi une nouvelle colonie et, de repiquage en repiquage, il obtient une culture pure selon la méthode qui a permis à Pasteur d'isoler ferments et levures.

Une écharde stérilisée imprégnée de ce liquide est introduite sous la peau d'une souris qui meurt du charbon en l'espace de vingt-quatre heures : les fameux bâtonnets de Davaine, Rayer et Delafond sont bien l'agent causal du mal.

Koch ne s'en tient pas là. Persévérant dans l'examen de cette flore, il découvre qu'elle finit par se consteller de spores beaucoup plus résistantes au temps et à la température que les bactéridies. Tandis que ces dernières perdent leur virulence par dessiccation, les spores sont capables de tuer des animaux inoculés plusieurs mois après. Ainsi, dans les endroits où ont été enterrés les cadavres de bêtes charbonneuses, les bâtonnets ont pu se transformer en filaments et libérer les spores qui souillent le sol. Le mystère des lieux maudits vient d'être percé[1].

Le 22 avril 1876, Koch présente le résultat de ses travaux au professeur Cohn, directeur de l'Institut de biologie végétale de Breslau. Cohn et ses collègues Cohnheim, Weigert et Traube sont enthousiastes : « Laissez là toutes vos recherches et suivez Koch, dit Cohnheim. Cet homme a fait une grande chose qui, dans sa simplicité et par sa précision, mérite d'autant plus notre admiration qu'il l'a réalisée seul et loin de tout milieu scientifique. Koch nous étonnera par de nouvelles conquêtes et nous éclipsera tous. » À l'inverse, le grand Virchow réserve à Koch un accueil si glacial que les deux hommes en resteront brouillés.

Un mois plus tard, Koch envoie aux *Cohn's Beiträge zur Biologie der Pflanzen* le mémoire qui va changer sa carrière et le mettre, lui, jeune médecin de campagne, à la tête de l'école bactériologique allemande. Ce mémoire est intitulé : *Die Aetiologie der Milzbrandt-Krankheit, begründet auf die Entwicklugs-*

1. Robert Koch, *Beiträge zur Biologie der Pflanzen,* 1876, t. 2, p. 77 *sq.* ; Möllers, *Robert Koch. Persönlichkeit und Lebenswerk, op. cit.,* p. 133 *sq.* ; Hans Schadewaldt, *Robert Koch et la bactériologie de son temps, op. cit.,* p. 22-23. ; Williams Berryl et Samuel Epstein, *Des microbes qui guérissent,* Paris, 1966, *op. cit.,* p. 44 *sq.* ; Émile Lagrange, *Robert Koch, sa vie, son œuvre, op. cit.,* p. 15-16.

geschiste des Bacillus Antracis (L'Étiologie de la maladie charbonneuse, basée sur l'étude du développement du bacille anthrax).

Tel était l'état de la question lorsque, en 1877, le ministre français de l'Agriculture chargeait Pasteur d'étudier le problème du charbon.

Pasteur entre en lice

Comme le souligne Émile Duclaux non sans exagération cocardière, Pasteur, qui avait une expérience des micro-organismes vieille de vingt ans, était merveilleusement outillé pour entreprendre de pareilles recherches. Son laboratoire était le seul où l'on sût manipuler correctement les micro-organismes. Grâce aux travaux de son collaborateur Raulin, on savait adapter à chaque type de microbe le meilleur terrain de culture alors qu'on se contentait partout ailleurs de milieux nutritifs archaïques[1].

Mais l'opération présentait des difficultés considérables et des dangers. Dans une lettre qu'il adresse le 28 juillet 1877 au ministre de l'Instruction publique, Pasteur invoque cette raison à l'appui d'une demande d'augmentation de 600 francs en faveur de ses garçons de laboratoire Jean Arconi et Eugène Viala : « Ces travaux offrent dans leur exécution des dangers exceptionnels de tous les instants, qu'on ne peut conjurer pour soi-même et pour tous ceux qui y prennent part que par une diligence et un dévouement à toute épreuve. Ce dévouement, je l'ai obtenu avec intelligence, et j'espère qu'il ne me fera pas défaut à l'avenir, de la part de mes deux garçons de laboratoire chargés de dures besognes : surveillance des animaux inoculés, soit le jour, soit la nuit, propreté excessive, attention de tous les instants pour que les germes de ces maladies si contagieuses ne s'amassent pas dans le laboratoire, enfouissement des animaux qui succombent ou après leur autopsie, animaux dont une fraction de goutte peut amener la mort à la moindre piqûre. »

Selon la légende et le témoignage de Duclaux, Pasteur aurait ignoré les travaux de Koch. En fait, il se méfiait de toute idée venue d'outre-Rhin. Une brochure allemande lui tombait-elle sous les yeux, il la mettait à l'écart du bout des doigts et demandait à l'un de ses collaborateurs de lui en faire un compte rendu. Pour Metchnikoff, sa méconnaissance des travaux de Koch « s'expliquait, peut-être, simplement par le fait que Pasteur ne connaissait pas la langue allemande[2] ».

En fait, Pasteur avait bien eu connaissance des travaux de Koch. Dès le 30 avril 1877, il en faisait l'éloge à l'Académie des sciences : « Dans un mémoire remarquable, disait-il, le docteur Koch a constaté que les petits corps

1. É. Duclaux, *Histoire d'un esprit, op. cit.*, p. 281.
2. Metchnikoff, *Trois Fondateurs de la médecine moderne, op. cit.*, p. 63.

filiformes découverts par M. Davaine peuvent passer à l'état de corpuscules brillants après s'être reproduits par scission, puis se résorber[1]. »

Plusieurs savants soutenaient encore que la bactéridie n'était pas l'agent pathogène du charbon mais son épiphénomène. Pour eux, le mal venait d'un poison chimique amorphe mêlé à la masse du sang qu'on appelait « virus ».

Pour infirmer cette théorie, Pasteur reprend les expériences de Koch et obtient en milieu artificiel des cultures pures de bactéridies charbonneuses par repiquages successifs. Témoin de l'expérience, Émile Roux en a fait le récit :

> « Au lieu d'ensemencer le sang charbonneux dans une goutte de milieu nutritif, il [Pasteur] le porte d'emblée dans un ballon qui renferme des centaines de centimètres cubes d'une infusion organique où la bactéridie pullule en quelques heures. Avec une trace de cette première culture, il en ensemence une seconde et poursuit ainsi jusqu'à la vingtième, jusqu'à la centième génération. Une trace de cette centième culture donne le charbon aussi sûrement que le sang d'un mouton charbonneux. Ici, on ne peut plus invoquer la dilution du virus : la gouttelette primitive a été noyée dans des océans ; qu'en reste-t-il dans cette centième culture, mortelle cependant aux doses les plus minimes ? Le virus s'est donc reproduit, il est dans un état vivant, il ne peut être que cette bactérie qui existe seule dans les ballons de culture. C'est bien elle qui tue, et non les substances chimiques qui l'accompagnent[2]. »

Pasteur dépose ensuite l'un de ces ballons dans les caves de l'Observatoire. Là, à l'abri des turbulences, les bactéridies en suspension se déposent au fond du vase et le liquide clair qui surnage, injecté aux animaux, même en grande quantité, ne les rend pas malades tandis qu'une seule goutte du dépôt les tue.

Il va encore plus loin dans l'étude de l'action physiologique de la bactérie charbonneuse sur les tissus, perçant ainsi de façon définitive le mystère qui planait sur les causes de la maladie.

La bactéridie est aérobie et ne peut survivre qu'au contact de l'oxygène. Introduite dans la masse sanguine, elle le trouve dans les globules rouges qui deviennent « asphyxiques » et prennent cette couleur noire qui charbonne le sang et les viscères. Les globules du sang charbonneux apparaissent en outre agglutinés. Pasteur a l'intuition qu'il s'agit là de l'effet d'une sécrétion bactéridienne. Il mélange du sérum charbonneux obtenu par filtration à du sang frais prélevé sur un animal sain. Les globules s'agglutinent aussitôt. Tel est l'effet de ce que les savants appelleront, quelques années plus tard, la « toxine microbienne[3] ».

1. Cité dans la lettre ouverte de Pasteur à Robert Koch du 25 décembre 1882.
2. Émile Roux, « L'œuvre médicale de Pasteur », *Agenda du chimiste,* 1896, p. 521-522.
3. Cité par Duclaux, *op. cit.*, p. 318 et « Étiologie du charbon et septicémie », *Œuvres de Pasteur, op. cit.*, p. 161 *sq.*

Ces découvertes seront suivies d'une polémique navrante entre Koch et Pasteur, chacun d'eux revendiquant le rôle prépondérant dans la découverte du rôle pathogène de la bactéridie charbonneuse. Mais, comme le dira Metchnikoff, « c'est grâce au Français Pasteur que fut comprise la signification réelle de la bactéridie du charbon et c'est grâce à l'Allemand Koch que fut prouvé son rôle d'unique principe infectieux de cette maladie. Il serait bien désirable d'exclure définitivement toute considération patriotique des questions scientifiques[1] ! »

Reste à expliquer comment Jaillard et Leplat ont tué par inoculation de sang charbonneux deux lapins dans lesquels on n'a retrouvé aucune bactéridie. Sont-ils morts, comme Davaine l'a supposé, d'une autre maladie ?

Plus troublant est ce que Pasteur appelle le « cas Paul Bert ». Paul Bert a soumis du sang charbonneux à de fortes pressions, tuant ainsi les bactéridies. Or, ce sang inoculé à des animaux les a quand même mortellement contaminés.

Dans le premier cas, Pasteur découvre que, dans les veines profondes d'un cheval tué par asphyxie, se trouve un vibrion translucide, long, rampant, « flexueux » qui, selon sa propre expression, « écarte les globules du sang comme un serpent écarte l'herbe des buissons ». C'est le « vibrion septique ». Présent mais inoffensif dans l'animal sain, il devient pathogène en cas de maladie grave, provoquant la septicémie pressentie par Davaine. Du péritoine, où il pullule, il migre dans le sang quelques heures après la mort. Ainsi s'amorce la putréfaction. Pasteur démontre que Jaillard et Leplat ont utilisé du sang à la fois charbonneux et septique. La septicémie, dans sa marche galopante, a donc tué les lapins avant même que le charbon n'ait eu le temps de se développer[2].

Dans le « cas Paul Bert », Pasteur met en évidence, au terme d'une série d'expériences devant lesquelles Paul Bert sera le premier à s'incliner, que si les bactéridies et les vibrions septiques sont bien tués par l'oxygène comprimé, les spores charbonneuses, beaucoup plus résistantes, sont épargnées, assurant ainsi la transmission du mal.

Dès lors peuvent commencer les recherches sur le terrain et la mise au point du premier vaccin expérimental.

1. Metchnikoff, *op. cit.*, p. 61.

2. Pasteur et Joubert, « Note sur la septicémie » et « Charbon et septicémie », *Œuvres de Pasteur, op. cit.*, t. 6, p. 172-188 ; É. Roux, « L'œuvre médicale de Pasteur », *op. cit.*, p. 534.

CHAPITRE XIV

Premiers vaccins de laboratoire Choléra des poules et charbon (1879-1881)

Contre toute attente, la lumière ne viendra pas du charbon mais d'une autre maladie que Pasteur étudie dans son laboratoire de la rue d'Ulm : le choléra des poules. Cette découverte, qui marque l'un des grands tournants de la médecine, n'aurait été, selon certains, que le fruit du hasard. Ce à quoi Pasteur répondra : « Le hasard ne vient qu'au-devant des personnes averties. » En 1879, il est loin de penser au choléra des poules, toutes ses énergies étant mobilisées par ce charbon qui, venant de livrer son secret, n'en reste pas moins meurtrier.

Recherches en rase campagne

L'agent pathogène du charbon démasqué, il faut établir son mode de propagation. À cette fin, Pasteur décide de poursuivre son enquête sur le terrain, au cœur du pays chartrain alors ravagé par l'épizootie. C'est la ferme Manoury, à Saint-Germain-la-Gâtine, qui devient le centre de ses recherches. En août et septembre 1878, le voilà à pied d'œuvre. Mais retenu à Arbois par des travaux sur la vigne, il donne des directives à ses jeunes collaborateurs Roux et Chamberland dont il vient contrôler les recherches une fois par semaine. Deux vétérinaires éclairés de la région, Boutet et Toussaint, participent à l'entreprise.

Dans ses souvenirs, publiés en 1896 dans l'*Agenda médical*, le Dr Roux a évoqué avec fascination le climat d'exaltation qui régnait alors :

> « Chaque semaine Pasteur venait donner la direction et suivre les travaux. Quels bons souvenirs nous ont laissés ces campagnes contre le charbon en pays chartrain ! Dès le grand matin, visite au parc de moutons épars sur ce vaste plateau de la Beauce, resplendissant sous le soleil d'août, autopsies pratiquées au clos d'équarrissage de Sours, chez M. Rabourdin, ou dans la cour des fermes ; après

midi, tenue du cahier d'expériences, lettres à Pasteur, mise en train des expériences nouvelles. La journée était bien remplie et combien était intéressante et salutaire cette bactériologie en plein air !

« Les jours où Pasteur venait à Chartres, le déjeuner à l'hôtel de France ne durait guère ; vite en voiture pour aller à Saint-Germain, chez M. Manoury, qui avait bien voulu mettre sa ferme et son troupeau à notre disposition. Pendant le trajet, on parlait des essais de la semaine et de ceux à entreprendre. Aussitôt qu'il avait mis pied à terre, Pasteur, à la hâte, se rendait aux parcs ; immobile près des barrières, il regardait les lots en expérience avec cette attention soutenue à laquelle rien n'échappait ; des heures durant il suivait des yeux un mouton qu'il croyait malade ; il fallait lui rappeler l'heure et lui montrer que les tours de la cathédrale de Chartres commençaient à s'effacer dans la nuit pour le décider à partir. Il interrogeait fermiers et serviteurs ; il tenait toujours compte de l'opinion des bergers qui, à cause de leur vie solitaire, donnent toute leur attention à leur troupeau et deviennent souvent des observateurs sagaces[1]. »

D'un impressionnant faisceau d'observations, Pasteur, Roux et Chamberland vont définitivement tirer le charbon de l'ombre. Dans un champ récemment moissonné, ils remarquent une zone sombre. Son propriétaire leur apprend que, l'année précédente, on y a enfoui des moutons charbonneux. Examinant l'endroit de plus près, Pasteur découvre, écrit Roux, « une multitude de ces petits tortillons de terre que rejettent les vers. L'idée lui vint alors que dans leur voyage continuel de la profondeur à la surface, les vers apportaient sur le sol la terre riche en humus qui entoure le cadavre et, avec elle, les spores charbonneuses qu'elle contient[2]. »

Il en conclut que la bactéridie charbonneuse, désormais appelée « microbe du charbon », pourrait infecter l'animal pendant la digestion. L'idée est confirmée par les autopsies qui montrent que, dans le charbon « spontané », la maladie se manifeste d'abord au niveau des voies digestives, ce qui n'est pas le cas du charbon inoculé.

Pasteur arrose de cultures bactéridiennes une brassée de luzerne qu'il fait avaler à des moutons. Contre toute attente, ce repas expérimental ne donne aucun résultat. Sans se décourager, il associe à la luzerne toutes sortes de plantes piquantes susceptibles de produire des lésions dans les voies digestives et, cette fois, les moutons contractent le charbon[3].

1. « L'œuvre médicale de Pasteur », *ibid.*, p. 533.

2. *Ibid.*, p. 534.

3. Pasteur, « Sur les bactéridies charbonneuses dans le sol », *Œuvres complètes*, t. 6, p. 275-281 ; « Nouvelles observations sur l'étiologie et la prophylaxie du charbon », *ibid.*, p. 266-270 ; Pasteur, Chamberland et Roux, « Note sur la constatation des germes du charbon dans les terres de la surface des fosses où on a enfoui des animaux charbonneux », *ibid.*, p. 279-286.

Dès lors, Pasteur est en mesure d'énoncer les premières mesures de prophylaxie. Dans une lettre du 17 septembre 1878, il les porte à la connaissance du ministre de l'Agriculture : « Il fallait donc, lui écrit-il, dans un département comme celui d'Eure-et-Loir où il devait partout y avoir des germes charbonneux, notamment à la surface des fosses qui renfermaient des cadavres d'animaux charbonneux, il fallait que les éleveurs eussent soin d'éloigner des aliments du bétail les plantes comme les chardons, les barbes d'avoine, les menues pailles. La moindre blessure, insignifiante d'ordinaire au point de vue de la santé des moutons, risquait, en effet, de devenir dangereuse par l'introduction possible du germe de la maladie. Il faudrait d'autre part éviter toutes les occasions de diffusion des germes du charbon par les animaux morts de cette affection [...] ceux-ci n'étant pas traités de façon à détruire tous les germes de contagion ultérieure. »

Ce n'est pas suffisant. Toujours hanté par le précédent de la vaccine antivariolique puisée au pis de la vache atteinte de cow-pox, Pasteur rêve d'étendre le procédé jennérien à toutes les maladies virulentes et se passionne pour les études comparatives sur les virus vaccin et variolique, la mise au point d'un vaccin anti-charbonneux restant sa priorité. Mais alors qu'il s'est investi dans cette nouvelle mission, des vétérinaires intrépides annoncent la découverte de panacées dont il lui faut vérifier les effets.

Depuis 1857, un vétérinaire du Jura, M. Louvrier, traiterait avec bonheur les animaux malades du charbon en les frictionnant avec un liniment composé d'ammoniaque et d'essence de térébenthine, en les recouvrant d'une couche de regain entouré d'un drap arrosé de vinaigre bouilli, et en leur faisant boire du café. Soucieux d'explorer tous les recours, Pasteur écrit le 12 septembre 1879 au ministre de l'Agriculture : « J'ai pris la résolution de me rendre compte scientifiquement de la valeur du traitement de M. Louvrier. » Mais après une série d'observations, il conclut : « Il est arrivé ce qui se présente souvent dans les expériences de cette nature : les vaches inoculées, traitées par M. Louvrier, ont guéri, mais les vaches inoculées en même temps et non traitées ont guéri également. » Plus sérieuse est l'affaire du vaccin d'un professeur à l'école vétérinaire de Toulouse, Toussaint.

C'est vers le début du mois d'août 1880 que Toussaint annonce à son de trompe : « J'ai porté le sang [charbonneux] défibriné à 55° pendant dix minutes. Le résultat a été complet. Cinq moutons, inoculés avec trois centimètres cubes de sang, ont été inoculés depuis avec du sang charbonneux très actif et ne s'en sont nullement ressentis. »

Pasteur, dont les recherches sur le vaccin anti-charbonneux sont alors en bonne voie, accueille la nouvelle avec émerveillement, étonnement et scepticisme. Le 10 août 1880, il écrit à son collaborateur, le vétérinaire Bouley : « Je suis dans l'étonnement et l'admiration de la découverte de M. Toussaint [...]. Cela renverse toutes les idées que je me faisais sur les virus, sur les vaccins. Je n'y comprends plus rien. Dix fois dans la journée j'ai eu l'idée de prendre le train pour aller à Paris. Je ne veux croire à ce fait surprenant qu'après l'avoir vu, de mes propres yeux vu, quoique les observations qui l'établissent me paraissent irrécusables. »

Pasteur est alors en vacances à Arbois. Aussitôt, il écrit à Roux et Chamberland : « Toute idée de villégiature doit être suspendue. Il faut nous remettre à l'étude tant à Paris que dans le Jura. » À Arbois même, il fabrique quelques doses de vaccin selon les indications de Toussaint, mais c'est insuffisant pour tuer les bactéridies qui sont seulement engourdies. À Paris, Bouley en est arrivé aux mêmes conclusions : « Ce serait un vaccin plein de traîtrise, puisqu'il serait capable de récupérer sa puissance avec le temps », écrit-il à Pasteur.

Une mise à l'épreuve du nouveau vaccin est organisée à Maisons-Alfort. Entre-temps, le doute a probablement gagné Toussaint lui-même puisqu'il cherche maintenant à atténuer la virulence de la bactéridie non plus à la chaleur mais au moyen d'un antiseptique, l'acide phénique. Aussi l'expérience de Maisons-Alfort est-elle un échec. Dans les milieux vétérinaires, où ce vaccin a fait illusion, la déception est immense. Dès le début, Pasteur était septique, mais il s'est toujours abstenu de critiquer Toussaint dont il n'a jamais nié la valeur ni la bonne foi. C'est donc dans une autre direction qu'il faut chercher.

Au laboratoire de la rue d'Ulm, on ne travaille pas seulement sur la bactéridie charbonneuse. Les microbes de la furonculose, de la fièvre puerpérale, du choléra des poules et de plusieurs autres maladies infectieuses font l'objet de recherches constantes. Pasteur n'a toujours qu'une idée en tête : parvenir à la mise au point de vaccins. À ses collaborateurs, Roux et Chamberland, il ne cesse de répéter : « Il faut immuniser contre les maladies infectieuses dont nous cultivons les virus. »

Mais pour une expérience concluante, que de déceptions ! De l'itinéraire de Pasteur, on garde l'impression qu'il a filé droit au but, sans faux pas ni tâtonnements. Tel n'est pas le cas. La découverte des premiers vaccins est le fruit d'un acharnement sans faille et d'une succession de vaines tentatives. « Hantés par cette idée, note Émile Roux, que d'expériences impossibles n'avons-nous pas discuté gravement, pour en rire le lendemain, durant cette laborieuse période qui a précédé la découverte de l'atténuation des virus[1]. »

Les jours se succèdent dans une activité fébrile. La matinée est consacrée aux observations microscopiques suivies d'une discussion au cours de laquelle on décide des expériences à mettre en œuvre. « Pasteur, poursuit Roux, se tenait debout, à son pupitre, prêt à écrire ce qui serait décidé, Chamberland et moi en face de lui, adossés à une vitrine. C'était le moment important de la journée ; chacun donnait son avis et souvent une idée, confuse tout d'abord, se dégageait dans la discussion et finissait par conduire à une expérience décisive. Parfois nous n'étions pas d'accord et les voix s'échauffaient ;

1. « L'œuvre médicale de Pasteur », *L'Agenda médical*, 1896, p. 537.

mais avec Pasteur, qui passait pour autoritaire, on pouvait dire librement toute sa pensée ; je ne l'ai jamais vu résister à une bonne raison[1]. »

Vers midi, on vient chercher le maître pour le déjeuner. À midi et demi, il est de retour et ses collaborateurs, après une brève collation, le retrouvent penché sur ses cobayes. À deux heures, Mme Pasteur lui rappelle que le moment est venu de se rendre aux académies ou aux comités, ce qu'il aurait oublié. Roux et Chamberland réalisent alors les expériences prévues et en profitent pour fumer une pipe car Pasteur déteste le tabac. À son retour, vers cinq heures, il s'informe des résultats et le travail d'équipe reprend[2].

C'est dans cette atmosphère que le premier vaccin expérimental voit le jour : celui contre le choléra des poules.

Victoire sur le choléra des poules (1879)

Pasteur et ses collaborateurs ont compris que le problème du charbon est indissociable de celui des autres maladies infectieuses. L'inspiration est bonne : du choléra des poules va jaillir l'illumination.

C'est une étrange maladie qui ravageait alors les poulaillers. « Parfois, écrit Pasteur, se déclare dans les basses-cours une maladie désastreuse qu'on désigne vulgairement sous le nom de choléra des poules. L'animal en proie à cette affection est sans force, chancelant, les ailes tombantes. Les plumes soulevées lui donnent la forme d'une boule. Une somnolence invincible l'accable. Si on l'oblige à ouvrir les yeux, il paraît sortir d'un profond sommeil. Bientôt les paupières se referment, et le plus souvent la mort survient sans que l'animal ait changé de place, après une muette agonie. C'est à peine s'il agite les ailes pendant quelques secondes. »

Ainsi, au milieu de leurs déjections, les poules, indifférentes à leurs poussins laissés à la dérive, agonisent par milliers, le regard éteint, la crête rouge violacée, le cou enfoncé dans les plumes. L'une d'elles essaye-t-elle de se dresser sur ses ergots ? Elle retombe aussitôt, terrassée par la mortelle somnolence[3].

Comme pour chaque microbe, Pasteur a trouvé pour celui du choléra des poules le milieu de culture le mieux adapté. C'est le bouillon de muscle de poule neutralisé par la potasse et stérilisé. Or, durant l'été 1879, il est parti en vacances, laissant à Chamberland la responsabilité des repiquages qui entretiennent la virulence du germe.

À la rentrée, il a la surprise de constater que les poules inoculées avec quelques gouttes du bouillon confié à son assistant n'éprouvent qu'un malaise

1. *Ibid.*, p. 544.
2. *Ibid.*
3. Pasteur, « Sur les maladies virulentes, et en particulier sur la maladie appelée vulgairement choléra des poules », *Œuvres complètes*, t. 6, p. 291 *sq.*

passager. On est sur le point jeter ces cultures stériles lorsque Pasteur a l'idée d'inoculer avec une culture jeune et virulente les poules qui ont si bien supporté les anciens bouillons. À sa grande surprise, toutes se montrent réfractaires alors que d'autres poules, achetées le jour même au marché, succombent après injection des mêmes cultures virulentes.

Que s'est-il passé ? Chamberland, dont l'étourderie restera proverbiale, a oublié d'entretenir les bouillons de culture. Exposés à l'oxygène sans être revigorés par repiquages, les microbes ont perdu leur virulence. Différentes cultures laissées à l'abandon une semaine, quinze jours, un mois, deux mois... sont essayées. Selon leur ancienneté, elles tuent huit poules sur dix, puis cinq, puis trois, et, pour les cultures les plus vieilles, aucune. Les animaux ainsi traités ont été épargnés par les germes atténués mais ont acquis l'immunité. Phénomène non moins remarquable, le microbe protecteur peut être reproduit à l'infini sans retrouver son ancienne virulence. Le vaccin du choléra des poules, premier vaccin de laboratoire, vient de voir le jour[1].

La découverte est sans précédent. En montrant le pouvoir prophylactique du cow-pox prélevé au pis de la vache, Jenner était parvenu à immuniser contre la variole humaine avec un produit naturel resté unique en son genre. À l'inverse, le vaccin contre le choléra des poules, né d'une manipulation, est le résultat d'une technique de domestication des microbes qui ouvre des horizons radieux à la lutte contre toutes les autres maladies infectieuses. S'il passe inaperçu dans le public, qui ne se soucie guère de la santé des poules, on fête l'événement rue d'Ulm. Combien de chercheurs moins avisés que Pasteur auraient-ils jeté la vieille culture sans songer à mettre à profit ses fabuleuses propriétés ? De même, un siècle auparavant, plusieurs observateurs n'avaient-ils pas remarqué l'immunité antivariolique dont bénéficiaient les vachers ? Mais qui, en dehors de Jenner, avait songé à en tirer la moindre conclusion pratique ?

Stimulé par cette première victoire, Pasteur, Roux et Chamberland peuvent maintenant s'attaquer au charbon.

Vaccin contre le charbon (1881)

Ils essayent d'abord la méthode qui a fait ses preuves avec le choléra des poules en laissant vieillir la bactéridie charbonneuse dans son milieu de culture. Mais il faut déchanter au bout de deux ou trois jours. Le bouillon se crible de spores qui, des années durant, résisteront aux agressions de tous les agents physiques. « La spore ne vieillit point, écrit Duclaux, c'est une graine, et, pour la graine, l'effet du temps est presque suspendu. » On essaye de tour-

1. Pasteur, « Sur l'atténuation du virus du choléra des poules », *Œuvres complètes*, t. 6, p. 324-329.

ner la difficulté en neutralisant le pullulement des spores au moyen d'un antiseptique. Mais cette méthode, qui ferait plutôt référence au vaccin de Toussaint, ne convient pas à Pasteur qui veut exploiter à fond la leçon du vaccin contre le choléra des poules.

On expose la culture à différentes températures. À 35, 40, 42 degrés centigrades, les spores apparaissent, mais à 45 degrés la germination suspend son cours. La solution est trouvée : c'est à cette température qu'il faut laisser la bactéridie vieillir et s'atténuer.

« Dès lors, remarque Chamberland, en essayant la virulence du flacon après six, huit, dix, quinze jours, nous avons retrouvé exactement le même phénomène que pour le choléra des poules. Au bout de huit jours, par exemple, notre culture, qui, à l'origine, tuait dix moutons sur dix, n'en tue plus que quatre ou cinq ; après dix ou douze jours, elle n'en tue plus du tout ; elle ne fait que communiquer aux animaux une maladie bénigne qui les préserve ensuite contre la maladie mortelle. » Quatorze moutons ainsi vaccinés acquièrent l'immunité, la contre-inoculation de bactéridies virulentes restant sans effet sur eux[1]. En présence d'un tel résultat, Pasteur s'exclamera : « Je ne me consolerais pas si cette découverte que nous avons faite, mes collaborateurs et moi, n'était pas une découverte française[2]. »

C'est le 28 février 1881 qu'il fait à l'Académie des sciences sa célèbre communication sur le vaccin anti-charbonneux. En guise de conclusion, il lance un défi : « Nous avons pratiqué cette opération avec un grand succès sur les moutons. Dès qu'arrivera l'époque du pacage des troupeaux dans la Beauce, nous en tenterons l'application sur une grande échelle. »

Mais le souvenir des folles brassées d'enthousiasme soulevées par le vaccin de Toussaint est dans toutes les mémoires, jetant le discrédit sur la microbiologie. Et puis, la nouveauté fait peur. Nombreux sont ceux qui pensent maintenant que l'expérience publique proposée par Pasteur sonnera le glas d'une doctrine devenue plutôt encombrante depuis son triomphe à l'Académie de médecine. « En 1881, note Duclaux, la science des microbes n'avait guère de partisans ; beaucoup pensaient que les nouvelles doctrines étaient funestes, et regardaient comme une chance inespérée d'avoir attiré Pasteur et ses aides hors du laboratoire, pour les confondre au grand jour d'une expérience publique. On allait donc en finir d'un coup avec ces nouveautés et retrouver la sécurité dans les saines traditions et les pratiques anciennes un moment menacées[3]. »

1. Pasteur (en collaboration avec Chamberland et Roux), « De la possibilité de rendre les moutons réfractaires au charbon par la méthode des inoculations préventives » et « Le vaccin du charbon », *Œuvres complètes, op. cit.*, t. 6, p. 339-345.

2. Roux, « L'œuvre médicale de Pasteur », *op. cit.*, p. 538.

3. *Histoire d'un esprit, op. cit.*, p. 360-361.

Dans *La Presse vétérinaire* du 31 janvier 1881, un vétérinaire de Melun, le Dr Rossignol, s'amuse même à dénigrer la microbiologie : « Voulez-vous du microbe, on en a mis partout. La microbiâtrie est aujourd'hui tout à fait à la mode, elle règne en souveraine ; c'est une doctrine qu'on ne discute pas, on doit l'admettre sans réplique, du moment surtout que son grand prêtre, le savant Pasteur, a prononcé le mot sacramentel : *J'ai dit.* Le microbe seul est et doit être la caractéristique d'une maladie ; c'est entendu et convenu, désormais la théorie des germes doit l'emporter sur la clinique pure ; le microbe seul est éternellement vrai et Pasteur est son prophète[1]. »

Or, vers la fin du mois de mars, ce même Dr Rossignol, soudain gagné aux idées de Pasteur, propose que la grande expérience ait lieu dans sa ferme de Pouilly-le-Fort, près de Melun. Saisie de l'affaire, la Société d'agriculture de Melun donne son aval. Le grand jour est fixé au 5 mai. À l'annonce de la nouvelle, le journal *La Presse médicale* déploie la lyre de l'élégie : « S'il [Pasteur] réussit, il aura doté son pays d'un grand bienfait, et ses adversaires pourront, comme l'esclave antique, ceindre leur front de laurier et se préparer à suivre, enchaînés et courbés, le char de l'immortel triomphateur. Mais il faut réussir, le triomphe est à ce prix. Que M. Pasteur n'oublie pas que la roche Tarpéienne est près du Capitole. »

Entre-temps, Roux et Chamberland auraient perfectionné le vaccin après avoir, comme Toussaint, constaté que, dans un milieu additionné d'une faible quantité d'acide phénique ou de bichromate de potasse, la bactéridie se reproduit sans laisser de spores. Aussi le succès de l'opération leur a-t-il été attribué par certains[2]. C'est en 1937 que le Dr Adrien Loir, neveu de Pasteur, fait éclater l'affaire dans une brochure intitulée *Le Secret de Pouilly-le-Fort*. Bien que les mauvaises langues aient dénoncé un règlement de comptes, le fait n'a rien d'impossible dans le cadre d'un travail d'équipe. Les notes de Pasteur et une communication de Roux et Chamberlain à l'Académie des sciences font d'ailleurs mention du procédé. Dans un livre publié en 1954, le biographe de Roux le présente comme « le vrai vainqueur de Pouilly-le-Fort ». Cependant, comme le souligne Mirko D. Grmek, « le secret resta longtemps bien gardé. Fidèle à son maître au-delà de la tombe, Roux [...] ne démentira jamais la version officielle[3]. »

Le 5 mai 1881, une foule compacte descendue en gare de Melun se présente à la ferme de Pouilly-le-Fort. Il y a là des médecins, des vétérinaires, des pharmaciens, des conseillers généraux. Certains adversaires de Pasteur sont à la fête, échangeant des plaisanteries et ravis de voir leur ennemi courir à sa perte. Une vingtaine de moutons, cinq vaches, un bœuf et deux chèvres sont

1. Cité par René Vallery-Radot, *Vie de Pasteur, op. cit.*, p. 446.
2. Émile Lagrange, *Monsieur Roux, op. cit.*, p. 44.
3. Mirko D. Grmek, « L'âge héroïque : les vaccins de Pasteur », cité dans *L'Aventure de la vaccination, op. cit.*, p. 153.

vaccinés et marqués. Le 17 a lieu une deuxième inoculation pratiquée au moyen d'un liquide plus virulent. Le 31 on injectera des cultures mortelles aux vingt-cinq vaccinées et à vingt-cinq bêtes non vaccinées. Le rendez-vous final est fixé au 2 juin. Ce jour-là, selon les prévisions de Pasteur, les bêtes témoins devront avoir trépassé et les vaccinées survécu.

Les sceptiques sont alors les plus nombreux. Le 17 mai, sur le chemin du retour, deux d'entre eux ont entamé la conversation. L'un, le Dr Biot, est vétérinaire à Pont-sur-Yonne, l'autre, de Dr Colin, chef de service à Maisons-Alfort. « Il faut vous méfier, dit Colin, car dans le bouillon de cultures bactéridiennes il y a deux parties : une partie supérieure inerte et une partie profonde très active dans laquelle sont accumulées les bactéridies qui, à raison de leur poids, tombent au fond du récipient. On inoculera, avec la partie supérieure du liquide, les moutons vaccinés qui n'en mourront pas, tandis que les témoins seront inoculés avec le liquide du fond qui les tuera. » Aussi Colin recommande-t-il à Biot, qui participe à l'expérience, de saisir, le moment venu, le liquide virulent et « de l'agiter fortement de façon à produire un mélange parfait rendant toute la masse uniformément virulente[1] ».

Le 31 mai, tout le monde est sur pied de guerre. Biot suit le conseil de Colin à la lettre et agite le flacon rempli de culture virulente avec une énergie farouche. Toujours à la demande de Colin, qui pense que la virulence est proportionnelle à la quantité de liquide injecté, on triple les doses. D'autres vétérinaires exigent que soient inoculés à tour de rôle un vacciné et un non-vacciné afin de prévenir toute fraude avec les seringues. Quelques sceptiques boivent même à l'échec de l'opération et tout le monde se donne rendez-vous pour la quatrième fois au 2 juin[2].

Une attente de quarante-huit heures commence, lourde d'angoisse. Pasteur, qui a témoigné jusque-là d'un optimisme sans faille, est soudain pris d'un doute. Lorsque Roux et Chamberland, qui sont restés à Pouilly-le-Fort, lui apprennent par dépêche télégraphique que les vaccinés ont un peu de fièvre, que l'un d'eux a même 40°, qu'un autre fait un œdème au point d'inoculation, que Rossignol considère une brebis comme perdue, sa confiance chancelle. La nuit du 1er au 2 juin, il ne peut fermer l'œil. « Ce matin à huit heures, écrira Marie Pasteur à sa fille, nous étions encore très préoccupés et dans l'attente de la dépêche qui aurait pu nous annoncer quelque désastre. » À neuf heures, le télégramme tant attendu arrive. Pasteur, blême, le décachette. Son visage s'illumine. La dépêche se termine en ces termes : « Succès épatant. »

Quand il se présente, à deux heures de l'après-midi, à la ferme de Pouilly-le-Fort, des applaudissements et une immense clameur s'élèvent de partout.

1. Cité par René Vallery-Radot, *Vie de Pasteur, op. cit.*, p. 454.
2. *Ibid.*, p. 454.

Les vingt-cinq bêtes témoins gisent ou sont à l'agonie tandis que les vaccinées sont en pleine forme[1].

Les plus sceptiques d'hier ne sont pas les moins enthousiastes et Biot, sans doute saisi de remords, parle de se vacciner lui-même avant de s'inoculer une culture virulente. Dans un mouvement d'exaltation, on décide que la ferme de Pouilly-le-Fort s'appellera désormais « clos Pasteur ». Le même enthousiasme déferle bientôt sur la France et dans le monde. Pasteur, d'emblée, accède à la gloire.

Au cours de la séance du 13 juin, l'Académie des sciences lui rend un solennel hommage : « Nous possédons maintenant, déclare son président, des virus vaccins du charbon, capables de préserver de la maladie mortelle, sans jamais être eux-mêmes mortels, vaccins vivants, cultivables à volonté, transportables partout sans altération, préparés enfin par une méthode qu'on peut croire susceptible de généralisation, puisque, une première fois, elle a servi à trouver le vaccin du choléra des poules. Par le caractère des conditions que j'énumère ici, et à n'envisager les choses que du point de vue scientifique, la découverte des vaccins charbonneux constitue un progrès sensible sur le vaccin jennérien, puisque ce dernier n'a jamais été obtenu expérimentalement. »

Le vaccin anti-charbonneux met désormais les seuls éleveurs de France à l'abri d'une perte annuelle estimée à sept millions de francs. Le gouvernement de la République, reconnaissant l'éclat sans précédent de la découverte, offre à Pasteur le grand cordon de la légion d'honneur. Il l'accepte à la seule condition que ses collaborateurs, Roux et Chamberland, reçoivent le ruban rouge.

La révolution microbiologique a gagné et la microbiologie peut prendre son envol.

1. Pasteur, Roux et Chamberland, « Compte rendu sommaire des expériences faites à Pouilly-le-Fort, près Melun, sur la vaccination charbonneuse », *Œuvres complètes, op. cit.*, t. 6, p. 346-350 ; É. Roux, « L'œuvre médicale de Pasteur », *op. cit.*, p. 539.

TROISIÈME PARTIE

L'essor de la microbiologie (1880-1920)

INTRODUCTION

La victoire sur le choléra des poules et le charbon marque le début d'une ère nouvelle. Certes, des poules et des bovins immunisés n'auraient pas grande signification s'ils n'annonçaient le sauvetage de vies humaines. Désormais, une stratégie est en place. Il faut identifier le microbe de chaque maladie, l'isoler, le cultiver, l'inoculer avec succès au cobaye et trouver son mode d'atténuation.

Rien de plus simple, en apparence. Dans les faits, les germes restent souvent invisibles et des trésors d'ingéniosité sont nécessaires pour les débusquer. Parfois, ce sont des virus filtrants qui échappent à l'observation microscopique, comme le virus de la rage ou de la fièvre jaune. Mais il en faut davantage pour désarmer les chercheurs et c'est grâce aux prodiges de la méthode expérimentale que Pasteur et Roux parviennent à dépouiller le virus rabique de sa virulence.

Deux superpuissances microbiologiques sont en lice : l'Allemagne et la France. Chacune d'elle a son génie. Virtuoses des techniques microscopiques, les Allemands sont passés maîtres en l'art d'identifier les germes tandis que les Français ont conquis la maîtrise des techniques d'atténuation.

Koch a isolé le germe du charbon en 1876. Il découvre celui de la tuberculose en 1882 et le vibrion cholérique en 1883. En 1880, Eberth identifie le bacille de la fièvre typhoïde que Gaffky cultive quatre ans plus tard. En 1884, Loeffler dépiste celui de la diphtérie qui avait été observé par Klebs dès 1873. La même année, Nicolaier isole le bacille tétanique. Schaudin et Hoffman découvrent le spirochète pâle de la syphilis en 1905. Mais c'est Pasteur qui, en 1881, identifie le pneumocoque, et le français Alexandre Yersin qui tire de l'ombre le bacille de la peste en 1894.

En France, Pasteur met au point le vaccin contre la rage (1885), Haffkine celui contre le choléra (1894), Chantemesse et Widal celui contre la fièvre typhoïde (1895), Yersin le sérum antipesteux (1894), Calmette et Guérin le BCG (1912), Ramon le vaccin antidiphtérique et antitétanique (1923). En

1888, Roux et Yersin isolent la toxine diphtérique qui permet à Behring de fabriquer, deux ans plus tard, le sérum antidiphtérique.

Accueillie avec enthousiasme dans le public, la microbiologie se heurte dans les facultés aux derniers bastions de résistance. Peter et Jacoud en France, Pettenkoffer en Allemagne mourront sans avoir rendu les armes. Mais le *Journal d'hygiène,* seul, donne audience à leur propos.

Pour ces irréductibles, la maladie, infectieuse ou non, relève d'un phénomène spontané et la pathologie expérimentale ne saurait se substituer à la clinique. La microbiologie reste un concept réducteur, voire simpliste, qui n'explique rien en voulant tout expliquer par le microbe. Car le même pneumocoque tue les uns, épargne les autres, provoque chez les uns une pneumonie suppurante, chez d'autres une pneumonie simple. C'est donc l'organisme, et non le pneumocoque, qui donne au mal son degré de virulence. Certes, les microbes sont bien là, mais ils naissent de la maladie dont ils ne sont pas la cause. Ils existent de toute éternité, et s'ils étaient aussi dangereux que le disent les microbiologistes, toute forme de vie ne se serait-elle pas effacée derrière le microbe roi ?

Les sceptiques récupèrent avec maestria toutes les doctrines microbiologiques. La découverte des toxines leur apporte la preuve que ce sont des poisons qui tuent, et non des microbes, comme ils l'ont toujours affirmé. La phagocytose confirme le dogme de la prédisposition morbide et le caractère endogène et organique des maladies infectieuses, les sujets débiles développant le mal, les autres y restant réfractaires.

Le *Journal d'hygiène* n'hésite pas à railler la phagocytose en des termes qui résument l'esprit de l'ancienne école : « Au fond, la bactériologie n'est pas une science aussi triste, aussi lugubre, aussi maussade qu'elle le veut paraître ; car si, par certains côtés, elle nous glace d'effroi en nous faisant voir en tout et partout les méchants microbes, elle s'efforce de nous mettre à l'aise, voire de nous égayer follement en nous apprenant qu'il y a, par contre, de bons, d'excellents microbes, lesquels luttent d'instinct contre les mauvais. C'est sans doute chez elle une réminiscence de ce vieux manichéisme [...]. Mais les microbes ne sont pas gens à se laisser faire : ils sécrètent leurs meilleures toxines pour empoisonner leurs adversaires et réussissent parfois. Pleurons le phagocyte car il est mort, et celui qu'il défend le suivra de près dans la tombe[1]. »

Pour les sceptiques, la microbiologie a le seul mérite de mettre l'accent sur l'hygiène. Mais leur hygiène hippocratique n'ayant jamais fait reculer les maladies infectieuses, ils ne font que singer le malfaiteur faisant l'éloge de la probité. N'est-il pas cocasse d'entendre le Pr Peter, éternel prophète manqué qui n'a guéri personne, rendant en cours magistral un hommage emphatique et dédaigneux à la microbiologie ?

1. *Journal d'hygiène*, 1897, p. 384.

« Dans le cours de ma longue carrière médicale, j'ai vu la grandeur et la décadence de bien des doctrines [...]. Aujourd'hui, nous venons à peine d'assister à la naissance des théories microbiennes, que les microbes font déjà place aux alcaloïdes, nous ramenant ainsi du solidisme à l'humorisme.

« Mais au fond, tout cela c'est le progrès ! car chacune de ces théories contient une part de vérité. Le malheur est de vouloir trop généraliser. De Broussais, il nous reste l'irritation ; de la méthode numérique, une précision plus grande ; de Virchow, les embolies ; de Claude Bernard, des actions réflexes, et des doctrines microbiennes, une hygiène plus rigoureuse. Grâce à elles, nombre de gens auront appris qu'il est décidément très bon d'être propre, de boire de l'eau pure et de manger des choses saines.

« Et c'est la somme de ces vérités partielles qui fait la vérité totale, la vérité vraie, que j'essaie de chercher avec vous[1]. »

Peter fait alors partie des « princes de la médecine ». C'est un bourgeois de souche élevé dans la grande tradition. Sa langue est belle, sa stature imposante. Les microbiologistes sont d'humble origine. Ce sont des hommes nouveaux, des défricheurs. Entre l'ancienne et la nouvelle école, le débat d'idées se déroule sur une toile de fond sociologique. Aussi ne peut-on comprendre l'avènement de la microbiologie sans en connaître les pionniers.

1. Boute, *Pasteur et ses élèves*, Paris, 1898, p. 364.

CHAPITRE XV

Les hommes de la microbiologie

Ils sont tous sortis du rang, les hommes de la microbiologie. De modeste origine, ils s'élancent, sabre au clair, à la conquête d'un monde nouveau. Loin des grands bourgeois qui officient à la faculté ou à l'Académie de médecine, ce sont les « conquistadores » de l'invisible. Ils explorent les microcosmes tandis que les « princes de la science », les Brouardel, les Thoinot, les Peter ou les Dieulafoy distillent leur science du haut d'une chaire. Révolutionnaires blanchis sous le harnais, ils s'appellent Pasteur, Roux, Koch, Behring, Yersin, Calmette, Metchnikoff.

Parce qu'ils sont partis de rien, qu'ils ne doivent rien à personne, ils ignorent le poids de la tradition. Leur jeunesse a été sans dorure, mais dans tous les cas, ils ont grandi dans un milieu où l'on vénère la culture.

L'humble jeunesse de Pasteur

Louis Pasteur est le fils de Jean-Joseph Pasteur, modeste tanneur à Arbois, dans le Jura, mais homme de grande culture. Sa tannerie est devenue le rendez-vous des artistes et des érudits de la région. Voilà qui ne sera pas sans incidence sur la formation du petit Louis.

En 1842, à l'âge de vingt ans, Pasteur obtient un poste de maître supplémentaire au collège de Besançon. Il est logé, nourri, et touche 24 francs par mois en échange de quelques répétitions. La tâche ne lui semble pas excessive. « L'argent que je toucherai ne sera pas bien gagné. Ce sera de l'argent insolent », écrit-il à son père.

À Paris, où il se lance dans des études de chimie et de physique, il est hébergé et nourri à la pension Barbet pour une somme annuelle de 800 francs. Le directeur est franc-comtois et c'est un prix d'ami pour compatriote. De surcroît, Pasteur donne chaque jour une heure de répétition. « Vous voyez, répète-t-il à ses parents, j'ai un bonheur insolent. »

Plusieurs de ses lettres gardent le souvenir d'une lutte contre le froid qui tourne à l'obsession : « Si papa le peut, qu'il m'arrange cette peau de chèvre. Notre chambre est pavée ; c'est froid pour le matin. C'est nous qui achetons le bois. » « Avoir acheté pour 10 francs de bois... loué un poêle de 8 francs... acheté du bois trois fois, je n'en finirai pas de vous parler de ces petites dépenses. » Lorsqu'il est question de mettre sa sœur Joséphine en pension, Pasteur tance ses parents qui ont soulevé l'obstacle financier. Puis, il se propose de donner des répétitions pour lui payer ses études.

Reçu à l'École normale supérieure, il continue à donner des cours à la pension Barbet. En septembre 1846, il décroche l'agrégation de physique et de chimie et se retrouve professeur au lycée de Tournon. Mais le chimiste Balard, qui a décelé en lui d'étonnantes capacités, lui obtient un poste d'agrégé-préparateur à l'École normale. C'est alors qu'il se livre à sa passion de la cristallographie et perce le secret des paratartrates. Sur ces entrefaites, la crise économique de 1847 a plongé sa famille dans une situation critique. Plus que jamais, Pasteur redoute de se retrouver dans un lycée et la conquête d'un poste de professeur suppléant à l'université de Strasbourg sera rude[1].

Pasteur, alors âgé de vingt-six ans, s'est promis de rester célibataire, de vivre avec l'une de ses sœurs et de se consacrer à la science. Or, le nouveau recteur de l'Académie de Strasbourg, M. Laurent, a une fille, Marie. Lorsqu'il la rencontre, au cours de la réception inaugurale, il en oublie son vœu de célibat et ses cristaux. L'image de Marie Laurent ne cesse de tournoyer dans sa tête et, le 10 février 1848, de guerre lasse, il jette sa discrétion aux orties et adresse une lettre à son recteur. On y découvre la modestie de ses origines :

> « Monsieur,
>
> « Une demande d'une haute gravité pour moi et pour votre famille vous sera faite sous peu de jours et je crois de mon devoir de vous adresser les renseignements suivants qui pourront servir à décider votre acceptation ou votre refus.
>
> « Mon père est tanneur à Arbois, petite ville du Jura. J'ai trois sœurs. La plus jeune à l'âge de trois ans a eu une fièvre cérébrale qui a arrêté chez elle tout développement de l'intelligence. C'est une enfant pour l'intelligence, une grande personne pour le corps. Nous devons la placer prochainement dans un couvent où elle passera sans doute le reste de ses jours. Mes deux autres sœurs remplacent auprès de mon père, pour les soins du ménage et du commerce, ma mère, que nous avons eu le malheur de perdre au mois de mai dernier.
>
> « Ma famille est dans une position aisée, mais sans fortune. Je n'évalue pas à plus de cinquante mille francs ce que nous possédons ; et, quant à moi, je suis décidé depuis longtemps à laisser intégralement à mes sœurs tout ce qui me reviendra en partage. Je n'ai donc aucune fortune. Tout ce que je possède c'est une bonne santé, un bon cœur et ma position dans l'Université.

1. Pierre Darmon, *Pasteur*, Paris, Fayard, 1995, p. 15-45.

« Je suis sorti il y a deux ans de l'École normale [...]. J'ai l'ambition de revenir à Paris lorsque, par mes travaux scientifiques, je me serai acquis quelque réputation. M. Biot m'a parlé plusieurs fois de songer sérieusement à l'Institut. Dans dix ou quinze ans peut-être je pourrai y songer si je continue à travailler sérieusement. De ce rêve, autant en emporte le vent ; ce n'est pas lui du tout qui me fait aimer la Science pour la Science.

« Mon père viendra lui-même faire cette demande en mariage... »

La famille Laurent hésite. Un mois et demi après sa demande, la réponse n'est toujours pas arrivée. Sans doute Pasteur est-il de trop modeste condition. Qui connaît les découvertes de ce jeune assistant dans le domaine de la cristallographie ? Le 31 mars, il tente un nouveau coup d'audace en écrivant à Mme Laurent. Dans l'enveloppe, il glisse un mot destiné à sa bien-aimée : « Tout ce que je regrette c'est de n'être pas plus digne de vous, c'est de n'avoir pas à vous offrir bien des qualités qui me manquent tout à fait, une position plus belle, mais que j'essaierai d'améliorer par les plus grands efforts... »

Et le 2 avril, touchés par tant de bons sentiments, les parents de Marie finissent par lui accorder une « promenade » avec leur fille. Qui pouvait alors se douter que Pasteur serait un jour Pasteur ?

Robert Koch, médecin de campagne. Behring, médecin militaire

Traversons le Rhin. Clausthal est une petite ville du Harz, la plus élevée de celles qui se blottissent dans les hautes vallées que domine le Brocken. C'est là que naît, le 11 décembre 1843, celui qui allait se hisser à la tête de l'école bactériologique allemande et découvrir le bacille de la tuberculose et le vibrion cholérique : Robert Koch[1].

Son père travaille dans l'administration des mines, situation fort modeste pour une famille de onze enfants. Comme le père de Pasteur, c'est un homme cultivé et, bien que l'économie soit de rigueur, il possède une bibliothèque dans laquelle le petit Robert puise les rudiments de son savoir. À l'âge de cinq ans, il aurait, dit-on, appris à lire tout seul. C'est aussi un collectionneur-né. Il amasse plantes, insectes, cristaux et cailloux ; il naturalise, dissèque des animaux. Jusqu'à l'âge de dix-huit ans, Robert Koch a vécu dans ce milieu simple, menant la vie modeste et austère de la petite bourgeoisie luthérienne de son temps.

Une fois ses études au Gymnasium terminées, il se consacre à la médecine et part pour Göttingen, siège d'une illustre faculté. En 1866, il est reçu médecin avec la mention *cum examinia laude*. Après un bref séjour à Berlin, le voilà

1. Richard Boghali, *Robert Koch, der Schöpfer der Modern Bacteriologie*, Stuttgart, 1954 ; Émile Lagrange, *Robert Koch, sa vie, son œuvre*, Paris, 1938, p. 6 *sq*.

de retour au terroir. La médecine de campagne ne le tente guère et, comme la médecine militaire lui est interdite en raison de sa myopie, il songe à s'embarquer pour les États-Unis comme médecin à bord, ce qui lui permettrait de faire quelques économies avant de s'installer. Mais son père, qui considère que la médecine n'est pas un « article d'exportation », l'encourage à passer son examen d'État à Hanovre pour le fixer au pays. En ce temps-là, en effet, les médecins allemands n'étaient pas libres de s'installer à leur gré. C'était l'État qui leur attribuait un poste.

Entre-temps, grâce à un parent, Koch obtient un poste provisoire à l'hôpital de Hambourg. Il y est nourri et logé, et c'est l'endroit rêvé pour un éventuel embarquement, car l'appel du grand large le hante toujours. C'est à cette époque qu'il épouse une amie d'enfance, Emmy Fraatz. Elle aussi rejette tout projet de voyage, et ce que femme veut...

En 1867, il obtient la direction médicale d'un établissement pour enfants arriérés à Langenhagen, près de Hanovre. Une fois le logement trouvé, il doit se faire prêter des meubles et, pour arrondir ses modestes revenus, achète un cheval et pratique la médecine de campagne à ses moments perdus. Lorsque l'établissement fait l'objet de réductions budgétaires, il refuse un salaire de misère et se retrouve sur le pavé avec sa femme enceinte. Il s'installe alors à Niemegk, mais c'est en vain qu'il attend la clientèle.

Sans se laisser abattre, il songe de nouveau à émigrer aux États-Unis, comme l'ont fait avec succès deux de ses frères. Mais en juillet 1869, il part pour Rakwitz, petite ville silésienne de Pologne. Cette fois, la clientèle est au rendez-vous et ses économies lui permettent d'acheter des appareils et des animaux d'expérience. Durant ses loisirs, il se consacre à l'apiculture, à sa basse-cour, et fabrique une machine électro-thérapeutique.

Lorsque la guerre de 1870 éclate, Koch est réformé en raison de sa myopie mais il s'enrôle comme volontaire et se retrouve dans un hôpital militaire des environs d'Orléans. En 1872, il obtient un poste de *Kreisphysicus* (médecin sanitaire de canton) à Wollstein. Pour un salaire annuel de 900 marks, il lui faut signer quelques certificats, signaler à l'administration centrale les épidémies et les épizooties, et assurer le service des vaccinations jennériennes. Il obtient également le poste de médecin des hôpitaux catholique et protestant.

De telles responsabilités inspirent confiance et la clientèle afflue. Robert Koch est désormais un honorable médecin de campagne, mais sans relation ni fortune, le voilà condamné à l'*aura mediocritas*. Heureusement, la passion le tenaille. Il y a, dans les environs, plusieurs stations préhistoriques qu'il fouille avec ardeur. Il y trouve des ossements, des poteries et des objets de bronze. Son futur adversaire, le grand Virchow, qui partage sa passion des fouilles, vient un jour examiner ses trouvailles. Puis, Koch décide de se lancer à la recherche du germe du charbon.

Compatriote de Robert Koch, Emil Behring n'a pas été logé à meilleure enseigne. C'est lui qui, en 1891, mettra au point le sérum antidiphtérique.

Il est né en Prusse orientale en 1854. C'est le cinquième enfant d'un modeste maître d'école qui, de deux mariages, aura treize enfants. Faute de ressources, ses parents sont obligés d'interrompre ses études de médecine, mais, frappé par ses capacités, un parent éloigné suggère de le faire entrer au corps de santé militaire où les études sont gratuites. C'est ainsi qu'il entre à la « Pépinière », collège de médecine militaire fondé par Frédéric II à Berlin et creuset de tous les miséreux fouettés par la rage d'apprendre.

Reçu médecin en 1879, il se passionne pour la bactériologie, à tel point qu'il est détaché en 1889 à l'Institut d'hygiène de Berlin, alors dirigé par Robert Koch[1].

Émile Roux ou le temps des vaches squelettiques

À la même époque se dessine en France la grande figure d'Émile Roux. Futur directeur de l'Institut Pasteur, il isolera avec Yersin la toxine diphtérique en 1890, ouvrant ainsi à Behring la voie de la mise au point du sérum antidiphtérique. Plus tard, il organisera un grand service de sérothérapie.

Pierre Paul Émile Roux[2] est né en 1853 à Confolens, bourgade charentaine de 3 000 âmes, dans une famille de neuf enfants. Son père y est principal du collège. Mais il meurt en même temps que sa femme, alors que plusieurs enfants sont en bas âge. Sa fille aînée a épousé un enseignant et c'est le jeune couple qui se consacre à l'éducation de la nichée. Roux a donc connu l'atmosphère besogneuse des familles nombreuses de petits fonctionnaires qu'il n'oubliera jamais. « Toute sa vie, écrit son biographe Émile Lagrange, il restera pauvre de cœur comme il l'a été de fait dès le berceau. »

En 1871, il termine ses études secondaires, part pour Clermont-Ferrand puis pour Paris où, en 1873, il passe avec succès le concours d'admission à l'hôpital militaire du Val-de-Grâce, ultime refuge des étudiants peu fortunés qui s'engagent à servir dans le corps de santé pour dix ans.

Au cours de son service militaire, Roux, qui avait perdu deux de ses frères dans le conflit de 1870, s'était fait remarquer pour son adresse au cheval et au tir. Mais le Val-de-Grâce est une immense caserne où la discipline est tyrannique. À l'intérieur de ses murs glacés, il a la satisfaction de rencontrer deux futurs pasteuriens : le vétérinaire Nocard et Chantemesse qui, avec Widal, mettra au point le vaccin antityphoïdique. Nous sommes en 1875. Pasteur et Koch fondent la pathologie infectieuse et tous trois se passionnent pour les idées nouvelles.

En 1876, le gouvernement décide la création de laboratoires dans les facultés de médecine. L'un d'eux est installé à l'Hôtel-Dieu où Roux fait ses

1. Émile Lagrange, *Monsieur Roux*, Bruxelles, s. d. (1954), p. 126-127.
2. *Ibid.*, p. 11 *sq.*

stages de clinique. Son directeur, Liouville, lui en confie la responsabilité. C'est la bonne aubaine. Bohème, indépendant, curieux de tout, il s'improvise « biologiste » et fait des « analyses ». Une mystérieuse prescience l'attire vers l'étude de la diphtérie et de la rage sur lesquelles il travaillera un jour avec bonheur. Mais la bactériologie n'a pas encore d'existence reconnue. Qu'importe ! Quatre ans durant, la vie est belle.

Lorsque Laveran, directeur éclairé du Val-de-Grâce, quitte son poste, c'est un général cerbère qui lui succède. Roux et Nocard sont priés de faire état de leurs diplômes. Logés et nourris aux frais de l'armée depuis quatre ans, ils coulent des jours paisibles de laborantins dilettantes. Ordre leur est donné de boucler leur thèse en trois mois avant d'être expédiés dans une garnison de province en qualité d'aide-major. Les deux jeunes gens, qui ignorent les rondeurs diplomatiques, le prennent de haut et protestent de la brièveté du délai. Ils auraient volontiers donné leur démission, mais où trouver la somme de mille cinq cents francs réclamée en pareil cas ? Reste une solution : se faire renvoyer pour indiscipline. C'est sans peine qu'ils décrochent les arrêts de rigueur et se retrouvent au « trou ».

« Si je n'avais que des élèves comme vous, leur déclare le général cerbère, je quitterais le Val-de-Grâce et je donnerais des consultations dans le quartier.

– Vous auriez tort, lui répond Roux, car vous n'en trouveriez pas, même pour quarante sous[1]. »

Plus tard, devenu directeur de l'Institut Pasteur, il retrouvera son général cerbère au hasard d'une cérémonie officielle, et tous deux riront aux éclats de leurs orages d'antan.

En attendant, chassé de l'armée en 1877, Roux renoue avec le temps des vaches maigres. Le voilà répétiteur suppléant au lycée Chaptal où l'une de ses tâches consiste à promener deux fois par semaine au bois de Boulogne une ribambelle d'enfants toujours prêts à railler ses vêtements élimés ou son haut-de-forme usagé. Un jour, il s'emporte contre le père d'un élève paresseux et le secoue avec rudesse. Dès le lendemain, il est convoqué par le proviseur qui l'informe qu'il a « failli étrangler le directeur des pompes funèbres » et qu'il n'a « plus qu'à s'en aller[6] ».

Quelques consultations de quartier exécutées à la sauvette lui permettent de survivre. Il se fait même une spécialité du traitement des varices en milieu populaire et, pendant plusieurs mois, prend pension chez la mère Chrétien qui tient un bistrot près de la rue d'Ulm. Il paye son déjeuner 90 centimes et le repas du soir 1,15 franc, vin compris. Et les jours où il soigne les varices de la patronne, il a droit à une crêpe.

1. Mary Cressac, *Le Docteur Roux, mon oncle,* Paris, 1951, p. 56-57.
2. *Ibid.,* p. 56-57.

Le miracle se produit en 1878. Cette année-là, Roux rencontre un ancien ami de Clermont-Ferrand, Émile Duclaux, qui vient d'être nommé professeur à l'Institut agronomique et qui l'embauche comme aide-préparateur. Dans le laboratoire de l'Hôtel-Dieu, il mettra des levures en culture avant de les transporter à la Sorbonne où Duclaux fait cours. Le mardi, il pourra même se payer le luxe d'assister, du haut des gradins de l'amphithéâtre de l'Académie de médecine, aux interventions de Pasteur dont Duclaux est préparateur.

Au laboratoire de la rue d'Ulm, que dirige Pasteur, personne n'a jamais pratiqué de piqûre sur un cobaye avec la seringue à piston de Pravaz qui fait désormais partie intégrante de l'arsenal des chercheurs. Un médecin est donc nécessaire et c'est à Roux que Duclaux fait appel. Le voilà en présence de Pasteur qui s'empresse d'ailleurs d'oublier son nom. Peu importe ! Il est près du Bon Dieu.

Rue d'Ulm, il est logé dans une mansarde, ce qu'il considère comme un privilège. Le soir, il se retrouve seul au-dessus des laboratoires confiés à sa garde et cette intimité silencieuse avec la recherche lui plaît. Au début, on l'emploie à des tâches sans importance mais son ascension est foudroyante. Quelques mois plus tard, il soutient sa thèse et, le 21 octobre 1879, Pasteur adresse une note sur « l'étiologie du charbon » à l'Académie des Sciences. À côté de sa signature figure celle de son nouvel assistant : Émile Roux.

Les périples transocéaniques d'Albert Calmette[1]

En 1921, après vingt ans de travaux acharnés, Albert Calmette démontre sur l'homme l'efficacité de son vaccin antituberculeux. Qui pourrait se douter que ce BCG, qui nous est si familier, est l'œuvre d'un ancien et obscur médecin de la marine ?

Albert Calmette est né en 1863 dans une famille de paysans auvergnats très attachés au terroir. Rien, dans sa parenté, dans son entourage ou dans ses relations, n'était de nature à orienter sa vocation. Une maladie ayant interrompu sa préparation à l'École navale, on le retrouve, en 1881, étudiant à l'École de médecine navale de Brest.

En 1883, à l'âge de vingt ans, il est nommé aide-médecin de la Marine à bord de *La Triomphante*, corvette cuirassée de l'amiral Courbet qui opère dans les mers de Chine. Il séjourne dans les ports, pénètre dans l'intérieur des terres, prend des notes à caractère anthropologique et ethnologique, s'intéresse à la filariose, maladie causée par un ver qui affecte 10 % des Chinois et sur laquelle il soutiendra sa thèse. En 1884, la guerre d'Orient le conduit dans l'île de Formose où le paludisme, la dysenterie et le choléra déciment les

1. Noël Bernard, *La Vie et l'œuvre de Albert Calmette*, Paris, Albin Michel, 1961, et *Les Initiateurs de la pathologie infectieuse*, Paris, 1942, p. 138 *sq*.

troupes plus encore que le feu, l'incitant à une réflexion sur ces microbes dont on commence à parler. En 1886, il découvre en Afrique équatoriale une nouvelle pathologie infectieuse : fièvre bilieuse et paludisme chez les Européens ; maladie du sommeil chez les Noirs. « C'est, pense-t-il, par les disciples de Pasteur que s'accomplira le pas décisif dans l'œuvre civilisatrice de la colonisation. »

Rentré en France en 1887, il soutient sa thèse, se marie et s'embarque avec sa jeune femme à destination des îles de Saint-Pierre-et-Miquelon où il exerce la médecine. Il y découvre un pays couvert de neige et parfois isolé par une mer de glace qui s'étend à perte de vue. Dans une lettre adressée au Dr Corre, Albert Calmette a retracé son chemin de croix :

> « Je devais servir à l'hôpital maritime. Nous étions deux médecins pour une population de près de six mille âmes. Comme mon chef était très fréquemment malade, je dus assumer, presque toujours seul, la charge de donner des soins de toutes sortes à tous ces braves gens et à leurs familles. Du matin au soir, après mon service d'hôpital, et par tous les temps, je circulais dans la ville de Saint-Pierre et dans les environs. Il me fallait prendre toutes les initiatives et toutes les responsabilités. Aidé par trois matrones, je faisais les accouchements et j'appris ainsi toutes les difficultés de l'obstétrique. Je dus aussi pratiquer les opérations chirurgicales les plus variées, depuis les amputations des membres jusqu'aux cataractes ! Ce fut une rude école et combien profitable à ma jeune expérience. »

Et malgré tout, écrira-t-il un jour, « sans travailler, en m'amusant quelques heures par jour, je m'initie à la technique bactériologique que j'ignore entièrement, en prenant pour guide les seuls ouvrages que j'ai pu me procurer ». Il trouve aussi le moyen de rédiger un *Traité de Géographie médicale et de climatologie générale du globe* de 650 pages manuscrites dont aucun éditeur ne voudra.

De France, Calmette a fait venir un objectif à immersion et une étuve à température constante. En octobre 1888, il note : « J'ai réuni une petite collection de préparations de microbes de toutes sortes, provenant de cultures pures, exécutées entièrement par moi : bacille typhique d'Eberth, *gonococcus* de Neisser, bacille tuberculeux, *leptotrix buccalis*, microbe du pus bleu... » C'est avec une habileté exceptionnelle pour un débutant autodidacte qu'il applique les méthodes de Pasteur : isolement d'un germe infectieux, réalisation d'une culture pure, reproduction expérimentale des lésions dont il est l'agent, mise en œuvre des résultats à des fins pratiques.

Un phénomène l'intéresse en particulier : le « rouge de morue », altération mystérieuse des morues fraîches, salées et entassées dans la cale des navires. Après avoir viré au vermillon, elles perdent la moitié de leur valeur sur les marchés européens en raison de leur toxicité. Calmette démontre que le mal a pour origine un germe du type micrococcus, qu'il a isolé et qui ne provient ni de l'eau ni de l'air mais du sel de l'Atlantique. À son retour en France, il montre que de faibles quantités de sulfite de soude suffisent à empêcher son développement.

Le 4 octobre 1890, Calmette franchit pour la première fois les grilles de l'Institut Pasteur. Émile Roux, auquel il soumet ses travaux, est surpris par l'ampleur de cette réussite solitaire. Entre les deux hommes, c'est le début d'une amitié de quarante-trois années qui, par une poignante coïncidence, ne cessera qu'à leur mort survenue, en 1934, à cinq jours d'intervalle.

Les cas de Pasteur, de Koch, de Behring, de Roux et de Calmette ne sont pas uniques. On pourrait les multiplier. Jenner était le fils d'un modeste pasteur du Glowcester, Lister celui d'un petit marchand de vin qui dut quitter l'école pour gagner sa vie à l'âge de quatorze ans. À côté d'eux, Yersin, futur vainqueur de la peste, fait figure de privilégié alors que la situation de sa famille n'a pourtant rien d'exceptionnel.

Alexandre Yersin, pasteurien et capitaliste

Alexandre Yersin est né à Morgues, en Suisse, en 1862. Peu après sa naissance, son père, qui était régisseur de la poudrière de Lavaux, meurt d'une attaque d'apoplexie à l'âge de trente-huit ans, laissant sa femme dans l'attente d'un troisième enfant. Celle-ci achète alors la « Maison des Figuiers » qu'elle transforme en maison d'éducation pour jeunes filles venues d'Allemagne et de Suisse. L'enfance de Yersin y est heureuse mais austère.

En 1884, il fait ses études de médecine à Marburg où sa correspondance exprime de permanentes préoccupations pécuniaires : ses droits d'inscription lui ont coûté 15 marks, les cours semestriels 136 marks. Il paie sa chambre 21 marks par mois, chacun de ses repas 1,3 mark, sa lessive 5 marks et la réparation de son microscope 30 marks.

Lorsqu'il arrive à Paris comme étudiant, en 1885, il se rend au Bon Marché pour ses achats de première nécessité. Mais les frais de scolarité pèsent lourd sur son budget. Les cours lui coûtent 520 francs, son inscription aux examens de fin d'année 90 francs, les frais d'équivalence de ses diplômes étrangers 180 francs[1]...

Associé à Roux dans la découverte de la toxine diphtérique, en 1888, il rêve depuis longtemps de voyages exotiques. En 1894, il est à Hongkong où il découvre le bacille de la peste. À son retour en France, il met au point un vaccin et un sérum antipesteux avec la collaboration de Calmette et de Borel.

Brusquement, tout bascule et Yersin se métamorphose en personnage atypique au milieu des ermites de l'Institut. Il devient l'homme des grands

1. Cité par Henri H. Mollaret et Jacqueline Brossollet, *Alexandre Yersin ou le vainqueur de la peste*, Paris, Fayard, coll. « Les inconnus de l'histoire », 1985.

espaces et des initiatives insolites. À Nha Thrang, où il vient de fonder un Institut Pasteur, il songe à améliorer la volaille, étique et dégénérée dans les pays chauds, et s'occupe d'orchidées. À quelques kilomètres de là, à Suoi-Giao, il crée dans la brousse des plantations de caoutchouc et de café qui font merveille. Grâce à lui, la Cochinchine se couvre d'hévéas. Reconverti dans le capitalisme, il signe un accord avec la maison Michelin qui lui assure un budget personnel dont une partie est reversée aux Instituts Pasteur de Saigon et de Nha Trang. Il se paye encore de coûteuses fantaisies comme cette digue de béton pour protéger de l'érosion sa tour blanche et une route reliant Nha Trang à Suoi-Giao qu'il sillonne à bord de sa motocyclette.

Bientôt, Yersin se passionne pour la météorologique et installe des stations à Nha Trang et à Hom-Bâ, sur les hauteurs de la chaîne annamite. C'est là qu'il tente, mais sans succès, d'acclimater le quinquina qui fait surtout l'affaire des insectes. Il mourra le 1er mars 1943, à Nha Trang occupé par les Japonais.

Metchnikoff le tourmenté

Fondateur de la théorie phagocytaire, le Russe Élie Metchnikoff (1845-1916) ne semble pas avoir souffert de la misère dans sa jeunesse. Mais d'origine juive par sa mère et de sentiments progressistes, il devient paria dans son pays lorsque s'abat la réaction de 1882.

Originaire de la province de Kharkov, il est le fils d'un petit propriétaire terrien. Après de brillantes études qui ont révélé sa vocation précoce de biologiste, il obtient une bourse de quelques milliers de roubles qui lui permet d'enrichir ses connaissances à l'étranger. Revenu en Russie, il enseigne à Odessa puis à Saint-Pétersbourg. Mais, en 1882, il donne sa démission de l'Université et se consacre à la recherche.

Étrange personnalité que celle de ce savant hors norme. D'un tempérament mélancolique, il passe de l'exaltation à l'abattement et s'emporte pour des raisons imaginaires : bruits insolites, miaulements de chat, aboiements, difficulté à résoudre un rébus. Sa sensibilité et son pessimisme l'incitent à considérer la procréation comme un acte criminel de la part de tout être conscient. En 1881, il tente de mettre fin à ses jours au cours d'une dépression nerveuse, mais voulant épargner aux siens le chagrin d'un suicide et mourir de façon utile, il s'inocule la fièvre récurrente pour prouver sa transmissibilité. La réponse, éclatante, le porte au bord du tombeau et réveille en lui une crise de mysticisme. À demi conscient, il s'imagine avoir résolu le « problème de l'éthique humaine », ce qui lui procure une jouissance infinie. Plus tard, il en déduira que l'agonie peut être accompagnée de sensations agréables. Durant sa convalescence, il retrouve la joie de vivre et, par la suite, ne fera plus jamais de récidive. Mais sa fièvre récurrente semble avoir déterminé les lésions cardiaques dont il mourra.

Ténébreux de nature, Metchnikoff peut se montrer d'un naturel enjoué et chaleureux. Dans sa jeunesse, il épouse les idéaux progressistes et se lie d'amitié avec Bakounine qui le surnomme « maman » en raison de son caractère affectueux. De toutes ses forces, il lutte contre l'inertie et la réaction qui entravent le développement de la culture et de la science en Russie. Lui-même se considère comme un « évolutionniste progressif » favorable à une évolution lente et profonde de la société. Adversaire de la révolution et surtout du terrorisme, il estime, dans une fulgurante intuition, qu'en l'absence d'instruction populaire tout changement est voué à un transfert de despotisme.

Après l'attentat contre Alexandre II, le 1er mars 1881, la réaction se déchaîne. La nomination des professeurs élus par le conseil universitaire n'est ratifiée par le ministère que s'ils sont bien pensants, ce qui consacre le triomphe des médiocres. Dans ces conditions, Metchnikoff donne sa démission, qui est acceptée avec empressement, et se consacre à ses recherches.

Son expérience de biologiste est riche et son pouvoir d'assimilation surprenant. Comme le remarque sa belle-sœur, « nous étions toujours stupéfaits de sa capacité de s'absorber dans la lecture scientifique jusque pendant les repas ; cela ne gênait personne, car il écoutait en même temps les conversations et y prenait part de temps en temps ».

Jusqu'en 1881, une maladie des yeux paralyse ses recherches. « Il souffrait encore d'une inflammation des yeux, note sa belle-sœur. Cet homme, qu'il m'est impossible de me figurer autrement qu'au microscope ou avec un livre, était réduit à une inactivité complète pendant cette triste période de sa vie. » Pour tromper son ennui, il organise alors, à ses frais, une expédition anthropologique en pays kalmouk. Par bonheur, la fièvre récurrente inoculée a eu, paraît-il, un effet bénéfique sur sa vue et ses troubles oculaires disparaissent à partir de 1881[1].

En exil à Messine, il découvre en 1882 le phénomène de la phagocytose. Seul de tous les savants d'Europe, Pasteur soutient ses théories. En 1888, il est chef de service à l'Institut, membre d'une vingtaine de sociétés savantes en Europe et titulaire de nombreuses récompenses honorifiques. Ses travaux sur l'immunité, la flore intestinale, la vieillesse ou le lait caillé dépasseront les cercles scientifiques pour toucher le grand public.

Pasteur l'admire pour ses qualités de savant et d'homme. Le 21 août 1890, il écrit à Grancher : « Metchnikoff m'a écrit une lettre qui m'a vivement ému par les preuves qu'il y donne de son absolu dévouement à la Science. Nous savions bien cela, mais comme il me confie qu'il a de nouveau décliné les offres, sans doute brillantes, du prince Oldenbourg, et qu'il a en outre cédé à un de ses beaux-frères sa fortune immobilière pour avoir à l'avenir plus de tranquillité d'esprit et moins de temps à consacrer à ses affaires d'intérêt à l'époque des vacances, je suis pénétré d'admiration pour cette noble conduite. Et avec quelle simplicité il me raconte toutes ces choses. »

1. Olga Metchnikoff, *Vie d'Élie Metchnikoff*, Paris, 1920, p. 45 *sq.*

En septembre 1892, Pasteur propose Metchnikoff pour la croix d'officier dans l'ordre de la Légion d'honneur. « Je craindrais en effet, écrit-il au ministre des Affaires étrangères Ribot, que la croix de chevalier ne fût pas, aux yeux de ses compatriotes et des savants du monde entier, considérée comme étant suffisante pour récompenser les services qu'il a rendus à la science. » La requête sera acceptée.

Devenu sous-directeur de l'Institut Pasteur en 1905, Metchnikoff recevra le prix Nobel en 1908 pour ses travaux sur l'immunité. À sa mort, survenue en 1916, il sera, selon sa volonté, incinéré, et ses cendres seront déposées dans la bibliothèque de l'Institut où il disait avoir passé les plus belles heures de sa vie.

Pasteuriens de la première heure

D'autres vocations se sont affirmées dans l'enceinte de la rue d'Ulm. Moins souvent évoquées, elles n'en font pas moins date dans l'histoire de la microbiologie.

Émile Duclaux hante la rue d'Ulm mais il est aussi professeur de météorologie à l'Institut d'agronomie et maître de conférences de chimie biologique à la Sorbonne. C'est en travaillant sous la direction de Pasteur qu'il s'est initié à la nouvelle chimie des fermentations. Il sera l'auteur de plusieurs livres : *Ferments et maladies* (1882), *Microbiologie* (1883), *Le Microbe et la maladie* (1886), *Traité de microbiologie* (1891-1901). Après la mort de Pasteur (1895), il deviendra directeur de l'Institut Pasteur.

Chamberland est le bricoleur de l'équipe. C'est lui qui met au point la bougie filtrante et l'autoclave qui portent son nom (1884). Avant cette invention, on chauffait les ballons scellés à l'air libre dans des solutions salines concentrées dont l'ébullition ne se faisait qu'à 115°. Désormais, il devient possible de stériliser les cultures sans danger dans des ballons ou des tubes bouchés au coton.

Bon vivant, Chamberland aime la chasse et la pêche. Il est le collaborateur de plein air, celui qui travaille près de Chartres sur le charbon. Il restera attaché au laboratoire de l'École normale et, plus tard, à l'Institut Pasteur jusqu'à sa mort, en 1908. Son caractère léger désole Pasteur, mais n'est-ce pas grâce à son étourderie qu'il a découvert les propriétés prophylactiques des cultures vieillies de germes du choléra des poules ? Il s'intéresse aussi à la politique. En 1885, il est élu député et s'érige à la Chambre en défenseur de l'hygiène.

Son ami Joubert est comme lui un homme de terrain. Biologiste de formation, il assiste Pasteur et Chamberland dans leurs recherches sur le charbon.

Nocard, le jeune vétérinaire de l'équipe, est titulaire de la chaire des maladies infectieuses à Maisons-Alfort. Avec Roux, il découvrira le rôle favorisant de la glycérine dans la culture du bacille tuberculeux.

Louis Thuillier est un ancien élève de l'École normale. Nanti d'une formation de physicien, il se consacre aux problèmes de pathologie vétérinaire et, en 1882, découvre au cours d'une épidémie dans le Midi, le germe du rouget du porc. Un an plus tard, il meurt du choléra au cours d'une mission scientifique en Égypte.

Neveu de Pasteur, Adrien Loir est son secrétaire et son manipulateur, fonction nécessaire depuis qu'il a perdu l'usage du bras gauche à la suite d'une attaque d'hémiplégie.

Le triomphe des théories microbiennes ne doit pas faire illusion. Les microbiologistes n'ont jamais été au bout de leurs peines. Leurs études achevées, c'est dans des conditions de fortune qu'ils vont devoir travailler et faire triompher leurs idées.

CHAPITRE XVI

Les hommes de la microbiologie Le quotidien

Les pionniers de la microbiologie travaillent en terrain vierge. Pour eux n'existent ni crédits ni laboratoires et c'est au grenier ou à la cuisine que commence une aventure dont les ingrédients se trouvent chez l'épicier, le droguiste ou l'apothicaire. À la fin du XIXe siècle, on entre en microbiologie comme en religion et certains y font vœu de célibat. À leur mission, ils sacrifient souvent leur vie familiale et privée.

S'il est un domaine dans lequel ils ne transigent pas, c'est dans celui de la vérité sous toutes ses formes. Aussi sont-ils parfois amenés à s'engager dans la vie publique pour la défense d'une liberté indissociable du progrès scientifique.

Un mal logé de la science : Pasteur

Lorsque Pasteur fait ses premières découvertes, l'héritage de la science spéculative est vivant et l'idée de consacrer un espace à la recherche n'est pas encore entré dans les mœurs. C'est dans des conditions de fortune que s'improvisent les premiers laboratoires. Préparateur de Magendie, Claude Bernard travaille dans une cave du Collège de France. Le chimiste Wurtz, l'un des créateurs de la théorie atomique, dispose d'un débarras sous les combles du Musée Dupuytren. Sainte-Claire-Deville, qui inventera le procédé de fabrication de l'aluminium, se contente du coin le plus miséreux de la rue de la Harpe[1].

Il faut être riche pour travailler dans un local adapté à la recherche scientifique. Ni Buffon ni Lavoisier n'auraient pu faire carrière s'ils n'avaient été propriétaires et riches. Seul parmi les contemporains de Pasteur, le chimiste Dumas fait exception. Il a dédaigné la salle malsaine qu'on lui a offerte à la

1. Cité par René Vallery-Radot, *Vie de Pasteur, op. cit.*, p. 48.

Sorbonne pour s'installer dans la maison de la rue Cuvier que son beau-père, le minéralogiste Brongniart, a mis à sa disposition.

Pasteur, à ses débuts, n'échappe pas à la règle. C'est en 1857 qu'il arrive à l'École normale avec le titre d'administrateur et de directeur des études scientifiques. Avide de poursuivre ses recherches sur les fermentations, il se trouve confronté à un obstacle inattendu : la rue d'Ulm n'abrite aucun espace réservé à la recherche. Il arpente les lieux des caves aux combles et c'est dans un grenier qu'il plante, à ses frais, le décor de ses travaux. Des cloisons posées à la hâte, deux travées aménagées de façon sommaire, et les expériences sur les fermentations peuvent reprendre. Mais que d'obstacles l'attendent!

L'endroit a été laissé à l'abandon comme insalubre. L'hiver, il y gèle. L'été, l'atmosphère y est irrespirable. En juin 1858, Pasteur écrit à son ami d'enfance Chappuis : « Je poursuivrais en ce moment les conséquences de ces faits, si une température de 36° ne m'éloignait de mon laboratoire ou mieux de mon réduit. Je vois avec regret les plus longs jours de l'année perdus pour mon travail. Néanmoins, je m'habitue à mon grenier et j'aurais peine à le quitter. J'espère l'agrandir aux prochaines vacances. »

De surcroît, en sa qualité d'administrateur, aucun crédit de recherche ne lui est alloué et il ne sera jamais indemnisé en dépit de sollicitations multiples adressées au ministère de l'Instruction publique et des cultes. Quant à l'aide d'un garçon de laboratoire, il ne faut même pas y songer.

En 1859, c'est dans des circonstances inattendues qu'un espace plus digne de ses travaux est mis à sa disposition. La façade principale du bâtiment de l'École normale était ornée d'un seul pavillon occupé par le concierge, ce qui offrait une perspective dissymétrique. Pour rétablir l'équilibre, on en construit un second dont on ne sait que faire. Pasteur saute sur l'occasion et obtient du ministère l'autorisation d'y installer ses appareils. Certes, l'endroit, composé de cinq pièces minuscules, n'est pas conçu pour la recherche et c'est sous l'escalier qu'on installe l'étuve à laquelle on accède en marchant à quatre pattes. Mais tout vaut mieux qu'un grenier! Ce sont donc des raisons esthétiques, et non scientifiques, qui ont permis à Pasteur de poursuivre des travaux qui vont révolutionner la biologie et la médecine[1].

À peine installé, Pasteur puise dans ses économies et avance les fonds d'aménagement. En janvier 1859, il fait appel à la générosité du ministre : « Il reste à couvrir, lui explique-t-il, les dépenses relatives à l'arrivée du gaz, à la pose des tuyaux et accessoires, aux conduites pour l'eau et à la menuiserie de première nécessité telle qu'armoires, tables, tablettes. » En juin, malgré sa « répugnance à cette demande », il appelle Dumas, Senarmont et Chevreul à

1. Voici en quels termes Pasteur rappelle le fait au ministre de l'Instruction publique dans sa lettre du 12 janvier 1859 : « Votre Excellence a daigné me permettre d'installer un laboratoire dans le pavillon que l'on a été obligé de construire, par raison de symétrie, en avant de la façade principale du bâtiment de l'École normale supérieure. »

son secours : « Je dois vous faire part de ma misère. N'ayant que des fonctions administratives, je n'ai pas d'allocation, quelque faible qu'elle soit, à consacrer à mon laboratoire [...]. Je n'ai pas d'espoir que le ministre vienne à mon aide avant l'année prochaine parce qu'il m'a déjà accordé cette année l'eau, le gaz et les gros meubles de mon petit laboratoire. »

Le 13 décembre, Pasteur implore de nouveau le ministre : « Déjà j'ai dû contribuer de mes propres deniers pour une somme de 600 francs aux frais de mon laboratoire [...]. Je suis obligé de payer le charbon et le gaz que je brûle, le domestique qui m'assiste dans mes soins de propreté... »

En 1860, il investit dans ses aménagements les 1 500 francs du grand prix de physiologie qui lui a été décerné par l'Académie des sciences et c'est avec lyrisme qu'il supplie le ministre de lui venir en aide dans une lettre du 26 août : « Il y a dans la vie de tout homme voué à la carrière des sciences expérimentales un âge où le prix du temps est inestimable : cet âge rapide où fleurit l'esprit d'invention, où chaque année doit être marquée par un progrès. Serai-je trop hardi en ajoutant que je me sens à cette époque de la vie, et que je supplie Votre Excellence de ne pas m'y laisser sous la pression d'obstacles qui ont pour cause l'insuffisance des ressources réservées au progrès des sciences dans notre pays ? »

En mai 1862, il est enfin dédommagé d'une partie de ses efforts, mais il estime à 1 800 francs les dépenses annuelles nécessitées par le fonctionnement de son laboratoire. En l'espace de quatre ans, entre septembre 1857 et mai 1862, il a reçu 2 500 francs de l'État et une somme équivalente de l'Académie des sciences. C'est dans ses propres ressources qu'il a puisé le reliquat de 2 200 francs.

Il faudra attendre les agrandissements de 1869 et, plus encore, l'inauguration, rue Dutot, de l'Institut Pasteur, en 1888, pour que les microbiologistes français puissent enfin travailler dans un espace à la mesure de leurs ambitions. Mais le laboratoire n'est pas le siège permanent de leurs recherches. C'est sur le terrain qu'ils font parfois la chasse aux microbes.

Dans le cadre de ses travaux sur les maladies du vin, Pasteur s'installe à Arbois, avec ses assistants Raulin et Duclaux, dans une salle de café dont ce dernier a laissé une description pittoresque :

> « On avait laissé sur la devanture l'enseigne traditionnelle. Aussi les recherches étaient-elles ponctuées par l'irruption de clients venus pour boire. Mais surpris par l'atmosphère insolite qui régnait en ce lieu, ils n'insistaient pas et s'esquivaient. Ce haut lieu de la recherche scientifique ne ressemblait ni à une salle de café ni à un laboratoire mais plutôt à l'officine de Nostradamus. Le gaz faisant défaut, on chauffait les cornus au charbon en agitant un éventail. Comme il n'y avait pas d'eau, on allait laver les ustensiles à la rivière comme les ménagères du coin. De simples tréteaux faisaient office de table et le matériel, fort peu orthodoxe, était tout à fait régional et sortait de chez le menuisier, le ferblantier, ou le forgeron

d'Arbois. Aussi nos savants ne passaient-ils pas inaperçus lorsqu'ils traversaient le village, à la grande joie des habitants, pour aller puiser dans les caves le vin destiné aux analyses[1]. »

Lorsqu'il travaille sur la maladie du ver à soie, Pasteur s'installe près d'Alais, à Pont-Gisquet, et se fait magnanier. Sa femme et sa fille l'assistent dans cette besogne. Comme l'écrit Marie Pasteur à son fils Jean-Baptiste : « D'un autre côté, ton père est si occupé que nous ne bougeons pas du Pont-Gisquet, agréable propriété située au fond d'une vallée, et dominée de tous côtés par des montagnes sur lesquels croissent le mûrier, l'olivier, la vigne. C'est sur la montagne que ton père va cueillir lui-même le mûrier qui nourrit ses vers à soie, et les gens du pays qui font les éducations industrielles vont aussi récolter là deux et trois fois par jour la feuille qu'il faut toujours donner toute fraîche. Notre Zizi [Marie-Louise] a beaucoup de plaisir à suivre les magnaniers sur la montagne, mais elle ne touche guère aux vers, pas plus que moi qui en suis excessivement dégoûtée. Je me contente d'éplucher les cocons, de les compter, de les trier et de les disposer dans les corbeilles bien propres, pour faciliter la sortie du papillon, en même temps que les expériences scientifiques. »

Avec les agrandissements du laboratoire de la rue d'Ulm, en 1869, et la fondation de l'Institut Pasteur, en 1888, les microbiologistes découvrent le confort. Mais le temps des archaïsmes n'est pas pour autant révolu. Avant l'invention de l'autoclave de Chamberland, en 1884, la mise en culture des germes reste une opération de cuisine. Nombreuses sont les recettes de milieux, chaque germe ayant le sien. Aussi les fioles se bousculent-elles sur les étagères de la rue d'Ulm : bouillon de bœuf, de poule, eau peptonisée, bouillon alcalin, urine neutre. Pour la stérilisation, il faut transporter les récipients à longs cols, ou matras, dans une pièce voisine, rue Vauquelin, les y plonger dans de grandes bassines d'eau bouillante et prier pour qu'ils n'explosent pas, ce qui arrive parfois.

Le laboratoire domestique de Koch

Les conditions de travail du jeune Robert Koch ne sont pas meilleures. Médecin de campagne à Wollstein, il « naturalise » dans sa maison et y installe un aquarium, une volière et des bocaux dans lesquels il conserve toutes sortes d'animaux dont des souris sauvages. Il y fait l'élevage de chiens, de chats et de singes sur lesquels il étudie la fièvre récurrente. Un endroit est consacré à la recherche microscopique, un autre à l'étuve. Il faut aménager une chambre noire pour développer les photos prises au microscope. C'est dans

1. Émile Duclaux, *Pasteur, op. cit.*, p. 8.

cette atmosphère de bricolage que Koch se penche, en 1876, sur le problème du charbon avec une lampe à pétrole et, pour la culture des bacilles, un lit de sable humecté déposé à l'intérieur d'une armoire[1].

Sa fille a laissé de sa maison de Wollstein une description pittoresque :

> « Le grand vestibule clair servait aussi de salle d'attente. On pénétrait d'ici dans le bureau à deux fenêtres de mon père [...]. Puis, ma mère partagea en deux parties cette grande pièce au moyen d'un rideau brun fixé sur une longue tringle. La partie arrière, la plus petite, fut installée de façon à servir de salle de travail et ce fut le premier laboratoire du grand chercheur dans lequel il put travailler sans être trop dérangé. Près de la fenêtre, il fit installer un dispositif lui permettant de faire des microphotogrammes. Un menuisier fabriqua une chambre obscure selon ses indications. Pareille à une grosse armoire, elle se trouvait dans la même pièce, revêtue d'un tissu noir. Ma mère avait pour mission d'observer les nuages et d'appeler mon père lorsque la lumière était favorable pour ses travaux photographiques. À côté de la chambre noire se trouvait une étuve. Sur la table étaient posés des verres munis de couvercles en fil de fer renfermant chacun une souris blanche[2]. »

Et pourtant, que de découvertes dans ce cadre domestique !

En 1876, Koch isole le bacille du charbon. Un an plus tard, il publie dans la revue botanique de Cohn sa nouvelle technique d'examen, de conservation et de photographie des bactéries. Il met au point le procédé du frottis qui permet un examen plus commode et une conservation illimitée des micro-organismes. Les préparations humides devenant inutilisables après dessiccation, il suffit désormais de fixer et de colorer un frottis sec avant de le lutter au baume.

En même temps, il perfectionne les techniques de coloration. Grâce à l'addition d'aniline, de bleu de méthylène ou de fuchsine, il fait apparaître des micro-organismes que leur transparence rendait invisibles. Après avoir puisé dans ses économies pour l'achat du matériel nécessaire, il se lance dans la microphotographie avec tant de virtuosité qu'il parvient à fixer les cils vibratils. Ces techniques tomberont un jour dans le domaine de la routine, mais, en 1876, elles sont pionnières et permettent de percer le mystère du charbon.

Autre découverte capitale, la culture bactérienne en milieu solide permet à Koch d'isoler les micro-organismes avec une absolue précision. Imaginé par Pasteur, l'isolement à partir d'un milieu liquide ne réussissait que si le germe pullulait, comme dans les fermentations. Mais le procédé échouait devant l'immense diversité des flores sanguines, aquatique et fécale.

1. Émile Lagrange, *Robert Koch, sa vie, son œuvre, op. cit.*, p. 10 et 16.

2. Cité par Hans Schadewaldt, *Robert Koch et la bactériologie de son temps*, Paris, Conférences du Palais de la découverte, 1969, p. 17.

Tout part de la cuisine familiale. C'est là que Koch observe un jour, sur des tranches de pomme de terre, des tâches de couleurs variées qui apparaissent au microscope formées de bactéries. Il imagine alors d'étaler sur ces rondelles de pomme de terre, qui constituent le milieu nutritif, une faible quantité de gélatine. Plus tard, on utilisera la gélose et l'agar-agar. Isoler les colonies bactériennes les unes des autres devient dès lors un jeu.

C'est dans le modeste « laboratoire » de sa maison de Wolstein que Koch réalise ces travaux. Mais, à partir de 1880, un espace plus digne est mis à sa disposition. En 1875 avait été créé à Berlin l'Office impérial de Santé (*Gesundheitamt*) qui s'occupait de statistiques et de problèmes d'hygiène. En 1880, il en est nommé directeur et s'installe dans un hôtel particulier de la Luisenstrasse. Il introduit aussitôt la médecine expérimentale à l'Office bien que l'établissement ne s'y prête guère. Mais ses laboratoires exigus et l'éclairage médiocre paraissent un éden pour l'évadé de Wollstein. Peu après, une grande pièce à trois fenêtres lui est consacrée tandis que des collaborateurs lui sont affectés. Loeffler, Gaffky, Hueppe, Proskauer et Fisher travaillent désormais sous sa direction avec une ferveur digne de la rue d'Ulm, et leurs travaux sont publiés dans les *Mitteilungen des Kaiserlichen Gesundheitamtes*.

Bientôt, c'est à l'échelle du monde que les microbiologistes se battent. Tous les germes ne peuvent être isolés en France ou en Europe, comme la bactéridie charbonneuse ou le bacille de Koch. En 1883, savants français et allemands organisent une expédition en Égypte où sévit le choléra. Koch entreprend six expéditions en Afrique et en Asie. En 1894, Yersin s'installe à Hongkong, au cœur même de la tourmente pesteuse. Laveran traque en Afrique le germe du paludisme...

Quelle vie familiale et privée reste-t-il à ces hommes ?

Vie familiale et privée

Pour certains, et c'est le cas de Pasteur, la famille est un enclos sacré qu'il convient de couver avec exactitude. Mais pour d'autres, comme Chantemesse, elle est un facteur de perturbation. Roux, Yersin et Metchnikoff choisissent le célibat. Seul de tous, Robert Koch aura une vie sentimentale tumultueuse.

On a célébré en Pasteur le chercheur de génie et en Mme Pasteur l'épouse idéale de l'homme de génie, discrète, effacée jusqu'à l'abnégation. « Elle passa dans la gloire en cherchant toujours à s'effacer », a écrit d'elle son gendre, René Vallery-Radot, auteur d'une brochure intitulée *Madame Pasteur*[1].

« Mme Pasteur, dit-il encore avec emphase dans la *Vie de Pasteur*, sut, dès les premiers jours, non seulement admettre, mais approuver que le laboratoire passât avant tout. Elle aurait volontiers adopté l'habitude typographique

1. *Madame Pasteur*, Paris, 1913. Réédité en 1941.

des comptes rendus de l'Académie des sciences où le mot *Science* est toujours imprimé avec une majuscule. Comment d'ailleurs vivre auprès de lui [Pasteur] sans s'associer aux émotions, aux joies, aux inquiétudes, aux reprises d'espoir, à tout ce qui apparaissait selon les jours et les heures dans ce regard d'un éclat admirable, d'un éclat gris-vert, comme certaine pierre précieuse qui vient de Ceylan, et où se jouent des reflets de lumière ? »

À la mort de Marie Pasteur, survenue en 1910, Émile Roux prononcera un éloge funèbre qu'on peut considérer comme une sorte de catéchisme à l'usage des femmes de savants : « Mme Pasteur restera comme le modèle de la femme du savant, et c'est le plus bel éloge qu'on puisse lui faire. Car pour mériter ce titre, il ne suffit pas d'aimer son mari et de supporter avec lui les bons et les mauvais jours, il faut être dévoué jusqu'au renoncement et ne jamais s'offenser que la science soit dominatrice. Il faut assumer les soucis du ménage afin de laisser à l'époux sa liberté d'esprit pour les recherches et avoir l'intelligence de comprendre la portée de celles-ci. »

Enfermé dans la sphère de ses recherches, Pasteur se retranche parfois de son entourage. Le 29 mai 1884, alors qu'il est plongé dans la rage, Marie Pasteur écrit à ses enfants pour son trente-cinquième anniversaire de mariage : « Votre père me parle peu, dort peu, se lève dès l'aurore, en un mot continue la vie que j'ai commencée avec lui il y a trente-cinq ans aujourd'hui. »

Malgré tout, Marie Pasteur n'a été ni délaissée ni malheureuse. Nous sommes au XIXe siècle et, dans tous les métiers, nombreux sont ceux et celles qui, écrasés par la démesure des horaires, ne peuvent s'offrir le luxe d'une vie familiale. Et puis, Marie Pasteur ne s'est pas contentée de vivre en spectatrice serviable et passive. C'est elle qui recopie les notes et mémoires de son mari, qui écrit sous sa dictée, qui lui lit les comptes rendus de l'Académie des sciences, qui découpe dans la presse les articles le concernant et les colle sur un cahier d'écolier. Elle participe à sa vie de chercheur, le secondant, notamment dans ses travaux sur la maladie des vers à soie.

Marie Pasteur était très pieuse. Depuis sa jeunesse, elle ne se séparait jamais de l'*Évangile* et de l'*Imitation.* Les Pasteur auront cinq enfants : Jeanne (avril 1850), Jean-Baptiste (novembre 1851), Cécile (octobre 1853), Marie-Louise (juillet 1858) et Camille (juillet 1863). Trois d'entre eux mourront prématurément. Seuls survivront Jean-Baptiste et Marie-Louise.

En revanche, la vie de couple est un fardeau pour le père du vaccin antityphique, Chantemesse, qui trouve sa femme insupportable. Parfois, il prépare sa valise, abandonne le domicile conjugal en prétextant un voyage d'étude à l'étranger, mais ne va pas bien loin. Il loue une chambre à deux pas de l'Institut Pasteur où il se rend de grand matin en rasant les murs comme un espion. Ainsi peut-il se consacrer dans la sérénité à sa passion adultérine pour les bouillons de culture. Après ses repas au « Microbe d'Or », cantine de l'Institut, il pousse le raffinement au point de faire appel à l'imagination d'Émile Roux quand il rédige des lettres qui seront envoyées à quelque complice résidant à l'étranger, lequel les renverra à Mme Chantemesse[1].

Voilà pourquoi Émile Roux, Metchnikoff et Yersin trouvent le célibat à leur goût.

Émile Roux a toujours vécu avec sa sœur Marie Momont. Mais il a trouvé une éminence spirituelle en Marie Delaître. Femme d'un professeur phtisique à Janson-de-Sailly qui croit au Dr Roux comme au Bon Dieu, elle le couve avec passion. La besogne est rude. Tuberculeux lui-même, Roux est un malade difficile en dépit de la rémission miraculeuse qui, survenue vers la cinquantaine, lui permettra de mourir octogénaire. Marie Delaître, seule, sait le soigner ou le distraire, surtout lorsque ses crises d'hémoptysie le rendent insupportable. Il refuse alors les tasses de lait que sa sœur lui apporte mais, avec Marie Delaître, l'homme, « violent par atavisme », devient un agneau. De ses mains, il accepte toute la nourriture. À ce tableau déconcertant s'ajoute l'animosité puérile qui oppose l'éminence spirituelle à la sœur de Roux, Marie Momont, qui fait des pieds de nez dans le dos de sa rivale et chantonne « La grosse mère Delaître... La grosse mère De... La grosse mer[2]... »

Roux a coutume de dire : « Les femmes, c'est comme la morphine. Quand ça n'agit plus, faut en changer. » Dans le récent hôpital Pasteur, il ne fait confiance qu'aux bonnes sœurs : « Seules les religieuses, dit-il, libres de toute charge familiale, de tout souci d'intérêt et, en servant les malades, croient servir Dieu, sont capables d'un dévouement absolu. » Mais il ne les trouve pas assez propres. Aussi se rend-il un jour chez la supérieure de l'ordre de Cluny, dont elles sont issues, pour lui déclarer : « J'exige qu'elles prennent un bain tous les matins et, pour plus de sécurité, j'y assisterai, vous m'entendez, j'y assisterai[3]. »

Comme Roux, Metchnikoff est entré en microbiologie. Ses pérégrinations à travers l'Europe et ses recherches l'empêchent d'ailleurs de se fixer jusqu'à son entrée à l'Institut Pasteur, en 1888. Seule la présence de sa sœur émousse cette anxiété qui l'a jadis conduit au seuil du suicide.

Le célibat de Yersin s'inspire d'une misogynie ombrageuse. Pour le vainqueur de la peste, toutes les femmes sont des « guenons » et se promener en leur compagnie, c'est « guenoner », action méprisable par excellence. Lorsqu'il assiste à Paris au concours d'internat où une candidate s'est fourvoyée, il écrit à ses parents : « Le dandy sera interne et non la guenon[4]. »

En fait, les pionniers de la microbiologie sont d'éternels célibataires dans l'âme. Malheur à la femme qui se mettra en travers de leur passion ! Seul de

1. Mary Cressac, *Le Docteur Roux, mon oncle*, p. 98-99.
2. *Ibid.*, p. 124-125.
3. *Ibid.*, p. 128.
4. Henri H. Mollaret et Jacqueline Brossollet, *Alexandre Yersin ou le vainqueur de la peste*, *op. cit.*, p. 22 et 47.

tous, Robert Koch quinquagénaire se laisse débaucher par une toute jeune femme.

Dans sa jeunesse, il avait épousé une amie d'enfance, Emmy Fraatz, fille de l'intendant général de Clausthal. Elle lui avait donné une fille, l'avait secondé dans son travail, soutenu dans ses mauvais jours et encouragé dans ses recherches en lui offrant pour son anniversaire un microscope Hartnack. Mais après le mariage de leur fille, en 1888, le ménage se désagrège et les escapades de Koch se multiplient. Il fréquente les théâtres de la capitale où, en 1892, à l'âge de cinquante ans, il se laisse foudroyer par une actrice de dix-neuf ans, Hedwige Freiberg. Au Lessingtheater, il s'abonne à un fauteuil de premier rang pour la contempler à son aise tous les soirs dans la même pièce. En juin 1893, il divorce et se remarie avec la jeune femme, qui sera une épouse modèle et le suivra dans ses expéditions africaines. Mais le scandale est si grand que Koch ne sera jamais anobli[1].

En marge de leur vie privée, quelques microbiologistes se sont passionnés pour la chose publique, voire, à l'instar de Pasteur, lancés dans la tourmente politique.

Vie publique

Le désastre de 1870 a suscité en France une flambée de réflexions mélancoliques. Dans ce vaste mouvement de remise en question, Pasteur a joué un rôle actif. Après avoir mis au point la « bière de la revanche », il descend en 1876 dans l'arène politique pour se présenter, dans le Jura, aux élections sénatoriales. Ses sentiments l'apparentent aux conservateurs rangés sous la bannière de l'auguste maréchal de Mac-Mahon. Mais il confond tribune électorale et tribune de l'Académie des sciences, et, formé à l'école de la rigueur scientifique, se montre d'une objectivité qui lui inspire des gaffes retentissantes.

Dans un discours prononcé à la veille du scrutin, le 29 janvier, au théâtre de Lons-le-Saunier, en présence de son adversaire Jules Grévy venu soutenir le candidat républicain, il déclare : « J'ai le cœur navré quand je compare l'habile discipline du parti républicain à la tiédeur et à la maladresse, pour ne pas dire plus, du parti conservateur au nom duquel j'ai posé et maintiens ma candidature. » Puis, faisant allusion au programme de ses adversaires, il ajoute : « J'ai lu et médité la circulaire aux électeurs des deux candidats députés républicains, MM. Tamisier et Thurel. Eh bien ! je déclare être prêt à la signer des deux mains. » Dans de telles conditions, Pasteur en vient à polémiquer avec les journaux de son propre parti et sa campagne tourne à la déroute. Le soir des résultats, il écrira à sa femme : « Je suis très, très heureux de mon échec au scrutin. Dieu ! que j'aurais été embarrassé de mon succès. »

1. Émile Lagrange, *Robert Koch, sa vie, son œuvre,* Paris, 1938, p. 62.

Dans les deux dernières décennies du siècle, l'Institut Pasteur se montre passionnément attaché aux valeurs républicaines. Successeur de Pasteur à sa direction, Émile Duclaux est l'un des fondateurs de la Ligue des droits de l'homme. Quand la crise boulangiste éclate, c'est en clinicien qu'il stigmatise le général à travers un diagnostic dont la suite des événements montrera l'exactitude : « instabilité caractérielle marquée par une alternance d'excitations et de dépression ». Au milieu de la tourmente soulevée par l'affaire Dreyfus, il s'enflamme en faveur de l'infortuné capitaine, allant jusqu'à publier une brochure en sa faveur.

À partir de 1897, Roux épouse aussi la cause de Dreyfus avec passion. Cloué au logis par ses crises d'hémoptysie, il lance à ses visiteurs la dernière déclaration de Clemenceau en faveur de la révision avant même de s'enquérir des dernières expériences. Selon sa nièce, la réhabilitation de l'officier martyre lui aurait procuré une satisfaction semblable à celle qu'il éprouve lorsque l'expérience lui démontre l'authenticité d'un fait scientifique qu'il a pressenti[1].

Les pasteuriens semblent avoir pris fait et cause en faveur de Dreyfus avec la conviction qu'on ne transige pas plus avec la justice qu'avec la rigueur scientifique. La condamnation de Dreyfus, en dépit des preuves objectives de son innocence, n'aurait-elle pas, un jour ou l'autre, sonné le glas de la liberté scientifique ? La réponse tombera, quelques années plus tard, avec la chasse aux savants dans l'Allemagne nazie ou le « triomphe » de Lyssenko, courtisan ignare de Staline, dont les adversaires seront bâillonnés ou déportés.

Dans le sillage de Pasteur, les pasteuriens sont patriotiques et anti-allemands, sans néanmoins verser dans la xénophobie. Combien de savants étrangers, chassés par les persécutions, trouveront refuge à l'Institut ! Parmi eux, les Israélites et les Slaves, et plus particulièrement les Russes, sont les plus nombreux.

Émile Roux éprouve une vive sympathie pour les jeunes gens de vaste culture, polyglottes et voyageurs au long cours, de ressources souvent modestes et sachant se contenter de peu. Ce sont, pour la plupart, des idéalistes que le *numerus clausus* a chassés de la Russie tsariste. Contestataires ou révolutionnaires, ils s'assagissent en France et se passionnent pour leur travail. Parmi eux, Gamaleïa, Soudakevitch, Zabolotny et Batzaroff étudient la rage ou la peste, Haffkine le choléra. Metchnikoff est le plus célèbre d'entre eux.

C'est un homme tumultueux, impulsif et passionné qui déteste le régime autocrate des tsars. Scientifique reconnu mais progressiste, il est sommé par le ministre de l'Intérieur de se soumettre et, en 1882, doit abandonner sa chaire à l'université d'Odessa quand triomphe la réaction provoquée par l'attentat qui a coûté la vie au tsar Alexandre II.

Après quatre années d'errance, il est accueilli à bras ouverts à l'Institut Pasteur. Dans l'un de ses livres, il écrira : « C'est à Paris que je parvins enfin à

1. Mary Cressac, *Le Docteur Roux, mon oncle*, *op. cit.*, p. 123-124.

faire de la science pure, en dehors de toute politique ou autre fonction publique. Ce rêve n'avait pu se réaliser en Russie à cause d'obstacles, d'en haut, d'en bas et de côté. On pourrait croire que l'heure n'y avait pas encore sonné pour la science. Je ne le crois pas. Je pense, au contraire, que le travail scientifique est indispensable en Russie et je désire de tout cœur que les conditions futures y soient plus favorables que dans le temps dont j'ai parlé dans les lignes précédentes. »

Selon Olga Metchnikoff, « il put apprécier les grandes qualités françaises : mœurs humanitaires, tolérantes et douces, réelle liberté de penser, relations loyales et correctes. Tout cela rendait la vie facile et agréable. Mais bien plus précieuse était encore l'amitié sûre qu'il trouva parmi ses collègues et ses élèves. Aussi l'Institut Pasteur et la France furent-ils pour lui une seconde patrie et quand, par la suite, on l'invitait dans d'autres pays à des conditions des plus tentantes, il répondait habituellement qu'il ne quitterait l'Institut Pasteur que pour un seul endroit, le cimetière voisin du Montparnasse[1]. »

Après la révolution bolchevique, l'Institut accueillera des transfuges du régime soviétique comme Metalnikov, grand propriétaire de Crimée chassé de ses terres, et plus tard Ivanov, fondateur de la fécondation artificielle.

L'humilité

L'humilité est l'une des vertus cardinales de la plupart des pionniers de la microbiologie. La vie de Pasteur et de Roux en donne l'exacte dimension.

Lors de la fondation de son Institut, Pasteur, au mépris d'une santé chancelante, paye de sa personne pour réunir les fonds nécessaires à l'entreprise, allant jusqu'au porte à porte pour stimuler la charité des riches. Dans son *Journal*, Jules Renard a évoqué ce personnage pathétique frappant un jour au domicile de Mme Boucicaut, veuve du fondateur du Bon Marché :

« Pasteur se présente chez Mme veuve Boucicaut, la propriétaire du Bon Marché. On hésite à le recevoir.

– C'est un vieux monsieur, dit la bonne.

– Est-ce le Pasteur pour la rage des chiens ?

La bonne va demander. "Oui", dit Pasteur. Il entre. Il explique qu'il va fonder un Institut. Peu à peu il s'anime, devient clair, éloquent.

– Voilà pourquoi je me suis imposé le devoir d'ennuyer les personnes charitables comme vous. La moindre obole...

– Mais comment donc ! dit Mme Boucicaut avec la même gêne que Pasteur et des paroles insignifiantes. Elle prend un carnet, signe un chèque et l'offre, plié, à Pasteur. "Merci, madame ! dit-il, trop aimable." Il jette un coup

1. Olga Metchnikoff, *Vie d'Élie Metchnikoff (1845-1916)*, Paris, Hachette, 1920, p. 126.

d'œil sur le chèque et se met à sangloter. Elle sanglote avec lui. Le chèque était d'un million[1]. »

Émile Roux s'efface devant les intérêts de l'Institut et ne tolère aucune dépense de prestige. Il refuse tout bureau de directeur, toute secrétaire. Une petite pièce de l'économat fera l'affaire. Elle donne sur les marronniers à l'ombre desquels il repose aujourd'hui. Là, assis sur une chaise, il entasse son courrier sur ses genoux, le dépouille et rédige les réponses. Détail cocasse, les visiteurs, le prenant parfois pour un secrétaire, le prient de les conduire au bureau de M. Roux.

Peu de temps après la mort de Duclaux, survenue en 1905, Émile Roux est informé par le baron Alphonse de Rothschild qu'une importe somme d'argent est tenue à la disposition de l'Institut. L'intéressé se présente chez son bienfaiteur vêtu d'un modeste pardessus de ratine et coiffé d'un vieux chapeau mou. Comme ce fut jadis le cas pour Pasteur, le serviteur refuse d'abord d'introduire l'intrus. Le quiproquo levé, il est reçu en grande pompe par le baron qui, au moment de le quitter, lui glisse dans le creux de l'oreille : « Et vous savez, maître, si un million ne vous suffit pas, dites-le-moi. »

C'est dans cette atmosphère que la microbiologie fait ses premiers pas.

1. Jules Renard, *Journal (1887-1910)*, Paris, Robert Laffont, coll. « Bouquins », 1990, p. 468. Jules Renard tient ce récit de Lucien Guitry. Le chèque de Mme Boucicaut n'était pas de 1 million. Dans une lettre à Marcou du 14 décembre 1887, Pasteur écrit : « Déjà nous rendons mille actions de grâces à la très digne Mme Boucicaut qui n'a pas contribué à la souscription pour moins de 250 000 francs. » Cette somme représente douze à treize millions de nos francs.

CHAPITRE XVII

Les premiers pas de la microbiologie La piste des germes (1880-1884)

Les travaux de Pasteur et de Koch sur le charbon consacrent l'avènement de la microbiologie. C'est désormais une science à part entière dominée par les Français et les Allemands. Entre les deux nations s'engage une compétition pacifique et réconfortante mais impitoyable, qui n'est pas sans évoquer la rivalité qui opposera soixante-dix ans plus tard les États-Unis et l'URSS pour la maîtrise de l'espace. En 1882, les Allemands remportent soudain une éclatante victoire.

Koch découvre le bacille de la tuberculose (1882)

L'Office impérial cherche à surpasser la rue d'Ulm sur son propre terrain, celui des vaccinations, en explorant les propriétés des antiseptiques. Après avoir étudié la destruction chimique des germes *in vitro*, Koch essaye sans succès d'immuniser ses cobayes en leur injectant un désinfectant. L'acide phénique, le chlorure de zinc et l'acide sulfureux sont sans effet. À ce jour, seule la quinine a fait ses preuves contre certaines fièvres. Plus tard, la Germanine ou Bayer 205 neutralisera la virulence des trypanosomes, mais pour un temps limité. C'est seulement en 1937 que la découverte des dérivés du soufre, particulièrement dans la famille des sulfamidés du benzène ou sulfamides, fera entrer la chimiothérapie des maladies infectieuses dans la voie de l'efficacité.

L'Office s'occupe aussi des problèmes de désinfection. Koch utilise d'abord la chaleur sèche qui s'avère peu pratique et dangereuse pour les textiles. La vapeur d'eau sous pression (d'où sortira l'autoclave de Chamberland en 1884) est d'une action plus rapide et plus efficace. Le bouilleur sans pression avec échappement de vapeur, ou *bouilleur de Koch*, donne les meilleurs résultats. Mais le premier grand succès de l'Office impérial reste la découverte du bacille de la tuberculose.

En 1876, Koch a donné la mesure de son habileté en démontrant l'action pathogène de la bactéridie charbonneuse. En 1880, le Suisse Eberth découvre le bacille de la fièvre typhoïde que Koch prétendra, sans convaincre personne, avoir observé dès 1878. Mais c'est grâce à la découverte du bacille de la tuberculose, en 1882, que son nom sera connu dans le monde entier et passera à la postérité.

Pendant des siècles, la phtisie, connue depuis l'Antiquité sous le nom de consomption, était rangée dans le groupe des fièvres. Entre 1865 et 1868, Villemin avait démontré sa transmissibilité, ce qui n'avait pas apporté la preuve de sa contagiosité. Entre 1870 et 1880, ses conclusions avaient été confirmées par les inoculations de Cohnheim et Salomonsen, mais le Pr Peter, de la faculté de Paris, s'obstinait à ranger le mal au nombre des maladies héréditaires et « dyscrasiques » (organiques) et, dans les hôpitaux, les tuberculeux côtoyaient toujours les autres malades.

En 1880, l'hypothétique germe de la tuberculose avait fait l'objet de nombreuses recherches mais restait rebelle aux observateurs les plus habiles, ou donnait lieu à des découvertes imaginaires. Koch allait le dépister avec une habileté consommée. Dans les *Mitteillungen*, il a retracé l'itinéraire du succès.

Il examine d'abord les tubercules frais d'animaux infectés depuis trois ou quatre semaines. Après dessiccation et fixation, les poumons sont débités en coupes et les tubercules broyés et étalés sur une lamelle. Les résultats sont négatifs mais Koch a découvert qu'une solution alcaline renforce l'efficacité des colorants. C'est ainsi qu'il observe, pour la première fois, de très fins bâtonnets qui, comme les bacilles charbonneux, produisent des spores et se multiplient[1].

Il souligne la présence de ces corpuscules dans les expectorations de tuberculeux et, grâce à un milieu de culture nouveau, le sérum coagulé à 65°, il obtient de petites colonies de bacilles après quinze jours d'étuve à 65°. Ces colonies, injectées à des animaux de laboratoire, reproduisent la maladie.

En mars 1882, c'est au cours d'une banale communication à la Société de physiologie de Berlin qu'il annonce sa découverte. Sur le moment, elle passe inaperçue. Mais bientôt relayée par la presse spécialisée et la grande presse, elle fait sensation. La tuberculose étant alors le premier facteur de mortalité, toute nouvelle découverte soulevait des flambées d'espérances.

Le bacille de Koch suscite d'abord de nombreuses critiques. Les unes viennent d'Allemagne, les autres d'Amérique, provoquant de la part de Koch une réaction acerbe contre « ces gens qui, n'ayant aucune notion de bactériologie, prétendent nous apporter la lumière d'Amérique grâce à des techniques à faire dresser les cheveux sur la tête ».

À la lumière de ses travaux sur le charbon et la tuberculose, il est désormais en mesure d'énoncer les trois épreuves qui permettent d'identifier un germe

1. Cité par Émile Lagrange, *Robert Koch, sa vie, son œuvre, op. cit.*, p. 30-31.

de façon formelle : sa présence dans les lésions, sa mise en culture, l'inoculation de cette culture à l'animal avec reproduction des lésions originelles.

La toute jeune école allemande de bactériologie fête l'événement en organisant à Berlin la première exposition d'hygiène. Elle ouvre ses portes en mai 1883 et les visiteurs peuvent y admirer l'ample moisson de documents glanés par l'Office impérial : photographies microbiennes, coupes, frottis, matériel de désinfection. Fier de sa victoire, Koch se fera le guide attitré de toutes les familles régnantes d'Allemagne, notamment du Kronprinz, du roi et de la reine de Saxe, de la grande-duchesse de Bade.

Désormais, les savants allemands peuvent parler haut et fort aux Français auréolés de gloire vaccinale. Mais le ton ne tarde pas à s'envenimer.

Polémiques

Au cœur de la mêlée, le vaccin anti-charbonneux est la pierre d'achoppement du conflit. Cette fois, Pasteur ne se trouve plus confronté aux coups d'épingle orchestrés à l'Académie par l'arrière-garde de la médecine traditionnelle. C'est Robert Koch qui ouvre le feu, s'imaginant à tort que Pasteur a toujours ignoré ses travaux sur le charbon.

Dans le *Recueil des travaux de l'Office sanitaire allemand,* Koch et ses assistants Gaffky et Loeffler remettent en cause l'ensemble des travaux de Pasteur avec une pointe de nationalisme et une mauvaise foi indigne de leur talent. Pasteur, disent-ils, est incapable de cultiver des microbes à l'état de pureté et d'en atténuer la virulence. Il ne sait même pas distinguer le vibrion septique de la bactéridie charbonneuse. Son vaccin anti-charbonneux est sans valeur. Les vers de terre n'ont aucun rôle dans l'étiologie du charbon.

Au Congrès international d'hygiène, qui se tient à Genève en septembre 1882 et auquel assiste Robert Koch, Pasteur balaye sans peine ces accusations. Sa communication est d'ailleurs interrompue par un incident diplomatique à la fois éloquent et cocasse. Lorsqu'il cite le *Recueil des travaux de l'Office sanitaire allemand,* Koch s'agite, se lève, interrompt l'orateur, proteste et fait mine de déguerpir devant une assemblée médusée. Et comment aurait-on pu se douter que, ne connaissant pas bien le français, il avait compris « orgueil des travaux allemands » pour « recueil des travaux allemands » ? Une fois la communication terminée, il décline toute discussion et, au grand désarroi de Pasteur, annonce qu'il répondra par écrit.

C'est en décembre 1882 qu'il publie une brochure intitulée : *L'Inoculation préventive du charbon. Réplique au discours prononcé à Genève par Pasteur*[1]. Il reconnaît maintenant la valeur du vaccin, une mission française dirigée par un assistant de Pasteur, Thuillier, ayant fait outre-Rhin une écla-

1. Publié en français à Berlin, 1883.

tante démonstration de son efficacité. Mais pour le reste, il maintient ses positions et ressasse les mêmes accusations. Pasteur répond le 25 décembre par une *Lettre ouverte à Robert Koch*. Il y proteste de sa bonne foi en émaillant son propos scientifique d'envolées nationalistes : « Vous, monsieur, qui êtes entré dans la science en 1876, après tous les grands noms que je viens de citer, vous pouvez avouer sans déroger que vous êtes un débiteur de la science française[1]. »

En même temps, Pasteur doit faire face aux critiques qui affluent d'Italie. Au cours d'expériences réalisées à l'école vétérinaire de Turin sous la direction du professeur Domenico de Vallada, les moutons vaccinés comme les non vaccinés ont tous péri deux jours après l'inoculation de cultures virulentes.

Dès qu'il apprend que l'opération a été réalisée avec du sang charbonneux prélevé sur un animal mort depuis plus d'un jour, Pasteur comprend que les moutons ont été tués par le vibrion septique et non pas par le microbe du charbon. Il en informe le professeur de Vallada et lui propose de se rendre en personne à Turin. Mais Vallada repousse cette idée dans une lettre grotesque adressée à tous les journaux scientifiques et à tous les savants d'Europe : « Nous tenons pour merveilleux que Votre Seigneurie ait pu, de Paris, reconnaître avec une si grande sûreté la maladie qui a fait tant de victimes parmi les animaux vaccinés, soumis à l'inoculation du sang charbonneux, dans notre École, le 23 mars 1882[2]. » Un an plus tard, les professeurs turinois publieront une brochure intitulée *Du dogmatisme scientifique de l'illustre professeur Pasteur.* « Tout cet apparat, conclut Pasteur, fit grand bruit, un bruit dont les échos se font entendre encore. »

À l'Académie de médecine, les partisans de l'ancienne école exploitent cette manne venue de l'étranger et les attaques contre Pasteur redoublent. On peut lire avec amusement, dans le *Bulletin de l'Académie de Médecine* de 1883, les invectives lancées contre la « microbie » en dehors de toute argumentation scientifique. On parle de « furia microbienne », de « fanatisme du microbe », de « fétichisme du micro-organisme ». Les formules s'envolent : « On vise le microbe et l'on abat le patient. » Il faut, dit-on, opposer « une barrière infranchissable à des témérités aventureuses et soustraire ainsi les malades aux dangers imprévus de cette bourrasque thérapeutique. »

À la tête de l'opposition, l'inamovible Peter empoigne le flambeau de la résistance. Clinicien réputé mais têtu, spécialiste des maladies virulentes selon l'ancienne doctrine, c'est la figure de proue de la médecine traditionnelle. C'est aussi un fin lettré qui, dans sa critique de Pasteur, fait davantage appel à sa maestria littéraire qu'à son esprit scientifique. Il stigmatise en lui le « chi-

1. *Correspondance de Pasteur, op. cit.*, p. 335 *sq.* Pasteur Vallery-Radot, *Pasteur inconnu, op. cit.*, p. 101 *sq.* ; René Vallery-Radot, *Vie de Pasteur, op. cit.*, p. 509 *sq.*

2. Pasteur, « Sur la vaccination charbonneuse, à propos de l'échec des vaccinations faites à Turin », Communication faite à l'Académie des sciences le 9 avril 1883, *Œuvres complètes*, t. 6, p. 442-445 ; Lettre de Pasteur aux professeurs de l'École vétérinaire de Turin (9 avril 1883).

miâtre» qui ignore la médecine et, de sa bouche, tombent des avalanches de formules creuses : «Je ne crois guère à cette invasion de parasites qui nous menace comme une onzième plaie d'Égypte.» «Eh! que m'importent vos microbes? Ce ne sera qu'un microbe de plus.» «Qu'ai-je à faire de l'esprit du chimiste, du physicien et du physiologiste en médecine?» Enfin, au milieu du fatras, on relève cette délicieuse prophétie : «L'excuse de M. Pasteur c'est d'être un chimiste qui a voulu, inspiré par le désir d'être utile, réformer la médecine à laquelle il est étranger [...]. Dans cette lutte que j'ai entreprise, l'affaire actuelle n'est qu'un engagement d'avant-garde, mais si j'en crois les renforts qui m'arrivent, la mêlée pourrait bien devenir générale et la victoire, je l'espère, restera aux gros bataillons, c'est-à-dire à la vieille médecine.»

Ces polémiques relancent dans les milieux profanes l'activité des ligues anti-vaccinales et anti-vivisectionnistes qui prospèrent sous la houlette de leur organe officiel, le stupide *Réveil médical.* Pasteur ignore ces polémiques. Il a déserté l'Académie de médecine, qui lui donne des maux de crâne, pour renouer avec ses recherches.

Pasteur, la fièvre puerpérale et le rouget du porc (1882-1883)

Stimulée par le succès, son activité devient inlassable. Dans toute la France, à Chartres, à Nîmes, à Montpellier, il procède à des vaccinations anti-charbonneuses qui pulvérisent les dernières réticences. Les résultats sont spectaculaires. La mortalité charbonneuse, qui était de 10/100 avant 1882, tombe, au bout de quelques années, à 1/100 chez les moutons et à 1/1000 chez les bovidés[1].

À partir de 1881, il fréquente plusieurs maternités, à Cochin et à la Maternité notamment, où, assisté de Roux et Chamberland, il s'attaque à la fièvre puerpérale par l'antisepsie, comme jadis Semmelweis dont il ignore l'existence. Penché sur son microscope, il n'hésite pas, à contre-courant des idées reçues, à proclamer qu'un germe est à l'origine du mal. Au cours d'une séance de l'Académie de médecine, il entre en conflit avec un médecin de la vieille école qui dissertait avec aplomb sur la question. Lui coupant la parole, il déclare : «Ce qui cause l'épidémie, ce n'est rien de tout cela : c'est le médecin et le personnel qui transportent le microbe d'une femme malade à une femme saine.» Et comme le médecin soutient que ce microbe restera à jamais invisible, Pasteur le dessine au tableau noir sous la forme d'un chapelet de grains[2].

1. Pasteur, «Une statistique au sujet de la vaccination préventive contre le charbon portant sur 85 000 animaux», *ibid.*, t. 6, p. 414-417.

2. Cité par Émile Roux, «L'œuvre médicale de Pasteur», *L'Agenda du chimiste, op. cit.*, p. 536.

Mais il supporte difficilement le spectacle de la misère hospitalière. « Il souffrait moralement et physiquement de la douleur des autres, écrit le Dr Roux. Le coup de bistouri qui ouvrait un abcès le faisait tressaillir comme s'il l'avait reçu. La vue des cadavres, la triste besogne des autopsies, lui causaient un véritable dégoût. Que de fois nous l'avons vu sortir malade de ces amphithéâtres d'hôpitaux! Mais son amour de la science, sa curiosité du vrai étaient les plus forts : il revenait le lendemain[1]. » Cependant l'antisepsie s'impose partout. En certains endroits, la mortalité des femmes en couches, qui pouvait atteindre 100, voire 200 pour 1 000, tombe à 3, puis à 1 pour 1000[2].

En septembre 1881, Pasteur est à Bordeaux. Une épidémie de fièvre jaune ayant éclaté au Sénégal, il espère en découvrir le germe sur l'un des malades en quarantaine au lazaret de Pauillac, l'isoler, le cultiver, l'inoculer à des animaux, et trouver un procédé d'atténuation. Mais l'attente se poursuit en vain : « Je n'ai pas de chance, écrit-il à Marie Pasteur le 17 septembre. J'ai passé la journée d'hier à Pauillac. Plus de fiévreux; tous en convalescence. Or, il me faudrait non seulement des malades, mais des mourants et des morts. » Comme Marie s'inquiète de la contagion, il la rassure de son mieux : « Il [Dr Talmy] pénétrera dans le lazaret et y sera dès lors forcément interné. Comme il est jeune, dévoué, et qu'il n'a pas peur du tout de la contagion, il aura mes instructions pour recueillir une goutte de ceci, une goutte de cela, qu'il transmettra à travers une vitre trouée, et l'essai des cultures se fera ensuite sans danger au laboratoire de Gayon. »

Le temps s'écoule mais des paquebots en provenance de Dakar ne débarquent que des convalescents et l'arrivée du *Richelieu* sonne le glas des illusions. Le 27 septembre, avec une moue d'amertume, Pasteur écrit à sa femme : « Faut-il avoir peu de chance! Ah! que je regretterais mon séjour à Bordeaux si je n'avais pas eu la bibliothèque de la ville! Demain je vais au lazaret voir ce qu'il advient du seul malade. Tout était prêt. Le Dr Talmy vient d'arriver. Enfin! Enfin! »

Pasteur aura plus de chance avec le rouget des porcs. Cette maladie, « sorte de fièvre typhoïde qui n'épargnait aucun des animaux qui en étaient atteints », était encore appelée « mal rouge » parce qu'elle se manifestait par l'éruption de taches rouges sur le corps des bêtes.

En 1882, une désastreuse épidémie dévaste plusieurs départements du Midi (Vaucluse, Ardèche, Vienne, Bouches-du-Rhône). Vingt mille porcs meurent dans le Vaucluse, plus encore en Ardèche. Le mal n'épargne pas les autres pays. Les États-Unis en ont perdu plus d'un million en 1879!

Le 15 novembre 1882, Pasteur, accompagné de son assistant Thuillier et de son neveu Adrien Loir, est accueilli en sauveur à Bollène (Vaucluse). Mais, écrit-il à sa femme, « Tout cela n'est rien à côté du plaisir que j'ai éprouvé en

1. *Ibid.*
2. Pasteur, « Sur la fièvre puerpérale », *Œuvres complètes, op. cit.*, t. 6, p. 151-160.

apprenant que le rouget est loin d'être éteint. » C'est dans un climat d'exaltation que commencent les recherches : « Cela me rappelle la maladie des vers à soie. Les porcheries avec leurs malades et leurs morts remplacent les chambrées frappées par la pébrine. » « Il est bien certain, ajoute-t-il dans une lettre à son gendre, qu'en ce moment les porcs m'occupent plus que vous tous. »

En mars 1883, au laboratoire de la rue d'Ulm, le germe du rouget a été mis en culture dans du bouillon de veau et isolé. Reste à expérimenter sur place les effets du microbe atténué au contact de l'oxygène. Dès le 4 décembre, le succès est acquis et Pasteur peut écrire à son fils Jean-Baptiste : « Tout s'est bien passé suivant nos prévisions, et nous avons, Thuillier et moi, grand espoir de n'être pas éloignés de pouvoir établir la vaccination préventive du mal d'une façon pratique. Ce sera un grand service dans tous les pays d'élevage des porcs où le mal rouge fait parfois des ravages effrayants[1]. »

Ce nouveau succès n'est pas un luxe, car la microbiologie française est sur le point d'essuyer un revers et une tragédie dans la compétition qui s'annonce entre Français et Allemands pour la découverte du germe du choléra.

La piste du bacille virgule (1883)

Cantonné depuis deux millénaires dans son berceau indien, le choléra, on ne sait trop pourquoi, essaime brusquement à partir de 1830, date de la première pandémie. Les années suivantes, quatre nouvelles pandémies, que rien ne peut enrayer, font le tour du monde. Avant de regagner son foyer originel, vers 1894, le mal a cependant perdu une partie de sa virulence. Lorsqu'il était à son paroxysme, il n'était pas rare de voir, en pleine rue et sans avertissement, un sujet pris de frissons et de diarrhées profuses tomber en syncope et mourir en l'espace de six heures[2].

Dès 1832, lors de la première apparition du choléra à Paris, un certain docteur Gérard Grudenberg attribuait sa contagiosité aux matières fécales et les supposait peuplées de micro-organismes vivants. En 1840, Virchow voyait dans les selles cholériques de nombreux vibrions, mais il se gardait bien d'en tirer la moindre déduction. En 1854, Pacini observait, lui aussi, des micro-organismes en « S » mais il attendra 1879 pour évoquer leur rôle étiologique. En 1865, Pasteur, Claude Bernard et Sainte-Claire-Deville examinent à l'Hôtel Dieu, sans résultat, le sang et les selles des malades.

En juin 1883, le mal éclate à Damiette, en Égypte, au cours de la grande foire annuelle, et s'étend à tout le delta du Nil. En juillet il tue 500 personnes

1. Pasteur, « Sur la maladie du rouget des porcs », « La vaccination du rouget des porcs à l'aide du virus mortel atténué de cette maladie », etc. *Œuvres de Pasteur, op. cit.*, t. 6, p. 505 *sq.* ; *Correspondance de Pasteur,* t. 3, p. 318-334.

2. Patrice Bourdelais et Jean-Yves Raulot, *Une peur bleue, histoire du choléra en France, 1832-1854,* Paris, Payot, 1987.

par jour au Caire. Le 11 du même mois, Pasteur propose au Comité consultatif d'hygiène public l'envoi d'une mission scientifique en Égypte. « Dans l'intervalle de temps qui nous sépare de la dernière épidémie cholérique, écrit-il, la science a fait quelques progrès relatifs à l'étiologie de certaines maladies transmissibles. N'y aurait-il pas lieu de tenter une application au choléra des vues nouvelles que ces études suggèrent ? »

Le Dr Strauss, médecin des hôpitaux de Paris, le Dr Nocard, professeur de pathologie et de clinique vétérinaire d'Alfort, les Dr Roux et Thuillier, attachés au laboratoire de la rue d'Ulm, sont pressentis. Tous acceptent. Seul Thuillier a hésité. Âgé de vingt-six ans, il est l'un des grands espoirs de la jeune microbiologie. Après une période d'intense travail à la rue d'Ulm, il a décidé de prendre quelques jours de repos en famille, à Amiens. Ses parents et sa sœur, effrayés par le spectre de la contagion, ont bien essayé de le dissuader mais, au dernier moment, il a tout de même décidé de partir.

L'affaire est de taille. Les Allemands sont entrés dans la compétition en organisant une mission dirigée par Koch. Gaffky, Fisher et le chimiste Treskow sont du voyage.

Des incidents de dernière minute contrarient les préparatifs français. Offusqués de voir une chimiste à la tête d'une mission médicale de cette importance, des médecins de la vieille garde font pression sur le Comité d'hygiène et, au terme de « machinations sourdes », obtiennent la suppression du poste budgétaire de Nocard. À l'appui de cette décision, on fait valoir qu'il n'est que vétérinaire ! Pasteur reçoit l'estocade de plein fouet : « J'ai plus d'ennemis que je croyais, écrit-il à Duclaux. Soyez persuadé que nos directions d'études gênent considérablement la profession médicale à tous ses degrés. Le nombre des Peter est plus grand que nous ne le pensions. »

La participation d'un vétérinaire est pourtant nécessaire au succès de la mission, des essais d'inoculation à l'animal du germe cholérique étant au programme, et c'est en invoquant cet argument que Pasteur obtient le rétablissement du poste litigieux.

Dans une lettre adressée au Dr Roux le 5 août 1883, il indique la marche à suivre mais commence par des consignes d'hygiène : « Avoir lampe à alcool sur la table pour flamber verres, fourchettes... avoir cuisinier à vous et suivre prescriptions pour aliments... Autant que possible, installer les recherches dans une dépendance d'hôpital ayant le gaz et l'eau abondante... » L'avenir prouvera que de telles précautions n'étaient pas de pure forme.

La mission française s'installe à l'hôpital français d'Alexandrie et la mission allemande à l'hôpital grec. Un an auparavant, Koch avait reçu des Indes un intestin cholérique et son attention avait été attirée par l'abondance de vibrions ou bacilles en forme de virgule qu'on y trouvait. En Égypte, il retrouve les mêmes germes chez douze malades mais aucun animal inoculé ne contracte le mal. Les Français, n'ayant pas trouvé le vibrion dans les fèces de plusieurs cholériques, écartent l'hypothèse de Koch et portent leur attention sur des éléments présents dans le sang des malades, mais Koch les raille en montrant qu'ils ont pris de simples plaquettes sanguines pour le germe du choléra.

Alors que l'épidémie touche à son terme, Thuillier est abattu en l'espace de vingt-quatre heures par une attaque de choléra foudroyant. La mission allemande lui rendra, écrit Roux, un hommage « d'une noblesse et d'une simplicité qui nous ont tous émus » : « M. Koch et ses collaborateurs sont venus au moment où la nouvelle se répandit en ville. Ils ont trouvé les paroles les plus belles pour la mémoire de notre cher mort. Au moment de la levée du corps, ces messieurs ont apporté deux couronnes qu'eux-mêmes ont clouées sur le cercueil. “Elles sont modestes, a dit Koch, mais elles sont de laurier ; ce sont celles que l'on donne aux glorieux.” M. Koch tenait l'un des coins du drap mortuaire. Nous avons embaumé notre camarade. Il est couché dans un cercueil en zinc scellé. » Un monument sera élevé à Alexandrie à la mémoire de Thuillier, une plaque commémorative apposée dans les jardins de la rue d'Ulm, et, à Amiens, une rue portera son nom[1].

L'épidémie ayant cessé, Koch et la mission allemande décident de poursuivre leurs recherches en Inde. Après une visite touristique à Damiette, au Caire et à Suez, ils s'embarquent pour Calcutta. Venant d'une région infestée, ils sont soumis par les services de quarantaine de Tor à des fumigations à l'acide sulfureux dont Koch a démontré l'inutilité. Comment, entré par le système respiratoire, les vapeurs pourraient-elles rejoindre le système digestif?

À Calcutta, la mission allemande est accueillie au *Medical College Hospital*, établissement alimenté en eau courante et en gaz. Les conditions de travail sont idéales, le choléra sévissant partout, de Bombay à Madras et à Calcutta. Koch s'est fixé un programme précis : autopsie et examen microscopique des cadavres, analyse biologique des germes, étude de leur comportement en milieu artificiel, essais de désinfection, recherches sur le sol, dans l'eau et dans l'air, études statistiques, géographiques, épidémiologiques. Trois semaines après son arrivée, il adresse au ministre de l'Intérieur les premiers résultats de ses travaux dans un rapport éclatant.

Le bacille virgule, qu'on ne trouve que chez les cholériques, a été cultivé sur gélatine. L'eau joue un rôle fondamental dans sa diffusion. À Calcutta, la mortalité cholérique est tombée de 10 à 3 pour 1 000 depuis que la ville est approvisionnée en eau potable pure. C'est souvent le linge des malades et des cadavres qui contamine l'entourage. Au Bengale, chaque village a sa réserve d'eau potable, ou *tank*, constituée par une sorte de mare qui sert aussi d'égout, de piscine et de lavoir. Les bacilles virgule y pullulent. Mais l'inoculation à l'animal reste sans effet car il est réfractaire au choléra, à la différence du charbon ou de la tuberculose.

1. Sur la mission française à Alexandrie, *Correspondance de Pasteur*, t. 3, p. 364-402.

À son retour, l'Allemagne réserve à Koch un accueil enthousiaste. L'Empereur le reçoit en audience, le Reichstag lui vote une gratification de 100 000 marks, on le nomme conseiller d'État prussien. Mais son bacille virgule ne fait pas l'unanimité. En France, Héricourt et Malassez le considèrent comme un germe banal; Guérin et Peter invoquent une fois de plus les « constitutions médicales » de Sydenham. En Angleterre, Ray Lankaster rappelle que Koch a renié son protocole en identifiant un germe sans l'avoir inoculé à l'animal. En Allemagne, Pettenkoffer et son élève Emmerlich vont jusqu'à avaler des cultures de vibrions pour démontrer son innocuité, mais ils démontrent le contraire, Emmerlich échappant de justesse à la mort cholérique[1].

Peu à peu s'affirme la spécificité cholérique. Une fois de plus, les Français viennent de perdre la partie dans la recherche d'un germe pathogène. Après avoir laissé aux Allemands le soin de découvrir les bacilles du charbon, de la typhoïde et de la tuberculose, ils se sont montrés incapables d'identifier celui du choléra.

Alors que les microbes sortent de l'ombre, personne ne songe vraiment au problème de l'immunité, considéré comme secondaire, la mise au point des vaccins étant prioritaire. Pourtant Élie Metchnikoff, vient de faire dans ce domaine une découverte qui va bouleverser la microbiologie.

Élie Metchnikoff et la phagocytose (1882)

Lorsqu'il donne sa démission de l'université d'Odessa, en 1882, Metchnikoff est un savant reconnu. Ses travaux sur les feuillets embryonnaires des céphalopodes, qui, en 1867, ont fait l'objet de sa thèse, sont connus dans le monde entier. Il s'est ensuite lancé dans l'étude de la digestion intracellulaire chez un ver inférieur, une planaire terrestre, le *geodesmus bilineatus,* et a comparé cette digestion à celle des infusoires supérieurs sans se douter que le phénomène porte en germe sa future théorie phagocytaire.

Après avoir remis sa démission, il part pour Messine avec sa femme en 1882. C'est dans cette ville qu'il a la révélation de la phagocytose dont la découverte constitue, avec celles des microbes, des toxines et des procédés d'atténuation, la conquête la plus importante de la microbiologie naissante. De l'événement, il a fait un récit qui illustre à merveille la genèse d'une grande idée :

> « Je me reposais des secousses des événements qui provoquèrent ma démission de l'Université et je me livrais avec passion au travail dans le cadre splendide du détroit de Messine.
>
> « Un jour que toute la famille était au cirque pour voir d'extraordinaires singes dressés, je restai seul avec mon microscope et j'observai la vie des cellules mobiles

1. Émile Lagrange, *Koch, sa vie, son œuvre, op. cit.*, p. 43 *sq.*

d'une larve transparente d'étoile de mer, quand une nouvelle pensée m'illumina tout à coup. J'eus l'idée que des cellules analogues devaient servir à la défense de l'organisme contre de nuisibles intrus. Sentant qu'il y avait dans tout ceci quelque chose de tout à fait intéressant je fus tellement ému que je me mis à marcher à grands pas et j'allai même au bord de la mer pour rassembler mes pensées.

« Je me disais que, si ma proposition était juste, une écharde introduite dans le corps d'une étoile de larve d'étoile de mer, n'ayant ni vaisseaux sanguins ni système nerveux, devait être vite entourée par les cellules mobiles, ainsi que cela s'observe chez l'homme qui a une écharde au doigt. Aussitôt dit aussitôt fait.

« Dans un jardinet de notre demeure, jardinet où quelques jours auparavant nous avions organisé pour les enfants un arbre de Noël sur un petit mandarinier, je pris plusieurs épines de rosier pour les introduire aussitôt sous la peau de superbes larves d'étoiles de mer, transparentes comme l'eau. Très ému, je ne dormis naturellement pas de la nuit dans l'attente du résultat de mon expérience et le lendemain, à une heure très matinale, je constatai avec joie qu'elle avait pleinement réussi.

« Cette expérience servit de base à la théorie phagocytaire, au développement de laquelle je consacrai les vingt-cinq années suivantes de ma vie [1]. »

Mais la découverte est trop audacieuse pour l'époque. Virchow et Koch soutiennent une théorie de l'immunité contraire. Loin d'être les soldats de l'organisme, les globules blancs, ou leucocytes, serviraient de milieu de culture aux microbes. Ils y trouveraient un gîte, un logis et un véhicule. Dans ces conditions, ils réservent un accueil glacial à Metchnikoff. Lorsqu'il parle à Virchow de globules blancs pourchassant, détruisant et digérant les microbes, il s'attire une réaction cinglante : « En pathologie, on pense et on enseigne juste le contraire ; on est d'avis que les microbes se trouvent bien dans les leucocytes, et qu'ils se servent de ces cellules comme d'un moyen de transport et de dissémination [2]. » La réaction des microbiologistes Baumgartner, Ziegler et Weigert est encore plus agressive et Metchnikoff devra mener un combat de plus de vingt ans pour imposer ses idées.

En 1886, il accepte la direction de l'Institut antirabique d'Odessa mais, deux ans plus tard, décide de soumettre sa théorie à Pasteur. C'est une gageure. Dans le domaine de l'immunité, Pasteur croit en la théorie de l'épuisement du terrain. Tout animal immunisé offrirait un milieu impropre au développement du virus. Comme les plantes, qui ne poussent pas sur un sol stérile, les microbes, qui sont des plantes microscopiques, ne peuvent proliférer dans une humeur épuisée par une première infection [3].

1. Olga Metchnikoff, *Vie d'Élie Metchnikoff*, Paris, 1920, p. 107-108.
2. Cité par A. Besredka, *Histoire d'une idée. L'Œuvre d'Élie Metchnikoff*, Paris, 1921, p. 52.
3. A. Besredka, *ibid.*, p. 49-51.

Contre toute attente, Pasteur a le courage de renier ses convictions au profit des idées de Metchnikoff. Faisant allusion au phénomène déjà connu de la « concurrence vitale entre micro-organismes », il lui déclare : « Je me suis de suite rangé de votre côté car depuis longtemps j'ai été frappé par la lutte entre divers organismes microscopiques que j'ai eu l'occasion d'observer. Je crois que vous êtes dans la bonne voie. »

Les portes du jeune institut lui sont dès lors ouvertes et c'est comme chef de service qu'il y fait son entrée au moment même où Pasteur livre bataille à la rage.

CHAPITRE XVIII

Pasteur et la rage
(1880-1885)

Pourquoi la rage?

Parce que son impact sur les esprits est considérable. « On ne peut méconnaître, rappelle Duclaux que, de ce point de vue, la maladie était bien choisie. Sa mortalité est minime. On peut s'en préserver sans aucun appareil scientifique, par de simples mesures de police [...]. Mais la rage pèse sur les imaginations. Elle évoque des visions de légende, de malades furieux, inspirant la terreur à tout leur entourage, attachés et hurlant, ou bien asphyxiés entre deux matelas[1]. »

Il existe une autre raison. Pasteur s'est toujours consacré à des maladies vétérinaires où l'expérimentation animale ne soulève aucun problème de conscience, mais l'approche des maladies humaines est autrement délicate. Avant d'essayer un vaccin sur l'homme, il faut être sûr de son innocuité. D'où la nécessité de ménager une transition entre l'animal et l'être humain en s'attaquant à une maladie mixte permettant d'apprécier sur le cobaye les effets du virus vaccin atténué. Pasteur aurait souhaité s'attaquer au choléra ou à la fièvre jaune, mais devant l'impossibilité d'étudier ces maladies en laboratoire et de les transmettre à l'animal, il a dû y renoncer. Tel n'est pas le cas de la rage. Certes, la mortalité rabique est insignifiante. Dans le département de la Seine, on recense 24 décès pour 103 mordus en 1878, 16 pour 79 en 1879, 5 pour 68 en 1880, 23 pour 156 en 1881, 11 pour 57 en 1882 et 6 pour 45 en 1883[2]. Le faciès du mal n'en a pas moins frappé les imaginations depuis l'Antiquité.

1. *Histoire d'un esprit, op. cit.*, p. 303.
2. Cité par Louis Lumet, *Pasteur, sa vie, son œuvre, op. cit.*, p. 114.

Ce mal qui répand la terreur

La contamination se fait par la morsure d'un animal infecté mais la transmission de la maladie n'est pas systématique. L'incubation, totalement silencieuse, s'étend sur cinq à six semaines, les morsures à la tête donnant des périodes plus courtes et un pronostic plus grave. Chez l'homme, la rage commence par des douleurs et des démangeaisons à l'endroit de la morsure. Surviennent ensuite la fièvre, une accélération du pouls et des spasmes du larynx et du pharynx provoqués par la déglutition ou la vue d'un liquide. Le malade, pourtant assoiffé, ne peut plus boire. C'est l'hydrophobie. Elle est accompagnée de photophobie et d'aérophobie. La lumière, le moindre souffle d'air, voire la vue d'un insecte qui voltige déclenchent chez le malheureux des réactions spasmodiques. La mort survient dans les trois ou quatre jours qui suivent les prodromes. Dans sa forme furieuse, le mal provoque des hallucinations auditives et visuelles qui ont traumatisé les esprits, faisant passer le terme de « rage » avec sa tragique connotation dans le langage courant.

Les images inspirées par la rage expriment une indicible terreur[1]. En 1714, un médecin témoigne : « Nous sentons, m'ont-ils dit, dans la tête, des bruits, comme des torrents débordés qui se précipitent en se bouleversant les uns contre les autres et viennent se briser contre nos oreilles. Toujours épouvantés, inquiets, irrités, nous cherchons en vain un repos qui nous fuit : nulle paix, nul sommeil, mais seulement une extrême lassitude, dont l'accablement lie et assujettit en quelque manière plutôt nos sens, qu'il ne les tranquillise. »

Dans la crainte chimérique d'être mordu par un homme enragé, on allait jusqu'à tuer malades et suspects. On les abattait d'un coup de fusil, on les empoisonnait, on les étranglait ou, de façon plus coutumière, on les étouffait entre deux matelas. En 1780, le Dr Andry cite le cas d'une bergère du Berry qui, après avoir été mordue par un loup, fut abandonnée par tous, même par son chirurgien. Une chasse à l'homme fut organisée pour l'abattre. Elle ne dut la vie, ou du moins ce qui lui en restait, qu'à l'intervention du lieutenant général qui l'enferma « par grâce » dans un cachot destiné aux fous.

De telles réactions persistent sous le Premier Empire. En 1810, un philanthrope propose au gouvernement d'adopter une loi stipulant qu'« il est défendu, sous peine de mort, d'étrangler, d'étouffer, de saigner des quatre membres, ou autrement faire mourir aucun individu attaqué de rage, d'hydrophobie ou autre maladie quelconque donnant des accès ».

1. Les références historiques sont tirées du livre de Jean Théodoridès, *Histoire de la rage*, Fondation Singer-Polignac, Préface de P. Lépine, Paris, 1986; de la *Vie de Pasteur*, de René Vallery-Radot, *op. cit.*, p. 584-592, et de l'article « rage » du *Dictionnaire encyclopédique des sciences médicales* de Deschambre, par Bouley et Brouardel, 3e série, p. 35-240.

Un cortège de croyances s'attachait au fléau. On disait que l'homme enragé hurle, aboie, miaule et mord s'il a été mordu par un loup, un chien ou un chat. On voyait des malheureux qui, après avoir été agressés par des chiens, marchaient à quatre pattes et se cachaient sous les bancs et les lits. En 1802, un médecin célèbre, le Dr Cabanis, soutenait que, dans son département de Corrèze, « soixante personnes avaient été mordues par un loup, ou par des chiens, des vaches, des cochons qui l'avaient eux-mêmes été par ce loup enragé. Un grand nombre de ces personnes imitaient, dans la violence de leurs accès, les cris et les attitudes de l'animal qui les avaient mordues et elles en manifestaient, à plusieurs égards, les inclinations[1]. » Certains croyaient que la lune jouait un rôle dans l'étiologie de la rage. D'autres prétendaient que la période d'incubation pouvait durer dix, vingt, trente ans. La bonne santé passait pour un facteur d'exacerbation du mal.

Les méthodes de diagnostic les plus étranges avaient cours. Des noix ou un morceau de pain déposés sur la morsure n'étaient acceptés par des poules ou un chien que si l'animal qui avait mordu n'était pas enragé. En 1805, un médecin réfutait encore la croyance selon laquelle un morceau de viande frotté sur le museau d'un chien enragé était repoussé par l'animal sain.

Au début du XIXe siècle, plusieurs médecins, dont Cabanis, affirmaient que la rage n'était pas infectieuse mais causée par une « exaltation de l'imagination ». L'un d'eux, Gaspard Girard, écrivait dans ses *Réflexions sur la non-existence du virus rabique :* « On n'a jamais vu un idiot, un crétin ni un seul enfant de deux à trois ans pris de la rage. » En 1866, le Dr Faugère Dubourg publiait un livre intitulé : *Le Préjugé de la rage ou de l'innocuité du virus rabique sur l'espèce humaine.*

Enfin, jusqu'à l'entrée en lice de Pasteur, quelques-uns soutenaient qu'il existe une « rage spontanée » qui peut survenir chez l'homme ou chez l'animal en dehors de toute morsure. D'autres prétendaient qu'elle ne frappait que les chiens incapables d'assouvir leurs instincts sexuels, ce qui inspirait de curieuses observations à un vétérinaire, le Dr Leblanc : « La spontanéité de la rage s'observe presque uniquement chez les chiens tenus en charte privée et qui ont un tempérament ardent. La race n'a guère d'influence, et, si elle a été plus spécialement constatée chez les petits chiens d'appartement, cela tient à la séquestration de ces animaux qui ne sortent qu'en laisse et qu'on prive de coït. Certains d'entre eux sont soumis à des excitations peu admissibles [...]. On peut dire que ces petits animaux sont presque toujours en érection et se grattent, soit contre les meubles, soit contre les jambes en exécutant des mouvements, preuve non douteuse de leurs désirs ; s'ils rencontrent un animal de leur espèce, le sexe leur importe peu et on les voit en proie à un véritable satyriasis qui finit par l'apparition de la rage[2]. »

1. *Rapports du moral et du physique de l'homme,* Paris, éd. de 1815, p. 59.

2. Dr Leblanc, de la société vétérinaire, *Documents pour servir à l'histoire de la rage,* 1873, p. 11.

La pharmacopée antirabique était immense. Le règne animal, yeux d'écrevisses et huîtres calcinées compris, le règne végétal et le règne minéral étaient mis à contribution : cataplasmes, bains froids, antiphlogistiques, antispasmodiques, sudorifiques, diurétiques, purgatifs. Outre les innombrables pèlerinages, les bains de mer de Dieppe étaient, aux XVIIe et XVIIIe siècles, recommandés aux personnes menacées par la rage.

La seule thérapie d'une certaine efficacité restait la cautérisation de la morsure fraîche au fer rouge ou, dans certains cas, au moyen de caustiques comme les acides nitrique, sulfurique chlorhydrique, le sublimé corrosif ou le nitrate d'argent. Cette pratique était encore en usage au temps de Pasteur. Selon une statistique d'Adrien Proust (1834-1903), elle donnait des résultats appréciables, sinon spectaculaires. La mortalité par morsures non cautérisées était de 78 %, de 66 % lorsque la cautérisation était tardive, et de 20 % lorsqu'elle était précoce. Elle pouvait être assortie de pratiques religieuses. C'est ainsi que l'utilisation de clés provenant d'églises consacrées à des saints protecteurs de la rage (saint Pierre, saint Roch, saint Hubert) étaient chauffées à rouge et appliquées sur les morsures.

De longue date étaient promulguées des ordonnances de police visant à réprimer le vagabondage des chiens, surtout lorsque des cas de rage étaient signalés dans une région. Certaines d'entre elles enjoignaient « de leur attacher des bâtons ou billots au col, pour les empêcher de courir et divaguer dans les campagnes, sous peine de vingt livres d'amende ». D'autres permettaient « à toute personne de tuer ou faire tuer à coups de pierres, avec bâtons, armes blanches et non armes à feu » tous les chiens errants.

Mais que pouvait-on contre les loups enragés qui surgissent des bois pour s'attaquer aux bêtes et aux hommes ? Ils étaient générateurs de paniques d'autant plus vives que les morsures de loup étaient les plus dangereuses. En 1739, dans le Maine, un loup enragé avait mordu soixante-dix personnes dont cinquante avaient péri.

Les travaux précurseurs

Lorsque Pasteur commence ses recherches sur la rage, en 1880, la question a déjà fait l'objet de quelques travaux sérieux. Dès 1804, Zinke aurait inoculé avec succès divers animaux avec de la salive de chien enragé. En 1813, Salm-Reifferscheidt infecte huit chiens à l'aide d'un bistouri imprégné de salive rabique. La même année, Magendie et Breschet transmettent la maladie à un chien par inoculation de la salive d'un homme mort de la rage. Mais le bistouri et la lancette sont sources d'infections et c'est pourquoi la pathologie expérimentale ne progresse que lentement jusqu'à l'invention de la seringue à piston de Pravaz, en 1850. Dans la seconde moitié du siècle, les recherches de Galtier, entreprises à partir de 1879, aboutissent à des résultats intéressants, mais elles sont éclipsées par les travaux de Pasteur.

Pierre Victor Galtier (1846-1908)[1], professeur à l'École vétérinaire de Lyon, est, selon l'expression de Jean Théodoridès, « le grand méconnu, le grand oublié de l'histoire de la rage » et « sans ses importantes recherches, on ne sait si Pasteur et ses collaborateurs seraient arrivés aussi vite à la solution du problème ».

Galtier montre que le lapin présente l'avantage d'être plus sensible à l'inoculation de la rage que le chien. En 1879, il transmet (ou croit transmettre) la rage canine à dix-huit lapins à l'aide d'une lancette imbibée de salive ou par morsure de l'oreille. Tous les lapins contractent le mal et leur salive la communique à d'autres lapins. Dans une note à l'Académie des sciences du 1er août 1881, il prétend avoir provoqué l'immunité d'un mouton par inoculation de salive virulente dans la jugulaire. Mais l'expérience, portant sur un seul animal, ne saurait être concluante. De surcroît, il localise le siège du virus rabique dans la muqueuse bucco-pharyngienne et non dans la moelle ou le cerveau.

Galtier sera ulcéré par les critiques de Pasteur qui ne parviendra jamais à provoquer l'immunité antirabique par son procédé de vaccination intrajugulaire et trouvera l'exacte localisation du virus. Il n'en sera pas moins sur le point de recevoir le prix Nobel de physiologie et de médecine pour ses travaux sur la rage lorsqu'il mourra en 1908.

Tout s'efface derrière les recherches de Pasteur.

C'est en décembre 1880 qu'il se penche pour la première fois sur deux chiens enragés apportés par Bourrel. Ancien vétérinaire de l'armée, Bourrel était, selon l'expression de Vallery-Radot, « l'homme de Paris et de France hospitalisant le plus grand nombre de chiens, et notamment de chiens enragés ». Le travail n'était pas de tout repos, la population canine s'élevant en France à 2 500 000 individus dont 100 000 à Paris.

Bourrel avait mis au point une méthode consistant à limer les dents des chiens pour éviter la propagation de la rage. Pour vérifier l'efficacité de son système, il n'avait pas hésité à se faire mordre par un chien enragé ainsi traité, ce qu'il a raconté en termes savoureux : « Comment vérifier sérieusement si cette opération pouvait produire les résultats que j'en attendais ? Un seul moyen se présente à mon esprit ; je vais me faire mordre. Mais par précaution, je tire un gant de ma poche, c'était un gant de Suède, je crois même qu'il m'avait coûté 35 sous, et je le passe. Cela fait, je présente la main au chien enragé. Il se jette dessus avec fureur et me mord les doigts[2]. » Encore

1. Jean Théodoridès, *Histoire de la rage*, chap. VI, « Les recherches de Galtier (1879-1904) », p. 189-199.

2. Bourrel, *Réponse à quelques objections faites à la méthode de l'émoussement de la pointe des dents des chiens comme moyen préservatif de l'inoculation du virus rabique*, Paris, 1876, p. 19.

n'était-ce pas là l'opération la plus dangereuse. Il était plus risqué de retirer le chien enragé de sa cage et de le transporter sur la table d'opération pour lui limer les dents.

Bourrel fut attaqué par tous ceux qui jugeaient cette intervention barbare. Aussi les travaux de Pasteur l'avaient-ils convaincu qu'il était plus judicieux de s'adresser à la rue d'Ulm.

L'œuvre de Pasteur et de Roux

Quelques jours après avoir examiné les chiens de Bourrel, Pasteur est appelé par le Pr Lannelongue au chevet d'un enfant qui agonise de la rage à l'hôpital Trousseau, étouffé par les mucosités qui ont envahi la bouche. Il en recueille quelques-unes et les inocule à deux lapins qui succombent en moins de trente-six heures. Leur salive, inoculée à d'autres lapins, provoque une mort aussi rapide. Mais rien ne permet d'affirmer qu'ils sont morts de la rage. De la salive d'enfants malades ou bien portants a déjà provoqué le même type de mort. De surcroît, la période d'incubation de la rage s'étend sur trente à quarante jours[1].

C'est l'une des difficultés de cette recherche. Dès qu'un cas de rage canine lui est signalé par Bourrel, Pasteur se précipite en fiacre jusqu'à son chenil avec quelques lapins. Mais comme il faut attendre les premiers symptômes pendant de longues semaines, le travail finit par s'éterniser.

La salive, souvent chargée de germes pathogènes, est en outre un agent infidèle de transmission du virus rabique. Pasteur songe au sang qui ne donne pas de meilleurs résultats. Cependant, le faciès de la maladie l'a convaincu que la rage a son siège dans le système nerveux et plus particulièrement dans le bulbe. Tel est le point de départ d'une éblouissante série d'expérimentations auxquelles Émile Roux apportera une contribution décisive.

Dans des conditions d'asepsie rigoureuse, il plonge sa lancette dans le bulbe d'un chien mort de la rage et délaye la substance nerveuse ainsi recueillie dans un bouillon stérile qu'il inocule à plusieurs lapins avec une seringue de Pravaz. Tous contractent la rage et succombent[2].

C'est un grand progrès, mais un immense chemin reste à parcourir. Il faut d'abord trouver le moyen de diminuer la période d'incubation qui paralyse les recherches. Pasteur a donc l'idée d'inoculer directement le virus rabique dans son milieu naturel : le cerveau d'un chien. Mais ici se présente un obstacle imprévu. Le Dr Roux en a laissé un récit pittoresque :

1. Communication de Pasteur à l'Académie de médecine du 18 janvier 1881, *Œuvres de Pasteur*, *op. cit.*, t. VI, p. 553-558.

2. « Sur la rage » et « Nouveaux faits pour servir à la connaissance de la rage » (avec la collaboration de Chamberland, Roux et Thuillier), *ibid.*, p. 573-578.

« D'ordinaire, écrit-il, une expérience conçue et discutée était mise en train sans retard. Celle-ci, sur laquelle nous comptions beaucoup, ne fut pas exécutée aussitôt : Pasteur, qui a dû sacrifier tant d'animaux dans le cours de ses bienfaisantes études, éprouvait une véritable répugnance pour la vivisection. Il assistait sans trop de peine à une opération simple comme une inoculation sous-cutanée, et encore, si l'animal criait un peu, Pasteur se sauvait, aussitôt pris de pitié, et prodiguait à la victime des consolations et des encouragements qui auraient paru comiques s'ils n'avaient été touchants. La pensée qu'on allait perforer le crâne d'un chien lui était désagréable. Il souhaitait vivement que l'expérience fût réalisée, et il craignait de la voir entreprendre. Je la fis un jour qu'il était absent. Le lendemain, comme je lui rendais compte que l'inoculation intracrânienne ne présentait aucune difficulté, il s'apitoya sur le chien :

« "Pauvre bête ! son cerveau est sans doute lésé ; il doit être paralysé."

« Sans répondre, je descendis au sous-sol chercher l'animal et je le fis entrer au laboratoire. Pasteur n'aimait pas les chiens ; mais quand il vit celui-ci plein de vivacité, fureter partout en curieux, il témoigna la satisfaction la plus vive et se mit à lui prodiguer les mots les plus aimables. Il savait un gré infini à ce chien de si bien supporter la trépanation et de faire ainsi tomber tous ses scrupules sur les trépanations futures[1]. »

L'opération s'est déroulée selon un protocole minutieusement consigné par René Vallery-Radot : « On fixa un chien dans la gouttière à expérience. Que les anti-vivisectionnistes ne se hâtent pas de crier à la torture ! Il était chloroformé. Un trépan, sorte de vilebrequin, muni d'une scie tournante qu'une petite manivelle faisait mouvoir, permit de lui enlever une rondelle du crâne. La membrane, assez forte, assez résistante, qui entoure le cerveau et qu'on appelle la dure-mère, apparut. Une seringue de Pravaz, où avait été préalablement introduite la petite quantité de virus rabique à inoculer, piqua la dure-mère et l'injection fut faite. Lavage de la plaie avec l'acide phénique, trois points de suture, tout était achevé en quelques minutes. Le chien réveillé reprit ses allures gaies, habituelles, familières[2]. »

Au bout de deux semaines, la rage éclate et la bête meurt paralysée. La période d'incubation a été réduite de quarante à quatorze jours. Le progrès est appréciable mais Pasteur ne parvient pas à observer le virus rabique et donc, à le cultiver. Et pour cause ! Il ne sera découvert que quatre-vingts ans plus tard grâce au microscope électronique. On lui trouvera la forme d'une balle de fusil d'une longueur de 120 à 180 millionièmes de millimètre et d'une largeur de 60 à 80 millionièmes de millimètre.

1. *L'Œuvre médicale de Pasteur, op. cit.*, p. 541-542.
2. *Vie de Pasteur, op. cit.*, p. 561-562.

À défaut de bouillon, Pasteur suppose le problème résolu en usant d'un subterfuge audacieux : la culture du virus sur moelle de lapin. Un lapin est trépané et inoculé. Après sa mort, une parcelle de sa moelle est introduite dans le cerveau d'un autre lapin et ainsi de suite. Au bout d'une centaine de transmissions la virulence du germe s'est exacerbée tandis que la période d'incubation a été réduite à sept jours. La rage de laboratoire est maîtrisée.

Ultime étape : l'atténuation du virus et la fabrication du vaccin. Selon un protocole établi par Roux, Pasteur suspend par un fil un morceau de moelle de lapin infectée à l'intérieur d'un flacon hermétiquement clos. Quelques fragments de potasse caustique en chassent jusqu'à la dernière trace d'humidité. À mesure que la moelle se dessèche sa virulence s'atténue pour s'éteindre au bout de quatorze jours. Broyée dans un peu d'eau distillée, elle est alors inoculée à des chiens qui reçoivent ensuite de la moelle de treize jours, puis de douze et ainsi de suite. Le quatorzième jour, on leur injecte de la moelle rabique à forte virulence qui reste sans effet sur eux. La mithridatisation a joué. Les chiens ainsi vaccinés sont de surcroît soumis à de nouvelles tortures. On les fait mordre par des chiens enragés, ils sont trépanés et inoculés avec du virus rabique sans contracter la maladie[1]. Cette fois, le vaccin antirabique est découvert. Pour couronner le tout, la longueur de la période d'incubation, qui avait paralysé les recherches, est devenue un atout, l'immunité ayant le temps de se développer pourvu que le vaccin soit administré peu après la morsure.

Pour juger de l'efficacité et de l'innocuité de ce vaccin, Pasteur propose la réunion d'une commission de contrôle. Constituée en mai 1884, elle est composée de Béclard, doyen de la faculté de médecine, Paul Bert, Bouley, Villemin, Vulpian et Tisserand, directeur du ministère de l'Agriculture. En raison de la longueur de la période d'incubation, ses travaux vont durer près d'un an. Mais rien ne sera laissé au hasard. Des dizaines de chiens et de lapins vont être mordus, trépanés et inoculés. Certains seront vaccinés, d'autres serviront de témoins.

Pour réaliser de telles expériences avec un grand nombre de chiens et de cobayes, le laboratoire de la rue d'Ulm est devenu trop exigu. La commission demande donc et obtient du ministère de l'Instruction publique la construction d'un vaste chenil. Le choix de l'emplacement se porte d'abord sur le bois de Meudon. Mais lorsque les riverains apprennent qu'on leur offre le voisinage d'une fourrière pour chiens enragés, le tollé est général. On imagine des hordes canines déboulant de partout au milieu des hurlements, de paisibles promeneurs assaillis, agressés, transformés en fuyards.

1. « Nouvelle communication sur la rage », « Sur la rage » (avec la collaboration de Chamberland, Roux et Thuillier), « Microbes pathogènes et vaccins » (congrès de Copenhague, août 1884), *Œuvres complètes*, t. VI, p. 579-602.

Il faut donc renoncer à Meudon et le choix des commissaires se reporte sur un domaine situé près de Saint-Cloud, de l'autre côté des bois de Marne, dans le parc de Villeneuve-l'Étang. Il s'agit d'une ancienne propriété de Napoléon III qui prolonge le château de Saint-Cloud. L'endroit est d'autant mieux choisi qu'on y trouve d'anciennes écuries pouvant être transformées en chenils.

En mars 1885, les premiers pensionnaires prennent possession des lieux. « Les chiens s'installent donc, écrit Pasteur à son fils le 31. Déjà une quarantaine y sont très bien soignés par Pernin, une vraie perle de gardien, honnête, consciencieux et très suffisamment intelligent. » Ce chenil était d'autant plus nécessaire que les chiens expérimentaux étaient jusque-là éparpillés dans une dizaine d'endroits, ce qui imposait à Pasteur et aux commissaires d'innombrables déplacements. Mais le problème ne sera jamais totalement résolu. Le 29 mai, il le déplore dans une lettre à Jean-Baptiste : « Je n'ai jamais eu autant de sujets d'expérience que présentement : 60 chiens à Villeneuve-l'Étang, 40 à Rollin, 10 chez [mot illisible], 15 chez Bourrel, et je déplore de n'avoir pas de nouvelles niches à utiliser. »

Les chiens parqués à Villeneuve-l'Étang offrent un spectacle à la fois pittoresque et touchant. René Vallery-Radot en a laissé un tableau qu'on croirait volontiers tiré d'un manuel d'anthropologie criminelle « fin de siècle » :

« Tous ces chiens venaient de la fourrière. Il y en avait de sournois, de féroces qui, avant de passer par le dépôt de la rue de Pontoise, avaient vécu comme des bandits, cherchant à voler tout ce qui pouvait leur tomber sous les crocs, chiens toujours aux aguets, la queue basse, le regard de travers, prêts à donner un coup de dents. Dès qu'on passait près d'eux, on entendait un grondement de haine. Puis, çà et là, des bohèmes inoffensifs au regard affectueux. Quelque agent de police avait dû les conduire à la fourrière comme on mène au poste des gens sans aveu. Parfois on reconnaissait un chien de famille qu'un désir d'aventure avait entraîné hors de chez lui. Tous, maintenant voisins de cellule, confondaient leurs aboiements et leurs plaintes. Ils allaient rester prisonniers des mois, des années dans ce vaste hall[1]. »

Sur ces entrefaites, la commission de contrôle des vaccinations antirabiques a reconnu l'efficacité du vaccin et sa parfaite innocuité. Les travaux de Pasteur ont soulevé l'enthousiasme au congrès médical réuni à Copenhague en août 1884 et, en France, une « rue Pasteur », la première d'une longue série, rend hommage à ses découvertes.

Mais pour Pasteur, l'étape essentielle reste à franchir : l'expérimentation sur l'homme d'un vaccin de laboratoire.

Depuis longtemps, la perspective de cette épreuve, première du genre dans les annales de la médecine, le hante. À mesure que la terrible échéance se profile à l'horizon, son anxiété s'avive. Il est facile de se convaincre, aujourd'hui,

1. *Vie de Pasteur, op. cit.*, p. 595.

que ces doutes n'étaient pas fondés. Mais, à la fin du XIXe siècle, l'inoculation à l'homme d'un virus aussi terrifiant que le virus rabique, même atténué, pouvait passer pour un acte de folle témérité sinon de folie criminelle.

Pasteur sait qu'un échec le condamnerait sans appel et jetterait un voile sur l'ensemble de son œuvre. Mais que serait-ce au regard des remords qui le tenailleraient jusqu'à la fin de sa vie. Aussi est-il devenu un homme seul, seul face à sa conscience, seul face à ses doutes acceptés d'un cœur léger lorsqu'il s'agit d'expérimenter sur l'animal, mais devenus insupportables lorsque la vie ou la mort d'un homme sont en jeu.

Dans son désarroi, il en est arrivé à écrire, le 22 septembre 1884, une lettre effroyable à Pedro II, empereur du Brésil, qui, de longue date, est de ses admirateurs :

> « Mais alors même que j'aurais multiplié les exemples de prophylaxie de la rage chez les chiens, il me semble que la main me tremblera quand il faudra passer à l'espèce humaine.
>
> « C'est ici que pourrait intervenir très utilement la haute et puissante initiative d'un chef d'État pour le plus grand bien de l'humanité. Si j'étais roi ou empereur ou même président de la République, voici comment j'exercerais le droit de grâce sur les condamnés à mort. J'offrirais à l'avocat du condamné, la veille de l'exécution de ce dernier, de choisir entre la mort imminente et une expérience qui consisterait dans des inoculations préventives de la rage pour amener la constitution du sujet à être réfractaire à la rage. Moyennant ces épreuves, la vie du condamné serait sauve. Au cas où elle le serait – et j'ai la persuasion qu'elle le serait en effet –, pour garantie vis-à-vis de la société qui a condamné le criminel, on le soumettrait à une surveillance à vie.
>
> « Tous les condamnés accepteraient. Le condamné à mort n'appréhende que la mort [...].
>
> « J'attache tant d'importance à ces mesures que si Votre Majesté partageait mes vues, malgré mon âge et mon état de santé, je me rendrais volontiers à Rio de Janeiro pour me livrer à de telles études de prophylaxie de la rage ou de contagion du choléra et des remèdes à lui appliquer. »

Pasteur a-t-il songé aux conséquences désastreuses d'une justice pourvoyeuse de cobayes humains ? À la pression exercée sur les jurés ainsi encouragés à prononcer une sentence de mort pour le bien de l'humanité ? Mais à l'époque, l'idée est moins choquante qu'elle ne peut le paraître aujourd'hui et le précédent des expériences nazies ne hante pas les esprits. En 1721, George Ier d'Angleterre n'a-t-il pas autorisé l'inoculation variolique des enfants du prince de Galles à la seule condition que l'opération fût d'abord pratiquée sur quelques criminels ? Sept condamnés à mort ont donc été inoculés avec succès à la prison de Newgate, en échange de quoi ils ont eu la vie sauve.

Un instant, Pasteur songe à faire sur lui-même l'essai de son vaccin. « Je n'ai pas encore osé traiter des hommes après morsure par chiens rabiques, avoue-t-il à son ami Jules Vercel le 28 mars 1885. Mais ce moment n'est peut-être pas éloigné et j'ai grande envie de commencer par moi, c'est-à-dire de m'inoculer la rage pour en arrêter ensuite les effets, tant je commence à m'aguerrir et à être sûr de mes résultats. »

Vers le début du mois de juin 1885, le maire de Leviers (Doubs), qui avait eu vent des travaux de Pasteur sur la rage, l'appelle au secours de deux de ses administrés mordus par un chien enragé. Pasteur hésite un instant avant de refuser : « J'ai le vif regret de vous informer, répond-il le 12 juin, que je n'ai pas encore tenté d'amener l'état réfractaire à la rage sur des sujets humains. Je le fais facilement sur les chiens, même après qu'ils ont été mordus. Je ne suis pas éloigné d'oser le faire sur l'homme mais mes recherches, au point où elles sont, ne me permettent pas encore d'agir sur l'homme. »

Pourtant, le grand moment approche

Joseph Meister et Jupille (1885)

Dans la matinée du 6 juillet 1885, trois Alsaciens de Meissengott, près de Schlestadt, se présentent au laboratoire de la rue d'Ulm : un certain Théodore Vone, un petit garçon de dix ans, Joseph Meister, et sa mère. Celle-ci raconte son histoire à Pasteur.

L'avant-veille, son fils Joseph se rendait à l'école lorsqu'il fut attaqué par un chien. Désarmé, il porta ses mains à son visage. Un maçon qui passait par là se précipita à son secours armé d'une barre de fer. Il frappa le chien qui lâcha prise et retourna chez son maître, l'épicier Théodore Vone, qu'il mordit au bras. Celui-ci l'abattit aussitôt d'un coup de fusil.

Joseph Meister était couvert de bave et de sang. Son corps, férocement mutilé, avait essuyé quatorze morsures. L'autopsie avait confirmé que le chien était enragé. Dans son estomac, on avait trouvé du foin, de la paille, des fragments de bois. Le soir même, les parents du petit Meister l'avaient montré au Dr Weber qui avait cautérisé les plaies à l'acide phénique. Par bonheur, Weber avait entendu parler des travaux de Pasteur.

Pasteur examine d'abord Théodore Vone. Ses vêtements ont absorbé la bave et les crocs n'ont pas traversé la manche de sa chemise. Il peut repartir. Mais à la vue de Joseph Meister, qui peut à peine marcher tant ses blessures sont profondes et douloureuses, il a du mal à réprimer son inquiétude. Il présente l'enfant aux professeurs Vulpian et Grancher qui le trouvent, eux aussi, dans un état désespéré. De surcroît, les blessures ont été cautérisées, avec un retard de douze heures, à l'acide phénique et non au fer rouge, ce qui, selon Vulpian, a rendu l'opération inefficace. Les deux médecins sont donc formels : il faut vacciner.

Le premier jour, Pasteur fait injecter à l'enfant de la moelle non virulente vieille de quatorze jours. Dans les dix jours qui suivent, il fait pratiquer onze nouvelles injections de plus en plus virulentes. Le 16 juillet, il opère pour la dernière fois avec de la moelle d'un jour. C'est elle qui, en l'espace d'une semaine, foudroie un chien.

Alors commence pour Pasteur une période lourde d'angoisse. « Il ne pouvait plus travailler, se souvient René Vallery-Radot. Toutes les nuits il avait la fièvre. Ce petit Meister qu'il avait vu jouer dans le jardin, une brusque vision, dans des insomnies invincibles, le lui représentait malade, étouffant de rage comme jadis le petit malade de l'hôpital Trousseau. »

Le 11 juillet, il écrit à son gendre : « Tout va bien, l'enfant dort bien, a bon appétit, et du jour au lendemain la matière des inoculations est résorbée sans la moindre trace. Il est vrai que je ne suis pas encore aux inoculations de contrôle qui auront lieu mardi, mercredi et jeudi. »

« Encore une mauvaise nuit pour votre père, dit Marie Pasteur le 13 juillet. Il ne s'accoutume pas du tout à opérer en dernier ressort sur cet enfant. Et cependant, il faut bien maintenant s'exécuter. Le petit continue à se porter très bien. »

L'angoisse atteint son paroxysme le 16 avec l'injection de la moelle ultra virulente. Le soir, après avoir embrassé son « cher monsieur Pasteur », Joseph Meister va s'endormir en toute quiétude. Mais pour Pasteur, la nuit est traversée de cauchemars. Le traitement terminé, il confie son malade au Dr Grancher et prend quelques jours de repos en Bourgogne puis à Arbois. Il y recevra des bulletins de santé de plus en plus réconfortants. Mais ses angoisses persistent. Le 25, il confie à Grancher : « Combien je vous suis reconnaissant de la peine que vous avez prise de vous occuper du petit Meister. Mes visions me poursuivent. » Le 27, l'enfant étant toujours en parfaite santé, on le laisse repartir à Meissengott. Le même jour, Pasteur adresse au médecin de l'enfant, le Dr Weber, une lettre dans laquelle il lui demande « de faire passer au jeune Joseph Meister les enveloppes ci-jointes afin que tous les deux jours au moins il me dise s'il va bien, par un seul mot afin qu'il ne soit pas trop dérangé dans ses études. »

Le 20 août, il peut enfin crier victoire. Ce jour-là, le vainqueur de la rage annonce à Ernest Legouvé : « Ses morsures [de Joseph Meister] sont du 4 juillet. Je n'ai plus la crainte de le voir prendre la rage [...]. Je suis certainement en mesure de traiter toute personne mordue et de la rendre réfractaire à la rage sans appréhender un échec et en la prenant même plusieurs jours après l'accident. »

Le premier rescapé de la mort rabique est un petit Alsacien. Quoique son geste ait été à l'origine dénué d'arrière-pensées nationalistes, il est probable que Pasteur en a tiré une légitime satisfaction. Lui-même le reconnaît dans une lettre du 22 août 1885 : « Je suis bien heureux que ce nouveau succès soit dû à la France, et que le premier sujet humain chez lequel la rage aura été empêchée après morsure soit venu d'Alsace. »

Pasteur voulait que l'événement restât secret tant que son service serait dans l'incapacité de donner satisfaction à toutes les demandes. En septembre, une indiscrétion du journal *Les Débats* ébruite l'affaire et la nouvelle est reprise par l'ensemble de la presse. Les conséquences sont immédiates. Le 7 octobre, il signale à Jean-Baptiste : « Je reçois chaque jour des demandes de traitement de personnes mordues par des chiens enragés et j'ai la douleur très grande de les abandonner à leur sort, étant absent de Paris et pas encore prêt pour un service régulier. Cela viendra, mais en attendant ! »

Le 17 octobre, Pasteur reçoit cependant une lettre du maire de Villers-Farley. Elle relate les circonstances héroïques dans lesquelles un berger de quinze ans, Jean-Baptiste Jupille, a été agressé par un chien enragé trois jours auparavant. Il répond aussitôt : « Les détails dans lesquels vous entrez au sujet du jeune Jupille, mordu par un chien enragé, me font craindre que la rage soit inévitable à cause de l'intensité des morsures et de l'insuffisance probable des cautérisations à l'alcali. » Le caractère tardif de l'intervention laisse aussi planer un doute sur le résultat : « L'enfant, poursuit Pasteur, sera ici le 20 au matin. Les morsures auront déjà six jours de date ; celles du petit Meister n'avaient que soixante heures, et je ne sais pas encore, par mes expériences, jusqu'à quelle limite de durée, depuis l'instant des morsures, je puis commencer le traitement. »

C'est en voulant protéger la fuite de cinq petits camarades poursuivis pas un chien enragé que Jupille, qui gardait avec eux un troupeau, a été grièvement blessé. Armé d'un fouet, il a affronté la bête dans un corps à corps féroce, a réussi à la museler avec la lanière de son fouet, l'a assommée avec son sabot et achevée par noyade dans la rivière voisine.

Et pour la deuxième fois, le vaccin fait merveille.

Dans les mois qui suivent, Pasteur entretiendra une correspondance affectueuse avec les deux miraculés. Le 14 janvier 1886, il répond à Joseph Meister : « J'ai constaté que, pour l'écriture, pour l'orthographe et pour le raisonnement, tu as fait des progrès très marqués. Et comme tu m'as parlé de la gêne de tes parents, je veux contribuer à l'éloigner en t'envoyant pour tes étrennes une petite somme qui les aidera à se tirer momentanément d'affaire. »

Joseph Meister connaîtra une fin tragique. Devenu gardien de l'Institut Pasteur, il se suicidera en 1940 pour ne pas survivre à l'entrée des Allemands à Paris.

Sur ces entrefaites, le Pr Vulpian déclare à l'Académie de médecine : « Il devient dès à présent nécessaire de se préoccuper de l'organisation d'un service de traitement de la rage par la méthode de M. Pasteur. Il faut que toute personne mordue par un chien enragé puisse bénéficier de cette grande découverte qui met le sceau à la gloire de notre illustre confrère et qui jettera le plus vif éclat sur notre pays. »

En même temps, une nouvelle méthode de vaccination, la « méthode intensive », est mise au point. Il s'agit de pratiquer des injections moins nombreuses mais plus virulentes, ce qui accélère le processus d'immunisation.

Les candidats étant toujours plus nombreux, il devient urgent d'organiser un service capable de répondre à la demande. Pasteur doit aussi répondre aux critiques et aux campagnes de dénigrement qui commencent à se manifester.

CHAPITRE XIX

L'effondrement de l'ancienne école (1884-1887)

En 1885, la gloire de Pasteur et de Koch est à son zénith mais l'opposition n'a pas désarmé. En Allemagne, elle est orchestrée par le grand Virchow, d'abord, par Max von Pettenkofer, professeur d'hygiène à Munich, ensuite. Mais c'est en France que les critiques contre Pasteur sont les plus nombreuses et les plus virulentes. Elles émanent d'une coalition hétéroclite rangée sous la bannière du Pr Peter qui brandit haut et fort, jusque dans l'enceinte de l'Académie de médecine, l'étendard de l'ancienne médecine.

Derrière lui s'agitent les docteurs Navarre, Chassaing, Lutaud ; le Dr Boens, secrétaire de la Ligue contre les vaccinations ; Mme Huot, secrétaire de la Ligue populaire contre la vivisection ; le polémiste Henri Rochefort qui mène dans *L'Intransigeant* une violente campagne contre Pasteur. C'est bruyant mais désespéré. Les partisans de la spontanéité morbides ou de l'étiologie hippocratique n'ont pas le choix : il faut se soumettre ou reconnaître la victoire de la nouvelle école. Or, aucun d'eux n'est prêt à rendre les armes.

L'opposition à Koch

Virchow a d'abord boudé les théories microbiennes, rabrouant Koch, sa spore charbonneuse et son bacille tuberculeux. Au Reichstag, il a même regretté que « ces tout jeunes gens de l'Office impérial » aient reçu le soutien des pouvoirs publics. Mais, après la découverte du bacille virgule, il se rallie à la bactériologie et, volant au secours de la victoire, la prend sous son patronage.

Max von Pettenkofer personnifie dès lors l'opposition aux théories de Koch, jouant à Berlin le rôle de Peter contre Pasteur à Paris, à une différence près : les rapports personnels entre Koch et Pettenkofer resteront cordiaux, au début du moins. Rentrée des Indes en 1884, la mission Koch passe d'abord par Munich où, avant de regagner Berlin, le maître rend compte en personne à Pettenkofer, président de la commission du choléra, des travaux accomplis. Le 3 novembre 1885, dans la leçon inaugurale de son cours d'hygiène et de bactériologie, il n'hésite pas à proclamer que Pettenkofer a été le premier professeur d'hygiène d'Allemagne.

C'est à l'occasion de la deuxième conférence du choléra, qui se déroule à Berlin en 1884, que les deux géants s'affrontent pour la première fois, mais avec courtoisie. Koch défend l'identité de son bacille virgule, arguments expérimentaux à l'appui. Mais sur le plan épidémiologique, son système présente des failles. L'étiologie des maladies microbiennes est embryonnaire et celle du choléra, avec ses soubresauts inattendus, reste mystérieuse. Koch, qui n'a pu transmettre le mal au cobaye, en convient. Pettenkofer met donc en doute l'identité du bacille virgule tout en prenant la défense de son élève, Emmerlich, qui a découvert un autre germe, le *bacillus neapolitanus.* Puis, invoquant son grand âge, il confesse ne rien comprendre aux techniques bactériologiques. Koch se montre respectueux envers son aîné et se contente d'égratigner Emmerlich qu'il compare à un certain Hallier qui, en 1866, enfermait les matières fécales d'un cholérique dans une bouteille pendant tout un hiver avec l'espoir d'y retrouver l'agent du choléra au printemps.

Le jour suivant, Pettenkofer revient à la charge en développant sa fameuse théorie « localiste ». Les germes du choléra, comme ceux de la malaria ou de la fièvre typhoïde, s'attacheraient à la localité, au sol, aux conditions atmosphériques. L'argument semble d'autant plus pertinent que Koch s'avoue incapable d'expliquer la périodicité du fléau et la genèse des pandémies. Et comment le pourrait-il ? Aujourd'hui encore, le mystère subsiste. De sa besace, Pettenkofer tire une autre raison : le rapport du Dr Cunningham, directeur de l'hygiène aux Indes, qui nie la contagion du choléra. Mais Koch n'est pas dupe. Cunningham et les médecins fonctionnaires des Indes soutiennent cette théorie pour ne pas isoler la perle de l'Empire du commerce mondiale.

En 1892, Koch se fâche. Lassé des persiflages, il rend raillerie pour raillerie, croisant le fer avec ceux qui le traitent de « fanatique de l'eau » ou de « chasseur de bacilles », et le duel tournera à son avantage[1].

En France, la polémique est beaucoup plus violente. La vaccination antirabique s'y pratiquant sur une grande échelle, certains l'accusent de transmettre la rage. Ces attaques sont soutenues par un important quotidien, *L'Intransigeant,* où le chroniqueur Rochefort jongle avec les outrances.

Le vaccin antirabique, la presse et les libelles

Dès le mois de novembre 1885, Rochefort se signale par sa façon très personnelle d'expliquer la découverte de la vaccination antirabique. La nouvelle Chambre des députés ayant « laissé sur le carreau » les « protecteurs » de Pas-

1. Émile Lagrange, *Robert Koch, sa vie, son œuvre, op. cit.*, p. 55 *sq.*

teur et décidé de sérieuses économies, le maître se serait inquiété pour sa pension de vingt-cinq mille francs. Alors, d'un coup de baguette magique, il aurait fait surgir un vaccin de ses éprouvettes. Mais les lapins ne suffisant pas à convaincre le public, il aurait trouvé le bon petit Meister qui, ayant été cautérisé, était tiré d'affaire avant même d'avoir été vacciné (*L'Intransigeant* du 2 novembre 1885).

Dans l'édition du 7 janvier 1887, Rochefort, inspiré par Peter, redouble de virulence : « C'est en s'adressant à la poltronnerie humaine que M. Pasteur a conquis son succès. C'est au même sentiment qu'il devra sans doute sa déconfiture [...]. L'inoculateur avait abandonné son premier système. Le nouveau [la méthode intensive] est, en effet, infaillible ; il tue les gens après la trente-sixième piqûre. »

Cet humour macabre inquiète Pasteur qui redoute ses effets dévastateurs sur les 300 000 lecteurs de *L'Intransigeant*. Tel cocher venant de mourir à Beaujon de rage furieuse, il n'est pas loin d'en attribuer la responsabilité au bouillant chroniqueur : « N'y a-t-il pas eu, demande-t-il à Grancher le 11 avril 1887, quelque influence de lectures de journaux intransigeants et d'attaques des Peter et Lutaud ? Vous savez que cette circonstance s'est produite pour une jeune femme morte de la rage à Lourcine dont le mari était grand lecteur de *L'Intransigeant* de Rochefort. »

Les « antipastoriens » organisent parfois des conférences publiques où se débitent des torrents d'inepties. L'une d'elles se déroule le 16 juillet 1886 à la mairie du IVe arrondissement, au milieu d'un tohu-bohu général, comme le signale *Le Temps* du 27 juillet 1886. On y remarque la présence de conseillers municipaux, de médecins et de vétérinaires, du Dr Boens, secrétaire de la Ligue contre les vaccinations, et de Louise Michel, venue pour lancer un message social et qui se fera copieusement huer.

Tous les poncifs de l'« antipastorisme » sont passés en revue : inefficacité et danger du vaccin, efficacité de la cautérisation, martyrologe des lapins, affaire d'argent, supercherie... Un honorable vétérinaire, M. Bouiller, soutient que Pasteur n'a rien compris à la rage et que certaines personnes peuvent devenir enragées sans avoir été mordues, à la suite d'une frayeur, d'un froid, d'un chagrin d'amour.

Après avoir parlé de l'attraction terrestre, de la rotondité de la terre et du téléphone, le Dr Boens trouve une explication encore plus délicate : « C'est une épine, dit-il, qui fait une blessure qui donne la rage. Une blessure faite à l'orteil, en engendrant le tétanos, peut engendrer la rage. Si les vibrations qu'une blessure produit arrivent au cerveau, voilà la rage qui se déclare. Un chien enragé vous a-t-il mordu ? Sucez la plaie, cautérisez-la, et puis mettez-vous à valser avec fureur, afin de transpirer et de dégorger ainsi les organes. »

Louise Michel termine le festival en hurlant au milieu du vacarme que la science n'a pas de patrie et en prenant fait et cause en faveur des étudiants qui meurent dans les hôpitaux, victimes de leur devoir.

Aux irréductibles de l'anti-vaccine, que Pasteur appelle la « meute des aboyeurs », se joignent quelques librettistes d'opérettes qui font feu des arguments les plus saugrenus pour précipiter Pasteur du haut de son piédestal. L'un d'eux, Ernest Bosc, publie un livre au titre explicite : *De la vivisection. Étude physiologique, psychologique et philosophique. Histoire, vivisection et science, expériences monstrueuses, crimes et infamies, découvertes de Pasteur, microbioculture* (1894). Il y démontre que Pasteur, sorte d'escroc de laboratoire, n'est pas l'auteur de ses prétendues découvertes, qui ne sont d'ailleurs d'aucune utilité. Le véritable inventeur du vaccin anti-charbonneux étant Toussaint, « c'est lui qui méritait la pension de 25 000 francs que sollicitait M. Pasteur et qu'il obtenait quelques mois plus tard, avant les vacances, c'est-à-dire au moment où les députés votent tout ce qu'on leur demande afin de s'en aller plus tôt en villégiature[1] ».

Peter le sycophante

À l'Académie de médecine, Peter, partisan farouche de la spontanéité morbide et d'Hippocrate, se montre aussi enflammé contre la vaccination antirabique qu'il l'a été contre la vaccination anticharbonneuse. Il soutient que la méthode intensive communique à l'homme la rage paralytique à laquelle les animaux, seuls, étaient à ce jour exposés. Sans avoir jamais expérimenté, à l'inverse de Pouchet jadis, ni même pris connaissance des travaux de Pasteur, il dénonce le caractère mensonger de ses statistiques. Ses malades ne couraient aucun risque, n'ayant jamais reçu que quelques coups de griffes ou n'ayant été mordus que par des chiens en bonne santé. Il démontre, chiffres falsifiés à l'appui, que la mortalité rabique n'a pas diminué en France depuis le début des vaccinations et que Pasteur passe ses échecs sous silence. Le cas échéant, citant la mort de la petite Louise Pelletier, dont la morsure était beaucoup trop ancienne pour être sauvée, il lui reproche d'avoir tué certains de ses vaccinés. D'ailleurs, il suffit que quiconque lui annonce que tel individu est mort de la rage après son passage rue d'Ulm pour que Peter mette l'Académie en émoi sans se donner la peine de vérifier le fait.

Du haut de sa chaire, il pourfend Pasteur. Le 6 septembre 1886, celui-ci écrit à son correspondant anglais, Victor Horsley : « Nous avons à Paris un médecin qui n'est pas le premier venu puisqu'il est professeur à la faculté de médecine. Dans une leçon qu'il a faite sur la rage devant des jeunes auditeurs de la faculté, il a enseigné que M. Pasteur ignorait ce qu'était la rage et que, quand il l'inoculait à la surface du cerveau, il appelait rage ce qui était l'effet d'un traumatisme dû à la trépanation. La critique sans base expérimentale se

1. *De la vivisection...*, p. 89.

reconnaît encore à un autre caractère. Elle ne tarde pas à tomber dans les suppositions injurieuses et la calomnie. »

Pasteur, qui se montrait ironique ou condescendant avec Pouchet, n'a que mépris pour Peter qui, dans sa critique, abuse de son rang, de sa notoriété et de sa faconde pour abattre ses adversaires sans se donner la peine d'expérimenter. « Cet homme est fait d'orgueil, d'ignorance et de légèreté », écrit-il à Grancher. Dans une lettre à Victor Horsley, il évoque « l'Académie de médecine de Paris soulevée par un médecin aussi envieux que présomptueux, qui n'a jamais fait de sa vie une expérience quelconque ». Ailleurs, il stigmatise « le violent dépit des Lutaud et des Peter, de la race des envieux et des impuissants. Leur haine folle et inexplicable doit essayer de se produire encore mardi à la séance de l'Académie de médecine par une dissertation de Peter. »

Peter connaît son heure de gloire à la suite d'un entretien avec le journaliste Adrien Marx. Ses propos sont relatés de façon flatteuse dans *Le Figaro* du 23 janvier 1887.

Le mettant sur le même plan que Pasteur, Adrien Marx en fait un tableau édifiant : « C'est un praticien hors pair, un de ceux qui honorent l'École médicale française par leur savoir autant que par leur caractère. Pourvu de tous les grades et de toutes les distinctions, le docteur Peter est peut-être, avec son confrère Potain, celui de tous les guérisseurs contemporains qui a la plus nombreuse et la plus riche clientèle. On vient le consulter de tous les points du globe et la faculté de Paris s'enorgueillit à juste titre de le compter parmi ses gloires. Son antagonisme avec M. Pasteur ne peut donc être suspect ; sa bonne foi ne peut être mise en doute, et s'il ose s'attaquer à des chiffres et à des faits qu'il qualifie d'erreurs, nous devons avant tout penser qu'il agit au nom de sa conscience. »

Après avoir célébré les splendeurs de l'hôtel du Pr Peter, rue de Hambourg, et sa générosité avec les malades indigents, Adrien Marx chante le « fin lettré », le « causeur délicat au courant de toutes les littératures et gourmet dans ses lectures autant que dans ses repas ». Enfin, il lui donne la parole, et ce que dit Peter ne manque pas de saveur :

« Je sais bien ce qu'on va me reprocher, si on ne me l'a déjà reproché ! On va m'accuser de décourager les chercheurs ; on me parlera de ceux que l'illusion des guérisons guérissent, de l'apaisement cérébral que procure aux malades l'idée qu'on les arrachera aux issues qui les menacent, et l'on me maudira pour tenter de détruire une fiction qui adoucissait les affres de la mort aux agonisants. En quoi l'on sera injuste à mon égard, puisque, bien que tenant dès l'origine les inoculations de M. Pasteur pour inefficaces, je n'en ai soufflé mot parce qu'elles étaient inoffensives, et qu'une chose qui ne fait pas de bien n'est condamnable que si elle fait du mal. Mes protestations, dites-le bien haut, ne datent que du jour où la méthode microbienne est devenue intensive, c'est-à-dire dangereuse et propre à déterminer d'affreux décès [...].

« En aucun autre pays la pente de l'enthousiasme n'est plus inclinée qu'en France, patrie des engouements irréfléchis. Nulle part ailleurs on n'enfourche un dada plus fiévreusement, plus inconsidérément. Les choses et les hommes sont tout à coup l'objet d'une inexplicable *furia* et les masses croient en ces choses et en ces hommes sans contrôle, sans laisser au plus compétent des critiques, au temps le soin de démontrer la valeur réelle d'une découverte. Et celui qui, comme moi, affronte ces débordements et ces toquades de face, sans autres armes que celles du bon sens et de la vérité, celui-là court des risques sérieux, car on succombe parfois à vouloir remonter les torrents. »

Peter n'est pas seul. Les docteurs Clarke en Angleterre, Kessler en Russie, Frisch à Vienne et Amoroso en Italie rivalisent de zèle dans la dénonciation du vaccin antirabique qu'ils ont, disent-ils, essayé sans succès. Frisch est le plus virulent. Venu s'initier rue d'Ulm, il est reparti à Vienne avec quelques lapins enragés dont il a fait mauvais usage. « Que cet homme m'a trompé avec sa tenue de gentleman et son apparente sincérité... », soupire Pasteur. Bien que Duclaux ait démontré dans les *Annales de l'Institut Pasteur* l'inanité de ses travaux, il publie en 1887 un livre intitulé *Die Behandlung der Wuthkrankheit*[1] *(Le Traitement de la rage)* dans lequel il revendique la priorité de la méthode de vaccination. « Méthode, précise Pasteur, dont je lui avais parlé ici pendant son séjour. » Il pousse la mauvaise foi plus loin en soutenant que sa propre méthode donne des résultats « positifs » tandis que la méthode de la rue d'Ulm échoue toujours[2]. Pasteur, ne daignant pas polémiquer avec Frisch, répondra au célèbre chirurgien viennois Billroth qui avait soutenu son compatriote dans la *Neue freie Presse*[3].

En France même, l'hostilité de Peter, sans jamais faire tâche d'huile, parvient à jeter le trouble dans quelques esprits. Ainsi le Dr Constantin James, qui se veut étranger à toute polémique, se fait-il l'écho d'un prétendu scepticisme à la tribune de l'Académie de médecine et dans une brochure au titre explicite : *M. Pasteur. Sa nouvelle méthode dite « intensive » peut-elle communiquer la rage ?*

Les idées du Dr James sont d'une simplicité radicale. La « crise » de la vaccination antirabique n'a qu'un responsable : Pasteur lui-même. Dès le premier chapitre, il note avec une assurance pyramidale : « La méthode Pasteur traverse en ce moment une crise assez aiguë. Cette crise, faut-il simplement l'attribuer, ainsi qu'on le donne à entendre, à un redoublement d'attaques de la part des passions déchaînées contre elle ? Je ne le pense pas. Il me semble que l'auteur vrai est bien plutôt M. Pasteur lui-même. »

Reprenant les idées de Peter, James soutient que la vaccination antirabique a fait la preuve de son innocuité jusqu'au recours à la dangereuse méthode

1. Vienne, 1887.
2. Lettre de Pasteur à Victor Horsley du 15 mai 1887.
3. Cette réponse a été insérée dans les *Œuvres de Pasteur, op. cit.*, t. 6, p. 652-658.

intensive. « Le seul fait indéniable, écrit-il, c'est que, depuis l'introduction de la nouvelle méthode, les inoculés qui succombent offrent plutôt les symptômes de la rage paralytique que ceux de la rage furieuse, par conséquent ils meurent de la rage du lapin qu'on leur a communiquée en leur injectant les moelles de cet animal. »

Plus insidieuse est la réaction de l'obstétricien Pajot, professeur à la faculté de médecine. Alors même que les statistiques de la rue d'Ulm portant sur des centaines vaccinés ont établi l'innocuité et l'efficacité du procédé, Pajot est pris d'un doute qui lui inspire une idée ahurissante. Dans une lettre adressée au *Journal de médecine* et reprise par les quotidiens du 14 avril 1887, il soutient qu'il importe peu que la méthode intensive soit efficace ou inefficace. La seule question sérieuse concerne son innocuité. Pour s'en assurer, il suffit de l'expérimenter non plus sur des lapins mais sur les condamnés à mort qui croupissent dans les prisons. La même idée avait germé dans l'esprit de Pasteur, mais à une époque où la vaccination n'avait jamais été pratiquée sur l'homme.

« Qu'on explique, écrit Pajot, à chacun de ces misérables ce dont il s'agit ; qu'on promette la vie sauve à tous ceux qui survivront, et, avec leur consentement, qu'on inocule par la méthode intensive une douzaine de ces hommes devant une commission composée de deux fanatiques partisans et de deux adversaires acharnés de la méthode, qui choisiront, tous les quatre, leur président. Procès-verbal sera dressé des inoculations, de leur nombre, de la quantité des liquides injectés, et dans un an, la question sera irrévocablement résolue. »

C'est inhumain et absurde. En France et dans le monde, les inoculés se comptent maintenant par milliers. Pareille proposition soulève l'indignation de la presse. Dans *Le Paris* du 14 avril, le chroniqueur Arsène Alexandre rappelle malicieusement que l'idée vient de Pasteur lui-même. Celui-ci ne lui avait-il pas avoué, peu après la mort de l'infortuné Thuillier, « que la science coûtant parfois la vie à des hommes d'élite, il serait assez juste que les hommes inutiles ou dangereux payassent aussi leur tribut, plutôt que d'être suppliciés en pure perte » ?

De tels arguments n'emportent pas la conviction d'Arsène Alexandre qui termine son papier sur une note ironique : « Pourquoi ne demanderait-on pas, pour les expériences du Dr Pajot, un ou deux savants de bonne volonté ? Au lieu d'une brute bornée, nous aurions un sujet instruit, éclairé, qui ajouterait ses propres commentaires aux études de l'expérimentateur. » Le chroniqueur ne sait pas si bien dire. Comme Pajot, il ignore que l'équipe scientifique de la rue d'Ulm, composée d'une vingtaine de chercheurs, médecins, agrégés-préparateurs, garçons de laboratoire constamment soumis aux risques de transmission du virus, s'est faite vacciner, Pasteur en tête.

La joute des titans (1887)

C'est à l'Académie de médecine que se déroule l'épreuve finale entre Pasteur et ses adversaires représentés par Peter. Dès le mois de janvier 1887, en l'absence de Pasteur qui se repose en Italie, les premières joutes ont opposé le Dr Grancher au Pr Peter qui, en grand magicien, a fait surgir de son chapeau des inconnus morts de la rage paralytique inoculée par Pasteur.

Le débat passionne l'opinion publique. Dans l'auguste enceinte, la pièce se joue à guichet fermé, comme le signale *Le Figaro* du 20 janvier : « L'affluence des curieux est plus grande que jamais. La foule, dans laquelle figurent quelques dames élégantes, reflue faute de pouvoir pénétrer dans l'enceinte, jusque dans la salle des pas perdus. »

En juillet, Pasteur est présent. La bataille décisive s'engage.

Une heureuse nouvelle l'a d'ailleurs placé en position de force. À la demande de la Chambre des communes, une commission de savants anglais a été chargée d'apprécier la valeur de la vaccination antirabique. Quatorze mois durant elle a étudié ses effets sur une centaine d'inoculés et, au début du mois de juillet 1887, elle a rendu un verdict favorable : « On peut considérer, ont déclaré les Anglais, que M. Pasteur a découvert une méthode préventive de la rage comparable à celle de la vaccination contre la variole. »

Armé de ce bulletin de victoire, Pasteur se présente à l'Académie de médecine le 6 juillet. D'emblée, Peter lui jette à la figure « un cas de mort rapporté le matin même par les journaux politiques ». Il en faut davantage pour ébranler l'assurance de Pasteur. Tout fier, il invoque la conclusion des savants anglais « qui, eux au moins, ont fait des expériences par eux-mêmes et ont travaillé en laboratoire ». Il poursuit avec mépris, sans daigner appeler Peter par son nom :

« Quant à vouloir discuter plus longtemps avec la personne qui vient de prendre la parole, je dirai que je la trouve, cliniquement et expérimentalement, absolument incompétente.

– On n'est pas incompétent lorsqu'on cite des faits, rétorque Peter.

– On est incompétent lorsqu'on cite des faits de cette nature, alors qu'aucune expérimentation n'a été faite à leur propos. Il y a une multitude de docteurs venant de France et de l'étranger qui ont assisté à toutes les opérations relatives à l'inoculation de la rage. Ces messieurs sont devenus aujourd'hui directeurs ou assistants de quinze instituts antirabiques fondés en Europe et en Amérique [...]. Je trouve quelque peu étrange, qu'après sept ou huit années d'observations consécutives sur la rage, il soit possible de voir une personne venir dire devant une société académique de médecine que tout ce qui a été fait est inefficace et dangereux alors que cette même personne n'a pardevers elle aucune expérience pour appuyer une pareille affirmation. Je n'entrerai en discussion que le jour où vous nous apporterez des expériences. Ce jour-là, soyez-en convaincu, je serai le premier à désirer la discussion. »

La séance est levée et le débat remis au mardi suivant. Ce jour-là, on se serait cru au Palais de Justice. On plaida pour, on plaida contre et les orateurs, balayant les arguments scientifiques, firent assaut d'éloquence. Dans le rôle du procureur, Peter fut excellent. Quelques morceaux de son réquisitoire feraient honneur à la magistrature :

« Voici une coïncidence singulière et qu'on ne m'accusera pas d'avoir provoquée pour les besoins de la cause. Presque au moment d'aborder la tribune, je reçois du département de l'Aisne une dépêche signée d'un médecin. Cette dépêche m'apprend qu'un individu nommé Bourgeot, mordu le 24 avril, entré en traitement à l'Institut Pasteur dès le 28, est mort de la rage le 11 juillet.

« Mais je suis incompétent. Les médecins qui me signalent les accidents sont incompétents [...]. Je suis incompétent parce que je n'ai pas fait d'expériences. Mais vous qui m'écoutez, qui appréciez le débat, qui vous permettez peut-être d'avoir une opinion, croyant en avoir le droit, vous êtes incompétents dans la proportion de 99 % car vous n'avez pas fait d'expériences. Et si vous en aviez fait, vous pourriez bien demeurer incompétents parce que tel bouillon aurait mal été stérilisé, parce que telle moelle aurait mal été conservée, mal employée. Vous seriez incompétents comme von Frisch, comme Abren, comme Amoroso, qui sont pourtant venus s'instruire au laboratoire de M. Pasteur, en ont remporté des lapins et ont fait des expériences dont les résultats contredisent ceux qui ont été obtenus à Paris. M. Horsley, membre de la commission anglaise, a aussi fait des expériences, mais elles sont favorables à M. Pasteur. M. Horsley est compétent, il est seul compétent. Je consens à être incompétent, je serai en bonne compagnie. »

Le Pr Brouardel, doyen de la faculté de médecine, et le Pr Charcot, grand maître de la Salpêtrière, sont les avocats de la défense. Leurs plaidoyers, ponctués d'envolées lyriques, soulèvent l'auditoire.

Brouardel passe les arguments de Peter à la moulinette, dénonçant au passage les failles méthodologiques dont ils sont émaillés : « Pour obtenir le total des morts, il additionne ceux qui ont été inoculés et ceux qui ne l'ont pas été, et il met ceux-ci au passif d'un traitement qui ne leur a point été appliqué. » Enfin, il conclut au milieu de l'émotion générale : « Messieurs, j'ai terminé [...], ce n'est pas sans un douloureux étonnement que j'entends traduire à cette tribune, comme un accusé, un homme qui, depuis trente ans, a fait dans la science tant de brillantes et d'utiles découvertes. Pour moi, messieurs, quand un homme a ouvert à mon esprit tant de nouveaux horizons scientifiques, je le respecte, il est mon maître et je reste son débiteur. Qui de nous dans cette enceinte peut dire que Pasteur n'a pas été pour lui un initiateur ? »

Quant à Charcot, il proclamera à la fin de son plaidoyer : « L'inventeur de la vaccination antirabique peut, aujourd'hui plus que jamais, marcher la tête haute et poursuivre désormais l'accomplissement de sa tâche glorieuse, sans s'en laisser détourner un seul instant par les clameurs de la contradiction systématique ou par les murmures insidieux du dénigrement[1]. »

Au terme de l'audience, Pasteur acquitté pourra écrire à son gendre : « Je suis maintenant satisfait. Jusque-là, j'avais une irritation intérieure de ce que cet homme n'avait pas reçu la punition qu'il méritait. Le Dr Grancher[2] est vengé et l'insolence de cet orgueilleux est dévoilée non moins que son ignorance et son incompétence. »

La presse à peu près unanime célèbre sa victoire en accablant Peter de railleries. *L'Écho de Paris* s'en donne à cœur joie : « Voilà qu'un nouveau cas de rage, d'un caractère spécial, vient de se produire au sein même de l'Académie de médecine. La victime, le docteur Peter, est une de nos grandes personnalités médicales. La rage à laquelle ce distingué savant est en proie le pousse à des violences d'un caractère bien particulier. Habituellement, les malheureux enragés veulent mordre tout le monde. M. Peter, lui, ne veut mordre que M. Pasteur. »

En ces temps de germanophobie, *Le Voltaire* pousse la plaisanterie au point de comparer, injure suprême, Peter à l'Allemand : « De même que le docteur Peter apporte comme documents irréfutables contre la méthode Pasteur des cas de morts qui lui sont signalés par lettres anonymes, de même les Allemands inventent des insuccès contre notre glorieux compatriote. »

L'Intransigeant, La Lanterne et *La Semaine médicale,* seuls, restent sceptiques. Sous le titre « La scie microbienne », *La Lanterne* du 23 juillet 1887 stigmatise la jeune microbiologie : « Cette médecine microbicide est tout simplement une médecine homicide. On a parlé jadis de la queue de Gambetta. Nous pouvons en dire autant de Pasteur. C'est la nuée des petits qui sont allés apprendre en Allemagne le métier de la teinture du microbe[3] et dont les excès ridicules *atténuent* la haute valeur des travaux de notre grand Pasteur. Nous adjurons les jeunes savants de ne pas s'engager, comme des moutons de Panurge, dans une voie qui serait stérile s'ils s'y attardaient indéfiniment. Les microbes, comme système général, ont fait leur temps. »

Virulents et bruyants, les adversaires de Pasteur sont peu nombreux. Leurs critiques, dont l'influence semble avoir été exagérée, ont effleuré le monde scientifique sans ébranler le public, comme en témoigne le succès de la souscription ouverte en faveur de la fondation de l'Institut Pasteur.

1. Le compte rendu de la séance du 12 juillet figure dans les *Œuvres de Pasteur, op. cit.,* t. 6, p. 836-859.

2. En janvier 1887, Grancher avait pris à l'Académie de médecine la défense de Pasteur absent.

3. Allusion à la technique allemande des préparations microscopiques coloriées. Elles permettent de mettre en évidence des détails qui auraient échappé à l'observation.

CHAPITRE XX

La fondation de l'Institut Pasteur (1886-1888)

Le succès du vaccin antirabique suscite dans le public des élans d'enthousiasme et de curiosité. Des artistes, des hommes politiques, des savants venus de loin font le pèlerinage de la rue d'Ulm, lieu magique dont on attend des miracles, pour scruter la figure légendaire de Pasteur. Mais le sanctuaire est devenu bien modeste pour répondre aux ambitions des premiers pasteuriens et, dès 1886, est envisagée la fondation d'un institut spécialisé dans la recherche microbiologique et la fabrication des vaccins. En attendant, on s'efforce d'organiser avec des moyens de fortune un service capable de traiter le plus grand nombre de malades et c'est dans un décor pittoresque que se déroulent les derniers moments de la rue d'Ulm.

Les derniers mois de la rue d'Ulm

La grande presse, se faisant l'écho de la curiosité générale, multiplie les reportages, offrant à ses lecteurs des tableaux croqués au vif des lieux et du maître. Le 11 mars 1886, le « feuilleton » du *Journal des Débats* intitulé « Au laboratoire de M. Pasteur », présente le laboratoire de la rue d'Ulm sous un jour romanesque :

« Au milieu de la première salle, dans le rayonnement de la lumière, se trouve M. Pasteur, en toilette du matin avec sa petite toque noire sur la tête. Autour de lui, deux dames et un monsieur de la haute société étrangère qui ont tenu à féliciter le maître et à voir un laboratoire désormais historique. Plus loin, au travail, penchés sur les tables et les instruments d'étude, quelques collaborateurs [...].

« Sur des tables, on a installé un grand nombre de cages grillagées à plusieurs compartiments. Dans chaque compartiment, un lapin. Il y en a de toutes les couleurs : des blancs, des mouchetés, des gris, des fauves ; la plupart superbes, d'ailleurs, grignotant paisiblement des morceaux de salade et des feuilles de chou. Dans quelques cages, au fond, on voit jouer de jolis petits cobayes. Heureuse insouciance de l'animal ; la mort est si proche !

« Cette ménagerie du sous-sol, voilà la matière première qui va servir à préparer le virus rabique. Tous ces lapins sont en effet destinés à contracter la rage. On pourrait écrire à l'entrée du sous-sol : "Ici on fabrique du virus rabique." »

Deux ans auparavant, dans son « feuilleton » du 6 mars 1884, le *Journal des Débats* avait déjà promené ses lecteurs dans ce même laboratoire où les études pionnières sur la rage étaient à juste titre présentées comme semées de dangers mortels : « Une fausse manœuvre, un instant d'oubli, une égratignure ignorée, et la mort vous saisirait, impitoyable et terrible. Quels longs mois passés déjà en tête à tête avec des chiens enragés ! Et avec un virus mortel entre les mains ! »

À partir du mois de novembre 1885, la production de moelle rabique atténuée est devenue suffisante pour permettre la mise en route d'un service régulier. « J'ai déjà traité 68 personnes depuis un mois et toutes se portent à merveille et n'ont pas éprouvé la plus légère indisposition », écrit Pasteur. Le 18 décembre, il déclare à une châtelaine d'Arbois, la baronne Du Pin : « Je commence ce matin la 104e personne. La plupart sont de la France, mais déjà on vient de l'Angleterre, de la Russie, de la Hongrie, de l'Italie, de l'Allemagne. Je voudrais m'arrêter. Impossible ! »

Seule ombre au tableau, un terrifiant dilemme agite les esprits. Le virus vaccin atténué doit être administré peu de jours après la morsure pour être efficace. Or, parmi les candidats à la vaccination, se présenteront, un jour ou l'autre, des malades en incubation avancée perdus d'avance. Les vacciner risquerait de discréditer la méthode. Leur refuser le vaccin, ce serait les priver d'un suprême espoir. Et Pasteur de s'exclamer : « Quelle raison alléguer ? L'intérêt de la méthode l'exigerait. L'humanité s'y oppose. »

Le 9 novembre 1886 se présente la petite Louise Pelletier, âgée de neuf ans. Elle a été mordue par un chien de montagne trente-sept jours auparavant et la plaie, encore suppurante, glace Pasteur d'effroi. Mais devant la mère qui implore une dernière chance, il finit par s'incliner. Une fois vaccinée, Louise reprend ses occupations mais, vers la fin du mois, la rage éclate accompagnée de spasmes convulsifs et d'oppression. Le 2 décembre, elle bénéficie d'une rémission de quelques heures qui donne à Pasteur l'illusion de la guérison. Lorsque tout espoir s'est évanoui, il passe la journée auprès de la petite agonisante. « Assis au chevet de cette enfant, note René Vallery-Radot, il ne pouvait la quitter. Elle-même, pleine de tendresse, lui demandait, à travers une respiration haletante, la parole entrecoupée, de ne pas s'en aller, de rester près d'elle. Entre deux spasmes, elle lui prit la main. Pasteur partageait le chagrin de ce père et de cette mère. Quand tout espoir fut perdu : "J'aurais tant voulu, leur dit-il, sauver votre pauvre petite !" Et dans l'escalier, il éclata en sanglots[1]. »

1. *Vie de Pasteur, op. cit.*, p. 625.

Quinze ans plus tard, le père de Louise Pelletier écrira à René Vallery-Radot, après avoir lu sa *Vie de Pasteur* : « Parmi les grands hommes dont j'ai pu connaître la vie, aucun ne me paraît plus grand. Je n'en vois pas un seul, comme dans le cas de notre chère petite fille, capable de sacrifier de longues années de travail, de mettre en péril une réputation universelle de savant et marcher sciemment à un douloureux échec, simplement par humanité[1]. » Mais les adversaires de Pasteur ne manqueront pas d'exploiter la mort de Louise Pelletier.

En dépit de tout, la découverte du vaccin contre la rage porte le prestige de la France à son zénith. En décembre 1886, quatre petits New-Yorkais victimes d'un chien enragé s'embarquent à destination du Havre. Le *New York Herald Tribune* ayant ouvert une souscription en leur faveur, l'événement est couvert par la presse avec un luxe de détails. Après avoir été vacciné, l'un d'eux ne pourra s'empêcher de s'exclamer : « Est-ce seulement pour cela que nous avons voyagé si longtemps ? » À leur retour, ils seront accueillis en héros et accablés de questions sur « l'illustre savant qui les a si bien soignés[2] ».

En mars, dix-neuf Russes de la province de Smolensk arrivent rue d'Ulm. Ils ont été agressés par un loup et certains d'entre eux sont atrocement mutilés. Un pope a eu la lèvre supérieure et la joue droite arrachées, un autre homme le front lacéré à coups de griffes ; cinq sont dans un état si grave qu'il faut les transporter à l'Hôtel-Dieu.

Tout incite au pessimisme. Le traitement sera tardif pour des cas d'autant plus graves que la morsure de loup est plus dangereuse que celle de chien avec une période d'incubation plus courte. De surcroît, les morsures à la tête inspirent un diagnostic funeste. Trois des dix-neuf malades ne pourront être sauvés mais les seize survivants auront échappé à une mort certaine.

Le service vaccinal a maintenant trouvé son rythme de croisière. Dès le matin, les abords de la rue d'Ulm sont envahis par les malades et les membres de leur famille. En raison de son pittoresque, le spectacle attire badauds et reporters et l'atmosphère, dépeinte par un journaliste du *Matin*, est bon enfant :

« Des groupes sont formés sur le trottoir et, à travers les grilles, nous apercevons dans le jardin une foule bizarre, une sorte d'agglomération cosmopolite étrange où apparaissent à la fois les coiffes de nos paysannes, les peaux de mouton des moujiks russes et jusqu'à la veste à brandebourgs d'un Hongrois et l'uniforme d'un gendarme français. Tous ces braves gens attendent l'heure des inoculations en se promenant, en causant. Quelques-uns, même, semblent très gais. Une commune espérance brille dans tous les yeux. Cependant, on aperçoit quelques visages blêmes, convulsés par un effroi plus fort que la volonté. Il y a aussi des enfants, des bébés qui pleurent et crient [...].

1. Cité par Louis Pasteur Vallery-Radot, *Correspondance de Pasteur,* t. 3, p. 51.
2. René Vallery-Radot, *Vie de Pasteur, op. cit.*, p. 626.

« M. Pasteur est entouré, tiraillé de droite, de gauche. Il répond à tout le monde, rassure les malades, donne ses instructions à ses aides, prend en note les indications que lui fournit la personne qu'on amène. Et cela doucement, sans une seconde d'impatience, avec une bonhomie charmante et spirituelle. »

Alors étudiant, Yersin a assisté au spectacle : « Ce bonhomme, écrit-il dans l'une de ses lettres, c'est M. Pasteur en personne ! Je ne me le figurais pas comme cela [...]. On voit là un défilé extraordinaire : des Belges, des Hollandais, des Américains, un Arabe en costume national avec ses jambes nues couleur chocolat ; des Turcs en fez et culottes courtes, des Russes qui, en passant devant M. Pasteur, se baissent pour lui baiser la main. C'est très curieux à voir. En sortant, je remercie M. Pasteur de son bienveillant accueil. Il daigne me toucher la main[1]. »

Les séances commencent à 11 heures. Tout candidat à la vaccination doit fournir un certificat de vétérinaire confirmant que la morsure provient d'un animal enragé. Les malades attendent dans un vestibule avant d'être vaccinés dans le cabinet de travail de Pasteur. Celui-ci se tient près de la porte, une liste à la main, et les appelle un à un, par catégorie, selon le degré de virulence du vaccin qu'ils doivent recevoir. C'est le Dr Joseph Grancher qui les vaccine car, détail curieux, Pasteur n'étant pas médecin n'a pas le droit de faire de piqûres. L'opération n'est ni longue ni douloureuse. En moins d'une heure sont vaccinés plus d'une centaine de patients dans une atmosphère d'intimité chaleureuse[2].

« Il est difficile d'imaginer une scène à la fois plus grandiose et plus émouvante dans sa simplicité, écrit Charles Talansier dans *L'Illustration*. M. Pasteur a une parole d'encouragement pour chacun, une caresse de grand-père pour les enfants. Beaucoup de ces braves gens lui baisent la main avec une naïveté touchante. » Un autre journaliste remarque : « M. Pasteur est d'une extrême douceur avec ses patients. Il console les petits enfants et leur met quelques sous dans la main quand ils ont été bien sages. Une petite Hongroise de dix ans environ baise affectueusement la main du grand savant et, arrivée près du Dr Grancher, se courbe vers la main qui va la piquer. »

Les malades sont logés à l'hôtel et leurs frais de séjour pris en charge par la rue d'Ulm qui dépense 50 francs pour chaque vaccination. Le 22 août 1886, on dénombre 1986 vaccinés dont 1 324 Français. Parmi les 610 étrangers, 186 viennent de Russie, 138 d'Italie, 68 d'Angleterre, 50 de Belgique, 43 d'Autriche-Hongrie, 20 de Roumanie [...]. 19 sujets n'ayant pu être traités à temps sont morts[3]. Mais sans le vaccin, les pertes se seraient élevées à

1. Cité par Henri H. Mollaret et Jacqueline Brossollet, *Alexandre Yersin, le vainqueur de la peste*, Fayard, 1985, p. 54.

2. François Dierckx, *Une visite à l'Institut Pasteur en 1889. Le traitement de la rage*, Louvain, 1890, chap. 2, « Le traitement Pasteur », p. 11-18.

3. Statistique citée par Pasteur dans une lettre d'août 1886 à Victor Horsley, *Correspondance de Pasteur, op. cit.*, t. 3, p. 94.

plusieurs centaines. À Paris, on ne signale plus aucun décès rabique depuis le début de l'année.

Pasteur a perfectionné sa méthode en administrant, dans un souci de plus grande efficacité, des injections moins nombreuses mais plus virulentes et en pratiquant, dans certains cas, une ou deux séries de piqûres à intervalles plus ou moins longs. C'est la méthode dite « intensive » qui révulsera Peter.

En janvier 1887 paraît le premier numéro des *Annales de l'Institut Pasteur*, revue fondée par Émile Duclaux pour donner audience aux travaux de la rue d'Ulm.

Des savants viennent de Londres, de Vienne, d'Odessa, d'Iéna, de New York, de Moscou et de Saint-Pétersbourg pour s'initier à la méthode. De retour dans leur pays, ils fondent des services de vaccination antirabique organisés sur le modèle de la rue d'Ulm. Plusieurs de ces établissements fonctionnent dès 1886 à Vienne, Londres, Iéna et New York. Mais c'est en Russie, où les morsures de loups sont si fréquentes et meurtrières, qu'ils sont les plus nombreux. Saint-Pétersbourg, Samara et Odessa ont le leur, Moscou en compte deux. En juillet 1887, le Dr Gamaleïa a inoculé 300 malades à Odessa sans enregistrer un seul échec.

À Paris, la fondation d'un Institut Pasteur est à l'ordre du jour et une souscription a même été ouverte en mai 1886.

L'inauguration de l'Institut Pasteur

C'est en mars 1887 que l'Institut achète pour 430 000 francs un terrain de onze hectares situé rue Dutot (aujourd'hui rue du Docteur-Roux). La transaction a été laborieuse. La municipalité de Paris aurait consenti à la cession gratuite du terrain à condition d'avoir un droit de regard sur les activités antirabiques, mais Pasteur s'y est refusé avec énergie. Selon Metchnikoff, les conseillers municipaux avaient d'autres griefs contre Pasteur. Ils le considéraient comme monarchiste et clérical alors qu'eux-mêmes étaient socialistes[1]. Il doit ensuite se battre pour que l'Institut soit placé sous la tutelle du ministère de l'Instruction publique, le Conseil d'État voulant le rattacher au ministère du Commerce et de l'Agriculture.

En janvier 1888, l'établissement est reconnu d'utilité publique et habilité à recevoir des legs. La souscription va bon train, portée par un extraordinaire mouvement d'enthousiasme et de générosité qui s'étend à l'étranger. Un journal de Milan, la *Perseveranza*, recueille en quelques jours 6 000 francs. En Allemagne, le *Journal d'Alsace*, se souvenant que Pasteur a jadis occupé une chaire à Strasbourg, réunit 43 000 francs. Dans son édition du 18 mai 1886, il publie même une lettre émouvante de Pasteur à son directeur : « Ce n'est

1. *Trois Fondateurs de la médecine moderne, op. cit.*, p. 87.

pas sans une vive émotion que je lis les titres de ces onze journaux qui ont désiré ouvrir leurs colonnes aux souscriptions en faveur du nouvel établissement. Je n'ai pas été moins heureux et touché lorsque, parmi la foule des noms des souscripteurs, j'ai aperçu celui de mon jeune petit ami, Joseph Meister. Je le porte dans mon cœur, ce cher enfant, qui a été pour moi, pendant de longues semaines, le sujet de tant d'alarmes. »

Le premier donateur est le comte de Laubespin, qui verse 40 000 francs. Le baron de Rothschild, Pedro II du Brésil et Mme Boucicaut apportent de fabuleuses contributions. Dans un geste de reconnaissance pour les dix-neuf Russes arrachés à la mort, le Tsar offre 100 000 francs. En France, la Chambre des députés vote un crédit de 200 000 francs.

Bientôt, la vie mondaine s'en mêle. En mai, la conférence « Scientia », qui réunit l'élite des artistes et des militaires, organise un gala au profit du futur institut. L'événement se déroule salle du Trocadéro en présence de six mille personnes. La recette s'élève à 46 000 francs auxquels s'ajoute le produit de la vente des programmes. Dans l'assistance on peut apercevoir les compositeurs Gabriel Fauré, Léo Delibes, Ernest Reyer ; le poète Sully Prudhomme, Savorgnan de Brazza. Au programme sont inscrites des œuvres de Massenet, Léo Delibes, Saint-Saëns et Gounod, chantées par la soprano Bianca Bianchi, spécialement venue de Vienne pour la circonstance.

Le spectacle se termine en apothéose par un poème épique à la gloire de Pasteur. Sorti du cru d'Eugène Manuel et récité par Mlle Weber, de la Comédie-Française, il célèbre en alexandrins l'atténuation des virus à travers de vigoureux raccourcis. Pasteur et les microbiologistes avaient de quoi rire aux éclats. Le passage sur la rage est délicieux :

La rage ! son nom seul est comme une morsure !
Dans le sang et les nerfs, d'une route trop sûre,
Le virus glisse longuement ;
Et tout à coup, séchant la gorge, étreignant l'âme,
Mettant l'angoisse au cœur où s'allume une flamme,
Il tue avec un hurlement...
Dans son officine aux étranges étables,
Dosant dans leurs flacons ces monstres redoutables,
Il a, le sublime éleveur,
Accompli lentement son labeur solitaire,
Fait du virus mortel un ferment réfractaire,
Du mal qui tue un mal sauveur !
Un jour on contera que penché sur la planche,
Lui-même au chien hurleur il prit sa bave blanche
Pour y mieux scruter l'affreux mal :
Et l'artiste inspiré, fixant cette conquête,
peindra le formidable et divin tête-à-tête

Du grand homme et de l'animal! [...]
Soudain, de partout amenés,
Pareil au pâle essaim des infernales ombres,
On vit se dérouler, en longues files sombres,
Vers le salut tous ces damnés...

Les Allemands, seuls, boudent et raillent ces Français qui se donnent tant de mal pour vaincre une maladie qu'eux-mêmes ont jugulée grâce au port obligatoire de la muselière. Dans son édition du 21 mars 1886, *L'Événement* en tire la leçon : « Soyons bons, très bons, mais ne soyons pas bêtes. Accepter tous les malades sera un devoir et une œuvre humanitaire. Les soigner gratis sera juste, puisque tous les pays auront envoyé leur obole ; mais l'Allemagne s'étant abstenue, il faudra s'abstenir non de soigner nos voisins, mais de les soigner gratis. »

En France, Rochefort, fidèle à lui-même, dénigre ce qu'il appelle le « delirium pastorien » et met sur pied d'égalité l'Institut Pasteur et les châteaux de Louis II de Bavière.

L'achat du terrain de la rue Dutot, dans le XVe arrondissement, et les frais de construction s'élèvent à 1 200 000 francs. La souscription ayant rapporté près de 2 600 000 francs, les pasteuriens disposent d'un crédit de fonctionnement de 1 400 000 francs. Ce n'est pas excessif. Mais Pasteur et ses collaborateurs, Roux et Chamberland, ont décidé de consacrer à l'Institut le produit de la vente des vaccins à l'étranger, ce qui représente un fonds de roulement honorable.

L'inauguration a lieu le 14 novembre 1888 dans un édifice encore inachevé. Elle se déroule en grande pompe en présence du président de la République Sadi Carnot, de plusieurs ministres et des sommités du monde scientifique. Les drapeaux tricolores, la musique de la Garde républicaine et *La Marseillaise* sont au rendez-vous. La cérémonie a lieu, dans la bibliothèque décorée de plantes vertes, au milieu des bustes des principaux donateurs : le tsar Alexandre II, Mme Boucicaut, le baron Alphonse de Rothschild, l'empereur du Brésil don Pedro II.

L'affluence est telle que des chercheurs de l'Institut sont refoulés. Roux et Yersin, fuyant la cohue et les mondanités, préfèrent se réfugier dans les laboratoires de la rue d'Ulm pour y préparer le déménagement. Trois jours plus tard Yersin écrira à sa mère : « J'ai vu le président de la République et plusieurs ministres mais il y avait tellement de monde que je n'ai pu trouver de place dans la salle, non plus que M. Roux ; aussi, comme toi, je me suis contenté de la lecture des journaux[1]. »

La traditionnelle avalanche de discours est déclenchée mais Pasteur est trop fatigué pour prononcer le sien. C'est son fils, alors secrétaire à l'ambas-

1. Cité par H.-H. Mollaret et J. Brossollet, *Alexandre Yersin, op. cit.*, p. 67.

sade de France auprès du Quirinal, qui en donne lecture. Il commence par une envolée pathétique : « La voilà donc bâtie, cette grande maison [...]. Hélas ! j'ai la poignante mélancolie d'y entrer comme un homme vaincu par le temps. » La suite baigne dans une atmosphère crépusculaire avec ses airs de testament spirituel à l'usage des jeunes chercheurs :

« Ayez le culte de l'esprit critique. Réduit à lui seul, il n'est ni un éveilleur d'idées ni un stimulant de grandes choses. Sans lui, tout est caduc. Il a toujours le dernier mot. Ce que je vous demande là, et ce que vous demanderez à votre tour aux disciples que vous formerez, est ce qu'il y a de plus difficile à l'inventeur.

« Croire que l'on a trouvé un fait scientifique important, avoir la fièvre de l'annoncer, et se contraindre des journées, des semaines, parfois des années à se combattre soi-même, à s'efforcer de ruiner ses propres expériences, et ne proclamer sa découverte que lorsqu'on a épuisé toutes les hypothèses contraires, oui, c'est une tâche ardue.

« Mais quand, après tant d'efforts, on est enfin arrivé à la certitude, on éprouve une des plus grandes joies que puisse ressentir l'âme humaine, et la pensée que l'on contribuera à l'honneur de son pays rend cette joie plus profonde encore. »

Structure et fonctionnement

L'Institut Pasteur est construit en pierres meulière et en briques. De style Louis XIII, il se compose de deux grands corps de bâtiments parallèles réunis par un large couloir central. L'un, en façade, donne sur la rue Dutot. L'autre, à l'arrière, est plus vaste. Chaque corps comprend un sous-sol, un rez-de-chaussée et trois étages, le troisième étant mansardé. La famille pasteurienne y travaille, une partie y loge.

Le splendide appartement de Pasteur occupe, sur la façade de l'aile sud, le premier et le deuxième étage. Le bureau de l'économe est installé au rez-de-chaussée.

Le rez-de-chaussée de l'aile nord comprend le laboratoire de Pasteur et le centre de fabrication des vaccins. Au premier étage se trouve la bibliothèque, dans une belle salle carrée au plafond à caissons. Les chambres des préparateurs sont aménagées au deuxième étage. Duclaux y a installé une salle de réunion faisant office de cantine que les pasteuriens ont surnommé « Le Microbe d'or ».

Le bâtiment en retrait comprend, au rez-de-chaussée, les services de vaccinations antirabiques et une salle de conférence pouvant accueillir une cinquantaine d'auditeurs. C'est là que Duclaux fera son cours de chimie biologique qui avait lieu jusque-là en Sorbonne, et que Roux professera la microbie technique. Son laboratoire est situé au premier étage tandis que

Duclaux travaille au deuxième étage. Au centre du bâtiment se trouve une vaste salle carrée équipée de sept tables de travail recouvertes d'une épaisse plaque de lave de Volvic. Au deuxième étage, une enfilade de laboratoires est confiée à Metchnikoff et Chamberland. À l'ensemble sont annexés des chenils, des poulaillers, une volière et une grande écurie.

Pasteur se serait contenté de locaux moins vastes et c'est sur les conseils de Duclaux et de Roux, qui prévoyaient l'immense extension de la microbiologie, qu'il a accepté le plan définitif[1].

Sous le règne de Duclaux (1895-1904) de nouveaux dons permettent de doubler la superficie de l'établissement, de construire un hôpital et de nouveaux laboratoires.

C'est sous le voile de l'anonymat que Mme Lebaudy fait acheter un terrain de 14000 mètres carrés situé entre la rue de Vaugirard et la rue Dutot. Sur une partie de cet espace est inauguré, en octobre 1900, l'hôpital Pasteur. Il comprend 120 lits, un service de consultation et un service de radiothérapie. Consacré au traitement des maladies contagieuses, il est constitué de deux pavillons reliés l'un à l'autre par un jardin d'hiver. Le service d'isolement cellulaire, sur lequel repose sa structure, servira longtemps de modèle.

Dès son entrée, le malade est placé dans un box construit en céramique, en lave émaillée et en verre, ce qui permet une désinfection approfondie par lavage à grande eau. Il n'en sort qu'après avoir cessé d'être contagieux. Le service est assuré par les sœurs infirmières de Saint-Joseph de Cluny et une équipe de médecins sous la direction des docteurs Veillon et Darré. On y expérimente les thérapies mises au point dans les laboratoires voisins : traitements contre la syphilis et la poliomyélite. Plus tard viendront les sulfamides (1937) et la pénicilline (1946).

Au début du siècle, un autre don, celui de la baronne de Hirsh, permet l'érection, face à l'Institut Pasteur, d'un Institut de chimie biologique où Duclaux enseigne la microbie appliquée à l'agriculture et aux industries des fermentations (brasserie, vinification, cidrerie, vinaigre...)[2].

Dès les débuts, l'Institut Pasteur fonctionne selon le schéma établi en 1886.

Les sujets contaminés par la rage sont vaccinés par le Dr Grancher dans les services établis au rez-de-chaussée de l'aile en retrait. Durant toute la durée du traitement, ils sont hébergés, non loin de là, dans un hôtel que son propriétaire a appelé avec humour « Hôtel des enragés ». Chaque année, les *Annales* communiquent l'état des vaccinations. En 1900, par exemple, sur 1420 patients vaccinés, 11 n'ont pu être sauvés.

1. *Institut Pasteur, Cinquantenaire de la fondation*, Paris, 1938 ; Albert Delaunay, *L'Institut Pasteur des origines à aujourd'hui*, Paris, France-Empire, 1962, p. 38-39.
2. Albert Delaunay, *op. cit.*, p. 102.

Dans le même temps, au deuxième étage, Chamberland procède à la fabrication des vaccins contre la rage, le charbon et le rouget du porc. Plus tard viendra la fabrication des sérums et des autres vaccins : sérum contre le tétanos et la diphtérie, vaccin contre le choléra et la typhoïde.

Dans le même bâtiment ont lieu les cours de microbie technique d'abord appelés « Cours de Roux » ou « Grands cours ». On continuera à les appeler ainsi lorsque la santé défaillante de son titulaire nécessitera la présence de remplaçants. Nombreux en sont les préparateurs qui ont laissé un nom dans l'histoire de la microbiologie : Haffkine, Charles et Maurice Nicolle, Borel, Yersin. Une série de leçons spéciales lui sont annexées : immunologie, microbiologie du sol, mycologie.

Un quatrième service, celui de la « microbie appliquée à l'hygiène », est placé sous la direction de Charles Chamberland, inventeur de l'autoclave et de la bougie filtrante en porcelaine poreuse. On lui devra bientôt de nouvelles découvertes dans le domaine de la purification des eaux de boisson, de la désinfection des locaux par les composés chlorés et des propriétés antiseptiques des essences et de l'eau oxygénée[1].

L'Institut Pasteur ne vit pas en autarcie. Dès le début, il rayonne. En France, d'abord ; à l'étranger, ensuite.

Le rayonnement de l'Institut Pasteur

La fondation de l'Institut Pasteur ne résout pas tous les problèmes. Pour les mordus de province, le voyage de Paris constitue une dangereuse perte de temps. En novembre 1894, des délégués du conseil municipal de Lille demandent à Pasteur de soutenir la fondation dans leur ville d'un laboratoire d'hygiène destiné à la préparation du vaccin antirabique et du nouveau sérum antidiphtérique. La première pierre de l'Institut Pasteur de Lille est posée le 20 novembre 1895 et la construction achevée en 1898. La direction en est confiée à Albert Calmette. Très rapidement, Marseille, Lille, Bordeaux, Lyon et Montpellier se dotent d'instituts analogues.

À l'étranger, le problème du voyage est encore plus crucial. Dès 1886, l'appui de Pasteur est sollicité par plusieurs pays. Un premier centre est créé à Odessa, en Russie, sous la direction de Gamaleïa et sous la protection du prince Oldenbourg. Un autre est construit au Brésil, à Pernambouc. En 1892, un jeune pasteurien, Maurice Nicolle, s'embarque à destination de Constantinople avec l'intention d'y fonder un centre de vaccination antirabique. En 1920 et 1921, la Grèce, puis l'Iran, réclameront la collaboration de l'Institut Pasteur pour la création d'établissements du même type.

1. *Ibid.*, p. 56-57.

Les pays les plus développés se dotent d'instituts fondés sur le modèle de l'Institut Pasteur : Institut Lister, en Angleterre ; Institut Koch, en Allemagne ; Institut Rockefeller, aux États-Unis.

À l'époque des grandes conquêtes coloniales, les Occidentaux se trouvent confrontés à toute une pathologie infectieuse que la bactériologie, seule, est capable de dominer. L'Allemand Koch multiplie les expéditions coloniales et les instituts Pasteur essaiment dans tout l'empire français. En 1891, Calmette crée l'Institut Pasteur de Saïgon. Quatre ans plus tard, en 1895, Yersin jette à Nha Trang (Annam) les fondations d'un deuxième institut Pasteur indochinois. On y fabrique le vaccin contre la rage et la vaccine antivariolique à partir de bufflons. Ces établissements possèdent des laboratoires de diagnostic, d'analyse chimique, de chimie biologique, de répression des fraudes, d'analyse des eaux. Plus tard verront le jour les instituts de Dalat et de Hanoï.

Le premier institut d'Afrique du Nord est celui de Tunis. Fondé en 1893 par Adrien Loir, neveu de Pasteur, à la demande du gouvernement tunisien, il se compose d'un laboratoire d'études des procédés de vinification et d'un centre de vaccination antirabique et de production de vaccine antivariolique.

Un an plus tard, un centre du même type ouvre ses portes à Alger. Le troisième institut d'Afrique du Nord s'installe à Tanger en 1913 tandis que plusieurs laboratoires sont créés en Afrique centrale.

Ces entreprises s'inscrivent alors dans le cadre d'une rivalité entre les deux grandes superpuissances bactériologiques : la France et l'Allemagne. Koch multiplie les expéditions coloniales tandis que ses élèves diffusent sa science dans le monde : Kitasato au Japon, Van Ermengen en Belgique. Après son stage en Allemagne, Babes vient travailler à Paris avant de fonder un institut bactériologique à Bucarest. À Hambourg est créé un institut de bactériologie tropicale.

Le rayonnement de la bactériologie allemande est alors incontestable, mais les savants allemands, passés maîtres en l'art de découvrir les microbes, souffrent de n'avoir inventé aucun vaccin. Or, en 1890, Koch apprend au monde médusé qu'il vient de mettre au point un traitement. Et pas n'importe lequel puisqu'il s'agit d'un traitement contre le plus grand fléau de l'époque : la tuberculose !

Ainsi commence la tumultueuse aventure de la « lymphe de Koch » ou « tuberculine ».

CHAPITRE XXI

Le plus grand mirage microbiologique (1890)

Le 4 août 1890 aurait pu être une date mémorable dans l'histoire de la tuberculose.

Ce jour-là s'ouvre à Berlin, sous la présidence de Virchow, le Xe congrès international des Sciences médicales. C'est Robert Koch qui prononce le discours inaugural. Après avoir recensé les progrès réalisés par la microbiologie, s'adjugeant la part du lion et passant sous silence les travaux de Pasteur, il termine en apothéose par une phrase qui va provoquer une secousse sismique dans le monde :

> « J'ai trouvé plusieurs substances capables d'entraver le développement in vitro du bacille tuberculeux : huiles essentielles, colorants, sels d'argent et surtout sels d'or. Chez les animaux, ces substances n'agissent pas, mais dernièrement, j'ai fini par trouver des substances qui se sont montrées actives, même chez l'animal. Des cobayes qui en ont absorbé sont restés réfractaires à l'inoculation tuberculeuse ; chez d'autres, déjà infectés antérieurement, la maladie a reculé par le traitement. S'il se confirme qu'il existe des substances capables d'enrayer la marche de la tuberculose chez les animaux, nous pouvons espérer qu'on en trouvera aussi pour d'autres maladies. »

La tuberculose tue alors 25 % des populations, voire le tiers selon certaines estimations. Juguler le premier facteur de mortalité représente un exploit surpassant de loin ceux de Pasteur contre la rage ou le charbon. Aussi Robert Koch accède-t-il, du jour au lendemain, à une gloire sans partage.

Le temps des illusions

Certes, il se garde bien de dévoiler la composition de sa panacée, ses travaux n'étant pas achevés et par crainte des plagiaires. Qu'importe ! Il est homme de confiance. N'a-t-il pas découvert le bacille de la tuberculose? Berlin, Clausthal et Wollstein le nomment citoyen d'honneur. Göttinguen appose une plaque commémorative sur la maison dans laquelle il occupait une chambre lorsqu'il était étudiant. L'Empereur le nomme Grand Croix de l'Aigle Rouge et, comme le souligne son assistant, le Dr Bergmann : « Depuis le trône impérial jusqu'à la plus modeste chaumière, rien n'occupe les paroles et les pensées comme la grande découverte de Robert Koch[1]. » Des monopoles pharmaceutiques lui proposent de fabuleux pactoles, mais il préfère offrir son invention à l'empereur. C'est donc au ministère de l'Instruction publique, des Cultes et des Affaires médicales qu'il appartiendra de la diffuser.

À Vienne, le Pr Nothnagel consacre son cours inaugural à cette liqueur qu'on appelle désormais « lymphe de Koch » ou « kochine » : « En commençant nos travaux, dit-il, je veux marquer avec solennité la naissance d'une découverte aussi considérable, aussi grandiose pour le bien du genre humain. Je veux parler, vous l'avez deviné, du nouveau système inventé par M. le Dr Koch pour combattre le plus terrible des fléaux : le bacille pulmonaire. M. Koch a fait une chose réellement sublime et il faut suivre pas à pas le développement de son idée. C'est un fruit lentement mûri à l'arbre de la science. »

À la Société médicale de Vienne, les professeurs Billroth et Dittel rendent un vibrant hommage au héros du jour et annoncent des mesures visant à introduire son remède en Autriche. Le conseil municipal invite aussi l'État à créer une clinique consacrée au traitement des tuberculeux.

Pasteur adresse un télégramme de félicitations à son collègue et, de retour d'Allemagne, Lister se dit convaincu de l'efficacité du traitement. La presse française, si volontiers germanophobe, oppose désormais le « bon » au « mauvais » Allemand. « Aujourd'hui, lit-on dans *Le Figaro*, le grand Allemand n'est plus Bismarck ou Moltke, le grand Allemand s'appelle Robert Koch. » *Le Petit Parisien* renchérit : « Un Allemand qui ne songe pas qu'à la guerre, qui ne songe pas qu'à tuer, c'est chose rare. »

Bientôt sont traités les premiers tuberculeux. *Le Matin* du 5 novembre précise : « Le Pr Koch a installé provisoirement sa clinique et travaille avec son gendre, le Dr Pfuhl, et avec le Dr Libbertz. Des expériences ont été faites sur cinquante personnes qui ont pris l'engagement d'observer la discrétion la plus absolue sur la méthode et les effets des inoculations. » Anna Thiele, jeune femme de vingt-trois ans atteinte de tuberculose osseuse, est la première à recevoir avec succès la « lymphe de Koch ». Elle occupe aussitôt dans l'imaginaire un rang analogue à celui de Joseph Meister ou de James Phipps, premier enfant à avoir, en 1796, reçu de Jenner la vaccine antivariolique.

En raison des exagérations de la presse, Koch décide, vers le début du mois de novembre, de faire une mise au point. Après avoir précisé qu'il aurait pré-

1. Émile Lagrange, *Robert Koch, sa vie, son œuvre, op. cit.*, p. 33.

féré terminer ses travaux avant toute publication, il aborde le point crucial de sa communication. De la composition de sa lymphe, il ne peut rien dire sinon qu'il s'agit d'un « liquide limpide, brunâtre qui, sans prendre même des précautions particulières, ne se décompose pas ». Avant de l'administrer à l'homme, il faut le diluer.

Se servant de sa propre personne comme d'un cobaye, il s'est injecté une dose de 25 centimètres cubes, ce qui a entraîné la réaction suivante : « Trois à quatre heures après l'injection, tiraillement dans les membres, toux, dyspnée ; dans la cinquième heure, frissons très violents, nausée, vomissements, élévation de température jusqu'à 39°6 ; au bout de douze heures, ralentissement de tous les symptômes. » Pareilles réactions s'observant chez les tuberculeux soumis à la lymphe de Koch, certains en concluent que Robert Koch est lui-même phtisique.

Cette lymphe constitue déjà un excellent moyen de dépistage précoce de la tuberculose, à telle enseigne que le Dr Villaret propose d'y soumettre toutes les jeunes recrues françaises[1]. D'un point de vue thérapeutique, son action est d'une efficacité totale sur les lupus tuberculeux ou dans les cas précoces de tuberculose. Dans les cas avancés, elle se contente d'enrayer le mal[2].

Loin d'apaiser les curiosités, la communication de Koch exalte les imaginations. Les correspondants de la presse médicale et de la grande presse affluent à Berlin pour assister au miracle. Mandaté par *La Semaine médicale*, le Dr Rémond est témoin de rémissions spectaculaires : les bacilles disparaissent des crachats ou dégénèrent, les crachements de sang cessent, les malades reprennent du poids, la fièvre tombe. Chez les sujets atteints de lupus, les plaies se transforment en croûtes, laissant place à de belles cicatrices. Correspondant du même journal, le Dr Villaret souligne l'efficacité de la lymphe comme moyen de diagnostic. Grâce à elle, « l'armée, au lieu d'être une source d'infection, deviendra par rapport à la tuberculose la gardienne de la santé publique[3] ».

Dans une dépêche adressée de Berlin et publiée dans *Le Figaro*, le Dr Schafier déclare : « J'ai visité Koch, Libbertz et la clinique de Bergmann. Les choses que j'ai vues me paraissent si surnaturelles que toute l'autorité de Bergmann peut à peine les rendre vraisemblables. Lettre explicative suit. » « Un lupus tuberculeux guéri ! s'exclame le Dr Villaret. On croit faire un rêve, mais vous avez devant vous la cicatrice lisse, saine, d'un aspect bien meilleur que celui d'une cicatrice consécutive à une brûlure[4]. »

Interviewé par *Le Figaro*, le Dr Filleau annonce à son retour de Berlin : « Voici en effet que la médecine est désormais en possession d'une substance

1. *La Semaine médicale*, 1890, p. 423.
2. « Nouvelle communication sur le traitement de la tuberculose par M. le professeur R. Koch », *La Semaine médicale*, 1890, p. 417-418.
3. *Ibid.*, p. 422.
4. *La Semaine médicale*, 1890, p. 423.

mystérieuse qui, en vertu de je ne sais quelle affinité élective, agit puissamment sur les tissus tuberculeux, qu'elle révolutionne, mortifie et détruit, mais n'agit que sur ceux-là. N'y eût-il que cela dans la découverte que ce serait une merveille digne de toute notre admiration. »

Assistant de Koch, le Dr Bergmann déclare plus modestement qu'il n'a soigné que trente tuberculeux avec succès. « Les effets prédits par Koch, précise-t-il, se sont produits avec une exactitude mathématique. »

L'enthousiasme des quotidiens français n'a pas de limites. Il n'y est même plus question de spécifique antituberculeux, chose désormais banale, mais de remède universel. *Le Matin* du 9 novembre annonce qu'il guérirait aussi les rhumatismes, les affections cutanées, la syphilis. *Le Temps* du 14 novembre prétend que Koch va essayer sa découverte sur les diphtériques. *Le Petit Parisien* parle de guérison du cancer facial « certaine et absolue ». *Le Figaro* du 2 décembre cite le cas d'un cancer du visage vieux de douze ans qui aurait disparu en quelques jours. Le correspondant du journal poursuit : « Dans le même service du Dr Kohler, j'ai vu le fameux lépreux qu'on a fait venir pour essayer le traitement de Koch. C'est un Allemand nommé Schumacher, qui était mécanicien au Brésil. »

Aussi la lymphe de Koch devient-elle en Allemagne une affaire d'État.

Une affaire d'État

La précipitation avec laquelle Koch a levé le voile sur sa découverte semble lui avoir été dictée par le ministre des Cultes et de l'Instruction publique, Gossler, soucieux de rivaliser avec la France. À Jean Huret, journaliste à *L'Écho de Paris*, Virchow confie : « Il me semble qu'il [Koch] a parlé trop tôt puisqu'il n'a rien pu dire de la moitié de ce qu'il avait à dire. Je pense que c'est le ministre qui a fait pression sur lui pendant les travaux du Congrès médical de Berlin. » L'hypothèse est confirmée par un assistant de Koch, le Pr Leyden, qui déclare à l'envoyé de *La Semaine médicale* : « On lui a forcé la main, et c'est pour obéir à la pression administrative qu'il publie des faits encore sujets à caution[1]. »

Une autre raison aurait précipité l'événement. Conscient des progrès réalisés dans le domaine de la sérothérapie antidiphtérique par son assistant Emil von Behring, Koch se serait jeté par amour-propre dans une aventure prématurée[2].

Au regard de la loi, la lymphe de Koch reste d'ailleurs un remède secret et, comme tel, sa diffusion devrait être interdite. Une anecdote sans doute imaginaire citée par *Le Petit Journal* est très révélatrice : en vertu du règle-

1. *Ibid.*, p. 437.
2. Émile Lagrange, *Koch, sa vie, son œuvre, ibid.*, p. 84.

ment qui interdit l'importation de médicaments de composition inconnue, les douaniers français auraient saisi et renvoyé à Berlin des flacons que le Pr Koch avait adressé au Pr Cornil.

Cette composition reste, en effet, un secret d'État que le ministre de l'Instruction publique et des Cultes justifie par le souci d'éviter les contrefaçons[1]. Aussi les journalistes se perdent-ils en conjectures. *Le Figaro* croit savoir que la lymphe est à base de cyanure d'or. *Le Matin* suppose qu'il s'agit d'un filtrat de bacilles de Koch. *L'écho de Paris* parle d'une « substance obtenue par un procédé analogue à celui dont on se sert pour obtenir la lymphe vaccinale qui sert depuis tant d'années à préserver contre la variole ». *Le Petit Parisien* évoque un mélange de « matière active récoltée sur l'animal » et de cyanure d'or. Interviewé par *Le Matin*, le Dr Bernheim y voit un « poison organique sécrété par le microbe lui-même ».

Quelques médecins s'indignent du secret qui plane sur la découverte et de la publicité tapageuse qui l'entoure. Le Pr Grancher et le Dr Martin, de l'Institut Pasteur, font même savoir qu'ils sont parvenus à des résultats identiques sur des lapins mais, par discrétion, ils ont, neuf mois auparavant, déposé à l'Académie de médecine un pli cacheté sur l'état de leurs travaux[2]. Dans le même temps, les professeurs Richet et Héricourt annoncent, au cours d'une communication à la Société de biologie, qu'ils ont mis au point un vaccin contre la tuberculose fabriqué à partir de bacilles tuberculeux stérilisés. Expérimenté sur des lapins, il aurait donné toute satisfaction[3].

Peu soucieux de ces réserves, le gouvernement allemand garde l'affaire en main et se perd en envolées démagogiques. Le 29 novembre, les tribunes de la Chambre des députés de Prusse sont prises d'assaut. Ce jour-là, Gossler, ministre de l'Instruction publique, des Cultes et des Affaires médicales, doit répondre à l'interpellation du Dr Graf sur le remède de Koch. Après six semaines d'expériences difficiles, déclare-t-il, on a pu livrer, moyennant la somme de 24 marks, un flacon contenant cinq grammes de lymphe pour 5 000 injections dont chacune coûtera 5 pfennings. « Il y a, ajoute-t-il, des raisons d'espérer que le remède pourra aussi être employé pour combattre d'autres maladies. On a pris des mesures pour qu'il soit entièrement accessible aux malades indigents et il deviendra un jour la propriété de l'État. » Donner la garantie de l'État, poursuit Gossler, c'est faire de Berlin la capitale médicale du monde où viendront s'initier des hommes de l'art de toutes les nations. L'éloge de Koch termine le discours sous un tonnerre d'applaudissements[4].

1. *La Semaine médicale*, 1890, p. 438.
2. J.-F. Boutet, *Pasteur et ses élèves. Histoire abrégée de leurs découvertes et de leurs doctrines*, Paris, 1898, p. 264.
3. *Le Petit Parisien* du 19 novembre 1890.
4. *Le Matin* du 30 novembre 1890.

Les pharmaciens, seuls, font grise mine, leur clientèle étant pour moitié composée de tuberculeux qui engloutissent des tonnes de sirops et de vins fortifiants. Aussi la corporation réclame-t-elle à cor et à cri le monopole de la vente de la lymphe.

Les milieux gouvernementaux jubilent et les mesures administratives se succèdent. Un crédit d'un million de marks est présenté au Reichstag afin de soustraire la découverte à l'exploitation d'industriels peu scrupuleux. Les médecins majors des différents corps d'armée sont convoqués à Berlin pour déterminer les moyens d'administrer la lymphe à toutes les recrues. Un crédit de deux millions de marks est voté pour la fondation d'un institut analogue à l'Institut Pasteur. Dirigé par Koch, il sera composé de laboratoires de bactériologie et d'une clinique de cent cinquante lits. Des architectes sont même envoyés à Paris avec mission d'étudier les installations de la rue Dutot. Ainsi Berlin détrônera-t-il Paris dans le domaine de la microbiologie.

En effet, la capitale de la Prusse ne tarde pas à drainer une foule de tuberculeux et de médecins venus du monde entier.

Berlin, capitale des miracles

Tous les correspondants de presse rivalisent de pittoresque pour décrire, non sans exagération, l'atmosphère qui règne alors à Berlin. Selon le Dr Pinaud, correspondant du *Matin*, « cette ville d'ordinaire si froide, si morne, a complètement changé de visage et ressemble maintenant à un vaste hôpital où affluent tous les malades de l'univers et principalement les hôtes habituels des stations hivernales du midi de la France, d'Italie et même d'Algérie. Les hôtels sont bondés de tuberculeux. C'est une toux générale dans la sévère capitale prussienne. Des milliers de médecins, venus de tous les coins du monde, bariolent les rues de Berlin. Chose curieuse, ils parlent tous français. Mais s'il y a beaucoup d'appelés, il y a peu d'élus. Les Italiens et les Autrichiens sont visiblement choyés et mieux reçus que les autres. Cela n'a rien d'étonnant puisque ce sont les guérisseurs de la Triple Alliance[1]. »

La présence de médecins est d'autant plus nécessaire que Gossler a déclaré devant le parlement : « La méthode est si difficile et requiert de si grandes responsabilités qu'il faut, pour l'apprendre, la voir pratiquer ou la faire soi-même, ce qui, d'après Koch, demande six mois au moins à un travailleur expérimenté[2]. » Dès lors, les requêtes affluent au ministère de l'Instruction publique, plusieurs personnalités du monde médical se faisant un devoir de s'initier à la nouvelle pratique. Mais le gouvernement allemand, non sans coquetterie, se fait prier et décide que, jusqu'à nouvel ordre, « aucun médecin

1. *Le Matin* du 1er décembre 1890.
2. *La Semaine médicale*, 1890, p. 438.

français ne recevra mandat officiel l'autorisant à suivre, à Berlin, les expériences du Dr Koch» (*Le Figaro* du 20 novembre). C'est donc à titre privé que les Français feront le pèlerinage de la capitale allemande.

Autour de Koch et de ses assistants, on se bouscule. Jean Huret, de *L'Écho de Paris,* relate l'héroïque mêlée : «Tous les jours, l'Institut d'hygiène de Berlin, dont M. Koch est le chef, est assailli par une foule venue des quatre coins du monde. Ce matin même, un médecin du Bas-Tyrol, favoris blancs et chapeau montagnard, nous racontait, au Dr Filleau et à moi, qu'il attendait depuis cinq jours son tour de réception, qu'il apportait pourtant à Koch des nouvelles de son vieux maître de Breslau où il fit ses premières études. Des médecins russes des frontières de l'Asie ont mis quatre à cinq jours à faire le voyage et n'ont pas pu encore franchir le seuil du sanctuaire. Parmi la foule qui piétine dans la vaste antichambre attenant au cabinet du dieu de l'Allemagne, se coudoient et échangent des paroles de vénération des savants espagnols, américains, serbes, polonais, italiens, suédois.»

Au secrétariat de l'Institut, un interprète déclare : « M. Koch ne reçoit pas ou très peu. Il est trop occupé et n'aime pas parler. Faites une demande d'audience par écrit, on vous répondra.» Lorsqu'on insiste, on s'attire une mise au point cinglante : «Le Pr Koch est retenu par l'empereur aux fêtes de la cour. Il ne viendra pas aujourd'hui mais demain, l'impératrice devant visiter l'institut.»

Après de multiples sollicitations, quelques rares privilégiés ont accès au Bon Dieu, mais chichement. Un assistant les prévient : «Seulement une ou deux minutes. Si vous avez quelque chose à lui demander, faites-le très brièvement et écrivez vos questions par avance.»

Un huissier ouvre la porte. Le Dr Koch se lève. «C'est un homme de quarante-sept ans, remarque Jean Huret, de taille moyenne, habillé de noir. Il a la barbe châtain, longue et fournie, et porte des lunettes. Les traits de la physionomie sont fins, le front est haut et lisse, le nez est fort et régulier, la bouche a un sourire calme et bienveillant. L'ensemble de l'homme est d'une simplicité parfaite et d'une impeccable sérénité.» La conversation est brève, Koch se contentant de signaler qu'à son grand regret, il ne pourra pas fournir de substantielles quantités de lymphe avant deux mois[1].

Le Figaro décrit le savant comme un «homme arrivé au terme de ses travaux, soulagé et récompensé». «Si la satisfaction se lit sur son visage, poursuit le chroniqueur, rien en lui ne trahit le pédant ou le poseur. Il parle de sa découverte très simplement, sans chercher à s'avancer mais avec une sérénité qui traduit une confiance absolue.»

Autres centres touristiques, les cliniques des assistants du Pr Koch, où se pratiquent les injections de lymphe, drainent la cohue des médecins et des journalistes. Quarante médecins se bousculent dans une petite salle de la cli-

1. *L'Écho de Paris* du 20 novembre 1890.

nique du Dr Cornet pour assister à l'administration d'un produit dont on ignore tout. Les regards convergent vers les flacons de lymphe que le praticien a posés sur le rebord de la fenêtre. Ils exercent sur l'assistance un effet magique, à tel point que Jean Huret, pris de démangeaisons, est tenté d'en « chiper » un.

Les hôtels de Berlin n'hébergent plus que médecins et malades. Aussi les assistants de Koch ont-ils décidé d'y faire les injections, leurs cliniques affichant « complet ». « Cette invasion d'une ville par une armée de malades, commente *Le Figaro*, ces lazarets improvisés partout feront époque dans l'histoire de la médecine mais non moins dans celle de Berlin. »

L'euphorie est toutefois tempérée par de troublantes révélations. Dès la mi-novembre, les journaux allemands s'indignent. En dépit des crédits débloqués, le produit n'est pas encore accessible aux pauvres. Des baraquements ont bien été aménagés en leur faveur, mais ce sont des installations de fortune à caractère symbolique.

Autre source de mécontentement : la pénurie de lymphe. Alors que des tuberculeux continuent de mourir par milliers avec l'amer sentiment d'avoir frôlé le salut, alors que d'autres vivent une insoutenable attente, le Dr Senator, porte-parole du ministère de l'Instruction publique, annonce que la disette de lymphe met les médecins dans l'impossibilité de soigner avant deux mois la masse croissante des tuberculeux qui envahissent Berlin.

Au Dr Filleau qui lui demande un flacon, Koch répond dans un soupir de désespoir : « Moi-même je n'en ai plus que deux, et je vais les envoyer à M. Pasteur. Je ne peux pas faire moins pour l'illustre savant français que j'admire comme un maître[1]. » Au demeurant, les autorités font savoir que « ce traitement exige un grand nombre d'injections et un laps de temps prolongé ». Ce serait donc « une grande erreur de croire, comme le font bon nombre de malades, qu'il suffit d'aller à Berlin et d'y subir quelques piqûres pour repartir guéri ».

Dans cette atmosphère malsaine, la spéculation irait bon train. Alors que l'État a fixé le prix de l'injection à 5 pfennige, quelques médecins feraient fortune au marché noir et les journaux citent des cas ahurissants de chantage à la mort. Un inoculateur exigerait de chaque candidat une « provision » de 300 marks et imposerait l'hébergement dans sa clinique à raison de 16 marks par jour, payables d'avance. Un assistant de Koch aurait demandé 300 francs à un tuberculeux anglais. La *Gazette de Voss* parle d'un médecin qui extorquerait 10 000 francs par jour à chacun de ses malades et conclut : « Les médecins qui exploitent ainsi les souffrances de leurs semblables méritent le châtiment au même titre que les usuriers ou les escrocs. »

Emportée dans le tourbillon, la publicité s'empare de l'affaire. *Le Figaro*, sous la plume d'un certain Dr Ganters, vante les vertus de l'« Élatine » du Dr

1. *Le Matin* du 23 novembre 1890.

Bouïn qui aurait la composition et les vertus de la « lymphe de Koch ». Quelques jours plus tard, le même journal vante l'élixir Godineau dont l'efficacité serait si supérieure à celle de la lymphe que les Berlinois eux-mêmes passeraient commande. Un journal de Berlin publie l'adresse d'une pharmacie où, sous le nom de *paratoloïde*, serait mise en vente de la « lymphe de Koch », nouvelle aussitôt démentie par le savant.

Après un éblouissant feu d'artifice, le prestige de la panacée va pourtant s'effondrer en quelques jours.

Des lendemains qui déchantent

Au temps des illusions succède soudain celui des désenchantements. Dès le mois de novembre, quelques signes, auxquels le public n'attache d'abord aucune importance, annoncent le désastre. Le 18 novembre, le Dr Rémond, envoyé spécial de *La Semaine médicale*, câble de Berlin : « Hier, à la clinique de M. le docteur Krause, on nous a dit publiquement qu'il y avait eu, dans un cas de tuberculose avancée, mort par œdème pulmonaire après injection. J'apprends ce matin de source très autorisée que ce cas n'est pas isolé. »

Puis, ce sont des malades « guéris » qui sèment le trouble dans les esprits. Le 25 novembre, le Dr Rémond adresse à son journal une nouvelle dépêche inquiétante : « On dit qu'il y a actuellement récidive dans le service de M. le docteur von Bergmann. En tout cas, un malade atteint de lupus, qui passait pour guéri, et que l'on avait considéré comme ne devant plus recevoir d'injections, a eu une récidive très intense. Le fait est à rapprocher de cas similaires survenus dans le service du docteur Kohler. » À Berlin, le Dr von Bergmann ne cache plus les craintes que lui inspire le détachement des tissus tuberculeux qui, à la suite des inoculations, risquent d'obstruer les bronches et les poumons[1].

Acculé à la défensive dès la fin du mois de novembre, Koch multiplie les déclarations faites de réserve et d'optimisme : son traitement ne guérit que les tuberculoses dépistées à temps ; les injections doivent être pratiquées durant plusieurs mois avant d'être suivies d'effets ; la lymphe reste un excellent moyen de dépistage précoce. Le 28 novembre, les docteurs von Bergmann et Fränzel confient aux journalistes qu'ils ont observé des améliorations mais aucune guérison. Tous reconnaissent maintenant qu'il faudra attendre plusieurs mois avant de se prononcer.

Il en faut davantage pour ébranler l'enthousiasme du public. C'est seulement lorsque la lymphe parvient à l'étranger, vers la fin novembre, que la catastrophe éclate au grand jour.

1. *Le Matin* du 18 novembre 1890.

La sonnette d'alarme est tirée par les savants autrichiens qui recommandent d'utiliser la lymphe avec prudence en raison de réactions violentes et parfois mortelles. De retour de Berlin, le Pr Kaposi estime même que le « vaccin de Koch » est « un poison organique très violent[1] ».

C'est dans des flacons en verre bouchés à l'émeri, à large goulot et d'une contenance de 5 grammes, que le produit arrive en France. Le samedi 29 novembre, le Pr Cornil commence les injections à l'hôpital Laennec. Dans son service comme dans celui du professeur Péan, à Saint-Louis, elles ne sont suivies d'aucun miracle. Dans *Le Figaro* du 30 novembre, le Dr Calmette se montre réservé : « Ces expériences auront-elles un résultat favorable ? Il faut l'espérer, mais il est impossible d'établir dès maintenant des conclusions certaines. » La grande débâcle commence une semaine plus tard.

Pour leur réunion hebdomadaire du vendredi, les médecins des hôpitaux sont venus en foule écouter trois observateurs de retour d'Allemagne. Le rapport de l'un d'eux, le Dr Cuffer, est accablant : « L'inoculation, dit-il, d'après ce qu'on a constaté dans les hôpitaux de Berlin, a souvent produit un coup de fouet qui transforme la maladie bénigne en phtisie galopante. Un phtisique au premier degré a été victime en une seule semaine d'une sorte d'asphyxie. Un autre a été atteint par une albuminurie autrement violente que la phtisie qu'on avait voulu traiter. » Quant aux guérisons, elles sont illusoires. En réalité, la lymphe s'attaque aux tissus sains et épargne les microbes qu'elle dissémine dans l'organisme[2].

Le Matin du 8 décembre signale plusieurs décès foudroyants survenus à Berlin à la suite du traitement. Le même jour, les médecins de Laennec dressent un bilan tragique de leurs injections. Elles ont eu des effets analogues à ceux des poisons musculaires : syncopes, coma, albuminurie, œdème des poumons, de la glotte, collapsus cardiaque.

Le 18 décembre, c'est Koch en personne qui procède à l'enterrement de sa panacée. L'un de ses patients en est mort. Un autre, après dix injections, est sur le point de perdre la vue. À cette date, seul le ministre allemand de l'Instruction publique et des Cultes se montre encore optimiste, attribuant les accidents à la fabrication précipitée de grandes quantités de produit.

Le problème se pose dès lors en termes de déontologie à travers le procès des emballements médicaux irréfléchis. « En injectant le liquide de Koch, déclare le Pr Debove, nous ne faisons pas de la thérapeutique mais des expériences. L'administration d'un médicament secret est passible d'une peine de dommages intérêts au profit des familles[3]. » *La Revue scientifique* du 17 janvier 1891 stigmatise la légèreté avec laquelle on a pratiqué des essais sur de malheureux tuberculeux qui « passèrent du jour au lendemain au rang de cobaye sans provoquer de réaction chez les médecins ».

1. *Le Matin* du 27 novembre 1890.
2. *Le Figaro* du 6 décembre 1890.
3. *Ibid.*

Quelques cas particuliers montrent l'ampleur des dégâts provoqués dans les familles par une succession d'espoirs et de désillusions. Un an après l'échec de la lymphe, le Pr Cornil confiera au *Matin* : « J'ai fait une quinzaine d'expériences ; elles ont été désastreuses. Je me souviens notamment qu'un de mes collègues de l'Institut m'amena son fils, un jeune homme de dix-huit ans, et me supplia de lui inoculer de la tuberculine. Ayant cédé devant l'insistance du père, je traitai le fils par la méthode de Koch et, après trois semaines, le jeune homme mourut. Je suis persuadé que, sans la tuberculine, il aurait pu vivre longtemps encore. Non seulement cette lymphe causait de graves désordres, mais elle facilitait, par la congestion qu'elle provoquait, la propagation des bacilles dans l'organisme[1]. »

Du jour au lendemain, Koch est destitué de son piédestal et *L'Écho de Paris* peut ironiser sur « le chant du Koch ». Seul *Le Matin* s'efforce d'exploiter la catastrophe à des fins nationalistes et germanophobes. Sous le titre « Koch démasqué. La lymphe germanique dépouillée de ses voiles », le chroniqueur dénonce le secret qui a entouré la panacée : « C'est ainsi, écrit-il, que les Germains, par une exagération louable du sens patriotique, travaillent toujours pour leur nation, tandis que les Français mettent leur gloire à doter l'humanité entière du fruit de leurs découvertes. Ainsi fit M. Pasteur : ainsi firent tous ceux des nôtres qui travaillaient pour le bien de l'humanité[2]. »

Le 15 janvier 1891 Koch lève le voile sur la composition de sa liqueur : « Le remède à l'aide duquel j'ai institué le traitement curatif de la tuberculose est donc un extrait glycériné tiré des cultures pures du bacille de la tuberculose[3]. »

Naïveté ? Frivolité ? Raison d'État et microbiologie font mauvais ménage et l'esprit de compétition n'est pas toujours de bon conseil.

Toutefois, rebaptisé « tuberculine », le produit aura son utilité. Longtemps encore on lui cherchera des vertus thérapeutiques, mais employé de façon judicieuse sur le bétail, il permet, dès 1895, de dépister les animaux tuberculeux.

En 1907, le Viennois von Pirquet découvre la cuti-réaction en pratiquant l'injection sous-cutanée d'une infime quantité de tuberculine. L'absence de réaction prouve l'inexistence de lésion tuberculeuse. Dans le cas contraire, une légère boursouflure rosée indique que le sujet a été en contact avec le bacille de Koch et qu'il est protégé par une « primo-infection ». Épaulé par les découvertes de la radiographie et de la cuti-réaction, le dépistage précoce de la tuberculose entre dès lors dans la pratique médicale, entraînant une chute appréciable de la mortalité tuberculeuse.

1. Cité par Boutet, *Pasteur et ses élèves, op. cit.*, p. 271.
1. *Le Matin* du 9 décembre 1890.
3. Cité par Lagrange, *Koch, sa vie, son œuvre, op. cit.*, p. 36. En 1887, Nocard et Roux avaient montré l'influence favorisante de la glycérine sur les cultures de bacilles tuberculeux.

Cependant, alors que la « lymphe de Koch » cristallise les passions, deux savants, Roux en France et Behring en Allemagne, livrent une bataille décisive à la diphtérie. Une semaine après l'oraison funèbre de la « lymphe » prononcée par Koch lui-même, son assistant Behring arrache pour la première fois un enfant diphtérique à la mort.

Koch avait de quoi être jaloux.

CHAPITRE XXIII

Diphtérie, tétanos, typhoïde, syphilis

40 000 à 50 000 morts. Tel était, chaque année en France vers la fin du XIXe siècle, le bilan de la diphtérie et de la fièvre typhoïde. La diphtérie s'abattait de préférence sur les enfants, la typhoïde sur les hommes jeunes. Moins meurtrier, le tétanos, qu'on attribuait à une lésion du système nerveux, faisait planer une perpétuelle épée de Damoclès sur les agriculteurs et les militaires qui, pas plus que les médecins, ne comprenaient les raisons de cette malédiction.

Entre 1890 et 1900, la microbiologie parvient à neutraliser la mortalité diphtérique et tétanique et, plus difficilement, la mortalité typhique. Mais il est un mal contre lequel tous les efforts restent vains : la syphilis. Sans sabrer dans la masse, elle soumet le malade et la société à une lente érosion. Avec elle, il faut louvoyer. Longtemps encore la morale et le mercure resteront ses seules thérapies.

Terreur dans les foyers

« Croup » ou « diphtérie » : deux mots qui, avant 1894, semaient l'épouvante dans les familles. Caractérisée par la formation de fausses membranes à l'entrée des voies respiratoires, cette affection à marche foudroyante condamnait des milliers d'enfants à l'asphyxie ou à la mort par empoisonnement.

Peu de maladies étaient plus cruelles, plus désespérantes. Fauchant surtout les jeunes de moins de dix ans, elle éclatait le plus souvent de nuit, brusquement, et sans signe précurseur. Les petites victimes éprouvaient des suffocations et une sensation d'étranglement. Malaise général, frissons, chaleur corporelle, tuméfaction des amygdales et de la gorge formaient la symptomatologie du fléau. La voix devenait grave et caverneuse, la respiration s'accompagnait de sifflements. La toux tenace n'était pas sans rappeler le gloussement de la poule ou le cri du jeune coq, d'où le nom de « croup » aussi attribué au mal.

Jusque-là, ce pouvait être un « faux croup », sorte de laryngite grave mais passagère. Le vrai croup, ou laryngite couenneuse, présentait un symptôme typique : l'expulsion par la toux ou les vomissements de membranes semblables au parchemin. La mort par asphyxie survenait au bout de trois à huit jours.

En 1821, Bretonneau avait reconnu la spécificité du mal et son élève Trousseau complété sa description en soutenant l'unité de l'angine diphtérique contre l'école allemande qui croyait en la diversité de ses formes.

Jusqu'en 1894, la médecine était désarmée. Pour éviter l'asphyxie, on avait recours aux vomitifs, qui facilitaient l'expulsion des fausses membranes, ou à la trachéotomie. Que de médecins ont été victimes de leur dévouement! Certains, poussant le sacrifice jusqu'à aspirer de leur bouche les mortelles excroissances, contractaient le mal. Même après la découverte du sérum antidiphtérique, plusieurs praticiens seront victimes de leur devoir en soignant des malades venus consulter à la dernière extrémité.

Avec un total de huit décès professionnels recensés jusqu'en 1899, les médecins des Enfants-Malades et des Enfants-Assistés payent un lourd tribut au fléau. En dehors du milieu hospitalier, des praticiens de quartier participent au sacrifice. L'un d'eux meurt en 1899, à l'âge de vingt-neuf ans, pour avoir pratiqué le bouche-à-bouche sur l'un de ses malades, et le Dr Rabuel, de Ménilmontant, est victime de la même tragédie en 1907. Appelé au chevet d'une mère et de son enfant, il les trouve dans un état critique. Ultime recours, il appose sa bouche sur celles des malades qui guériront mais, deux jours plus tard, il sera terrassé par une diphtérie foudroyante[1].

Vers la fin du siècle, la diphtérie est, avec la rougeole, le premier facteur de mortalité infantile. En 1884, elle tue 2 592 Parisiens, des enfants pour la plupart[2]. Entre 1865 et 1885, sa mortalité oscille à Paris entre 30 pour 100 000 habitants en 1871 (840 décès) et 121 pour 100 000 en 1877 (3 388 décès). Sur une durée de 21 ans, elle s'établit en moyenne à 64 pour 100 000 (1 792 décès). Mais à partir de 1865, le fléau exerce ses ravages dans la capitale avec une intensité croissante : 43 décès annuels pour 100 000 de 1865 à 1869, 47 de 1870 à 1874, 111 de 1875 à 1879, et 93 de 1880 à 1884. En 1885, Amiens est la ville de France la plus exposée avec 113 décès pour 100 000. Viennent ensuite Marseille (98), Nantes (97), Le Havre (91), Paris (74), Reims (60). À l'échelle du pays, la diphtérie frappe chaque année 20 000 à 30 000 personnes.

1. Pierre Darmon, *La Vie quotidienne du médecin parisien en 1900*, Paris, Hachette, 1988, p. 263-264.

2. Dr Lagneau, « Les maladies épidémiques à Paris », *Revue d'hygiène*, 1886, p. 453.

L'Allemagne lui verse un tribut encore plus lourd. En 1885, la mortalité diphtérique s'élève à 155 pour 100 000 à Berlin, à 150 à Danzig, à 102 à Hambourg. Avec 176 décès pour 100 000, Koenigsberg détient un record absolu. New York, où la mortalité évolue autour de 94, se situe à mi-chemin entre Berlin et Paris. Pour des raisons inconnues, c'est en Angleterre que la diphtérie est la moins virulente. En 1885, elle tue 22 personnes pour 100 000 à Londres (sept fois moins qu'à Berlin), 23 à Glasgow, 17 à Manchester et 6 à Leeds[1].

Dans un rapport adressé en 1890 au ministre de l'Intérieur, le Pr Grancher recommande la création hors de Paris d'hôpitaux pour diphtériques. « Le danger de la contagion, écrit-il, n'est pas dans le voisinage d'un diphtérique, mais dans l'absence de précautions antiseptiques autour du malade. Cependant, si l'hôpital n'est pas un foyer d'où la contagion rayonne, il est loin d'être inoffensif. La diphtérie si fréquente du personnel médical suffirait à le prouver. »

Durant les trois premiers trimestres de l'année 1890, 797 diphtériques ont été conduits à hôpital Trousseau : 375 en fiacre, 67 en omnibus, 13 en voitures particulières, 195 à pied et 143, seulement, en ambulance. Lorsqu'on sait, remarque Grancher, que la virulence du bacille desséché peut persister des années durant, on mesure le danger encouru par la population[2].

L'hygiène et la prophylaxie ont longtemps constitué la seule parade. Dans un mémoire publié en 1889 dans les *Annales de l'Institut Pasteur*, le Dr Roux recommande de ne pas négliger l'angine consécutive à la rougeole et à la scarlatine en pratiquant de fréquents lavages de bouche à l'acide phénique. Mais en l'absence de remède spécifique, la médecine reste aux abois.

En 1888, Pasteur recevait ces quelques lignes d'une mère affolée : « Vous avez fait tout le bien qu'un homme puisse faire sur la terre. Si vous le voulez, vous trouverez sûrement un remède à l'horrible mal qui s'appelle diphtérie. Nos enfants, à qui nous apprenons votre nom comme celui d'un grand bienfaiteur, vous devront de continuer leur vie. Une mère. »

Le vœu de cette mère n'allait pas tarder à être exaucé. Depuis 1884, les bactériologistes étaient à l'œuvre.

Roux et Yersin. La découverte de la toxine diphtérique (1888)

Dès 1873, Klebs, alors jeune professeur à Marburg, observe dans les fausses membranes un bacille qu'il rend responsable de la diphtérie. C'est seulement en 1883 qu'il en donne une description sérieuse au congrès de Wies-

1. Renseignements tirés de l'excellente statistique publiée en 1886 par le Dr Jacques Bertillon dans la *Revue d'hygiène* sous le titre « État sanitaire des principales villes d'Europe en 1886 », p. 829 *sq*.

2. « La prophylaxie de la diphtérie », *Journal d'hygiène*, p. 609-610.

baden. Mais ce n'est pas une preuve de spécificité, des germes de toutes sortes pullulant dans la gorge.

En 1884, Frédéric Loeffler, assistant de Koch à l'Office impérial, publie dans les *Mittelheilungen* le résultat de ses recherches sur la question. Travaillant dans les salles d'urgence où les berceaux se vident tous les jours, il prélève, au moyen de scalpels stérilisés ou de fils de platine rougis, des fragments de membranes dans la gorge des cadavres. Après les avoir colorés au bleu de méthylène, il observe au microscope la présence de bacilles en forme de massue, les isole, les cultive et les injecte à des cobayes qui développent le mal avec son cortège de symptômes. Le bacille de la diphtérie, ou bacille de Krebs-Loeffler, vient d'être identifié.

Mais voilà le plus étrange. Alors que dans le charbon, comme dans la plupart des maladies infectieuses connues, les germes prolifèrent dans tout l'organisme, on ne les trouve ici que dans les fausses membranes. Injectés sous la peau des cobayes, ils tuent l'animal plus rapidement que les enfants, en deux ou trois jours, mais ne pullulent jamais au-delà du point d'inoculation.

Parfois, Loeffler ne les retrouve même pas, ou en si faible quantité qu'ils ne suffiraient pas à tuer un insecte. Chose plus curieuse, il décèle la présence du bacille chez certains enfants bien portants, et ces mêmes bacilles tuent les cobayes auxquels on les injecte. Aussi en vient-il à soupçonner l'existence d'un poison qui, sécrété par les bacilles, tuerait l'individu par intoxication. Mais c'est en vain qu'il essaye de le précipiter à l'alcool.

Là est pourtant la clé du mystère : celui qui maîtrisera le poison diphtérique maîtrisera la diphtérie. Tel est l'état des lieux lorsque Roux et Yersin se lancent dans l'affaire, vers 1886. En décembre 1888, ils publient les premiers résultats de leurs investigations dans les *Annales de l'Institut Pasteur* sous le titre « Contribution à l'étude de la diphtérie ». Un second et un troisième mémoire paraîtront sous le même titre en juin 1889 et juillet 1890[1].

Tous deux se sont rendus aux Enfants-Malades où ils ont prélevé les fausses membranes sur une quinzaine de cadavres. Techniciens rompus aux méthodes pasteuriennes, ils en obtiennent sans mal, en milieu composé de sérum coagulé, des cultures pures qui tuent oiseaux et quadrupèdes. Chez les lapins, ils observent la paralysie typique que Loeffler n'était pas parvenu à reproduire en laboratoire, mais le mystère subsiste : des cultures de fragments de rate, de cœur ou d'autres organes d'animaux diphtériques restent sans effet et ne provoquent la formation d'aucun bacille de Krebs-Loeffler.

1. Sur les travaux de Roux et Yersin, voir Roux et Yersin, « Contribution à l'étude de la diphtérie », *Annales de l'Institut Pasteur*, décembre 1888, juin 1889 et juillet 1890 ; Émile Lagrange, *Monsieur Roux*, *op. cit.*, p. 117 *sq.* ; Henri H. Mollaret et J. Brossollet, *Alexandre Yersin, le vainqueur de la peste*, Paris, Fayard, 1984, p. 69 *sq.* ; Paul de Kruif, *Chasseurs de microbes*, Bruxelles, 1948 (1re édition, 1929), p. 205 *sq.* ; Marie Cressac, *Le Docteur Roux, mon oncle*, *op. cit.*, p. 100-101.

Comme Loeffler, Roux et Yersin songent à un « poison très actif », sans employer encore le terme de « toxine » imaginé par Brieger dès 1885. Pour l'extraire, ils procèdent par filtration d'un bouillon soumis à l'étuve quatre jours durant et non, comme l'avait tenté Loeffler, par précipitation au moyen d'une substance chimique. Ils tentent d'abord de retenir les bacilles dans la bougie de Chamberland, simple cylindre de porcelaine poreuse. Mais le bouillon étant trop épais, il faut avoir recours à la compression. Après bien des efforts, ils obtiennent enfin un liquide ambré dépouillé de microbes.

Injecté à des lapins et des cobayes, le filtrat reste pourtant inoffensif. Que faire ? Roux et Yersin ont recours à une expérience spectaculaire. Ils inoculent à un cochon d'Inde la dose faramineuse de trente-cinq centimètres cubes de poison, ce qui, pour l'homme, correspondrait à un grand seau d'eau ! Terrassé par ce torrent, l'animal meurt cinq jours plus tard au milieu des symptômes de la diphtérie.

L'expérience, cependant, n'a pas grande signification. Pour démontrer la puissance foudroyante du poison, il faut tuer une bête avec l'infime quantité de produit sécrété par les fausses membranes. Roux et Yersin filtrent un bouillon soumis à une incubation en étuve non plus de quatre, mais de quarante-deux jours. Cette fois, le résultat est édifiant : « Avec des cultures anciennes dépouillées de microbes, disent-ils, nous avons donc produit une diphtérie toxique, suraiguë, évoluant en quelques heures. » Une trentaine de grammes de ce concentré suffisent à tuer 600 000 cobayes ou 75 000 chiens ! Ils en tirent une réflexion prophétique : « L'avenir nous montrera sans doute que nombre d'affections organiques dont nous ne voyons pas clairement la cause sont dues à des actions tardives de ce genre. Beaucoup de néphrites ou de maladies nerveuses, dont on ignore l'origine, sont peut-être la suite d'une infection microbienne passée inaperçue. »

Dans l'immédiat, il faut trouver un vaccin. « Est-il possible d'accoutumer les animaux au poison diphtérique ou de produire chez eux, par ce moyen, l'immunité contre la diphtérie ? » Telle est la conclusion du premier mémoire de décembre 1888.

Dès sa publication, la grande presse s'emballe : « Quand les journalistes veulent se mêler de science, écrit Yersin à sa mère, ils ne disent que des bêtises ; ainsi, cette semaine, *Le Figaro* a prétendu que nous avions trouvé le vaccin de la diphtérie. Cet article nous a valu une avalanche de reporters de tous les journaux de Paris, qui voulaient des détails. J'en ai reçu deux, celui du *Matin* et de *La Liberté*. Je leur ai simplement donné un tirage de notre article en leur disant qu'ils trouveront tous les détails possibles. Ce qui n'a pas empêché le reporter du *Matin* d'écrire dans le journal du lendemain que je lui avais dit que les vaccinations contre la diphtérie étaient presque faites et que nous vaccinions déjà les animaux[1]. »

1. Cité par Henri H. Mollaret et J. Brossollet, *Yersin, le vainqueur de la peste, op. cit.*, p. 71.

Dans le deuxième mémoire, publié en juin 1889, Roux et Yersin étudient les propriétés du poison. Il est détruit en dix minutes à 100° et en deux heures à 58°, bien que le liquide chauffé conserve à forte dose une toxicité tardive. Il se neutralise, mais beaucoup plus lentement, à la lumière et à l'air. On peut le concentrer par évaporation, l'absorber par des précipités de phosphate. Purifié, il agit à doses infimes. Le poison a donc fait l'objet d'une étude virtuose, pièce maîtresse de l'œuvre de Roux, mais le texte se termine par un constat de carence : « Il est difficile d'habituer les animaux au poison diphtérique, précisément à cause de son activité. Même à doses faibles, il produit souvent des effets à longue échéance. »

En juillet 1890, le troisième mémoire est consacré à la prophylaxie. Roux et Yersin constatent que les convalescents peuvent être porteurs de bacilles virulents. Ils en tirent d'importantes conclusions : « Le danger de la contagion ne disparaît pas avec la maladie. Les individus qui viennent d'avoir la diphtérie ne doivent pas trop tôt reprendre leur place dans la famille, l'atelier ou l'école. Il ne faut pas renvoyer les malades de l'hôpital dès qu'ils n'ont plus de pseudo-membranes et comme il y a des inconvénients à les garder dans les salles communes, il serait prudent d'aménager, dans les services des diphtériques, des locaux réservés aux convalescents. »

Et le vaccin ? Roux et Yersin songent à l'atténuation qui a fait merveille dans la lutte contre le charbon et la rage. Ils songent encore à la mise au point d'un sérum, mais Metchnikoff, qui ne jure que par la phagocytose, les en dissuade. Roux est de surcroît sollicité par de multiples occupations. Son cours de microbiologie vient de s'ouvrir, il aide Chantemesse au service de la rage. Pasteur s'affaiblissant, c'est lui qui hérite de ses responsabilités. En 1890, il est immobilisé par une nouvelle hémoptysie et doit cesser toute activité durant plusieurs semaines.

Heureusement, Roux et Yersin n'ont pas travaillé en vain. En découvrant l'existence de ce « poison », qu'on appellera bientôt « toxine », ils ont ouvert la voie aux éblouissantes recherches de Behring en matière de sérothérapie.

Behring. La découverte de la sérothérapie (1890)

Emil Behring est né en 1854 en Prusse-Orientale. Après avoir servi dans le corps de santé militaire, il entre en 1889 à l'Institut d'hygiène de Berlin dirigé par Koch. Dès 1888, il a fait une découverte troublante en constatant que le sérum de rat blanc tue la bactéridie charbonneuse. Il en a conclu que certains sérums possèdent sans doute un pouvoir bactéricide. La découverte par Roux et Yersin de la toxine diphtérie lui inspire un trait de lumière, une réflexion qui résume toute la chimiothérapie des maladies infectieuses : est-il possible de trouver une substance qui neutralise la toxine tout en provoquant une réaction immunitaire de l'organisme[1] ?

Avec l'aide d'un jeune savant japonais, Kitasato, Behring injecte à ses cobayes une dose mortelle de bacilles diphtériques. Quelques heures après, il leur inocule une substance chimique avec l'espoir de détruire le poison. Divers produits sont essayés en pure perte : chlorure d'or, naphtylamine, eau oxygénée. L'hécatombe est prodigieuse, mais voilà le trichlorure d'iode. Les bêtes sortent de l'expérience dans un état pitoyable, les unes tuées par la diphtérie, les autres par le trichlorure d'iode. Mais certaines survivent, percluses de souffrance, les pattes flageolantes, le poil hérissé, le corps couvert d'escarres. Behring injecte aux miraculés des doses de toxine et de bacilles diphtériques suffisantes pour empoisonner des dizaines d'animaux, et tous supportent l'épreuve : le sang traité au trichlorure d'iode est devenu antitoxique.

Mais sur les enfants, l'affaire tourne à la catastrophe : « Mes expériences de trichlorure d'iode, pratiquées avec le plus grand soin sur des bébés diphtériques, ne m'ont guère encouragé à persévérer dans cette voie », avoue Behring sans commentaire !

Il prélève alors du sang d'animaux guéris, dissocie le sérum jaunâtre du caillot rouge par décantation, le mélange à un bouillon empoisonné et l'injecte à des cochons d'Inde qui n'en meurent pas. Le sérum antidiphtérique est découvert dans son principe.

Porté par l'exaltation, il inocule un mélange de bacilles, de toxine diphtérique et de trichlorure d'iode à des lapins, des moutons et des chiens. En peu de temps, il obtient des moutons parfaitement immunisés et d'appréciables quantités de sérum qu'il injecte aux cobayes. Tous survivent et résistent à l'injection de bacilles virulents tandis que les bêtes témoins succombent.

Mais l'immunité acquise ne dure que quelques jours. Au bout d'une semaine ou deux, les animaux traités retrouvent leur sensibilité à la maladie. Behring injecte donc des bacilles diphtériques à ses cochons d'Inde et, une fois le mal déclaré, leur administre du sérum antitoxique qui les tire d'affaire. Le sérum ne donnera pas l'immunité, comme les vaccinations, mais sera curatif.

Le 24 décembre 1890, alors que Koch porte le deuil de sa tuberculine, quelques diphtériques qui agonisent dans une clinique de Berlin sont traités au sérum de Behring, et c'est dans la nuit de Noël que le premier d'entre eux est arraché aux souffrances de l'asphyxie et de la mort. La firme pharmaceutique Hoechst se lance aussitôt dans la fabrication industrielle du sérum anti-

1. Behring et Kitasato, *Deutsche Medizinische Wochenschrift.*, 1890, n° 49, 1890 ; Behring, *Deutsche Medizinische Wochenschrift.*, 1890, n° 50, p. 1145 *sq.* ; Behring, *Zeitschrift für Hygiene,* 1890, t. 9, p. 395 *sq.* ; Behring, *Die Blutserumtherapie,* t. 2, 1893 ; Émile Lagrange, *Monsieur Roux, op. cit.*, p. 124 *sq.*

diphtérique. Entre 1892 et 1894, 20 000 enfants seront ainsi guéris et, pour certains, sauvés de la mort.

La suite est moins édifiante. Aigri, tenaillé par une jalousie de tigre, Koch aura du mal à supporter le succès de son assistant et celui-ci devra quitter Berlin, accusant non sans raison le maître d'avoir voulu lui ravir la vedette en lançant sa tuberculine à la hâte. Plus tard, les découvertes de Behring dans le domaine de la tuberculose, que Koch a toujours considérée comme son fief, aiguiseront les aigreurs.

Après un court séjour à Halle, où il occupe la chaire d'hygiène, Behring exerce en 1895 le professorat à Marburg tout en donnant une impulsion décisive à la fabrication du sérum antidiphtérique. En 1894, il est de passage à Paris où Pasteur ne lui ménage pas ses éloges.

Lui-même reconnaîtra, et tout le monde en convient aujourd'hui, qu'il n'aurait jamais découvert la sérothérapie antidiphtérique sans les travaux de Roux, avec qui il s'était lié d'amitié. Mais c'est lui seul, qui, en 1901, recevra le prix Nobel. Les deux hommes n'en garderont pas moins d'excellentes relations et Roux poussera l'affection jusqu'à devenir le parrain de l'un des fils de Behring. Anobli, couvert d'honneurs, celui-ci sera emporté par une pneumonie en 1917, à l'âge de soixante-trois ans.

La diphtérie sera définitivement vaincue en 1923 par Gaston Ramon (1886-1963). Ancien élève à l'École vétérinaire d'Alfort, Ramon entre à l'Institut Pasteur en 1911 où il s'occupe, à Garches, des chevaux servant à la fabrication du sérum antidiphtérique. Mais son chef de service, le Pr Prévost, qui ne croit pas en sa vocation de savant, lui conseille d'abandonner ses recherches. C'est donc en chercheur solitaire qu'il met au point le vaccin antidiphtérique en créant l'anatoxine, toxine diphtérique dépouillée de sa virulence par l'effet combiné de la chaleur et du formol. En l'espace de quelques années, elle entraînera la disparition de la diphtérie.

Le sérum antitétanique (1890)

Le sérum antidiphtérique est une découverte d'autant plus brillante qu'elle inspire la mise au point du sérum antitétanique[1]. C'est en 1884 que Carle et Rattone réussissent la transmission expérimentale du tétanos. Penchés sur le cadavre d'un jeune tétanique, ils constatent qu'il porte au cou un petit bouton que le malade avait gratté. Ils l'excisent et l'écrasent dans une goutte d'eau. Examinée au microscope, celle-ci renferme des microbes qui tuent douze lapins par inoculation. Le tétanos serait donc une maladie infectieuse, mais il en faut davantage pour identifier le germe.

1. Vaillard et Vincent, « Contribution à l'étude du tétanos », *Annales de l'Institut Pasteur*, 1891 ; Burnet, *La Lutte contre les microbes, op. cit.*, p. 133 *sq.*

La même année, un jeune savant de l'université de Göttinguen, Nicolaier, introduit de la terre de son jardin sous la peau de lapins, de cobayes et de souris. Sur dix-huit échantillons de terre, douze provoquent un tétanos mortel et transmissible. Au microscope, il découvre, dans la terre et dans le pus prélevé au point d'inoculation, un microbe en forme de bâtonnet qui héberge une spore dans son extrémité renflée. Tel est le germe du tétanos, encore appelé « bacille en épingle » ou « bacille de Nicolaier ».

En 1889, Kitasato, qui travaille avec Behring, obtient une culture pure de bacilles tétaniques et démontre leur caractère anaérobie. Le bacille du tétanos est donc l'hôte de la terre où il se conserve pour l'éternité à l'état de spore. Du coup, le mystère des champs de bataille tétaniques et la malédiction des cultivateurs s'éclairent d'un jour nouveau. Du sol, le bacille passe dans le système digestif des bœufs et des chevaux où il se multiplie avant d'être expulsé avec les excréments. Le voilà rendu au fumier, à la terre, creusant son gîte dans les écuries, dans la crasse des sabots et les fers des chevaux, sur les mangeoires et les harnais. Ce n'est donc pas sans raison qu'on attribuait de longue date le tétanos au cheval.

Le tétanos n'est pas sans analogie avec la diphtérie. Dans les humeurs et les tissus de cadavres tétaniques, nulle trace du bacille de Nicolaier. Agirait-il à distance, par sécrétion toxique, comme le bacille diphtérique ?

Dès 1890, le Danois Knud Faber isole cette toxine en filtrant un bouillon de culture selon le procédé de Roux et Yersin. Un millième de centimètre cube de ce filtrat suffit à tuer un cobaye en deux jours. Dans leur œuvre de mort, les toxines diphtérique et tétanique sont sœurs jumelles. Toutes deux s'attaquent au système nerveux, l'une provoquant la paralysie, l'autre l'excitation.

Kitasoto atténue la toxine au trichlorure d'iode, selon la méthode de Behring, et en obtient un sérum. La découverte est annoncée, en même temps que la victoire sur la diphtérie, dans le mémoire publié dans *Deutsche Medizinische Wochenschrift* : « Le sérum de lapin immunisé contre le tétanos a la propriété de détruire le poison tétanique. Cette propriété existe aussi dans le sang retiré des vaisseaux et dans le sérum qu'on prépare dans ce sang. Cette propriété est durable ; le sérum agit même dans l'organisme des animaux ; il est donc possible d'exercer une action thérapeutique par transfusion de ce sang ou de ce sérum. La propriété antitoxique n'existe pas dans le sang des animaux qui n'ont pas été immunisés contre le tétanos. »

Mais le sérum antitétanique se heurte à un obstacle d'importance. Il ne guérit pas le tétanos mais le prévient à coup sûr après inoculation du germe. Or, si les signes précurseurs de la diphtérie permettent un traitement précoce, le tétanos survient à l'improviste. Quand les mâchoires commencent à se raidir, il est déjà trop tard. D'où la nécessité d'administrer le sérum à toute personne victime d'une blessure suspecte.

Ce n'est pas une mince affaire. Le poison pouvant s'introduire par l'écorchure la plus anodine, tout agriculteur, tout artisan éclairé devrait se présenter chez son médecin une fois par semaine, et, durant la Grande Guerre, les services de santé seront débordés par l'afflux de « poilus » à juste titre alarmés par des blessures qui auraient fait sourire les soldats de 1870.

La souscription du Figaro

Les vaccinations contre le choléra des poules, le charbon et la rage étaient révolutionnaires, des savants parvenant pour la première fois à fabriquer un vaccin en laboratoire. Mais immenses sur le plan individuel et psychologique, ses incidences sur la démographie étaient faibles, la mortalité rabique et charbonneuse étant chez l'homme insignifiante. La sérothérapie antidiphtérique va permettre, au contraire, de faire régresser la mortalité infantile dans des proportions significatives, comme la vaccine antivariolique.

En France, l'enthousiasme à son comble suscite un surprenant élan de solidarité.

En 1894, le sérum antidiphtérique est au point. Après de multiples tâtonnements, Behring s'est aperçu que l'action du trichlorure d'iode était secondaire. Il préfère injecter de très petites doses de toxine pure, à des intervalles suffisants pour maintenir les animaux en bonne santé. En France, Roux et Vaillard l'additionnent d'iode. Mais comment les cobayes ou les cochons d'Inde pourraient-ils fournir des quantités massives de sérum ? Le choix d'un grand animal s'avère donc nécessaire.

Les chiens donnent un sérum très actif mais la sensibilité collective s'oppose à leur exploitation thérapeutique. Les moutons et les chèvres réagissent au poison diphtérique mais tombent en cachexie après l'injection. La vache est d'autant plus intéressante que son lait fournit des antitoxines récupérables, mais la toxine la plonge, elle aussi, dans un état comateux.

De tous les animaux, c'est le cheval qui convient le mieux. Son sérum est inoffensif pour l'homme et sa jugulaire est une source intarissable de sang. Roux et Vaillard parlent même de chevaux dont la jugulaire, sollicitée plus d'une vingtaine de fois, est restée aussi souple et perméable qu'au premier jour[1].

En septembre 1894, Émile Roux communique au congrès de Budapest les premiers résultats des injections de sérum de cheval. Elles ont commencé le 1er février 1894 aux Enfants-Malades. Tous les patients ont été traités, quel que soit leur état. Durant les quatre années précédentes, la mortalité diphtérique était, dans cet hôpital, de 52 %. Du 1er février au 24 juillet, la sérothérapie l'a faite tomber à 24, 5 % alors qu'elle se maintenait à 60 % à l'hôpital

1. E. Roux et L. Martin, « Contribution à l'étude de la diphtérie », *Annales de l'Institut Pasteur*, septembre 1894, p. 609 *sq.*

Trousseau[1]. Encore Roux reste-t-il modeste en intégrant dans ses statistiques le cas d'enfants arrivés à l'hôpital dans un état désespéré.

La communication a un retentissement considérable. Des médecins et des vétérinaires viennent à Paris pour s'initier à la nouvelle technique avant de repartir munis de sérum. Mais celui-ci doit être délivré avec parcimonie, l'École d'Alfort ne fournissant à Roux qu'un nombre limité de chevaux. C'est alors que le Dr Calmette intéresse à l'affaire son frère Gaston, directeur du *Figaro*, qui ouvre aussitôt une souscription dans son journal.

Le premier appel à la générosité est publié le 20 septembre 1894 : « C'est à peine si M. Roux peut donner un assez grand nombre de tubes de sérum aux deux hôpitaux des Enfants-Malades et de Sainte-Eugénie. Et de tous les côtés, les familles de médecins, les enfants attendent en vain [...]. Si l'Institut Pasteur réunit une trentaine de mille francs, ce sont tous les enfants de Paris et non pas seulement ceux de deux hôpitaux parisiens, qui pourront être soignés, nous pourrions dire sauvés par la méthode de M. Roux. »

Cet objectif est pulvérisé en moins d'une semaine. Dès le premier jour, le journal reçoit 6 000 francs. Trois jours plus tard, les sommes recueillies s'élèvent à 33 306 francs. Le 31 septembre, elles atteignent 110 000 francs et 430 000 le 7 novembre. Au total, plus d'un million seront réunis.

De prestigieux donateurs versent des fortunes : « M. Raphaël Bischoffsheim, membre de l'Institut, député : 1 000 francs (50 000 à 60 000 de nos francs environ) » ; M. Gustave Damazure, 2 000 francs ; le Pr Dieulafoy, 500 ; le président Casimir-Périer, 5 000 ; le baron Edmond de Rothschild, 20 000. Des directeurs de firmes prestigieuses s'associent au mouvement : les Grands Magasins du Louvre, 1 000 francs ; les Lebaudy, 1 000 ; les Grands Magasins du Printemps, 500. Des corps de métiers participent à l'élan. La Chambre des notaires de Paris et la Compagnie des avoués à la cour d'appel de Paris adressent 2 000 francs chacune ; la Société des gens de lettres recueille 500 francs ; un « groupe d'employés de la Compagnie d'assurance générale », 40.

Plus émouvantes sont les humbles oboles. Quelques sous sont envoyés par « Mlle Kiki, âgée de vingt-cinq mois ». On peut lire, à côté d'une somme de un, de deux ou de trois francs : « Sur ses économies », « une grand-mère pour sa petite Marie-Louise », « une arrière-grand-mère pour Albert et Jane ». La « nourrice de Jean » envoie un franc, les « employés du clou » deux francs. « Poulette » verse deux francs plusieurs jours de suite. Ailleurs, les donateurs se font connaître sous l'expression : « Tirelire de notre fils tant regretté : 28,50 », « pour l'anniversaire de naissance de Marguerite Mesné, 2 »...

1. Roux, Martin et Chaillou, « Trois cents cas de diphtérie traités par le venin antidiphtérique », *Annales de l'Institut Pasteur*, septembre 1894, p. 640-661 ; E. Roux, « Sur les sérums antitoxiques. Communication faite au Congrès de Budapest », *Annales de l'Institut Pasteur*, octobre 1894, p. 722-727 ; *Comptes rendus et mémoires du Congrès de Budapest*, Paris, 1895, t. 2, p. 191 *sq.*

Des conseils municipaux votent des crédits. Celui de la ville de Paris s'élève à 50 000 francs, celui de Marseille à 10 000, de Draguignan et de Pau à 500, de Honfleur à 100.

Des journaux de province ouvrent à leur tour une souscription et en adressent le produit au *Figaro*. L'édition du 19 octobre signale, à propos de la collecte du *Petit Niçois* : « Il y a, nous écrit-on, des communes de la montagne où les gens se sont littéralement privés de pain pour souscrire et, si l'on savait par exemple ce que représente 20 francs souscris à Vernanson, on serait touché d'un pareil élan. »

Ce sont souvent les premiers miraculés qui, d'un cœur léger, versent d'importantes contributions. Mme Lazare Weiller, dont « le petit jumeau » est le premier enfant de France à avoir été traité par la sérothérapie antidiphtérique, donne 500 francs. Un jeune lieutenant d'infanterie envoie 100 francs. Il se trouvait à Budapest lorsqu'il contracta la diphtérie et fut sauvé *in extremis* grâce à la présence de Roux au congrès de septembre 1894. *Le Figaro* du 9 octobre cite des témoignages émus : « M. Ephrussi ayant assisté à une guérison de la diphtérie à Melun adresse la somme de 5 000 francs et exprime le désir que le sérum puisse être réservé à messieurs les médecins de la commune de Vaux-le-Pénil et du département de Seine-et-Marne. » Son vœu est exaucé. En cas de besoin, tous les souscripteurs recevront d'ailleurs une dose de sérum sur simple appel télégraphique.

Pasteur admiratif adresse ses remerciements au *Figaro* dès le 5 octobre : « Vous avez proclamé l'immense service rendu par mon cher collaborateur M. Roux. Vous avez demandé aux mères de contribuer à la diffusion d'une méthode qui arrachera à la mort des milliers d'enfants. Non seulement votre appel a été entendu, mais par une idée infiniment touchante, ce sont surtout les enfants qui ont été mis en tête des souscripteurs. Ils entrent dans la vie en faisant le bien. Des parents en deuil ont invoqué le souvenir d'enfants qu'ils ont perdu pour sauver d'autres existences. De toutes parts on s'est associé aux sentiments pleins de solidarité, et pour tout dire d'un mot de bonté, que vous avez provoqués dans la presse et le public. Je vous remercie. »

L'Institut Pasteur a calculé que 140 chevaux seraient nécessaires aux 36 000 enfants qui, chaque année, sont victimes en France de la diphtérie. Certains souscripteurs offrent donc un cheval. *Le Figaro* du 29 octobre signale : « Un anonyme a envoyé vendredi un très joli poney à l'Institut Pasteur. M. Gaston Dreyfus, le sportman bien connu, nous offre, pour le service, un cheval pur-sang, Salifou, qui a paru avec succès dans plusieurs hippodromes. C'est la première fois, croyons-nous, qu'un pur-sang entre dans les écuries de l'Institut Pasteur. »

Un loueur de voitures de la rue Saint-Lazare fait don de l'un de ses chevaux. Un petit enfant de dix ans offre sa pouliche anglo-arabe, Armide, victime d'un accident de dressage. « Nous serions heureux, écrit-il, de savoir que notre petite Armide a été acceptée pour soulager nos petits compatriotes, d'abord, et les autres ensuite. Nous voudrions bien aussi que, lorsqu'elle aura fini de rendre des services, l'Institut ne la vende ni de la donne, mais la fasse disparaître. » C'est Calmette en personne qui rassure l'enfant : « Notre jeune souscripteur n'a donc qu'à envoyer Armide, 25, rue Dutot ; elle sera la bienvenue. Elle y sera, d'ailleurs, fort heureuse, car, à part les trois ou quatre premiers jours pendant lesquels la fièvre se manifeste, elle ne souffrira pas du tout. »

Un entrepreneur propose d'installer gratuitement les écuries nécessaires et un ancien officier met ses écuries, situées non loin du mont Valérien, à la disposition de Roux durant un an. Les chevaux seront toutefois traités à Villeneuve-l'Étang, près du service de la rage.

Mais c'est Sarah Bernhardt qui participe au mouvement de la façon la plus prestigieuse. Pour la première de *Gismonda*, de Victorien Sardou, elle a décidé de mettre aux enchères une centaine de places au profit de l'Institut Pasteur. Une avant-scène sera vendue 500 francs (30 000 de nos francs) à Mlle Laus, de l'Opéra. Des fauteuils d'orchestre trouveront acquéreur à 250 francs et des strapontins à 100 francs.

L'argent ainsi recueilli fait des miracles. Un journaliste du *Jour*, qui s'est rendu à l'hôpital Trousseau, raconte : « En cours de traitement, les enfants reprennent rapidement la gaieté. Ils demandent à manger et jouent dans leur lit. Le soulagement est tel qu'ils se soumettent au sérum sans appréhension. Ils reçoivent, comme ils disent, leur "sirop de cheval" le plus facilement du monde. »

Mais, dans l'immédiat, la situation reste épineuse. La fabrication massive de sérum n'a pas encore porté ses fruits et la pénurie est d'autant plus cruelle que certains parents, au chevet de leur enfant à l'agonie, ont l'amer sentiment le frôler le miracle. « De tous côtés, signale *Le Figaro* du 19 octobre, arrivent au laboratoire des demandes de sérum : des mères éplorées viennent réclamer, en suppliantes, le vaccin qui guérira leur enfant mourant, et le personnel du laboratoire que dirige M. Roux fait des efforts inouïs pour distraire, en faveur de ces cas urgents, quelques-uns des tubes que l'on doit jusqu'à présent réserver aux hôpitaux. »

Une course contre la mort s'engage alors, d'autant plus dramatique qu'une épidémie de diphtérie s'abat sur Paris. Vingt-sept enfants sont chaque jour admis dans les deux hôpitaux parisiens qui pratiquent la sérothérapie. Alors les résultats sont fabuleux. À la date du 21 septembre, 116 des 118 diphtériques traités sont arrachés à la mort. Mais il faut deux mois et demi pour immuniser un cheval et l'offre ne sera pas à la hauteur de la demande avant le début de janvier 1895.

On assistera aussitôt à un effondrement spectaculaire de la mortalité diphtérique. À Paris, où le nombre des décès annuels descendait rarement au-dessous de 2000, on n'en dénombre que 327 vers 1896 et 228 en 1910. À cette date, on recense 2 830 décès diphtériques en France (7 pour 100 000), soit un effondrement de plus 80 %. Mais cette mortalité reste plus élevée en Belgique (15 pour 100 000) et, surtout, en Allemagne (25 pour 100 000)[1].

La lutte contre les maladies infectieuses ne se solde pas toujours par une victoire aussi rapide. Certaines d'entre elles, plus coriaces, résistent à toutes les parades. Tel est le cas de la fièvre typhoïde, et surtout de la syphilis.

La fièvre typhoïde

La typhoïde fait autant de victimes que la diphtérie avant la découverte du sérum. Entre 1865 et 1885, sa mortalité évolue à Paris entre 40 et 143 décès pour 100 000 habitants, exception faite du paroxysme de 1871, année de guerre (243 pour 100 000). Sur ces 21 années, elle s'établit en moyenne à 74 décès annuels pour 100 000 habitants. Mais, à partir de 1880, la situation s'aggrave. De 62 décès pour 100 000 Parisiens entre 1875 et 1879, elle passe à 89 pour 100 000 durant les années 1880-1884. En 1886, elle retombe à 61 mais se maintient à 151 pour 100 000 à Reims, à 149 à Marseille et à 122 à Nancy. Bien plus qu'à Alger (42) ou qu'à Londres et Berlin (17).

Chaque année, 20 000 à 30 000 Français sont victimes du fléau. De tous les pays d'Europe, seules l'Espagne et l'Italie présentent des bilans plus funestes. En Hollande, en Allemagne, dans les pays scandinaves et surtout en Angleterre, la virulence du mal est deux à trois fois moindre, peut-être pour des raisons climatiques[2].

En 1883, 3 352 typhiques décèdent à Paris. Les sursauts épidémiques peuvent être redoutables. Durant le seul mois d'octobre 1882, la typhoïde tue 881 Parisiens[3]. Dans l'ensemble, elle moissonne chaque année 40 Français sur 100 000. En 1890, le nombre total des décès s'élève, pour l'ensemble du territoire, à 23 000, et 80 % des victimes ont moins de trente ans[4]. C'est le quatrième facteur de mortalité après les maladies pulmonaires, les maladies infantiles et les affections cardiaques[5].

Le bacille typhique est découvert par Eberth en 1880, et cultivé par Gaffky l'année suivante. Mais son mode d'action reste mystérieux. L'origine hydrique est incertaine et l'on incrimine l'action des miasmes telluriques. En

1. Dr L. Nirman, « La dernière statistique sanitaire de la France », *Revue d'hygiène*, 1912, p. 1011-1012.
2. Dr Jacques Bertillon, « État sanitaire des principales villes d'Europe », *Revue d'hygiène*, 1886, p. 830-832.
3. L. Pileur, « Note sur quatre cas de fièvre typhoïde », *Annales d'hygiène publique*, 1884, p. 453.
4. Pr Brouardel, « Les maladies évitables », *Annales d'hygiène publique*, 1890, t. 1., p. 18.
5. Pr Lannelongue et Dr A.-J. Martin, « La mortalité des adultes », *Revue d'hygiène*, 1910, p. 997 *sq*.

1882, certains soutiendront encore que les travaux de terrassement du Champs-de-Mars sont à l'origine de l'épidémie qui ravage l'École militaire[1].

Il faut reconnaître que le bacille d'Eberth ne facilite pas les choses. L'ensemencement des matières fécales de typhiques n'en donne que de rares colonies, et parfois même aucune. En revanche, on y observe le pullulement d'un germe de morphologie semblable, le colibacille ou *bacterium coli* d'Escherich. En cas d'épidémie d'origine hydrique, il échappe souvent à l'observation, l'examen bactériologique arrivant presque toujours trop tard, lorsqu'il a déjà disparu des eaux polluées. Enfin, après l'avoir isolé et cultivé, Gaffky n'a pas réussi à le transmettre au cobaye. Quel est donc le mystère qui entoure ce microbe ? C'est un pasteurien, Fernand Widal, qui va le percer.

Widal n'est pas un inconnu des milieux scientifiques[2]. En 1889, c'est lui qui inaugure la chaire de bactériologie à la faculté de médecine. Dans une thèse brillante qu'il vient de soutenir, il a démontré l'identité du streptocoque de la fièvre puerpérale et de l'érysipèle. Conséquence pratique : il est aussi dangereux de laisser une accouchée au contact d'une fièvre puerpérale qu'au contact d'un érysipèle, voire d'une angine ou d'une broncho-pneumonie.

En 1892, il s'attaque à la fièvre typhoïde et réussit à la transmettre au cobaye après avoir exalté la virulence du bacille d'Eberth au contact de streptocoques. Après vingt-cinq transmissions, il obtient une culture dont un seul centimètre cube peut tuer un animal en quinze heures. Tel est le point de départ de deux découvertes fondamentales : le sérodiagnostic et la vaccination antityphique.

Le 26 juin 1896, Widal annonce aux membres de la Société médicale des Hôpitaux de Paris qu'on peut désormais diagnostiquer la fièvre typhoïde grâce à sa méthode du « sérodiagnostic ». Comment est-il parvenu à ce résultat ?

Dès 1889, Charrin et Roger avaient observé la « bactériolise » ou agglutination de certains bacilles au contact d'un sérum d'animaux immunisés contre ces mêmes bacilles. Or, entre 1889 et 1892, Widal et Chantemesse découvrent qu'il est possible d'immuniser les cobayes contre le bacille d'Eberth en leur injectant du sérum sanguin provenant d'animaux guéris ou même typhiques. Pourquoi ce même sérum ne posséderait-il pas un pouvoir agglutinant spécifique de l'infection ? En se fondant sur le test d'agglutination inventé par Wright et Smith pour le diagnostic de la fièvre de Malte, Widal mélange une goutte de sérum typhique à dix gouttes de culture de bacilles d'Eberth et découvre au microscope un ensemble de conglomérats microbiens. Dans un plus grand volume, on peut même observer à l'œil nu la formation de grumeaux[3].

1. Dr Martellière, *De la fréquence et de la répartition de la fièvre typhoïde dans Paris,* Paris, 1884.

2. A. Lemierre, « Widal », in Noël Bernard, *Les Initiateurs de la pathologie infectieuse, op. cit.*, p. 107 *sq.*

3. F. Widal et Sicard, « Étude sur le sérodiagnostic et sur la réaction agglutinante », *Annales de l'Institut Pasteur,* mai 1897, n° 5.

Aussitôt, le Pr Dieulafoy, dont Widal est l'élève, apporte au sérodiagnostic le poids de son autorité et, à l'âge de trente-quatre ans, le jeune chercheur acquiert une célébrité mondiale. Le principe de l'agglutination est bientôt appliqué à d'autres maladies : sérodiagnostic du choléra (Achard et Bensaude), de la dysenterie bacillaire (Dopter et Ravaut) et, surtout, de la syphilis ou syphiligraphie (réaction de Bordet-Wassermann).

La mise au point d'un hypothétique sérum antityphique soulève à la même époque d'éphémères espoirs. En Allemagne, Stern injecte un mélange de sérum de convalescent et de cultures toxiques de bacilles typhiques stérilisés à des souris blanches qui sortent indemnes de l'épreuve. Malheureusement, les essais sur l'homme ne donnent aucun résultat[1].

Seul espoir : le vaccin antityphique. Dès 1892, Widal et Chantemesse parviennent à immuniser des animaux de laboratoire contre par injection de bacilles d'Eberth stérilisés à plus de 100°. En 1896, l'Anglais Almroth Wright et l'Allemand Pfeiffer mettent au point, chacun de leur côté, un vaccin composé de bacilles d'Eberth inactivés par l'alcool et conservés dans une solution de phénol. Il est essayé la même année sur des soldats britanniques envoyés en Égypte et en Inde, et des soldats allemands appelés à combattre les Hereros d'Afrique australe. Les résultats sont si concluants que la vaccination antityphique est étendue à plusieurs armées.

Grâce à la loi Léon Labbé, l'armée française est vaccinée en 1914 et l'épidémie de typhoïde qui frappe les troupes de réserve non encore immunisées, faisant 11 000 décès pour 66 000 cas, est facilement jugulée. Elle est relayée par une épidémie de fièvres paratyphoïdiques A et B, à son tour enrayée grâce à la mise au point d'un triple vaccin. En 1918, dans des conditions d'hygiène beaucoup plus déplorables, la maladie ne fera que 50 morts pour 615 cas[2].

Mais il est plus difficile d'étendre aux populations civiles le bénéfice de la méthode. L'immunité s'entretient au prix de rappels constants parfois mal tolérés.

La lutte contre le bacille d'Eberth passe aussi par la purification des eaux potables et le traitement des eaux usées. Le problème de la typhoïde ne sera pas totalement résolu avant 1949, date de la mise sur le marché de la typhomycine, mais dès le début du siècle, le vaccin et l'hygiène ont fait régresser le mal. En 1910, il ne tue plus en France que 3 165 personnes (10 décès pour 100 000). En l'espace de vingt ans, la mortalité typhique s'est effondrée de 70 %[3] .

Avec la syphilis, l'épreuve de force semble encore plus difficile.

1. Giuseppe Sanarelli, « Étude sur la fièvre typhoïde expérimentale », *Annales de l'Institut Pasteur*, juin 1894, p. 368-370.

2. « Un siècle de recherches contre la fièvre typhoïde », cité dans *L'Aventure de la vaccination*, *op. cit.*, p. 213-214.

3. Dr Miran, « Dernière statistique sanitaire de la France », *Revue d'hygiène*, 1912, p. 1009.

La syphilis

Importé d'Amérique au début du XVIe siècle, le germe de la syphilis est plus malin que les bacilles de Krebs-Loeffler ou d'Eberth, piégés dès les premières investigations microscopiques. Vers 1900, alors que les microbes de la plupart des maladies infectieuses ont été dépistés, il est le seul à rester dans l'ombre. Pourtant, nombreux sont ceux qui croient l'avoir découvert. En 1879, Klebs le voit dans un bâtonnet qui se déplace lentement. Aufrecht, en 1881, le confond avec un champignon. Viennent ensuite des bactéries animées d'un mouvement giratoire, des bacilles immobiles...

Une fois de plus, ce sont les Allemands qui se distinguent dans ce domaine. En 1906, Schaudin et Hoffmann, de l'Office impérial, observent dans l'humeur d'une lésion syphilitique un spirochète si translucide qu'il faut avoir l'œil acéré pour le distinguer. L'étau se resserre autour du suspect lorsqu'on le retrouve dans les chancres et dans les ganglions syphilitiques. C'est le *tréponème pâle*, ainsi baptisé en raison de sa forme incurve et de sa couleur.

Les savants n'ont pas attendu l'événement pour s'attaquer au mal ni lésiné sur les moyens. Dans son livre *Le Mal de Naples*, Claude Quétel a recensé l'impressionnant arsenal thérapeutique mis en place depuis des siècles[1]. Onctions, fumigations et liqueurs ont été sollicitées, mais toutes se sont effacées derrière le seul traitement doté d'une certaine efficacité : le mercure. Administré par voie orale d'abord, puis sous forme de lavements, de frictions ou de fumigations, il trouve au XVIIe siècle sa forme accomplie dans la liqueur de Van Swieten. L'arsenic, l'antimoine ou le plomb ont aussi leurs partisans, mais ces thérapies présentent toutes des risques d'intoxication.

Dans la seconde moitié du XIXe siècle, le Dr Fournier, grand maître de la question, doit reconnaître qu'il n'existe aucun traitement de la syphilis digne de ce nom. Aussi faut-il se résoudre à pactiser avec le mal au moyen de subterfuges divers, sans chercher à le guérir, comme on pactise aujourd'hui avec le diabète. En 1886, l'Académie de médecine de Paris se contente de mettre en place une stratégie défensive fondée sur le contrôle de la prostitution, la surveillance médicale de l'armée et l'isolement, sans doute platonique, des malades[2].

Avec la bactériologie naissante s'ouvre le champ des espérances. En 1903, Metchnikoff, lauréat du prix Osiris, reçoit un pactole de 30 000 francs qu'il consacre à l'achat de singes de laboratoire. Épaulé par Roux, il parvient à leur inoculer le mal, première étape vers la mise au point d'un vaccin. En mai 1905, tous deux exposent à l'Académie un protocole d'atténuation du tréponème. Douze singes ont été vaccinés puis frictionnés avec une pommade

1. Claude Quétel, *Le Mal de Naples*, Paris, Seghers, 1986.
2. *Ibid.*, p. 166.

au mercure. En dépit des réserves formulées par les deux chercheurs, qui ignorent encore les résultats de l'expérience, le retentissement est immense dans les milieux médicaux et dans la grande presse. Transportés d'enthousiasme, des étudiants et des médecins s'inoculent le tréponème atténué, et l'inoculent sans avertissement à leurs patients. Mais il faut déchanter. Si personne ne contracte le mal, personne n'acquiert l'immunité.

Les espoirs se reportent alors sur la chimiothérapie. Des tropiques semble venir le salut. En 1905, deux savants anglais, Thomas et Breinl, découvrent, à travers un médicament nommé *Atoxyl*, l'efficacité des sels arsenicaux dans le traitement de la maladie du sommeil. Or, le trypanosome de la maladie du sommeil n'est pas sans analogies avec le tréponème pâle. En 1910, Ehrlich, de Francfort, met au point, après 606 expériences, un traitement à base d'arsenic qu'il baptise le « 606 » ou Salvarsan. Après 914 expériences, il fabrique le « 914 » ou Néo-Salvarsan. En 1921, Sazenac et Levaditi découvrent le pouvoir tréponémicide du bismuth[1]. Mais le mal, seulement contenu par le bismuth et l'arsenic, n'est pas encore vaincu. Pour cela, il faudra attendre la diffusion de la pénicilline à partir de 1947.

Si les recherches contre la syphilis piétinent, les victoires contre la diphtérie, le tétanos et la typhoïde redonnent espoir aux savants qui, en dépit de l'échec de la tuberculine, rêvent toujours d'en découdre avec le plus coriace des bacilles : le bacille de Koch.

1. *Ibid.*, p. 178-179.

CHAPITRE XXIII

Le bacille de Koch, ennemi numéro un Calmette et le BCG

À la fin du XIXe siècle, la tuberculose est le plus meurtrier de tous les fléaux. Premier facteur de mortalité, elle est, selon le doyen Brouardel, responsable en France de 150 000 décès annuels sur 700 000. Elle tue près de dix fois plus que la fièvre typhoïde ou la diphtérie et s'attaque aux forces vives des nations, touchant de préférence les jeunes, délaissant les individus malingres[1]. En 1912, le Dr Miran peut écrire : « Sur 100 Français mourant de vingt à vingt-neuf ans, plus de 42 succombent à la tuberculose[2]. »

En 1885, 453 Parisiens sur 100 000 meurent tuberculeux. Ils sont 374 à Marseille, 494 au Havre, 475 à Nuremberg, 677 à Vienne et seulement 205 à Londres. Sur une durée de vingt ans, chaque Parisien a une chance sur dix de mourir phtisique, chaque Viennois une chance sur sept[3].

L'épisode malheureux de la tuberculine n'a pas désarmé les chercheurs. Depuis la découverte du bacille de Koch, en 1882, c'est avec acharnement qu'ils tentent de mettre au point un vaccin ou un sérum antituberculeux. Diverses thérapies sont essayées mais, au terme de recherches gigantesques, force est d'admettre que le bacille de Koch n'est pas un bacille comme les autres.

Le plus coriace des bacilles

La tuberculose ne ressemble pas aux maladies infectieuses maîtrisées par la vaccination ou la sérothérapie. Le bacille de Koch ne pullule pas dans le sang, comme le bacille charbonneux. Il ne se fixe pas en un point de l'organisme

1. Dr Appert, *Sérums et vaccins,* Paris, 1925, p. 185.
2. « Dernière statistique sanitaire de la France », *Revue d'hygiène,* 1912, p. 1017.
3. Jacques Bertillon, « État sanitaire des principales villes d'Europe », *Revue d'hygiène*, 1886, p. 841-842.

d'où il sécrète des toxines, comme le bacille de la diphtérie ou du tétanos. Il couve en lieu clos. Niché le plus souvent dans les poumons, il déclenche la mobilisation des phagocytes qui l'assiègent, l'emmurent, forment un nodule, une prison où il végète. Alors commence une guerre longue et sournoise. Le bacille de Koch tue les leucocytes, mais d'autres les remplacent à la périphérie du tubercule qui grossit et finit par former une caverne creuse. Comme l'écrit le Dr Burnet en 1907, « le tubercule est un petit monde pathologique, fermé au monde normal qui l'environne. C'est pourquoi l'organisme résiste ; la maladie est une maladie chronique[1]. »

Les deux mondes se hérissent de barrières. Les phagocytes, qui montent la garde, empêchent les microbes de migrer. Mais le bacille de Koch est imprégné d'une substance grasse, cireuse, qui le protège de ses ennemis. S'il ne peut tuer de façon foudroyante, comme d'autres bacilles, il semble lui-même inexpugnable dans sa forteresse assiégée. Ainsi le malade fait-il plus ou moins bon ménage avec lui. Durant de longues années, il ne meurt ni ne guérit. Tuberculeux depuis sa jeunesse, le Dr Émile Roux décède en 1934, à l'âge de quatre-vingts ans, mais tous n'ont pas cette chance. Lorsque le phtisique succombe enfin, c'est de guerre lasse, miné par ce combat d'usure entre phagocytes et bacilles.

Pendant longtemps, on a cru que la tuberculose s'attaquait de préférence aux poumons, l'homme inhalant les bacilles. Alléguant la rareté des tuberculoses intestinales, Koch niait l'invasion par les voies digestives. Tel était le dogme au nom duquel on avait déclaré la guerre aux crachats et aux poussières.

À partir de 1902, Behring soutient la thèse révolutionnaire selon laquelle le système digestif est la voie royale du bacille tuberculeux qui accède aux poumons par le système lymphatique. Il montre que, chez le cobaye, on peut provoquer une tuberculose pulmonaire en interdisant l'accès des voies respiratoires au bacille de Koch. En France, Calmette et Vallée font ingérer des aliments imprégnés de bacilles à des bovins qui développent des lésions tuberculeuses après un seul repas.

C'est surtout chez les enfants que les microbes pénètrent par les intestins encore perméables, ne laissant aucune trace de leur passage. Après avoir séjourné un certain temps dans les ganglions abdominaux, ils sont résorbés, dans le meilleur des cas, ou gagnent les poumons, provoquant une tuberculose grave. Selon Behring, la tuberculose pulmonaire de l'adulte aurait donc pour origine une tuberculose intestinale du nourrisson[2].

La phase de latence dans les ganglions est dite « infection occulte ». L'individu, qui présente les apparences de la bonne santé, est un « porteur sain ».

1. *La Lutte contre les microbes,* Paris, 1907, p. 71.

2. Behring, *Tuberculosebekämpung,* conférence au Congrès de Cassel, *Deutsche Medizinische Wochenschrift.,* 24 septembre 1903.

Il peut, comme le démontrent Calmette et Guérin, éliminer des bacilles par l'intestin ou la glande mammaire. Voilà donc la suspicion jetée sur le lait et les légumes provenant des champs et des jardins d'épandage. Mais les règles de prophylaxie énoncées jusque-là ne changent pas. Les poussières bacillifères restent dangereuses, non pas pour être inhalées, comme on le croyait, mais pour être avalées.

Ces observations, qui portent le germe de la solution, n'inspirent dans l'immédiat aucune nouveauté thérapeutique. Tous les moyens employés par la bactériologie naissante s'avèrent inefficaces. Le bacille de Koch ne secrète aucune toxine génératrice d'antitoxine et sa carapace de cire le protège des phagocytes. Nombreux sont pourtant les vaccins et les sérums illusoires qui voient le jour.

L'impossible vaccin

Dès 1888, c'est-à-dire deux ans avant la découverte du sérum antidiphtérique, Richet et Héricourt injectent à des tuberculeux du sérum d'animaux réputés réfractaires au bacille de Koch comme l'âne ou le chien. Ils poursuivent leurs essais en les mêlant de bacilles de tuberculose aviaire inoffensifs chez les mammifères, mais les résultats sont décevants.

Deux sérums connaissent, entre autres, une heure de gloire éphémère. Ceux de Maragliano et du pasteurien Marmorek. La lecture des communications de Maragliano ne laisse planer aucun doute sur l'efficacité de son sérum, mais il ne résiste pas à l'épreuve des faits.

Quant à Marmorek, il aurait découvert la véritable toxine tuberculeuse, qui ne serait pas la tuberculine, et fabriqué un sérum qui aurait prouvé son efficacité sur l'homme. Mais les expériences sur cobayes réalisées par d'autres savants restent négatives ou se révèlent dangereuses.

Après l'échec de la tuberculine, Koch met au point une nouvelle panacée. Croyant que les bacilles broyés sont plus facilement résorbés que les bacilles de la tuberculine, il les écrase dans un mortier d'agate et obtient une poussière bacillifère appelée « Tuberculine TR », d'une inefficacité totale[1].

Les chercheurs se tournent alors vers la vaccinothérapie. Mais l'infernale carapace cireuse déjoue toutes les ruses. On atténue la virulence d'un germe en le laissant vieillir ou en l'exposant à l'action d'un agent chimique ou physique. Or, le bacille de Koch se moque d'un vieillissement de quelques mois, ce qui ne décourage pas les chercheurs.

En Allemagne, Robert Koch et Shutz préparent un mélange de bacilles humains et bovins affaiblis par repiquages successifs en bouillon glycériné. Ce vaccin est baptisé sous le nom de Tauruman. L'atténuation est également

1. Dr Garbis Tabakian, *État actuel de la sérothérapie antituberculeuse,* Poitiers, 1909.

recherchée par transplantation du bacille de Koch dans l'organisme d'animaux à sang froid : tortues, crocodiles, orvets, carpes, salamandres. En Espagne, Ferran, de Barcelone, identifie la « bactérie alpha », microbe intestinal apparenté au bacille de Koch dont il tire un vaccin. Au Japon, Shiga et son équipe cultivent des bacilles virulents dans un bouillon contenant de la trypoflavine, du rouge neutre, une saponène[1]... Behring suppose que le lait des vaches immunisées contient des substances protectrices. En l'additionnant de quelques gouttes de formol, il croit le rendre bactéricide sans en altérer la valeur nutritive. Expérimenté à Marburg, le lait formolé ne donne aucun résultat.

Les recherches les plus approfondies sont l'œuvre du Pr Rappin, directeur de l'Institut Pasteur de Nantes, qui, au terme d'un travail de trente ans (1894-1924), aurait, avec une évidente bonne foi, mis au point un séro-vaccin à la fois préventif et curatif qui aurait fait merveille sur l'homme. C'est après avoir épuisé toutes les méthodes traditionnelles, allant jusqu'à tenter d'atténuer le bacille de Koch au contact de germes saprophytes, que lui vient l'illumination.

Il broie et émulsionne ses bacilles pour les débarrasser de leur carapace « ciro-graisseuse », puis les dépouille de leur virulence au moyen de fluorure de sodium. Le traitement comprend huit injections de concentration croissante, la dernière étant suffisante pour communiquer la tuberculose à un sujet non immunisé. Des enfants, des adultes et des tuberculeux sont soumis au séro-vaccin de Rappin avec succès, des praticiens le réclament. L'innocuité et l'immunité sont totales et, chez les tuberculeux, les lésions régressent[2]. Mais au moment où il commence à se répandre, il est éclipsé en 1923 par le BCG de Calmette et Guérin.

Chacune de ces découvertes soulève de folles illusions, comme en témoigne l'anecdote à la fois étrange et cruelle rapportée par le Dr Appert. À l'ancien hôpital Andral, le Pr Albert Mathieu soignait une soixantaine de tuberculeux à l'agonie. Les poumons gorgés de pus et criblés de cavernes, ils refusaient de s'alimenter et passaient leur temps à cracher et à tousser. Un jour, Mathieu leur annonce qu'il doit recevoir d'Amérique un sérum miraculeux. Après une attente fébrile, celui-ci arrive enfin. Les malades le réclament et, tous les jours, ils en reçoivent à volonté. À la consternation succède l'euphorie.

« Et voilà, écrit Appert, que la malheureuse salle désolée s'anime, reprend de la gaieté ; la joie, et aussi l'air de santé reparaît sur les visages ; les températures du soir s'abaissent ; les tuberculeux reprennent du poids. Malades et

1. Albert Calmette, *L'Infection bacillaire et la tuberculose*, Paris, Masson, 1928, 3e édition, p. 739 *sq*.

2. Dr Rappin, *La Vaccination de la tuberculose. Trente années de recherches expérimentales (1994-1924)*, Paris, 1924.

élèves crient au miracle et ceux-ci demandent à Mathieu le secret du produit. Il leur répond qu'il s'agit d'ampoules d'eau salée à 8 %, d'un vulgaire sérum artificiel, et qu'il a voulu d'une part donner aux malades une période d'amélioration, même passagère, d'autre part montrer aux élèves l'importance du facteur moral avant de juger de l'efficacité immédiate d'une médication antituberculeuse[1]. » La leçon est cruelle. Après avoir retrouvé quelques étincelles de vie, réaction psychologique bien connue sous le nom d'« effet placebo », les tuberculeux retombent en cachexie.

En désespoir de cause, certains savants songent à la jennérisation. À défaut de vaccin expérimental, n'est-il pas réconfortant de penser qu'il existe peut-être une panacée naturelle ?

Le bovovaccin de Behring

À la fin du XVIIIe siècle, Jenner découvrait les vertus prophylactiques du virus de la variole des vaches, ou cow-pox. Pourquoi donc n'existerait-il pas dans la nature un bacille présentant les mêmes affinités que le bacille de Koch sans en avoir la virulence ?

Le champ d'investigation est immense. Les mammifères, les oiseaux, les reptiles, les batraciens et certaines plantes ont leur tuberculose. Mais que de vaines tentatives ! Mac Fadyean tente de vacciner au moyen de bacilles aviaires, Friedmann de bacilles d'animaux à sang froid (orvet, tortue)[2]. Grancher et Héricourt inoculent un lapin contre la tuberculose aviaire avec un bacille humain. Richet et Héricourt immunisent un chien contre la tuberculose humaine avec un bacille aviaire. En 1904, Friedmann serait même parvenu à provoquer une réaction immunitaire chez les bovidés avec un bacille recueilli sur une tortue du jardin zoologique de Berlin. Le Pr Möller se vaccine avec un bacille d'orvet et, pour éprouver son immunité, s'inocule ensuite la tuberculose humaine à laquelle il reste réfractaire[3].

Le grand jour intervient pourtant le 12 décembre 1901, à Stockholm, lorsque Behring annonce, dans sa *Lecture pour le prix Nobel*, qu'il vaccine des bœufs contre la tuberculose en leur inoculant le bacille humain auxquels ils sont réfractaires. Tombée de la bouche du père de la sérothérapie antidiphtérique, la révélation ébranle l'opinion.

Peu après, au Congrès de Londres, Koch, que l'audience de son ancien assistant révulse, fait éclater une nouvelle bombe. Il confirme que les bovidés sont bien réfractaires à la tuberculose humaine, comme le prétend Behring, et ajoute que les humains sont de même réfractaires à la tuberculose bovine.

1. Appert, *Sérums et vaccins, op. cit.*, p. 195.
2. *Ibid.*
3. Burnet, *La Lutte contre les microbes, op. cit.*, p. 84.

Selon lui, il est donc inutile d'organiser à si grands frais l'inspection sanitaire des animaux et des viandes. Mais l'affirmation heurte trop violemment les conceptions étiologiques et prophylactiques pour ne pas soulever une tempête d'objections. Lord Lister, président de séance, proteste; le Pr Bang, de Copenhague, cite le cas de vétérinaires contaminés pendant l'autopsie d'animaux tuberculeux.

En revanche, l'expérience semble donner raison à Behring en ce qui concerne la vaccination des bovidés. Des bacilles humains sont injectés avec succès à des veaux et à des vaches. C'est seulement dans un petit nombre de cas qu'ils contractent une tuberculose provenant de bacilles bovins ingérés par l'homme avec le lait ou le beurre. Mais la commission anglaise chargée de vérifier les affirmations de Koch sur l'innocuité du bacille bovin inoculé à l'homme conclut par la négative. Sur les soixante tuberculeux qu'elle a étudiés, le mal était d'origine bovine dans quatorze cas[1].

Aussitôt, Behring met au point un vaccin vétérinaire, le « bovovaccin », poudre composée de bacilles humains desséchés mais vivants et virulents. Des expériences répétées montrent qu'ils sont inoffensifs chez les vaches. Deux inoculations, pratiquées à douze semaines d'intervalle, suffisent à conférer l'immunité[2].

Le procédé est adopté dans le monde entier avec le même succès et, en 1906, Vallée et Rossignol reprennent l'expérience à Melun. Il en résulte que « les veaux vaccinés résistent à l'infection naturelle et à l'infection expérimentale. Logés dans des étables où des congénères tuberculeux répandent des bacilles qui contaminent les non-vaccinés, ils restent réfractaires à l'infection et à l'inoculation de cultures pathogènes d'origine bovine; ils atteindront indemnes l'âge de l'abattoir, sans danger pour l'homme. » Vers 1906, on peut donc croire le problème de la tuberculose bovine résolu, mais on se garde bien de livrer les animaux vaccinés à la consommation.

Dans le même temps, une question brûle toutes les lèvres : si le bacille humain vaccine les bovidés, pourquoi le bacille bovin ne vaccinerait-il pas les humains? Le précédent de Jenner tourbillonne dans les esprits et, s'il n'est pas encore question d'inoculer les enfants, deux médecins n'en font pas moins le sacrifice de leur personne.

Après la communication de Koch au congrès de Londres, le Dr Garnault s'inocule la tuberculose bovine, mais dans l'espoir de prouver qu'elle est dangereuse pour l'homme. S'il développe quelques lésions locales, qu'il s'empresse de faire extirper, rien ne permet pourtant d'affirmer qu'elles auraient dégénéré en tuberculose.

En 1906, un savant allemand, le Dr Klemperer, tente sur lui-même une semblable expérience dans le but de prouver, cette fois, que le bacille bovin est

1. *Ibid.*, p. 86; Émile Lagrange, *Koch, sa vie, son œuvre, op. cit.*, p. 37 *sq.*
2. Burnet, *La Lutte contre les microbes, op. cit.*, p. 85 *sq.*

inoffensif chez l'homme. Une lésion tuberculeuse se forme au point d'inoculation qui, six mois plus tard, n'a pas dégénéré. Le miracle de la jennérisation antituberculeuse serait-il sur le point de se réaliser ?

Malheureusement, plusieurs singes anthropomorphes traités au bacille bovin succombent de tuberculose pulmonaire, sonnant le glas des illusions. À l'usage, le bovovaccin de Behring provoque lui-même de grandes déceptions, les animaux que l'on croyait vaccinés finissant par mourir tuberculeux après une période de latence qui a pu faire illusion. Bacilles humains et bovins sont donc mixtes et l'exploit de Jenner ne sera pas réédité.

La mise au point du vaccin antituberculeux sera le fruit d'un travail de longue haleine auquel le pasteurien Albert Calmette commence à s'atteler vers 1905.

Calmette et la découverte du BCG

Lorsque Calmette se lance dans l'étude de la tuberculose, il a un long passé de chercheur derrière lui. Après avoir percé le secret du rouge de morue, alors qu'il était médecin à Saint-Pierre-et-Miquelon, il attire l'attention d'Émile Roux et de Pasteur qui lui confient la fondation de l'Institut Pasteur de Saigon. C'est là qu'il met au point un sérum contre le venin de cobra. Lorsque, le 14 novembre 1894, le Conseil d'hygiène de Lille décide de créer une annexe de l'Institut Pasteur de Paris, c'est à lui que Roux en confie la direction qu'il occupera jusqu'en 1919. Dans cette région déshéritée du Nord, il déploie une activité inlassable en faveur de l'hygiène, mais c'est surtout la tuberculose qui éveille son attention[1].

Dans la ville de Lille, qui compte 220 000 habitants, il y a environ 6 000 tuberculeux indigents à la charge du bureau de bienfaisance. Ces malades, qui souffrent et sèment le mal, réclament des solutions d'urgence. Dès 1901, Calmette crée, sous le nom de « Préventorium Émile-Roux », le premier de ces dispensaires antituberculeux promis à un bel avenir, en France et à l'étranger, sous le nom de « Dispensaire du type Calmette ». Les enquêtes, l'éducation hygiénique des ouvriers et la surveillance sanitaire des familles de tuberculeux sont confiées à des ouvriers éclairés appelés « moniteurs d'hygiène ». Plus tard, ils seront remplacés par des « infirmières visiteuses d'hygiène » dont l'action sera considérable entre les deux guerres.

Dans un tel contexte, Calmette se sent attiré par le problème des thérapies antituberculeuses. Si le traitement social de la maladie peut être appli-

1. A. Calmette, *La Vaccination préventive contre la tuberculose par le BCG,* Paris, Masson, 1928 ; *Document pour servir à l'étude de la vaccination préventive de la tuberculose par le BCG,* Paris, Masson, 1931 ; Noël Bernard, *La Vie et l'œuvre d'Albert Calmette, op. cit.,* p. 196 *sq.* ; *Les Initiateurs de la pathologie infectieuse,* Paris, 1942, p. 150 *sq.* ; Émile Lagrange, *Monsieur Roux, op. cit.,* p. 223-227.

qué dans l'immédiat, il sait que la mise au point d'un vaccin demandera de longues années. Ses recherches partent d'un fait précis.

En 1891, Koch avait fait une curieuse observation, connue depuis sous le nom de « phénomène de Koch », et dont l'importance avait jusque-là échappé aux savants. Lorsqu'on inocule une culture pure de bacilles tuberculeux à un cobaye sain, on observe, au bout d'une dizaine de jours, la formation d'un nodule qui se transforme en ulcère persistant mortel. Mais chez les animaux déjà infectés ne se forme, au point d'insertion, qu'un ulcère insignifiant qui se nécrose au bout de quelques jours.

Il faut attendre les expériences ultérieures de Calmette, Guérin et Vallée (professeur à Maisons-Alfort) pour comprendre l'importance du phénomène de Koch. Dans leurs expériences sur les bovidés, tous trois constatent que les sujets atteints d'infections bacillaires occultes résistent à de nouvelles infections. Mais lorsque ces infections s'ajoutent les unes aux autres, elles provoquent une intolérance croissante au bacille tuberculeux se traduisant par le phénomène de Koch.

Calmette et Guérin font alors une découverte capitale. Les veaux soumis à une seule infection, même massive, puis maintenus quelque temps à l'abri de toute nouvelle infection, ne développent que des lésions bénignes, qui finissent par guérir, et deviennent très résistants à la contagion et à l'inoculation de cultures pathogènes. Telles sont les conséquences de la « primo-infection », sorte de vaccination naturelle que la « cuti-réaction », ou test de la tuberculine, mettra en évidence chez l'homme à partir de 1907. À l'inverse, les bovidés infectés une première fois et réinfectés peu après par voie digestive contractent tous une tuberculose pulmonaire.

Conclusion fondamentale : pour mettre l'individu à l'abri d'une tuberculose évolutive grave, il faut provoquer chez le nouveau-né une « primo-infection » intestinale et le mettre, pendant un certain temps, à l'abri de toute réinfection. Mais il ne saurait être question de traiter les nouveau-nés comme des veaux, en leur injectant une dose massive de bacilles virulents.

Sur ces entrefaites, Calmette et Guérin font une nouvelle découverte. Sur une pomme de terre imprégnée de bile de bœuf glycérinée à 5 %, le bacille de Koch se développe en se modifiant. Après 30 repiquages effectués tous les 25 jours, il a perdu une grande partie de sa virulence. Au bout de treize années et de 230 repiquages, il est devenu parfaitement inoffensif, même injecté à fortes doses à des lapins ou à des cobayes, mais n'en reste pas moins sensible à la cuti-réaction. Le bacille ainsi obtenu est appelé BCG (bacille cilié Calmette Guérin).

Les recherches poursuivies à Lille entre 1912 et 1919 sur les bovidés démontrent l'innocuité et l'efficacité du vaccin. Il convient désormais de l'expérimenter sur le terrain, dans le cadre d'une exploitation agricole. L'expérience sera longue mais c'est un véritable défi que lancent Calmette et Guérin : dans un élevage tuberculeux, est-il possible, sans rien changer aux méthodes usuelles d'élevage, de vaincre le mal en vaccinant les veaux dans les quinze premiers jours de leur vie ? Cent dix veaux de deux exploitations de Seine-Maritime sont mis à l'épreuve et isolés pendant un mois. En 1919, Guérin et ses collaborateurs peuvent publier un bulletin de victoire. Cinquante-huit bovidés ont été traités au BCG dans l'étable de Gruville. La plupart étaient nés de mère tuberculeuse et avaient été nourris à la mamelle. Toutes mesures d'isolement et de désinfection avaient été suspendues. Et pourtant, tous avaient atteint en bonne santé le « terme de leur carrière économique », c'est-à-dire l'abattoir[1].

Après avoir fait l'essai du vaccin sur les bovidés, Calmette et Guérin ont à cœur de l'expérimenter sur les singes avant de passer aux humains. En 1920, l'Institut Pasteur de Kindia, en Guinée française (AOF), vient d'entrer en service. Les essais sont confiés à Wilbert, son directeur. Quinze chimpanzés et cinquante-six singes sont vaccinés et mis à l'épreuve de la contagion dite « familiale » par cohabitation avec des singes infectés et un groupe de singes témoins sains. L'inoculation et l'ingestion de doses pouvant aller jusqu'à 100 milligrammes de vaccin s'avèrent inoffensives et l'immunité acquise totale[2].

Alors commence la phase cruciale : l'expérimentation sur l'homme.

La diffusion du BCG et la tragédie de Lübeck

Au début du XXe siècle, la tuberculose opère d'effroyables coupes claires chez les nourrissons. Dans un foyer contaminé, un enfant nourri par une mère phtisique a de faibles chances de survie. Comme l'a dit Behring en termes poétiques : « L'infection tuberculeuse est presque toujours le dernier vers d'une romance chantée par la mère ou par la nourrice auprès du berceau. »

Dans les hôpitaux, la mortalité tuberculeuse des enfants de moins d'un an s'élève à 22,6 %. Elle varie de 8 % à Stockholm, à 42,7 % à Oslo. Elle est de 27,8 % à Paris, de 15,4 % à Vienne et de 34, 6 % à Philadelphie. Dans les 1 410 familles de tuberculeux du casier sanitaire de Paris, où l'on recense 6 820 naissances entre 1906 et 1911, 3 429 enfants meurent de tuberculose au cours de la première année, soit près de 50 %. Les survivants restent plus ou moins contaminés[3].

Les leçons de l'expérience sur les bovins et les statistiques indiquent la marche à suivre : il faut vacciner l'enfant dès les premiers jours de sa vie, écartant ainsi toute possibilité d'infection préalable. L'immunité survenant un

1. Guérin, Richard et Boissière, *Annales de l'Institut Pasteur,* mars 1927.
2. R. Wilbert, *Annales de l'Institut Pasteur,* 1925, t. 39, p. 641 *sq.*
3. Statistiques citées par Noël Bernard, *La Vie et l'œuvre d'Albert Calmette, op. cit.,* p. 213-214.

mois plus tard, il convient aussi de le soustraire à sa mère, si elle est tuberculeuse, ou à tout foyer de contamination susceptible d'entraîner une nouvelle infection. C'est d'ailleurs dans les premiers jours de la vie que la perméabilité de la paroi intestinale permet l'administration du vaccin par voie orale beaucoup mieux acceptée par les familles que l'injection sous-cutanée.

En 1921, Calmette se résout à vacciner le premier enfant au terme de tourments semblables à ceux qui agitèrent Pasteur avant la vaccination antirabique de Joseph Meister. « Il est probable, écrit-il en 1927 dans *La Vaccination préventive contre la tuberculose*, que nous aurions longtemps hésité à réaliser cette expérience, qui nous tourmentait l'esprit, si le docteur B. Weill-Hallé, médecin des hôpitaux et directeur de l'École de Puériculture, n'était venu nous offrir de la tenter. »

Le 21 juillet 1921, l'enfant d'une mère qui vient de succomber à la tuberculose, et qui doit être confié à sa grand-mère également phtisique, reçoit six milligrammes de BCG par voie orale. Ses chances de survie étaient précaires. Pourtant, en 1931, il sera toujours en parfaite santé[1].

Trois ans plus tard, le 24 juin 1924, Calmette publie un premier bilan dans une communication à l'Académie de médecine intitulée *Essais d'immunisation contre l'infection tuberculeuse.* À cette date, 217 nourrissons ont été vaccinés. 39 d'entre eux ont été perdus de vue, 9 décès d'origine diverse ont été enregistrés durant les dix-huit premiers mois. Les autres enfants, au nombre de 169, n'ont pas présenté la moindre trace d'infection tuberculeuse.

À la suite de cet exploit, le chroniqueur médical du *Figaro*, Maurice de Fleury, peut écrire dans l'édition du 25 juin : « Nous voilà riches d'un nouvel espoir, d'un grand espoir qui sera quelque jour prochain une robuste certitude. Et cette joie nous vient encore de l'Institut Pasteur. Saluons cette aurore avec ferveur et sagesse. Il faut à toute chose de patientes vérifications. Le côté expérimental paraît indéniable. L'application à l'homme, assurément inoffensive, veut une longue expérience. »

La découverte du BCG n'a pas le même retentissement que la découverte de la lymphe de Koch, trente-quatre ans plus tôt. Ici, point de tapage, aucune promesse de miracle. Mais que de différences ! La tuberculine était passée du laboratoire à la pratique médicale après quelques mois de recherches et l'homme avait sans transition relayé le cobaye. Calmette et Guérin ont travaillé près de vingt ans en laboratoire, démonté le mécanisme de la tuberculose, effectué des centaines de repiquages, expérimenté sur les cobayes, sur toutes sortes de rongeurs, sur les bovidés, les singes. Désormais, plus rien ne s'oppose à une campagne massive de vaccination.

Du 1er juillet 1924 au 1er février 1926, 5 183 nouveau-nés sont vaccinés en France sans accident. D'abord réservé aux enfants de familles de tubercu-

1. Albert Calmette, *Documents pour servir à l'étude de la vaccination préventive de la tuberculose par le BCG en France,* Paris, Masson, 1931, brochure.

leuses, le BCG est bientôt étendu aux autres nourrissons. Reste le problème de la vaccination des adultes.

Les premiers essais sont réalisés avec succès sur de jeunes soldats malgaches, tous très sensibles à la tuberculose une fois débarqués en France. L'administration a lieu par voie sous-cutanée, la paroi intestinale des adultes n'étant plus perméable.

Dans le même temps, Heinbeck réalise en Norvège une expérience d'un intérêt capital. 216 de ses 457 élèves infirmières réagissent positivement à la cuti-réaction. Seulement deux d'entre elles sont tuberculeuses (0,9 %). Mais chez les 241 infirmières à cuti-réaction négative, on observe 55 cas de tuberculose (23 %). En 1927, 44 élèves infirmières à cuti-réaction négative acceptent le vaccin, 12 le refusent. Cinq d'entre elles développeront la tuberculose qui épargnera les 44 vaccinées[1].

À la fin de l'année 1927, le BCG a conquis le monde. Des centres de fabrication, de distribution et d'administration sont organisés dans une trentaine de pays[2]. Quelques objections sont toutefois soulevées : des maladies intercurrentes lui sont attribuées, on redoute un retour toujours possible à sa virulence originelle. Mais ces réserves sont balayées par l'évidence des faits.

En 1928, l'Institut Pasteur s'enrichit d'un bâtiment de cinq étages et de quatre-vingt-dix mètres de façade destinés au service de la tuberculose. En octobre, le nombre de vaccinés s'élève en France à 116 180. Le fichier de Calmette compte alors 3 607 observations d'enfants soumis au BCG et élevés au contact de parents phtisiques. La mortalité tuberculeuse a été chez eux de 0,3 %[3] et, chez les vaccinés, la mortalité infantile s'est effondrée de moitié.

Au premier Congrès panaméricain de la tuberculose, réuni en 1927 à Cordoba (Argentine), une motion de félicitations est adressée à Calmette, à Guérin et à leurs collaborateurs. En août 1930 doit s'ouvrir à Oslo la Conférence de l'Union internationale contre la tuberculose. Ce sera la consécration de Calmette, le succès du BCG étant désormais universel. Personne ne se doute alors de la tragédie qui se prépare.

En mai 1930, une terrifiante nouvelle se répand dans le monde comme une traînée de poudre. Des enfants vaccinés à Lübeck ont contracté une tuberculose intestinale grave. Après la mort d'un premier enfant, le 26 avril, les décès se multiplient. Le vaccin a été préparé sur place à partir de cultures fournies par l'Institut Pasteur.

L'émotion atteint son paroxysme lorsque l'étendue du désastre est rendue publique : 71 des 250 enfants vaccinés sont morts, 5 sont dans un état grave, 27 sont plus légèrement touchés. Des milliers de familles sombrent alors dans

1. Heinbeck, *Annales de l'Institut Pasteur,* 1928, t. 42, p. 170 *sq.* et p. 956 *sq.* ; *Ibid.*, 1929, t. 43, p. 1229 *sq.*
2. A. Calmette, *La Vaccination préventive contre la tuberculose, op. cit.*, p. 210.
3. Noël Bernard, *La Vie et l'œuvre d'Albert Calmette, op. cit.*, p. 234.

l'angoisse et, dans les milieux scientifiques, l'opposition jusque-là muselée se réveille. Le bacille Calmette-Guérin aurait-il retrouvé sa virulence?

L'Institut Pasteur réagit. Le 27 juillet 1929, il a bien adressé au Dr Deyke, de Lübeck, une culture devant servir à la préparation d'un vaccin destiné aux familles placées sous la protection des Assurances sociales. Or, cette même culture a été utilisée, après contrôles sur cobayes, pour la vaccination en France de plus 9 000 enfants. Elle a été expédiée à Mexico et Riga où aucun accident n'a été signalé. Pour Calmette, il n'existe que deux explications : la souche litigieuse a été accidentellement contaminée ou une confusion de cultures s'est produite dans l'étuve. Mais le BCG de Lübeck a été détruit et la persistance du doute risque de réduire en cendres vingt ans de recherches.

Le président de l'Office d'hygiène du Reich, le gouvernement de l'État de Lübeck et le gouvernement allemand prennent fait et cause en faveur de l'Institut Pasteur. De toutes les parties du monde sont adressées à Calmette des motions de soutien. Mais lorsque s'ouvre le procès de Lübeck, le 6 février 1932, la presse allemande se déchaîne : « Le Procès Calmette » ; « Nos enfants sont-ils des animaux d'expérience ? » ; « Condamnation scientifique de la méthode Calmette » ; « Danse macabre de Lübeck » ; « Anti-Calmette ».

Soixante-seize audiences sont consacrées à l'affaire. Elles établissent, à partir de deux cultures retrouvées par miracle, que le Dr Deyke a bien confondu dans l'étuve des flacons de BCG et de cultures virulentes. Par son jugement, le tribunal établira « que la tragédie de Lübeck n'a pas été provoquée par un retour à la virulence du BCG, que la souche qui provenait de l'Institut Pasteur a été souillée au laboratoire de Lübeck où elle a été confondue avec une souche de bacilles humains pathogènes[1] ». L'affaire de Lübeck n'en jettera pas moins une suspicion durable sur le BCG.

Épuisé par le sauvetage de son vaccin, Calmette voit ses forces décliner. Le 24 octobre 1934, il rend visite à Roux, victime d'une pleurésie, sans se douter qu'il le précédera de cinq jours dans la tombe. Le 27, il s'alite, terrassé par une affection hépatique, et meurt deux jours plus tard.

« Durant les derniers jours de sa vie, écrira le Pr Robert Debré, comme s'il pressentait sa fin, il entrevoyait toute une série d'études qu'il demandait aux siens d'entreprendre. Il semblait, en nous montrant cette voie de recherche, voir au-delà des découvertes nouvelles. Comme il savait que le temps lui était mesuré, il s'appliquait dans ses derniers mois à tant de tâches écrasantes, il se dépensait avec une telle ardeur que personne ne pouvait arrêter son effort. Moins que jamais il limitait sa peine. À tous, il donnait l'impression d'user ses forces jusqu'à l'épuisement[2]. »

1. A. Calmette, « Épilogue du procès de Lübeck », *La Presse médicale*, 7 janvier 1931 ; Pr Léon Bernard, « Le Drame de Lübeck et le BCG », *La Presse médicale*, 26 décembre 1931.

2. Pr Robert Debré, « La vie et l'œuvre de M. Calmette », supplément du n° 6 de la *Gazette médicale de France* du 15 mars 1934.

Loin de France, Calmette avait mené un autre combat contre la mort en mettant au point son sérum contre le venin de cobra. Cela se passait en des temps où les microbiologistes investissaient le globe, livrant bataille aux maladies équatoriales et tropicales.

CHAPITRE XXIV

La microbiologie tropicale

L'avènement de la microbiologie coïncide avec la conquête des empires coloniaux. En l'espace d'une vingtaine d'années, les grandes puissances européennes engloutissent des espaces à la mesure du globe. Avec eux surgissent des problèmes de santé que la microbiologie naissante, seule, semble pouvoir affronter. Des maladies disparues d'Europe (peste), ou en voie de disparition (choléra), des affections « euro-coloniales » (paludisme) ou typiquement coloniales (fièvre jaune, maladie du sommeil) interpellent désormais la science. Les combattre constitue l'un des ingrédients de l'expansion coloniale, impérialisme et humanisme faisant ici bon ménage. Lancés sur la piste des germes exotiques, les microbiologistes s'engouffrent dans la brèche. Si la colonisation a pu être un bienfait pour les indigènes, c'est à eux qu'on le doit.

La première grande découverte de la médecine coloniale ne concerne pourtant pas une maladie infectieuse. Elle n'en constitue pas moins l'une des plus brillantes retombées de la méthode microbiologique.

Calmette et le venin de cobra (1896)

En 1890, le ministère des Colonies décide la création en Cochinchine d'un Institut Pasteur. C'est à Saigon qu'est fondé le premier laboratoire de microbiologie dont Pasteur confie la direction à Calmette. Dès son arrivée, celui-ci s'efforce d'adapter aux conditions locales la vaccination contre la rage et la vaccination antivariolique en substituant la vaccine cultivée sur bufflon à l'ancienne vaccine de bras à bras qui, s'adultérant par passage d'un enfant à l'autre, était devenue inefficace et dangereuse. Il s'attaque ensuite à l'étude des infections intestinales qui ravagent le pays, mais un événement fortuit attire son attention sur le venin de cobra[1].

1. Noël Bernard, *Les Fondateurs de la pathologie infectieuse, op. cit.*, « Albert Calmette », p. 149 *sq.*

En octobre 1891 lui parviennent dix-neuf serpents venimeux de l'espèce redoutable des cobras avec mission de trouver une parade contre leurs morsures. Calmette les étudie avec attention. Le cobra mesure deux mètres de long et présente un cou dilatable en forme de raquette par écartement des premières côtes cervicales. En Inde, il est sacré et vénéré, ce qui ne l'empêche pas de tuer chaque année vingt mille personnes et six mille têtes de bétail, la mort survenant de deux à douze heures après la morsure. Les glandes du cobra contiennent en moyenne 135 milligrammes d'un venin donnant, après évaporation, 30 à 45 milligrammes d'un résidu sec dont un seul centigramme suffit à tuer mille lapins ou soixante-cinq personnes[1].

Calmette isole de ce poison une neurotoxine qui présente de multiples affinités avec les toxines microbiennes. Or, cette découverte intervient quelques mois après les travaux de Roux et Yersin sur les toxines diphtériques et la mise au point du sérum de Behring. Pourquoi ne pas tenter de fabriquer, selon le même schéma, un sérum contre le venin de cobra ? Il s'agirait d'abord de trouver un produit chimique non toxique capable de précipiter les substances vénéneuses dans l'eau et d'en atténuer la virulence.

Au terme de recherches nombreuses, le produit idéal est trouvé : c'est l'hypochlorite de chaux. Injecté au niveau de la morsure, il détruit le venin resté sur place et, grâce à sa diffusion rapide, agit à distance sur le poison disséminé dans l'organisme. Il va permettre la mise au point d'un vaccin et d'un sérum, le venin pur étant trop toxique, même à doses infimes.

Calmette injecte à un lapin du venin de cobra mêlé d'hypochlorite de chaux. Au fil des inoculations, il augmente la quantité de venin et diminue celle d'hypochlorite. Après quatre injections de venin atténué, il administre des doses de plus en plus fortes de venin pur. Au bout de six mois, il peut injecter à un lapin une dose capable de tuer une centaine de lapins non immunisés. La vaccination mise au point, Calmette immunise de grands animaux producteurs de sérum et publie sa découverte[2].

En juillet 1896, il démontre avec succès l'efficacité de son traitement au *Royal College of Physicians and Surgeons* de Londres. La sérothérapie antivenimeuse est aussitôt adoptée dans tous les pays infectés par les cobras et autres serpents dangereux. Des Instituts de sérothérapie antivenimeuse sont créés en Inde, en Australie et aux États-Unis. Jusqu'en 1914, Calmette s'attachera à perfectionner sa méthode, poussant l'amour de la science jusqu'à se faire mordre par un cobra.

1. Albert Calmette, « Contribution à l'étude du venin de serpent », *Annales de l'Institut Pasteur,* mai 1894, p. 258-274.

2. Albert Calmette, « Contribution à l'étude des venins, des toxines et des sérums antitoxiques », *Annales de l'Institut Pasteur,* mai 1895, p. 225-251 ; « Sur le venin de serpent et l'emploi du sérum antivenimeux dans la thérapeutique », *Annales de l'Institut Pasteur,* mars 1897, p. 214-237.

Dans le domaine plus précis de la microbiologie, les savants découvrent outre-mer une nouvelle forme de pathologie infectieuse : la protopathologie, ensemble de maladies causées par des protozoaires : paludisme, maladie du sommeil, fièvre jaune.

Le paludisme

Enjeu de taille, la malaria (« air mauvais » en italien) ou paludisme (du latin *palus*, marais), encore appelée fièvre intermittente ou palustre, s'abattait sur les zones marécageuses des colonies, de certaines régions d'Europe (Espagne, Italie, France) et d'Amérique (sud des États-Unis, Amérique latine).

Dans sa forme bénigne, le mal se manifestait par des maux de tête et une fièvre simulant la typhoïde. Dans sa forme pernicieuse, il provoquait de graves troubles du cerveau, de l'intestin et des poumons.

On l'attribuait jadis au froid, à la chaleur, à l'ingestion d'eau stagnante et surtout aux miasmes qui s'élevaient le jour des marais pour retomber la nuit, précipités par la rosée. Les panacées populaires étaient nombreuses et pittoresques. En Bresse, on investissait de vertus curatives une plante aquatique appelée « la flouve » et d'autres algues[1]. L'écorce du Pérou, ou quinquina, introduite en Europe au XVIIe siècle, constituait la seule parade efficace contre les accès fébriles mais n'entraînait aucune guérison.

La période coloniale marque un tournant dans l'histoire du paludisme. Comme le souligne Émile Lagrange, « dans le problème de l'acclimatation aux tropiques, le paludisme entre au moins pour 50 % ». De retour en Allemagne après un périple en Afrique, Koch déclare en 1898 : « La maîtrise du paludisme équivaudrait à la conquête pacifique des pays les plus beaux et les plus riches de la terre. Quels efforts ne fait-on pas aujourd'hui pour explorer les pôles, connaître les conditions physiques et la faune des profondeurs de l'océan. Combien plus importante serait la connaissance du paludisme[2]. »

On connaît, aujourd'hui, le cycle du plasmodium (hématozoaire parasite du paludisme) chez le moustique anophèle. L'œuf fécondé s'enkyste dans la paroi intestinale de l'insecte jusqu'à la libération d'une myriade de micro-organismes fusiformes qui colonisent les glandes salivaires, dernière étape avant la piqûre qui les introduira dans le sang de l'homme. Comment est-on passé du miasme au moustique ?

Le germe du paludisme est observé pour la première fois par un médecin militaire français, Alphonse Laveran (1845-1922). « En 1880, écrit-il, je découvris sur les bords de corps sphériques pigmentés présents dans le sang d'un

1. Dr S.-Z. Horn, *Contribution à l'étude ancienne du paludisme*, thèse de médecine, Montpellier, 1920, n° 7, p. 24-25.

2. Émile Lagrange, *Koch, sa vie, son œuvre*, *op. cit.*, p. 72.

malade atteint de paludisme, des éléments filiformes ressemblant à des flagelles qui s'agitaient avec une grande vivacité, en déplaçant les hématies voisines; Dès lors, je n'eus plus de doute sur la nature parasitaire du paludisme[1]. »

Deux ans plus tard, il observe un germe identique dans le sang des paludéens de la campagne romaine et constate qu'il s'agit d'un hématozoaire. Ce n'est pas la première fois qu'un protozoaire est incriminé dans la genèse d'une maladie infectieuse. En 1832, Alfred Donné découvrait le *Trichomonas vaginalis* dans le mucus vaginal et, en 1857, le Suédois Malmsten observait chez deux dysentériques un nouvel infusoire qu'il appelait *Paramecium coli*.

On avait cru voir d'autres types de germes chez les paludéens. En 1866, Salisbury observait, dans leurs urines et dans leurs expectorations, de petites cellules végétales, ou sporules, échappées d'une algue et s'élevant de nuit dans les airs. En 1869, le Romain Balestra parlait d'un ferment libéré par les algues[2].

L'hématozoaire n'est donc que le dernier de la liste et le mystère qui l'entoure reste entier. Où se cache-t-il, et comment pénètre-t-il dans le corps humain? C'est en vain que Laveran le cherche dans l'air ou l'eau des zones palustres. Il n'est guère plus heureux dans ses tentatives de culture. Reste une intuition : pourquoi ne serait-il pas hébergé par certains insectes, et, plus précisément, par les moustiques[3]?

C'est en 1894 qu'il développe pour la première fois cette idée au Congrès international d'hygiène de Budapest sur l'étiologie des fièvres palustres : « Les insuccès des essais de culture m'ont conduit à croire que le microbe du paludisme vivait dans le milieu extérieur à l'état de parasite, et j'ai soupçonné les moustiques qui abondent dans toutes les localités palustres[4]. »

Ce n'est encore qu'une hypothèse et, le 24 septembre 1895, dans une séance de l'Académie de médecine consacrée à la prophylaxie du paludisme, Laveran en revient à de vieux poncifs : « On ne sait pas par où pénètre le parasite du paludisme. Pour préserver nos soldats, il faut observer les précautions que l'expérience a consacrées, éviter les zones dangereuses, surtout la nuit, éviter de toucher le sol, surveiller l'alimentation, filtrer l'eau de boisson et donner la quinine préventive[5]. » Plusieurs membres ayant soulevé l'hypothèse d'un moustique vecteur, Laveran garde le silence.

C'est en 1895 que le rôle du moustique est mis en évidence par les recherches d'un médecin des douanes anglaises à Amoy (Chine), Patrick Manson, déjà connu pour ses travaux sur la transmission par le moustique

1. Laveran, *Traité des fièvres palustres,* Paris, Masson, 1884, p. 457; « Note sur un nouveau parasite trouvé dans le sang de plusieurs malades atteints de fièvre palustre », *Bulletin de l'Académie de médecine,* 1880, t. 9, p. 1235, 1268 et 1346; Noël Bernard, *Les Initiateurs de la pathologie infectieuse, op. cit.,* p. 181-199.

2. Dr Horn, *op. cit.,* p. 25.

3. *Traité des fièvres palustres, op. cit.,* p. 457.

4. Cité par Noël Bernard, *Les Initiateurs de la pathologie infectieuse, op. cit.,* p. 187.

5. Cité par Émile Lagrange, *Koch, sa vie, son œuvre, op. cit.,* p. 73.

d'une autre endémie des pays chauds, la filariose. Mais c'est Ronald Ross (1857-1932) qui, en 1898, démontre le phénomène de façon certaine en réalisant la transmission expérimentale du paludisme aviaire d'un oiseau à l'autre par piqûres de moustiques[1].

Ces découvertes, qui ne sont suivies d'aucune nouveauté thérapeutique, permettent un dépistage précoce. En effet, les premiers symptômes, accès fébrile accompagné de frissons, de sueur et de sensation de chaleur, se retrouvent dans plusieurs autres affections des pays chauds : insolation, fièvre bilieuse, fièvre récurrente. La recherche de l'hématozoaire dans le sang permet dès lors un diagnostic immédiat et l'emploi précoce de quinine.

Grâce à la connaissance de l'étiologie, la lutte sociale contre le fléau par assèchement des zones marécageuses peut enfin commencer tandis les « moustiques suceurs » éveillent l'attention des savants. Seule l'espèce des anophèles propage le mal. Ce sont les femelles qui piquent, les mâles se nourrissant de sève. Pendant la journée, ils se cachent, non loin des marécages, dans les buissons, les bois ombragés ou les grottes. Le soir ils s'envolent à l'appel du sang. Les larves se développent à la surface des eaux stagnantes et respirent par des trachées.

La nouvelle prophylaxie repose sur ces observations . On répand de l'huile de pétrole à la surface des marécages pour asphyxier les larves ; on les peuple de poissons amateurs de larves, d'épinoches notamment ; on construit à l'écart des zones dangereuses, on s'enveloppe de moustiquaires, on plante des eucalyptus dont l'odeur de balsame fait fuir les moustiques, on se frotte les mains et le visage d'essence de térébenthine ou d'eau de goudron, on allume des feux de bois odoriférants, on dort entouré de feuilles de mentha ou de pulegium[2].

Enfin, la découverte d'un hôte intermédiaire va permettre, en l'espace de dix ans, de percer l'étiologie de deux autres maladies tropicales : la maladie du sommeil et la fièvre jaune.

1. Ronald Ross, « Tsé crescent-sphere-flagella metamorphosis of the malaria parasite in the mosquito », *Transactions of the South-Indian Branch of the british medical Association*, 1895, t. 6, p. 334 *sq.* ; « Report on the cultivation of *Proteosoma* Labbé, in gry mosquitoes », *Indian Medical Gazette*, 1898, t. 33, p. 401 et 448 ; Sources citées dans l'article que Ronald Ross publie dans les *Annales de l'Institut Pasteur* sous le titre « Du rôle des moustiques dans le paludisme », 1893, p. 136

2. A. Laveran, « Des mesures à prendre contre les moustiques », *Journal des praticiens*, 1899, p. 258.

La maladie du sommeil

La maladie du sommeil, connue sur les côtes occidentales d'Afrique depuis le début du XIXe siècle, gagne l'ensemble des régions tropicales avec l'extension des conquêtes coloniales. Son étiologie reste mystérieuse jusqu'en 1902 et c'est de façon déconcertante qu'elle s'attaque surtout aux Noirs, dépeuplant des régions entières.

Sa marche est terrifiante. Dans un premier temps, les malades présentent une bouffissure du visage avec ganglions et maux de tête violents. Leur vivacité s'éteint. Parfois, un sujet en bonne santé sombre soudain dans un délire furieux avec pulsions homicides. Il est conduit en prison où il tombe en état de torpeur. La deuxième période est marquée par une léthargie de plus en plus prononcée. Incapable de s'alimenter, le malade devient squelettique. Dans la phase terminale, qui survient au bout de six mois et dure une dizaine de jours, il s'enfonce dans un coma si profond qu'il n'est pas rare, s'il est seul, qu'il soit assailli par des nuées de fourmis qui le dévorent vivant. Plus de la moitié de certaines communautés africaines étaient ainsi fauchées.

D'où venait le mal ? On l'attribuait au manioc ou aux miasmes échappés de certains arbres, dont le mancenillier. Comme la maladie s'abattait sur les rives des lacs ou des fleuves, on suspectait certains poissons péchés dans la vase. Quant aux indigènes, ils pensaient que le fléau s'était propagé par les fils télégraphiques qui suivaient la pénétration des Blancs le long du Congo jusqu'aux Grands Lacs et en Ouganda[1].

L'hypothèse d'un germe existait de longue date. Depuis 1841, on connaissait l'existence d'un protozoaire flagellé, le trypanosome, que le naturaliste Valentin avait pour la première fois découvert dans le sang d'une truite. Mais personne n'avait songé à l'associer à la maladie du sommeil. C'est au Penjab que l'Anglais Griffith Evans découvre, en 1880, que le sang des chevaux, des mulets et des chameaux affligés de « surra », ou maladie du sommeil des équidés et des bovidés, héberge un trypanosome, qui deviendra le *Trypanosoma Evensi*[2], faisant de la maladie du sommeil une trypanosomiase.

1. Sur la maladie du sommeil : Burnet, *La Lutte contre les microbes, ibid.*, p. 167-212 ; Dr Thiroux, *La Maladie du sommeil*, Paris, 1911 ; Dr Blanchard, *La Maladie du sommeil*, Paris, 1907 ; Dr J. Belle, *Maladie du sommeil. Contribution à l'étude de l'étiologie*, thèse de médecine, Paris, 1908, n° 457 ; Dr Paul Cambon, *La Maladie du sommeil et son traitement*, thèse, Montpellier, 1908, n° 54 ; *Rapport de la mission d'études de la maladie su sommeil au Congo français. 1906-1908*, Paris, Masson, 1909 ; Dr G.D. Maynard, *The Trypanosomes of sleeping sickness*, Johannesburg, 1917.

2. Griffith Evans, « Report on surra disease in the Dera Isamail Khan District », *Punjab Government Military Department, Report*, 1880, n° 493, p. 4467.

Reste à découvrir son mode de transmission. Depuis la mise en cause du moustique dans la propagation du paludisme, le problème des hôtes intermédiaires hante les esprits. En 1895, David Bruce observe en Afrique du sud un nouveau trypanosome dans le sang des mammifères atteints d'une maladie du sommeil que les indigènes appellent « nagana ». Mais les espèces de mouches et de moustiques sont légions en Afrique. Suivant l'exemple de Ross, Bruce examine l'intestin de plusieurs milliers d'insectes et, au terme d'un travail écrasant, découvre le germe assassin dans celui d'une mouche de l'espèce des glossines, la *glossina palpalis* ou mouche tsé-tsé[1].

En 1901, Robert Ford dépiste pour la première fois un trypanosome, le *trypanosome Gambiense,* dans le liquide céphalo-rachidien d'un homme. Depuis longtemps, la nature des symptômes avait en effet suggéré que le germe s'attaquait au système nerveux central. Et c'est en 1903 que le rôle de la mouche tsé-tsé dans la maladie du sommeil est confirmé par une mission anglaise établie en Ouganda sous la direction de Bruce.

Certes, les preuves expérimentales n'existent pas, la transmission à l'animal ayant échoué. Mais la répartition des mouches tsé-tsé le long des fleuves, sur les rives des lacs et en pays boisé, coïncide exactement avec la géographie de la maladie qui décime surtout les communautés de pêcheurs. Dans un même village, dans une même famille, c'est eux qu'elle frappe alors qu'elle épargne les femmes qui restent au village. Dans les missions, elle s'attaque aux missionnaires qui naviguent en pirogue, mais les bonnes sœurs, plus sédentaires, y échappent.

En 1905, Koch, qui entreprend à l'âge de soixante-deux ans sa sixième mission coloniale, s'installe aux îles Sese, petit archipel ougandais perdu dans l'angle nord-ouest du lac Victoria. Sur les 30 000 habitants de la région, la maladie du sommeil en a emporté 18 000 en quelques mois. Koch précise les méthodes de recherche du trypanosome dans le sang et le suc des ganglions cervicaux. En même temps, il tente d'élucider le cycle du trypanosome chez l'insecte, dissèque des glossines et étudie les frottis de parasites recueillis dans leur tube digestif, mais ne parvient pas à infecter des animaux avec le contenu stomacal d'une glossine.

C'est son compatriote Kleine qui, en 1909 et 1910, réalise l'expérience qui lève le voile sur l'étiologie du mal. La glossine qui a piqué trois jours de suite des animaux trypanosomés n'infecte aucune des bêtes sur lesquelles on la nourrit pendant dix-sept jours. Passé ce délai, le germe qu'elle abrite ayant atteint les glandes salivaires, elle les contamine toutes[2]. Chez l'homme, la période d'incubation dure de trois à six mois, mais, dans certains cas, elle peut s'étendre sur plusieurs années.

1. David Bruce, *Further report on the tsetse fly disease or nagana in Zululand,* Londres, 1897.
2. Émile Lagrange, *Robert Koch, sa vie, son œuvre, op. cit.,* p. 80-81.

La responsabilité de la mouche tsé-tsé établie, il convient de l'exterminer par tous les moyens et, pour mieux la combattre, on étudie ses mœurs. C'est une singulière créature que l'on découvre alors.

Elle n'est pas ovipare, comme la plupart des diptères, mais pupipare, la larve sortant directement du corps de la mère. Aussitôt, elle rampe avec vivacité pour trouver un coin où se cacher : sable, humus, mousse. Dans certaines régions, les glossines vivent en essaims si denses que les indigènes savent les éviter. Leur vol produit un bourdonnement qui leur a valu l'appellation phonétique de « tsé-tsé ». Il est très difficile de les attraper de jour, car elles se déplacent à la vitesse de l'éclair. C'est seulement à la tombée de la nuit qu'elles s'alanguissent et se laissent capturer.

La tsé-tsé s'abreuve de sang de façon spectaculaire. En soi, sa piqûre est inoffensive et c'est lorsqu'elle rencontre un sujet infecté qu'elle devient une funeste messagère. Armée d'une vue et d'un odorat très développés, d'une trompe d'un quart de centimètre composée de couteaux, de crochets et de stylets actionnés par une puissante musculature, elle peut perforer le cuir des éléphants et des hippopotames. Elle fond de loin sur sa proie à une vitesse si grande qu'il est impossible de l'éviter. C'est à peine si sa piqûre, qui dure une vingtaine de secondes, provoque quelques démangeaisons. Elle est plus volontiers attirée par la couleur noire, d'où sa prédilection, restée longtemps mystérieuse, pour les Africains ou les missionnaires revêtus de soutanes noires[1].

Les indigènes ont une façon originale de l'éloigner. Comme, à la différence de la plupart des diptères, elle fuit les odeurs excrémentielles, ils enduisent leur bétail de bouse, pratique difficile à étendre à l'homme. Robert Koch essaye de s'en débarrasser en exterminant les crocodiles qu'elle affectionne. On croirait le saurien protégé par sa cuirasse, mais la glossine le pique entre les plaques ou dans sa gueule ouverte pendant le sommeil. Mais comment rayer de la carte l'espèce des crocodiles[2] ?

Le débroussaillement, véritable travail de titan en Afrique, ne donne pas de meilleurs résultats. Koch et sa mission ont incendié des centaines d'hectares de forêt sans succès. L'émission de fumée et de vapeurs odoriférantes est aussi inefficace. Divers pièges à mouches ont été inventés. Le plus déconcertant, essayé à l'île du Prince, consiste à faire des travailleurs indigènes de véritables attrape-mouches en les habillant de vêtements noirs enduits de glu. 100 000 tsé-tsé auraient ainsi été capturées en un an dans une seule plantation[3].

Comme l'indique plaisamment le Dr Burnet : « Le réservoir du virus, c'est le nègre : on ne peut l'exterminer pour le préserver de la maladie. » Aussi se borne-t-on à empêcher son exode des zones infectées vers les régions épargnées. Et puis, les missionnaires troquent leur soutane noire contre une

1. *Larousse médical illustré,* 1924, art. « trypanosomiases », p. 1250-1251.
2. Émile Lagrange, *Robert Koch, sa vie, son œuvre, op. cit.*, p. 81.
3. *Larousse médical illustré,* 1924, art. « trypanosomiases », p. 1252.

blanche. L'Européen s'habille de blanc et s'enveloppe de moustiquaires. On construit à l'écart des zones dangereuses, des grillages protègent les habitations et, sur les ponts supérieurs des navires, on allume de grands feux.

La thérapeutique est longtemps restée incertaine. De longue date, marabouts et sorciers pratiquaient l'excision et le grattage précoces des ganglions précurseurs dont les savants européens ont constaté les bons effets sans adopter la méthode. Ils cherchent d'abord à mettre au point un vaccin par atténuation du germe vieilli, chauffé ou transplanté sur diverses espèces animales. Mais testé sur le singe, il se contente de prolonger la période d'incubation sans conférer l'immunité.

La chimiothérapie est adoptée par Koch dès 1905. Si le sel arsenical, plus connu sous le nom d'*Atoxyl*, est très actif en début de maladie, il provoque des cas de cécité. D'autres médicaments du même genre sont utilisés avec les mêmes risques. En 1920, les Allemands fabriquent un produit qui, sans être toxique, aurait donné d'excellents résultats chez les animaux, le *Bayer 205*. Mais ils en gardent la composition secrète. Quatre ans plus tard, le Français Fourneau met au point le *305* qui soulève de vains espoirs. Il faut attendre les années 1940-1945 pour que l'utilisation de la *Pentamidine,* associée au dépistage précoce par examen du liquide céphalo-rachidien, permette de faire régresser le fléau.

Les protozoaires infectieux s'acclimatent difficilement aux régions tempérées. La maladie du sommeil n'a jamais pénétré l'Europe et le paludisme s'est contenté de la déborder sur ses franges italiennes et espagnoles.

Originaire d'Amérique centrale, une autre maladie exotique, la fièvre jaune, va tenter de conquérir une partie du monde.

La fièvre jaune. L'œuvre de Finlay

La rencontre de populations jusque-là isolées les unes des autres peut avoir des effets explosifs. Dépourvus d'anticorps spécifiques, les peuples d'Amérique centrale ont été décimés au XVIe siècle par la variole, la rougeole et la scarlatine venues d'Europe. En échange, ils lui ont fait don de la syphilis. Certains colons étaient aussi victimes d'une fièvre inconnue avec maux de tête, teint jaunâtre, douleurs à la colonne vertébrale, yeux injectés de sang, bouche sanguinolente. Dans les cas graves, l'hypertrophie du foie et les vomissements de bile noire annonçaient la mort. Telle était la fièvre jaune.

Les hommes de Christophe Colomb ont-ils été, dès 1502, les premières victimes du mal à Saint-Domingue ? Les historiens Herrero et Las Casas l'ont soutenu en citant cette fièvre, que les Caraïbes appelaient *Homanhatina* ou *Clenturas,* qui aurait frappé Colomb lui-même. D'autres chroniqueurs l'ont nié, les malades n'ayant jamais cessé leurs activités. Toujours est-il que la fièvre jaune, encore appelée par les Espagnols *vomito negro* (vomissement noir), *fiebre amirilla,* ou *coup de barre,* a opéré de vastes coupes claires parmi les premiers colons de Saint-Domingue[1].

Épicentre du fléau, La Havane est longtemps restée sa proie privilégiée. Entre 1648 et 1755, le tiers de la population en meurt. De 1761 à 1764 survient une explosion épidémique dont on ignore le bilan. Entre 1881 et 1901, elle y tue 12 000 insulaires[2].

Vers la fin du XVIIe siècle, la fièvre jaune part à la conquête du monde. L'Amérique du Nord est sa première victime, de la Floride au Canada. New York est touchée en 1668. Entre 1740 et 1860, elle est endémique dans le sud des États-Unis et au Mexique où elle cause plus de 100 000 décès. En l'espace de 60 ans, on enregistre 48 épidémies à New Orleans, 28 à Charleston. L'épidémie de Philadelphie, en 1897, tue le dixième de la population, soit 4 000 personnes.

Portée par les navires sucriers, elle débarque aux Canaries en 1701, première étape de sa conquête du continent africain. Madère, les Iles du Cap-Vert, la Gambie, la Sierra Leone, la Côte-d'Or, la Côte-d'Ivoire sont infectées. En 1792, neuf amarilliques sur dix en meurent au Sénégal.

En Europe, seule la péninsule Ibérique est gravement contaminée. Au XVIIIe siècle, le mal fait 80 000 morts à Cadix entre 1730 et 1830. Gibraltar, Séville, Cordoue, Malaga, Carthagène et Valence sont infectés. En 1821, il frappe Barcelone où il tue 20 000 des 70 000 malades. En 1857, on dénombre à Lisbonne 6 000 décès pour 18 000 amarilliques. Mais la fièvre jaune ne parvient pas à s'implanter à Madrid où quelques cas sont seulement signalés en 1870. Le reste de l'Europe est épargné, à l'exception de Livourne où l'on dénombre 711 décès en 1804[3].

Jusqu'en 1901, on ignorait tout de l'étiologie du fléau. On croyait que son germe, virus filtrant que le microscope électronique permettra plus tard d'observer, s'attachait aux vêtements et aux marchandises et se transmettait, comme le bacille d'Eberth ou le vibrion cholérique, par les déjections alvines. Aussi recommandait-on la désinfection des objets et la crémation des cadavres. Dès 1881, un Cubain, le Dr Carlos Juan Finlay, avait pourtant trouvé la vérité.

Finlay part d'un constat élémentaire : le germe s'attache à certaines régions et en épargne d'autres alors que les vêtements, les hommes ou les marchandises ignorent les frontières, et que la cohabitation entre malades et personnes

1. Elpidio E. Ricart, *Les Vieux Traitements de la fièvre jaune,* thèse de médecine, Paris, 1935, p. 10 *sq.*

2. Dr Léon Bosredon, *Histoire de la fièvre jaune à La Havane et dans l'île de Cuba,* Le Havre, 1908.

3. Mario Gomez-Camejo, *Remarque sur la disparition de la fièvre jaune à Cuba au commencement du XXe siècle,* thèse de médecine, Paris, 1934, p. 12 *sq.* ; Félix Formento, *The Prevention of the spread of yellow fever. Rapport du Comité international de la Société d'hygiène de Montréal,* Montréal, 1894.

saines reste sans effet. Le mode de transmission du paludisme est encore inconnu lorsqu'il en conclut à l'ingérence d'un hôte intermédiaire et, après avoir étudié 700 espèces de moustiques, soupçonne le *culex fasciatus* ou *stegmomya fasciatus* qui pullule dans les villes infectées mais déserte les régions épargnées.

Le 28 juin 1881, Finlay réalise une expérience à faire frémir les pasteuriens d'épouvante. Il expose un malade, qui devait mourir de la fièvre jaune, à la piqûre d'un moustique et, trois jours plus tard, dépose l'insecte sur la peau d'un soldat. Au bout d'une semaine, l'infortuné cobaye développe une fièvre jaune bien caractérisée mais bénigne. Finlay recommence l'expérience sur 104 personnes ! Dix-sept d'entre elles contractent une maladie également légère. Il en conclut qu'une seule piqûre immunise l'individu inoculé sans lui transmettre de fièvre jaune virulente. « Malgré l'imperfection de ma technique, dira-t-il, je crois avoir pu conférer l'immunité, car sur les 104 cas, 4 seulement subirent plus tard des atteintes de fièvre jaune, dont deux mortelles. »

En 1881, Finlay expose ses idées à l'Académie de médecine de La Havane, mais on l'accuse de « divaguer ». Il faut attendre 1901 pour qu'une commission brésilienne en reconnaisse l'exactitude après avoir transmis la fièvre jaune à des habitants de São Paulo en les livrant à des moustiques infectés importés de la ville de São Simao[1].

La chasse aux moustiques peut commencer. Le culex, à l'inverse de la mouche tsé-tsé, n'aime pas le grand air, les bois et les pièces d'eau. C'est un insecte casanier qui se plaît dans les villes et la tiédeur des foyers. Aussi les fenêtres sont-elles munies de moustiquaires. Dans les hôpitaux, les salles d'amarilliques se barricadent de toiles métalliques. Les endroits où les moustiques déposent leurs larves (puits, marais, fosses d'aisance) sont aspergés de kérosène. Dans les logis, on fait brûler de la poudre de pyrètre, des feuilles de tabac ou d'eucalyptus pour les asphyxier. À La Havane, ces mesures permettent, en l'espace d'une année, de faire disparaître la fièvre jaune qui, avant 1900, tuait chaque année 300 à 500 Cubains. De 1900 à 1906, 22 décès y sont seulement enregistrés[2] !

De nombreux vaccins et sérums voient le jour. Entre 1883 et 1889, Domingo Freire injecte du bouillon de microcoques atténués à plus de 10 000 personnes. En 1903, les pasteuriens Marchoux et Salimbini portent un sérum humain virulent à 55° et le laissent vieillir sous huile à l'abri de l'air. Ils sont aussi les premiers à montrer que le sérum humain de convalescent est doté de propriétés thérapeutiques et prophylactiques, mais l'immunité ne dépasse

1. Dr Mario Gomez-Camejo, *op. cit.*, p. 17 *sq.* ; Chantemesse et Borel, « Fièvre jaune et moustiques », *Bulletin de l'Académie de médecine*, 1905, p. 99, 125 et 155 ; Dr J. Dupuy, « Épidémiologie de la fièvre jaune », *Revue d'hygiène*, 1905, p. 18 *sq.*

2. Dr Mario Gomez-Camejo, *op. cit.*, p. 45.

pas trente jours. C'est en 1928 que Hindle, de Londres, met au point le premier vaccin efficace préparé à partir de foie et de rate infectés atténués au formol.

Alors que les savants contiennent la fièvre jaune, une autre maladie exotique commence à les inquiéter : la peste. Sans doute a-t-elle regagné ses foyers d'origine depuis le XVIIIe siècle, mais avec les progrès des transports, le volume des marchandises venues d'Orient ne cesse de croître et les quarantaines sont devenues illusoires, les malades pouvant être rendus à bon port avant la fin de la période d'incubation.

L'épidémie de choléra qui, en 1892, ravage l'Europe, faisant 10 000 morts à Hambourg, attise la peur de la peste. N'est-elle pas, elle aussi, liée à l'accélération des échanges humains et commerciaux ?

La peste et le choléra. Yersin et Haffkine

« La peste et le choléra » ! L'expression, ancrée dans le langage pour désigner le mal absolu, est devenue métaphorique dans l'Europe de la fin du XIXe siècle. Ces deux maladies, qui traumatisaient jadis par la soudaineté et la cruauté de leurs irruptions, ne sont plus de grandes faucheuses. Même si le choléra asiatique peut encore frapper, ses méfaits restent modestes à côté des ravages opérés par la tuberculose ou la fièvre typhoïde.

Dès 1883, Robert Koch a identifié, à Alexandrie puis à Calcutta, le vibrion cholérique ou bacille virgule. Le premier vaccin anticholérique est mis au point par Jaime Ferran, de Barcelone, au milieu d'une incrédulité générale. En 1884, au cours de l'épidémie qui sévit sur la côte orientale de l'Espagne, il l'expérimente sur des cobayes, sur lui-même et sur des volontaires. Après quoi, il l'utilise sur une grande échelle, provoquant de telles controverses que les autorités songent d'abord à l'interdire.

En mai 1885, l'Académie de médecine de Paris envoie les professeurs Brouardel, Charrin et Albarran en mission d'enquête à Barcelone. Mais Ferran refuse de leur communiquer le secret de son vaccin en invoquant d'étranges arguments. Personne ne l'ayant soutenu dans ses recherches, il n'a de comptes à rendre à personne. Il a une famille qui serait dans la misère s'il venait à mourir sans avoir exploité sa découverte. Pasteur, qu'il appelle « son maître », ne lui a jamais demandé son secret.

Le rapport des médecins français est féroce. Il dénonce l'archaïsme du laboratoire de Ferran, la vénalité du personnage et la nullité des résultats. Conclusion : « Tout ce que nous avons vu n'était pas nouveau et tout ce qui était nouveau, nous ne l'avons pas vu. » L'affaire semble tourner à l'incident diplomatique lorsque Ferran, pour calmer le jeu, envoie un échantillon de son vaccin à Pasteur qui le confie à Chantemesse. Après analyse, celui-ci en conclut qu'il s'agit de cultures impures contenant quelques vibrions cholériques[1].

Plus sérieux, le pasteurien Haffkine met au point, en 1892, un vaccin composé de vibrions exaltés par une succession de transplantations dans la cavité péritonéale du cobaye avant d'être cultivés et atténués à 39°. Une première injection d'un dixième de centimètres cubes est suivie d'une injection plus virulente. En dépit de réactions locales intenses, les résultats sont satisfaisants.

Mais, composé de germes vivants, ce vaccin fait peur. Les gouvernements de Russie et du Siam le repoussent. Les Anglais, au contraire, lui font bon accueil et demandent à Haffkine de l'expérimenter en Indes. Arrivé en mars 1893 à Calcutta, c'est dans des conditions matérielles difficiles que commencent les opérations de vaccination. Les populations sont soupçonneuses, les officiers de santé britanniques réservés. Les cobayes infectés que Haffkine promène avec lui ne sont pas faits pour inspirer confiance. Malgré tout, 40 000 personnes sont traitées dans de bonnes conditions.

Au cours de la guerre russo-bulgare, 150 000 soldats sont vaccinés. La morbidité cholérique est de 93 pour 1 000 chez les malades non vaccinés, de 7 pour 1 000 chez les vaccinés[2]. Durant la Grande guerre, c'est le vaccin de Haffkine qui est administré à l'armée autrichienne de Galicie. On observe 50 cas de choléra pour 10 000 chez les non-vaccinés, 15 chez les vaccinés. La mortalité cholérique est de surcroît 30 fois plus importante chez les non-vaccinés que chez les vaccinés[3].

Le vaccin de Haffkine n'est pas seul. Celui de Powell et Koll est employé en Asie. Salimbini, de l'Institut Pasteur, utilise une culture de vibrions cholériques atténués par chauffage à 57°. En 1912, Nicolle et Conor, de l'Institut Pasteur de Tunis, fabriquent un vaccin composé de vibrions vivants. Durant la Grande Guerre, presque toutes les armées sont vaccinées mais aucune d'elles avec le même vaccin. La France a choisi le vaccin polyvalent de Vincent (culture de cinq races de vibrions tués à l'éther). Aux Dardanelles et à Salonique, les armées françaises sont épargnées par le choléra tandis que les Serbes, qui ne sont pas vaccinés, lui payent un lourd tribut. Mais, dans tous les cas, l'immunité est limitée à une période de quatre à six mois, ce qui suffit à neutraliser le terrain épidémique.

Alors que Haffkine met au point son vaccin anticholérique, Alexandre Yersin s'attaque à la peste.

Vingt-cinq millions de morts en Europe entre 1348 et 1350, 70 000 Londoniens frappés en 1665, 40 000 Marseillais en 1720 ! Vers la fin du

1. *Ibid.*, p. 50-51.

2. Dr Appert, *Vaccins et sérums, ibid.*, p. 172-173 ; Ilana Löwy, « Le vaccin anticholérique à l'Institut Pasteur », in *L'Aventure de la vaccination, op. cit.*, p. 204-205.

3. *Ibid.*, p. 174.

XIXe siècle, la peste a déserté l'Europe mais son souvenir continue à hanter les imaginations. Avec l'extension coloniale et l'accélération des moyens de transports, qui véhiculent marchandises et germes, le spectre du fléau refait surface et, quand éclate la peste de Hongkong, en 1894, un mouvement de panique secoue l'Europe. L'Angleterre, la France et le Japon y envoient des missions pour étudier un mal dont on ignore tout. C'est alors qu'entre en scène Alexandre Yersin.

Associé à Roux dans la découverte de la toxine diphtérique, en 1888, Yersin rêve de voyages exotiques. Un neveu de Pasteur, le Dr Adrien Loir, lui procure un engagement dans les Messageries maritimes et, pour surmonter l'opposition de Roux, c'est clandestinement qu'il s'embarque sur la ligne Saigon-Manille. Quatre ans durant, il sillonne les mers et l'intérieur de la péninsule indochinoise, accumulant une brassée d'informations géographiques et médicales au péril de sa vie. En 1894, Roux lui demande par dépêche télégraphique de se rendre en mission à Hongkong où la peste vient d'éclater.

C'est dans des conditions difficiles qu'il arrive à bon port[1]. La ville est en quarantaine, l'administration anglaise multiplie les obstacles et la mission japonaise dirigée par Kitasato monopolise les moyens d'investigations. Pour examiner des cadavres de pestiférés, Yersin doit soudoyer quelques Chinois. Malgré tout, perçant en un éclair l'étiologie du mal, il met en cause les rats. À l'autopsie, tous présentent des bubons et, par une éloquente coïncidence, la peste des rats précède toujours la peste de l'homme.

En trois semaines, et avec des moyens de fortune, Yersin isole et cultive le bacille qui portera son nom. Son mode de propagation est simple : « L'homme prend la maladie comme les animaux, écrit-il, soit par des plaies de la peau, soit par le tube digestif. Le bacille de la peste a été signalé dans les déjections et, d'ailleurs, les symptômes d'entérite ne sont pas rares chez les pestiférés. » Mais la découverte lui est contestée par Kitasato, qui, à travers un pneumocoque, croit avoir découvert le véritable bacille.

En avril 1895, Yersin est de retour à Paris. Dans ses bagages, il a ramené quelques fioles de bacilles. Aussitôt, les recherches commencent à l'Institut Pasteur avec la collaboration de Calmette et Borel. Un vaccin composé de germes tués par chauffage à 58° degrés confère l'immunité au lapin et au cobaye. Le sérum, immédiatement fabriqué sur le modèle du sérum antidiphtérique avec du sang de cheval immunisé, est appliqué aux cobayes avec succès. Aux termes de recherches fulgurantes, le traitement sur l'homme peut commencer[2].

1. Sur les travaux de Yersin à Hongkong, voir Henri H. Mollaret et Jacqueline Brossollet, *Alexandre Yersin ou le vainqueur de la peste, op. cit.*, p. 129 *sq.* ; A. Yersin, « La peste bubonique à Hongkong », *Annales de l'Institut Pasteur*, septembre 1894, p. 662-667.

2. Yersin, Calmette et Borel, « La peste bubonique », *Annales de l'Institut Pasteur*, 1895, p. 589-592.

En 1896, Yersin est de retour en Chine. À Canton, où la peste vient d'éclater, Mgr Chausse, évêque de la mission catholique, l'appelle au secours de l'un de ses élèves âgé de dix-huit ans, le jeune Tsé, considéré comme perdu. Non sans éprouver les angoisses de Pasteur face à Joseph Meister, Yersin se résout à faire l'essai de son sérum. De cet instant mémorable, il a laissé le récit dans les *Annales de l'Institut Pasteur.*

«À 5 heures (6 heures après le début de la maladie), je pratique une injection de 10 c.c. de sérum. À ce moment, le malade a des vomissements et du délire, signes très alarmants et qui montrent la marche rapide de l'infection. À 6 heures et à 9 heures du soir, nouvelles injections de 10 c.c. chacune. De 9 heures à minuit, aucun changement dans l'état du malade qui reste somnolent, s'agite et se plaint souvent. À partir de minuit, le malade devient plus calme, et, à 6 heures du matin, au moment où le père directeur vient prendre des nouvelles du pestiféré, celui-ci se réveille et dit qu'il se sent guéri. La fièvre, en effet, est complètement tombée, la lassitude et les autres symptômes graves ont disparu; la région de l'aine n'est plus douloureuse au toucher et l'empâtement presque effacé. La guérison est si rapide que si plusieurs personnes autorisées n'avaient, comme moi, vu le patient la veille, j'en arriverais presque à douter d'avoir traité un véritable cas de peste.

«On comprendra que cette nuit passée près de mon premier pestiféré ait été pour moi pleine d'anxiété. Mais, au matin, lorsqu'avec le jour parut le succès, tout fut oublié, même la fatigue [...].

«Je restais encore deux jours à Canton, pour suivre mon malade : la convalescence s'affirmait, les forces revenaient avec l'appétit et je pus partir pleinement rassuré, en laissant au consulat de France une seringue et quelques flacons de sérum, pour le cas où de nouveaux malades seraient observés au Séminaire.»

Le miracle se reproduit à Amoy où vingt et un pestiférés sont arrachés à la mort[1].

Au cours de ses expéditions, Yersin a déniché un coin charmant, Nha Trang, la «Maison Blanche» où, dans une baie ravissante se déverse un ruisseau. C'est là qu'il installe un laboratoire et des écuries pour la fabrication du sérum. Mais à Bombay, où la peste a éclaté en septembre 1896, le sérum de Nha Trang se montre d'une efficacité limitée, ne guérissant que 50 % des pestiférés contre 90 % à Amoy. En fait, les malades ont été hospitalisés dans un état désespéré alors que les injections ne sont efficaces qu'en début de maladie. Malgré tout, le problème de la peste peut être considéré comme résolu, les médecins possédant désormais une arme préventive et curative d'une efficacité certaine.

1. A. Yersin, «Sur la peste bubonique», *Annales de l'Institut Pasteur,* 1897, p. 86 *sq.*

La microbiologie domine désormais une partie des germes pathogènes qui faisaient flamber la mortalité infectieuse. Mais la peur des microbes est dans tous les esprits. Nouveaux venus dans le paysage quotidien, ils sont partout : dans l'eau, dans la terre, dans l'air, sur les aliments. Il ne s'agit pas seulement de les combattre dans le sang, il faut aussi les exterminer avant toute agression. C'est le début d'une bataille qui va bouleverser les comportements et l'environnement : la bataille contre la pollution microbienne.

Livre II

LA LUTTE CONTRE
LA POLLUTION MICROBIENNE

Le XXe siècle a les écologistes, le XIXe siècle avait la pollution. Une pollution industrielle et microbienne au regard de laquelle nos « pics » feraient sourire l'homme de la Belle Époque. Une pollution qui tue les êtres par millions, qui ravage les terres et les cours d'eau, qui submerge les villes de poussières empoisonnées et d'odeurs putrides.

Avec l'ère de la microbiologie commence celle des grands travaux d'hygiène publique. Pour vacciner une population, quelques grammes de fluide suffisent. Pour lutter contre la pollution microbienne, il faut traiter des milliards de mètres cubes d'eau, remuer des millions de tonnes de ciment ou de goudron, lancer des centaines de kilomètres de conduites, de galeries souterraines et d'aqueducs. Microbiologistes, ingénieurs et urbanistes doivent déployer des trésors d'ingéniosité pour ruser avec des micro-organismes qui s'insinuent partout, ou pour domestiquer ces « bons » microbes qui dévorent les microbes pathogènes.

Jusqu'à la fin du XIXe siècle, le microbe est roi. Dans la touffeur d'une urbanisation galopante, il prolifère et se déplace comme bon lui semble. Tout lui sert de vecteur : l'eau, l'air, les poussières, les mouches, les immondices, les animaux, l'homme.

Pour les savants, un vrai casse-tête commence à la lumière des premières numérations microbiennes. On découvre alors que la beauté n'est pas forcément synonyme de pureté, qu'une eau limpide d'apparence est un bouillon de culture où prolifèrent bacilles d'Eberth et vibrions cholériques, que la poussière qui tourbillonne dans l'air abrite des milliards de pneumocoques et de bacilles de Koch.

Il ne s'agit pas seulement d'aseptiser, il faut aussi briser les cycles infernaux qui assurent la pérennité de l'espèce microbienne. Les excréments souillés vont au fleuve ou s'infiltrent dans la nappe qui fournit l'eau potable ; telle salade, splendide d'apparence mais fumée à l'engrais humain, grouille de bacilles d'Eberth qui seront recyclés dans le terroir avec les excréments du consommateur contaminé ; la boue du macadam souillée de bacilles de Koch colle aux semelles, s'insinue dans les foyers, s'incruste dans les tapis et les planchers. Après avoir contaminé les habitants, elle se retrouve dans la rue lors du battage des tapis ou des tentures.

La lutte microbienne prend dès lors une dimension sociale. Orchestrée par l'État et les municipalités, elle impose l'éducation du citoyen et la discipline collective. Affaire de savoir-vivre jadis, la propreté est devenue une affaire de santé publique. Mais le chemin de la victoire est hérissé d'obstacles. Il faut réformer des habitudes et lutter contre les intérêts particuliers, car les impératifs de l'hygiène semblent irréductibles au luxe et à la prospérité économique. Dans une société de recyclage, les agronomes comprennent mal qu'il faille renoncer au plus prestigieux des engrais, l'engrais humain. Les industriels du textile refusent d'admettre que le trafic si lucratif des vieux chiffons dissémine les infections pulmonaires.

En fin de compte, confort et prospérité triompheront partout. Combien d'inventions, hygiéniques à l'origine, sont-elles devenues les auxiliaires providentiels du quotidien. Le goudronnage des routes, entrepris avant les conquêtes de l'automobile, n'a pas été conçu pour le plaisir des automobilistes mais pour tarir le sable empoisonné qui s'échappe du macadam. L'aspirateur n'a pas été inventé pour le confort de la ménagère mais pour éliminer les poussières pathogènes incrustées dans les logis et les lieux publics. Les premières encaustiques ne sont pas faites pour la splendeur des parquets mais pour fixer la poussière microbienne. Dans les collectivités, les premières machines à laver la vaisselle entrent en service non pas pour supprimer les corvées mais pour aseptiser les couverts souillés de bacilles tuberculeux.

D'une complexité et d'une difficulté insoupçonnées, la bataille contre la pollution microbienne a modelé l'environnement et changé le monde. Elle s'est livrée sur trois fronts qui semblaient invincibles : ceux de l'eau, de l'air, et des vecteurs microbiens, objets ou animaux.

QUATRIÈME PARTIE

Les malédictions de l'eau

INTRODUCTION

La bataille de l'eau pure

Lorsque commence la bataille de l'eau pure, au cours de la décennie 1880-1890, les hygiénistes ont plusieurs raisons de s'investir dans ce combat : la fièvre typhoïde, le choléra, les diarrhées infantiles et les dysenteries.

À Paris comme dans les autres villes, la mortalité typhique, aiguillonnée par l'urbanisation et l'encombrement, ne cesse de croître depuis 1870. En France, 20 000 à 30 000 personnes meurent chaque année de typhoïde, quatrième facteur de mortalité après les maladies pulmonaires, les maladies infantiles et les affections cardiaques[1].

Le choléra ne sévit pas de façon endémique, mais, tous les vingt à trente ans, il frappe, comme la peste jadis, de façon soudaine et traumatisante. La dernière grande épidémie s'abat sur l'Europe en 1892, faisant 30 000 à 40 000 victimes.

Eberth découvre le bacille de la fièvre typhoïde en 1880 et Koch le vibrion cholérique en 1883. Deux micro-organismes qui présentent un point commun : ils se propagent dans l'eau. La confusion étiologique héritée des théories miasmatiques subsiste pourtant. Jusqu'en 1890, et au-delà, les exhalaisons putrides restent au banc des accusés. En 1880, l'épidémie qui frappe 200 élèves de l'École normale de Savenay est attribuée aux « émanations se dégageant des latrines situées au-dessus d'une classe et d'un dortoir où les premiers cas se sont développés[2] ». Lors de l'épidémie qui, en 1885, sévit à Vassognes, près de Reims, l'eau potable puisée en amont du village est disculpée. Mais ceux qui ont respiré l'air putride échappé de l'abreuvoir ont été contaminés[3]. En 1892, on ne trouve aucune cause à la typhoïde qui éclate en rase

1. Pr Lannelongue et Dr A.-J. Martin, « La mortalité des adultes », *Revue d'hygiène,* 1910, p. 997 *sq.*

2. « Conseil d'hygiène de Loire-inférieure. Rapport du Dr Dehoux », *Revue d'hygiène,* 1880, p. 285.

3. « Société de médecine publique. Épidémie de fièvre typhoïde », *Revue d'hygiène publique et de police sanitaire,* 1885, t. 1, p. 337.

campagne, à la caserne belge de Saint-Bernard, sinon un amoncellement de 300 000 mètres cubes d'immondices situé à deux kilomètres de là, libérant des miasmes colportés par le vent[1].

Car les vents font peur. En 1882, à Paris, le nombre quotidien de décès typhique passe de 57 à 134 lorsqu'ils s'orientent au sud-ouest[2]. En 1883, le *Lancet* attribue la récente épidémie de Londres à la douceur de la température qui a incité la population à ouvrir les fenêtres, s'exposant ainsi aux « principes délétères » apportés par le vent.

Les miasmes telluriques dégagés par les travaux de terrassement ne sont pas oubliés. Ceux du Champ-de-Mars seraient responsables de l'épidémie qui éclate à l'École militaire en 1882. Mais l'hypothèse reste hasardeuse, les riverains civils ayant été épargnés[3]. En 1909, le Dr Negresco soutient encore que les 80 cas de fièvre typhoïde observés à Jassy proviennent des miasmes évadés de tranchées creusées pour la pose de canalisations[4]. Ayant constaté la grande fréquence des épidémies par temps de pluie, le Pr Pettenkoffer soutient que l'élévation de la nappe phréatique chasse les miasmes telluriques qui se répandent dans l'air[5].

Certes, les microbes investissent la théorie miasmatique, lui donnant une assise éphémère et fragile. Les miasmes seraient des amoncellements de germes flottant dans l'air et dégageant de fortes odeurs. Ainsi s'expliqueraient les « épidémies d'appartement » provoquées par les gaz méphitiques qui s'engouffrent dans les chutes. Dans l'air de certains cabinets d'aisance, analysé à l'aéroscope, on aurait même trouvé des bacilles d'Eberth[6]. La théorie des odeurs contaminantes, fort en vogue en Angleterre, opposera une force d'inertie considérable au développement du tout-à-l'égout qui communique avec l'air des villes par des bouches d'aération.

Les mêmes ténèbres planent sur le choléra jusqu'à la découverte du vibrion et même après. Sa marche reste mystérieuse. Il s'abat sur certaines régions, en épargne d'autres. La soudaineté de ses attaques entretient le mythe de sa dissémination aérienne. En 1865, il frappe presque toutes les maisons d'une même rue de Madrid. Les brouillards, les pluies et les nuages sont mis en cause. Des orages ne précèdent-ils pas l'éclosion du fléau ? Le 29 juillet 1885, à 18 heures, un violent orage et des pluies torrentielles s'abattent sur Olias

1. Dr Froidbise, « Propagation par l'air à grande distance d'une épidémie de fièvre typhoïde », *Mouvement hygiénique,* 1893, p. 318.

2. Dr Le Pileur, « Note sur quatre cas de fièvre typhoïde », *Annales d'hygiène publique et de police sanitaire,* 1884, t. 1, p. 447.

3. Dr Martellière, *De la fréquence et de la répartition de la fièvre typhoïde dans Paris,* Paris, 1884, p. 68.

4. Dr Negresco, « La fièvre typhoïde à Jassy », *Journal d'hygiène,* 1911, p. 161.

5. « Étiologie de la fièvre typhoïde », *Annales d'hygiène publique et de police sanitaire,* 1884, t. 1, p. 99.

6. Dr Albert Friot, *Les Vidanges et les eaux ménagères,* Paris, 1889, p. 339.

del Rey, petite bourgade de 1 229 âmes située à 60 kilomètres de Madrid. Vers minuit apparaissent les premiers symptômes du mal. Le lendemain, 40 cas de choléra sont signalés, dont 3 mortels[1].

Certains invoquent l'importation du vibrion, d'autres la « spontanéité » ou « production autochtone » du mal. En 1893, le *Journal d'hygiène* soutient que le choléra de 1892, dont les premiers cas sont signalés à l'asile de Nanterre, est « né en France, aux portes de Paris ». « C'est en vain, écrit le Dr Sanarelli, qu'on cherche le bateau traditionnel qui a pu l'importer d'Orient[2]. » Grand adversaire de Pasteur, le Pr Peter soutient à l'Académie de médecine que « les points d'émergence des épidémies cholériques doivent être considérés comme leur foyer d'origine[3] ». En Allemagne, Pettenkoffer développe avec éclat sa théorie « localiste ».

C'est peu à peu que s'opère la prise de conscience, que les miasmes aériens ou telluriques sont relégués au rang d'ennemis imaginaires, et que l'homme malade apparaît comme le véritable responsable. S'il n'est pas contagieux, il est contaminant. Les résultats de toutes les enquêtes concordent sur ce point. Souvent réalisées sur le terrain, à la faveur d'épidémies locales, par de simples médecins de campagne, elles semblent issues du cru de Gaboriau, père fondateur du roman policier, dont les œuvres fleurissent alors dans les vitrines des libraires.

En mai 1888, la fièvre typhoïde s'abat sur l'École normale de Saint-Brieuc. Bilan : 17 cas, 5 morts. Le Dr Grovalet, médecin de l'établissement, se lance en fin limier sur la piste du coupable. Qui donc a introduit le germe assassin ? Une institutrice, Mlle Millon, qui, pendant les vacances de Pâques, a prodigué des soins à des parents morts depuis, est d'abord suspectée puis disculpée par la chronologie des événements. Mlle Ollivier est mise sur la sellette. Raison invoquée : elle a été la première touchée. Mais la période d'incubation étant de durée variable, la charge n'est pas retenue. Le germe a-t-il frappé au cours de la promenade du 3 mai à Yffiniac et aux grèves de Langueux ? Renseignements pris, aucun cas de fièvre typhoïde n'y a été signalé. Tous les soupçons se portent alors sur l'eau de boisson tirée du puits de l'école. Un détail retient l'attention de Grovalet. Ce puits, creusé dans le gneiss, vient d'être entouré de terre au cours de travaux de nivellement. Interrogé, M. Augier, architecte de l'établissement, avoue que cette terre provient d'excavations opérées lors de construction d'une maison. Sur ce chantier, le médecin-enquêteur découvre des terres fangeuses, imprégnées d'infiltrations alvines, de détritus et de matières organiques. Un échantillon d'eau croupis-

1. Dr A. Munoz, « Les nuages, les pluies, moyens de transport du choléra », *Gazette des hôpitaux,* 1911, p. 729.
2. Dr Sanarelli, « Les vibrions des eaux et l'étiologie du choléra », *Journal d'hygiène,* 1893, p. 552.
3. Cité dans *Revue d'hygiène,* 1892, p. 943.

sante est envoyé à l'Institut Pasteur et analysé par le Pr Chantemesse. Le verdict est écrasant : il grouille de bacilles d'Eberth.

Huit ans auparavant, l'école communale de Planguenoual avait été le théâtre d'événements semblables. La salubrité des lieux ne laissait rien à désirer, mais le puits était contigu à la fosse d'aisance de M. Cornillet, horloger du village, qui avait souffert d'une typhoïde. En 1892, à l'école de Pordic, c'est également le puits du jardin potager des religieuses qui est à l'origine de l'épidémie. Sans doute est-il à l'écart des fosses d'aisance, mais la terre, traitée à l'engrais humain, est imprégnée de bacilles jusqu'à la nappe[1].

Ces trois épidémies locales, signalées en 1893 dans les *Annales d'hygiène publique*, sont loin d'être uniques. Dans tous les cas, ce sont les déjections véhiculées par l'eau qui sont à l'origine du fléau. Voilà donc éclairci le mystère des pluies contaminantes. Le bacille d'Eberth ou le vibrion cholérique, déposé çà ou là par l'homme malade, végète dans l'attente de l'orage qui lui frayera le chemin de la rivière ou de la nappe.

Le phénomène survient aussi à l'échelle de régions et de villes. Au cœur des communautés ravagées, les zones épargnées dessinent la géographie des eaux polluées. En 1888, Angoulême puise les siennes dans la Touvre, à trois kilomètres de là. En amont de la machine élévatoire, des papeteries et des moulins rejettent leurs eaux usées dans la rivière déjà encombrée des déjections de Ruelle, bourgade de 3 000 âmes. Aussi la fièvre typhoïde y est-elle endémique : 403 cas dans la seule garnison en 1887, 150 en 1888. Mais le lycée et l'établissement du Sacré-Cœur échappent à l'hécatombe depuis 1887, date à partir de laquelle on y boit de l'eau bouillie[2].

Des lycées, des couvents, des garnisons deviennent, grâce à l'eau filtrée ou bouillie, des oasis de salubrité au milieu de régions contaminées. D'une année à l'autre, c'est la courbe typhique de toute une ville qui est brisée lorsque change le régime des eaux. Rennes s'alimente à ses puits infiltrés jusqu'en 1883. À cette date, des eaux de sources sont captées à 40 kilomètres de là et acheminées vers la ville où la morbidité s'effondre de 80 %[3]. Cherbourg puise son eau dans une rivière pittoresque, la Divette, et à la source de Fontaine-Rose. Rien ne serait plus charmant si des riverains n'y déversaient leurs immondices en amont. Aussi l'endémie affecte-t-elle la ville tandis que les villages des environs, qui boivent d'une autre eau, sont épargnés[4].

La propagation du choléra obéit aux mêmes lois. Les déjections, les vomissements, les linges souillés de vibrions empoisonnent l'eau. L'épidémie de

1. Dr Guibert, « Trois épidémies scolaires de fièvre typhoïde », *Annales d'hygiène publique et de police sanitaire,* 1893, t. 2, p. 408 *sq.*

2. Pr Brouardel, « Les maladies évitables », *Annales d'hygiène publique,* 1890, t. 1, p. 52-53.

3. *Ibid.*, p. 68-69.

4. Dr O. du Mesnil, « La rivière de la Divette et la fièvre typhoïde à Cherbourg », *Annales d'hygiène publique,* 1891, t. 1, p. 127 *sq.*

1892 en apporte la preuve éclatante. Elle foudroie Hambourg, causant la mort de 10 000 habitants, mais respecte sa voisine Altona. Toutes deux, il est vrai, utilisent l'eau de l'Elbe, mais Hambourg la puise directement dans le fleuve tandis que Altona la purifie au moyen de filtres à sable[1].

Vers 1890, la cause est entendue. À partir de 1896, les vaccinations antityphyques et anticholériques peuvent rendre de grands services dans le cadre de certaines collectivités, comme l'armée, mais elles ne suffisent pas à terrasser le mal. C'est l'eau qu'il faut mettre hors d'état de nuire.

La bataille de l'eau a commencé. Et contre les micro-organismes qui la souillent, ce sera un combat de géants où le savant, l'ingénieur et le béton joueront un rôle de premier plan. Il ne suffira pas de livrer des eaux pures aux populations, il faudra aussi briser le cycle de la pollution hydrique en traitant les eaux usées. Filtres géants, égouts, champs d'épandage et stations biologiques d'épuration seront mis à contribution. Mais au bout du compte, seul fera autorité le verdict du microscope et de la numération microbienne.

1. Pr Brouardel, « La défense des divers pays contre le choléra », *Annales d'hygiène publique*, 1893, t. 1, p. 394-395.

CHAPITRE XXV

La grande souillure des eaux potables

Une grande ville rappelle le corps humain. Son système artériel, ce sont les conduites d'eau pure qui portent vie et santé. Son système veineux, ce sont les égouts qui évacuent ses eaux noires. Ses poumons, ce sont les champs d'irrigation qui revivifient l'eau impure et produisent d'abondantes récoltes.

Lorsque Victor Hugo et Alexandre Dumas expriment le cycle de l'eau à travers cette métaphore, les Parisiens et la plupart des Français s'abreuvent d'une eau empoisonnée, mais ils l'ignorent, les analyses bactériologiques n'existant pas encore. Pour tous, comme pour Hippocrate jadis, il suffit qu'une eau soit limpide, fraîche et savoureuse pour être réputée saine. À Paris comme dans toutes les villes, l'eau qui coule, fût-elle savoureuse ou exécrable, n'en est pas moins une bénédiction. Mais la bactériologie ainsi qu'une meilleure compréhension du régime des sources vont sonner le glas des illusions.

L'insidieuse pureté de l'eau

La rivière et le puits ont longtemps fourni l'eau nécessaire à la consommation des foyers. Mais, vers la fin du XVIIIe siècle, les progrès du confort et les débuts de l'urbanisation, notamment en Angleterre, décuplent les besoins des citadins. Un peu partout en Europe l'eau commence à faire l'objet d'une production industrielle. À Paris, c'est en 1778 qu'est fondée par les frères Périer la première société capitaliste d'approvisionnement en eau, la Compagnie des eaux de Paris. Mais les abonnés sont rares jusqu'au début du XIXe siècle[1].

L'eau vendue aux usagers est alors puisée dans la rivière mais sa pureté préoccupe déjà les industriels. Peu avant la Révolution, des stations de filtrage sont installées sur les bords de Seine et, en 1806, une usine de clarification

1. Jean-Pierre Goubert, *La Conquête de l'eau,* Paris, Robert Laffont, 1986, p. 174-177.

est aménagée quai des Célestins. Mais les filtres, composés de graviers et de charbon, s'encrassent vite et peuvent même devenir dangereux. En fait, l'eau n'est jamais que clarifiée et, sous sa rassurante limpidité, subsiste le péril microbien. Aussi l'accuse-t-on, non sans prescience, de grouiller d'animalcules et de « germes putrides ». Dès 1850, l'eau de source a donc la préférence des hygiénistes[1].

Vers le milieu du siècle, la plupart des consommateurs aisés sont abonnés aux services d'un porteur d'eau à raison de 2, 50 francs par mois pour 20 litres par jour, ou de 3 francs pour 30 litres. Mais nombreux sont les porteurs qui puisent une eau frelatée dans l'Ourcq ou à la borne-fontaine et la vendent pour pure. Quant aux Parisiens modestes, ils disposent d'une eau gratuite qu'il faut aller chercher aux fontaines de « puisage »[2].

La grande distribution d'eau des temps modernes commence en France avec la fondation, en 1853, de la Compagnie générale des eaux promise à un règne de près d'un siècle. La dérivation de la Dhuys, en 1872, apporte aux Parisiens l'eau pure d'un affluent de la Marne capté à 130 kilomètres de la capitale. Celle de la Vanne, en 1875, leur fournit une eau de source savoureuse. La distribution de ces eaux prend une telle importance qu'elle alimente 80 % des maisons parisiennes qui disposent d'adductions[3].

En 1880, La Compagnie générale des eaux distribue à Paris 354 000 mètres cubes par jour. 125 000 sont consommés et payés par les particuliers, 229 000 sont affectés au service public pour l'arrosage des rues, les fontaines ou le lavage des égouts. 40 000 des 90 000 maisons que compte Paris sont abonnées à la *Compagnie générale* mais 30 000 n'ont pas d'eau courante. Chaque Parisien dispose en moyenne de 177 litres par jour. Avec 224 litres, les Londoniens sont mieux pourvus mais leur eau est réputée moins pure[4].

De toutes les eaux distribuées aux Parisiens, ce sont les eaux de la Dhuys et de la Vanne qui font la fierté de la Compagnie et des hygiénistes. L'eau de source, filtrée, purifiée par la nature de ses matières organiques, est de surcroît délicieuse. Chaque jour, 120 000 mètres cubes de ce cristal inondent la plus grande partie du réseau parisien. Voilà pourquoi Paris serait mieux lotie que Londres, comme en témoigne, en 1883, un dithyrambe du Dr Vallin : « Combien Paris est mieux dotée avec ses eaux de source irréprochables, ses immenses réservoirs couverts qui, même au plus fort des chaleurs de l'été, nous donne de l'eau fraîche à +15°, et avec un service qui fonctionne pour ainsi dire tout seul, sans être subordonné aux irrégularités des machines à vapeur et au chômage des ouvriers[5]. »

1. *Ibid.*, p. 52-54.
2. Julia Csergo, *Liberté, égalité, propreté. La morale de l'hygiène au XIXe siècle,* Albin Michel, 1988, p. 214.
3. *Ibid.*, p. 228.
4. « Le service des eaux à Paris », *Revue d'hygiène,* 1880, p. 64.
5. Dr Vallin, « L'hygiène à Londres », *Revue d'hygiène,* 1883, p. 356.

Cette pureté est d'autant plus précieuse que l'eau est affectée aux besoins alimentaires, l'hygiène corporelle restant un luxe. À Paris, les inventaires après décès dépouillés par Julia Csergo indiquent que le nombre des logements équipés d'une salle de bains passe de 0, 4 % en 1850 à 2, 6 % en 1900. Réservés aux ablutions, les cabinets de toilette, qui n'impliquent pas la présence d'eau courante, sont plus nombreux. Dans 269 inventaires de 1900, ils équipent 49 logements (18 %)[1].

L'impureté des eaux de Londres est dénoncée, non sans jubilation, par les hygiénistes français. Les immenses bassins de filtration de Battersea et Pimlico se trouvent à une cinquantaine de mètres d'un dépôt d'immondices qui, parcouru par des nuées de miséreux en quête de produits récupérables, libère une poussière putride éparpillée par le vent. La situation est aggravée par la proximité d'une station de chemin de fer et d'un boulevard à grande circulation[2].

Mais, en dépit d'un optimisme de façade fondé sur la pureté apparente des eaux de la Vanne et de la Dhuys, la situation n'est pas meilleure à Paris. 135 000 mètres cubes d'une eau écœurante sont encore puisés dans la Marne, le canal de l'Ourcq ou la Seine, et distribués aux riverains. En 1883, 278 rues sont branchées sur l'Ourcq et, lorsque l'arrosage des voies publiques entraîne des baisses de pression, on la substitue partout ailleurs aux eaux de source sans crier gare. L'Ourcq alimente aussi plusieurs casernes et hôpitaux. À Lariboisière, les tisanes ont si mauvais goût que certains malades les refusent. Des réservoirs de l'établissement se dégagent des odeurs de putréfaction et les conduites s'incrustent d'un calcaire noirâtre[3]. *L'Éclair* du 9 juin 1894 s'en indigne : « Buvons-nous toujours des mollusques ? Il paraît que nous en buvons et que c'est même très mauvais[4]. » Les hygiénistes le déplorent avec d'autant plus d'amertume que les ascenseurs hydrauliques des beaux quartiers fonctionnent à l'eau de source.

Mais voilà que surgissent d'autres sujets d'inquiétude. En 1900, la fièvre typhoïde touche surtout les quartiers desservis par l'eau de la Vanne. Or, dans le même temps, elle frappe aussi la ville de Sens qui s'alimente à la même source. Les eaux venues des profondeurs terrestres seraient-elles, elles aussi, impures ?

Lorsque fut établie la dérivation de la Vanne, entre 1854 et 1870, on connaissait mal le régime des sources vauclusiennes. Les progrès de la spéléologie et de la bactériologie vont renverser les données du problème. Les explorations profondes réalisées par le spéléologue Martel et la technique de coloration des eaux révèlent le régime désastreux des calcaires et des craies.

1. Julia Csergo, *op. cit.,* p. 263-264.
2. Dr Vallin, *op. cit.,* p. 355.
3. « La distribution d'eau à Paris », *Revue d'hygiène,* 1883, p. 165.
4. Cité par Julia Csergo, *op. cit.,* p. 228.

La plupart des sources communiquent entre elles et avec les cours d'eau superficiels qui s'évanouissent souvent dans des mardelles, des bétoires, des bimes ou des gouffres. Ainsi, bien des sources ne sont-elles que des résurgences de ruisseaux pollués engouffrés dans une fissure calcaire. Ne méritent le nom de « sources » que les échappées provenant de régions non peuplées. À cela s'ajoute la crainte, déjà présente et justifiée, de la dessiccation de l'écorce terrestre par suite des déboisements[1].

Dès 1901, le bactériologiste Miquel découvre que 95 % des eaux de la Vanne sont infectées de colibacilles et, en 1904, l'enquête menée par la Commission de Montsouris reconnaît qu'on distribue à Paris, sous le nom d'eaux de source, des eaux qui, par un ensemble de fissures, communiquent avec des terrains pollués[2]. Lavoirs, clos d'équarrissage, bétoires, dépôts de fumiers, étables et fosses d'aisance non maçonnées empoisonnent le sol et les nappes. Certaines eaux se faufilent sous les cimetières avant de rejaillir, prêtes à la consommation[3]. Dans l'ensemble, il n'existe pas, en France comme dans les autres pays, d'eau publique qui ne contienne plusieurs milliers de micro-organismes par centimètre cube. Or, une eau est réputée inoffensive à moins de 100 germes par centimètre cube !

La faillite des sources est donc totale. Elle provoque un mouvement de panique, une « phobie de la fissure calcaire ou granitique » dont le Dr Bonjean, du Conseil supérieur de l'Hygiène publique, déplore les effets désastreux. N'est-il pas préférable, se demande-t-il, d'avoir recours aux eaux de sources, fussent-elles issues d'une nappe fissurée, qu'à celles des cours d'eau ? Telle est la hantise de la fissure que certaines agglomérations finissent par préférer les eaux stérilisées de leurs égouts[4]. Aussi devient-il urgent d'organiser la lutte contre la pollution des nappes.

L'opération s'avère d'autant plus difficile que les nappes les plus sollicitées se trouvent situées sous les régions les plus peuplées. La Commission de Montsouris recommande malgré tout de placer les zones concernées sous haute surveillance. Des médecins veilleront à l'étanchéité des fosses d'aisance et des réceptacles à fumier. Les selles et les linges des typhiques seront désinfectés. Mais comment empêcher leurs urines de s'infiltrer dans le sol ?

Des mesures sévères sont édictées aux États-Unis. L'Angleterre est encore plus sourcilleuse. Les municipalités de Manchester, de Liverpool et de Birmingham achètent plusieurs milliers d'hectares de terres dans leur périmètre d'alimentation pour s'en assurer le contrôle. Aussi les eaux du lac de Thir-

1. E.-A. Martel, « Les problèmes de l'eau potable », *La Presse médicale,* 1907, p. 217.

2. Pr Jules Courmont, « L'alimentation des villes en eau potable. Danger de l'eau de source. Impossibilité d'une surveillance efficace », *La Presse médicale,* 1904, p. 377.

3. Cité par Launay, Bonjean, Martel et Ogier, *Le Sol et l'Eau,* Paris, 1906.

4. Dr E. Bonjean, « Les eaux d'alimentation publique », *Revue d'hygiène,* 1910, p. 1071-1072.

merle, qui desservent Manchester, peuvent-elles être distribuées sans filtration préalable. À la demande de la municipalité de Glasgow, les propriétaires des rives du lac Kotrine renoncent à toute construction. Et partout s'organise la chasse aux sources de pollution : abreuvoirs, fumiers, voire feuilles mortes et vagabonds[1].

Cette politique a ses limites. C'est sur l'étendue d'un pays qu'il faudrait bannir toute forme d'activité. Les 20 000 m^3 d'eau de la Deule acheminés chaque jour vers Lille sont pollués par les déchets industriels. Pour protéger leur périmètre de sécurité, il faudrait ruiner la région en fermant les usines sur des milliers d'hectares[2]. Les eaux des sources champenoises, qui alimentent Paris, sont à la merci de distilleries, d'abreuvoirs ou de fosses d'aisance qu'il faudrait supprimer sur 150 kilomètres[3]. Dans la région parisienne, 500 000 hectares seraient condamnés. Très vite, les hygiénistes s'orientent donc vers la filtration et la stérilisation de l'eau potable.

Dans les campagnes, qui ne peuvent bénéficier de coûteuses adductions, l'eau n'est pas meilleure. Sans doute celle du puits, fraîche, naturelle et savoureuse, fait-elle les délices du paysan. Mais, en des temps où l'on ignorait tout des infiltrations microbiennes, l'emplacement des forages a été choisi en fonction de considérations pratiques, à proximité de la fosse d'aisance, du puisard, de la fosse à purin ou du dépôt de fumier. Or, la désinfection d'un puits est une opération délicate aux effets peu durables. Aussi les hygiénistes recommandent-ils de les maçonner ou d'éloigner les sources de pollution. Les puits forés et « tubés » présentent une étanchéité absolue, et, vers 1914, ils sont répandus un peu partout sauf en France[4]. Même si la loi de 1902 sur la santé publique prévoit de nombreuses mesures en faveur de la sauvegarde des nappes, la situation s'améliore lentement jusqu'à la veille de la Première Guerre mondiale.

À la malédiction de la pollution s'ajoute celle de la mauvaise gestion.

Une mauvaise gestion

En dépit de l'essor des grandes compagnies, qui font de fructueuses affaires, et de celui des régies municipales, les adductions restent rares jusqu'à la fin du XIXe siècle. Sur 691 villes françaises de plus de 5 000 habitants, 8 sont alimentées en eau au XVIIIe siècle. Elles sont au nombre de 23 entre 1820 et 1840, et de 94 entre 1860 et 1870. Les travaux d'adduction s'accélèrent à partir de 1880. 290 villes, d'une population totale de 4 500 000 habitants,

1. Dr E. Imbeaux, « Les eaux d'alimentation des villes », *Revue d'hygiène*, 1904, p. 488-491.
2. Dr Vallin, « La protection des sources », *Revue d'hygiène,* 1883, p. 443.
3. *Ibid.,* p. 441-442.
4. Dr E. Arnould, « Les puits, question d'hygiène », *La Presse médicale,* 1911, p. 762.

distribuent de l'eau sous pression. Mais, en 1906, 141 villes de plus de 5 000 habitants n'ont toujours pas d'adduction. Encore l'eau courante à domicile n'existe-t-elle que pour une minorité de privilégiés, l'eau à l'étage ou dans la cour pouvant être considérée comme un luxe. Dans l'immense majorité des cas, il faut se contenter de la borne-fontaine[1].

L'un des principaux obstacles à l'extension du réseau est le coût d'installation. Variable d'une région à l'autre selon la topographie, il oscille de 10 à 25 francs par habitant. Mais la rentabilité de l'eau est excellente, surtout pour les compagnies privées qui contrôlent Paris, Nantes, Nice ou Lyon. Dans plus de 80 % des cas, les bénéfices sont de 300 %, voire de 600 %. Vers 1900, le mètre cube, qui coûte 5 centimes au distributeur à Nevers, est revendu 40 centimes[2]. En revanche, les services publics mis en régie par les municipalités doivent se contenter de la portion congrue.

Le coût de l'eau est parfois calculé en fonction du loyer payé par l'abonné. Mais dans plusieurs villes, dont Paris, il est établi d'après le nombre de personnes occupant l'appartement. Comme le souligne J.-P. Goubert, pareil système avantage les foyers riches, qui ont peu d'enfants, au détriment des familles nombreuses et modestes. Pour un couple d'ouvriers et leurs cinq enfants, la facture annuelle sera de 32 francs, mais elle sera de 16 francs pour un riche célibataire[3]. Il faudra attendre le début du XXe siècle pour que l'usage du compteur commence à se généraliser.

Les propriétaires ont de surcroît horreur de l'eau et font, selon l'expression des hygiénistes, « la guerre à l'eau » en raison des frais de vidange.

Mais voilà le plus stupéfiant. Cette eau, amenée à si grands frais, est affectée en priorité aux services publics. Sur les 354 000 mètres cubes qui arrivent à Paris en 1877, 228 500 leur sont consacrés (65 %) contre 125 500 aux particuliers (35 %). L'arrosage et le lavage des rues absorbent à eux seuls 108 000 mètres cubes ; les promenades et bois, 36 000 ; les fontaines monumentales, plus de 40 000 ; les bornes fontaines, 8 000. Six ans plus tard, en 1883, la consommation globale s'élève à 369 000 mètres cubes, mais la consommation des particuliers est tombée à 95 000 (24 %) alors que les rues absorbent 139 000 mètres cube (37 %). Il existe à Paris des milliers d'urinoirs dont chacun consomme 30 mètres cubes par jour. À Londres, au contraire, ils sont rares et infects, n'étant lavés qu'une seule fois par semaine. Mais les water-closets, dont l'usage s'est généralisé, ont une soif inextinguible[4].

On pourrait croire que l'administration a fait un choix hygiénique en privilégiant la propreté des rues aux dépens des individus. Le cas de Rouen prouve le contraire.

1. Jean-Pierre Goubert, *La Conquête de l'eau, op. cit.*, p. 198.
2. *Ibid.*, p. 187-191.
3. *Ibid.*, p. 192.
4. Dr E. Vallin, « L'hygiène à Londres », *Revue d'hygiène*, 1883, p. 358-361.

En 1894, Rouen est une ville malade. Le chiffre des décès y excède de 768 celui des naissances. Avec une mortalité de 35 pour 1000, elle s'adjuge un record peu enviable en Europe (23 pour 1000 à Paris, 20 à Londres et Berlin). 10 000 fosses d'aisance perméables contaminent son sous-sol et c'est dans ce cloaque que la plupart des habitants s'alimentent en eau. La ville reçoit 14 000 mètres cubes par jour d'une eau réputée excellente (14 litres par habitant contre 134 à Paris). Or, 75 % de cette ration chichement distillée est réservée aux services publics tandis que 100 000 Rouennais doivent se contenter de 35 000 mètres cubes par jour (3,5 litres à domicile ou à l'immeuble par habitant). Les 65 pissotières de la préfecture normande, qui engloutissent 1 950 mètres cubes, sont logées à meilleure enseigne. Chacune d'elles dispose de 30 mètres cubes par jour ! Circonstance aggravante, l'eau de la ville est si chère que le nombre des abonnés est dérisoire, la plupart des Rouennais préférant celle de la borne-fontaine dont une partie ira se perdre dans la Seine[1].

Le cas de Rouen n'est pas unique et plusieurs urbanistes font la guerre au gaspillage. Dans toutes les villes l'eau des bornes-fontaines ne coule que pour l'égout ou le ruisseau. Les ménagères qui habitent au troisième ou au quatrième étage la boudent sous peine de fatigues excessives. Mais les enfants ou les passants ne se privent pas de la faire couler pour le plaisir[2].

À Paris, comme dans d'autres villes, les eaux de source réputées saines et les eaux de l'Ourcq, de la Marne ou de la Seine, empruntent volontiers les mêmes conduites sans que les usagers en soient avertis. Vers 1890, certains hygiénistes réclament l'établissement d'une double canalisation. Eaux pures et impures auraient chacune leur robinet. Mais le projet avorte en raison de son coût et des confusions probables[3]. Il faut attendre 1900 pour que les substitutions soient signalées en temps utile par voie d'affichettes et de presse[4].

À cette date, les autorités municipales s'emploient à distribuer les eaux en fonction des besoins, mais le péril subsiste. Lorsque les enfants, après avoir joué au jardin ou au square, vont s'abreuver aux fontaines publiques ou chez les marchands de gaufres, c'est à l'eau de l'Ourcq ou de la Seine qu'ils s'exposent. Au demeurant, les municipalités n'hésitent pas à transgresser leurs propres règlements en accordant une licence à des cafés ou à des restaurants de jardin qui délivrent une eau impure. Le phénomène prend des proportions angoissantes en 1900 lorsque, à la faveur de la Grande Exposition, cafés et restaurants improvisés fleurissent aux abords du Champ-de-Mars, du Trocadéro et des Invalides[5].

1. Dr Jude Hue, *Rapport sur l'assainissement de Rouen,* Rouen, 1894.
2. Dr X. Delore, « L'hygiène de Lyon et la Société de médecine », *Annales d'hygiène publique,* 1901, t. 2, p. 237.
3. Dr Émile Trélat, « L'eau pure à Paris », *Revue d'hygiène,* 1890, p. 317.
4. Dr E. Vallin, « L'eau de boissons dans les jardins publics de Paris », *Revue d'hygiène,* 1900, p. 13.
5. *Ibid.,* p. 96-101.

Des eaux souillées encore plus insidieuses menacent les consommateurs. Elles sont d'un éclat cristallin mais colportent un danger venu du froid.

Des microbes venus du froid

Vers la fin du XIXe siècle, la glace envahit les entrepôts, les glacières et les terrasses des cafés. Déguster un bock à la température ambiante est devenu une hérésie. En 1882, les États-Unis consomment 12 millions de tonnes de glace par an. Pour apaiser sa soif, New York en engloutit 700 000 en 1884 et sa demande s'accroît de 15 % par an[1]. Avec 500 000 tonnes en 1892, Paris est à peine moins gourmande[2].

Cette glace vient parfois des montagnes. En 1882, les États-Unis en exportent 8 millions de tonnes vers les Indes, l'Afrique et l'Amérique du Sud. L'Europe en fait venir de Suisse et de Norvège. Mais elle est consommée sur place lorsque des hivers trop doux provoquent une pénurie. La glace prélevée dans les pièces d'eau du voisinage est meilleur marché. La glace artificielle, obtenue dans le vide ou par évaporation de l'ammoniaque, est la moins prisée.

À Paris, le prix de revient de la glace importée est de 30 francs la tonne, celui de la glace artificielle de 15 francs, de la glace récoltée dans la région de 5 francs. L'exploitation est assurée par la Compagnie des glacières de Paris qui, depuis 1882, détient un monopole absolu. Elle réalise de substantiels bénéfices en revendant sa production aux détaillants à 100 francs la tonne. Quant au consommateur, il la paye 250 francs. Entre son extraction des étangs de la Briche et le gosier des Parisiens, les intermédiaires ont multiplié les prix par cinquante[3].

Il existe deux types de glace. La glace transparente et la glace opaque. La glace transparente se rencontre dans la nature où le lent travail de cristallisation a chassé l'air en dissolution dans l'eau, donnant lieu à une véritable distillation. Dans la glace opaque, obtenue par un brutal refroidissement artificiel, les gaz n'ont pas eu le temps de s'échapper. La glace transparente est indigeste et le plus souvent impure tandis que la glace opaque est légère et pure lorsqu'elle est fabriquée avec de la bonne eau. Or, séduit par le mirage des apparences, le consommateur donne sa préférence à la glace naturelle, qui fond plus lentement et dont l'éclat semble un gage de pureté et de saveur. Sans doute la glace transparente venue des fjords norvégiens est-elle pure. Mais la glace venue de Suisse, qui fait rêver de névés alpestres, est extraite des étangs de Pontarlier.

1. V. Du Claux, « Les impuretés de la glace », *Annales d'hygiène publique,* 1884, t. 2, p. 100.
2. Alfred Riche, « Emploi de la glace dans l'alimentation », *Revue d'hygiène,* 1893, p. 1106.
3. *Ibid.*

Les consommateurs, qui commencent à redouter la pullulation microbienne de l'eau, ne peuvent se douter que, derrière l'éclat du glaçon qui émousse les affres de la canicule, dorment les germes de toutes les infections gastro-intestinales. Le froid, croit-on, purifie tout, comme le feu. Or, il a été prouvé que les microbes survivent à des températures de -20° et que le bacille d'Eberth garde toute sa virulence après un séjour de quatre mois à -10°.

D'où l'effroi des hygiénistes. Les glaçons naturels, qui font le bonheur des Parisiens, proviennent pour la plupart des étangs gelés de la Briche, de la pièce d'eau des Suisses, à Versailles; des bassins du parc de Saint-Cloud et des lacs des bois de Boulogne et de Vincennes. En 1892, un centimètre cube de glace provenant du lac Daumesnil permet d'ensemencer 25 000 colonies microbiennes. Dans une glace vendue rue du Dragon, le laboratoire municipal en recense jusqu'à 175 000. Selon la *Presse médicale* du 6 août 1906, la glace extraite de la vanne hébergerait 50 000 bactéries par centimètre cube et celle du canal de l'Ourcq, plusieurs millions! Certains échantillons contiennent 820 milligrammes par litre d'une matière organique qui dégage une odeur putride après fusion[1].

Mais le record de fétidité appartient aux glaçons recueillis dans les étangs de la Briche. Située près du château du même nom, à la limite des communes d'Épinay et de Saint-Denis, cette pièce d'eau baigne dans un décor champêtre. C'est un régal pour l'œil mais un poison pour la santé car s'y déversent les égouts d'Enghien et de Saint-Gratien. La vase noire qui s'y accumule dégage en été des effluves qui font fuir les promeneurs. Après les premières pluies, une faible couche d'eau croupissante la recouvre, et c'est elle qui, parée de sa beauté d'opale, empoisonnera bières et limonades[2]. Aussi n'est-il pas étonnant qu'un arrêté préfectoral du 30 janvier 1893 mette fin à l'exploitation de ce marécage par la Compagnie des glacières de Paris.

Ainsi, des eaux qui répugneraient aux Parisiens sont avalées avec volupté une fois transfigurées par le froid. Le mal ne serait pas bien grand si cette glace n'était utilisée qu'à des fins industrielles, mais les pouvoirs publics s'avèrent incapables de contrôler sa destination.

Aussi les hygiénistes préconisent-ils le recours à la glace artificielle fabriquée avec une eau pure. Les consommateurs n'en auraient pas voulu si un ingénieur n'avait réussi à la rendre transparente en expulsant l'air qu'elle renferme par simple mouvement giratoire des récipients plongés dans le mélange réfrigérant. Mais, les prétendues vertus prophylactiques de la congélation apaisant les consciences, la Société des glacières de Paris fabrique de la glace en période de soudure sans se soucier de l'eau utilisée. Elle a d'abord traité l'eau de l'Ourcq, mais y a renoncé en raison des impuretés qui encrassaient les machines. C'est pourquoi elle utilise l'eau de la Vanne ou de la Seine non

1. *Ibid.,* p. 1105.
2. « La glace vendue à Paris et l'étang de la Briche », *Revue d'hygiène,* 1892, p. 1047.

filtrée[1]. Le Conseil sanitaire voudrait assainir le marché de la glace, mais il se heurte à de puissants intérêts.

Pour les industriels, la glace importée de Scandinavie et la glace artificielle ne sont que des pis-aller incapables de rivaliser avec la glace bon marché des pièces d'eau lorsque les gelées sont fécondes. Aussi, l'obsession du siège aidant, les hygiénistes rêvent-ils d'un vaste complexe frigorifique aménagé dans le camp retranché de Paris, à la Villette, et capable de congeler 20 tonnes de viande par jour tout en couvrant les besoins de la région parisienne en glace[2].

Les eaux courantes et la glace étant d'un cru douteux, les hygiénistes trouveront-ils un sujet de consolation dans les eaux minérales ?

Les eaux minérales elles-mêmes…

L'eau minérale n'est qu'une eau de source mise en bouteille et investie de propriétés thérapeutiques.

Lors de la Grande Exposition de 1900, les eaux minérales de France sont à l'honneur. Pour la première fois, une galerie spéciale leur est consacrée. Un commentaire flatteur signale : « Elles constituent en tout cas l'une des sources les plus considérables de notre richesse nationale. Aucun pays en Europe n'en renferme un aussi grand nombre et de composition aussi variée. Toute la gamme de la thérapeutique s'y trouve reproduite et tous nos groupes montagneux y contribuent. Ici, une législation protectrice de tous les intérêts garantit leur captation et leur exploitation contre toutes causes de souillures voisines, suivant un périmètre strictement et judicieusement défini. »

Tout autre est hélas la vérité !

Vers la fin du XIXe siècle, la peur de l'eau souillée donne un essor considérable au commerce des eaux minérales. En 1896, 1 300 sources, d'un débit total de 90 000 mètres cubes, occupent 1900 travailleurs qui, chaque année, expédient 50 millions de bouteilles dans tout le pays[3]. Mais les techniques de numération bactériologique vont faire voler en éclats le mythe de la pureté des eaux minérales.

Dès 1894, l'examen des eaux les plus réputées pour leur virginité donne des résultats aussi inattendus qu'effrayants. Si les bacilles d'Eberth en sont absents, les mucidécinés et plusieurs bacilles pathogènes, dont le fameux bacille coli, y pullulent. Dans le meilleur des cas, les buveurs s'exposent à de fameuses diarrhées.

1. V. Du Claux, « Les impuretés de la glace », *Annales d'hygiène publique, art. cit.*, p. 102.
2. Alfred Riche, « Emploi de la glace dans l'alimentation », *Annales d'hygiène publique, art. cit.*, p. 1107.
3. « L'hygiène à l'Exposition de 1900 », *Revue d'hygiène*, 1900, p. 573.

Par centimètre cube, l'eau de Badoit renferme 159 000 micro-organismes, celle de Couzan, 184 400, de Contrexeville 48 000[1]. La reine des eaux minérales, celle qui fait le prestige de l'Auvergne, l'eau de Vichy, occupe une place d'honneur au palmarès de la souillure. « Grande Grille » donne 114 600 colonies, les autres eaux de la cité thermale entre 40 000 et 60 000. Voilà donc la quintessence des eaux qui rivalise d'impureté avec l'Ourcq ou la Seine. La Marne à Saint-Maur contient 198 000 colonies et la Seine au pont d'Austerlitz 120 000 (autant que « Grande Grille »)[2].

Sans doute la sève des montagnes est-elle pure à sa source. Ce sont les procédés de captation et d'embouteillage qui laissent à désirer. Les mains des ouvriers sont rarement propres, les bouteilles, qui proviennent de la revente aux épiciers et aux pharmaciens, ne sont jamais stérilisées. Or, le *Journal d'hygiène* signale en 1910 que certaines d'entre elles se retrouvent à la source souillées de reliquats des produits à analyser, urine ou crachats[3] !

Pour comble de malheur, le commerce de détail des eaux minérales, qui était le monopole des pharmaciens, est tombé dans la mouvance des épiciers et des crémiers à la suite d'un arrêt de la cour de Cassation. La vente de bouteilles scellées n'aggraverait pas la situation, mais c'est par verre ou par demi-verre que se fait le débit. On cite même le cas de charbonniers devenus orfèvres en l'art de servir l'eau de roche[4].

Devant l'afflux d'eaux de rivières ou de sources polluées, de glaces impures ou d'eaux minérales douteuses, les hygiénistes envisagent la stérilisation générale de toutes les eaux d'alimentation. C'est un projet herculéen.

Vers la victoire de l'eau pure

Force est donc de trouver le procédé permettant de distribuer aux consommateurs une eau pure, c'est-à-dire contenant moins de 100 germes par centimètre cube. Le plus simple, le plus efficace et le moins coûteux des traitements est le traitement chimique. L'iode, l'eau oxygénée, l'oxyde de fer ou le sulfate d'alumine sont mis à l'épreuve. Mais les résultats sont médiocres et les hygiénistes redoutent de substituer un poison à la pollution microbienne. Vers 1890, c'est la filtration qui a leur faveur.

Il existe deux types de filtration, la filtration dite « mécanique » et la filtration sur lit de sable. La variété de filtres mécaniques est grande mais tous

1. Moissan et A. Colin, « Les eaux minérales à l'Académie de médecine », *Bulletin de l'Académie de médecine,* 1894, p. 298.

2. Roman et Colin, *Bactériologie des eaux minérales de Vichy...*, Paris, 1892, p. 93.

3. Dr A. Charrier, « Revente des bouteilles d'eaux minérales vides », *Journal d'hygiène,* 1910, p. 83.

4. H. Moissan et L. Grimbert, « Étude des eaux minérales », *Annales d'hygiène publique,* 1894, t. 1, p. 490.

contiennent dans leur réservoir métallique la même matière filtrante, sulfate d'alumine ou oxyde de fer. Il s'agit donc d'une purification chimique déguisée. Dès 1885, Anvers s'équipe d'un épurateur rotatif Anderson. L'eau transite dans un grand cylindre actionné par la force du courant et tournant sur son axe. Grâce aux palettes qui garnissent ses parois internes, la poussière métallique qu'il contient retombe en pluie sur l'eau ainsi purifiée. Pareil procédé est adopté en 1890 à Boulogne-sur-Seine[1].

Les filtres mécaniques traitent l'eau avec rapidité, la clarifient, mais n'éliminent que 90 % de ses germes. Ils ne peuvent faire obstacle ni à la fièvre typhoïde ni au choléra ni aux diarrhées infantiles. Aussi leur préfère-t-on, à partir de 1895, les bassins filtrants et, plus précisément, les lits de sable.

Il s'agit de terrains artificiels où l'eau est purifiée comme dans la nature. Sur quatre mètres d'épaisseur, elle traverse des couches de sables et de cailloux de plus en plus volumineux avant de rejoindre les drains d'émission[2]. On attribue leur pouvoir épurateur non au sable lui-même mais à la membrane formée de micro-organismes qui se déposent à sa surface, formant un voile gélatineux qui arrête matières organiques et bactéries. Mais cette membrane est fragile. Nombreux sont ses ennemis : larves de moustique qui la transforment en écumoire ou épinoches et anguilles qui se frayent un passage dans le sable. Un orage suffit à la disloquer. Aussi l'installation nécessite-t-elle une surveillance constante[3].

En dépit de cet inconvénient, l'efficacité des filtres à sable, dont le principe est connu dès 1890, s'avère prodigieuse. En France, où le souvenir du siège est devenu une obsession, les hygiénistes militent dès 1890 pour l'installation de filtres à sable à l'intérieur du camp retranché de Paris, seule parade contre toute coupure d'eau[4]. Échaudé par le choléra de 1892, Hambourg est, dès 1893, la deuxième ville à en faire usage après sa voisine Altona. Aussitôt, la mortalité typhique tombe à 5 pour 100 000. En 1902, presque toutes les villes allemandes de plus de 100 000 habitants consomment de l'eau filtrée. La France, où la première station fait son apparition en 1900, est moins bien équipée.

Les résultats sont édifiants. Dans onze des plus grandes villes d'outre-Rhin totalisant 5 millions d'âmes, la mortalité typhique tombe, entre 1896 et 1902, à 6,5 pour 100 000 tandis que, dans douze villes françaises de plus de 100000 habitants, elle se maintient à 23,6[5]. C'est en 1900 que les deux premiers bassins filtrants français sont installés à Choisy-le-Roi et Neuilly-sur-Marne. Dans l'ensemble des communes desservies par ces stations, qui

1. « L'eau de Seine et l'épurateur rotatif Anderson », *Génie civil*, 1891, p. 231.

2. Dr Émile Trélat, « L'eau pure à Paris », *Revue d'hygiène*, 1890, p. 321.

3. A. Kenma, « La biologie du filtrage au sable », *Bulletin de la Société belge de géologie*, 1899, p. 48-49.

4. Dr Émile Trélat, « L'eau pure à Paris », *Revue d'hygiène*, 1890, p. 316 *sq*.

5. Dr Chabal, « La fièvre typhoïde et l'eau de Seine filtrée », *Annales d'hygiène publique*, 1904, t. 1, p. 339.

comptent 846 000 habitants, la mortalité typhique s'effondre, en une seule année, de 29,7 à 12,2 pour 100 000[1].

À l'usine d'Ivry ou de Nanterre, l'association des filtres mécaniques et à sable donne des résultats encore plus remarquables. À New York, où le jumelage des deux systèmes est réalisé en 1899, le nombre de bactéries par centimètre cube tombe de 2 270 à 15 tout au plus[2]. Or, voilà qu'un procédé encore plus miraculeux fait son apparition à l'orée du XXe siècle : l'ozonisation.

L'ozone, encore appelé « air électrisé » vers 1900, est un gaz d'odeur forte de pouvoir oxydant supérieur à celui de l'oxygène. Avec la lumière ultra-violette, dont il est issu, il forme ce complexe bactéricide qui fait la pureté des cimes et justifie les cures de montagne.

En 1891, plusieurs savants dont Siemens, de Berlin, mettent au point des procédés d'ozonisation. Un an plus tard, l'électricien français Foveau de Courmelles l'utilise pour la stérilisation des jus de fruits dans une usine de l'Aisne[3]. À l'Exposition d'hygiène qui, en 1895, se tient à Paris au Champ-de-Mars, on peut voir fonctionner l'appareil de Tindal, composé d'un ozoneur de type Berthelot dont les effluves barbotent dans l'eau purifiée à raison de deux mètres cubes par heure. Les résultats sont remarquables. L'eau garde sa fraîcheur et sa saveur, et surtout, la stérilisation est totale. Mais beaucoup d'hygiénistes restent sceptiques quant aux applications industrielles du procédé. Pourtant, la première station française d'épuration à l'ozone est installée à Lille en 1895 où elle stérilise les eaux de l'Emmerin. Elle comprend une centrale électrique d'une puissance de 40 000 volts, un ozoneur et une colonne d'eau où transite le liquide[4].

Dès lors, le procédé se généralise un peu partout. À Berlin, l'eau de la Spree, qui contient jusqu'à 100 000 germes par centimètre cube, est traitée par le système Siemens-Halske jusqu'à stérilisation complète. À Nice, la municipalité passe contrat avec la Compagnie française pour l'ozone qui s'est spécialisée dans l'installation de stations d'épuration[5]. Une autre station est installée à Saint-Maur.

Le principe de fonctionnement est simple. Un courant électrique de forte intensité chargé de lumière ultra-violette ozonise un air injecté sous pression dans l'eau venue d'un filtre à sable. Les partisans de l'opération font valoir l'économie ainsi réalisée : 5 à 15 centimes le mètre cube selon les stations. Mais il s'agit d'un procédé de haute technologie à faible rendement qui nécessite la surveillance constante d'ingénieurs. Aucune grande ville ne peut encore

1. « Hygiène urbaine », *Hygiène générale et appliquée*, 1906, p. 464.
2. *Revue d'hygiène*, 1905, p. 558.
3. Foveau de Courmelles, « L'épuration des eaux », *Journal d'hygiène*, 1906, p. 44.
4. Dr Raoult-Deslongchamps, « La stérilisation des eaux par l'ozone », *Revue d'hygiène*, 1899, p. 322.
5. Dr E. Pilatte, « La stérilisation des eaux par l'ozone. Essai d'application sur eaux d'alimentation de la ville de Nice », *Revue scientifique*, 1906, p. 37.

se doter d'installations de traitement à l'ozone. Même si l'ozonisation est une méthode d'avenir encore utilisée de nos jours, le filtre à sable gardera longtemps son monopole.

C'est vers 1910 que la stérilisation par les rayons ultra-violets fait son apparition. Des lampes en quartz à vapeur de mercure immergées dans l'eau dégagent sur 30 centimètres une lumière qui foudroie tous les microbes en moins d'une minute[1]. Mais le rendement est si faible qu'il faut y renoncer pour le traitement industriel des eaux. Il rendra néanmoins de grands services dans la stérilisation du lait et de diverses boissons alimentaires.

À la veille de la Grande Guerre, l'eau potable a perdu l'essentiel de sa virulence mais le problème n'est pas réglé pour autant. Même si le seuil des sacro-saints 100 germes par centimètre cube est pulvérisé, le danger subsiste. Certes, rares sont les germes pathogènes. Mais, la malchance aidant, un seul peut provoquer un accident mortel. Or, les stations de purification demandent une surveillance constante, le moindre accident technique pouvant avoir d'incalculables conséquences. L'eau traitée est exposée à mille facteurs de contamination jusqu'à son lieu de consommation. Le recours à l'ébullition serait nécessaire, mais l'eau bouillie, purgée de ses gaz, est indigeste et d'une insupportable fadeur. Plusieurs médecins recommandent donc les filtres individuels.

Il existe différents types de filtres. Ceux de Chamberland et de Garros sont excellents mais d'une lenteur éprouvante et d'un transport délicat. Les filtres Maignan ou Maillé sont d'excellents clarificateurs mais de vraies passoires. Le filtre Lapeyrère est le plus efficace et le plus répandu.

On verse dans l'eau, à raison de 0,25 gramme par litre, une poudre composée de permanganate, d'alun de sodium et de carbonate de sodium. Ainsi désinfectée, elle passe à travers un filtre de tourbe purifiée dont elle ressort appétissante et limpide. Pharmacien de la marine, l'inventeur de ce procédé, M. Lapeyrère, a mis au point plusieurs modèles. Le plus petit est le « filtre individuel » ou « de poche » dont le volume ne dépasse pas celui d'un étui à aiguilles avec un débit de 1,5 litre à l'heure. Conçu pour les armées en campagne, le « filtre d'escouade » a un rendement de 80 litres à l'heure. Le plus volumineux est le « filtre de lycée » qui donne 200 litres à l'heure. Le « filtre de famille » est un filtre d'escouade adaptable au robinet domestique[2].

Aucune statistique n'indique la fréquence d'utilisation des filtres. Sans doute n'a-t-elle jamais été excessive. La stérilisation est réelle, mais que d'embarras ! Préparer la solution, changer la tourbe, nettoyer le filtre, attendre que l'eau s'écoule, relève d'un bricolage incapable de provoquer un raz-de-marée populaire. Aussi le problème de l'eau subsiste-t-il à la veille de la Grande Guerre. Or, c'est précisément de la guerre que va venir la lumière.

1. Jules Courmont, « La stérilisation de l'eau potable par les rayons ultra-violets », *Revue d'hygiène*, 1910, p. 410-411.

2. J. Henri, « Stérilisation de l'eau par le filtre Lapeyrère », *Revue d'hygiène*, 1900, p. 233.

En 1914, le souvenir de la guerre de 1870 est dans tous les esprits. La mort a fauché par maladie plus encore que par balle. Sur le front comme a l'arrière, la variole a tué plus de 200 000 Français, la fièvre typhoïde plus de 100 000 ! Certes, l'armée de 1914 est vaccinée. Mais le vaccin antityphique, aux effets limités dans le temps, sera-t-il à la hauteur de la situation ?

Jamais espaces aussi limités n'ont connu pareille concentration d'hommes. Dans les nappes où soldats et civils puisent leur eau de boisson, leurs déjections et les cadavres putréfiés ne vont-ils entraîner la prolifération des germes ? Lapeyrère avait bien mis au point un filtre d'escouade à l'usage des armées en campagne. Mais, perdu dans les tranchées grouillantes de vermine et soumises à l'avalanche des obus, cet appareil de salon au maniement délicat aurait déchaîné l'hilarité des poilus.

À l'arrière, la situation n'est pas meilleure. Les civils n'ont pas été vaccinés contre la typhoïde et la mobilisation a vidé les stations épuratrices de leurs ingénieurs, de leurs techniciens, de leurs ouvriers. Les restrictions d'énergie brisent le rythme des machines. L'eau, dont l'assainissement a demandé tant d'efforts, ne va-t-elle pas, livrée à elle-même, retourner à ses démons microbiens et décimer des populations affaiblies par la souffrance ?

Acculés à la défensive, les hygiénistes se résolvent à une solution qui leur a toujours répugné : la stérilisation des eaux à la javel et au chlore.

Le procédé, connu de longue date, n'a jamais été utilisé qu'à la faveur de circonstances exceptionnelles. L'eau de javel, ou hypochlorite de calcium, a été employée en Angleterre en 1854 pour la désinfection des eaux d'égout et, en 1897, la ville de Maidstone l'a utilisée pour purifier ses conduites pendant une épidémie de fièvre typhoïde. En 1911, Paris a suppléé à une pénurie temporaire d'eau de source par une utilisation partielle d'eau de rivière javellisée, ce qui a provoqué un tollé. Quant à la désinfection par le chlore, elle n'a été pratiquée qu'une seule fois, à Philadelphie, en 1912[1].

Or, à la stupéfaction générale, sur le front comme à l'arrière, la mortalité typhique et par maladies hydriques tombe, durant les années de guerre, à ses plus bas niveaux. La javel et le chlore, d'abord utilisés à forte dose, font miracle à des doses toujours plus réduites. Qui aurait pu imaginer qu'un seul gramme puisse suffire à exterminer la flore microbienne d'un mètre cube d'eau sans laisser de goût ni nuire à la santé ? En 1918, les épidémies de guerre, jadis plus meurtrières que l'ennemi, ne sont plus, jugulées par les vaccinations et la purification des eaux, qu'un lointain souvenir.

En 1918, les malédictions de l'eau potable sont pulvérisées par la javel, le chlore, la filtration et l'ozone. Si tout ne change pas du jour au lendemain, la solution existe. Le reste sera affaire de temps.

1. Dr René Legendre, « La chloration, procédé de stérilisation des eaux par le chlore », *Revue d'hygiène*, 1918, p. 1 *sq*.

Mais pour maîtriser le cycle de l'eau, il ne suffit pas de stériliser les eaux potables, il faut aussi mettre les eaux usées hors d'état de nuire. Or, celles-ci, exposées aux dangers des matières fécales et des produits industriels de décomposition, sont pour les hygiénistes une source perpétuelle de cauchemars.

CHAPITRE XXVI

Les excréta humains
Calamité ou richesse nationale?

Les eaux usées, d'origine ménagère ou industrielle, et les eaux-vannes, composées de matières excrémentielles, posent aux hygiénistes de la fin du XIXe siècle le double problème de leur épuration et de leur exploitation agricole. Nul ne songe à s'en débarrasser sans en avoir tiré profit, la récupération et le « recyclage » des déchets organiques étant trop ancrés dans les habitudes pour les soumettre aux impératifs de l'hygiène. Au demeurant, comment s'en défaire sinon en rendant à la terre ce qui lui revient de droit? Sous l'influence des ingénieurs agronomes, les hygiénistes s'inclinent devant le cycle de la nature. L'essentiel de leur tâche consistera à organiser le stockage et le transport hygiénique des excréta de leur lieu d'extraction à leur lieu d'exploitation.

La plupart des paysans ignorent ce problème, le contenu de leur fosse étant utilisé sur place sous la dénomination pudique d'« engrais flamand ». Avec l'engrais humain d'origine urbaine, il forme une richesse nationale dont les techniciens ont évalué l'importance en francs or.

L'engrais flamand

L'engrais humain jouit alors, selon l'expression de Roger-Henri Guerrand, d'un « prestige quasi mythique ». En 1848, un agronome écrit dans le journal *La Presse* : « Que la République décrète que la perte de tout engrais humain, par le fait de la négligence d'un citoyen, sera punie des peines les plus sévères. L'engrais humain, c'est la condition de vie ou de mort du règne végétal, par suite, la condition de vie ou de mort du règne animal; c'est enfin le secret de la richesse et de la sécurité publiques. » L'utopiste Pierre Leroux ajoute sans rire : « Chacun devrait recueillir religieusement son fumier pour le donner à l'État, c'est-à-dire au percepteur, en guise d'impôt ou de contribution personnelle[1]. »

1. Cité par Roger-Henri Guerrand, *Les Lieux. Histoire des commodités*, Paris, La Découverte, 1985, p. 99.

L'urine inspire la même fascination. En 1850, les agronomes Girardin et Du Breuil calculent qu'elle renferme, par litre, la quantité d'azote nécessaire à la production d'un kilo de blé. Aussi réclament-ils la mise au point d'un procédé capable d'en recueillir les éléments fertilisants par évaporation[1].

En 1912, chaque Français excrète au quotidien 80 à 90 grammes de matières fécales et un litre à un litre et demi d'urine, ce qui donne une production annuelle de 33 kilogrammes d'excréta et de 500 kilogrammes d'urine. Preuve que le bol alimentaire de nos ancêtres était alors inférieur au nôtre de moitié, le consommateur moyen rejetant aujourd'hui son propre poids d'excréments en une année. Au début de ce siècle, trente-neuf millions de Français alimentent, selon l'expression du Dr Chassevant, « un fleuve quotidien de plus de 40 000 tonnes de matières excrémentielles qui submergent notre sol », ce qui porte la production annuelle à 14 600 000 tonnes[2].

En 1875, Paris et sa banlieue produisent un million de mètres cubes de matières dont on tire 300 000 hectolitres d'un engrais apprécié, la « poudrette ». Six millions de kilos de sulfate d'ammoniaque extraits de l'urine rapportent six millions de francs[3]. Jusqu'en 1880, les produits sont traités dans les vingt-deux dépotoirs qui forment la « couronne fécale » de la capitale. Quatorze d'entre eux sont exposés à l'air libre et huit équipés d'une usine. Il existe deux usines sans dépotoir.

En raison du caractère artisanal de la production, une partie de la matière reste sans emploi. Depuis 1872, la voirie de Bondy est à l'abandon, toutes les tentatives d'exploitation ayant échoué. Le stock a pris de telles proportions que les vidanges doivent être déversées dans la Seine. Mais, à partir de 1880, c'est la Compagnie Lesage qui, après avoir absorbé plusieurs petites entreprises, étend son monopole sur l'extraction et la commercialisation. La voirie de Bondy, située près du marché aux bestiaux, reçoit dès lors la plus grande partie des déchets parisiens acheminés en charrettes ou en péniches par le canal de l'Ourcq. Ils sont ensuite traités par un riche industriel, M. Bilange[4].

Les profits semblent alléchants. Chaque individu produisant 3,5 kilos d'azote et 2 kilos de phosphate par an, on a calculé, en se fondant sur le cours de ces produits en 1912, que les Français libéraient pour une valeur de 200 millions francs[5]. Les agriculteurs le savent bien. Une terre qui rend trois fois sa semence sans engrais, triple son rendement avec l'urine et le quadruple avec les matières fécales.

C'est dans la région du Nord que l'exploitation de l'engrais humain est la plus intensive, d'où l'expression d'« engrais flamand ». La vidange s'y fait « à la

1. *Ibid.*, p. 99.

2. Dr Allyre Chassevant, « Évacuation et destruction des excréta humains », *Revue d'hygiène*, 1912, p. 1090.

3. Roger-Henri Guerrand, *Mœurs citadines*, Paris, Quai Voltaire, 1992, p. 42.

4. *Revue d'hygiène*, 1886, p. 619.

5. Dr Chassevant, art. cit., p. 1090.

cuiller et au petit tonneau» tandis que l'épandage se pratique «à la casserole à long manche». Le commerce est l'affaire des «bernatiers» ou «berneux» qui parcourent les rues avant huit heures du matin avec une charrette chargée de tonneaux. Leur cri «quatre sous pour un tonniau» rameute les ménagères qui écoulent ainsi les déchets familiaux. Certains maraîchers simplifient le cycle de la nature, troquant à domicile produits des champs contre fumier humain[1].

Dans la région de Lille, note le Dr Vallin, «il n'y a pas dans l'intérieur des murs, dans les jardins publics ou privés, je dis les plus luxueux, un pouce de terrain qui ne reçoive à son heure, à peu près une fois par an, sa dose de matière fécale. Tous les légumes que l'on mange et toutes les roses que l'on respire sont nourris de matières des fosses. Dans quelques mois, nous allons devoir à l'engrais flamand des fraises de toute beauté et d'un fumet extraordinaire[2].» Le Pr Calmette, directeur de l'Institut Pasteur de Lille confirme : «À Lille et aux alentours, il ne se mange pas un radis, pas une salade qui n'ait reçu sa part plus ou moins large de matières fécales. Les fraises obtenues par ce système sont belles, savoureuses et parfumées[3].»

Or, les matières fécales contiennent à leur source 80 000 germes par millimètre cube, dont ceux du choléra, de la fièvre typhoïde, de la diarrhée ou de la dysenterie bacillaire. Des parasites y trouvent refuge : ankylostomes, douves du foie, trichocéphales, tænias, ascarides, oxyures. Certes, les microbes ne montent pas avec la sève, mais les agriculteurs, convaincus que les légumes et les fruits sont d'autant plus savoureux qu'ils sont arrosés d'engrais, n'hésitent pas à répandre urine et matières fécales diluées sur les feuilles de salade ou les tomates. Si les hygiénistes sont unanimes à déplorer cette pratique, ils sont partagés sur les dangers de l'engrais flamand.

Le Pr Brouardel constate que, dans les villes de garnison du Nord qui ont renoncé à ce fumier, la mortalité typhique a régressé dans les casernes, ce qui n'est pas le cas des autres villes[4]. Observateur privilégié pour avoir démontré la virulence du bacille charbonneux dans la terre, Pasteur dénonce l'engrais flamand. Mais le Pr Calmette, qui observe que la fièvre typhoïde n'est pas plus répandue à Lille que dans le reste de la France, soutient que le danger provient moins de la terre engraissée que des crudités arrosées à l'eau fécaloïde[5]. Aussi l'engrais humain poursuit-il sa paisible carrière, tout le monde s'efforçant d'ignorer que le bacille d'Eberth est capable de survivre trois mois

1. Pierre Pierrard, *La Vie ouvrière à Lille sous le Second Empire,* cité par Roger-Henri Guerrand, *op. cit.,* p. 107.

2. Dr E. Vallin, «La fièvre typhoïde dans les garnisons du Nord et l'engrais flamand», *Revue d'hygiène,* 1885, p. 290-291.

3. Cité par le Dr Didier, *L'Épuration des eaux,* Paris, 1907, p. 94.

4. Dr E. Vallin, «La fièvre typhoïde dans les garnisons du nord et l'engrais flamand», p. 288.

5. Dr Didier, *L'Épuration des eaux d'égout, op. cit.,* p. 94.

en terre. Diverses méthodes de purification de la matière à l'intérieur de colonnes de distillation sont bien mises au point, mais les germes résistent à toutes les ruses.

Cette récupération n'a rien de mercantile, et moins encore de suicidaire ou de fantasque, comme nous pourrions le supposer en des temps où les engrais chimiques ou pétrochimiques et les progrès de l'agronomie nous épargnent de répugnantes servitudes. Au début du siècle, elle illustre un cas particulier de la lutte pour la survie. Sans excréments, sans fumier et sans immondices, la terre est condamnée à l'épuisement. Entre le risque infectieux et la pénurie, il faut choisir. Le guano importé d'Amérique du Sud est hors de prix. Les superphosphates tirés des os sont aussi rares que le bétail. Et les matières fécales sont peut-être plus dangereuses dans la rivière qu'en terre.

Le vrai problème des excréta humains se pose donc au niveau de leur stockage, de leur manipulation et de leur transport.

Les vicissitudes du tout-à-la-fosse

La longue saga des excréments commence par la nécessité de s'en débarrasser avec discrétion. Dans l'Antiquité, Moïse recommandait aux Israélites de ne pas souiller la pureté du camp et de s'en éloigner pour satisfaire aux besoins de la nature. À défaut de quoi, il les menaçait des foudres de Dieu (Deutéronome, 23). Mais, à la différence des paysans, qui faisaient bon usage de leurs déchets, les citadins n'avaient d'autre recours que le « tout au ruisseau ». Aussi l'installation de fosses d'aisance, rendue obligatoire à Paris par un arrêt du parlement de 1533, représentait-elle un progrès. Mais ce n'était qu'une solution de fortune qui, à travers toutes sortes de vicissitudes, allait se perpétuer jusqu'au début du XXe siècle.

Par souci d'économie, certains propriétaires préféraient enfouir leurs excréments dans les caves ou les jardins. Lorsqu'ils se résignaient à la fosse, ils en négligeaient la vidange et l'entretien. Dans tous les cas, les eaux alvines s'infiltraient dans le sol, gâtant le vin des caves, empoisonnant les puits. Les opérations de vidanges étaient pénibles. Il fallait curer les parois à la bêche et à la houe. Emmurés dans l'enfer méphitique, les vidangeurs étaient exposés à la « mitte », accès de cécité temporaire provoquée par les vapeurs d'ammoniaque, et au « plomb », affection souvent mortelle causée par l'hydrogène sulfureux. Aussi l'architecte Giraud mettait-il au point, à la veille de la Révolution, un système de « fosse mobile » composé d'une cuve qu'on retire une fois pleine pour la remplacer par une vide.

Le transport des tonneaux remplis de matières était pénible. Sur le chemin des voiries de Montfaucon, du faubourg Saint-Germain et du faubourg Saint-Marceau, les gadoueurs épuisés se déchargeaient souvent de leur fardeau dans la Seine. Les voiries étaient des endroits sinistres et dangereux. La croûte qui se formait en surface devenait un piège mortel. Combien de noctambules errant dans les ténèbres s'y sont laissés engloutir ! Mais l'exploitation en était fructueuse. En 1788, Montfaucon était affermée à un certain Bridet qui commercialisait déjà la poudrette ou « poudre végétative » de Rouen et de Caen[1].

Vers la fin du XIXe siècle, la situation n'a pas évolué. En 1885, Paris compte 64 900 fosses fixes d'une capacité moyenne de 19 mètres cubes dont on extrait chaque année 970 000 mètres cubes d'excréta en 56 500 vidanges. S'y ajoutent 14 000 fosses mobiles qui donnent 63 000 mètres cubes[2].

En province, Rouen obtient la palme de l'insalubrité, 4 000 de ses 16 000 maisons étant seulement équipées de fosses étanches. Les autres habitations doivent se contenter de puisards, simples fosses à fond perdu ouvertes sur la nappe phréatique[3]. Au Havre, 550 bétoires, ou fosses non maçonnées, souillent le sous-sol[4]. En 1894, le « tout-à-la-rue » subsiste à Toulon qui ne compte que 1 800 fosses. Pour y remédier, la municipalité a institué le « tonneau roulant » qui circule dans les rues, recueillant les déjections apportées dans divers récipients par les ménagères. Au moindre retard, elles s'en déchargent dans le ruisseau. À Marseille, 14 000 maisons ne possèdent aucun système d'évacuation et les matières se retrouvent à la rue[5].

La fosse d'aisance est source de nuisances qui empoisonnent la vie des citadins. Les gaz des matières en fermentation s'échappent par les tuyaux d'évent qui cheminent jusqu'aux toits. Quatre-vingt mille de ces cheminées méphitiques font planer sur Paris un nuage putride. Leur utilité est d'ailleurs contestable. Au lieu de faire appel de la fosse à l'air libre, ils provoquent parfois un courant contraire qui refoule les gaz dans les habitations. Encore peut-on s'estimer heureux lorsqu'ils ne se fissurent pas, submergeant la maison d'émanations nauséabondes[6]. Mais par quel autre moyen pourrait-on neutraliser les risques d'explosion méphitique ?

L'extraction pneumatique est bruyante et malodorante. Dès 1830, les premières pompes aspirantes et refoulantes débitent mille litres en six minutes[7]. Le transport de tonneaux d'excréta vers les usines de poudrette n'a rien d'esthétique. Nombre de tonneaux, secoués par les cahots, se renversent sur la chaussée. Les vidanges sont coûteuses et les propriétaires ont intérêt à laisser leur fosse se fissurer pour se débarrasser des excréta dans le sous-sol, faisant ainsi l'affaire des fabricants de poudrette qui apprécient les matières compactes. Et pour comble, la taxe sur les vidanges est calculée sur le volume de matière extraite.

1. Pierre-Denis Boudriot, cité par Roger-Henri Guerrand, *Les Lieux, ibid.*, p. 64 *sq.*
2. *Revue d'hygiène,* 1886, p. 619.
3. Dr E. Vallin, « Assainissement de Rouen », *Revue d'hygiène,* 1887, p. 943.
4. Dr A.-J. Martin, « Projets d'assainissements du Havre », *Revue d'hygiène,* 1886, p. 6.
5. Roger-Henri Guerrand, *Les Lieux, op. cit.*, p. 143-144.
6. Dr Geneau de Mussy, « Évacuation des vidanges », *Revue d'hygiène,* 1880, p. 1079.
7. Roger-Henri Guerrand, *op. cit.*, p. 96.

Ce système encourage ce que les hygiénistes appellent la « guerre à l'eau ». Un propriétaire est peu soucieux d'amener dans sa maison une eau qui, à Paris, coûte 35 centimes le mètre cube au robinet, mais 4 à 8 francs à la vidange, taxes non comprises[1]. En 1886, le maire de Rouen, dont la perméabilité des fosses est légendaire, calcule que les frais de réfection s'élèveraient à 7 500 000 francs et ceux de vidange à 500 000 francs par an[2].

Rares en France, les vidanges à l'égout sont courantes en Angleterre. Les fosses fixes ont été bannies de Londres où les émonctoires communiquent avec l'égout[3]. Toutes les habitations y sont équipées de water-closets et c'est un débit moyen de 18 litres d'eau qui entraîne chaque prestation à l'égout, alors qu'en France le principe du tout-à-l'égout fait encore l'objet d'âpres discussions[4]. Aussi le jugement des Anglais envers les Français est-il sévère.

Un article du *Lancet* décrit Paris comme une gargantuesque fosse d'aisance. Les gaz refluent dans les maisons ou les hôtels des quartiers les plus luxueux, les matières fécales ne sont jamais désinfectées, même en cas de maladie. « Il n'est donc pas étonnant, conclut le journaliste, que Paris soit un foyer de fièvre typhoïde. Les Parisiens sont acclimatés au poison, mais les étrangers, particulièrement les Anglais et les Américains, qui ne sont pas habitués chez eux à ces émanations, ont une sensibilité qui les livre en pâture à l'épidémie. On parle de supprimer les fosses fixes, comme on l'a fait partout à Londres, mais, pour cela, il faut une propreté et des notions sanitaires inconnues des Parisiens. Les Anglais doivent abandonner toute espérance de venir habiter Paris en toute sécurité[5]. »

Les hygiénistes français n'ont rien à redire. Dans les latrines de certains hôpitaux parisiens, les malades pataugent nus pieds dans la gadoue excrémentielle qui auréole les embouchures à la turque. En 1886, les fosses de Bicêtre n'ont pas été vidangées depuis dix-huit ans. Les quartiers chics ne sont pas épargnés. Dans un immeuble luxueux, un hygiéniste a vu un incroyable spectacle : « Quand vous entrerez dans ces demeures somptueuses, écrit-il, où le luxe de la façade le dispute au luxe des appartements intérieurs, je vous engage à visiter les latrines des gens de service. Là, vous retrouverez systématiquement la saleté la plus hideuse ; des trous percés au ras du sol, à demi obstrués par les excréments du dernier venu, en attendant que le suivant les détache par le jet de son urine, la seule chasse d'eau qui y soit jamais pratiquée[6]. »

1. *Revue d'hygiène,* 1886, p. 619.
2. Dr E. Vallin, « Assainissement de Rouen », *Revue d'hygiène,* 1887, p. 943.
3. Dr E. Vallin, « L'hygiène à Londres », *Revue d'hygiène,* 1883, p. 363.
4. *Ibid.*, p. 376.
5. « Report of the Sanitary commission on the typhoid fever epidemy in Paris », *The Lancet* du 6 janvier 1883, p. 31.
6. Dr Guenau de Mussy, « L'évacuation des vidanges », *Revue d'hygiène,* 1880, p. 1087.

Pour remédier à la malédiction des fosses, deux systèmes sont en concurrence jusqu'au début du XXe siècle : le système du tout-à-l'égout et le « système séparatif ». Dans ce dernier cas, les eaux ménagères sont envoyées à l'égout et les matières alvines dans un réseau de canalisations séparé. Ce système est à l'origine d'une idée délirante, dantesque, monstrueuse. D'une idée qui a exercé sur les esprits une véritable fascination et qui a donné lieu, en Hollande, à une réalisation hallucinante.

L'incroyable système Lienur

Pour vider les fosses d'aisance, on utilisait partout une machine pneumatique à vapeur dont la tête aspirante, ou « suçoir », plongeait dans la matière. Imaginons maintenant un tentaculaire réseau de canalisations branché sur tous les lieux d'aisance d'une même ville et relié à une gigantesque usine pneumatique où, quatre fois par jour, seraient aspirés et livrés tout frais aux agriculteurs, les excréments des citadins ! La terre et l'hygiène n'y trouveraient-ils pas leur compte ? Voilà l'idée qui a germé dans l'esprit de l'ingénieur hollandais Lienur.

Charles T. Lienur a fait la guerre de Sécession comme capitaine du génie au service de l'Union. Un boulet lui ayant arraché une jambe, il rêve, durant sa convalescence, d'une ville purgée avec élégance de ses reliquats. Ainsi est né le « closet à air », beaucoup moins dispendieux que le water-closet, qui gaspille une tonne d'eau par personne et par an, et 100 kilogrammes de houille pour recueillir la poudrette après évaporation. À son retour en Europe, Lienur s'installe à Francfort-sur-Main d'où il compte faire rayonner son idée sur l'Europe.

Son système comprend deux réseaux de conduits souterrains. L'un, en fonte et d'une parfaite imperméabilité, assure l'évacuation des rejets organiques. Dans l'autre, en terre cuite, s'écoulent les eaux ménagères, pluviales et industrielles. À toute heure, la machine à faire le vide peut aspirer d'un coup les excréta de toute une ville et les recueillir à leur source avant que la fermentation n'ait entamé leur valeur marchande. Chaque individu produisant chaque année pour 8 à 9 francs d'engrais, Lienur affirme, au terme d'une comptabilité savante, que son « air-closet » est non seulement une affaire d'hygiène mais aussi une bonne affaire[1]. Qu'en sera-t-il dans la réalité ?

En Hollande, où les terres sont au niveau de la mer, le problème de l'écoulement des eaux usées pose un épineux problème. C'est donc l'endroit rêvé pour expérimenter le système pneumatique de Lienur. Dès 1872, Leyde, Amsterdam et Dordrecht l'adoptent dans certains quartiers. C'est le début d'un cauchemar que les Hollandais auront du mal à oublier.

1. Dr Van Overbeek de Meijer, « Les systèmes d'évacuation des eaux et immondices d'une ville », *Revue d'hygiène,* 1880, p. 6 *sq.*

Les cuvettes, semblables à celles des water-closets, inspirent confiance. Mais l'utilisateur ne peut les vider à son gré. C'est un ingénieur qui, à des kilomètres de là, décide du moment de la purge. Or, dans certaines maisons plus peuplées que d'autres, la fréquence d'utilisation est si grande qu'elles finissent par déborder sous les yeux impuissants des habitants. Aux odeurs dégagées par la stagnation s'ajoutent les relents de l'« épuisement pneumatique ». Chaque fois que la soupape qui isole l'air-closet du réseau s'entrouvre pour aspirer la matière, une bouffée fétide envahit le foyer.

À tous les niveaux, le système Lienur est d'une invraisemblable complexité. La moindre défaillance, humaine ou matérielle, peut plonger un quartier dans l'enfer. À Amsterdam, où 6500 habitants vivent au rythme de ses humeurs pneumatiques, le directeur des travaux publics note avec amertume : « Les tuyaux des rues se sont souvent obstrués. Dans certains cas, il a fallu les démonter pour enlever les bouchons, ce qui a exigé trois jours de travail. » Des conduites, on retire des morceaux de viande, des serviettes, des chignons. Le « air-closet » fait aussi la « guerre à l'eau ». Il est interdit d'y jeter la moindre goutte sous peine de détraquer toute la machine. Lienur a même imaginé un système entraînant le débordement de la cuvette pour punir les usagers indisciplinés.

Les coûts d'installation et d'entretien flambent et la bonne affaire prophétisée par Lienur se solde par un désastre. En 1879, l'ingénieur en chef d'Amsterdam estime que le système a coûté chaque année à la ville 67200 francs pour une recette de 5586 francs. En effet, l'engrais recueilli à la pompe n'excite pas les convoitises agricoles. Il s'agit d'un engrais liquéfié par l'urine invendable au détail. Il faut le mettre en tonneaux et l'expédier dans les campagnes, tâche pénible et coûteuse. Son flux est continu mais la terre ne peut l'absorber en toute saison. Où stocker les excédents ? En hiver, les tonneaux gelés éclatent. Le reste du temps, ils fermentent.

Un propriétaire de la ferme de Badhoeve, qui a signé un bail avec la ville d'Amsterdam, raconte son calvaire : « Les matières m'ont été envoyées par bateau ; j'en recevais tous les jours, dimanche compris, environ 100 barils à pétrole d'une contenance d'environ 160 litres. Une fois rendus à Badhoeve, ces barils étaient déchargés et transportés à terre ; on vidait le contenu de cinq barils dans une charrette à engrais liquide que l'on traînait dans la prairie à irriguer. Cette méthode allait fort bien par le beau temps ; mais après la pluie, la surface des prés était si molle qu'il était difficile d'y faire circuler la charrette. »

La qualité de l'engrais Lienur laisse d'ailleurs à désirer. Son taux d'azote est de 0, 3 % à 0, 4 % alors que la ville a promis un taux de 0, 9 %. Dans les barils, le propriétaire de Badhoeve trouve des chiffons, des souliers, des débris d'ustensiles, des bouchons. Et pour couronner le tout, ses vaches lui donnent un beurre qui sent l'égout. En août 1874, après avoir reçu, quinze mois durant, 4000 tonnes d'un engrais qui lui a coûté 20000 francs, il refuse toute nouvelle livraison. Plus personne n'en voulant, la ville le lui offre. Il y consent à condition qu'on le lui livre. Quatre mois plus tard, il y renonce définitivement et, après un délirant détour pneumatique, la matière se retrouve tout bonnement à la mer.

En 1879, 1 500 maisons hollandaises, peuplées de 23 300 habitants désenchantés, sont équipées d'air-closets. Lienur se démène, accuse les autorités municipales et les chefs de famille de laxisme, crie au sabotage, réclame l'interdiction de jeter des matières solides ou des eaux ménagères dans les cuvettes[1]. En vain. Le système ne fait plus recette, même si certains hygiénistes prennent sa défense jusqu'au début du XXe siècle.

Deux nouveautés attirent d'ailleurs l'attention : la tinette filtrante et la fosse septique.

Vers le tout-à-l'égout : tinettes filtrantes et fosses Mouras

Soucieuse de diminuer le volume des matières, l'industrie de la vidange met au point un appareil facilitant l'évacuation des liquides vers l'égout : la tinette filtrante. Il s'agit d'un cylindre, étanche et en fer, de 95 centimètres de hauteur sur 35 centimètres de diamètre, à l'intérieur duquel s'encastre un second cylindre à cloison perforée qui sépare les solides des fluides dirigés vers l'égout par une chute en caoutchouc. La vidange n'est plus nécessaire puisqu'il suffit de remplacer la tinette pleine par une tinette vide.

En 1885, les 31 530 tinettes filtrantes de Paris ont nécessité près de 800 000 enlèvements à raison d'une opération par appareil toutes les deux semaines. Le volume de matière ainsi recueillie s'élève à 63 000 mètres cubes[2]. En 1900, Zurich, ville pionnière dans ce domaine, compte 8 125 tinettes d'une capacité moyenne de 37 litres. Leur enlèvement, qui a lieu tous les 16 jours, se fait de nuit. Elles sont chargées sur une voiture qui les conduit au dépotoir où elles sont vidées et lavées[3]. La tinette ne fait pas la « guerre à l'eau ». Celle-ci peut circuler librement à l'intérieur des foyers, les propriétaires n'ayant plus à se soucier de sa vidange. Mais que de désagréments !

Les matières fécales se désintègrent dans le récipient et se retrouvent à l'égout avec les urines, ne laissant sur place qu'un amas de détritus, de chiffons et de papiers. Les tinettes, souvent engorgées, finissent par déborder. Dans un grand hôpital parisien équipé d'une tinette filtrante placée au milieu de l'ancienne fosse d'aisance, un témoin a mesuré l'étendue des nuisances :

« À mesure que nous nous avancions, nous nous demandions sur quoi nous marchions et pourquoi l'atmosphère que nous traversions était infecte.

1. D'après l'enquête de Durand-Claye, ingénieur en chef des Ponts-et-Chaussées de la Ville de Paris, sur le système Lienur, *Revue d'hygiène,* 1880, p. 110 *sq.*

2. *Revue d'hygiène,* 1886, p. 619.

3. Dr E. Imbeaux, « L'assainissement de Zurich », *Revue d'hygiène,* 1904, p. 119.

Nous ne tardâmes pas à avoir la réponse à ces deux questions. Le couvercle de la tinette était soulevé et laissait échapper des liquides et des détritus sordides qui coulaient le long de la paroi [...]. Le prétendu système diviseur n'est donc que la vidange à l'égout, à cours ralenti par l'intervention d'un appareil qui ne remplit pas l'objet pour lequel il est inventé[1]. »

Quant à l'engrais recueilli, il a une valeur théorique de 9 francs la tonne mais ne trouve acquéreur qu'à 2 francs. Malgré tout, les dernières tinettes filtrantes ne disparaîtront qu'au lendemain de la Grande Guerre. Beaucoup plus intéressantes sont les fosses dites « septiques ».

Vers 1880, l'abbé Moigno et un mystérieux Louis Mouras suggéraient de résoudre le problème des déchets humains en les livrant au pouvoir destructeur des microbes anaérobies. Étrange personnage que cet abbé Moignon. En 1852, il quitte l'ordre des Jésuites pour fonder une revue de vulgarisation scientifique, *Cosmos des Mondes.* Une trentaine d'années plus tard, il met au point un appareil miraculeux, la « vidangeuse automatique », qu'il fait aussitôt breveter. Il en confie l'exploitation à Louis Mouras, qui n'est peut-être que son pseudonyme, et la commercialisation à la maison Barbas et Compagnie qui, pour la somme de 400 francs, livre au public un récipient de tôle galvanisée à l'usage de dix personnes.

Que se passe-t-il donc à l'intérieur d'un ustensile aussi coûteux? En janvier 1882, Moigno présente sa « vidangeuse automatique » aux lecteurs de sa revue : « Il s'agit d'un appareil dont l'adoption aura pour résultat la suppression des odeurs qui empestent les villes et qui livrera les déjections sous forme d'un liquide homogène presque inodore. Dans cet appareil se développent, à l'abri de l'air, des fermentations dont le terme est la dissolution, la liquéfaction des matières fécales solides, travail des microbes anaérobies de M. Pasteur. »

Très vite, le principe de la vidangeuse est adapté à la fosse d'aisance rebaptisée « fosse Mouras » avant d'être appelée « fosse septique ». Elle se compose d'une fosse maçonnée alimentée par une chute immergée. Les matières alvines et les eaux ménagères, introduites sous le liquide, sont fluidifiées par les microbes anaérobies. À chaque nouvelle prestation, l'eau ainsi clarifiée s'écoule vers l'égout à travers un orifice aménagé dans la partie supérieure de la fosse. L'opération se déroulant à l'abri de l'air, le reflux des gaz est impossible. Les déchets organiques, les débris d'aliments non digérés, les papiers et les chiffons sont désagrégés au bout de vingt-cinq jours. Lorsqu'on soulève le couvercle de la fosse ne s'échappe qu'une légère odeur. Les eaux rejetées sont elles-mêmes inodores[2].

Les premières fosses Mouras installées à Paris en 1882 font mauvaise impression. Une croûte, qu'il faut curer, se forme au fond du réceptacle. Lors-

1. Dr Guenau de Mussy, « Évacuation des vidanges », *Revue d'hygiène,* 1880, p. 1086-1087.
2. Dr Charles Rouchy, « L'épuration des eaux d'égout et la méthode biologique », *Hygiène générale et appliquée,* 1907, p. 390-391.

qu'on les ouvre, aucune odeur ne se dégage, mais lorsqu'on perce la croûte qui s'est formée en surface pour faire un prélèvement, des relents fétides s'en échappent. Les liquides rejetés contiennent de l'hydrogène sulfuré dangereux pour les égoutiers[1]. Enfin, la fermentation disloque les molécules organiques mais ne tue pas les microbes. Ce sont des milliards de bacilles d'Eberth ou de Koch qui vont à l'égout. Aussi la commission supérieure de la Seine se prononce-t-elle contre la généralisation du système[2].

Les hygiénistes ont du mal à comprendre l'intérêt de la fosse Mouras. L'un d'eux remarque : « On ne voit pas bien l'avantage qu'il peut y avoir à retenir les matières dans la fosse, au lieu de les envoyer directement à l'égout, puisqu'il faut toujours qu'elles y arrivent [...]. En somme, ces fosses sont des siphons, et, nous pouvons ajouter, de détestables siphons. » « Ces vidangeuses automatiques, renchérit le Dr Vallin, ne sont que l'hypocrisie du tout-à-l'égout[3]. »

Ce bouillon de culture entretenu sous les immeubles et les risques d'infiltrations qu'il comporte révulsent les hygiénistes. Leurs rejets microbiens empoisonnent les égouts et les fleuves. À Mâcon, où la fosse septique est adoptée en 1904 malgré l'avis défavorable du Comité consultatif d'hygiène publique, la Saône est gravement contaminée[4]. Et, de surcroît, le système fait « la guerre à l'eau » puisqu'il fonctionne, en principe, sans adduction d'eau, ce qui enchante les propriétaires. Mais c'est un leurre, la fermentation ne se produisant que dans un volume d'eau dix fois supérieur à celui des matières.

Malgré tout, la fosse Mouras conquiert les villes où les propriétaires apprécient l'économie de vidange. Mais il s'agit d'une solution provisoire dans l'attente du tout-à-l'égout. Dans les campagnes, où ce recours sera toujours impossible, les fosses septiques marquent un réel progrès, les rejets étant livrés au pouvoir épurateur d'une terre qui ne risque pas d'être saturée. À l'heure actuelle, elles y constituent encore la seule alternative hygiénique au problème des déchets humains.

Tinettes filtrantes et fosses Mouras ont aussi le mérite de poser le problème du tout-à-l'égout. Comme les W.-C., les urinoirs publics et les « chalets de nécessité ».

Water-closets et lieux publics

Les Anglais ont trouvé la solution. Depuis 1880, tous les logements de Londres sont équipés de water-closets où les matières, emportées par une

1. Napias et J. Martin, *Études de l'hygiène publique en France,* Paris, 1884, p. 203.
2. Dr E. Roland, « Les fosses septiques et épuration des eaux usées », *Revue d'hygiène,* 1912, p. 891-892.
3. *Ibid.*, p. 895.
4. Dr E. Bonjean, *Revue pratique d'hygiène municipale,* 1906, p. 452.

chasse de 18 litres, se retrouvent à l'égout. Dans ses ateliers de Chelsea, le roi du water-closet, Thomas Crapper, futur ingénieur sanitaire d'Édouard VII et de George V, a donné l'élan[1]. En 1884, à l'Exposition internationale d'hygiène, 120 fabricants se disputent le privilège de présenter leur dernier modèle de cuvette à chasse. Au terme d'une sélection dont on ignore les modalités pratiques, 70 d'entre eux seront retenus[2].

Les Français sont à la traîne. Aucune statistique n'indiquant le nombre de W.-C en service dans les agglomérations, on peut estimer à moins de 5 % la proportion d'immeubles qui en sont équipés. Le siège, pourtant si confortable, fait l'objet de sérieuses critiques. On l'accuse de transmettre la syphilis et d'occasionner des désordres intestinaux consécutifs à la station assise. Les agronomes s'indignent de voir tant de richesses condamnées à l'égout au prix d'un invraisemblable gaspillage d'eau. Soucieux d'économie, un ingénieur, M. Gadot, a trouvé la parade en mettant au point une chasse à double débit, l'un de 2 litres pour l'urine, l'autre de 8 litres pour les solides[3].

Certes, la « garde-robe hydraulique », ou « lieux à l'anglaise », n'est pas une nouveauté en France. À Versailles, Louis XVI et Marie-Antoinette en usaient dans un décor raffiné, la cuvette en marbre étant encastrée dans une niche en forme de cuillère. Le Palais du Tribunat en était équipé, comme, peut-être, les premières toilettes publiques installées au Palais-Royal au début du XIXe siècle.

C'est vers la fin du siècle que les particuliers commencent à s'y intéresser. En 1883, la législation sur les garnis prévoit l'installation d'un W.-C. pour vingt personnes, mais c'est dans les casernes parisiennes qu'ils font leur première apparition en 1884. Dix ans plus tard, l'arrêté préfectoral du 8 août 1894 impose un W.-C. par appartement en construction[4]. Il faudra pourtant attendre plus d'un quart de siècle pour que leur usage se généralise dans les agglomérations.

Les vespasiennes, en revanche, s'imposent sans peine. À partir de 1832 surgissent des trottoirs parisiens les colonnes dites « Rambuteau ». Elles n'ont pas été inventées par le préfet Rambuteau, qui en a généralisé l'usage et qui, comme son confrère Poubelle, aurait sans doute préféré accéder à la postérité par d'autres voies.

Paris, capitale mondiale de la pissotière, dispose de 468 urinoirs en 1843, de 3 422 en 1884, et de près de 4 000 vers 1900. Son parc n'est pas seulement composé de colonnes Rambuteau. Des édicules de toutes sortes, dont la plupart à stalles multiples, bourgeonnent sur le macadam. Les « chalets de néces-

1. Roger-Henri Guerrand, *Les Lieux, op. cit.*, p. 133.

2. Adolphe Smith, « Le contrôle des water-closets à l'Exposition internationale d'hygiène de Londres », *Revue d'hygiène,* 1884, p. 936-937.

3. M. Gadot, « Sur le réservoir de chasse à deux débits », *Bulletin de la Société des ingénieurs et architectes sanitaires de France,* 1899, p. 380.

4. Roger-Henri Guerrand, *op. cit.*, p. 137.

sité » apparaissent en 1865 faisant de Paris, selon les dires d'un témoin, une « petite Suisse » d'un genre nouveau. Ce sont des installations complètes, équipées de chasses d'eau. D'une étrange architecture néo-classique-alpestre, ces chalets sont exploités par des industriels qui ont obtenu des concessions du conseil municipal.

Cette profusion d'édicules, qui fait l'affaire des hommes pressés et des murs jadis dégoulinants, ne plaît ni aux esthètes ni aux riverains. Restaurateurs et cafetiers sont encore plus mécontents. Les lieux qui jouxtent leurs terrasses offrent le spectacle d'un va-et-vient peu stylé dont se dégage un bouquet qui n'incite guère à la consommation.

Sous la houlette du sénateur Béranger, président de la Ligue pour la décence des rues, les moralistes s'inquiètent aussi. Chalets mixtes à couloirs étroits et pissotières ne vont-ils pas devenir des sanctuaires de prostitution et de plaisirs solitaires ? Pour les rassurer, on multiplie les pissotières découvertes qui, masquant l'essentiel, laissent voir pieds et têtes. Ces édicules sont enfin dénoncés comme sexistes et antidémocratiques. Que fait-on pour les femmes soumises aux mêmes urgences que les hommes ? Seules les bourgeoises ont accès aux « chalets à 15 centimes » (8 à 9 de nos francs). Quant aux pauvres, ils sont invités à faire preuve de stoïcisme.

Pour résoudre le problème esthétique et olfactif, les lieux d'aisance publics commencent à s'enterrer vers le début du XXe siècle. L'exemple vient des cryptes en rotonde installées depuis 1889 dans certains quartiers de Londres. À Paris, l'élan est donné par la Société des lavabos parisiens, qui, en 1905, ouvre de fastueuses « galeries souterraines de nécessité » place de la Madeleine. C'est le triomphe de l'exonération de luxe. Sur une superficie de 214 mètres carrés, 18 W.-C. pour dames, 13 pour messieurs et 22 stalles d'urinoirs ont été installés dans un décor digne des palais byzantins. Le sol est revêtu d'un carrelage en grès cérame, les murs de briques émaillées blanches. Des plafonds en carreaux de céramique tombe la lumière du jour. Les boiseries sont en acajou massif, les ferrures en cuivre nickelé. Cuvettes, lavabos et bidets des cabines de luxe sont en porcelaine crème rehaussée de filets d'or. Les appareils sanitaires des « secondes classes » sont en grès porcelaine blanc. Si les urinoirs sont gratuits le tarif des cabines varie de 10 à 20 centimes (6 à 12 de nos francs). Chez les dames comme chez les messieurs, il existe toutefois une cabine de charité gratuite, mais nul ne souffle mot des files d'attente[1].

Sur les stalles, l'eau ruisselle en permanence. À Paris, en 1884, 3 422 « cases d'urinoirs » engloutissent 8 313 mètres cube par jour[2], ce qui n'empêche ni les dépôts ni la fermentation ammoniacale. Pour y remédier, on a recours à un procédé héroïque : la friction avec une brosse trempée dans une solution

1. Philibert, ingénieur de la ville de paris, « Les nouvelles galeries souterraines de nécessité », *Hygiène publique,* 1906, p. 22 *sq.*

2. Dr E. Vallin, « Les urinoirs à huile », *Revue d'hygiène,* 1896, p. 185.

d'acide chlorhydrique. Mais les dépôts finissent par s'incruster dans l'ardoise ou le fer[1]. Contre cet inconvénient, on a imaginé le graissage des urinoirs.

Le système, mis au point par un ingénieur autrichien en 1890, consiste à badigeonner les stalles avec une huile minérale secrète réputée désinfectante. L'urine glisse alors sans pénétration ni corrosion. Bien que l'irrigation soit supprimée, aucune odeur ne s'en échappe. À Vienne, l'huile est mise à l'épreuve avec succès sur 104 stalles[2].

À partir de 1893, le procédé se généralise à toute l'Europe et jusqu'en Égypte. L'huile de Beetz n'avait rien de mystérieux, n'importe quelle huile minérale ou végétale faisant l'affaire. L'huile lourde de houille est la moins onéreuse mais elle dégage une odeur forte. Aussi lui préfère-t-on l'huile de pétrole ou d'anthracite. Une ou deux applications par semaine suffisent, mais à Paris, Vienne et Berlin, où la fréquentation des stalles est continue, l'opération doit être quotidienne[3]. Pour éviter toute servitude, on met au point un système à bascule qui, sous le poids du consommateur, libère un jet d'huile. L'économie d'eau et d'infection est appréciable et les dernières stalles à huile ne disparaîtront qu'au lendemain de la Seconde Guerre mondiale.

Le problème de l'eau n'en est pas pour autant résolu. Dans les foyers, elle coule en quantité toujours croissante et son évacuation soulève la question du tout-à-l'égout.

Mais le tout-à-l'égout fait peur.

1. Dr E. Vallin, « Le graissage des urinoirs », *Revue d'hygiène,* 1893, p. 45.
2. Beranek, « Le rinçage à l'huile des urinoirs », *Génie sanitaire,* 1892, p. 320.
3. Dr E. Vallin, « Le graissage des urinoirs », *art. cit.,* p. 186.

CHAPITRE XXVII

La grande peur du tout-à-l'égout

Contre la marée fécale, qui submerge tout en surface, une idée est dans l'air, ou du moins sous terre : la drainer vers ces fleuves mystérieux qui coulent sous les cités dans l'ombre et le silence. En 1800, 26 kilomètres d'égouts cheminent dans les profondeurs parisiennes. Vers 1830, les chaussées bombées commencent à se substituer aux chaussées incurves traversées en leur centre par des ruisseaux d'immondices qui, s'alanguissant çà ou là, finissaient par ponctuer les cités de marécages. Les trottoirs font leur apparition et les eaux pluviales coulent dans les caniveaux jusqu'aux bouches d'égout où elles rejoignent les eaux ménagères. Les réseaux souterrains s'agrandissent, exerçant une sorte de fascination sur des écrivains comme Balzac ou Victor Hugo, ou des médecins comme Parent-Duchatelet.

En 1852, Paris compte 140 kilomètres de canalisations souterraines. C'est à cette date que le Second Empire lance un mot d'ordre : « À chaque rue son égout. » L'ingénieur des Ponts et Chaussées Belgrand mène la besogne à coups de sabre, faisant du réseau parisien une pieuvre qui, en 1869, étendra ses tentacules sur 560 kilomètres. Mais, à cette date, personne ne semble avoir songé à y envoyer les matières fécales.

Une fois de plus, l'exemple vient d'Angleterre où le tout-à-l'égout se généralise avec l'adoption du water-closet. En France, un décret loi de 1852 prévoit que toute nouvelle construction sera équipée d'une chute conduisant à l'égout. Mais le grand moment intervient avec l'arrêté préfectoral du 2 juillet 1867 qui stipule que « les propriétaires pourront faire écouler les eaux-vannes de leurs fosses d'aisances dans les égouts de la ville, d'une manière directe. » C'est le tout-à-l'égout dont l'ingénieur des Ponts et Chaussées Alfred Durand-Claye va devenir l'apôtre. Mais il se heurte à une coalition hétéroclite de propriétaires, de médecins, d'agronomes et de citadins.

Un gigantesque foyer de pestilence

En 1882, 620 kilomètres d'égouts sillonnent les sous-sols de la capitale pour 870 kilomètres de rues. L'objectif « à chaque rue son égout » semble en voie de réalisation et la vidange à l'égout est devenue réalité. Les 260 000 mètres cubes d'eaux usées qui s'y engouffrent chaque jour reçoivent les déjections de 15 000 appareils diviseurs, soit le vingtième des déjections alvines[1]. Mais dès ses débuts, le système se signale à l'attention des Parisiens par un inconvénient d'importance. À mesure qu'il se développe, la Seine, terme ultime des eaux-vannes, se transforme en cloaque.

C'est à Asnières que débouche, venant de la Concorde, le grand émissaire construit par Belgrand, splendide galerie de 4 877 mètres de longueur sur 4,40 mètres de hauteur et 5,60 mètres de largeur. Là, il déverse ses nappes polluantes dans le fleuve déjà chargé d'immondices venues des deux collecteurs de Saint-Denis. Que faire ? La solution est trouvée en 1869. Les eaux usées, riches en azote, seront acheminées vers Gennevilliers et déversées sur un champ d'épandage où, livrées à la terre épuratrice, elles feront fructifier les récoltes. Le succès de l'expérience est confirmé dès 1872, mais Gennevilliers s'avère incapable de résorber tous les problèmes. Aussi la marée des mécontentements prend-elle de l'ampleur.

La bataille s'engage dès 1880 pour culminer en 1894 avec le vote de la loi du 10 juillet 1894 sur l'assainissement de Paris et de la Seine. Inspirée par le préfet Poubelle et l'ingénieur Bechmann, elle stipule que « les propriétaires des immeubles situés dans les rues pourvues d'égouts publics seront tenus d'écouler sous terre et directement à l'égout les matières solides et liquides de ces immeubles ». Mais l'eau courante étant nécessaire à l'efficacité du flux, les frais de branchement et de consommation inquiètent les propriétaires. Aussi les effectifs de la Chambre syndicale des propriétés immobilières passent-ils de 2 000 adhérents, au début de sa campagne contre le tout-à-l'égout, à 10 000 en 1900.

Contre le fleuve mortifère qui se creuse sous nos pieds, les propriétaires s'érigent en hygiénistes. Dans *L'Économiste français* d'octobre 1896, Paul Leroy-Beaulieu prétend que « le tout-à-l'égout est comme une blessure béante aux flancs de Paris, par où sortent à flots avec ses intestins, son honneur, ses finances, la santé de ses habitants et celle des riverains du fleuve qu'elle souille de sa fange infectée ». En 1897, au congrès annuel de la propriété bâtie, un orateur se demande si les effluves de 90 000 maisons éructés par 2 000 bouches d'égout ne finiront pas par asphyxier la capitale[2].

1. Dr E. Trélat, « Évacuation des vidanges », *Revue d'hygiène*, 1882, p. 116.
2. Cité par Roger-Henri Guerrand, *Mœurs citadines*, *op. cit.*, p. 45-46.

Les agronomes crient au gâchis. Ce sont des lingots d'or que le tout-à-l'égout engloutit chaque jour. Les hygiénistes se partagent : les Drs Vallin, Trélat et les médecins de la Société de médecine publique sont pour, Pasteur et le professeur Brouardel contre. Quant aux citadins, ils sont hérissés de défiance. La peur des miasmes est au cœur de la polémique. Le tout-à-l'égout dégagerait des odeurs, et ces odeurs tueraient!

Or, durant l'été de 1880, des odeurs particulièrement nauséabondes submergent Paris. À certaines heures et sous certains vents, l'atmosphère devient irrespirable. Un témoin se souvient : « On ne s'abordait plus que d'un mot : "Sentez-vous ? Quelle puanteur !" C'était comme une calamité publique. Le Parisien était affolé, le préfet tourmenté, le ministre agacé[1]. » On accuse les usines et surtout les égouts. Une commission est instituée par le ministre de l'Agriculture et du Commerce. Des sommités comme Pasteur, Sainte-Claire-Deville ou Brouardel en font partie. Mais les égouts sont disculpés de toute responsabilité : « Nous avons constaté, notent les commissaires, que les égouts parisiens étaient bien aérés, que dans le plus grand nombre de ceux que nous avons parcourus l'odeur est à peine sensible, que, dans un certain nombre de cas, nous avons inutilement cherché cette odeur à la bouche des égouts[2]. »

Au mythe des vapeurs délétères, l'Anglais Buchanam avait apporté la caution de la science en établissant, dès 1875, que l'air des égouts, soumis à une pression positive, envahit les hauteurs de la ville où il s'insinue dans les maisons. Ainsi s'expliqueraient les épidémies de fièvre typhoïde de Croydon, Édimbourg, Baden-Baden et Gibraltar. En 1879, Lissauer parle d'une pression atmosphérique négative qui aspire l'air des maisons vers l'égout. Mais il suffit qu'une averse gonfle le débit de la canalisation pour inverser la tendance et faire remonter les principes volatils dans les foyers avec les germes de l'érysipèle, de la fièvre typhoïde, de la diphtérie et du choléra[3]. Si la commission chargée d'enquêter sur les odeurs de 1880 disculpe les égouts, elle n'en précise pas moins que, « pour les médecins de tous les pays, la propagation de la fièvre typhoïde par l'air est maintenant incontestée[4] ».

Agressée dans son odorat, l'opinion publique est terrorisée par l'idée du tout-à-l'égout. *Le Temps* du 2 avril 1883 se fait l'écho de la grande peur des Parisiens : « Supprimer cent mille fosses d'aisance pour mettre les ordures dans les égouts, cela leur a toujours paru renoncer aux petites fosses pour en faire une grande englobant tout Paris. Pouah, la seule pensée leur en est odieuse [...]. Puanteur d'une part, épidémie de l'autre, on en a le frisson ; parviendra-t-on jamais à transformer nos égouts pour arriver à nous préserver de tout

1. Dr Trélat, « Évacuation des vidanges », *Revue d'hygiène publique*, 1882, p. 119.
2. *Ibid.*, p. 120.
3. Dr G. Zuber, « Influence pathogénique des gaz d'égouts », *Revue d'hygiène*, 1882, p. 410 *sq.*
4. *Rapport de la Commission de l'assainissement de Paris*, Paris, Impr. nat., 1881, p. 84.

cela quand on y jettera les immondices? C'est plus que douteux, car on ne changera pas l'assiette topographique de Paris. »

En 1901, les puanteurs du tout-à-l'égout auraient, selon le Dr Delore, contribué au revirement inattendu des électeurs contre leurs élus. « Ils leur reprochaient, précise-t-il, d'avoir non seulement attenté à leur bourse, mais encore à leur odorat, le plus intransigeant de tous les sens [...]. Le tout-à-l'égout est un véritable désastre, il n'assainit ni Paris ni la banlieue; il infecte la Seine-et-Oise; c'est la faillite pour les ingénieurs qui n'ont voulu écouter ni les hygiénistes ni les avis désintéressés de la Société d'agriculture de France[1]. »

En 1881, l'accident de l'égout de la rue Rochechouart attise les angoisses. Cinq ouvriers y trouvent la mort, asphyxiés par les eaux-vannes déversées par des vidangeurs peu consciencieux. Même s'il ne s'agit pas d'un accident microbien, l'impression est fâcheuse. Un autre danger menace les égoutiers, la « mitte des vidangeurs » causée par les exhalaisons d'ammoniaque qui s'attaquent aux muqueuses respiratoires et oculaires, pouvant même causer la cécité. Dans la plupart des cas, elle entraîne l'inanition, l'amaigrissement et une érosion des facultés intellectuelles. Mais les fosses d'aisance ne sont-elles pas, de ce point de vue, plus dangereuses que le tout-à-l'égout? Lissauer enrichit ce funeste cortège d'une maladie imaginaire : la « malaria des égouts ». Marquée par des accès fébriles, on l'observerait dans les maisons aux conduits fissurés et on la traiterait avec succès par le sulfate de quinine, à condition que les fissures soient colmatées[2].

Les ingénieurs multiplient les parades mais restent partagés : faut-il ventiler les égouts ou les enfermer dans une chappe étanche, comme à Londres? Le débat est si confus que certains hygiénistes reprochent aux égouts parisiens de communiquer avec l'air tout en déplorant leur absence de ventilation. Au congrès de Genève, un hygiéniste désemparé ira jusqu'à recommander l'incinération industrielle des gaz putrescibles et l'évacuation des fumées par une forêt de cheminées plantées au cœur des villes[3].

À ce congrès, le tout-à-l'égout français est mis au banc des accusés par un Anglais, le Dr Smith : « Mais en France, déclare-t-il, tous les égouts que j'ai vus n'ont pas de ventilateurs; les maisons n'ont pas d'intercepteurs, pas même de siphons. Vos maisons me font l'effet d'immenses poumons; vos tuyaux de chute de bronches qui aspirent, grâce à leur position élevée et à la différence de température, les miasmes et les microbes des égouts pour les digérer dans vos chambres et les rejeter au-dehors par les fenêtres. Il faut détruire les

1. Dr X. Delore, « L'hygiène de Lyon à la société de médecine », *Annales d'hygiène publique*, 1901, t. 2, p. 204.

2. G. Zuber, « Influence pathogénique des gaz d'égouts », *Revue d'hygiène,* 1882, p. 418-419.

3. « Congrès d'hygiène de Genève », *Revue d'hygiène,* 1882, p. 811.

microbes avec de fortes doses d'oxygène, il faut, en un mot, de l'oxygène, encore de l'oxygène, toujours de l'oxygène[1]. »

The Lancet du 6 janvier 1883 se montre aussi critique : « Nulle part en France on n'empêche les gaz des égouts de refluer dans les maisons par les tuyaux d'évier, les tuyaux de latrines. Celles-ci n'ont jamais d'intercepteurs hydrauliques sérieux ; la pression des gaz force la mince nappe d'eau des soupapes, et les tuyaux de chute ne sont pas ventilés[2]. »

Mal placés pour critiquer les égouts français, les Anglais doivent eux-mêmes renoncer à l'étanchéité de leurs égouts. Les égoutiers ne peuvent plus travailler sans courir le risque de mourir asphyxiés tandis que l'absence d'oxygène provoque à la surface des eaux-vannes une ébullition avec formation d'écume et de dépôts noirâtres[3]. À l'inverse, les égouts français sont inodores, mais ils sont loin d'être parfaits.

Les boyaux de Paris

Les égouts des grandes villes forment des complexes aux vastes ramifications. Sur certains canaux, les ouvriers chargés du nettoyage et du curage peuvent circuler à barque. Des segments perméables assurent le drainage du sol, d'autres, de forme semi-cylindrique et de petite taille, construits en ciment ou en terre anglaise, se jettent dans les canalisations centrales. Celles-ci se réunissent dans les collecteurs et, de collecteur en collecteur, comme dans une rivière qui enfle à mesure qu'elle roule vers l'aval, les eaux se retrouvent au grand collecteur et dans le fleuve. Ce monde souterrain est sillonné par un fouillis de réseaux : conduites d'eau, réseaux pneumatiques, téléphonique, télégraphique.

En 1886, Paris compte 834 kilomètres d'égouts, 47 kilomètres de branchements de bouches, 36 kilomètres de branchements de regards et 257 kilomètres de branchements particuliers, ce qui forme un réseau de près de 1 200 kilomètres dont l'entretien annuel coûte 365 000 francs. 940 égoutiers armés d'un matériel considérable en assurent le curage. Vingt bateaux-vannes et 56 wagons-vannes sont chargés du nettoyage des collecteurs. 59 réservoirs à chasse renforcent le drainage et 200 filtres retiennent les déchets[4]. Parfait dans son principe, ce système n'est pas sans défauts.

En 1882, M. Humbolt, ingénieur en chef des égouts, reconnaît que sa pente est trop faible et qu'une immondice partant des hauteurs de Paris peut

1. *Ibid.*, p. 810-811.
2. « Report of The Lancet Sanitary commission on the typhoid fever epidemy in Paris », *The Lancet*, 6 janvier 1883, p. 31.
3. Dr E. Vallin, « L'assainissement de Rouen », *Revue d'hygiène*, 1887, p. 951-952.
4. Durand-Claye, « L'assainissement de la Seine », *Revue d'hygiène*, 1886, p. 621.

mettre dix-huit jours avant d'arriver au grand collecteur. Faux! rétorque un partisan du tout-à-l'égout, le Dr Trélat. Une pente de 20 centimètres par kilomètre est suffisante pour un bon écoulement, or, la pente des égouts parisiens atteint souvent 60 centimètres, voire un mètre ou deux. Si l'on excepte quelques vieux conduits, les eaux-vannes parviennent au grand collecteur en l'espace de six heures[1]. La réalité est moins séduisante.

Le problème crucial vient de l'insuffisance et de l'irrégularité du débit. Les égouts parisiens charrient chaque jour 300 000 à 370 000 mètres cubes. Par temps de pluie ou lorsque la population fait sa toilette, le drainage est satisfaisant. Mais par temps de sec, ou lorsque les citadins dorment, le niveau s'abaisse. À chaque reflux, les déchets, surtout les matières fécales, s'agglutinent en dépôts pâteux sur la partie supérieure de la paroi interne du canal. En certains endroits, on construit donc des barrages dont on soulève les vannes au moment de la pénurie. Les masses d'eau ainsi libérées balayent les magmas putrides, mais les 65 « chasses » en action ne suffisent pas.

L'inadéquation du réseau est aggravée par la structure des canalisations à fond plat, qui fait obstacle au drainage des déchets. À Berlin ou à Londres, leur structure ovale facilite l'évacuation. Mais à Paris, le sable échappé du macadam s'amasse dans les égouts, faisant le cauchemar des égoutiers. Près de 40 000 mètres cubes en sont retirés chaque année, et c'est une quantité deux fois supérieure qui est recueillie au débouché des collecteurs[2]. Immondices et sables accumulés dans le lit de certaines canalisations sont curés au rabot ou poussés à la pelle jusqu'aux parties les mieux irriguées. Aussi les égoutiers, effrayés par l'arrivée du tout-à-l'égout qui transformerait chaque galerie en marécage fécal, menacent-ils de faire grève.

Des bancs de sable finissent parfois par obstruer les canalisations et, durant les crues de l'hiver 1883, 100 kilomètres d'égouts sont ainsi portés à saturation, faisant refluer les eaux-vannes vers les rues de Paris[3]. À ce fléau s'ajoute la pollution des fleuves.

Le plus grand des égouts : la Seine

Pour les adversaires parisiens du tout-à-l'égout, celui-ci est synonyme de « tout-à-la-Seine ». En 1880, la pollution de la Seine n'est pas une nouveauté. De longue date, une partie des excréments humains y étaient déversés dans la clandestinité. Mais, jusqu'à la fin du XVIIIe siècle, ils étaient neutralisés par le pouvoir épurateur du fleuve. Avec l'urbanisation du XIXe siècle, la nature est à saturation. Un rapport de 1874 signale que la Seine est polluée du collec-

1. Dr E. Trélat, « Évacuation des vidanges », *Revue d'hygiène,* 1882, p. 118.
2. Durand-Claye, « L'assainissement de la Seine », *Revue d'hygiène,* 1886, p. 621.
3. *Le Temps* du 2 avril 1883.

teur de Clichy jusqu'à Mantes, à 75 kilomètres de là. Certes, les 27 dépotoirs de la couronne parisienne convertissent les matières putrides en engrais et, depuis 1871, les champs d'épandage de Gennevilliers absorbent une partie des eaux usées. Mais le débit des égouts ne cesse de croître et les usines d'engrais rejettent dans le fleuve de grandes quantités de matières non traitées. À lui seul, le dépotoir de Nanterre suffit à empoisonner la Seine-et-Oise.

Dès le mois de mars 1880, la Seine est devenue un cimetière aquatique à hauteur de Chatou. Deux centimètres cubes d'oxygène par litre sont nécessaires à la survie de la faune. Or, les matières en décomposition en absorbent bien davantage. Dans un ultime réflexe, les poissons font surface, pipent l'air, se pâment et meurent asphyxiés[1]. Le fleuve, qui contient 1 à 2 grammes d'azote par mètre cube en amont de la capitale, en contient 30 en aval. À Mantes, il charrie 3 à 4 grammes d'urée par mètre cube[2]. Par centimètre cube, il y a 300 microbes à Choisy, 150 000 à Noisy et 200 000 à Saint-Denis.

Des nappes de vase tapissent le fond. À Clichy, leur épaisseur varie de 2 à 3 mètres. À Saint-Ouen, elle n'est plus que de 60 centimètres. Mais à Saint-Denis, le collecteur départemental vomit une eau noire aux relents d'ammoniaque. Cette vase gluante, grouillante de ces vers rougeâtres qui peuplent les eaux de vidange, émerge parfois au voisinage des collecteurs d'où il faut l'extraire par dragage[3]. On frémit lorsqu'on songe qu'à deux kilomètres en aval du grand émonctoire de Clichy existe une prise qui apporte chaque jour 6 000 mètres cubes de ce bouillon dans les foyers de Saint-Ouen, Saint-Denis, Épinay et Argenteuil[4].

En 1901, la Seine-et-Oise est un département sinistré. Dans plusieurs communes, Paris doit livrer un seau d'eau potable par jour à chaque habitant. Selon un médecin, Pontoise vivrait dans la hantise de la fièvre typhoïde. « Le soir, écrit-il, on se hâte de fermer les fenêtres ; le poisson est immangeable ; aux basses eaux, les matières fécales forment bordure sur les rives ; les villas ne se louent plus ; c'est une ruine pour cette banlieue de Paris[5]. »

La crue torrentielle du 3 janvier 1880 et la débâcle des glaces ont bien délogé des tonnes de vase. En quelques heures, il s'est produit, entre Clichy et la Seine, un « curage à vieux fond et à vieux bords » qu'aucune drague n'aurait pu réaliser. Mais pendant plusieurs mois, des guirlandes d'immondices apportées par les flots sont restées suspendues aux branches ou se sont accumulées sur les berges en chapelets de dentelles. La fureur des eaux a même dispersé l'infection jusqu'à Mantes où le fond du fleuve a disparu sous 30 centimètres de vase[6].

1. A. Girardin, « L'altération de la Seine », *Revue d'hygiène,* 1880, p. 749-751.
2. Durand-Claye, *Revue d'hygiène,* 1884, p. 58.
3. V. Du Claux, « Rien dans le fleuve », *Annales d'hygiène publique,* 1884, t. 2, p. 484-485.
4. Dr Vallin, « Le tout-à-l'égout et le choléra », *Revue d'hygiène,* 1892, p. 837.
5. Dr X. Delore, « L'hygiène de Lyon », *Revue d'hygiène,* 1901, p. 233.
6. A. Gérardin, « Altération de la Seine en 1880 », *Revue d'hygiène,* 1880, p. 750-751.

Comment le touriste qui traverse aujourd'hui la Seine en bateau-mouche ou se promène sur ses berges à hauteur d'Argenteuil, de Chatou ou du Vésinet, aurait-il pu reconnaître les lieux un siècle plus tôt ? Transportons-nous en 1883.

Jusqu'à Corbeil, tout va bien. Mais entre Corbeil et Saint-Denis, soixante-quinze égouts, parmi lesquels le grand collecteur de Paris et le collecteur départemental, se jettent dans le fleuve. Balayures des rues, eaux ménagères, matières fécales des tinettes filtrantes ou résidus des 3 000 pissotières s'écoulent paisiblement. Malgré tout, l'eau reste assez limpide et les pêcheurs indiquent la présence d'une vie, ou d'une survie aquatique.

Le vrai cauchemar commence à Clichy et à Saint-Denis où deux bouches cyclopéennes vomissent chaque année, venus des entrailles de la capitale, 100 millions de mètres cubes d'une eau roulant 125 000 tonnes de matières solides. Ces déjections s'épanouissent en paraboles que le vent promène d'une rive à l'autre et dont la surface enfle par temps de pluie. Légumes, poils, bouchons, cadavres d'animaux domestiques ou de rats surnagent, agglutinés par une gelée poisseuse criblée de bulles qui libèrent en éclatant leurs gaz fermentés. Par temps chaud, certaines d'entre elles peuvent atteindre un mètre cinquante de diamètre ! Le passage d'un bateau soulève des flots d'écume et provoque un effet d'ébullition.

Vers 1870, ces phénomènes se produisaient sur la rive droite. Dix ans plus tard, c'est la totalité du cours qui est gangrené. La faune aquatique a déserté les lieux et l'herbe a disparu des rives. La situation semble s'améliorer à partir d'Argenteuil mais de nouveaux rejets apparaissent au barrage de Bezon. L'eau, encore trouble à Saint-Germain-en-Laye, ne retrouvera sa pureté originelle qu'à Meulan[1].

À cette calamité s'ajoutent les rejets industriels. Les eaux résiduaires des industries alimentaires (sucreries, fabriques d'amidon, distilleries, brasseries) sont composées de matières organiques très putrescibles. Une usine traitant chaque jour 4 000 quintaux de betteraves en libère autant que l'effluent d'une ville de 50 000 habitants[2]. Dans la seule ville de Paris, 24 bateaux-lavoirs déversent chaque année dans la Seine 176 tonnes de soude et 132 tonnes de savon. Les maroquineries, les teintureries et les industries chimiques aggravent les dégâts.

Tous les cours d'eau des régions urbanisées sont logés à même enseigne, à l'exception de fleuves comme le Rhône ou le Rhin, dont le cours tumultueux facilite l'épuration spontanée. Reims transforme la Vesle en égout à ciel ouvert, Lille souille la Deûle, Roubaix l'Espierre et l'Escaut, Bordeaux la Gironde...

1. Durand-Claye, « Ministère des travaux publics. Assainissement de la Seine. Rapport de la Commission », *Annales d'hygiène publique,* 1884, t. 2, p. 182 *sq.*
2. *Revue d'hygiène,* 1904, p. 862.

L'Angleterre ne fait pas exception. En 1886, les odeurs de la Tamise sont devenues d'autant plus intolérables que les eaux-vannes libérées par des milliers de water-closets ont fermenté dans les égouts étanches. Aux premières loges, les membres du Parlement ont dû interrompre leur session à plusieurs reprises. L'infection atteint son paroxysme à Érith et au-delà de l'émonctoire. Les filets des pêcheurs y sont souillés et le poisson a disparu sur 25 kilomètres. Les puits voisins de la Tamise sont infectés ou suspects[1].

Tout le monde est conscient du péril. En Angleterre, en Allemagne et en France, on légifère. Dès 1858, un acte du Parlement anglais interdit la projection de déchets dans les rivières. Mais que faire des eaux usées ?

Que faire ?

En 1881, la Commission parisienne chargée du problème des égouts déclare, après de multiples inspections, qu'il lui est « impossible d'admettre que des matières fécales provenant d'individus sains ou atteints de maladies infectieuses, puissent pénétrer, circuler ou stagner dans les égouts sans danger pour la salubrité publique. » Elle est donc favorable au système de vidange par canalisations étanches « qui aurait pour effet de supprimer toute communication entre les matières excrémentielles, d'une part, et l'air et les terrains environnants d'autre part[2] ».

À la même date, Pasteur et Brouardel signalent les dangers d'un gigantesque dépotoir mêlant sa puanteur à l'haleine de Paris par d'innombrables bouches d'égout. « Les poussières, les germes déposés sur les murs de l'égout, écrit Brouardel, peuvent être détachés et transportés sur la voie publique et dans les maisons. Le niveau de la couche d'eau dans chacun de ces égouts est variable ; par suite, les parois sont couvertes de dépôts desséchés. Comme l'air de l'égout communique avec celui de la rue, il en résulte un danger permanent de transport dans les rues ou dans les maisons[3]. »

Vers 1880, c'est le « système séparatif », cauchemar des ingénieurs des Ponts et Chaussées, qui a la préférence des médecins hygiénistes. Verra-t-on en France l'« air-closet » de Lienur tel qu'il fonctionne à Amsterdam et Dordrecht ? Le Pr Brouardel, préconise l'établissement de conduites étanches reliées à une pompe aspirante. L'exemple hollandais est d'ailleurs imité à Lyon où l'ingénieur Berlier expérimente, en 1882, une canalisation forcée qui, sur 4 kilomètres, propulse les matières fécales hors de la ville. On envisage très

1. « La souillure de la Tamise », *Revue d'hygiène,* 1886, p. 454.

2. « Rapports présentés à la préfecture de la Seine, sur les égouts et les mauvaises odeurs de Paris, par M. Marié-Davy », *Génie civil,* 1881, p. 364.

3. Cité par le Dr C. Zuber, « Influence pathogénique des gaz d'égouts », *Revue d'hygiène,* 1882, p. 421.

sérieusement d'étendre l'expérience à Paris, de la Concorde à l'émonctoire d'Asnières.

Il existe d'autres types de systèmes séparatifs. À Memphis, ville du Tennessee de 60 000 habitants, les eaux-vannes sont entraînées dans un réseau spécial par la pression de chasses d'eau à réglage automatique. En 1891, une quarantaine de villes anglaises reçoivent du Local Governement Board l'autorisation de contracter des emprunts pour la mise en chantier d'installations semblables. Les nouveaux faubourgs de Londres en sont même équipés. En 1900, Eastbourne, cité balnéaire anglaise de 50 000 habitants, doit faire face à l'afflux de touristes en confiant leurs excréments à une conduite qui débouche à deux miles de la côte[1]. Mais l'établissement du système séparatif requiert de tels travaux que son extension restera limitée.

Vers 1880, un autre type de projet, préconisé par l'ingénieur Duberty, retient l'attention des spécialistes : « le canal à la mer ». Il s'agirait de faire cheminer à travers champs, de Paris jusqu'à la côte normande, un canal à ciel ouvert qui déverserait les déjections des Parisiens dans la Manche. Mais ce serait une œuvre de titan exigeant une élévation de plus de 100 mètres, une force de 8 000 chevaux-vapeur et le creusement d'un tunnel de 12 kilomètres. Le coût en serait exorbitant : 100 millions de francs pour l'installation, 5 à 6 millions par an pour le fonctionnement. Dix ans durant, le projet alimente les conversations. On en parle à la Chambre des députés en 1885, et au Sénat en 1888, qui le repoussent. Si ce canal poétique avait vu le jour, on imagine sans peine le ravissement des vacanciers sur les plages embaumées de Normandie. De plus, la mer n'ayant pas le pouvoir épurateur des rivières ou de la terre, les résidus intestinaux des Parisiens auraient fini par briser le splendide isolement des narines anglaises. Et comme le souligne un hygiéniste, le « canal à la mer » serait tôt ou tard devenu un canal maritime, faisant de Paris « un port de merde »[2].

L'opposition aux systèmes séparateurs s'organise. Les ingénieurs des Ponts et Chaussées, sous la houlette de Durand-Claye, et les hygiénistes Vallin et Trélat passent à la contre-attaque en démythifiant la réputation diabolique qui pèse sur le tout-à-l'égout. Il n'augmente que de façon insignifiante la proportion de matières organiques déjà charriées et la pollution des rivières lui est antérieure ; il encourage l'installation d'adductions ; il canalise les déjections éparpillées par le système des fosses ; les nuisances qu'on lui reproche ne concernent que 120 kilomètres de canalisations défectueuses ; l'invasion bactérienne par les bouches n'existe pas.

En 1882, le Dr Miquel, directeur du laboratoire du parc Montsouris, a recensé 680 microbes dans un mètre cube d'air de la rue de Rivoli, 880 dans

1. *Revue d'hygiène,* 1900, p. 378.

2. Dr E. Vallin, « Projet d'assainissement de Rouen », *Revue d'hygiène,* 1895, p. 6-7 ; *Revue d'hygiène,* 1885, p. 59.

l'égout de la même rue, 5 200 dans sa chambre bien aérée de la rue Monge, et 11 000 dans une salle de l'hôpital de la Pitié[1]. L'air de la plupart des égouts est d'ailleurs moins pollué que celui des rues. Quant aux émanations putrides qui s'en dégageraient, elles ne hantent que les imaginations. Le plus éminent des adversaires du tout-à-l'égout, le Pr Brouardel, doit lui-même le reconnaître : « Dans le plus grand nombre de ceux [les égouts] que nous avons parcourus, l'odeur est à peine sensible. L'odorat ne distingue ni ammoniaque, ni acide sulfhydrate d'ammoniaque. Des papiers imbibés d'un sel de plomb, mouillés et tenus à la main pendant une visite qui a duré trois heures, n'ont éprouvé qu'une très légère modification dans leur teinte[2]. » De surcroît, partout où le système triomphe, la fièvre typhoïde régresse.

Berlin, Vienne, Londres, Bruxelles et Rome envoient leurs vidanges à l'égout en 1880, mais à Paris, on discute encore. Entre 1860 et 1870, la mortalité par fièvre typhoïde, que les Anglais appelaient *sewer fever* (fièvre d'égout), était en Angleterre de 90 pour 100 000. À partir de 1880, le tout-à-l'égout s'impose dans plusieurs villes, la réduisant à 27 pour 100 000[3]. Tandis qu'elle emporte chaque année, entre 1875 et 1879, 30 habitants de Londres pour 100 000 et 20 de Bruxelles ou de Francfort, elle tue 61,4 Parisiens pour 100 000, chiffre porté à 101 entre 1880 et 1884[4]. À Francfort, elle faisait 80,5 victimes pour 100 000 avant la vidange à l'égout, elle n'en fait plus que 11 après. Et l'on pourrait multiplier les exemples en citant Danzig ou Glasgow.

Certes, les statistiques valent ce qu'elles valent et d'autres facteurs ont pu jouer : assainissement de l'eau potable, destruction des déjections typhiques, désinfections. Mais comment affirmer que le tout-à-l'égout augmente le danger ? Comme l'écrit l'un de ses partisans : « Ce qui est dangereux, ce n'est pas la matière excrémentielle qui entre dans l'égout et s'y noie, c'est celle qui n'y entre pas. »

Pourtant, le tout-à-l'égout s'impose difficilement en France. En 1906, sur 616 villes de plus de 5 000 habitants, 294 n'ont pas d'égout et 255 n'ont que des égouts pluviaux[5]. En 1914, les statistiques ont convaincu les sceptiques, mais, dans la plupart des villes, les fosses d'aisance, les fosses septiques et les tinettes filtrantes restent les plus nombreuses. La routine, les préventions et la mauvaise volonté des propriétaires, effrayés par le coût de l'eau et les frais d'installation, ont entravé l'application de la loi de 1894. En temps de paix, les inconvénients peuvent passer inaperçus. Qu'en sera-t-il en temps de guerre ?

1. *Revue d'hygiène,* 1885, p. 336.
2. *Rapport de M. Brouardel sur l'infection produite à l'intérieur même de la ville*, Paris, Imp. nat., 1881.
3. « Congrès d'hygiène de Genève », *Revue d'hygiène,* 1882, p. 809.
4. Drs Vallin et Hudelo, « Vidange à l'égout », *Revue d'hygiène,* 1885, p. 269.
5. « Congrès d'hygiène sociale à Nancy », *Revue d'hygiène,* 1906, p. 616.

En 1918, la situation devient critique à Paris où l'on redoute de soudaines explosions épidémiques. La cavalerie des compagnies de vidanges, réduite par les réquisitions, épuisée par le surmenage et le déficit alimentaire, ne suffit plus à la tâche. Le personnel, en partie mobilisé, se recrute avec peine et ne bénéficie d'aucun apport de main-d'œuvre féminine. Plusieurs fosses débordent et leur contenu se répand dans la rue.

Dans l'un des immeubles de son quartier, le docteur Marié-Davy assiste à un spectacle déplorable : « Le sol des cabinets du rez-de-chaussée était recouvert d'une couche de matières qui cachaient complètement le siège à la turque, et par la porte, un large ruissellement de liquide malodorant gagnait la cour, puis le couloir de l'immeuble, enfin le trottoir et le ruisseau de la rue. Naturellement dans tout cela les larves des mouches grouillaient et les bestioles ailées allaient au loin porter la pestilence et peut-être la contagion. »

Certains propriétaires, exaspérés par le moratoire des loyers, négligent les vidanges avec le secret espoir de faire décamper leurs locataires écœurés. Enfin, les vidangeurs épuisés se déchargent clandestinement de leur fardeau en chemin, dans les terrains vagues ou dans la Seine[1].

Les progrès de l'hygiène ont rendu insupportable un spectacle jadis coutumier, mais le tout-à-l'égout n'achèvera la conquête des grandes agglomérations qu'au lendemain de la Seconde Guerre mondiale. En 1880, ses adversaires peuvent encore soutenir, à juste titre, que le problème est seulement déplacé. À un moment ou à un autre, il faudra bien éliminer les déchets organiques, à moins de condamner les fleuves à mort. Le cas de Londres qui, en dépit de ses water-closets et de son tout-à-l'égout, transforme la Tamise en cloaque, le montre bien.

Pour purifier leur *sewage*, les Anglais ont tout essayé. Les bassins de décantation n'ont rien résolu. L'eau en sort limpide mais souillée. Et que faire des boues ? Les procédés chimiques, coûteux et illusoires, ont les mêmes défauts. Le sulfate d'alumine, l'oxyde de fer ou la chaux agglutinent les déchets, les précipitent, clarifiant l'eau mais provoquant l'accumulation de boues. S'il ne tue pas les microbes pathogènes, ce traitement intoxique les poissons et les micro-organismes qui participent au phénomène d'épuration spontanée, aggravant la souillure du fleuve.

On aurait pu désespérer si les spécialistes n'avaient trouvé un procédé quasi miraculeux qui purifie les eaux d'égout en faisant fructifier la terre. Ainsi sont nés les champs d'épandage.

1. Dr Marié-Davy, « De la nécessité d'assurer la vidange régulière des fosses d'aisances », *Revue d'hygiène*, 1918, p. 515-517.

CHAPITRE XXVIII

Les champs d'épandage Providence ou pestilence ?

Ces eaux d'égout, ce maudit *sewage* dont le cours ténébreux hérisse les citadins, constituent pourtant, à l'image des excréta, une richesse nationale. On y trouve 50 à 80 grammes d'azote par mètre cube. Cent mètres cubes ayant la valeur d'une tonne de fumier, c'est l'équivalent de 3000 tonnes de fumier qui coulent chaque jour sous les pieds des Parisiens[1]. Pour la seule capitale, les eaux d'égout représentent une richesse annuelle de 15 à 20 millions de francs[2]. Abandonnera-t-on ce trésor ? Se ruinera-t-on toujours en important du guano d'Amérique du Sud ou des nitrates du Chili ? Ne serait-il pas plus sage de rendre à la terre ce qu'elle a donné ?

Contre le gaspillage, les champs d'épandage apportent la solution rêvée. Au sortir des grands collecteurs, les eaux usées seront acheminées vers de vastes terres agricoles. L'hygiène et l'agriculture y trouveront leur compte. Car la terre possède le miraculeux pouvoir de purifier les eaux-vannes et de les rendre au fleuve aussi pures que l'eau de source. Comment ignorer cette façon élégante de traiter les résidus organiques ? D'autant que le système transforme des terres incultes en paradis terrestres. Du moins le croit-on.

De l'égout à l'Éden

Le mardi 3 juillet 1900, les 250 invités du congrès international d'agronomie de Paris partaient en excursion au « parc agricole d'Achères ». Sous un soleil radieux, la promenade se déroula dans une atmosphère délicieuse et c'est un éden que découvrirent, sur un millier d'hectares, les touristes congressistes.

1. Durand-Claye, « Évacuation et emploi des eaux usées », *Revue d'hygiène,* 1885, p. 59.
2. Selon Didier, *L'Épuration des eaux d'égout, op. cit.,* p. 34.

Commentaire de la *Revue d'hygiène* : « Tous ont admiré la belle tenue du parc et les cultures variées du fermier concessionnaire de la Ville, M. Bonn : céréales, pommes de terre, betteraves, pépinières, prairies et prairies-vergers, jardins, cultures maraîchères, choux, poireaux, artichauts, etc. ; les drainages à ciel ouvert aménagés en rivières anglaises, avec leur eau épurée, fraîche, limpide, cristalline et savoureuse, ont retrouvé leur succès habituel[1]. »

Pour des milliers de Parisiens, ce lieu bucolique était devenu la friandise du dimanche. On y voyait « des promeneurs étonnés » qui « ne manquaient pas d'exprimer hautement la surprise que leur causait la création de ce jardin verdoyant, là où ils s'attendaient, tant on le leur avait dit et répété, à trouver un immense dépotoir[2]. »

On est bien loin des marécages pestilentiels annoncés par les esprits maussades. Et ce miracle, c'est à quelques microbes amis qu'on le doit. Voilà de quoi justifier l'affirmation de Duclaux : « S'il y a encore des vivants, si, depuis des centaines de siècles que ce monde est habité, la vie s'y poursuit, c'est aux microbes qu'on le doit. »

La terre est un filtre. Débarrassées de leurs détritus les plus grossiers, les eaux usées l'imprègnent et c'est dans ses profondeurs que se produit un phénomène de purification que certains ont comparé à la combustion. Au contact de l'oxygène qui s'infiltre avec l'eau, la terre transforme les matières organiques et azotées en matières minérales, en nitrates notamment, si nécessaires à la végétation.

En 1879, deux savants français, Schloesing et Müntz, découvrent l'existence des microbes nitrificateurs responsables du phénomène, le *nitromanias* et le *nitrobacter*, que Winogradsky et Oméliansky parviennent à isoler en 1890[3].

L'utilisation à des fins agricoles des eaux d'égout est fort ancienne. Dans certains cas, elle remonte au XVIe siècle. La petite ville allemande de Bunzlau pratique l'épandage depuis 1559, et Édimbourg depuis 1750. Mais c'est en 1869 que l'expérience est pour la première fois tentée sur une grande échelle à Gennevilliers. La réussite est si complète que, dès 1873, Virchow encourage l'aménagement d'un site identique près de Berlin.

L'opération requiert toutefois certaines conditions. Les sols doivent être meubles, faciles à drainer, sablonneux et d'une perméabilité homogène, faute de quoi, l'irrigation exposerait les nappes et les rivières à la pollution[4]. Il ne saurait être question de les choisir trop près des villes en raison du coût de l'immobilier. Circonstance plaisante, ce sont les terres les plus ingrates qui se

1. M. Launay, « Épuration agricole des eaux d'égout », *Revue d'hygiène*, 1900, p. 729.
2. Bechmann, « Champs d'épuration de Paris et de Berlin », *ibid.*, p. 1063.
3. Didier, *L'Épuration des eaux d'égouts*, *op. cit.*, p. 30.
4. Calmette, *Recherches sur l'épuration biologique et chimiques des eaux d'égout*, t. 5, Introduction.

prêtent le mieux à leur aménagement. Mais ces conditions étant rarement réunies, les surfaces utiles restent limitées.

Vers la fin du XIXe siècle, il n'existe que trois sites aménagés en France : ceux de Gennevilliers, d'Achères et de Reims. C'est en Grande-Bretagne que les champs d'épandage sont les plus nombreux. Dès 1878, on les trouve dans les banlieues de 64 villes : Nottingham, Birmingham, Preston, Croydon, Édimbourg… En Allemagne, l'irrigation à l'eau d'égout est pratiquée dans les faubourgs de 41 villes (Berlin, Breslau, Charlottenbourg, Rixdorf, Brunswick, Fribourg-en-Brisgau…). Mais aux États-Unis, où le coût de la terre est élevé, l'épandage concerne seulement de petites superficies dans les régions les plus sèches (autour de Los Angeles, de Salt Lake City, d'Hastings)[1].

Aux champs d'envergure s'ajoutent d'innombrables lopins irrigués avec les eaux usées d'établissements communautaires. C'est ainsi que les 268 mètres cubes rejetés chaque jour par l'asile d'aliénés de Moisselles (Seine-et-Oise) alimentent un petit terrain cultivé par les pensionnaires eux-mêmes[2].

À deux kilomètres de Berlin, la prison de Plötensee abrite deux mille détenus. Ses eaux-vannes ont un volume quotidien de 600 mètres cubes. Elles irriguent une ferme située à 50 mètres de là, à la grande joie du fermier, M. Thiele, « horticulteur émérite » qui cultive fraises, framboises, petits pois, asperges, salades, carottes, pommes de terre et fleurs[3].

Et de partout s'élève une même chanson : c'est l'idylle.

Idylle aux champs

Le miracle, si miracle il y a, concerne d'abord l'hygiène. Des eaux infectes se métamorphosent, comme par enchantement, en eaux de source. Les champs de Gennevilliers sont le réceptacle des grands collecteurs de Clichy et de Saint-Ouen. À leur arrivée, elles contiennent des nuées de microbes. Pourtant, elles ressortent dans le drain d'Asnières aussi pures, dit-on, que les eaux de la Vanne, et, n'était-ce leur forte teneur en nitrates, on les distribuerait aux Parisiens[4].

Les promeneurs du dimanche ne s'y trompent pas. « Ne les voit-on pas à Gennevilliers, note le Dr Delore, déguster l'eau de quelques drains avec la même finesse que s'il s'agissait d'un vin fameux[5] ? » À la suite d'une excursion

1. Bechmann, « Commission d'études des divers procédés d'épuration des eaux d'égout », *Revue d'hygiène,* 1910, p. 69 *sq.*

2. Didier, *L'Épuration des eaux usées, op. cit.,* p. 84.

3. Durand-Claye et Pelsche, *Annales des ponts et chaussées,* avril 1886, p. 322.

4. Société de médecine publique, « Évacuation et emploi des eaux d'égout », *Revue d'hygiène,* 1885, p. 333 ; Dr Delore, *Annales d'hygiène publique,* 1900, p. 232.

5. Dr Richard, « L'épuration des eaux d'égout », *Revue d'hygiène,* 1887, p. 237.

aux champs d'épandage de Berlin, Durand-Claye écrit : « Nous avons bu de l'eau fournie par le drainage ; elle est aussi claire, aussi pure et aussi fraîche que celle qui sort de nos drains de Gennevilliers. Il est impossible de reconnaître la moindre influence due à l'addition des matières de vidange aux égouts[1]. »

Ces eaux, pourtant jaunâtres, dégagent parfois une « certaine odeur ». Qu'importe ! Elles ont tant de vertus qu'on n'hésite pas à les utiliser en pisciculture.

En 1890, une dizaine d'étangs artificiels, situés près du lac de Malchow et alimentés par les drains des champs d'épandage de Berlin, sont semés d'alevins, de lavarets, de truites, de carpes, d'œufs de sandre. Un an plus tard, à l'occasion d'un banquet en l'honneur de Virchow, les convives peuvent déguster 70 livres de truites et de lavarets élevés dans ces étangs. En dix-huit mois, les carpes y atteignent le poids d'une livre. En novembre 1891, ils fournissent 2 588 pièces dont 1 051 saumons. Une truite de cinq mois et de vingt-deux centimètres est offerte au professeur Moebius. « La couleur et le goût de sa chair était exquise », écrit-il. « Il est donc démontré, conclut un médecin français, que les poissons supérieurs peuvent vivre et être cultivés dans l'eau des drains des champs d'irrigation[2]. »

Les agriculteurs, eux aussi, se frottent les mains.

Par un dimanche de mai 1881, Gennevilliers avait un air de fête. On y scellait, ce jour-là, sa réconciliation avec Paris. Symbole de ces retrouvailles, une fontaine offerte à la petite commune par sa puissante voisine. Sur son socle étaient figurées deux mains croisées en signe d'amitié. « C'est Paris qui serre la main de sa sœur, de sa petite sœur, note un témoin. Des discours ont été prononcés par le maire, M. Pommier, par M. Durand-Claye, au nom de la ville de Paris. Des jeunes filles en blanc ont présenté des bouquets. La satisfaction était réciproque et pour un peu l'on aurait crié : Vivent les eaux d'égout. »

L'affaire remontait à une dizaine d'années. Si les agriculteurs s'étaient montrés enchantés, les riverains avaient été effrayés par l'arrivée prochaine de l'eau d'égout. Aussi la commune avait-elle intenté un procès en dommages-intérêts à la capitale. Mais, au vu des résultats, toutes les préventions s'étaient évanouies et Gennevilliers avait même demandé que Paris s'engageât par contrat à prolonger les irrigations douze ans durant. Dans une région stérile, le coût de la terre avait flambé. Les terrains se vendaient maintenant jusqu'à 11 000 francs l'hectare et leurs loyers atteignaient 150 à 350 francs.

Les détracteurs des champs d'épandage avaient prophétisé tous les malheurs. En hiver, disaient-ils, l'eau d'égout gèlerait, interrompant les opéra-

1. L. Durand-Claye, « Les travaux d'assainissement de Berlin », *Revue d'hygiène*, 1881, p. 110.

2. Dr J. Arnould, « Élevage des poissons dans les eaux du drain », *Revue d'hygiène*, 1892, p. 1030-1031.

tions de purification, transformant la région en patinoire. Or, cette eau ne descend jamais au-dessous de 5° et, en décembre 1879, 320 000 mètres cubes ont pu être épurés par -23°. En décembre 1884, on y traite jusqu'à 1 800 000 mètres cubes par jour[1].

Les artichauts sont préservés du froid sans être recouverts de paille. Les eaux d'égout épargnent les gelées aux poireaux et facilitent l'arrachage des artichauts tandis que l'irrigation des prairies se poursuit[2]. Quant aux terrains nus, ils sont colmatés par des débris de toutes sortes qui mettent le filtre à l'abri des fissures.

En 1878, alors que les membres du Congrès international réunis à Paris visitent les champs d'épandage de Gennevilliers, une bruyante cohorte de contestataires hurle à l'empoisonnement aux légumes pourris et creux. On leur répond en découpant à la scie un gigantesque chou d'excellente qualité[3].

Les rendements sont fabuleux. En janvier et février 1895, les maraîchers de Gennevilliers envoient 30 000 bottes de poireaux et 45 000 choux sur le carreau des halles et les vendent à un prix deux à trois fois supérieur au cours normal[4]. Aussi les taux de fermage oscillent-ils entre 300 et 500 francs à l'hectare alors que la population de la commune passe de 2 389 habitants en 1876 à 4 448 en 1886[5].

Partout ailleurs, on crie au miracle. À Fribourg-en-Brisgau, les eaux usées de 74 000 habitants servent à l'entretien d'une prairie digne de la Normandie dont les vaches fournissent un lait vendu aux hôpitaux[6].

Enchanté par sa visite aux champs de Berlin, Durand-Claye se souvient : « Nous avons vu de magnifiques prairies de ray-grass, qui donnent six à dix coupes et 60 000 à 120 000 kilogrammes d'herbe fraîche par an. Les choux de Milan et les choux blancs ordinaires sont très vigoureux ; cinq à six têtes pèsent jusqu'à cinquante kilogrammes. Il en est de même des choux rouges. Le céleri, les betteraves, les carottes viennent avec une vigueur remarquable. Le colza, l'avoine, le tabac, la chicorée à café complètent la série de plantes que nous avons vu prospérer à Osdorf. La ferme d'Osdorf entretient un troupeau de 70 vaches qui consomment 75 kilogrammes d'herbe fraîche par tête et par jour et donnent en moyenne huit litres de lait[7]. » Les chemins qui se frayent un passage à travers l'oasis constituent une perte de terrain compensée par les pommiers qui les bordent. Les fossés sont occupés par des oseraies

1. Dr Vallin, « L'assainissement de la Seine », *Revue d'hygiène,* 1885, p. 625.
2. F. Launay, « Les irrigations de Gennevilliers », *Revue d'hygiène,* 1895, p. 389.
3. L. Durand-Claye, « Évacuation et emploi des eaux d'égout », *Revue d'hygiène,* 1885, p. 59.
4. F. Launay, « Les irrigations de Gennevilliers », *Revue d'hygiène,* 1895, p. 390.
5. F. Launay, « Assainissement municipal », *Revue d'hygiène,* 1886, p. 622.
6. Didier, *L'Épuration des eaux usées, op. cit.,* p. 42.
7. L. Durand-Claye, « Les travaux d'assainissement de Berlin », *Revue d'hygiène,* 1881, p. 110.

abreuvées à satiété et d'un excellent rendement[1]. Cet éden épure chaque jour 240 000 mètres cubes d'eau sur une superficie qui, avec ses 15 722 hectares, constitue le plus grand champ d'épandage du monde[2].

Serait-ce trop beau pour être vrai ? Et cette manne ne cacherait-elle pas un foyer de pestilence ?

Un bilan sanitaire rassurant

Les champs d'irrigation ont leurs adversaires, à Paris comme à Berlin, et les accusations lancées sont identiques sur les bords de la Spree et de la Seine : l'eau d'égout empeste. Elle transforme le sol saturé en marécage et contribue à la diffusion des maladies infectieuses. Contre de tels arguments, les hygiénistes invoquent des chiffres.

Dès 1879, le Sanitary Record indique que, dans la ferme de Croydon, entre la décennie qui a précédé l'aménagement des champs et celle qui lui a succédé, la mortalité typhique est tombée de 95 à 32 pour 100 000, et de 1700 à 1500 pour l'ensemble des maladies infectieuses. Dans le même temps, la mortalité du district est passée de 172,4 à 136,2 pour 100 000. Pendant qu'une épidémie de fièvre typhoïde s'abattait sur la ville de Croydon, la ferme était épargnée. Même si quelques propriétaires ont renvoyé les mourants chez eux, pareil bilan pulvérise tout scepticisme[3]. Constatant un même déclin de la mortalité à Gennevilliers, un hygiéniste, le Dr Richard, résume la situation en ces termes : « Au lieu de faire de la fièvre typhoïde, on fait de bons légumes. »

Durant l'été et l'automne de 1891, sept ouvriers travaillant sur les champs d'épandage situés au nord de Berlin contractent pourtant la fièvre typhoïde après avoir bu l'eau des drains. Les hygiénistes ne s'affolent pas. Ce sont les premiers cas signalés dans ces champs et la maladie a frappé toute la région. Deux médecins chargés de l'analyse des eaux litigieuses confirment l'absence de bacilles d'Eberth.

Vers la même époque, le choléra nostras se déclare chez 21 détenus qui travaillent sur les champs d'épandage de la prison de Rummelsburg. La sérénité des hygiénistes n'en est pas davantage ébranlée. Des cas semblables ont été signalés ailleurs. L'herbe, dont les racines plongent dans l'eau d'égout, ayant été mise en cause, Virchow la fait ingérer pendant des mois par des animaux qui ne contractent aucune maladie[4]. Lorsque la fièvre typhoïde survient

1. Didier, *L'Évacuation des eaux usées*, *op. cit.*, p. 42.

2. *Ibid.*, p. 42.

3. Dr Balwin Latham, « On the influence of sewage-ferms on public health », *The Sanitary Record*, 1879, p. 138.

4. R. Virchow, « Les champs d'épandage des environs de Berlin produisent-ils la fièvre typhoïde ? », *Semaine médicale*, 1893, p. 57.

dans d'autres champs, on se contente d'incriminer les imprudents qui consomment l'eau non purifiée des rigoles d'alimentation. Quelques nuages ne suffisent pas pour faire éclater un orage, d'autant que les champs d'irrigation contribuent à l'hygiène des villes et à la propreté des fleuves.

Chaque année, un hectare de champs d'épandage épure 40 000 mètres cubes. En 1885, un rapport du Comité d'hygiène de la Seine indique qu'en ajoutant aux 600 hectares de Gennevilliers les 800 hectares prévus, il sera possible d'épurer 270 000 des 300 000 mètres cubes rejetés chaque jour par Paris. Seulement 30 000 mètres cubes iront alors à la Seine[1].

Dans l'euphorie, les ingénieurs agronomes ont calculé que 53 000 hectares proches de Paris sont propices à l'épandage. De quoi assainir toutes les villes de France[2] ! Dix ans plus tard, les champs d'épandage d'Achères, inaugurés le 7 juillet 1895, et les champs de Gennevilliers épurent chaque jour 200 000 mètres cubes. Mais à cette date, l'effluent quotidien n'est plus de 300 000 mais de 400 000 mètres cubes. Sur les 140 millions de mètres cubes évacués chaque année, la moitié se retrouve à la Seine. Confrontés à cette crue, ingénieurs et médecins hygiéniste ouvrent de nouveaux chantiers à Méry, Pierrelaye, Carrières-sous-Poissy[3].

En 1898, les champs d'épandage couvrent 4 300 hectares. Mais le volume des eaux usées s'élève maintenant à 430 000 mètres cubes par jour. Les membres de la Société de médecine publique n'en lancent pas moins un défi : en 1900, à l'occasion de l'Exposition universelle, il n'y aura plus une seule goutte d'eau usée dans la Seine. « Nous pourrons donc, s'exclame le Dr Périssé, montrer aux étrangers notre beau fleuve, et ils pourront aller à Saint-Germain sans y voir la Seine polluée par les déjections de la grande ville[4]. »

Un an plus tard, l'extension du tout-à-l'égout porte le volume quotidien des eaux usées à 600 000 mètres cubes par jour ! 5 000 hectares d'épandage ne parviennent pas à les éponger[5]. En 1908, 5 500 hectares ne peuvent absorber les 750 000 mètres cubes venus des collecteurs[6]. Et, en 1912, 6 000 hectares ne reçoivent que la moitié des 800 000 mètres cubes rejetés, le reste allant toujours à la Seine[7].

Or, l'aménagement des champs d'épandage s'avère moins facile que prévu et le tout-à-l'égout est loin d'être achevé. Les ingénieurs, gagnés de vitesse par

1. Dr E. Vallin, « Assainissement de la Seine », *Revue d'hygiène,* 1885, p. 626.
2. Durand-Claye, « L'assainissement de Paris », *Revue d'hygiène,* 1886, p. 621.
3. Dr Bechmann, « Champs d'épuration de Paris et de Berlin », *Revue d'hygiène,* 1895, p. 1063.
4. « Comptes rendus de la Société de médecine publique », *Revue d'hygiène,* 1898, p. 36-37.
5. P. Vincey, « L'épuration terrienne des eaux d'égout », *Revue d'hygiène,* 1899, p. 993.
6. Didier, *L'Épuration des eaux d'égouts, op. cit.*, p. 47.
7. Pr A. Calmette, « Épuration biologique des eaux d'égout », *Revue d'hygiène,* 1912, p. 1349.

la montée de l'effluent, se trouvent en présence d'un problème insoluble. La Seine serait-elle menacée de pollution totale ? On a pu le croire à mesure qu'on prenait conscience des limites et des inconvénients du système.

L'envers de la médaille

Le coût de l'opération oppose une première force d'inertie. L'irrigation de quelques lopins suppose la mise en chantier d'ouvrages monumentaux. Trente-cinq millions de mètres cubes d'eaux d'égouts sont déversés à Gennevilliers après avoir été refoulés par les élévateurs de Clichy. Pour irriguer un millier d'hectares à Achères, il a fallu construire un aqueduc commencé en 1886, classé d'utilité publique en 1889, et terminé en 1895.

La plupart des grandes villes de France offrent un environnement peu favorable aux champs d'épandage. Leur extension et le développement des industries font flamber le cours de l'immobilier. Le Pr Calmette a calculé qu'une ville comme Lille, qui rejette une moyenne quotidienne de 20 000 mètres cubes, devrait disposer d'une surface de 250 hectares d'un coût de 1 500 000 francs[1]. Encore toutes les villes ne disposent-elles pas de terrains proches, homogènes et perméables. Des aqueducs toujours plus longs et coûteux devront être mis en chantier.

À l'inverse de Berlin, où les terres irriguées sont propriétés de la ville, les champs d'épandage français sont en libre culture ou en « domaines administratifs », le rôle des municipalités se réduisant à la fourniture d'eau. Le coût de l'opération serait secondaire si les bénéfices agricoles étaient substantiels. Or, passée l'euphorie des premières années, on déchante.

En effet, les impératifs de l'épuration ne sont pas conformes à ceux de l'agriculture. Chaque culture a sa saison mais l'eau d'égout afflue toute l'année. Les besoins sont variables d'une plante à l'autre. Si les prairies peuvent « boire » à satiété, les cultures maraîchères sont moins gourmandes. Chaque hectare reçoit en France 40 000 à 45 000 mètres cubes d'eau par an. Cette ration convient aux artichauts mais elle est nuisible aux choux, qui ne consomment que 23 000 mètres cubes et, plus encore, aux asperges qui se contentent de 9 500 mètres cubes[2]. Les céréales ne supportent aucune irrigation pendant l'emblavure et les betteraves industrielles ont de faibles besoins.

Les débits sont mieux réglés à l'étranger. Les champs de Berlin reçoivent 13 000 mètres cubes par hectare et par an ; ceux de Grenade, Milan ou Calcutta, où l'évaporation est intense, 10 000 à 20 000 mètres cubes ; ceux d'An-

1. Pr A. Calmette, « L'épuration biologique des eaux résiduaires », *Revue d'hygiène,* 1912, p. 1341.

2. Paul Vincey, « L'épuration terrienne des eaux d'égout », *Revue d'hygiène,* 1899, p. 994.

gleterre 4000 à 10000. Aussi la Société d'agriculture de France réclame-t-elle, en vain, une réduction à 8000 mètres cubes du volume distribué.

En définitive, les rendements se révèlent médiocres. Un hectare planté en betteraves industrielles donne sur champ d'épandage 30000 kilogrammes contre 45000 kilogrammes dans les fermes de la Brie et de la Beauce. Certains industriels n'en veulent même pas en raison de leur forte teneur en eau. Les pommes de terre ont un rendement de 17000 kilogrammes contre 25000 partout ailleurs[1]. Ces inconvénients sont illustrés par la mésaventure de l'ingénieur Bonna qui, en 1897, a loué le domaine d'Achères pour un loyer annuel de 160000 francs. En 1900, il fait faillite et réclame une forte indemnité à la ville, les ingénieurs municipaux ayant brûlé ses betteraves et ses luzernes avec une eau trop abondante et trop riche[2].

En définitive, les champs d'épandage conviennent seulement aux pays secs et chauds. De surcroît, au fil des années, on s'aperçoit qu'ils peuvent être dangereux. Il est vrai qu'aucune mortalité épidémique anormale, notamment par fièvre typhoïde, n'a jamais été signalée sur les terres irriguées, et toutes les statistiques montrent que l'état sanitaire des riverains ne laisse rien à désirer. Mais qu'en est-il des consommateurs?

Comment nier la présence de bacilles d'Eberth dans les eaux-vannes? Le Dr Percy Frankland, fondateur en 1870 des champs d'épandage anglais, déclare en 1884 : « Il y a de bonnes raisons de penser que ce procédé n'offre aucune garantie d'élimination des matières nuisibles. À Stuttgart et Winterthur, il a été prouvé que des épidémies de fièvre typhoïde ont été causées par la contamination des eaux alimentaires par l'effluent de champs d'irrigation[3]. »

En 1907, trois savants russes constatent l'absence de bacilles typhiques dans les légumes des champs d'épandage de Moscou[4]. Mais si les bacilles n'y pénètrent pas, ils se déposent à leur surface. Avec les fruits, qui sont trop élevés pour être contaminés, ou les légumes destinés à la cuisson, le danger n'est pas bien grand, ce qui n'est pas le cas des crudités. C'est pourquoi le Conseil national d'hygiène interdit, en 1894, l'épandage sur les légumes mangés crus. Mais ses décrets n'ayant pas force de loi, radis, carottes, salades et fraises irriguées à l'eau d'égout continuent de circuler.

De surcroît, ce sont des nuées de mouches, agents redoutables de dissémination infectieuse, qui s'abattent sur les rigoles d'irrigation. « Je l'ai remarqué, se souvient le Dr Didier, dans certaines régions des champs d'épuration de Reims, où chaque pas soulève, près des rigoles, des nuées de mouches[5]. »

1. Didier, *L'Épuration des eaux d'égouts, op. cit.*, p. 47.
2. Delore, « L'hygiène de Lyon à la Société de médecine », *Revue d'hygiène*, 1901, p. 234.
3. Cité par Didier, *L'Épuration des eaux d'égout, op. cit.*, p. 90.
4. B. Kotzyne, « Examen bactériologique de légumes provenant de champs d'épandage des égouts de Moscou », *Hygiène publique*, 1909, p. 488.
5. Dr Didier, *L'Épuration des eaux d'égouts, op. cit.*, p. 93.

L'irrigation à l'eau d'égout contribue enfin à la pollution des nappes phréatiques. Si elle ne provoque aucune mortalité infectieuse sur place, elle participe à la mortalité générale, notamment typhique, en répandant sur le marché des produits infectés ou en faisant le bonheur des mouches. Aussi n'est-il pas étonnant que Pasteur et l'éminent doyen Brouardel aient condamné les champs d'épandage.

Ils n'ont pas davantage la faveur des riverains, en dépit de l'heureuse conclusion intervenue entre les villes de Paris et de Gennevilliers. Microbes, mouches et odeurs n'ont rien de convivial. Les champs de Blankenbourg, près de Berlin, dégagent une puanteur qui incite les riverains à fermer leurs fenêtres et les voyageurs du chemin de fer d'Anhalt à relever les vitres lorsqu'ils traversent les terres de Gossbeeren[1].

C'est à Achères, où l'arrivée prochaine des eaux d'égout soulève un tollé, que l'opposition est la plus vive. Dès 1885, un Comité de protestation est fondé à Saint-Germain-en-Laye. L'année suivante, la région de Bougival est en effervescence. Les slogans fleurissent sur les portes, les buissons et les casquettes : « Protestons contre le projet actuel. Demandons le canal à la mer[2]. » Jusqu'en 1897, le jury d'expropriation de Seine-et-Oise fait obstruction et fixe des indemnités de dix millions de francs pour des terrains qui n'en valent pas 200 000[3]. Le congrès de la propriété bâtie, qui se tient à Paris au mois d'avril 1897, organise des manifestations bruyantes. Que penserait-on, disent les contestataires, du brave homme qui irait se soulager sur la pelouse de son voisin avec la délicieuse intention de la faire prospérer ? Contre le tout-à-l'égout ou le tout-à-la-Seine, tous réclament le chimérique tout-à-la-mer. Dans de telles conditions, des projets de champs d'épandage échouent à Nîmes et à Rouen. Et pourtant, de nos jours, ceux d'Achères poursuivent leur paisible carrière sur 4 400 hectares !

Les hygiénistes de la fin du XIXe siècle étaient-ils à ce point aveuglés par un mirage ? En fait, ils n'avaient pas le choix. Fallait-il renoncer au tout-à-l'égout ? Condamner des villes à la fosse fixe ? Se résigner au transport dangereux et au traitement artisanal ou industriel des matières fécales ? Les champs d'épandage étaient un moindre mal. Le cas de Rouen en apporte la preuve.

Avec une mortalité record de 35 pour 1000, Rouen était malade de ses nappes polluées[4]. Aussi le rejet d'un projet de tout-à-l'égout avec champ d'épandage apparaît-il, après coup, comme une funeste absurdité.

Le système n'en reste pas moins limité par l'exiguïté des terres utiles. À la fin du XIXe siècle, les hygiénistes semblent confrontés à une situation déses-

1. Dr J. Arnould, *Revue d'hygiène,* 1891, p. 96.
2. Durand-Claye, « L'assainissement municipal », *Revue d'hygiène,* 1886, p. 621.
3. « Discussion de la Société de médecine publique », *Revue d'hygiène,* 1898, p. 103.
4. Dr E. Vallin, « Projet d'assainissement de Rouen », *Revue d'hygiène,* 1895, p. 3.

pérée. La crue des eaux usées submerge tout et la capacité de traitement des terres arrive à saturation. Faudra-t-il en revenir au tout-à-la-Seine? Certains le croient.

Fort heureusement, dès 1892, un ingénieur anglais a mis au point un procédé d'épuration des eaux usées si pratique et si efficace qu'il est encore en usage de nos jours.

CHAPITRE XXIX

Des microbes domestiqués
Les stations d'épuration biologique

Les champs d'épandage ont montré le fabuleux pouvoir épurateur du sol. Mais les exigences de l'agriculture, loin de faciliter les choses, constituent un handicap. À la différence de la terre, la plante est inutile à la purification. Elle résorbe non pas les matières organiques putrescibles mais les composés minéraux inoffensifs. Un sol nu, ignorant la tyrannie agricole, ne donnerait-il pas un maximum d'efficacité sur un minimum d'espace ?

Selon le Pr Calmette, en effet, les terrains nus ont une capacité d'épuration de 200 000 à 400 000 mètres cubes par an et par hectare, alors que les terres arables n'en traitent que le dixième. Tel est le principe qui va donner naissance aux stations biologiques d'épuration.

Les premières stations biologiques d'épuration

Dès 1871, un ingénieur anglais, Bailey Denton, parvient à épurer sur un hectare de terrain nu le *sewage* d'une agglomération de 3 000 âmes. Mais l'expérience survenant au moment où les champs d'épandage font illusion, on crie au gaspillage. Elle est toutefois reprise en 1888 à la station d'études de Lawrence (Massachusetts). Les eaux usées de 3 000 personnes y sont épurées par minéralisation de 90 % des matières organiques et élimination de 99 % des microbes. Aussi la technique est-elle étendue à onze centres populeux de la région.

Dès lors, un chimiste londonien, Dibbin, se lance dans la recherche du substratum le mieux adapté au développement des microbes nitrificateurs et découvre qu'un matériau sans valeur, le coke recouvert de sable fin, fait merveille. Ainsi est né, en 1892 à Barking, le premier « lit bactérien ». Dibbin l'inonde d'eau d'égout clarifiée à la chaux et au sulfate de fer, la laisse un certain temps au contact de la masse filtrante, l'évacue et expose le système à l'air pour provoquer l'oxydation des matières organiques, après quoi, l'opération peut recommencer. Telle est la « station biologique d'épuration ». Tel est le procédé qui passera à la postérité sous le nom de « méthode Dibbin ».

C'est à Sutton, près de Londres, qu'il entre pour la première fois en fonction. Dibbin a remplacé le coke par de la terre cuite broyée en morceaux de la grosseur d'une noix. Les résultats sont si satisfaisants que l'ingénieur Dunbar installe près de Hambourg une station destinée aux eaux usées d'un grand hôpital.

Dans le même temps, l'Anglais Cameron met au point un système de traitement des eaux usées et vannes par fermentation. L'idée remonte à 1869. À cette date, l'Allemand Müller proposait de recueillir les eaux d'égout dans un bassin où, à l'abri de l'air, elles seraient soumises à un processus réducteur dont on ignorait alors l'origine microbienne. C'était, en somme, le procédé de la fosse septique à l'échelle de la cité. Une vingtaine d'années plus tard, Cameron fait entrer le système dans la pratique avec les premiers *septic tanks*. Mais si les liquides qui s'en écoulent sont limpides, ils ne sont pas purifiés. Aussi la fosse septique, qui détruit les particules solides, est-elle associée au lit bactérien qui, grâce à elle, échappe aux risques d'encrassement. Cette association, qui donne à la station biologique sa structure moderne, est mise en pratique pour la première fois en 1896 à Exeter. Comment le complexe fonctionne-t-il[1] ?

À sa sortie du collecteur, l'eau est débarrassée de ses corps volumineux par une grille. Elle passe ensuite dans un bassin de décantation où sa vitesse d'écoulement est réduite à quelques millimètres par seconde par toutes sortes d'obstacles en maçonnerie. Les corps lourds se sédimentent dans une fosse à boue d'où ils peuvent être retirés par pression ou par aspiration. L'eau est alors déversée dans une fosse septique par une chute immergée. Constamment pleine, cette fosse se vide par une extrémité tout en se remplissant par l'autre. Elle peut être exposée à l'air ou recouverte pour épargner au voisinage les odeurs et le spectacle de la putréfaction. L'eau est « solubilisée » en vingt-quatre heures par les microbes qui désintègrent les particules organiques dans un bouillonnement tumultueux de méthane, d'azote et de gaz carbonique. Cette opération évite le « colmatage », c'est-à-dire l'encrassement et l'imperméabilisation du lit bactérien. Le traitement préparatoire terminé, la seconde phase peut commencer.

L'eau est livrée au lit artificiel dont les éléments servent de support aux bactéries nitrificatrices. Pour plus d'efficacité, certaines stations sont équipées de deux lits successifs. Plusieurs matériaux sans valeur peuvent entrer dans leur composition : coke, pouzzolane (pierres poreuses), petits morceaux de mâchefer, cailloux de granite, briques concassées, scories. Les matières putrescibles s'y déposent pendant le temps du « contact » (les lits bactériens sont aussi appelés « lits de contact ») et, lorsque l'eau se retire, elles sont livrées aux

1. L'aspect technique du problème est traité d'après l'ouvrage classique de A. Calmette et E. Rolants, *Recherches sur l'épuration biologique et chimique des eaux d'égout*, Paris, Masson, 1911.

microbes nitrificateurs qui pullulent au contact de l'air, les dévorent et les transforment en nitrates.

Le travail d'épuration s'opère en quelques minutes. Une longue submersion est donc inutile et même nuisible. Aussi remplace-t-on les lits de contact par des lits bactériens à filtration continue ou « lits percolateurs ». L'eau s'y écoule à intervalles plus rapprochés et la faiblesse de son débit favorise l'aération nécessaire au travail d'oxydation. L'effluent ainsi obtenu est plus pur que celui des lits de contact.

L'eau devant être répandue en pluie de façon régulière et intermittente, les ingénieurs mettent au point des appareils de distribution automatique. Les uns sont fixes, les autres mobiles. Le Pr Calmette donne sa préférence aux dispositifs les plus simples. Les appareils fixes nécessitent moins de surveillance et s'usent plus lentement. Les « becs pulvérisateurs » ou les systèmes de « jets en pluie », alimentés par des tuyaux disposés parallèlement à la surface des lits bactériens, sont les plus pratiques[1]. Les *Sprinklers*, basés sur le principe des « tourniquets hydrauliques » et entraînés dans un mouvement rotatif par la pression de l'eau, répandent un fin brouillard sur des lits percolateurs de forme circulaire[2]. Dès le début du XXe siècle, ingénieurs et hygiénistes sont en mesure de dresser un premier bilan.

Premier bilan

Comparées aux champs d'épandage, les stations biologiques d'épuration ont l'avantage d'échapper aux contingences de la géologie et aux servitudes de l'agriculture. Ingénieurs et hygiénistes sont maîtres de la situation. Ils peuvent choisir l'emplacement de la station et régler le débit en fonction des besoins.

Le rendement est excellent. L'épuration quotidienne de 100 000 mètres cubes requiert une superficie de 26 hectares. Or, pour un même volume, 900 hectares de champs d'épandage seraient nécessaires. Ainsi, sur une même surface, les lits bactériens ont une capacité trente-six fois supérieure[3].

Le coût de l'opération est avantageux. Les stations biologiques peuvent être installées plus près des villes que les champs d'épandage, ce qui limite l'ampleur des ouvrages destinés à l'acheminement des eaux. La modestie de leur superficie simplifie les opérations d'expropriation et limite le coût d'achat du terrain. En Angleterre, les frais d'installation s'élèvent à 40 francs par mètre cube, ceux de fonctionnement à 35 centimes par an et par habitant. Une ville de 10 000 habitants, qui rejette chaque année 100 000 mètres cubes, doit

1. Pr Calmette, « L'épuration biologique des eaux résiduelles », *Revue d'hygiène*, 1912, p. 1351.

2. Dr Didier, *L'Épuration des eaux usées*, *op. cit.*, p. 75.

3. F. Launay, « L'épuration bactérienne des eaux d'égout », *Revue d'hygiène*, 1901, p. 409.

investir 40 000 francs et dépenser 3 500 francs d'entretien. À l'usage, le système se révèle non seulement plus pratique mais aussi trois fois moins onéreux que celui des champs d'épandage[1].

Il n'en a pas moins ses adversaires, à commencer par les détracteurs du tout-à-l'égout. En 1912, le Dr Brechot dénonce les odeurs répandues par les stations d'épuration, les mouches, l'effluent saturé de matières organiques[2]. Dans un premier temps, il est vrai, la capacité d'épuration des champs d'épandage semble supérieure à celle des stations biologiques et l'échec, en 1902, de la station du Jardin modèle de la ville de Paris, à Asnières – où trois lits de contact ne suffisent pas à éliminer la moitié des germes –, renforce les préventions[3]. En 1907, l'eau des drains provenant des champs d'épandage de Gennevilliers est purgée de 97,5 % de ses germes. Or, l'élimination n'est que de 38 % pour les eaux ayant subi un double contact sur lits bactériens, et de 80 % pour celles traitées sur lit percolateur[4]. Mais une station d'épuration n'a pas pour vocation de rejeter un effluent stérile. Il lui suffit de rendre une eau dont la nature pourra achever la purification.

Reste le problème des boues, éternel cauchemar des ingénieurs. Que faire des sédiments accumulés au fond des bassins de décantation et des fosses septiques ? Dépouillés de leur azote, ils ne peuvent servir d'engrais. Ils ne sont pas polluants mais leur stockage nécessite de grands espaces. Les faire sécher, pour faciliter leur transport, est une opération de longue haleine. En Angleterre, six mois d'aération sont nécessaires pour réduire leur teneur en eau de 70 %. L'emploi de filtres-presses présente l'avantage d'écourter l'opération et de donner des « gâteaux » légers, imputrescibles et peu odorants. Pour les villes côtières, qui peuvent les confier à la mer sans danger, l'inconvénient est mineur. Ailleurs, le problème semble insoluble[5].

Réduits à l'impuissance, certains ingénieurs font des rêves. Dans un article publié en 1912 dans *Génie civil*, l'un d'eux, Lucien Cavel, voudrait en tirer du gaz de ville par adjonction de coke après dessiccation. Trois cents tonnes de boues sèches donneraient 24 500 mètres par an d'un gaz d'une valeur de 447 000 francs !

Dans l'immédiat, on se contente de les enfouir dans le sol arable avec l'espoir platonique de le fertiliser[6]. Dans certaines villes d'Angleterre, on les

1. Pr A. Calmette, « L'épuration biologique des eaux d'égout », *Revue d'hygiène*, 1912, p. 1353.
2. Dr Bréchot, « Discussion de la Société de médecine publique », *Revue d'hygiène*, 1912, p. 367.
3. Dr Rouchy, « L'épuration des eaux d'égout et la méthode biologique », *Hygiène générale*, 1907, p. 392-393.
4. Dr Didier, *L'Épuration des eaux d'égout, op. cit.*, p. 87.
5. Kinnicutt, Winslow et Pratt, *Sewage disposal*, New York et Londres, 1919, p. 422.
6. Pr A. Calmette, « L'épuration biologique des eaux résiduelles », *Revue d'hygiène*, 1912, p. 1346.

transporte jusqu'à la mer. Ailleurs, on les stocke dans des espaces entourés de murs d'une hauteur de six mètres où quelques idéalistes cherchent à en extraire des graisses commercialisables. Parfois, on les comprime, on les essore, on les incinère avec ou sans addition d'ordures ménagères ou de matières comburantes. Pour mieux les brûler, on les gazéifie, on les électrolyse, on les additionne de poussier ou de tourbe[1]. L'inconvénient n'est pas le propre des stations biologiques. Les eaux destinées aux champs d'épandage sont aussi purgées de boues dont on ne sait que faire et, dans un monde dominé par le recyclage, ces résidus inutiles font peine à voir.

Cette obsession du recyclage fait obstacle à l'essor des stations d'épuration. Tant de richesses offertes aux microbes nitrificateurs! Pour certains, le gâchis est inacceptable, même si le dixième seulement de l'azote des eaux d'égout est récupéré pour l'agriculture. Félix Launay, ingénieur en chef de l'assainissement de Paris, soutient que l'épandage doit rester prioritaire en raison de son efficacité. C'est seulement lorsque la géologie l'interdit que les lits bactériens pourront avoir une fonction auxiliaire[2].

Des agronomes proposent de substituer la pisciculture aux stations biologiques d'épuration. Ils ont observé que les carpes prospèrent dans les étangs où s'écoulent le purin et les eaux sales. Les matières azotées font les délices des plantes, des animalcules et des larves dont se repaissent les poissons[3]. L'expérience est tentée vers 1913 à Berlin, Munich et Strasbourg. Des étangs sont même annexés à des maisons de santé, des brasseries et des couvents. La maison d'aliénés de Kutzenberg déverse ses eaux résiduelles dans un étang de 200 ares où, après élimination des impuretés, la production annuelle de carpes s'élève à sept quintaux.

Le Dr Goldsmith, qui a visité les étangs de Strasbourg, en a gardé un souvenir attendri. Pour une même superficie, affirme-t-il, leur pouvoir épurateur est dix fois plus élevé que celui des stations biologiques. Une carpe d'une livre déposée en avril a triplé de poids à l'automne. Ces poissons destinés à la cuisson et nourris non pas d'excréments mais d'animalcules peuvent être consommés sans crainte. En 1912, ils trouvent preneurs à 1,90 franc le kilo et toute la demande ne peut être satisfaite[4].

Mais les stations biologiques triomphent sans peine de la concurrence des carpes.

1. « Réunion sanitaire provinciale de 1913 », *Revue d'hygiène,* 1913, p. 1300-1301.

2. Launay, « L'épuration bactérienne des eaux d'égout », *Revue d'hygiène,* 1901, p. 410.

3. Dr E. Imbeaux, « Rapport sur l'exposition internationale d'hygiène de Dresde », *Revue d'hygiène publique et de police sanitaire,* 1912, p. 46.

4. Dr D. Goldsmith, « Épuration des eaux d'égout au moyen d'étangs à poissons », *Revue d'hygiène,* 1913, p. 472-477.

La diffusion du système

C'est en Angleterre que le procédé est le plus répandu. Dans un pays où l'administration ne transige pas avec la protection des cours d'eau et où toutes les villes sont tenues de veiller à la pureté de leur *sewage*, il fallait recourir presque partout à l'épuration chimique, dispendieuse et peu pratique. Aussi les techniques biologiques sont-elles reçues comme une bénédiction.

Les premières stations voient le jour entre 1896 et 1898 à Guilford (près de Londres), Hampton, Sutton et Salford. En 1901, une centaine d'installations sont en service et une ville comme Manchester, qui compte 500 000 habitants, épure toutes ses eaux sur lits artificiels[1]. En 1911, 300 villes anglaises ont recours au procédé. Parmi elles, Birmingham (790 000 habitants), Leeds (450 000), Derby, York, Barnley. Plusieurs stations sont équipées de lits percolateurs et de sprinklers. Celle de la petite ville d'Accrington possède une superficie de 3 240 mètres carrés[2].

En 1910, 41 villes allemandes épurent sur champs d'épandage, 38 sur lits artificiels (Mulhouse, Wilmersdorf, Solingen)[3]. Mais l'Allemagne étant sillonnée de fleuves tumultueux qui assainissent les eaux d'égout après un parcours de 500 mètres, l'épuration mécanique y reste le procédé le plus efficace et le moins coûteux. Cologne, Francfort-sur-le-Main, Düsseldorf, Strasbourg, Mannheim se déchargent ainsi de leurs eaux sans risques de pollution[4].

Aux États-Unis, où l'épandage ne s'est guère développé sinon dans les États de l'Ouest, les procédés chimiques d'épuration ont la confiance des hygiénistes mais ils sont peu à peu supplantés par les techniques biologiques à Baltimore, Boston, Columbus, Reading[5].

Fidèle à ses champs d'épandage, la France reste à l'écart du mouvement. En 1911, elle compte 51 stations d'épuration de faible importance pour la plupart. Conçue sous la direction du Pr Calmette, la plus perfectionnée fonctionne à Lille dans le quartier de l'abattoir. Son coefficient d'épuration ne dépasse pas 80 % mais son effluent est facilement purifié par le travail de la nature. L'une des plus importantes se trouve à Lagourdan, près de Toulon, et ce n'est pas un luxe. Elle traite 8 000 mètres cubes par jour mais provoque les

1. F. Launay, « L'épuration bactérienne des eaux d'égout », *Revue d'hygiène*, 1901, p. 407-408.

2. Bechmann, « Commission d'étude sur les divers procédés d'épuration des eaux d'égout », *Revue d'hygiène*, 1910, p. 74-75.

3. *Ibid.*, p. 73.

4. Imbeaux, « Comparaison de la situation des villes françaises et des villes allemandes au point de vue de l'assainissement », *Revue d'hygiène publique et de police sanitaire*, 1903, p. 993.

5. Bechmann, « Commission d'étude sur les divers procédés d'épuration des eaux d'égout », *Revue d'hygiène*, 1910, p. 75-76.

plaintes d'un voisinage incommodé par les odeurs de fosse septique[1]. Celle de Mont-Mesly, près de Créteil, possède une capacité de 22000 mètres cubes en 1911 et purifie une partie des eaux usées de la banlieue parisienne[2]. La station la plus importante se situe à Carrières-Triel. Elle est équipée d'un réservoir régulateur d'une capacité de 10000 mètres cubes, de bacs de décantation et de dix lits percolateurs d'une superficie totale de plus de dix hectares[3].

C'est en 1918 que le problème des boues est enfin résolu grâce à la technique américaine des « boues activées » par insufflation d'air dans les eaux impures. Les boues ainsi recueillies sont d'une grande valeur agricole. Les auteurs du procédé, Nasmith et Mac Kay, les ont expérimentées sur divers légumes avec un succès inespéré. Comparés aux légumes traités au fumier ordinaire, les boues activées donnent un rendement supérieur de 40 % avec le raifort, de 103 % avec la laitue, de 77 % avec les haricots, de 291 % avec les tomates, de 554 % avec les oignons[4] !

Dès 1914, la bataille de l'eau pure est gagnée. Certes, toutes les eaux du robinet ne sont pas bonnes à boire et tous les effluents ne sont pas rendus épurés à la nature. Mais les procédés de purification des eaux potables et usées sont au point avec des résultats éloquents. Entre 1880 et 1918, la mortalité typhique s'est effondrée de 50 % à 80 % selon les pays et les régions.

Si la bataille de l'eau pure peut être considérée comme virtuellement gagnée, on ne saurait en dire autant de la bataille de l'air pur.

1. A. Calmette et E. Rolants, *op. cit.*, p. 162-163.
2. *Génie civil*, 1911, p. 361.
3. « Réunion sanitaire provinciale de 1913 », *Revue d'hygiène*, 1913, p. 1303.
4. Nasmith et Mac Kay, *Journal of Industrial and Engineering Chemistry*, 1918, p. 339-344.

CINQUIÈME PARTIE

La bataille de l'air pur

Depuis Hippocrate, les hygiénistes n'ont cessé de vanter les vertus de l'aération contre l'invasion miasmatique, mais personne ne s'est jamais soucié de la qualité de l'air sinon à travers les odeurs. À partir de 1880, les microbiologistes renversent les idées reçues : les odeurs ne sont pas dangereuses alors que l'air inodore peut contenir des germes mortels. Celui des cabinets d'aisance est, par exemple, plus pur que celui des corridors où le va-et-vient soulève d'invisibles tourbillons microbiens. La ventilation n'est pas une bonne chose, à moins que l'air distribué ne soit pur de germes. Alors que les urbanistes traditionnels crient au scandale, les médecins invoquent les statistiques.

L'air constitue une menace encore plus grande que l'eau. En 1885, dans une ville comme Paris, dont la mortalité par maladie infectieuse se situe à mi-chemin entre celle de Stockholm et de Madrid, les infections d'origine aérienne tuent près de quatre fois plus que les infections d'origine hydrique. Sur un total de 43 417 décès, la fièvre typhoïde et la diarrhée infantile emportent 5 536 sujets (12,7 %). Mais la tuberculose, la pneumonie, les bronchites et la diphtérie en fauchent 21 122 (48,6 %). À elle seule, la tuberculose pulmonaire est responsable de 10 163 décès (23,4 %)[1].

C'est la poussière qui est le grand ennemi de l'air et de l'homme. Formidable vecteur microbien, elle apporte la mort en s'insinuant partout. Contre elle, on ne peut rien, ou presque. Pour certains, il faut traiter l'air comme on a réussi à traiter l'eau. Mais l'itinéraire de l'eau peut être ponctué de machines filtrantes et de stations d'épuration, alors que le fluide aérien échappe à tout contrôle. Même si l'idée d'inonder les villes d'un air filtré a germé dans quelques esprits, les hygiénistes préfèrent s'attaquer aux sources de la pous-

1. Statistique citée par le Dr Jacques Bertillon, *Tableaux mensuels de la ville de Paris*, 1886, p. 14. Maladies d'origine hydrique : fièvre typhoïde, 1 417 décès; diarrhées infantiles, 4 124. Maladies d'origine aérienne : tuberculose pulmonaire, 10 163; autres tuberculoses, 1 511; bronchite aiguë, 1 307; bronchite chronique, 2 147; pneumonie, 4208, diphtérie, 1 786.

sière car, une fois souillée de crachats infectieux desséchés, il n'existe aucun moyen d'y échapper. Plusieurs stratégies sont mises en place : guerre aux crachats, guerre au macadam, guerre au balayage à sec, guerre aux niches à poussière (tapis, tentures, planchers).

Une autre forme de pollution aérienne menace les cités : la pollution industrielle. Plus meurtrière qu'elle ne l'a jamais été et ne le sera jamais, elle irrite les bronches et, complice des microbes, ouvre la voie à l'infection.

CHAPITRE XXX

La pollution industrielle de l'air

À la fin du XIXe siècle, l'air des villes est devenu un bouillon de culture dont les ingrédients industriels et microbiens agressent l'odorat et les muqueuses. De retour de vacances, le Parisien est saisi à la gorge. La sensation d'étouffement est immédiate. L'air sale lui colle à la peau. « Nous vivons, écrit un témoin, dans des profondeurs où l'air stagne sur quelques points, en véritables marais : d'où l'impression d'air renfermé et la sensation de mieux-être respiratoire qu'on éprouve à la suite d'une pluie qui a lavé l'atmosphère ou d'une tempête qui l'a balayée[1]. »

Faut-il purifier l'air comme on purifie l'eau ? Des hygiénistes le croient. Mais que faire ? Doit-on le traiter comme l'eau, dans des stations d'épuration ? Impossible, dira-t-on. Un médecin, pourtant, a trouvé mieux. Son projet, digne du roman de Richardson, *Hygiopolis*, s'inscrit dans la lignée des fantasmes qui ont donné naissance au système Lienur. Son caractère utopique montre l'ampleur du problème.

Les stratèges de l'impossible

C'est en 1884 que le Dr Delore, de Lyon, déclare la guerre à ce qu'il appelle « l'anémie résultant de la malaria urbaine ». Son objectif : purifier et climatiser l'air des villes. Il imagine un tentaculaire réseau de canalisations souterraines branché sur une gigantesque machine pneumatique qui irait, non pas chercher les excréments à domicile, mais l'air pur des campagnes qui, par de multiples bouches, inonderait les villes à raison de 300 mètres cubes par citadin et par heure. Les conduites entretiendraient sa fraîcheur en été, sa douceur en hiver. La prise d'air serait établie dans un champ boisé entouré

1. Dr Berthod, « Poussières et fumées de Paris. Leur danger au point de vue de l'hygiène surtout respiratoire », *Revue d'hygiène*, 1903, p. 157.

de murs. « Autour de l'ouverture, précise Delore, on planterait des sapins et autres essences balsamiques pour tamiser l'air et le dépouiller des poussières ; on entretiendrait même à l'entour des fleurs et des plantes odoriférantes[1]. »

Restons dans le domaine du rêve. Il s'agit, cette fois, d'un rêve éveillé puisque le bactériologiste Van der Heyden l'aurait réalisé, à Yokohama, dans sa « maison aseptique ». Une maison toute en verre, de 14 mètres de longueur sur 7 mètres de largeur et 5,5 mètres de hauteur. Isolée de l'extérieur par une solution d'alun et de soude, elle est isothermique. Ses fenêtres ne s'ouvrent pas. Son toit est seulement percé de petites ouvertures à soupapes qui permettent à l'air de sortir sans pouvoir y entrer. L'air pur arrive de la campagne par une conduite souterraine. Après avoir été filtré à travers des couches de ouate, il est mis au contact d'une plaque de glycérine qui piège les derniers germes. On pénètre dans la « maison aseptisée » par un sas qui empêche l'air pollué de la ville de s'immiscer à la dérobée. Si grande serait la pureté des lieux que lait et le beurre s'y conserveraient au-delà de toute espérance[2].

Autre rêve éveillé que celui de M. Girardin, inspecteur des établissements classés de la Seine. Obsédé par la puanteur de l'air, il décide d'en « extraire les émanations animales ou végétales qui causent les odeurs et de les condenser sous un petit volume ». Ses travaux, inspirés, dit-il, des chimistes arabes du Califat de Cordoue, se traduisent par la mise au point d'un étrange ballon de verre à col recourbé rempli d'eau et muni à sa base d'un petit robinet. Les odeurs sont recueillies par condensation dans un flacon et pesées. Le 8 mai, l'odeur de Paris contient 0,15 milligramme d'acide oxalique par litre. Le 28, des émanations de viande hachée en donnent 0,58. Le lendemain, la même viande gâtée dégage une odeur d'un poids de 0,74 milligramme.

Poète à ses heures, Gérardin recueille et pèse les odeurs de lilas, de muguet, d'iris et d'aubépine qui flottent dans l'air au mois de mai. Il envisage aussi de capter les odeurs industrielles et de les stocker comme de vulgaires immondices. « En ce moment, conclut-il, la question des odeurs de Paris est brûlante. Il serait bon que de vaillants jeunes hommes déterminent au plus tôt la distribution de ces odeurs, leurs variations horaires, les points par lesquelles elles pénètrent dans la ville, leur disparition au soleil, l'influence des usines, des évents des fosses d'aisance, des éviers des cuisines[3]. »

Si toutes les odeurs ne tuent pas, elles sonnent l'alarme, indiquant la proximité des sources de pollution. En cette fin de siècle ravagé, les odeurs de Paris, comme celles de toutes les grandes villes, sont devenues insoutenables.

1. Dr Delore, « Assainissement des grandes villes par l'air de la campagne », *Revue sanitaire de Bordeaux,* 1884, p. 2.

2. « La maison aseptique », *Revue d'hygiène,* 1897, p. 479-480.

3. M. Gérardin, « Dosage des odeurs », *Revue d'hygiène,* 1895, p. 597-600.

Les odeurs de Paris

« Depuis quelques semaines, la ville de Paris est en émoi ; il ne s'agit ni d'une pièce qui tombe ni d'un roman qui réussit ni d'une mondaine qui fait esclandre ; il s'agit des égouts, des vidanges, des mauvaises odeurs, en un mot, de la salubrité de Paris ; on se croirait en Angleterre ! » Lorsque le Dr Vallin écrit ces quelques lignes, en 1880, Paris est submergé d'odeurs nauséabondes. Le phénomène n'est pas nouveau mais la prise de conscience, attisée par la grande presse, décuple la sensibilité olfactive.

Les sources de puanteur sont nombreuses, tantôt anciennes, tantôt récentes ou accidentelles. Les égouts sont disculpés. Tout au plus se contente-t-on d'incriminer les vidangeurs qui, payés au mètre cube de fosse traité, se débarrassent de leur fardeau dans la première bouche.

Le macadam souillé de boues et de détritus organiques retient un instant l'attention. Mais il est également innocenté par le chimiste Sainte-Claire-Deville qui, au terme d'un curieux raisonnement, montre que le gaz d'éclairage qui s'échappe à travers les fissures des tuyaux souterrains assainit l'air de la rue.

Plus nauséabondes sont les fabriques de sels ammoniacaux. La voirie municipale de Bondy n'ayant pas trouvé repreneur depuis 1872, des dépotoirs, où les excréta sont transformés en ammoniaque, ont essaimé autour de Paris avant d'être regroupés par la compagnie Lesage. Au début de l'été 1879, l'usine de Nanterre a dû fermer ses portes à la suite d'une avalanche de plaintes, mais d'autres fabriques du même genre continuent à distiller leurs contingents d'effluves[1].

Guidés par leur odorat, des hygiénistes dressent une topographie des odeurs parisiennes. En décembre 1893, l'un d'eux hume jour après jour l'air de la rue Lafayette, de la rue de Richelieu et du boulevard Malesherbes. Il en résulte que les odeurs, portées par les vents de nord-ouest à est, sont libérées par les industries situées entre Pantin et Neuilly. À l'est, les Buttes-Chaumont, les hauteurs du Père-Lachaise et de Ménilmontant, forment un glacis de protection, comme le bois de Boulogne à l'ouest.

C'est le soir et le matin, lorsque les produits volatils se condensent en rosée, que tombe la chappe odorante, surtout au printemps et en été. Les odeurs les plus agressives proviennent des 220 fabriques de produits chimiques, de savons, de bougies, d'engrais et de superphosphates qui encerclent la capitale. S'y ajoutent les gaz méphitiques libérés par 80 000 cheminées d'évent et les relents dégagés par quelques « tueries particulières » et élevages clandestins d'asticots qui fleurissent au nord de Paris[2]. Dans le détail, les

1. Dr E. Vallin, « Les odeurs de Paris », *Revue d'hygiène,* 1880, p. 834 *sq.*
2. Dr Achille Livache, « Des mesures à prendre pour supprimer les odeurs de Paris », *Revue d'hygiène publique,* 1894, p. 802 *sq.*

sources de putridité sont plus diversifiées. À Gennevilliers, l'enquête menée à la suite des plaintes de la municipalité met les champs d'épandage hors de cause mais incrimine un chiffonnier, une fabrique de sirops et un dépôt d'immondices.

Pour désagréables qu'elles soient, ces odeurs ne sont pas malsaines. À Aubervilliers, quartier criblé d'usines malodorantes, les ouvriers sont en bonne santé et les plaintes du voisinage sont rares. 114 des 523 plaintes déposées à la Préfecture de police en 1885 concernent pourtant les odeurs. Paris accuse la banlieue et la banlieue accuse Paris de se décharger sur elle de ses immondices.

L'une des odeurs de Paris domine toutes les autres. On l'appelle « l'odeur de Paris ». C'est une odeur fantôme. Le soir venu, elle plane sur la capitale jusqu'au matin. D'où vient-elle? On l'ignore. Elle rappelle une « odeur non infecte de cirage, de matière organique chauffée, tout à fait distincte de celles qui ont une origine bien déterminée et proviennent du traitement des matières de vidange, de la cuisson des matières animales, de fabriques de vernis ».

En vain s'efforce-t-on d'en identifier la source. Elle semble venir d'Aubervilliers. Mais à mesure qu'on s'en approche, elle s'évanouit pour faire place à une odeur de vidange et de graisse fondue. L'odorat blasé des Parisiens s'avère incapable de la suivre à la trace. Seul un « odorat neuf », un « nez vierge » peut flairer la piste. C'est M. Verneuil, inspecteur principal des établissements classés qui, venu de province, présente les qualités requises pour incriminer l'usine de superphosphates d'Aubervilliers. À l'intérieur de l'établissement, l'odeur est imperceptible, le système olfactif étant « anesthésié » par l'intensité des émanations. C'est seulement après dilution dans l'air qu'elle devient sensible[1].

En fait, dans l'immense creuset qui surplombe la capitale, les odeurs de tous les foyers d'infection s'élèvent dans la journée à quelques centaines de mètres, portées par un courant d'air chaud. Puis, à la tombée du soleil, brassées par les courants froids, elles retombent comme du plomb, donnant naissance à l'« odeur de Paris ».

Aux odeurs s'ajoutent les nuisances causées par les fumées.

Un monde enfumé

Les grandes villes se signalent de loin au voyageur. Avant même d'en avoir aperçu les premières maisons, il découvre, planté sur l'horizon, un halo noirâtre en forme d'hémisphère qui contraste avec l'air limpide des campagnes. Ce sont les fumées urbaines rejetées par les usines et les foyers domestiques. Fumées noires, épaisses, qui, d'année en année, augmentent d'intensité avec la croissance industrielle, l'extension des transports et la consommation accrue des foyers domestiques.

1. Paul Adam, « L'odeur de Paris et les phospho-guanos », *Revue d'hygiène*, 1900, p. 987 *sq.*

Grands pollueurs, les « charbons de terre », houille et anthracite, ont partout supplanté le charbon de bois. En 1903, à Paris, la pollution s'exacerbe avec la grève des mineurs qui impose le recours à de mauvais charbons. Les beaux quartiers ne sont pas épargnés puisque les riverains des Champs-Élysées portent plainte contre un hôtel qui fume comme une usine. Situation d'autant plus navrante que les meilleures grilles ne retiennent que 25 % de la chaleur dans les foyers, le reste s'éparpillant dans l'air, au grand dam du voisinage. En Angleterre, un ingénieur a calculé que ce gaspillage coûtait 25 millions de francs à la nation[1].

Chaque année, Paris brûle 3 millions de tonnes de combustible pour une superficie de 8 000 hectares. Ce sont 16 000 tonnes de substances solides qui se déposent sur les maisons et les monuments. Du haut de la tour Eiffel ou de la butte Montmartre, on distingue à peine, noyé dans une masse opaque, le contour des édifices. Astreints à de coûteux « ravalements », les propriétaires maudissent les industriels, mais les fumées d'usines sont peu importantes à côté des fumées dégagées par les cheminées et les poêles domestiques. Au congrès international d'hygiène de 1900, un congressiste fait remarquer que Paris est en « voie de londonisation ». « Jadis, dit-il, on y humait une odeur de fumée de bois non désagréable, en vérité, aromatique et un peu lourde. Maintenant, la fumée domine tout[2]. »

L'Angleterre, en effet, est submergée de fumées. Du haut des monuments de Londres, on découvre à ses pieds, sous un ciel radieux, un nuage épais, floconneux et jaunâtre, le fameux *pea-fogs*. En altitude, on est inondé de soleil, mais dans la rue il fait presque nuit. C'est l'effet de l'extraordinaire quantité de vapeur d'eau chaque jour libérée par la combustion de 30 000 tonnes de houille dans 1 800 000 foyers, et emprisonnée à l'intérieur d'une carapace de poussière noire. Les particules de houille qui flottent dans l'air sont si légères qu'elles resteraient en suspension sans la rosée, le brouillard et la pluie.

C'est un fléau pour les édifices qui disparaissent sous une patine triste et sale. Chaque année, Londres dépense 625 000 francs pour le ravalement de Westminster et du Parlement[3]. Par hectare et par an, 3 à 5,5 tonnes de suie se déposent sur les régions industrielles d'Angleterre.

En France, la poussière de houille inhalée par les Parisiens est d'une toxicité extrême. Elle contient 41 % de carbone libre, 13 % d'hydrocarbures solides et liquides, 4,6 % d'acide sulfurique, 1,4 % d'acide chlorhydrique. C'est 9 tonnes d'acides sulfurique et chlorhydrique qui se déposent chaque année sur la capitale, attaquant les toitures, les calcaires, les moulures, fragilisant les muqueuses respiratoires et les bronches, chassant l'air pur des rues

1. « Air pollution by coal smoke », *Journal of the Record Sanitary Institut,* 1915, p. 317.
2. Dr Berthod, « Poussières et fumées de Paris », *Revue d'hygiène*, 1903, p. 13.
3. Dr E. Vallin, « Les brouillards de Londres et la fumivorité », *Revue d'hygiène,* p. 204-205.

mal ventilées et des courettes d'immeubles transformées en « mers mortes de gaz toxiques »[1]. Tous les citadins sont plus ou moins atteints d'une anthracose qui pétrifie les bronches, ouvrant la voie aux maladies infectieuses.

Circonstance aggravante, ces fumées condensent la vapeur d'eau, formant un brouillard qui intercepte la lumière solaire dont les rayons bleus, violets et ultraviolets, ont des vertus bactéricides[2]. En 1891, à Manchester, la mortalité pulmonaire par temps de brouillard passe de 60 à 200 décès d'une semaine à l'autre, et, à Londres, de 300 à 1 000[3]. Au début de 1882, la densité exceptionnelle du fog y cause de mémorables ravages, la mortalité s'élevant à 35,3 pour 10 000 alors qu'elle se maintient à 24 dans les autres villes d'Angleterre. En 1880, la bronchite et la pneumonie fauchent 781 des 994 Londoniens décédés en une seule semaine[4].

Les acides des fumées s'infiltrent dans les foyers. Afin d'économiser un espace urbain toujours plus précieux, on remplace les conduits de cheminée par des tuyaux de 16 à 25 centimètres de diamètre qu'on encastre à l'intérieur de murs séparatifs eux-mêmes rétrécis. Aussi n'est-il plus possible de les nettoyer. De surcroît, murs et tuyaux se crevassent à l'insu des habitants, les lézardes étant masquées par les tentures, les parquets ou les lambris.

Un médecin signale les dangers de la situation : « J'habite un appartement de maison bourgeoise. Lorsque je l'ai loué, je ne pouvais pas soupçonner qu'une chambre à coucher était traversée par cinq ou six tuyaux venant de la maison voisine occupée à tous les étages par des industries insalubres qui inondent ces tuyaux, dont je ne suis séparé que par une faible languette de quelques centimètres d'épaisseur, de flots de vapeurs délétères capables de m'asphyxier ou d'altérer ma santé à la moindre fissure[5]. »

La pollution industrielle s'attaque aux plantes et aux animaux. En Angleterre, la végétation des zones urbaines est sinistrée. En 1882, 203 des 578 arbres plantés à Londres depuis 1880 ont dépéri. À Kensington Garden, le dernier conifère expire en mars. Dans le Lancashire, les plantes et les fleurs sont devenues si rares et si chétives qu'on vient de loin pour admirer, comme une curiosité, un rhododendron miraculé couvert de fleurs. À Manchester et dans toutes les villes manufacturières, les arbres n'offrent que les squelettes d'eux-mêmes et les squares disparaissent sous une couche de poussière charbonneuse[6].

1. Dr Berthod, « Poussières et fumées de Paris », *Revue d'hygiène,* 1903, p. 160.

2. V. Haidant, « Influence exercée par les fumées et les produits de combustion sur l'atmosphère des grandes villes », *Annales d'hygiène publique,* 1904, t. 2, p. 488.

3. « Town-fogs and the impurety of town-air », *British medical Journal,* 1891, p. 703.

4. Dr E. Vallin, « Les brouillards de Londres et la fumivorité », *Revue d'hygiène,* 1882, p. 206.

5. Dr Paliard, « Des dangers que peuvent présenter les conduits de fumée établis dans l'épaisseur des murs séparatifs entre deux propriétés », *Revue d'hygiène,* 1880, p. 56.

6. Dr E. Vallin, « Les brouillards de Londres et la fumivorité », *Revue d'hygiène,* 1882, p. 201-202.

Ces fumées sont composées d'ingrédients dont le plus dangereux est l'acide sulfurique qui se répand jusqu'à quatre kilomètres du lieu d'émission. Après trois jours de brouillard, la quantité d'acide sulfurique précipitée avec la neige sur une surface d'un hectare s'élève, au voisinage de Manchester Infirmary, à plus de 75 kilogrammes et, dans la région d'Owen College, à plus d'une tonne[1]. En Allemagne, Schroeder et Reuss calculent que la rosée qui se forme dans un périmètre de 1000 à 1800 mètres autour des centres industriels contient 21 centigrammes d'acide sulfurique par litre et 7 centigrammes 4 kilomètres plus loin.

Or, l'acide sulfurique détruit la chlorophylle par corrosion et désoxygénation, ronge les limbes et les feuilles. Des arbres fruitiers comme les cerisiers ou les pruniers disparaissent ou s'étiolent, les fleurs avortent, les emblavures se flétrissent par plaques et les animaux dédaignent le gazon desséché des prairies. De plus, l'acide sulfurique appauvrit les sols dont il chasse la potasse. « Dans les fermes exposées aux fumées, note un témoin, le bétail est accablé par une toux fatigante, l'œil est terne, la bête reste chétive et maigre, la démarche est faible et nonchalante. » Anéantis par la carence en phosphates, les animaux inhalent d'importantes quantités d'acide sulfurique et en ingèrent davantage en léchant l'herbe mouillée. En une journée, un bovidé en absorbe plus de six grammes avec son fourrage. Aussi les vaches ne donnent-elles qu'un lait léger et acide[2].

Face au fléau, un maître mot commence à se répandre : « fumivorité ».

L'impossible fumivorité

En France, les premières lois obligeant les industriels à brûler leurs fumées remontent à 1854, mais elles restent lettre morte faute de moyens appropriés. Tout au plus se borne-t-on à proscrire les houilles bitumineuses dans les villes pour les réserver aux vapeurs de haute mer. C'est en Angleterre que le mouvement prend le plus d'ampleur avec la formation de sociétés dites *Noxious Vapours Abatement Associations*.

Vers 1880 apparaissent les premières techniques de lutte contre les fumées. Deux ans plus tard, en Angleterre, une commission de spécialistes est chargée d'examiner les divers appareils « fumivores » exposés à South-Kensington. Le plus sophistiqué est celui du professeur Chandler-Roberts. La fumée y est aspirée dans un gazomètre à déversement d'eau. Elle passe ensuite à travers un système de tubes destinés à capter la suie, l'eau, l'acide carbonique, et à brûler l'oxyde de carbone et les hydrocarbures au contact d'oxyde de cuivre incandescent[3].

1. « Town-fogs and the impurety of town-air », *British medical Journal*, p. 703.
2. Damseaux, « L'influence nocive des fumées sulfureuses », *Revue scientifique*, 1895, p. 60.
3. Armand Gautier, « La viciation de l'atmosphère des villes par les foyers industriels et domestiques », *Revue d'hygiène*, 1900, p. 794.

En 1893, l'appareil fumivore du colonel Dulier, de Londres, s'inspire du même principe. Les gaz sont exposés à la vapeur d'eau qui, en se condensant, entraîne les particules de charbon dans un réceptacle étanche[1]. En France, le système d'Antonay a la faveur des hygiénistes. Il se compose d'un ventilateur centrifuge qui aspire la fumée dans un système de lavage actionné par la force motrice[2]. Mais ces procédés n'obtiennent qu'un succès limité auprès des industriels. Ils sont coûteux et complexes, le seul traitement d'une tonne de charbon nécessitant 4,5 tonnes d'eau.

Faute de mieux, on essaye de limiter les dégâts en utilisant des appareils à gazogène connus depuis 1839. En Allemagne on essaye la poudre de houille, moins fumigène que la houille elle-même. Mais le procédé est abandonné en raison des risques d'explosion semblables aux coups de grisou.

Les espoirs se reportent alors sur la récupération et l'utilisation des sous-produits extraits de la fumée, à l'image des techniques employées dans la fabrication du gaz de ville dont les déchets ont plus de valeur que le gaz lui-même. En 1891, une compagnie anglaise, The Furnace gas Company, paye une redevance élevée à quatre établissements métallurgiques écossais pour traiter la fumée et les gaz échappés de leurs hauts-fourneaux. Elle en recueille des composés huileux d'une grande valeur industrielle. À Glasgow, dans une seule de ces usines, sont ainsi récupérés plus de 11 000 litres d'une huile utilisée dans l'injection des traverses en bois de chemins de fer[3]. Mais le procédé, sans doute moins rentable que prévu, ne se généralise pas.

En revanche, en 1905, l'Américain Cottrell met au point un procédé de captage électrique des poussières appelé à la conquête des États-Unis et de l'Europe. Grâce à l'action d'un courant électrique à haute tension de 30 000 à 80 000 volts, Cottrell parvient à précipiter 95 % des poussières en suspension. Les déchets ainsi recueillis servent à la fabrication d'acide sulfurique, d'engrais potassés et de chlore. À Pittsburgh, un appareil Cottrell récupère même les fumées d'une rotonde pour locomotives. C'est une société, la Research Corporation, qui gère l'exploitation du système. En France, une compagnie de purification des gaz est fondée en 1918[4]. Mais il faudra attendre l'emploi de sources d'énergie plus propres, électricité ou charbon, pour que disparaissent en partie les nuisances dues aux fumées.

À côté des poussières de fumée, qui font le lit des infections, d'autres poussières, encore plus agressives, flottent dans l'air.

1. « Purification des fumées par l'appareil du colonel Dulier, de Londres », *Journal d'hygiène*, 1893, p. 214.

2. « La fumivorité », *Génie civil*, 1893, p. 365.

3. D. Bellet, « La fumivorité et l'utilisation des produits extraits de la fumée », *Génie civil*, 1891, p. 46.

4. F. Michel, « La précipitation électrique des fumées et des poussières », *Revue générale des Sciences*, 1918, p. 745.

CHAPITRE XXXI

Défense de cracher !

En 1889, le Congrès international d'hygiène de Paris était le théâtre d'un beau tapage. Un congressiste, le Dr Richard, y déclarait la guerre à l'aération, prenant à rebours les stratégies traditionnelles de lutte contre les miasmes et les odeurs. Un ingénieur, Charles Herscher, qui venait de mettre au point un système de ventilation à grande capacité, cria au scandale. L'idée de Richard reposait sur un ingénieux postulat : pourquoi s'efforcer de faire entrer dans une pièce de grandes quantités d'air chargé de germes et de poussières ? Ne serait-il pas préférable de les éliminer, sans les soulever, par un nettoyage humide ?

Lorsqu'on désinfecte la chambre d'un malade, quelquefois après sa mort, on commence par ouvrir portes et fenêtres, par déplacer les meubles, les tentures, les tapis. C'est une hérésie et le plus sûr moyen de disséminer les germes. En revanche, après un repos de vingt-quatre heures, toutes fenêtres et portes closes, les neuf dixièmes des poussières se sont déposés sur les meubles et les planchers où il est facile de les détruire[1]. Le verdict de l'aéroscope et de la numération bactérienne est sans appel : dans une chambre prenant l'air par trois fenêtres, on trouve 180 000 bactéries au mètre cube. Vingt-quatre heures après leur fermeture, il n'en reste plus que 20 000[2].

Conclusion : ce n'est pas l'air mais la poussière, ennemi longtemps ignorée, qui pose problème.

Poussières empoisonnées

C'est Pasteur qui, pour la première fois, étudie la question de façon scientifique en faisant passer un volume d'air déterminé dans un cylindre muni

1. Dr J. Maubeuge, *Du rôle et de l'importance de la sédimentation des germes atmosphériques*, thèse de médecine, Lyon, 1895.

2. *Revue d'hygiène*, 1896, p. 370.

d'une bourre de coton qui retient les poussières. En plongeant cette bourre dans l'éther, il est possible de les recueillir et de les examiner au microscope où apparaissent toutes sortes de germes : spores, champignons, bacilles, ferments.

Pouchet perfectionne la technique en fabriquant le premier aéroscope. Il s'agit d'un tube de cristal cylindrique à l'extrémité duquel la poussière est piégée sur une plaque de verre enduite de gélatine. Vers la fin du XIXe siècle, l'appareil est porté à son point de perfection par le Dr Miquel tandis les techniques d'ensemencement permettent de calculer la teneur bactériologique de l'air.

Le monde des poussières s'avère alors d'une complexité inouïe. Les unes, dites « organiques », sont issues du règne végétal ou animal : papier, bois, laine, charbon, soie. Les autres, de nature microbienne, sont dites « organisées ». Les poussières minérales proviennent de l'usure des pavés, du sable du macadam, des murailles, des toitures. Ces produits de trituration, composés de silex, de granite ou de calcaire, sont coupants et pointus. Ils s'incrustent dans les muqueuses respiratoires, ouvrant la porte aux microbes[1]. Les poussières pénètrent d'autant mieux dans les bronches qu'elles sont fines et légères. Contre elles, la toux, réaction d'expulsion au contact d'un corps étranger, ne peut rien. Aussi certains ouvriers sont-ils particulièrement exposés aux risques d'infection respiratoire : tailleurs de pierre, tourneurs, polisseurs.

Les poussières sont aussi de redoutables vecteurs microbiens. Sans elles, l'air serait d'une absolue pureté. D'un endroit à l'autre, leur densité bactérienne est variable. Un gramme de poussière contient 750 000 microbes à l'observatoire de Montsouris, 1,3 million dans une chambre à coucher de la rue de Rennes, 2,1 millions dans une autre pièce de la rue Monge, 3,9 millions sur le plancher du laboratoire d'hygiène de la ville de Paris[2].

Dans la rue, la situation est aggravée par la présence d'immondices qui, en se desséchant, empoisonnent l'air. À Munich, le nombre de germes par gramme de balayures fraîches oscille, selon les heures et les jours, de 186 000 à 13 millions. C'est insignifiant au regard des immondices napolitaines qui en contiennent jusqu'à 6,6 milliards par gramme, soit six fois plus que les excréments[3].

Après dessiccation, ces germes se retrouvent dans l'air, portés par la poussière. Un savant a calculé que, dans les faubourgs des villes anglaises, on dénombre 20 000 particules de poussière dans un centimètre cube d'air, 40 000 dans une chambre dont l'air est immobile, 300 000 dans les cours et

1. Dr Guglielminetti, « La poussière et les différents moyens de la combattre », *Revue d'hygiène,* 1902, p. 526.
2. *Revue d'hygiène,* 1885, p. 330.
3. L. Manfredini, « La contamination des rues dans les grandes villes », *Annales d'hygiène publique,* 1892, t. 1, p. 17.

500 000 sur les toits[1]. L'analyse de l'air de Paris et de Londres donne respectivement 150 000 et 200 000 particules par centimètre cube.

La densité microbienne augmente avec la densité des poussières. L'air le plus pur est celui du grand large. À plus de 100 kilomètres des côtes atlantiques, on ne trouve que 0,6 germe par mètre cube. À moins de 100 kilomètres, ce nombre s'élève à 2. Deux à trois microbes par mètre cube flottent au sommet des montagnes, et c'est pourquoi Pasteur n'a pas pu y ensemencer ses bouillons de culture, détruisant du même coup l'hypothèse de la génération spontanée. En 1891, Christiani, qui s'élève dans son aérostat au-dessus de Genève, confirme les observations de Pasteur et fixe à 1 700 mètres l'altitude à partir de laquelle disparaissent les derniers microbes. D'où la vogue naissante des cures d'altitude qui purge le corps de ses germes infectieux[2].

Au parc Montsouris, Miquel relève 82 germes par mètre cube. Au sommet du Panthéon, il en dénombre déjà 200. 3 400 sont recensés rue de Rivoli, 4 500 dans les maisons neuves de Paris et 30 000 dans les maisons anciennes[3]. Les poussières servant de noyaux de condensation à la vapeur d'eau, elles sont aussi à l'origine des brouillards urbains où prolifèrent les microbes.

La densité microbienne varie d'une heure à l'autre. Cette variation est faible dans les appartements. Une salle à manger du quartier de la Bastille contient 13 000 microbes par mètre cube à 9 heures du matin et 8 000 à midi. Mais dans une chambrée de caserne, on en relève 41 000 à 4 heures du matin et 220 000 au lever des soldats. Une salle de bal en compte 4 000 à 19 heures, avant le bal, et 530 000 à minuit. Dans un musée qui n'en abrite que 25 000 le dimanche matin, leur nombre s'élève à 1,2 million à 15 heures. En somme, leur densité est variable en fonction du passage[4].

À la campagne, où les poussières sont rares, la pureté de l'air est remarquable. Aussi les maladies infectieuses y sont-elles moins nombreuses et les plaies y guérissent-elles mieux. À Paris, au contraire, Bertillon et Miquel croient discerner, en 1881, une coïncidence entre le nombre des germes aériens et la recrudescence des maladies épidémiques[5].

Sans doute la dessiccation, la lumière et l'oxygène émoussent-ils la virulence des microbes. Mais les spores desséchées se logent dans les fissures des planchers, dans les tapis et les tentures où elles gardent leur virulence des années durant. Certains bacilles, comme le bacille typhique, ne résistent pas plus de trois ou quatre jours à l'air. En revanche, le pneumocoque, le bacille diphtérique, le staphylocoque ou le bacille de Koch restent actifs plus de deux ans.

1. *Annales d'hygiène publique,* 1900, t. 1, p. 162.

2. Georges Vigarello, *Le Sain et le malsain,* Paris, Le Seuil, 1993, p. 270-270.

3. Dr Guglielminetti, « La suppression de la poussière », *Revue d'hygiène,* 1903, p. 347.

4. Dr Charles Aulanier, *Contribution à l'étude de la destruction des poussières des habitations,* thèse de doctorat, Paris, 1925, p. 18-19.

5. Dr Vallin, *Revue d'hygiène,* 1881, p. 602-603.

Les « microbes des rues » sont particulièrement coriaces puisqu'ils parviennent à survivre à l'action du soleil. Ce sont eux qui sont à l'origine des maladies pulmonaires. Tous ont une origine commune : le crachat. Aussi les hygiénistes ont-ils cru que, pour faire régresser la tuberculose et la pneumonie, il suffisait de s'en prendre aux cracheurs.

Un siècle de cracheurs

La Belle Époque est la belle époque du cracheur, et l'expression « cracher ses poumons » n'est pas encore métaphorique. L'irritation chronique des voies respiratoires par les poussières industrielles et microbiennes stimule la sécrétion de mucus, l'expectoration et le crachat, même chez les sujets ne souffrant d'aucune affection pulmonaire. En 1901, chaque Français actif crache 34 fois par jour environ.

Cette année-là, la Compagnie des chemins de fer du Nord installe gare du Nord des crachoirs à l'entrée de chaque voie. Une enquête est ouverte afin de connaître leur fréquence d'utilisation et un inspecteur placé devant chacun d'eux. Sur 3 010 usagers surveillés, 41 crachent dont six dans les crachoirs[1]. Ces personnes n'ayant pu être suivies du regard par un même inspecteur pendant plus de 20 secondes, on peut en conclure qu'en l'espace de 14 heures, de 8 heures du matin à 22 heures, 3 010 Français crachent 103 320 fois, soit 34 fois par jour et deux fois par heure. Il s'agit là d'une indication de tendance. La fumée des locomotives stimule peut-être l'expectoration mais, dans la foule, bien des cracheurs ont pu échapper au regard des inspecteurs. De l'enquête se dégage un autre constat : on crache deux fois moins en soirée que de bon matin où l'on s'exonère du mucus accumulé pendant le sommeil.

La seule expectoration fait jaillir à plus d'un mètre des particules qui restent en suspension dans l'air. Quant aux crachats liquides, ils sont inoffensifs, leur viscosité s'opposant à la dissémination des germes. Mais une fois desséchés, la poussière s'en empare et les colporte partout. Les crachats qui jonchent le sol sont des bombes à retardement. Ils imprègnent le macadam qui libère des tonnes de sable et de boue empoisonnés, adhèrent aux semelles, saupoudrent les vêtements et, d'une façon ou d'une autre, se retrouvent dans les foyers où les planchers, la literie, les tapis et les tentures leur offrent un gîte inexpugnable.

L'homme pulmonaire est l'unique foyer de contamination. C'est lui qui transmet la tuberculose aux bêtes qui, n'expectorant pas, sont moins dangereuses. Pourtant, même après la découverte du bacille de Koch, la notion de

1. « Les crachoirs hygiéniques à la gare du Nord », *Annales d'hygiène publique,* 1902, t. 2, p. 476-477.

cause à effet entre le crachat et la tuberculose a du mal à triompher de l'ancienne étiologie qui lui assigne une origine héréditaire et organique. Dans le cas des fièvres éruptives ou de la diphtérie, qui éclatent quelques jours après la rencontre avec l'homme malade ou ses sécrétions, la source du mal crève les yeux.

La tuberculose, au contraire, évolue insidieusement et, lorsqu'elle est diagnostiquée, l'instant de la contamination s'est perdu dans le temps. Quatre ans après la découverte du bacille de Koch, le Dr Richard déplore : « La transmissibilité de la tuberculose, quelque rigoureusement établie qu'elle soit aujourd'hui, rencontre bien des incrédules et des indifférents plus nombreux. Ce scepticisme et cette incrédulité sont un danger pour la santé publique, car ils empêcheront de prendre des précautions et des mesures utiles[1]. »

L'expérience, pourtant, est formelle. Sur le tapis d'une pièce qui abrite 48 cobayes, on sème des expectorations tuberculeuses qu'on balaye de temps en temps. 46 des 48 animaux contractent la tuberculose[2]. Aussi les hygiénistes recommandent-ils de substituer le « balayage humide » au balayage sec qui dissémine les poussières dans l'air d'où elles retombent dans les minutes qui suivent. La difficulté, voire l'impossibilité, d'éliminer cette poussière explique la permanence du fléau en certains endroits : maisons tuberculeuses, ateliers, bureaux tuberculeux.

En France, la prise de conscience est effective en 1901, date de la fondation de la Ligue des anticracheurs qui opère par voie de brochures, de prospectus, de cartes postales ou d'insignes remis aux membres. Pour la somme annuelle de 5 francs, les adhérents recevront un bulletin mensuel, *L'Anticracheur*, et, contre une cotisation plus importante, ils seront élevés à la dignité de membres bienfaiteurs[3].

En Allemagne, les panneaux « Défense de cracher » font leur apparition dès 1896. Grâce à eux, la mortalité tuberculeuse serait tombée, dans certaines villes, de 700 à 480 pour 100 000[4]. Certes, l'exigence n'est pas poussée jusqu'à la cruauté. Les cracheurs doivent non pas refouler leurs expectorations mais ne pas cracher à terre. Mouchoirs et crachoirs viendront alors à leur secours.

Est-ce le secret de la réussite ? On l'a cru, mais il faudra déchanter.

1. Dr Richard, « La transmission de la tuberculose par les objets de literie, tentures... », *Annales d'hygiène publique,* 1886, t. 2, p. 448 *sq.*

2. Dr Cornet, « Infection par les crachats tuberculeux desséchés », *Presse médicale,* 1898, p. 136.

3. « Ligue des anticracheurs », *Annales d'hygiène publique,* 1901, t. 2, p. 567-568.

4. Dr Boulomié, « Le crachoir dans la prophylaxie de la tuberculose », *La France médicale,* 1896, p. 273.

Le mouchoir : un remède pire que le mal

L'usage de cracher dans son mouchoir est ancien. Dans la bonne société, on ne crachait ni sur son tapis ni sur celui de ses hôtes. Mais à l'extérieur, on s'en donnait à cœur joie.

Au XVIIe siècle, les mouchoirs étaient de vastes pièces d'étoffe multicolores qu'on gardait plusieurs semaines en poche avant de les faire bouillir. Au XIXe siècle, l'usage persiste, faute de mieux. Les Japonais, qui ont de longue date inventé le mouchoir jetable, se seraient, dit-on, moqué des Européens qui conservent avec soin leurs excrétions nasales sur eux. Le mouchoir est en effet une source profuse d'infection. Il sert à se moucher, à recueillir ses crachats, à s'essuyer le visage maculé de poussière ou ruisselant de sueur, à enlever une tache sur ses vêtements après avoir été humecté de salive. On l'agite en signe de joie, d'adieu ou d'admiration, ce qui consiste, en somme, à envoyer ses microbes, par-dessus la tête des voisins, à ses proches ou à ceux qu'on admire.

En 1900, le mouchoir inspire au Dr Jorissenne un tableau digne des *Lettres persanes.*

> « Vous enfournez votre mouchoir sale dans une de vos poches, pas toujours la même peut-être, avec d'autres objets usuels. Et les dames, qui généralement n'ont qu'une poche à leur robe, le poussent parmi la collection de bibelots qui leur est nécessaire. Cela est pratiqué par les gens les plus soigneux, les plus faciles à dégoûter, par les hommes les plus réfléchis comme par les sots. Puis, lorsque vous le jugez indispensable, vous remplacez le mouchoir souillé par un autre, immaculé, bien lessivé et repassé ; et vous vous empressez de le glisser dans la poche que tous les mouchoirs ont déjà souillée. Et vous l'appelez encore un mouchoir, et vous l'offririez au premier venu comme tel, s'il en manquait [...]. Ah ! il n'est pas étonnant que l'origine des maladies soit si difficile à découvrir dans l'immensité des cas ordinaires. Je ne vous dirai pas que les mouchoirs traînent parfois sur les meubles, sur le coin du lit, sur le lavabo, la table[1]. »

C'est bien vu. En visite chez un tuberculeux, le Dr Guyot découvre un mouchoir imprégné de mucosités sur la table à manger, à côté du pain. Mélangé au linge sale, il séchera et contaminera les coffres et les chambres avant de tomber entre les mains des blanchisseuses qui, à force de manipuler du linge souillé, ont une chance sur deux de mourir tuberculeuses[2].

Les hygiénistes imaginent diverses parades. Les uns proposent l'usage de petits sacs stérilisables en caoutchouc pour mouchoirs souillés, d'autres son-

1. Dr Jorissenne, « Mouchoirs et crachoirs ; leur utilité et leur mode d'emploi le plus logique », *Gazette des Eaux,* 1900, p. 273 *sq.*
2. Dr Th. Guyot, « La suppression du mouchoir de linge », *Revue d'hygiène,* 1900, p. 814.

gent à des vêtements équipés de poches spéciales. Les « cases mouchoirs » de poche ou d'appartement ont aussi leurs partisans. Mais de toutes ces idées, c'est le mouchoir jetable en papier qui fait un temps figure de solution d'avenir.

Vers 1890, des industriels anglais avaient déjà commercialisé des mouchoirs en papier de soie semblables à ceux qui existent en Chine ou au Japon. Mais l'expérience avait fait long feu. L'idée est reprise une dizaine d'année plus tard par des hygiénistes français. L'un d'eux, le Dr Guyot, propose de distribuer aux pauvres des mouchoirs de couleur voyante, rouge, verte au jaune, afin qu'on puisse les repérer et s'en méfier. Une substance antiseptique serait mélangée à la pâte à papier tandis qu'un mode d'empaquetage spécial, en forme de bloc-notes ou de rouleaux à pointillés, en rendrait l'usage attrayant. Mais que faire des mouchoirs souillés? Les « recueillir provisoirement » avant de les jeter au feu[1]. Mais où les recueillir, et comment les brûler? On l'ignore.

Pour pallier cette carence, les premiers crachoirs font leur apparition vers 1896.

L'impossible crachoir

Un peu partout, les murs se couvrent d'affichettes portant mention : « Défense de cracher à terre! » Comme, en France, tout finit par des chansons, les chansonniers y trouvent une source d'inspiration. Mais pour les usagers, c'est le cauchemar qui commence.

Les premiers crachoirs collectifs sont installés dans les lieux publics. Ce sont de vulgaires boîtes de bois, posées à terre et, dans le meilleur des cas, garnies de zinc à l'intérieur. On les remplace bientôt par des récipients en fonte. Leur fond est tapissé de sable ou de sciure de bois afin de hâter la dessiccation. Parfois, on pousse le raffinement jusqu'à mouler dans la sciure les initiales du maître ou le chiffre de l'établissement.

L'expérience se révèle dangereuse. Posés au sol dans une encoignure à l'écart des regards, les crachoirs requièrent le don de viser juste. Or, peu habitués à ce genre de sport, les cracheurs ne visent pas juste. Les crachoirs s'auréolent bientôt d'une marée visqueuse et de leurs bords tombent des stalactites. Lorsqu'ils visent juste, le crachat, projeté de haut, fait jaillir des éclaboussures qui s'éparpillent à l'entour. Le moindre courant d'air dissémine la matière pulvérente[2] souillée et de malencontreux coups de pieds font valser le tout. Dans les endroits découverts, la pluie les fait déborder. Enfin, ils attirent des nuées de mouches, de moustiques et de guêpes qui se gorgent de

1. *Ibid.*, p. 316-317.
2. Se disait d'une matière qui se transforme en poussière dans une atmosphère desséchée.

mucus qu'ils iront déposer sur les aliments, ou que les espèces pourvues de dard inoculeront dans les chairs[1].

Pour éviter ces nuisances, de nouveaux crachoirs sont posés à un mètre du sol, en des points fixes. Ils sont pourvus d'un couvercle et tapissés de liqueur antiseptique. Mais le couvercle se souillant de sécrétions purulentes, comment le soulever sans être contaminé ? Les rares usagers qui s'y risquent sont d'ailleurs asphyxiés par la bouffée nauséeuse qui leur monte au visage et suffoqués par l'antiseptique qui les incite à cracher deux fois plus.

Contre vents et marées, les hygiénistes tiennent bon. L'un d'eux, le Dr Guyot, propose que, dans les restaurants, les cafés et les théâtres, où les cracheurs n'ont aucune retenue, les serveurs et les ouvreuses soient préposés au crachoir. « Serait-il plus extraordinaire, se demande-t-il, de voir le garçon ou l'ouvreuse mettre un crachoir à la disposition du client, que de lui apporter un petit banc, un coussin, ou tout autre objet usuel ? »

Les crachoirs envahissent les gares, les musées, les bureaux de poste. À Berlin, les salles de classe et les corridors des écoles en sont dotés. En France, la question du crachoir scolaire est à l'ordre du jour, en 1897, à la Société des médecins inspecteurs de Paris. Mais plusieurs hygiénistes s'y opposent, l'enfant ne sachant pas cracher et les tuberculeux étant exclus de l'école[2].

Peu à peu, les crachoirs se perfectionnent. Au dispensaire Émile-Loubet fonctionnent, dès 1901, des « crachoirs hydrauliques » munis de couvercles actionnant une chasse d'eau lorsqu'on les soulève. Mais leur coût s'oppose à leur extension[3].

Un savant, le Pr Fournier, de l'Institut Pasteur, invente en 1903 le « crachoir stérilisable à fermeture automatique ». L'ouverture en est commandée par une pédale reliée au couvercle par une tige métallique. Deux poignets permettent de séparer le récipient de sa monture au moment de la stérilisation[4].

En 1909, il remet l'ouvrage sur le métier avec le « Crachoir antibacillaire Lutèce » en carton paraffiné incinérable après usage. Il en existe de toutes les tailles, depuis le modèle de poche, d'un diamètre de quelques centimètres, jusqu'au modèle collectif. L'absence de liquide antiseptique en fait un instrument pratique. L'intérieur est garni de tourbe imprégnée de formol. Aucun écoulement n'est plus à craindre, comme avec les crachoirs de poche. Le crachat est absorbé, englouti dans la tourbe. Aucun spectacle répugnant ne s'offre au regard à l'ouverture du récipient. Les manipulations dangereuses et

1. Dr J. Rouget, « Des crachoirs, ce qu'ils sont, ce qu'ils devraient être », *Revue d'hygiène,* 1900, p. 892 *sq.*

2. *La France médicale,* 1897, p. 349.

3. Dr Corbeil et Dr Ribard, « Crachoir hydraulique et automatique », *Presse médicale,* 1901, p. 58.

4. A. Fournier, *Annales de l'Institut Pasteur,* 1903, p. 447.

écœurantes de nettoyage ne sont plus nécessaires, crachoirs et bacilles finissant leur carrière au feu[1].

Les crachoirs, pourtant, ne font pas recette. Dans les lieux publics, on les boude. Dans les foyers, où l'on répugne à souiller tapis et planchers, on utilise, selon le rang social, des crachoirs en porcelaine, en étain ou en fonte émaillée. Pour les rendre moins repoussants, des artistes leur ont donné la forme de vases à fleur ou de cache-pot. Mais le plus souvent, c'est un bol qui, de longue date, fait office de crachoir. Son nettoyage est le cauchemar de la maîtresse de maison.

Le « crachoir à main », qui veille le malade alité, n'est pas pratique. Il finit par dégager une insupportable puanteur et doit être recouvert d'un livre ou d'un journal. Le Bureau de bienfaisance de Paris en distribue aux tuberculeux miséreux, mais ce sont de lourds récipients en terre que le malade affaibli doit prendre à chaque instant sur sa table de nuit. Aussi n'est-il pas rare qu'il en renverse le contenu, composé de crachats et de liqueur antiseptique, ce qui dégage une odeur suffocante de phénol[2].

Les hygiénistes n'ont guère plus de succès avec le crachoir de poche qu'ils cherchent à substituer au mouchoir. Lors de la présentation du premier de ces ustensiles à la Société de médecine professionnelle, en 1896, le Dr Langlois peut écrire : « Cet appareil ne paraît pas convaincre les assistants. L'orifice est trop étroit et il est difficile de ne pas le salir extérieurement en crachant. En outre, il sera toujours très difficile de persuader un malade de porter toujours sur lui cet instrument en réalité très incommode[3]. »

Les artisans s'efforcent de lui donner des formes attrayantes : flacons de sels, bonbonnières ou aumônières pour les dames, porte-cigares pour les messieurs. Mais les artifices ne suffisent pas. Il faut porter l'objet à ses lèvres, le souiller, plonger le nez dans la puanteur, respirer l'antiseptique. « Chez le tuberculeux qui vit chez lui, note un médecin, on n'obtient à peu près jamais l'usage du crachoir de poche. Enfin, les rarissimes malades qui en usent y renoncent rapidement, trouvant leur usage répugnant pour l'entourage, et reviennent au mouchoir[4]. »

Tout en continuant leur lutte contre les crachats, les hygiénistes vont donc déclarer la guerre à cette poussière qu'ils empoisonnent, et la traquer jusque dans ses sources.

1. Dr Dieupart, « Prophylaxie de la tuberculose par le crachoir à récipient incinérable », *Journal d'hygiène,* 1909, p. 195-198.
2. Dr Séailles, « Crachoirs et crachats », *La France médicale,* 1897, p. 337-338.
3. « Sur l'utilité du crachoir de poche », *Presse médicale,* 1896, p. 127.
4. Dr Guyot, « La suppression du mouchoir », *Revue d'hygiène,* 1900, p. 823.

CHAPITRE XXXII

Danger au coin de la rue

Vers 1860, le préfet Haussmann provoquait un vent de panique chez les hygiénistes confrontés à un nouveau fléau : la « fièvre haussmannienne ». Paris était éventré, les chaussées défoncées, la terre remuée. Par de vastes lézardes, les miasmes accumulés au fil des siècles remontaient des profondeurs pour submerger la cité. La moindre fièvre leur était imputée. Certes, les hygiénistes appelaient de leurs vœux une ville bien aérée, mais à ce prix !

Vingt ans plus tard, la « fièvre haussmannienne » ne hante plus les esprits mais la rue inquiète toujours les hygiénistes. Cette fois, c'est le macadam qui est la source de leurs angoisses.

Le microbe, roi du macadam

Dès le XVIIIe siècle, deux ingénieurs français, Perronet et Trésaget, avaient inventé et appliqué un système de revêtement des routes par un mélange de pierres concassées et de sable agglomérés au moyen de rouleaux compresseurs. Mais c'est l'ingénieur écossais Mac Adam qui, au début du XIXe siècle, donne son nom au procédé fort apprécié par les cochers et les cavaliers que des nuages de terre battue aveuglaient. Or, vers la fin du XIXe siècle, les hygiénistes découvrent que le macadam est l'un des meilleurs auxiliaires de la dissémination microbienne.

Les rues recouvertes de macadam, dont Fonssagrives a énuméré les inconvénients dès 1874, dégagent des tonnes de sable et de poussières issues de la désagrégation des matériaux sous l'effet d'une érosion aggravée par le gel et le dégel, la pluie et la sécheresse. Ce sable, déjà dangereux en raison de sa structure coupante, s'imprègne de microbes au contact des crachats, des immondices, de l'urine et du crottin de cheval. En Angleterre, des enfants sillonnent les rues à la recherche de ce crottin qu'ils revendent aux agriculteurs. En France, l'arrosage l'expédie à l'égout, au grand dam des agronomes. Ému par ce gâchis et pour assainir le macadam, un ingénieur fait breveter, en 1892, un appareil fixé au timon des voitures et composé d'un récipient dont le couvercle, commandé par la queue du cheval, se soulève au moment crucial[1].

Par temps sec, le macadam est à l'origine de cette « boue aérienne » où l'on trouve de tout, même de l'or, dit-on. Il dégage 80 fois plus de poussière que les chaussées pavées de pierres sur lits de sable, dont les joints en mauvais mortier sont eux-mêmes dangereux. Le matin, des armées de balayeurs font voltiger cette poussière pour rien. Par temps de pluie, elle se transforme en boue, pénètre dans le sous-sol, rejoint la nappe phréatique. Elle colle aux semelles ou aux robes à traîne et se retrouve au foyer. Aussi les hygiénistes, qui ne peuvent rien contre les semelles, se déchaînent-ils contre les robes à traîne. À Vienne, la municipalité a même songé à les interdire, mais que peut-on contre la tyrannie de la mode ? En 1900, un médecin, le Dr Greletty, a brossé sur ce thème un tableau qui relève à la fois du portrait de mœurs et du discours hygiéniste :

> « Que de maladies sont propagées par la traîne de ces dames et combien il est pénible de voir des femmes du peuple, en particulier, balayer ainsi les rues. De même les femmes du monde, qui ne peuvent même pas soulever leurs jupes, les mains étant dans un manchon. On est effrayé en songeant à ce qu'elles peuvent ramasser et rapporter à leur foyer. Le lendemain, le tout est brossé ou secoué par la fenêtre et quantité de germes pathogènes se répandent dans l'appartement ou sur les passants. La promenade matinale est devenue, dans certains quartiers, une chose dangereuse.
>
> « Dans de bonnes familles, aisées et sans hérédité pathologique, des jeunes gens et des jeunes filles contractent la tuberculose. C'est la jupe maternelle qui a servi d'intermédiaire et semé la mort autour d'elle.
>
> « Je suis convaincu qu'on arrivera à sauver bien des existences du jour où la jupe aura été raccourcie d'une vingtaine de centimètres, au moins pour la rue. J'avais espéré que l'exemple donné par les dames qui usent de la bicyclette se généraliserait, mais l'heure de la délivrance n'a pas encore sonné et les hygiénistes en sont réduits à gémir sur la tyrannie de la mode et à souhaiter que surgisse un couturier assez philanthrope ou assez intéressé pour provoquer une réforme complète[2]. »

Après avoir forcé l'enceinte du foyer, la poussière de rue se glisse dans les interstices des planchers, s'incruste dans les tapis et les tentures. C'est une situation sans espoir. S'il fait sec, les microbes volent en l'air, s'il pleut, ils envahissent le logis collés aux semelles. La voirie, qui inonde les rues pour leur donner une apparence de propreté, ne fait qu'accentuer la production de boue. Lorsqu'elle n'entre pas dans les foyers, elle se retrouve à l'égout où, s'im-

1. *Revue d'hygiène,* 1892, p. 429.
2. Dr Greletty, *Guerre aux microbes,* Mâcon, 1900, p. 12.

prégnant de matières fécales, elle devient le cauchemar des égoutiers chargés du curage des canaux. À Paris, le service de nettoiement se fait au moyen de tombereaux si peu étanches que la boue à peine ramassée se retrouve sur la chaussée. Comme le souligne un hygiéniste, « c'est donc toujours la même boue et la même poussière qui se retrouve remuée, balayée, mise en tas, transportée en tombereaux et soumise à un mouvement quasi perpétuel sans qu'on la fasse disparaître efficacement[1]. »

La poussière du macadam colporte ses microbes sur les étalages de produits alimentaires. Lors des manifestations foraines, elle se mêle aux détritus jetés des roulottes. Les jours de fête, elle voltige avec les confettis et les serpentins. Comme l'indique le Dr Greletty : « Les fêtes de carnaval, de la mi-carême et autres orgies populaires, où il est de tradition de se lancer à la tête des débris de papier et des malpropretés de tout ordre, ont des inconvénients analogues. Chacune de ces saturnales est suivie de nombreux cas de croup, de rougeole, de scarlatine. L'Autorité a déjà interdit les serpentins qui nuisaient aux arbres ; elle doit, à plus forte raison, supprimer les confettis qui risquent de tuer les jeunes générations[2]. »

Pourtant peu nombreuses, les premières automobiles aggravent la situation, comme le souligne un témoin effaré :

> « Lancez sur cette route poussiéreuse une automobile à toute allure, il en résulte à l'arrière une sorte de tourbillon ascendant, soulevant comme un vent violent tout ce qui n'adhère pas au sol. Rien d'étonnant qu'on évalue, d'après ce que m'a dit M. Defrance, le directeur des affaires départementales de la Seine, la poussière faite par une automobile à celle de 20 fiacres. Il faut ajouter que les gaz brûlés sortant des bouches d'échappement de plusieurs voitures sont projetés perpendiculairement sur le sol, où ils soulèvent de véritables tourbillons de poussière, au lieu d'être projetés horizontalement. Et cette poussière qui, avant l'automobilisme, ne montait guère au-dessus des genoux des promeneurs ou des roues des voitures, nous tombe maintenant comme une pluie, de plusieurs mètres de hauteur. Durant des minutes, après le passage d'une auto, ce n'est pas de l'air que nous respirons, mais des nuages de poussière. Après trois semaines d'un printemps pluvieux, voilà à peine trois jours de beau temps, et l'avenue des Champs-Élysées, du bois de Boulogne, avenues uniques au monde, sont toutes grises de poussières. On en a plein les yeux, plein les narines, plein les bouches[3]. »

Le phénomène s'étend à toutes les régions sillonnées de routes recouvertes de macadam. La Côte d'Azur, « ce paradis terrestre, est devenu[e] une épou-

1. M. Verrine, « Influence de la boue et de la poussière dans les villes », *Revue d'hygiène*, 1880, p. 553.
2. Greletty, *op. cit.*, p. 12-13.
3. Dr Guglielminetti, « La poussière des routes et les différents moyens de la combattre », *Revue d'hygiène*, 1902, p. 528-529.

vantable côte grise, au point que certains médecins préfèrent envoyer leurs malades dans les sanatoria suisses, au milieu des neiges, que de les aventurer dans les rues des villes du littoral[1] ». Selon la *Neue Freie Presse* de Vienne, les étrangers finiraient eux-mêmes par s'en détourner : « Nice est connue pour son horrible poussière, comme du reste toutes les villes méridionales, et cela en dépit d'arrosages répétés. Ce sont des nuages de poussière qui transforment les places et les avenues en déserts infranchissables[2]. »

Les pavés de pierre enfoncés dans une couche de sable fin posée sur un lit de terre battue ne valent pas mieux. Poussières, ordures, bruit, contamination du sol, nettoyage difficile en font un revêtement déplorable[3].

Les dangers du macadam se traduisent en chiffres. À Budapest, où le macadam est roi, le nombre de décès annuels par tuberculose s'élève en 1893 à 600 pour 100 000 alors que dans les quartiers de Londres pavés de bois, il s'abaisse à 180[4]. Aussi les hygiénistes ont-ils cru un instant que le pavé de bois était la solution idéale.

Des rues pavées de bois

Les premiers pavés de bois font leur apparition dans les rues de Londres vers 1871. En 1882, la superficie des voies boisées s'élève à 600 000 mètres carrés et englobe la City, Piccadilly, Pall-Mall. À l'origine, les ingénieurs et les administrations se préoccupent moins d'hygiène que de bruit. Dans la City et au voisinage des clubs, centres de transactions et de discussions, on a tout sacrifié au silence. Les rues pavées de bois baignent dans une atmosphère feutrée. Dans les écoles, les églises ou les théâtres, on peut enfin se recueillir. Le cahot des voitures est assourdi. Pour les nerfs, c'est une bénédiction. Des médecins n'ont-ils pas soutenu que le martèlement de la pierre et du macadam était à l'origine d'altérations peu connues du système nerveux ? Ainsi s'expliquerait la fréquence des maladies cérébro-spinales dans les grandes villes.

À l'intérieur des véhicules, plus de trépidations dangereuses pour les femmes enceintes ou souffrant d'affections utérines. Dans les rues, on peut enfin se promener sans être aveuglé par des tourbillons de poussière en été, sans patauger dans le boue en hiver.

Le pavé de bois s'impose aux États-Unis où il fait figure de recours providentiel dans des villes qui, comme Chicago, sont construites sur des sols terreux, dépourvus de pierres mais tapissés de forêts[5].

1. *Ibid.*, p. 532.
2. *Ibid.*
3. G. Carlier, « L'hygiène dans les petites villes », *Annales d'hygiène publique,* 1893, t. 2., p. 156.
4. *Revue d'hygiène,* 1892, p. 428.
5. Dr E. Vallin, « Le pavage en bois des Champs-Élysées », *Revue d'hygiène,* 1882, p. 1001 *sq.*

À Paris, les artères et les carrefours les plus fréquentés se couvrent de bois : rue Montmartre, rue Saint-Georges, boulevard Poissonnière, Champs-Élysées, rue de Rivoli, grands boulevards depuis le Château-d'Eau jusqu'à la Madeleine. Le pavage d'une partie des Champs-Élysées peut être considéré comme un modèle du genre. Les pavés sont de sapin rouge de Suède rendu imputrescible dans un bain de créosote et d'huile de houille. Ils reposent sur un lit de béton de 15 centimètres d'épaisseur lui-même recouvert d'un lit de bitume de 5 centimètres. Les joints sont remplis d'un coulis de mortier à base de ciment de Portland[1].

Le pavage en bois coûte en moyenne 24 francs par mètre carré et doit être remplacé tous les cinq ans. C'est plus cher de moitié que le pavage ordinaire mais les frais d'entretien sont faibles. L'ébouage n'est plus nécessaire, les arrosages sont moins fréquents et la besogne du balayeur, comme celle des égoutiers, s'en trouve allégée.

À l'usage, pourtant, le système se révèle moins séduisant qu'on ne l'avait espéré. Ce silence, qui fait son charme, constitue aussi un danger. Les piétons, qui n'entendent plus les voitures, se font facilement renverser. Entre le 1er janvier et le 30 mars 1881, sur une portion du boulevard Montmartre de 250 mètres encore recouverte de macadam, on recense 6 accidents de piétons. Un an plus tard, sur le même itinéraire pavé de bois et pour la même période, ce nombre s'élève à 19 (+ 300%). Les accrochages passent dans le même temps de 25 à 31. Les cochers d'omnibus accordent pourtant leur préférence au bois qui offre un meilleur « tirage » que le macadam[2].

D'un point de vue hygiénique, le pavé de bois présente des inconvénients imprévus. Le bois est un matériau poreux qui s'imprègne de matières organiques : crottin, urine de cheval, immondices. Aux États-Unis, un hygiéniste observe avec dépit : « Même en plein air et au grand soleil, on voit se développer à la surface du pavé, en même temps que la putridité, une végétation cryptogamique blanche qui en rend bientôt la surface visqueuse. » Dès 1874, Fonssagrives avait prophétisé dans son livre *L'Hygiène et la salubrité des villes* : « Je suis convaincu que, sous un climat humide, une ville entièrement pavée en bois deviendrait une ville de fièvre de marais[3]. »

Dans les rues pavées de pierre ou recouvertes de macadam, l'eau s'infiltre à travers les interstices et va croupir sur la couche imperméable qui sert de support, libérant les matières azotées des immondices et du crottin, et l'ammoniac de l'urine[4]. En été, l'odeur devient insupportable, surtout près des stations de voitures de place et d'omnibus. Mais la putridité du bois est encore plus prononcée.

1. *Ibid.*, p. 1010-1011.
2. Alphonse Bertillon, « Les accidents sur les chaussées pavées de bois », *Revue d'hygiène*, 1883, p. 17-18.
3. E. Vallin, « Le pavage en bois des Champs-Élysées », *art. cit.*, p. 1008.
4. Winter-Blyth, « Wood paving », *British medical Journal*, 1895, p. 439.

Des sondages réalisés à Paris en 1895 montrent que les pavés de bois neufs contiennent, à trois millimètres de profondeur, un millier de bactéries par gramme de sciure. Des pavés anciens, on retire par grattage de la couche superficielle de 1 à 1,4 million de bactéries par gramme. Dans certaines rues, le bactériologiste Miquel en dénombre jusqu'à 45 millions[1].

Contrairement aux apparences, le pavé de bois dégage une poussière d'autant plus dangereuse qu'elle est invisible et tranchante. La surface d'un bloc piétiné par les chevaux finit par se hérisser de fibres ligneuses pointues et souillées. Lorsqu'elles se détachent, elles pénètrent dans les habitations, s'incrustent dans les organes respiratoires et s'attaquent aux yeux irrités par les émanations d'ammoniac. Aussi le nombre des ophtalmies est-il particulièrement élevé dans les rues pavées de bois.

Devant la faillite du bois, l'industrie anglaise du liège entre en lice avec le *Cork pavement* qui, selon un encart publicitaire, aurait toutes les vertus : « Il ne donne ni boue ni poussière ni bruit ni cahot ; il ne fait pas glisser, il est doux au pied, aussi bien pour l'homme que pour les chevaux. Le pavage en liège, c'est le sauveur qui fait cesser l'angoisse des agents-voyers et les récriminations des voituriers[2]. » Mais le pavé de liège ne parviendra pas à s'imposer.

Le pavage en pierre artificielle, composé d'un mélange de serpentine moulue et d'une matière adhésive comprimées à la presse hydraulique, semble avoir donné toute satisfaction en Allemagne où, depuis 1894, il est au banc d'essai à Munich, Hambourg, Nuremberg et Berlin. Son érosion est moindre que celle du granite, ses aspérités assurent le maintien des chevaux et un roulage uniforme. Il coûte 34 francs par mètre carré mais sa résistance à l'usure en fait un produit bon marché[3].

Le pavage en verre présente les mêmes avantages. Dès 1727, Réaumur en avait fabriqué par compression de verre chauffé à l'état pâteux. Le produit obtenu était opaque et résistant. L'expérience est reprise vers la fin du XIXe siècle par les verreries de Carmaux, Lyon, Pont-Saint-Esprit et Creil. Des essais de pavage sont réalisés à Genève et à Nice en 1898[4].

En dépit de leurs inconvénients, les pavés de bois resteront, par endroits, plus d'un demi-siècle en place. Vers la fin de la décennie 1940-1950, on les retrouve place de l'Étoile, au grand déplaisir des cyclistes qui doivent déployer des prodiges d'adresse pour éviter la glissade. Mais personne n'entendra plus jamais parler des pavages en pierre artificielle ou en verre, détrônés à leur naissance par le roi des revêtements : le goudron.

1. A. Petsche, « Le pavage en bois au point de vue de l'hygiène », *Génie sanitaire*, 1896, p. 50.
2. « Cork pavement », *Sanitary Record*, 1892, p. 240.
3. *Revue d'hygiène*, 1894, p. 95.
4. *Ibid.*, 1898, p. 1129-1130.

Le goudron, providence des routes

L'arrosage du macadam donne une brève illusion de fraîcheur et de propreté, mais il couvre la chaussée de boue et, après une évaporation d'autant plus rapide que les rues sont surtout arrosées par temps sec, le macadam retourne à ses démons pulvérents. D'où l'idée de substituer à l'eau un corps gras capable d'agglutiner les poussières.

Dès 1900, les routes californiennes sont arrosées à l'huile lourde de pétrole deux à trois fois par an. La poussière s'y fixe, l'eau de pluie ruisselle au lieu de s'infiltrer, et aucune boue ne se forme. Détail curieux, en 1898, un agent-voyer du service vicinal d'Oran, M. Tardy, avait eu l'idée de répandre sur les routes de l'huile d'aloès et de naphte.

On a d'abord redouté l'odeur et les conséquences du contact d'un corps gras avec les roues en caoutchouc des automobiles et les vêtements. Mais les craintes s'évanouissent, l'odeur se dissipant en trois ou quatre heures. « C'est un plaisir que de rouler à 60 kilomètres à l'heure sur une route huilée[1] », note un automobiliste.

L'huile de pétrole chauffée à 80° acquiert la fluidité de l'eau. Les cantonniers l'utilisent dans des tonneaux d'arrosage munis d'un système de chauffage et d'une pompe actionnée par un moteur à explosion qui, par compression, répand l'huile sur la chaussée à travers des tuyaux perforés. Le traitement d'une route de 5 mètres de largeur coûte 300 francs sur une distance de 5 kilomètres, dépense largement compensée par les économies d'eau et d'entretien.

Un ingénieur français, Émile Gautier, qui a pu apprécier sur place les avantages du système, écrit émerveillé : « Mieux que l'eau, trop tôt vaporisée ou transformée en boue, le pétrole a le don, en vertu de sa puissance adhésive et de sa viscosité, non seulement d'abattre et de fixer la poussière, mais encore de rendre les chaussées tout à la fois moins friables, plus cohérentes et d'un entretien plus facile[2]. »

En l'espace de quelques mois, l'huilage des routes se répand aux États-Unis et, détail insolite, en Chine. En Europe, où le coût de l'huile de pétrole est dix fois plus élevé (200 francs la tonne contre 20 outre-Atlantique), les expériences restent limitées.

Les premières tentatives sont décevantes. C'est à l'initiative de l'industriel Deutsch qu'une route de Saint-Germain-en-Laye est huilée sur quelques centaines de mètres en août 1902. L'huile employée est un résidu de pétrole russe

1. Dr Guglielminetti, « La suppression de la poussière par le pétrolage et le goudronnage des routes », *Revue d'hygiène*, 1903, p. 49.

2. Dr Guglielminetti, « La poussière des routes et les différents moyens de la combattre », *Revue d'hygiène*, 1902, p. 533.

appelé « mazout » ou « astaki » qui sert au graissage des wagons et ne résiste pas à la pluie. D'autres expériences sont tentées en Seine-et-Oise avec des succès divers. Si le mazout capte la poussière, il n'empêche pas la formation de boue. À Genève, les résultats sont aussi peu concluants en raison de la mauvaise qualité du produit utilisé.

En Angleterre, où la tonne de pétrole du Texas ne coûte que 45 francs, l'huilage des routes est un succès. Tous les Anglais s'en disent enchantés. Sa couleur foncée repose les yeux. Une seule des 150 personnes interrogées se dit incommodée par l'odeur qui rappelle à d'autres l'odeur de sapin ou d'épices italiennes[1].

En France, où il faut renoncer au mazout de Russie, qui ne fait pas l'affaire, et au pétrole du Texas, qui est trop cher en raison des taxes douanières, on songe au goudron, faute de mieux.

Obtenu par distillation de la houille, le goudron, aussi appelé « coaltar », est un sous-produit de la fabrication du gaz d'éclairage. De longue date, l'imperméabilité et la solidité des plaques de goudron qui se formaient autour des fabriques de gaz avaient frappé les esprits. La Compagnie des chemins de fer du Midi, qui dessert une contrée où le goudron ne coûte que 10 francs la tonne, avait déjà goudronné avec bonheur le perron de ses gares, dont celle de Narbonne. Dans les casernes, on pratiquait aussi la « coaltarisation » des chambrées afin d'éliminer les poussières par lessivage à grande eau.

C'est un ingénieur français, M. Christophe, qui, en 1880, goudronne la première route, aux abords de l'usine à gaz de Sainte-Foy-la-Grande (Gironde) où il travaille. Mais il procède par épandage alternatif, badigeonnant, tous les dix mètres, tantôt à gauche tantôt à droite, afin d'éprouver la résistance des surfaces traitées. Ce damier effraye les chevaux et l'expérience tourne court.

C'est un autre Français, le Dr Guglielminetti, qui reprend l'idée comme un pis-aller pour pallier la carence de pétrole texan. En effet, le goudron ne coûte, selon les régions, que de 12 à 50 francs la tonne. S'inspirant des travaux d'un ingénieur italien, il ajoute au goudron un dessiccatif, l'essence de térébenthine, afin d'obtenir un séchage plus rapide. L'expérience est tentée pour la première fois en octobre 1901, à Nice, sur la Promenade des Anglais. C'est un échec. Cinq jours après l'épandage, l'artère n'est toujours pas rendue à la circulation en raison de l'humidité qui empêche le durcissement de la croûte.

L'expérience est de nouveau tentée par temps sec, en août 1902, sur un tronçon de 200 mètres entre Nogent-sur-Marne et Champigny. Cette fois, les résultats dépassent les espérances. Après cinq mois, le goudron a résisté au soleil, à la pluie, au gel et au dégel, alors qu'on le créditait d'une résistance de

1. Dr Guglielminetti, « La suppression de la poussière par le pétrolage et le goudronnage des routes », *Revue d'hygiène*, 1903, p. 351.

quelques semaines. Encore est-on loin de se douter que la carapace tiendra des années. L'eau, qui ne la pénètre pas, lessive la chaussée en s'écoulant vers les bouches d'égout. Après une nuit de pluie, elle sèche aux premiers rayons de soleil. À un mètre du sol goudronné, l'air, par temps calme, contient trois à cinq fois moins de germes que l'air des routes recouvertes de macadam. Sa surface est lisse sans être glissante. Mais il faut la sabler durant les premiers jours pour éviter que les chevaux, affolés par le miroitement, ne s'effondrent les uns sur les autres, ce qui s'est produit à Nice.

Le coût de l'opération s'élève à 500 francs par kilomètre pour une route d'une largeur de 6 mètres. Mais l'investissement est vite amorti par les économies d'arrosage, de balayage, d'ébouage, de curage des égouts et de restauration[1].

Le goudronnage donne naissance à une industrie florissante. De nombreux appareils, à main ou tractés, sortent des usines : tonneau Audouin, voiture Lesailly et système Vinsonneau qui réalise, au moyen de la même voiture tirée par un cheval, le chauffage et l'épandage du goudron sur une superficie quotidienne de 5 000 mètres carrés par jour[2].

Ironie du sort, la moderne Amérique, qui n'a que faire de son pétrole, reste à la traîne. En 1910, l'huilage des routes y est encore pratiqué sur une grande échelle alors que la vieille Europe se couvre de voies goudronnées.

Quant à la déchéance du macadam, elle constitue l'une des grandes victoires contre la tuberculose. En assainissant la rue, c'est le foyer qu'on purifie.

1. Dr Guglielminetti, « La suppression de la poussière par le pétrolage et le goudronnage des routes », *ibid.*, p. 347-359.

2. M. Vasseur, ingénieur des Ponts et Chaussées, « La lutte contre la poussière », *Annales d'hygiène publique*, 1906, t. 1, p. 97.

CHAPITRE XXXIII

Péril microbien en la demeure

Le foyer est le point de convergence de tous les dangers. À longueur de temps, la boue des semelles s'y accumule, trouvant asile dans les planchers, les tapis, les tentures et la literie. Sans cesse remuée, tour à tour «flottante» ou «dormante», la poussière de maison est parfois expulsée lorsque les couvertures sont secouées et les tapis battus au balcon. Elle se retrouve alors sur le macadam, sur les passants, sur les aliments des étalages, prête pour un nouveau cycle.

De ses camps retranchés, il est bien difficile de la déloger. Des lieux clos, comme les vieux théâtres ou l'entrevous des planchers, peuvent abriter une poussière centenaire. Sans doute a-t-elle perdu sa virulence, mais elle occupe les lieux, condamnant la poussière fraîche à errer en surface. Le moindre passage, le moindre courant d'air, le moindre balayage soulève des milliards de germes. Résultat paradoxal, les planchers des cabinets d'aisance sont quarante-cinq fois moins infectés que ceux des corridors où le remue-ménage est constant. Parmi les germes pathogènes ainsi disséminés, 45 % sont des bacilles de Koch[1].

À la fin du XIXe siècle, les planchers sont devenus la hantise des hygiénistes.

Les planchers, nids à microbes

Du plancher, on ne voit que l'aire superficielle ou parquet, son ossature interne échappant au regard. Or, c'est là que le mal est tapi. Le parquet repose par l'intermédiaire de solives sur le plafond de l'étage inférieur, et plus précisément sur les poutres. Entre ce plafond et le parquet se situe un vide, l'entrevous, paradis des poussières et des microbes qui s'y faufilent à travers les joints, les frises ou les fissures. Lorsqu'on marche, qu'on déplace un meuble

1. «Microbes et planchers», *Revue de la tuberculose,* 1894, p. 377.

ou qu'un enfant saute, la pression exercée sur l'entrevous les fait rejaillir en surface par toutes sortes d'interstices. À la différence des parquets de chêne, compacts et unis, les parquets de sapin parsemés de creux et de saillies, de fissures et de nœuds qui donnent asile aux insectes, sont les plus dangereux.

Les sources de poussière peuvent être internes, comme les crachats ou les immondices desséchés, mais, le plus souvent, c'est le sable du macadam, apporté par les semelles ou les robes à traîne, qui se retrouve au logis.

S'il existait, le parquet idéal présenterait une surface unie, imperméable à l'air et aux liquides, sans joints ni fissures, résistant à l'usure et construit en matériau isolant, léger et bon marché. Les dalles de pierre ou le carrelage, qui ont toutes les qualités hygiéniques, sont seulement adaptés aux régions méditerranéennes.

Selon le docteur Bernheim, le plancher serait le principal facteur de morbidité en milieu scolaire et c'est dans les classes aux parquets disjoints qu'on trouverait le plus grand nombre d'élèves malades[1]. Dans les hôpitaux, on constate une aggravation des maladies infectieuses les lendemains de grand nettoyage. Ce jour-là, après avoir frotté le parquet à la paille de fer, on soulève des nuages de microbes en passant le balai[2].

Aussi les hygiénistes proscrivent-ils le balayage à sec comme l'usage encore plus néfaste du plumeau, même dans les pièces carrelées. Dans une cuisine on dénombre 2200 bactéries au mètre cube avant balayage, 75000 cinq minutes après, 135000 au bout de dix minutes. Dans un escalier en pierre, ce nombre passe de 940 à 140000[3]. Mais le balayage humide est si peu pratique que les ménagères le boudent. Au demeurant, les parquets perméables ne s'y prêtent guère.

Pour lutter contre la malédiction des parquets, toutes les solutions sont imaginées. On met au point des parquets démontables permettant le nettoyage et la désinfection des entrevous. Mais l'opération se révèle délicate, laborieuse et surtout dangereuse en raison des masses de poussière remuée. On tente sans succès de neutraliser l'entrevous en le comblant d'un hourdis de maçonnerie, de bitume ou de ciment armé[4]. On obture les rainures par calfatage. Mais le calfatage à l'étoupe est long et difficile, celui au plâtre s'effrite. Le ciment, l'argile et les mastics adhèrent mal[5]. On essaye, également

1. Dr Bernheim, « Le plancher, principal facteur des maladies contagieuses dans les écoles », *Journal d'hygiène*, 1907, p. 78.

2. Dr Lemoine, « Imperméabilisation et nettoyage des parquets », *Revue d'hygiène*, p. 716-717.

3. Cité par le Dr Charles Aulanier, *Contribution à l'étude de la destruction des poussières des habitations*, thèse de médecine, Paris, 1925, n° 223, p. 33.

4. « De la constitution des planchers au point de vue de l'hygiène dans les bâtiments militaires », *La Caducée*, 1903, p. 71.

5. Dr Berthier, « Imperméabilisation des planchers à la cire de pétrole », *Archives de médecine et de pharmacie militaire*, 1904, p. 44.

sans succès, d'obstruer les fissures des planchers disjoints au moyen de languettes de bois clouées[1].

Ce bricolage se révélant inefficace, il s'efface derrière un objectif prioritaire : l'imperméabilisation des parquets permettant le balayage humide.

Les premières encaustiques

Dans les collectivités, et notamment dans les casernes où l'accumulation de poussière atteint des proportions gigantesques, cette imperméabilisation est un impératif absolu. Jusqu'en 1830, les chambrées étaient recouvertes d'un carrelage de mortier hygiénique mais glacial, et c'est pour le confort du soldat que les planchers lui ont été substitués, faisant de l'endroit un lieu de grande insalubrité.

Vers 1890, le Dr Vallin y impose la « coaltarisation » ou goudronnage des planchers. Produit de distillation de la houille, le goudron est un matériau vendu à bas prix par les usines à gaz et personne ne se doute alors qu'il deviendra le revêtement idéal des routes dix ans plus tard. Mais son adoption réglementaire dans les casernes constitue une nouvelle corvée pour les soldats.

Il faut d'abord décaper le parquet à la paille de fer, vider les joints de leur poussière. La « coaltarisation » est une opération délicate. Trop épais pour être étendu à froid, le goudron doit être chauffé et même dilué à l'aide d'essence de térébenthine coûteuse et inflammable. Aussi l'huile lourde de houille lui est-elle préférée. L'épandage se fait au pinceau et à la brosse pour obtenir une surface aussi plane et mince que possible.

Le coaltar diminue l'usure et la dislocation des planchers, mais il est difficile d'entretien. Il faut éviter les lavages à grande eau qui suppriment son adhérence et employer un balai spécial de riz ou de sorgho. Chaque jour, après un premier balayage des chambres et des couloirs, on passe un chiffon légèrement humide avant de faire un second balayage avec une brosse à chiendent. Une fois par semaine, on complète l'opération en frottant le goudron à l'aide d'une étoffe de laine imbibée de pétrole[2].

On conçoit que la méthode n'ait pas soulevé l'enthousiasme des soldats et des collectivités. D'autant que le goudron dégage une atmosphère funèbre. De couleur grisâtre, il vire au noir et donne une impression de saleté qui décourage les bonnes volontés. En 1903, le service d'hygiène de l'armée en est donc réduit à imposer le retour aux aires maçonnées : carrelage, asphalte

1. Dr E. Vallin, « Entretien hygiénique des planchers », *Revue d'hygiène*, 1899, p. 678.

2. Dr Claudot, Directeur du service du 4e corps d'armée, « Essais d'imperméabilisation des parquets des casernes », *Revue d'hygiène*, 1894, p. 295 *sq*.

ou ciment[1]. Heureusement, les premiers « enduits pulvérifuges », ou encaustiques, arrivent à la rescousse.

Mis au point par le Dr Vallin en 1883, ils sont composés de pétrole et de paraffine dissous au bain-marie. Une autre méthode venue d'Écosse consiste à semer de la paraffine râpée avant de la faire fondre en promenant une source de chaleur au-dessus d'elle. Mais il faut jongler avec les risques d'incendie. En définitive, on préfère la répandre en couche de 2 à 3 millimètres avec une casserole à bec. Après refroidissement, on la frotte à la paille de verre pour donner au parquet l'apparence éclatante et compacte du buis[2].

Bientôt, les encaustiques plus sophistiquées du Dr Follenfant prennent la relève : *Encaustique pulvérifuge de Coppin* ou *Baume de pin royal*, toutes deux composées de paraffine, de cire végétale, d'essence de térébenthine, de houille et de substances antiseptiques. Elles supplantent la cire trop coûteuse et peu efficace. Un parquet traité à l'encaustique semble facile d'entretien. Il suffit d'y passer chaque jour un torchon de laine imprégné d'enduit pulvérifuge et de balayer à sec les poussières agglomérées en petits rouleaux. L'air est purifié et le bois a fière allure.

En 1898, l'encaustique aurait fait merveille au musée du Louvre, berçant les hygiénistes d'illusions, si l'on en croit le Dr Vallin :

> « C'est ainsi qu'au musée du Louvre, dans la salle Lacaze, par laquelle tous les visiteurs sont forcés de passer en arrivant par l'escalier de pierre du musée, on renouvelle l'application tous les huit jours ; on y a recours tous les quinze jours dans le Salon carré, et tous les mois dans la galerie d'Apollon. Les renseignements personnels que nous avons recueillis semblent prouver que les tableaux sont infiniment moins détériorés par la poussière depuis un an ; les gardiens, qui autrefois souffraient de suffocation et de catarrhes chroniques à cause du balayage périodique des salles, et qui étaient parfois forcés de prendre prématurément leur retraite, nous ont dit n'être plus incommodés. En deux heures ils font aujourd'hui une besogne qui demandait jadis toute la journée[3]. »

La réalité est moins réjouissante. Les premières encaustiques dégagent une forte odeur de phénol. Les parquets restent gras et humides. Une feuille de papier tombée à terre se salit, l'empreinte des doigts qui la ramassent s'y imprime. Les souillures des semelles s'incrustent dans l'enduit, ce qui permet de suivre un homme à la trace. Pour bien faire, il faudrait renouveler les appli-

1. « La constitution des planchers au point de vue de l'hygiène dans les bâtiments militaires », *La Caducée,* 1903, p. 71.

2. Dr Annequin, « Le paraffinage des planchers », *Revue d'hygiène,* 1898, p. 979 *sq.*

3. Dr Vallin, « De l'entretien hygiénique des planchers », *Revue d'hygiène,* 1899, p. 673 *sq.* ; Dr G. Lemoine, « Imperméabilisation et nettoyage des parquets », *Revue d'hygiène,* 1903, p. 716 *sq.*

cations et le nettoyage au chiffon à tout instant[1]. Ce n'est donc pas la solution idéale mais un but est atteint : la poussière est piégée, même si l'on finit par patauger dans la gadoue.

Une autre méthode, adoptée en Allemagne vers 1900, consiste à répandre des huiles minérales sur les parquets. Plus faciles d'application que les encaustiques, elles n'en présentent pas moins les mêmes inconvénients. Les détritus ne voltigent plus mais, fixés à terre, ils finissent par former une pâte crasseuse. Aussi l'huilage a-t-il été abandonné dans les écoles. En définitive, il n'est plus guère utilisé que dans les locaux commerciaux et industriels où la grande quantité de poussière soulevée par le balayage finit par endommager les marchandises. C'est le cas d'une grande librairie parisienne et des ateliers d'imprimerie équipés de machines linotypes où les lettres de plomb s'encrassent facilement.

Vers 1910, des hygiénistes en sont réduits à prôner l'usage d'une technique essayée vers 1880 et aussitôt abandonnée : l'épandage de sciure de bois humide suivi du balayage, pratique seulement en usage dans les écoles de Copenhague et de Hambourg[2]. Ces solutions laissant à désirer, on se prend à rêver d'un parquet idéal composé d'éléments de synthèse : les « aires minérales ».

Matériaux de synthèse

En 1903, de nouveaux produits font fureur dans le monde de l'architecture hygiénique. À base de sciure de bois, ils reçoivent néanmoins le nom générique d'« aire minérale ». Ils ont les avantages des sols en grès ou en céramique tout en étant mauvais conducteurs thermiques. On peut encore les poser sur d'anciens parquets auxquels ils adhèrent. Tels sont le « stucolith », le « xylolith », le « porphyrolith » dont la composition est tenue secrète par les industriels. Mais nul n'ignore qu'il s'agit d'un mélange de sciure de bois et d'un sel minéral (d'où le nom d'« aire minérale ») auxquels on ajoute des chlorures de magnésium et de zinc, de l'amiante et de la magnésie.

Ce mélange finement broyé est transformé en pâte par addition d'eau. On l'applique à la main et on le passe au lissoir de façon à obtenir une couche de 7 à 8 millimètres d'épaisseur. L'aire minérale sèche en l'espace de 48 heures. Elle est souple, épouse les murs arrondis où la poussière ne peut pas s'accumuler. Moins froide que la pierre elle est cependant moins chaude que le bois. Mais son entretien est d'une grande facilité[3].

1. Dr E. Arnould, « L'entretien et la propreté des sols des locaux », *Revue d'hygiène,* 1911, p. 876-877.
2. *Ibid.,* p. 879-881.
3. « De la constitution des planchers... », *art. cit., La Caducée,* 1903, p. 71.

Le « xylogène » et le « lithogène » font leur apparition un an plus tard, en 1904. L'un est composé de sciure de bois, de déchets de pierre et de sable. L'autre est fabriqué avec les mêmes ingrédients, mais la sciure de bois est remplacée par des déchets calcaires qui en font une véritable « pierre factice[1] ». Tous ces procédés s'effacent derrière un revêtement inventé vers 1900 et appelé à un bel avenir : le linoléum.

Le linoléum est un tapis synthétique formé de toile de jute recouverte d'un mélange d'huile de lin, de résine et de poudre de liège agglomérée. Imperméable, il offre une bonne résistance aux agents physiques et aux désinfectants. En Allemagne et en Suisse, plusieurs écoles en sont équipées dès 1907. Dans certains hôpitaux, il recouvre les planchers. Mais les hygiénistes le considèrent comme une solution de transition dans l'attente des revêtements céramiques, coûteux mais parfaitement adaptés aux hôpitaux. Malgré tout, le parquet de chêne, bien ciré, luisant, glissant, reste à l'honneur dans la plupart des établissements hospitaliers, au mépris de l'hygiène, du coût de la cire et du sacrifice du « garçon frotteur », véritable « forçat rivé à sa brosse durant de longues heures[2] ».

Les encaustiques, les aires minérales et le linoléum apportent une solution partielle dans certaines collectivités mais ne pénètrent pas les foyers où la poussière continue à s'incruster dans les entrevous. Elle trouve d'autres refuges dans les tentures, les tapis, les fauteuils et la literie.

Tapis, tentures et literie

Dans le décor familial de la Belle Époque, tout semble avoir été conçu pour le bien-être du microbe. Tandis que les savants en découvrent l'existence, les appartements se couvrent de tapis et de tentures, de paravents en étoffe et de fauteuils rembourrés très bien adaptés à l'accumulation de poussière. On recouvre les parquets de tapis doublés d'une thibaude, on tend les murs de toile d'Andrinople, on recouvre les portes de laine spongieuse. « La poussière, écrit un médecin en 1886, est partout chez elle ; pathogène ou non, elle n'a aucune chance de s'échapper ; elle est sûre de ses quartiers d'hiver. »

C'est une poussière fine, impalpable, qui se soulève à la moindre occasion, lorsqu'on marche, lorsqu'on touche aux tentures, lorsqu'on s'assied sur un fauteuil. Retire-t-on les tapis, en début d'été, elle apparaît en couches épaisses sur le parquet. Change-t-on les tentures, on la voit collée aux murs où elle s'est amassée au fil des ans. Et à longueur de temps, elle se tamise à travers les étoffes, submergeant tout.

1. Dr Ed. Philippe, « Hygiène de l'habitation. Lithogène et xylogène », *Journal d'hygiène*, 1905, p. 20.
2. Dr F. -R. Renaut, « Hygiène hospitalière », *Revue d'hygiène*, 1903, p. 294-295.

Ce sont les familles aisées, si friandes de fanfreluches et de falbalas, qui sont les premières victimes de la diphtérie, de la coqueluche et de la scarlatine. Cette « poussière de riches » propage la tuberculose dans les beaux quartiers. « C'est par elle plutôt que par la cohabitation intime qu'un des époux contamine l'autre », dit un médecin. Ces appartements, où la phtisie colle aux murs, « ressemblent à ces cages occupées par plusieurs générations de lapins auxquels on a communiqué la tuberculose et dans lesquelles tous deviendront tuberculeux ».

Plus inquiétante car inévitable est la literie. La couverture de laine est une éponge à poussière. Lorsqu'on la secoue à la lumière d'un rayon de soleil, on la voit se soulever en d'épais nuages. Des analyses ont montré que l'air est trente fois plus chargé de germes après la remise en état d'un lit. La literie est le premier asile des bacilles expectorés par le phtisique. Projetés par la toux ou les crachats sur les draps, les couvertures, les édredons et le matelas, ils s'y accumulent avant d'empoisonner les planchers, les tapis, les tentures. Ainsi prennent corps ces maisons tuberculeuses où se succèdent des générations de phtisiques.

Le phénomène prend des proportions alarmantes dans les hôpitaux où des malades venus pour une grippe ou une coqueluche en ressortent tuberculeux. Quand un phtisique meurt ou quitte l'hôpital, sa literie est remise au magasin après avoir été battue et exposée au soleil sans désinfection préalable. Le battage hebdomadaire s'exécute selon une procédure encore plus dangereuse. Les couvertures sont enlevées pêle-mêle, sans indication, battues puis redistribuées au hasard, en sorte qu'un grippé peut hériter de la couverture d'un tuberculeux[1].

Même si de telles pratiques se font plus rares à mesure que les médecins prennent conscience de l'étendue du danger, il n'existe aucun moyen efficace pour conjurer le fléau. Les poussières sont en terrain conquis dans les chiffons d'où il est difficile de les déloger sans aggraver le danger.

La peur de la poussière finit par se confondre avec la peur du microbe, attitude paradoxale si l'on songe que tout, dans l'ameublement, semble conçu pour le retenir. Pourtant, cette peur existe et la littérature en a gardé le souvenir. L'un des personnages du *Journal* de Jules Renard, la femme du vieil instituteur, est absorbé dans la chasse à la poussière « au point d'en oublier le repas ». Nadaud, le notaire d'un roman de Boylesve, la pourchasse avec un arsenal de plumeaux[2].

Contre cette plaie, des inventions voient le jour, telle la « batteuse automatique » exploitée dans un atelier. Couvertures, tapis ou tentures sont enfermés à l'intérieur d'un manchon hermétique à l'intérieur duquel tourne un

1. Dr Richard, « La transmission de la tuberculose par les objets de literie, tapis tentures... », *Annales d'hygiène publique*, 1886, t. 1, p. 448 *sq.*

2. Georges Vigarello, *Le Sain et le malsain*, *op. cit.*, p. 261.

axe muni de fléaux. Une fois l'opération terminée, les poussières s'enlèvent par tombereaux pour être vendues à des fabricants d'engrais. Cette étrange machine, dont l'existence est signalée en 1885, ne fera pas long feu en raison des plaintes d'un voisinage incommodé par le bruit des moteurs[1].

Venu d'Amérique, un appareil encore plus étrange est présenté pour la première fois en France à l'exposition de 1889. Il ressemble à une tondeuse à gazon et on l'utilise un peu de la même façon, mais sur les tapis. À l'intérieur du boîtier, deux brosses cylindriques à rotation contrariée entraînent la poussière dans un réservoir dont on peut l'extraire sans danger. Le balai mécanique, toujours en usage à l'heure actuelle, vient de voir le jour. Dès 1890, les modèles en sont si nombreux que la concurrence a fait disparaître les monopoles[2]. Mais la quantité de poussière enlevée reste superficielle et l'appareil ne peut être employé au dépoussiérage des tentures ou de la literie.

En fait, les ménagères s'acharnent toujours sur les tapis avec la traditionnelle brosse à chiendent et l'on aurait pu désespérer si un ingénieur anglais n'avait inventé l'aspirateur.

L'aspirateur

Le principe de l'aspiration était depuis longtemps préconisé dans les industries productrices de poussières. En 1902, un ingénieur anglais de la maison Hitchins and Booth, Cecil Booth, fait breveter sous le nom de *vacuum cleaner* un appareil destiné à éliminer les poussières, partout et sans danger.

Les premiers aspirateurs sont d'énormes engins sans ressemblance avec les appareils domestiques qui partiront à la conquête des foyers à partir de 1925. Le *vacuum cleaner* de Cecil Booth se compose d'une pompe aspirante, fonctionnant à l'électricité ou au gaz, et d'un réservoir à poussière relié à un long tube de caoutchouc muni en son extrémité d'une pièce appelée « organe aspirateur », « suçoir » ou « embout », dont la forme est adaptée aux surfaces les plus diverses : fauteuils, tentures, tapis, objets. Les embouts sont interchangeables. On peut remplacer une embouchure aplatie adaptée au tapis par une embouchure pointue qui peut traquer la poussière dans tous les recoins. Pour le traitement des tissus fins, le suçoir est garni de velours.

L'ensemble, qui occupe un volume de deux mètres carrés, ne peut être introduit dans tous les appartements. Aussi l'installe-t-on à l'extérieur ou sur le pallier d'où l'on fait passer, par la porte ou la fenêtre, le tube équipé de l'organe aspirateur. Le principe est simple. La pompe, qui peut effectuer jusqu'à

1. L. Colin, *Paris, sa topographie, son hygiène, ses maladies,* Paris, 1885, p. 258.
2. « La guerre aux balais », *Annales d'hygiène publique,* t. 2, p. 570-571.

250 tours à la minute avec un débit de 165 mètres cubes à l'heure, aspire l'air empoussiéré qui vient buter sur un filtre avant de ressortir épuré[1].

Un aspirateur de taille réduite est mis au point sous le nom d'« atom ». Il s'agit d'un cylindre dont la pompe à vide est actionnée à la main. Mais les résultats sont dérisoires. L'aspirateur domestique n'existant pas, des entreprises de *vacuum cleaner* se créent dès 1903. Les opérations, longues et coûteuses, sont accessibles aux seuls foyers aisés, aux entreprises et aux lieux publics.

Les résultats sont édifiants. Les poussières enfin délogées de leurs profondeurs, les couleurs des tapis et des tentures apparaissent dans toute leur splendeur, telles qu'on ne les avait jamais vues sous leur linceul pulvérent. L'opération permet aussi de quantifier l'accumulation de poussière avec des résultats spectaculaires.

Le Dr Charlier fait dépoussiérer deux pièces d'une superficie de 37 mètres carrés, tapisseries, tentures, fauteuils et tableaux compris. L'opération dure trois heures et, des 70 mètres carrés traités, on retire 32 kilogrammes de poussière, soit 457 grammes par mètre carré. « Je n'en ai pas été trop honteux, précise Charlier, car il m'a été dit que deux jours auparavant il en avait été retiré une proportion plus considérable dans l'hôtel d'un des professeurs de la Faculté de médecine[2]. »

Certains lieux publics sont moins empoussiérés. De la salle des séances du Conseil municipal de Paris on retire 144 kilogrammes de poussière sur une superficie de 510 mètres carrés, soit 282 grammes par mètre carré. Dans les théâtres, le résultat est surprenant. Les tapis des Folies-Bergère donnent 1 100 grammes par mètre carré. Du théâtre du Palais-Royal, en extrait 170 kilogrammes et 273 du théâtre de l'Ambigu. À la bibliothèque de l'histoire du protestantisme, 50 000 volumes en donnent 182 kilogrammes. Un compartiment de chemin de fer en contient 4,2 kilogrammes, un tapis du Café Américain 5,3[3]. Des planchers, l'aspirateur dégage cinquante fois plus de poussière que le balai.

La poussière parisienne, analysée de façon précise, livre enfin son secret. Elle contient 35,3 % de matières organiques, 59,4 de matières minérales et 5,3 % d'humidité. Comme prévu, l'éventail complet des microbes s'y trouve représenté. S'y ajoutent des échantillons d'une multitude de minéraux : potassium, lithium, aluminium, fer, argile, nitrates, sulfates.

Il faudra attendre plusieurs années pour que l'aspirateur domestique conquière les foyers. Mais, dès à présent, le principe de la victoire est acquis. Le goudronnage des routes et le dépoussiérage par le vide feront davantage contre les maladies des voies aériennes que toutes les thérapies à ce jour imaginées.

1. Hanriot, « Sur un procédé de balayage par aspiration et condensation des poussières », *Revue d'hygiène, 1903*, p. 118 *sq.* ; Dr R. Maréchal, « Composition des poussières recueillies au moyen des appareils de nettoyage par le vide », *ibid.*, 1906, p. 23 *sq.*

2. Dr Charlier, « Nettoyage par le vide », *Journal d'hygiène*, p. 99.

3. *Revue d'hygiène*, 1904, p. 56.

CHAPITRE XXXIV

Lieux à hauts risques

Nul n'échappe aux dangers de la rue ou du foyer. Mais, par endroit, la pestilence est aggravée par des facteurs qui font flamber la morbidité et la mortalité. La proximité d'un dépôt d'immondices ou de chiffons empoisonne l'air ; la foule en lieux clos aiguise les risques d'infection ; des métiers producteurs de poussière condamnent les travailleurs à la mort pulmonaire. Partout les hygiénistes tentent de faire face, mais ils se heurtent à la force d'inertie des habitudes et à la foule des intérêts particuliers. Ici commence un travail de longue haleine qui implique une réforme des mentalités.

Voiries et dépôts de chiffons

Terreurs du voisinage, les voiries, longtemps tenues à distance réglementaire des agglomérations, sont, à la fin du XIXe siècle, rattrapées et encerclées par les villes. Les émanations qui s'en dégagent atteignent leur intensité maximum au moment où, après avoir livré les immondices à la fermentation six mois durant, on les enlève pour l'utilisation agricole. Leur fétidité devient alors supérieure à celle des matières fécales.

Certes, les odeurs ne tuent pas, mais les gaz de fermentation, carbure d'hydrogène, acide sulfhydrique et ammoniac, sont éprouvants pour la santé et créent un état de moindre résistance. Le danger microbien devient crucial par temps sec, les immondices réduits en poussière étant disséminés par le vent.

Les riverains sont désarmés. Le poids de l'habitude, les intérêts publics et privés, l'impossibilité technique d'éloigner les déchets pulvérisent toute velléité de protestation. En 1885, un particulier demande au tribunal civil réparation du préjudice causé par les émanations échappées de la voirie de Bondy qu'exploite la Compagnie Lesage. Il est débouté. Cette compagnie étant une entreprise publique sous contrôle municipal, l'affaire relève du Conseil de préfecture[1]. Quand la chicane transforme un lieu d'infection en entreprise d'utilité publique, que peuvent les hygiénistes et les particuliers?

Les entrepôts de chiffons présentent les mêmes désagréments et des dangers plus graves. Classés dans la troisième catégorie des ateliers insalubres, ils ont pu s'installer dans les villes, quelquefois même au cœur de quartiers populeux. Pour échapper à la puanteur, les riverains doivent se retrancher derrière leurs fenêtres closes, ce qui entraîne une chute des cours immobiliers.

On trouve de tout chez les chiffonniers, mais ce sont les os venus des ateliers d'équarrissage ou des abattoirs qui dégagent les odeurs les plus nauséabondes. Ne raconte-t-on pas qu'un hygiéniste d'Angers, le Dr Ollivier, aurait été gravement intoxiqué après la visite d'un entrepôt de chiffons parisien[2] ?

Les chiffons diffusent une poussière encore plus dangereuse. Ils peuvent avoir été souillés de crachats, de pus ou de matières fécales avant d'avoir été jetés. Aussi la mortalité est-elle supérieure à la moyenne dans les quartiers empestés par les chiffonniers. À Nice, entre 1885 et 1887, la variole, la rougeole et la diphtérie y tuent trois fois plus que dans le reste de la ville : 73 décès sur 186 pour la variole, 46 sur 139 pour la rougeole, et 29 sur 109 pour la diphtérie. La tuberculose est plus répandue dans le voisinage des entrepôts de chiffons. À Montpellier, le Dr Blaise, directeur du bureau municipal d'hygiène, a établi en 1894 que, sur une durée de 11 ans, la mortalité dans les rues Raffineries et Palissade, qui jouxtent un dépôt de chiffons, est de 326 pour 100000 contre 287 dans le reste de la ville[3].

Les hygiénistes s'efforcent d'obtenir la fermeture de ces établissements, mais le recyclage du chiffon est d'une si grande importance pour l'industrie textile et la corporation des chiffonniers si puissante, qu'il faut y renoncer.

Foules en lieux clos

On admettait jadis que la foule en milieu confiné dégageait des miasmes toxiques. Après 1880, c'est à la lumière de la microbiologie que les hygiénistes confirment les dangers de la promiscuité. Théâtres, grands magasins, églises sont dénoncés comme le creuset de bien des maux. L'air qu'on y respire est faisandé mais le remède suppose une réforme des lieux qui heurte la mode et les intérêts économiques défendus, en France, jusqu'à la Chambre des députés, comme le prouve, en 1900, le débat sur la salubrité des théâtres.

Selon l'expression du Dr Vallin, les théâtres sont de «véritables caves» à l'abri des rayons microbicides du soleil. C'est le lieu d'élection des microbes.

1. *Revue d'hygiène,* 1886, p. 84-85.
2. Dr Blaise, «Les entrepôts de chiffons au point de vue de l'hygiène et de leur suppression dans les centres urbains», *Revue d'hygiène,* 1894, p. 475.
3. *Ibid.,* p. 486.

Comment nettoyer les parquets occupés par des fauteuils scellés ? Comment les traiter à l'enduit pulvérifuge, d'ailleurs malodorant et salissant ?

L'air stagne dans la journée, faute de fenêtres, et la cheminée du lustre n'a aucun tirage lorsque le gaz ne brûle pas au-dessous d'elle. En soirée, la chaleur et l'haleine des spectateurs empoisonnent l'atmosphère mais la rendent plus légère, facilitant son évacuation. La buée, qui se condense de nuit après l'évacuation de la salle, imprègne les étoffes, les tentures, les papiers et les planchers, dégageant une odeur fade et des relents nauséeux. Circonstance aggravante, vers 1900, la plupart des théâtres ont adopté les « matinées », et les trois heures qui les séparent des soirées ne permettent pas le renouvellement d'un air souillé par plus d'un millier de spectateurs.

Le soir, les représentations se prolongent de huit heures à minuit. Les spectateurs marquent leur satisfaction, leur mécontentement ou leur impatience par des battements de pieds ou de cannes qui soulèvent des flots de poussière. « Il y a là comme partout, écrit le Dr Vallin, des personnes qui vident leurs bronches, parfois leurs cavernes sur le plancher. Quel contraste révoltant entre le luxe des toilettes décolletées, les épaules et les gorges nues, et l'immonde poussière qui vous prend à la gorge, même au Théâtre-Français et à l'Opéra ! Je ne crains pas d'affirmer qu'il n'y a pas d'endroit où l'on soit plus exposé à contracter les germes d'un grand nombre de maladies infectieuses. »

À l'aube du XXe siècle, la décoration des salles est restée ce qu'elle était au XVIIIe siècle. De lourdes étoffes pendent partout, et les décorations alambiquées forment autant de nids à poussière. La scène est un marécage traversé par les figurants, les choristes, les machinistes, les hommes de peine qui y mangent, boivent, fument et crachent, avant que les robes à traîne des actrices ne balayent le tout[1].

En 1900, quelques jours après l'incendie du Théâtre-Français, un député hygiéniste, le Dr Lachaud, tient à la Chambre le langage de la sagesse en réclamant l'assainissement des théâtres, mais ses propos sont accueillis par un tollé :

> « La tenture est inutile et malsaine. Dans ses grands plis savamment drapés, elle recèle des nids à poussière et à microbes qui polluent l'air, le rendent malsain et permettent ainsi la transmission des maladies contagieuses (*interruptions*) [...]. Dans le même ordre d'idée, je demanderai la suppression complète des tapis (*exclamations*) et le remplacement par du linoléum ou du caoutchouc. Cracher sur un tapis est, il est vrai, interdit et les convenances sont bien souvent respectées, mais combien arrive-t-il de fois que le spectateur s'oublie et crache par terre ? (*nouvelles interruptions, bruits*) [...]. Il ne faut pas non plus que le fauteuil soit rembourré (*exclamations et bruits*), mais il importe qu'il soit muni de ressorts qui le rendent commode et n'offrent rien de combustible. »

1. Dr Vallin, « L'hygiène des nouvelles salles de spectacle », *Revue d'hygiène,* 1901, p. 389 *sq.*

Ces propositions provoquent une hilarité qui redouble lorsque le ministre des Beaux-Arts déclare qu'il lui est impossible de « prendre l'engagement de traiter l'aménagement d'un théâtre comme celui d'un sanatorium[1] ».

Les magasins, surtout les grands magasins, présentent la même insalubrité. Les marchandises disparaissent sous la poussière que soulèvent les clients. Le Dr Grancher raconte avec amertume l'étonnement de l'un de ses malades devant la fatalité qui s'est abattue sur lui-même et sur plusieurs de ses collègues, tous atteints ou morts de tuberculose. Contre les obstacles d'ordre économique, contre la mode, les efforts de Grancher demeurent impuissants. Après avoir donné au directeur du magasin quelques conseils concernant le balayage humide, la ventilation ou la pose de crachoirs, il a pu constater que l'endroit « restait ce qu'il était, ce qu'il est toujours, un milieu de contagion fort nuisible[2] ».

Dans le discours de vulgarisation, la confusion entre l'hygiène et la morale complique la tâche des hygiénistes. Pour plusieurs médecins, pullulation microbienne et dépravation des mœurs font bon ménage. Dans une brochure d'une trentaine de pages, les sermons hygiéniques du Dr Greletty deviennent ainsi le reflet d'un imaginaire :

> « L'atmosphère de la plupart des grands magasins de Paris est absolument détestable. Lorsqu'on en sort après y avoir séjourné un certain temps, on a la gorge et les narines remplies d'une foule de microbes et d'éléments figurés tel que cocus, diplocoques, staphylocoques, pneumocoques.
>
> « Ce milieu surchauffé où on est pressé, coudoyé, représente un foyer pestilentiel. Je dirai plus, l'état presque fébrile de certaines dames, hypnotisées par les tentations étalées à leurs yeux et la fatigue qu'elles subissent presque sans y penser, en restant debout plusieurs heures, les mettent dans des conditions très fâcheuses de réceptivité. Les plus résistantes paient au moins, de temps en temps, par une solide migraine, ou par un énervement prolongé, leur séjour dans ces lieux de perdition. La bourse des maris et la santé de leurs épouses n'ont rien à gagner à ces incursions[3]. »

Greletty se méfie des femmes et de la foule ennemie de la santé et des bonnes mœurs : « Chaque fois que les hommes sont réunis en grand nombre en un point déterminé, on peut dire qu'il y a péril pour leur santé physique et morale. Il est rare que des corps d'armée puissent rester longtemps en contact sans qu'une épidémie vienne les décimer. Prenez des ouvriers, des collégiens, des employés qui, isolément, sont malléables et sans mauvais instincts ; dès qu'ils sont en masse compacte, ils se laissent contaminer par le

1. *Ibid.*, p. 392-393.
2. Dr Grancher, « Prophylaxie de la tuberculose », *Revue d'hygiène,* 1898, p. 611.
3. Dr Greletty, *Guerre aux microbes,* Mâcon, 1900, p. 10.

mauvais exemple, par les mauvais conseils, de même qu'ils contractent les maladies du voisin. »

Greletty n'aime pas davantage les conférences, les musées et les restaurants. Sa misogynie et son agoraphobie se mêlent d'accents xénophobes lorsqu'il évoque l'Exposition de 1900 et ce « méli-mélo cosmopolite » à la faveur duquel « toutes les purulences et tous les parasites de la dolente humanité auront l'occasion de fraterniser, de pulluler et de se propager aux quatre coins cardinaux ». Il est antiparlementaire dans son discours sur les ravages d'une « séance orageuse » à la Chambre ou au Sénat, et anticlérical lorsqu'il fustige l'« odeur indéfinissable d'humanité malsaine des cérémonies religieuses ».

Les hygiénistes, il est vrai, stigmatisent les lieux de culte. Ce sont des personnes généralement bien portantes qui fréquentent les théâtres ou les cafés, mais les églises donnent asile, même en dehors des offices, à des hordes de mendiants, de miséreux et de malades. En hiver, ils s'agglutinent autour des poêles, toussent et crachent, transformant la dalle en un marais de mucus qui rappelle le voisinage des crachoirs publics.

« Nous sommes entrés à Saint-Pierre de Rome un soir de la semaine sainte, écrit un témoin, alors que pendant toute la journée la basilique avait reçu la visite de nombreux pèlerins. L'immense nef était remplie d'un nuage de poussière, à tel point que les détails architecturaux s'apercevaient à peine au travers d'un véritable brouillard[1]. »

La nuit venue, cette poussière se dépose dans les saillies architecturales avant d'être livrée, le matin, au balai ou au plumeau et au piétinement des fidèles qui la font voltiger partout, même au-dessus du bénitier.

Le confessionnal est excellent pour l'âme mais exécrable pour la santé. Au milieu d'un amoncellement de sculptures, il se compose de la loge du prêtre et de deux loges latérales où s'agenouillent les pénitents et tout le monde se postillonne à la figure tout en souillant la grille.

Conscient du problème, un évêque italien, Mgr Vincent Franceschini, de Fano, envoie, en 1900, aux curés de son diocèse une circulaire inspirée par l'hygiène : « 1° Dans toutes les églises, on doit procéder, aussitôt après les jours fériés, au nettoyage à la sciure de bois imprégnée d'une solution de sublimé corrosif à 1 p. 1 000. En temps ordinaire, on doit procéder fréquemment au balayage après avoir aspergé d'eau le pavage, dans le but de ne point soulever d'énorme poussière. 2° Chaque semaine, et même plus souvent s'il est nécessaire, on procédera à l'époussetage des bancs et des confessionnaux au moyen d'éponges et de linges mouillés avec de l'eau pure. 3° On lavera chaque semaine, et même plus souvent si nécessaire, les grillages des confessionnaux avec de la lessive, puis on les polira[2]. »

1. Dr Paul Remlinger, « Les églises au point de vue de l'hygiène », *Revue d'hygiène*, 1900, p. 590.
2. « L'hygiène dans les églises », *Annales d'hygiène publique*, 1900, t. 2, p. 279.

Les hygiénistes dénoncent le chemin de fer avec la même vivacité. L'air confiné des compartiments est livré à l'amoncellement des coussins, des tentures et des tapis. Comme dans les appartements bourgeois, le luxe y devient synonyme d'insalubrité. En 1902, une circulaire du ministère des Travaux publics recommande aux compagnies de substituer le linoléum aux tapis et de recouvrir les fauteuils de housses imperméables. Mais pour des raisons commerciales, cette recommandation restera lettre morte[1].

Les commissariats sont d'une insalubrité beaucoup moins reluisante. Le « poste », pièce exiguë, mal ventilée, humide et mal chauffée, est un foyer microbien empuanti par les relents méphitiques exhalés du « violon ». Et que dire de ce « violon » qui, sur une superficie de quatre mètres carrés s'ouvrant sur une courette, peut abriter jusqu'à cinq ou six personnes groupées autour d'un baquet qui sert à tous les usages[2] ?

La palme de l'insalubrité revient, qui l'eût cru, à la salle d'attente du médecin. Dans ce carrefour de toutes les misères, qui sert aussi de salon au médecin et à sa famille, le microbe est chez lui. Le sol est recouvert de tapis et les fenêtres de rideaux qui entretiennent l'obscurité. Sur une table, des livres et des périodiques servent d'agents de contamination. Un grand nombre de sièges rembourrés, de meubles et de bibelots recueillent les expectorations. Le crachoir, seul, brille par son absence, même chez les phtisiologues. En Angleterre et aux États-Unis, le domicile du médecin est distinct de son cabinet. En France, rien de tel ! Mais qui ne connaît la stupidité de Gribouille qui s'était jeté à l'eau de peur d'être mouillé ? Et qui bouderait le cabinet médical par crainte d'en revenir malade ?

Habitats insalubres

À côté des lieux collectifs, il existe des types d'habitats insalubres dont le recensement commence dès 1906. La déchéance du miasme et l'avènement du microbe bouleversent les conceptions architecturales en matière d'hygiène. Le familistère de Guise, vaste ensemble d'appartements créé sur les bords de l'Oise par Godin près de son usine d'ameublement, est considéré en 1860 comme un modèle de salubrité et surnommé le « palais social ». Avec une façade de 180 mètres et 1 200 portes et fenêtres, on le croit à l'abri des miasmes. Mais à la lumière des leçons de la bactériologie, il est jugé en 1891 « déplorable sous le rapport de l'hygiène ». Les espaces sanitaires sont éloignés des appartements, la tuyauterie est insuffisante. « La promiscuité des lieux

1. « L'hygiène des chemins de fer », *Annales d'hygiène publique*, 1902, t. 2, p. 47.
2. Edmond Le Roy, « Les postes de police à Paris », *Annales d'hygiène publique*, 1904, p. 382.

d'aisance, leur situation dans les escaliers placés aux angles des bâtiments sont des causes d'insalubrité évidentes[1]. »

Les garnis parisiens, visités par Du Mesnil et Nadeau en 1883, présentent des inconvénients plus graves : « rareté des plombs ou des cabinets d'aisances » ou présence « de matières fécales sur le rebord des fenêtres et sur les paliers[2] ».

En 1906, une enquête du Conseil supérieur des habitations à bon marché révèle l'extrême précarité des conditions d'habitat en France. À Concarneau, 60 % des habitants vivent dans une seule pièce. À Bordeaux, 743 logements d'une pièce n'ont pas de fenêtre. Une statistique de Bertillon établie entre 1906 et 1908 indique que plus du quart des Français habitent dans des logements surpeuplés et insalubres. Seul le sixième de la population bénéficie d'un habitat correct[3].

Une meilleure connaissance du bacille de Koch attire l'attention des hygiénistes, jusque-là monopolisée par les problèmes de l'eau, sur l'importance de la lumière et de l'air. Le casier sanitaire des maisons parisiennes, institué par Bertillon à partir de 1906, met en lumière l'incidence du type d'habitat sur les maladies pulmonaires.

Entre 1894 et 1904, la tuberculose tue chaque année 9 226 Parisiens. Or, 3 455 décès surviennent dans 5 263 des 50 000 maisons que compte Paris. On recense donc un décès pour 5,4 maisons dans toute la capitale, mais un décès pour 1,5 maison dans certaines zones. Les logements y sont composés de pièces mal aérées dont certaines, dépourvues de fenêtres, donnent sur un corridor. En 1909, les services municipaux ont dénombré 10 527 chambres sans air ni lumière. 6 864 font l'objet de travaux d'assainissement et 3 864 sont condamnées. Le résultat est un succès. Dès 1909, la mortalité tuberculeuse a diminué de 10 % et les progrès sont sept fois plus importants dans les maisons jadis insalubres[4].

Dans cette géographie de la maladie, les hygiénistes découvrent qu'il existe aussi des métiers à risques.

Métiers à risques

Plusieurs métiers baignent dans la poussière échappée des outils et des matériaux traités.

En première ligne, les tailleurs de pierre, dont l'importance est prépondérante dans l'industrie du bâtiment, payent un lourd tribut à la phtisie. Dans

1. Cité par Georges Vigarello, *Le Sain et le malsain, op. cit.*, p. 266-267.
2. *Ibid.*
3. *Ibid.*, p. 270.
4. E. Cacheux, « Influence du logement sur la propagation de la tuberculose à Paris », *Journal d'hygiène*, 1911, p. 108-109.

21 villes allemandes étudiées en 1894, leur mortalité pulmonaire s'élève à 80 %. Les résultats sont si terrifiants qu'un arrêt de mort semble peser sur la profession qui perd, chaque année, un travailleur sur treize. Rares sont ceux qui dépassent la quarantaine[1].

Une statistique dressée par le Dr Napias en 1890 indique que les tailleurs de pierre français sont logés à même enseigne, 80 % d'entre eux mourant de phtisie contre 25 % dans l'ensemble de la population.

La condition des travailleurs du métal est aussi peu enviable. Chez les aiguiseurs, la mortalité tuberculeuse s'élève à 68 %. Elle est de 54 % chez les tailleurs de limes et de 48 % chez les lithographes[2]. À l'imprimerie royale de Vienne, les deux tiers des décès survenus entre 1881 et 1889 sont imputables aux maladies pulmonaires[3].

Dans le travail du bois, la poussière ligneuse de faible densité se dissémine à foison et s'implante d'autant mieux dans les voies respiratoires qu'elle est fine et tranchante. À Vienne, la phtisie pulmonaire est responsable de 44 % des décès chez les menuisiers. Les fibres animales, si riches en bactéries, y causent des ravages encore plus terribles : 96 % des fabricants de brosses, 75 % des tapissiers, et 68 % des selliers et des fourreurs meurent d'affections respiratoires[4].

La poussière promène sa faux sur les intellectuels eux-mêmes. Sédentaires, courbés sur leurs livres dans une atmosphère confinée, ce sont des proies faciles pour le bacille de Koch. En Italie, les séminaristes lui payent un lourd tribut, la moitié d'entre eux mourant de maladies pulmonaires.

Heureux sont ceux qui, dans les campagnes, échappent au fléau. En Italie, la mortalité tuberculeuse est de 5 % chez les agriculteurs et les bergers, mais c'est en Suisse, où elle s'abaisse à 2 % chez les paysans et les sylviculteurs, qu'on mesure les bienfaits du grand air[5].

Jusqu'à la Grande Guerre, la lutte sociale contre les poussières industrielles se réduit à peu de chose. Dans les manufactures de porcelaine, où les émailleuses victimes des poussières de pegmatite broyée ont une espérance de vie limitée, on cite comme un cas rare la bonté paternaliste d'un industriel de Limoges : « Dans les usines où les patrons sont doublés d'un philanthrope, comme celle de M. L. Sazerat, à Limoges par exemple, lorsqu'une jeune retoucheuse se marie chez lui avec un ouvrier de sa fabrique, il conseille à celui-ci de retirer au plus vite sa femme de ce milieu[6]. » Quant à la législation

1. *Revue d'hygiène,* 1894, p. 925.
2. Dr Napias, « L'hygiène des ouvriers », *Revue d'hygiène,* 1890, p. 702.
3. Dr Périssé, « Étude microscopique des poussières industrielles », *Revue d'hygiène,* p. 1894.
4. *Ibid.,* p. 413.
5. Dr Lagneau, « Mortalité par tuberculose selon les professions et l'habitat », *La France médicale,* 1894, p. 120.
6. Dr L. Duchesne, « Hygiène des porcelainiers », *Revue d'hygiène,* 1890, p. 418.

française, elle se borne à interdire, en 1894, l'accès de certaines professions poussiéreuses aux enfants de moins de 10 ans.

La ventilation serait d'un grand secours, mais, en l'absence de lois contraignantes, les industriels sont paralysés par les coûts d'installation. Le procédé a pourtant fait ses preuves dans certaines villes d'Allemagne. Alors que la mortalité tuberculeuse des meuleurs de Solingen et de Höchseid était de 55 % en 1874, elle n'est plus que de 16 % en 1909. Celle des 5 000 aiguiseurs de Solingen s'effondre de moitié entre 1895 et 1909[1]. Mais il faudra attendre la fin de la guerre pour que la ventilation des usines se généralise sous l'effet d'une législation appropriée.

Dans l'immédiat, ce sont les « masques respirateurs », contraignants pour les travailleurs mais peu coûteux, qui ont la préférence des industriels. En 1895, l'Association des industriels de France, impressionnée par les bons résultats des lunettes d'atelier inventées en 1892, met au concours la mise au point du meilleur masque contre les poussières. Trois appareils sont sélectionnés. Ils sont en aluminium, revêtus de caoutchouc et munis d'un filtre en forme d'entonnoir rempli de ouate. Mais les essais sont peu concluants. Le premier, note un observateur, « est muni de deux soupapes, l'une d'inspiration, l'autre d'expiration [...]. Il est très bien conçu et a donné de bons résultats, mais il échauffe la face, gêne un peu la respiration, son mode d'attache est compliqué. » Le deuxième « laisse passer les poussières et condense les vapeurs à l'intérieur ». Le troisième, « qui rappelle de loin le casque à scaphandre », ne pèse pas moins de 500 grammes ! Dans l'ensemble « le défaut commun de tous ces masques, c'est d'échauffer la face, de gêner la respiration, de rendre l'homme un peu maladroit et, ajoutons, un peu ridicule[2] ».

Ainsi le travailleur n'a-t-il d'autre choix que de mourir asphyxié ou tuberculeux.

L'eau et l'air ne sont pas les seuls vecteurs microbiens. Les hygiénistes doivent aussi tenir compte des objets, des animaux et de l'homme.

1. Dr Boulin, « L'amélioration des conditions d'hygiène du travail », *Revue d'hygiène*, 1913, p. 813.

2. H. Mamy, « Masques "respirateurs" contre les poussières », *Génie civil*, 1895, p. 105.

SIXIÈME PARTIE

Les vecteurs microbiens

Au regard de l'air et de l'eau, qui sont des fluides, les vecteurs microbiens ponctuels, objets ou animaux, semblent faciles à neutraliser une fois pour toutes.

Dans le principe, le traitement des immondices et des vieux chiffons ne pose aucun problème pratique. Les habitudes de recyclage et l'absence de moyens à la dimension de la besogne seraient ici les principales forces d'inertie. L'incinération, le passage à l'étuve et la désinfection ne sont-elles pas des opérations simples et radicales ? Dans les faits, il faut déployer des trésors d'ingéniosité pour brûler une immondice. Quant à l'étuve, qui crée un réseau de servitude et détériore les vêtements, elle n'entrera jamais dans la pratique quotidienne. D'ailleurs, comment se débarrasser de germes qui ont élu domicile dans les profondeurs d'un matelas sinon en le jetant au feu ? En dernier ressort, c'est l'avènement de la société de consommation qui réglera le problème.

L'enjeu est encore plus délicat lorsqu'il porte sur les animaux et les hommes.

L'animal domestique vivant présente peu de danger. Une fois livré à la consommation, il devient redoutable. Qui aurait pu se douter que la viande peut transmettre la tuberculose ? Que la fièvre typhoïde trouve un véhicule de choix dans le lait et les huîtres ? Pour la première fois se pose le problème de l'alimentation contaminée. Faire bouillir son lait ou se priver d'huîtres ne suffit pas. Contre les microbes, l'individu livré à lui-même est désarmé. Ce sont la science et la société qui assurent sa sauvegarde en imposant le contrôle sanitaire des animaux de boucherie et la « pasteurisation » du lait.

Le péril animal existe encore sous terre, avec les rats, et dans les airs, avec les mouches. Une seule mouche peut abriter des milliers, des millions, des milliards de germes pathogènes. Or, à la fin du XIXe siècle, les mouches se comptent par milliards de milliards et, pour les tuer, il faudrait tuer tous les chevaux. Sans fumier, pas de mouches ! Une fois de plus, la société de consommation et l'automobile viendront au secours des populations en mettant un terme à leur règne.

Quant au problème de l'homme, source de toutes les pollutions microbiennes, il est d'autant plus cruel qu'il sanctionne l'avènement d'un nouveau type de paria : le « porteur sain ». Avec lui, tout individu devient suspect. Par sa faute, la xénophobie et l'exclusion trouvent un nouvel aliment.

La peur, avec ses embardées émotionnelles, n'en restera pas moins l'un des ressorts de la lutte contre les microbes.

CHAPITRE XXXV

Les immondices

Les immondices présentent des points communs avec les excréta. Source de richesse pour les agriculteurs et les agronomes, elles sont dénoncées par les hygiénistes en raison de leur pouvoir pathogène. Comme les matières fécales, elles posent un problème de ramassage, de transport et de stockage. Une fois de plus, hygiène et impératifs économiques font mauvais ménage dans un système de recyclage. Contre les hygiénistes, qui réclament leur incinération, les agronomes brandissent une terrifiante menace : la désertification des ceintures maraîchères urbaines qui fournissent aux villes une partie de leur alimentation.

Si les dépôts forment le maillon le plus spectaculaire du cycle des immondices, tout commence dans la rue.

Le ramassage des ordures

Le problème des ordures ménagères est aussi vieux que les villes. Pendant longtemps, les municipalités impuissantes ont légiféré dans le vide. Dès 1608, Henri IV enjoignait « à tous les chefs d'hostels, propriétaires et locataires de maisons de notre ville de Paris, sur les mêmes peines que dessus (six livres d'amende), de faire restenir dans leur logis les dictes ordures dans des paniers ou mannequins, et icelles faire porter et jetter dans des tombereaux qui passeront tous les jours par les rues pour les recevoir et emporter hors la dicte ville et lieux destinez pour cet effet[1] ».

La première concession d'un service d'enlèvement des ordures parisiennes est accordée en 1621 à Salomon de Caus pour une somme annuelle de 80 000 livres, à charge pour lui de les recueillir dans des tombereaux. Les sti-

1. Cité par V. du Claux, « Les chiffonniers et l'hygiène », *Annales d'hygiène publique,* 1884, t. 1, p. 210-211.

pulations de la concession resteront lettre morte et, jusqu'en 1870, les déchets seront jetés dans les rues et livrés à des hordes de chiffonniers, de petits entrepreneurs ou de cultivateurs concessionnaires d'un « itinéraire ». Haussmann lui-même échouera dans ses tentatives de réforme. Il faudra attendre le siège de Paris, en 1871, pour que soit enfin organisé un service de ramassage digne de ce nom.

Vers 1880, les concessionnaires parisiens sont au nombre de seize. Les balayeurs qui suivent les tombereaux sont payés par la ville de Paris, balayage et ramassage des ordures formant une opération combinée[1]. À cette date, les cloaques fangeux qui ponctuaient les rues ont disparu, mais la découverte des microbes permet de mesurer les lacunes du système.

L'opération est effectuée tous les jours entre quatre et six heures du matin par une armée de 3 290 ouvriers dirigés par 180 chefs d'atelier. Depuis 1870, ce sont les riverains qui apportent leurs déchets aux tombereaux dont le passage est annoncé par la plainte d'une clochette. Les travailleurs qui abandonnent leur logis avant l'heure du service en sont réduits à entasser leurs immondices chez eux jusqu'au dimanche. Le dépôt dans la rue, en fin de la soirée, avait donc ses avantages, le problème se réduisant à la simple équation : vaut-il mieux salir la rue ou la maison ? Voilà pourquoi l'arrêté préfectoral du 20 octobre 1883 rend les propriétaires, c'est-à-dire les concierges, responsables des ordures ménagères[2].

L'enlèvement est un morceau de bravoure. Il existe bien, dans le cahier des charges, un article qui enjoint aux entrepreneurs de veiller à la solidité et à l'étanchéité des tombereaux. Or, jamais nettoyés, ceux-ci s'imprègnent de matières putrides qui incommodent le voisinage des remises. Pour accroître leur capacité, on les surélève au moyen de hausses dont les interstices laissent s'échapper une partie des immondices et le sable du macadam, en sorte qu'on peut les suivre à la trace. Lorsque les boueux y déversent le contenu des boîtes à ordures, ils répandent autour d'eux une poussière à laquelle sont exposés les écoliers et les adultes qui se rendent au travail. Ces voitures surchargées n'offrent aucune sécurité et, chaque année, on enregistre plusieurs accidents mortels par suite de la chute d'ouvriers opérant le déchargement en équilibre instable[3].

Pour lutter contre les dépôts sauvages, qui font le bonheur des chiffonniers et des chiens errants, le préfet de Paris Poubelle rend obligatoire, à partir du mois de février 1884, l'usage de récipients en fer galvanisé faciles de transport et d'entretien. Ils devront avoir une capacité de 120 litres et un

1. Durand-Claye, « Les dépôts de voiries de Paris », *Revue d'hygiène,* 1882, p. 49-50.
2. Dr Vallin, « Le chiffonnage à Paris », *Revue d'hygiène,* 1884, p. 90-91.
3. Dr O. du Mesnil, « De l'enlèvement et du transport des immondices et des ordures ménagères », *Annales d'hygiène,* 1886, t. 2, p. 182-183 ; Dr E. Kern, « Le traitement des ordures ménagères », *Revue d'hygiène,* 1902, p. 328-329.

poids de 15 kilos. Il sera interdit aux chiffonniers d'en déverser le contenu sur la chaussée, à moins qu'ils ne la garnissent d'une toile cirée[1]. Comme le signale le Dr Mesnil en 1886, « tous les hygiénistes ont considéré que la boîte à ordures, *la Poubelle*, pour l'appeler par son nom, était une excellente innovation, surtout pour les ménages pauvres ».

En fait, la poubelle n'est pas une nouveauté, l'usage de boîtes à ordures réglementaires s'étant déjà imposé dans les villes d'Europe et de France, à l'exception de Marseille dont la malpropreté est proverbiale. À Lyon, le préfet Berger a, dès 1872, prescrit l'emploi de récipients étanches, de forme et de dimensions identiques, que personne n'a jamais songé à appeler *la Berger*.

Nonobstant la poubelle, les problèmes demeurent. En 1902, un hygiéniste, le Dr Kern, propose l'adoption de « sacs-poubelle » en toile d'une capacité de 125 litres qui auraient l'avantage de n'occuper que le volume des immondices. L'enlèvement serait plus rapide et les débordements impossibles. Après usage, ils seraient désinfectés et remis aux propriétaires en échange de sacs pleins[2].

La voirie est l'un des services municipaux les plus onéreux. En 1882, le ramassage de 910 000 mètres cubes de boues et d'immondices coûte 1 600 000 francs à la ville de Paris. En 1900, le prix d'enlèvement de la tonne passe de 3,86 à 5,20 francs, ce qui porte la dépense à 3 150 000 francs[3].

Tous les spécialistes s'accordent à reconnaître que la gestion des ordures est mieux organisée à l'étranger qu'en France. En Angleterre, les voitures de ramassage, d'un chargement facile et d'une propreté irréprochable, sont nettoyées dès leur arrivée au dépôt. Dans plusieurs villes d'Allemagne, d'Autriche et de Russie, les propriétaires sont tenus d'aménager un endroit destiné aux boîtes à ordures qui sont recouvertes d'un couvercle. Parfois, elles sont placées sur une grille qui communique avec l'égout de façon à permettre l'écoulement des liquides. Aucune d'entre elles ne traîne sur les trottoirs et c'est à l'intérieur des maisons que les boueux vont les chercher. Dans certains cas, ils poussent le zèle jusqu'à remplacer le récipient enlevé par un récipient désinfecté[4].

Le ramassage n'est pas le terme ultime de l'opération. L'arrivée des ordures au dépôt, cauchemar des riverains, marque le début de leur carrière économique.

Une richesse encombrante

En 1897, l'agronome Paul Vincey lance un cri d'alarme dans une brochure intitulée *Les Gadoues de Paris*. La région parisienne, dit-il, n'est pas satu-

1. E. Kern, « Le traitement des ordures ménagères », *Revue d'hygiène,* 1902, p. 327-328.
2. *Ibid.,* p. 332-333.
3. Dr Vincey, « Les ordures ménagères », *Revue d'hygiène,* 1900, p. 449.
4. Kern, *op. cit.,* p. 330-331 ; O. du Mesnil, *op. cit.,* p. 180-181.

rée d'engrais, comme le soutiennent les partisans de l'incinération des immondices. Au contraire, l'absence de bétail et les exigences de cultures épuisantes appauvrissent le terroir et empêchent la formation d'humus. L'unique fumier urbain, celui de cheval, est consacré aux primeurs tandis que le crottin se perd dans les égouts.

D'où l'utilité des immondices. Elles constituent un engrais aussi riche que le fumier de ferme. Il se présente sous forme de « gadoues vertes » ou de « gadoues faites » noirâtres. Les unes sont constituées d'immondices fraîches, les autres d'immondices décomposées par une fermentation de plusieurs semaines qui leur donne l'apparence, voire, pour certains, l'odeur de l'humus. Toutes deux ont la même valeur et les mêmes principes fertilisants : 0,40 % d'azote, 0,50 % d'acide phosphorique, 0,30 % de potasse et 3,10 % de chaux. Mais, pour des raisons de commodité incompatibles avec l'hygiène, les agriculteurs préfèrent les gadoues noires transformées en terreau friable par la putréfaction.

Jadis jetées au fleuve, les immondices représentent désormais un enjeu commercial. Les municipalités arrondissent leur budget en adjugeant l'enlèvement aux conditions indiquées dans un cahier des charges et les agriculteurs s'en portent acquéreurs à des prix inférieurs à ceux des engrais chimiques [1]. Mais les dépôts de gadoue sont plus ou moins éloignés des lieux d'utilisation. Aussi les agriculteurs du voisinage sont-ils les plus avantagés. En effet, comme le souligne le Dr Drouineau, « il faut, pour un tombereau de 3 à 4 mètres, deux colliers et deux hommes, ou l'homme et la femme, souvent [2] ».

Tel n'est pas le seul inconvénient. Si les immondices avaient les vertus chantées par les agronomes, le problème des déchets urbains n'aurait jamais existé. Les 500 000 tonnes d'immondices parisiennes ont une valeur théorique de 5 millions de francs. Or, les entrepreneurs en retirent dix fois moins en raison d'une demande irrégulière, les besoins de l'agriculture étant saisonniers et les cultivateurs se méfiant d'un engrais criblé d'objets qui peuvent blesser les hommes et les bêtes : débris de vaisselle, morceaux de verre, boîtes de conserve qui se décomposent au bout de six mois [3]. Malgré tout, les immondices parisiennes engraissent 7 000 hectares de cultures maraîchères destinées aux Parisiens, ce qui justifie l'hostilité des agronomes à leur incinération.

7 000 hectares, mais à quel prix ! Les dépôts ont toujours été le cauchemar des riverains. Dès 1825, à la suite d'une émeute des habitants de Ménilmontant, le Conseil de salubrité de la Seine stipulait « qu'ils devaient être placés le plus loin possible des habitations et traités à la poudre désinfectante de

1. Dr G. Drouineau, « Des dépôts ruraux ou agricoles d'immondices », *Revue d'hygiène*, 1890, p. 22.

2. *Ibid.*, p. 610-611.

3. Bonvillain, « Traitement industriel et utilisation des ordures ménagères », *Revue d'hygiène*, 1895, p. 913.

M. Payen, ou toute autre substance absorbante». La même année, ces dépôts étaient rangés dans la première classe des établissements insalubres et leur contenu directement expédié à la campagne. Selon Tardieu, «cette heureuse dissémination produisit les meilleurs résultats. Toutes les plaintes cessèrent et les coteaux comme les plaines sablonneuses des environs de Paris, grâce à ces amendements, virent augmenter prodigieusement leurs récoltes.»

En 1839, sur plaintes des habitants de Gennevilliers, une nouvelle ordonnance prévoyait l'installation des voiries à plus de 2000 mètres des fortifications[1].

Toujours en vigueur à la fin du siècle, cette ordonnance n'a jamais cessé d'être transgressée, d'autant que la croissance urbaine phagocyte les anciennes voiries. «Tel dépôt, note le Pr Brouardel en 1882, dont l'emplacement était bien choisi il y a vingt ans, se trouve aujourd'hui dans des conditions absolument différentes. Il était dans la solitude, il est au milieu d'un quartier populeux; il faut le déplacer et le repousser au loin[2].»

Les villages suburbains, jadis au cœur d'un terroir agricole, ont été dévorés par des zones industrielles ou résidentielles qui n'ont que faire des immondices. De surcroît, les municipalités ne souhaitent pas l'éloignement des voiries qui alourdirait les coûts d'enlèvement. Aussi les dépôts «clandestins» fleurissent-ils sous l'œil complaisant de l'administration[3].

Des fresques de cauchemar

Que faire contre de tels foyers de nuisances? Les voiries de Bagnolet, d'Ivry et de Colombes ont toujours ignoré les conditions de salubrité prévues par la loi, et les entrepreneurs, contre lesquels n'existe aucun moyen de pression, préfèrent une amende de 3 francs aux frais de mise en conformité. Contre eux, la justice est impuissante. On peut apposer les scellés aux portes d'une usine, mais que peut-on contre un dépôt qui n'est même pas entouré de clôtures? Aussi les hygiénistes réclament-ils des contraventions de 300 francs, mais la justice y répugne par crainte d'aggraver la situation[4].

La situation est encore plus désastreuse dans les campagnes où les adjudicataires sont des cultivateurs qui, au mépris de l'hygiène, installent leurs dépôts aux endroits les plus pratiques. Il en résulte un émiettement, le long

1. Dr O. du Mesnil, «Les dépôts de voiries à Paris considérés au point de vue de la salubrité», *Revue d'hygiène,* 1882, p. 37 *sq.*

2. «Dépôts de voiries de Paris», «Société de médecine publique», *Revue d'hygiène,* 1882, p. 53.

3. Dr O. du Mesnil, «De l'enlèvement et du transport des immondices et des ordures ménagères», *Annales d'hygiène publique,* 1886, t. 2, p. 185.

4. Du Mesnil, «Dépôts et voiries de Paris», *op. cit.,* p. 52.

des routes ou des propriétés, de petites décharges d'une capacité de 15 à 30 mètres cubes qui rendent tout contrôle illusoire[1].

Au voisinage des villes, les dépôts d'immondices dessinent des fresques de cauchemar. La transformation des « gadoues vertes » en « gadoues faites » est le fruit d'un travail de putréfaction qui s'étend sur six mois. Les émanations, qui se produisent dès le début de la fermentation, atteignent leur plus forte intensité lors de l'enlèvement des « gadoues faites ». Souvent accrues par le déversement de vidanges opérées dans le but d'accroître leur valeur, il n'est pas rare que, poussées par le vent, elles envahissent la capitale en s'engouffrant dans les grandes artères[2].

À quelques mètres des fortifications, les voiries encerclent Paris. Au sortir de la porte de Montreuil, les rues Croix-Doucette et du Renard sont bordées de dépôts qui s'étendent à perte de vue. L'atmosphère y est irrespirable. Les rues défoncées et creusées d'ornières se transforment en marécages. À lui seul, le dépôt de la Croix-Doucette occupe une superficie de 4 000 mètres carrés. Alors que la zone située entre Montreuil et Vincennes prend, vers 1880, un essor considérable, la zone des voiries présente un paysage de désolation.

Sur plaintes des habitants d'Ivry, un constat d'huissier est dressé :

> « Nous nous sommes transportés au dépôt du sieur D..., installé à Ivry, lieu-dit : *La Coupe de Gentilly.* Sur ce point, un spectacle plus déplorable nous attendait. À quatre-vingts mètres environ de la porte de Choisy, nous avons trouvé, sur une surface de 8 à 10 000 mètres environ, un vaste cloaque qui commence au bord de la route et se prolonge assez loin dans les terres, cloaque parsemé de fondrières où sont accumulés des liquides putréfiés et sur lequel sont déposés au hasard des détritus de toute nature, débris animaux et végétaux, matériel de transport hors de service [...]. Des chiffonniers remuent et fouillent incessamment ce sol infecté.
>
> « De ce foyer de putréfaction se dégagent des émanations putrides qui se répandent dans le voisinage. Les douaniers de la porte de Choisy nous ont déclaré que, certains jours, ils en étaient notablement incommodés, et le maire de la commune d'Ivry nous écrit « que ce foyer d'infection provoque constamment les plaintes les plus vives de la part des habitants de la localité, que le sieur D... ne tient aucun compte des injonctions qu'on peut lui faire au sujet de ce dépôt, bien qu'il ne se conforme qu'imparfaitement aux termes de son arrêté d'autorisation[3]... »

Jadis redoutés à cause des miasmes, ces dépôts sont désormais considérés comme d'excellents bouillons de culture pour les germes de la fièvre typhoïde

1. Dr Drouineau, « Dépôts ruraux ou agricoles d'immondices », *Revue d'hygiène,* 1890, p. 616.
2. Du Mesnil, « Dépôts et voiries de Paris », *op. cit.,* p. 38.
3. *Ibid.*, p. 47.

ou de la diphtérie. En période de sécheresse, les immondices s'effritent, libérant une poussière que le vent dissémine partout. Les nuées de mouches qui se repaissent sur la putréfaction et les animaux qui fouinent dans les détritus se transforment en vecteurs microbiens. Dans les campagnes, les animaux de basse-cour, agents privilégiés de la diphtérie, vont souvent picorer sur les immondices.

À ces nuisances s'ajoutent l'infection des nappes par une eau de pluie qui se gorge de germes avant de s'engouffrer dans la terre et le dégagement de gaz de putréfaction : carbures d'hydrogène, acide sulfhydrique, ammoniac[1].

Tous les hygiénistes réclament l'éloignement des dépôts d'immondices. Mais n'est-ce pas repousser le problème ?

Éloigner, rentabiliser

En 1897, la moitié des 570 000 tonnes d'immondices rejetées chaque année par les Parisiens est convoyée par voitures hippomobiles, dont le rayon d'action n'excède pas 12 à 15 kilomètres, jusqu'aux dépôts qui empestent la périphérie. 22 % (125 000 tonnes) sont chargés, quai de Javel, à bord de chalands et évacués par voie d'eau à 45 kilomètres de là. Le reste (28 %, soit 161 000 tonnes) est expédié par chemin de fer jusqu'à 100 kilomètres de la capitale.

L'éloignement des immondices, qui permet leur utilisation agricole sans inconvénient pour les riverains, semble la solution idéale.

L'expédition par cours d'eau permet l'enlèvement à bon compte d'importants tonnages, mais les périodes de sécheresse ou de gel rendent l'évacuation aléatoire. Seules des villes comme Bordeaux ou Bruxelles bénéficient de conditions permettant un service de batellerie efficace[2].

Le chemin de fer est plus pratique, mais il coûte cher. Les Compagnies rechignent devant ces marchandises aussi encombrantes que peu rentables. Le cahier des charges leur impose bien le transport des engrais et des fumiers, mais les immondices entrent-elles dans cette catégorie ? C'est de haute lutte que l'administration décroche quelques tarifs préférentiels pour un transport qui n'est pas sans inconvénients. Durant les grandes chaleurs, des wagons d'ordures stationnent, des heures durant, dans des gares fréquentées. Les déchets sont déposés non loin des quais où les agriculteurs viennent les enlever selon leurs besoins[3]. Pour rendre les gadoues plus appétissantes et plus pratiques, une usine de broyage est installée à Saint-Ouen. Elle produit

1. Dr Drouineau, « Dépôts ruraux ou agricoles d'immondices », *Revue d'hygiène, op. cit.*, p. 613.
2. O. Mesnil, *op. cit.*, p. 186.
3. *Ibid.*, p. 187.

25 tonnes de bouillie de gadoue à l'heure, ce qui correspond à la capacité journalière de 22 wagons de dix tonnes[1]. Mais l'argument ne semble pas avoir séduit les compagnies de chemin de fer.

Un instant, les agronomes caressent le projet d'expédier les immondices parisiennes vers les terres de Champagne et de Bourgogne avec l'espoir de les fertiliser. Cette forme d'exploitation, qui n'est pas sans évoquer le principe des champs d'épandage, est adoptée à Berlin où les ordures sont utilisées pour combler les excavations, dessécher les marais, élever les prairies. À Vienne, elles servent au comblement de l'ancien cours du Danube. En Angleterre, on les a longtemps utilisées pour niveler les environs des villes.

L'idée connaît une intéressante application dans le midi de la France. Les immondices de Marseille étaient amassées dans un dépotoir situé aux portes de la ville. En 1884, accusé d'avoir favorisé la propagation de l'épidémie de choléra, il est supprimé et les ordures, chargées à bord d'un chaland, sont jetées à la mer au large de l'île de Pomègues pour une dépense annuelle de 78 000 francs et un résultat douteux, les flots les rejetant sur le rivage.

Or, à 70 kilomètres de la capitale provençale existe une région désertique, la Crau, que traverse la ligne de chemin de fer Marseille-Lyon. Sur un sol caillouteux errent quelques moutons et, de loin en loin, de rares habitations ponctuent 50 000 hectares de terres incultes. En 1887, un ingénieur, M. de Montricher, propose à la municipalité de Marseille un projet grandiose : la fertilisation de la Crau par épandage d'immondices. La ville lui accorde aussitôt une subvention de 54 000 francs et obtient de la compagnie PLM un tarif préférentiel fixé à 3,40 francs la tonne pour une distance de 70 kilomètres[2]. Au retour, les pierres extraites des landes seront acheminées vers Marseille pour servir à la fabrication du macadam. Dix ans plus tard, 800 hectares seront ainsi fertilisés[3].

On cherche parfois à rentabiliser l'exploitation des ordures par un effort de rationalisation. À Charlottenbourg et à Berlin, un système composé de trois boîtes à ordures superposables dont le fond est percé de trous de différents calibres opère le tri des cendres et des poussières, des détritus d'origine animale et végétale, et des débris d'objets cassés. Chaque élément est utilisé au mieux de sa valeur marchande. Dans plusieurs villes des États-Unis, ces différents ingrédients sont déposés sur le trottoir dans trois récipients différents. Mais à New York, les dépôts abandonnés à l'exploitation d'entrepreneurs ne disparaissent pas pour autant. En 1900, on cite le cas d'un certain Hebert Tale qui verse à la ville un droit de fouille annuel de 980 000 francs. Après l'opération, les ordures sont traitées à la vapeur par un adjudicataire à raison de 2,84 francs la tonne[4].

1. A. Livache, « Des modes de traitement des ordures ménagères », Paris, 1900, brochure.

2. Dr G. Drouin, « Transport des immondices de villes par chemin de fer », *Revue d'hygiène*, 1890, p. 650-651.

3. Dr E. Vallin, « La destruction et l'utilisation des immondices urbaines », *Revue d'hygiène*, 1897, p. 696.

4. Kern, *op. cit.*, p. 346.

En 1893, à Londres, des femmes sont employées sur le trottoir au triage des immondices. « C'est un procédé aussi dégoûtant que dangereux pour les ouvrières, note un hygiéniste. C'est une tristesse qu'on doive accepter d'êtres humains une collaboration aussi humiliante. » À partir de 1893, l'opération se mécanise à Chelsea. Les ordures transitent par trois cylindres munis de mailles plus ou moins larges qui opèrent une première séparation suivie d'un tri manuel sur tapis roulant. Des détritus organiques, on tire de l'engrais. Cendres et poussiers sont vendus à des briqueteries ou servent à la fabrication d'un combustible d'une valeur calorifique sept fois inférieure à celle du charbon (procédé Exbrayat). À Manchester et Liverpool, on essaye d'obtenir une poudrette composée d'ordures et de matières fécales[1].

En France, l'ingénieur Bonvillain met au point, en 1895, un appareil hydraulique qui sépare les ordures immergées en fonction de leur densité. Les déchets animaux et végétaux, instantanément recueillis, sont soumis à la chaleur sèche d'une étuve qui les transforme en poudrette[2]. Mais l'invention ne semble pas avoir été suivie d'application pratique.

De tous les procédés de recyclage, c'est le « procédé Arnold », mis au point aux États-Unis en 1895, qui emporte l'adhésion unanime des hygiénistes et des agronomes. Sont éliminés par criblage les tessons de bouteilles, les débris de verre ou de porcelaine, les morceaux de fer-blanc qui peuvent blesser les agriculteurs et les chevaux. Les gadoues vertes ainsi épurées sont versées dans des « digesteurs » hermétiques en acier d'une capacité de dix mètres cubes et soumis sous pression à une température de 155° C. Après sept heures de cuisson, on recueille le « jus » dans des récipients d'une capacité de 250 tonnes. À la surface du liquide se forme une émulsion grasse qui servira à la fabrication du savon. La masse séchée, broyée et tamisée, donne un engrais d'une valeur de 43 francs la tonne. Les chiffons et les papiers interceptés sont transformés en combustible. Brooklyn, New York et Philadelphie se dotent de systèmes Arnold[3]. Mais l'Amérique est déjà le pays du « gaspillage ». Tout ce qui n'est pas consommé sur place est jeté, ce qui donne aux ordures une richesse inconnue en Europe. Aussi le procédé Arnold ne parvient-il pas à s'y implanter. Il dégage d'ailleurs des odeurs pénétrantes qui se perdent dans l'immensité du territoire américain mais imprégneraient les régions à forte densité.

En fait, le recyclage des immondices est un pis-aller. S'il permet quelques menues récupérations, l'hygiène et les finances y sont toujours perdantes. Aussi commence-t-on à songer à la solution d'avenir : l'incinération.

1. H.-A. Roechling, « État actuel de la combustion des ordures ménagères en Angleterre », *Revue d'hygiène*, 1893, p. 31-32.

2. « Traitement industriel et utilisation des ordures ménagères », *Revue d'hygiène*, p. 912-914.

3. E. Vallin, « La destruction et l'utilisation agricole des immondices urbaines », *Revue d'hygiène*, 1897, p. 701-702.

L'incinération

Les premiers essais de crémation sont réalisés en 1870, à Paddington (Londres). Faute de tirage, c'est l'échec. Six ans plus tard, l'expérience est reprise à Leeds avec un appareil si performant que plusieurs villes d'Angleterre l'adoptent. En 1880, une centaine d'incinérateurs reçoivent les immondices de 7 agglomérations d'une population totale de 1 700 000 habitants. En 1893, ce sont 55 villes de 6 900 000 âmes qui en sont équipées[1]. Paradoxalement, certains quartiers brûlent leurs ordures alors que, dans les quartiers voisins, elles font l'objet d'un triage manuel aussi archaïque qu'insalubre.

C'est pendant l'épidémie de choléra qui, en 1892, frappe Hambourg alors peuplée de 700 000 habitants, que le premier incinérateur allemand entre en fonction, les habitants des régions voisines refoulant par la force les ordures de la ville infectée. La pratique de l'incinération se répand en Allemagne et en Belgique, mais la France et l'Autriche restent étrangères au mouvement[2].

Les immondices sont autocomburantes à condition qu'on en retire par criblage les fines poussières et les cendres qui étoufferaient le feu. Leurs cendres, riches en potasse et en phosphates, peuvent servir à la fabrication d'engrais, de mortier pour chaussées et trottoirs et, à Berlin, de pierres artificielles pour le pavage des rues. À l'heure actuelle, les résidus d'ordures ménagères incinérées pourraient servir à la fabrication d'un revêtement routier inaltérable si la loi n'en interdisait le recyclage. C'est enfin vers la fin du siècle que sont aménagées les premières centrales électriques fonctionnant à la chaleur des incinérateurs à ordures[3].

En France, la résistance à la crémation est très forte. On invoque le coût de l'opération qui, dans une ville comme Paris, augmenterait les frais de voirie de 1 500 000 francs. On redoute les odeurs et la souillure de l'air. Fidèles aux « gadoues faites », les agronomes font valoir que les terres de la région parisienne ne manquent ni de potasse ni de phosphate, mais d'humus et d'azote que le feu détruit[4]. Aussi se contente-t-on d'installer à Javel une station expérimentale de crémation qui, six mois durant, vivote sans conviction.

Pendant la Grande Guerre, il n'est plus question d'affecter les chemins de fer ou la batellerie au transport des gadoues. En même temps, la cavalerie des voiries réduite à des effectifs squelettiques ne suffit plus à la besogne. Alors commence à se répandre l'incinération des détritus.

Un autre problème lié à la question des immondices tracasse les hygiénistes : comment neutraliser la virulence des vieux chiffons et que faire des chiffonniers qui disséminent l'infection partout ?

1. Roechling, *Revue d'hygiène*, 1893, p. 927.
2. Kern, « Le traitement des ordures ménagères », *op. cit.*, p. 343.
3. Lauriol, *Bulletin de la Société internationale des électriciens*, 1899, p. 468.
4. Vincey, « Sur la destruction des ordures ménagères », *op. cit.*, p. 449.

CHAPITRE XXXVI

Le cycle infernal du chiffon

Le 21 août 1897, les lecteurs, et plus encore les lectrices du quotidien *L'Événement* furent sans doute épouvantés à la lecture d'un article intitulé « Ouate et microbes ». L'histoire commençait de façon charmante : « En jetant gracieusement sur vos blanches épaules la sortie de bal ouatée, en vous glissant frileusement le soir sous votre couvre-pieds capitonné, vous doutez-vous, madame, des dangers auxquels vous vous exposez ? Non, n'est-ce pas ! Et de fait, comment supposer que cette ouate si blanche et si soyeuse qui garnit vos étoffes peut contenir des ennemis redoutables, menaces permanentes des plus dangereuses maladies ? »

En effet, les industriels du vêtement, peu soucieux d'acheter leurs textiles au prix fort, se procurent auprès des chiffonniers des montagnes de vieux chiffons qu'ils recyclent sans désinfection préalable. Tel est le cycle du chiffon, danger public longtemps ignoré qui soulève désormais le douloureux problème des chiffonniers.

L'honorable confrérie des chiffonniers

En 1883, on dénombre 5 500 chiffonniers à Paris et 2 000 en banlieue. Le premier document officiel relatif à leur corporation remonte au règne de Louis XIV. Il s'agit d'une ordonnance de 1701 signée du lieutenant général de police Voyer d'Argenson. Elle évoque ces chiffonniers qui « se mêlent de trafiquer de chiens pour la nourriture desquels ils font provision de chairs de chevaux qui infectent le quartier [de la rue Neuve-Saint-Martin] ; lesquels chiens, au nombre de plus de deux cents, ils lâchent la nuit et le jour, dans la rue, en sorte que des passants en ont été mordus ». Désormais, il sera fait « défense auxdits chiffonniers et écorcheurs de chiens et autres animaux, de fondre ni de faire fondre en leurs maisons aucunes graisses de chevaux, chiens, chats et autres animaux » et de « vaquer par les rues ni amasser les chiffons avant la pointe du jour». L'ordonnance fait encore allusion aux gens sans aveux qui, sous un déguisement de chiffonnier, détroussent les passants. Ses stipulations seront reprises dans les ordonnances de 1756 et 1777.

En 1810, la préfecture de police classe les dépôts de chiffons dans la 2e classe des établissements insalubres.

L'ordonnance de 1828 constate qu'au mépris de la loi, les chiffonniers continuent l'exploration nocturne de la voie publique, qu'ils éparpillent avec leur crochet les immondices dans lesquelles ils cherchent leur pâture, que des malfaiteurs usurpent leur profession en se munissant d'un crochet qui leur sert d'arme et d'une hotte dans laquelle ils cachent leur butin. Elle signale enfin que «l'industrie de ceux qu'on nomme *ravageurs* ou *gratteurs* de ruisseau est plus nuisible qu'utile, en ce que les ravageurs éclaboussent les passants, dégradent le pavé et y forment des trous où l'eau séjourne et croupit[1] ».

Cette législation, qui s'attarde sur l'insécurité, la malpropreté et les odeurs, ne s'inspire pas de considérations hygiéniques. Il faut attendre l'ordonnance de 1883 pour que soit enfin évoqué le problème de la dissémination microbienne et des maladies infectieuses. Ainsi s'efforce-t-elle de restreindre la durée de stationnement des immondices sur la voie publique et d'interdire aux chiffonniers d'y répandre les ordures. Mais, pour épargner les sensibilités et les impératifs économiques, elle précise qu'«ils pourront faire le triage sur une toile et devront remettre ensuite les ordures dans les récipients».

Les chiffonniers forment alors une corporation aussi bien structurée que pittoresque. Dans la littérature et dans le langage populaire, ils s'appellent *Bec-Salé, Mathusalem* ou *père Jean*. Ils occupent une si grande place dans l'imaginaire que, selon certains journalistes, on en compterait 50 000 à 60 000 dans la région parisienne.

Au sommet de leur hiérarchie culminent les *placiers*. Au nombre de 3 900, ce sont les aristocrates de la poubelle. Chacun d'eux règne sur une douzaine de maisons. Ils sont dans les bonnes grâces des concierges qui leur ouvrent les portes de l'immeuble dès quatre heures du matin. Ils sortent les boîtes à ordures, les fouillent, recueillent dans des sacs distincts les os, les chiffons, les papiers et les métaux, et attendent le passage du tombereau avant de remettre à leur place les boîtes vides, facilitant ainsi la besogne des gardiens d'immeuble. Ils n'ont pas de hotte mais possèdent un âne ou une petite voiture poussée par leur femme ou leurs enfants. D'une honnêteté proverbiale, ils rougiraient de ne pas remettre au gardien d'immeuble un couvert en argent jeté par mégarde. Quelques-uns deviendront de riches industriels du textile.

Au nombre de 3400, les *rouleurs* et les *coureurs* forment le prolétariat du chiffonnage. On les qualifie de «bohèmes», d'«indépendants de la profes-

1. Florence Perrichon, *La Pollution microbienne dans les métiers du chiffon vers 1900*, mémoire de maîtrise, 1998, Centre Roland-Mousnier, Paris-IV ; Dr Wurtz et Dr de Lauradour, «Le chiffonnage à Paris et dans la banlieue en 1916», *Revue d'hygiène*, 1916, p. 409-411.

sion». Ils font une vingtaine de kilomètres par jour à la recherche de mégots ou de boîtes à ordures dédaignées ou déjà visitées par les placiers. Le temps presse avant le passage du tombereau, d'où leur nom de *coureurs*. Au plus profond du gouffre se trouvent les *honteux*, travailleurs au chômage qui sont aux rouleurs ce que les rouleurs sont aux placiers. Leur nombre s'accroît en période de crise économique[1].

En 1916, le travail de l'ouvrier chiffonnier n'a guère évolué depuis un siècle. Il consacre six heures par jour à la récolte et quatre heures au triage à domicile. Les uns commencent la besogne à onze heures du soir, les autres à quatre heures du matin. Une fois la marchandise triée, ils la portent chez le maître chiffonnier avant d'échouer chez le marchand de vin. Certains chiffonniers, les *chineurs*, pratiquent aussi le commerce des vieux vêtements[2].

En réduisant le temps de stationnement des immondices sur la chaussée à une ou deux heures, l'ordonnance de 1883 ne lèse pas les placiers, qui gardent la haute main sur la poubelle, mais force les *coureurs* à courir plus vite. Aussi a-t-elle soulevé dans la population parisienne un sentiment de compassion et provoqué un tollé, comme en témoigne un hygiéniste :

> «On n'imagine pas à quel point le sort de ces excellents rouleurs a ému l'opinion publique; tel qui lit avec indifférence dans un journal du matin qu'un incendie, qu'une grève ou le chômage vient de jeter vingt mille ouvriers sur le pavé d'une ville manufacturière se désolait à la pensée que les os à moelle, les vieux chiffons et les tessons de bouteille seraient soustraits au crochet des rouleurs pour le plus grand profit des placiers. Pendant quinze jours les partis politiques se sont arrachés ces pauvres diables. Dans les rues la foule s'assemblait, malgré l'heure matinale, autour des boueurs et de leurs récipients que les gamins surnommaient «cuirassiers» et «marmites». Sous couleur de défendre les chiffonniers, une ligue se formait, redoutable et inattendue, où l'on trouvait côte à côte des cuisinières, des propriétaires, des concierges et des avocats[3].»

En fait, la corporation des chiffonniers est créatrice de richesses. Le produit de la cueillette est vendu aux papeteries, aux usines textiles, aux fabricants d'engrais. Les acheteurs sont souvent de riches industriels. En région parisienne, les chiffonniers subviennent aux besoins des 30 000 membres de leur entourage et seraient à l'origine de 15 000 emplois. Plus de 60 000 personnes vivraient donc de leur industrie.

En 1854, un urbaniste a pu écrire : «Ces hommes et ces femmes qui recueillent péniblement les matières premières d'un grand nombre d'industries de la plus haute importance, qui sont ainsi des agents indispensables et,

1. Dr E. Vallin, «Le chiffonnage à Paris», *Revue d'hygiène*, 1884, p. 89 *sq.*
2. Dr Wurtz et Dr de Lauradour, *op. cit.*, p. 429.
3. V. du Claux, «Les chiffonniers et l'hygiène», *Annales d'hygiène*, 1884, t. 1, p. 216.

dans l'ordre successif, les premiers agents pour la création d'une masse considérable de richesses, semblent être condamnés à vivre dans une véritable abjection[1]. »

En effet, si les chiffonniers contribuent à la prospérité de l'économie, ils ne font pas l'affaire de la santé publique.

Les chiffonniers et l'hygiène

En 1884, il existe à Paris 127 dépôts de chiffons autorisés comme établissements classés dans la 3e catégorie. Ce sont des foyers d'émanations et de poussières empoisonnées qui ruinent le paysage et la santé du voisinage. S'y ajoute un nombre indéterminé de dépôts clandestins sur lesquels l'administration ferme les yeux. En 1883, le préfet de l'Hérault refuse à l'industriel Rauzy l'autorisation d'ouvrir à Montpellier une succursale de son dépôt central, ce qui ne l'empêche pas de passer outre et d'accumuler, de son propre aveu, plus de 250 tonnes de détritus dans son entrepôt « clandestin » de la rue Rigaud[2].

En 1894, le conseil d'hygiène de l'Hérault, conscient du danger, émet le vœu « que l'administration fixe à 50 mètres de l'octroi la limite à laquelle les entrepôts de chiffons pourront dorénavant être utilisés » car « les entrepôts de chiffons et d'os prétendus secs sont des réserves de miasmes qui attirent des insectes, des rongeurs et autres animaux qui peuvent être des véhicules d'affections contagieuses[3] ».

Les chiffonniers et leur famille vivent en contact intime avec les os putréfiés et les chiffons souillés de sécrétions morbides, de pus, de matières fécales. Plusieurs familles habitent parfois la même pièce, chacune groupée autour de son tas d'ordures. Les témoignages des contemporains, seuls, peuvent donner une idée du décor. Brossé en 1854, le tableau de Transon et Dublanc est toujours d'actualité un demi-siècle plus tard :

> « C'est le dessous du lit qui sert de magasin et, à cet effet, le lit est toujours fort exhaussé, soit qu'on l'ait formé de quelques planches soutenues par des étais élevés de 1 mètre à 1 mètre 20. L'espace ainsi formé est presque toujours comble et il faut au visiteur quelque effort d'attention pour pouvoir distinguer le coucher des chiffonniers d'avec ce monceau de débris qui déborde au-dessous. Une infinité d'autres débris réunis en forme de paquets sont accrochés le long des murs et au plafond. D'innombrables peaux de lapins sont suspendues de toutes parts pour acquérir le degré de sécheresse convenable avant d'être livrées à l'épileur[4]. »

1. Wurtz et Lauradour, *op. cit.*, p. 414.
2. Dr Blaise, « Les entrepôts de chiffons au point de vue de l'hygiène », *Revue d'hygiène*, 1894, p. 488.
3. *Ibid.*
4. Cité par Wurtz et Lauradour, *op. cit.*, p. 413-414.

En 1916, d'antiques dépôts subsistent à Paris, notamment dans le XVe arrondissement. Mais la plupart des chiffonniers ont émigré à Saint-Ouen, Ivry, Nanterre et Asnières. La seule commune de Saint-Ouen en compte un millier qui, avec leurs familles, forment une population de 3 000 âmes groupées en trois zones dans un paysage lunaire dont les docteurs Wurtz et Lauradour ont brossé une description dantesque :

> « Ce sont d'immondes cabanes en planches ou en carreaux de plâtre, dont aucune n'a le cubage nécessaire, éclairées par la porte seulement, obscures, même pendant une matinée de juillet, et où les mauvaises odeurs défient toute description. Les tas d'os sèchent à l'air, les charognes y adhèrent et les asticots y pullulent [...]. Çà et là, des essaims de mouches abondants. La literie est noire de crasse et de poussière. Je n'ai pas vu une seule paire de draps.
>
> « Dans ces misérables huttes, il n'y a ni eau ni canalisation ni égout. Il y a, par contre, beaucoup de rats. Le médecin du Bureau d'hygiène voyait tout récemment, dans une de ces cabanes, un enfant de trois à quatre ans rongeant un os dont pendaient quelques débris de viande pourrie, et, à côté de lui, sur la même caisse, un rat rongeait un autre os. Il y a beaucoup de chiens et de chats. Tous les chiens, sans exception, ont une maladie de peau[1]. »

Les chiffonniers sont la proie de toutes les maladies. Vers 1913, la mort frappe deux fois plus chez eux que partout ailleurs. La tuberculose en tue la moitié. Les enfants de moins de deux ans sont couverts de vermine et fauchés par la broncho-pneumonie, la méningite tuberculeuse, la faiblesse congénitale liée à l'alcoolisme des parents ou l'athrepsie consécutive au manque de soins. Dans les rues peuplées de chiffonniers, la proportion annuelle de décès tuberculeux s'élève à 10 pour 1000 contre 3,95 dans le reste de la population[2].

En 1920, la peste éclate à Paris, faisant 34 morts. C'est la peste dite *des chiffonniers*, presque tous les cas ayant été recensés au voisinage d'entrepôts de chiffons. Les mesures qui s'ensuivent consacrent la déchéance de la corporation. La durée de stationnement des poubelles sur le trottoir sera réduite à trente minutes et la zone des fortifications, où prospérait le chiffonnage, peuplée de cités HBM (Habitations à Bon Marché). Deux secteurs en pleine expansion accueilleront dès lors les chiffonniers : la construction et l'automobile[3].

L'état sanitaire des chiffonniers est l'expression la plus spectaculaire d'un danger que les hygiénistes dénoncent sans trêve. Ce danger vient de tous les chiffons et des vêtements, même chic.

1. *Ibid.*, p. 420.
2. Wurtz et Lauradour, *op. cit.*, p. 430.
3. Jean Héritier, « La peste des chiffonniers », *L'Histoire*, décembre 1982, n° 51, p. 97 *sq.*

Chiffons et vêtements

Lorsque le dandy ou l'élégante pénètrent dans un magasin de prêt-à-porter ou chez leur tailleur, ils n'ont pas le sentiment de courir le même risque que les miséreux qui fréquentent le fripier. Et pourtant !

Le décret du 15 mars 1879 signale un détail inquiétant : « Conformément à l'article 1er de la loi du 3 mars 1822 relative à la police sanitaire, l'importation en France des chiffons et drilles de provenance maritime ne pourra s'effectuer, provisoirement et jusqu'à nouvel ordre, que par les ports de Marseille pour la Méditerranée, de Pauillac et de Saint-Nazaire pour l'Océan, de Cherbourg pour la Manche. »

En 1877, la France importe 26 000 tonnes de vieux chiffons d'une valeur de 11 millions de francs[1]. Ils arrivent par balles comprimées à la presse hydraulique et durs comme du bois. La plupart d'entre eux viennent d'Orient, foyer de toutes les pestilences. D'Allemagne, on importe en 1910 de la ouate, de la gaze hydrophile et des compresses gorgées de pus recueillies à la sortie des hôpitaux. Récupérés par les industriels, ces rebuts sont envoyés dans la région parisienne où des femmes et des enfants en font le tri avant leur recyclage dans le commerce. Selon la *Revue moderne de médecine et de chirurgie*, qui dénonce le scandale, les hôpitaux eux-mêmes s'en porteraient acquéreurs au rabais, en sorte, précise le journaliste, qu'« il est certain que nos blessés et nos malades sont pansés avec des déchets de pansements allemands[2] ».

Ces lambeaux d'importation mélangés avec les chiffons des chiffonniers sont déchiquetés dans une machine spéciale, traités au moyen d'un enduit à colle, passés à la teinture s'ils sont trop sales, transformés en tissus flambant neufs et livrés à la clientèle sans désinfection préalable. Circonstance aggravante, les germes conservent leur virulence dans les tissus plus longtemps que partout ailleurs.

La confection constitue un facteur de contamination supplémentaire. Elle s'émiette en des centaines d'ateliers composés d'une seule chambre où, pour un salaire de misère, une dizaine de femmes et d'enfants travaillent plus de douze heures par jour dans l'encombrement et la promiscuité. Les vêtements passent de main en main et traînent pêle-mêle sur le plancher, s'imprégnant des germes de la tuberculose, de la diphtérie et des fièvres éruptives.

Ce système, que les Anglais appellent le *sweating-system,* est dénoncé par les hygiénistes et par une commission d'enquête de la Chambre des lords, mais il garde la faveur des industriels. Un membre de la commission a vu sur le lit d'un petit varioleux des vêtements neufs prêts à la livraison. Selon un

1. *Revue d'hygiène,* 1879, p. 426.
2. *Revue moderne de médecine et de chirurgie,* 1910, p. 204.

autre commissaire, 70 % des vêtements importés de New York auraient été confectionnés dans des logements tuberculeux.

En France, le *Bulletin de la Ligue sociale des acheteurs* signale à ses adhérents : « Acheter des vêtements tout faits sans en connaître ni le prix ni la façon ni l'origine, c'est toujours favoriser l'exploitation des ouvriers et ouvrières à domicile ; c'est parfois même acheter la tuberculose, la diphtérie, la rougeole ou la scarlatine et les ramener chez soi[1]. »

Le *sweating-system* est illégal dans plusieurs pays. À New York, un acte de 1891 interdit la fabrication à domicile d'habits, de fleurs artificielles et de cigares destinés au commerce[2]. Mais la loi est constamment transgressée et les tribunaux se contentent d'infliger des peines symboliques. En 1879, une couturière anglaise est condamnée, pour l'exemple, à une amende de 20 shillings et à huit jours de prison pour s'être promenée dans les rues et avoir rendu visite avec les vêtements qu'elle portait au chevet de sa sœur, atteinte de scarlatine, sans les avoir soumis à la désinfection[3].

Si les vêtements neufs sont dangereux, que dire des vêtements d'occasion qui traînent dans les échoppes des fripiers et des brocanteurs ou dans les magasins du mont-de-piété ! En 1897, le Dr Magianti, de Florence, injecte à 57 cobayes et souris de la poussière qui en est extraite et 27 d'entre eux succombent. Mais la poussière provenant d'uniformes militaires est moins pathogène, ce que Magianti attribue à « la propreté des magasins placés sous la double responsabilité morale et financière du major et du conseil d'administration[4] ».

Or, vers 1900, un vêtement usagé ne se jette pas et la désinfection, encore peu répandue, serait seule capable de neutraliser sa virulence. Le commerce des vieux habits, qui est florissant dans les villes comme dans les campagnes, n'est pas réglementé. Lorsqu'une personne meurt de maladie infectieuse, la famille se débarrasse de ses vêtements auprès d'un marchand ambulant ou les offre à la domestique et aux pauvres. Dans les villes, certains marchés, certains dépôts d'habits sont autant de foyers d'infection.

Des formes plus insidieuses de contamination touchent les douaniers qui manipulent des vêtements, les domestiques qui les brossent, les préposées aux vestiaires, les figurants et les choristes qui endossent des costumes ayant servi plusieurs fois. Dans les hôpitaux, il n'est pas rare que les vêtements dits « de convalescents » passent, sans désinfection préalable, d'un tuberculeux à un rhumatisant, d'un typhique à un cardiaque, d'un dysentérique à un hémi-

1. Dr Remlinger, « Transmission des maladies infectieuses par les habits », *Hygiène générale et appliquée*, 1909, p. 596-597.
2. Dr Lucien Graux, « Le *sweating-system* et la loi sur la protection de la santé publique », *Hygiène générale et appliquée*, 1907, p. 559.
3. *The Sanitary Record*, 1879, p. 107.
4. « Communication au congrès d'hygiène de Bruxelles », *Presse médicale* du 14 septembre 1904, n° 74.

plégique. Souvent, on a coutume d'habiller de neuf les enfants qui se relèvent d'une affection contagieuse. Ils se rendent dans un magasin de confection où ils essayent différents « complets » qui seront essayés et portés par d'autres enfants[1].

La transmission par les vêtements de la tuberculose, de la pneumonie, de la diphtérie, de la variole et de toutes les autres maladies éruptives est un phénomène courant. Le favus, la teigne et l'impétigo se transmettent par les chapeaux. Vers 1879, les médecins autrichiens se trouvent confrontés à une maladie nouvelle, la *Hardenkrankheit* (la maladie des chiffons). Il s'agit d'une forme de septicémie charbonneuse qui frappe les femmes travaillant au triage des chiffons blancs, les chiffons colorés restant inoffensifs[2]. En 1885, Parsons observe une autre maladie que les travailleurs du chiffon appellent *flockfever*. Elle se manifeste par un catarrhe bronchique accompagné d'angoisse et de crachats noirs et survient dans les fabriques où l'on déchire à l'aide d'un « diable » les chiffons de laine servant à la fabrication d'étoffes de mauvaise qualité[3].

Pour corser le tableau, on a inventé des formes de transmission imaginaires. On trouve, dans la littérature médicale, des cas de syphilis et de blennorragie transmis par des pantalons. L'ouverture de malles contenant des habits imprégnés de germes aurait semé le paludisme et la fièvre jaune que seuls les moustiques peuvent inoculer. Le bacille d'Eberth, qui conserve sa virulence dans l'eau, aurait lui-même trouvé refuge dans certains vêtements. Un médecin ne cite-t-il pas le cas de deux Londoniennes de quartiers différents victimes de la fièvre typhoïde pour avoir, quinze jours auparavant, essayé une robe de bal chez une couturière qui soignait son fils malade ? Le duc d'York aurait contracté le mal de la même façon, l'un de ses costumes ayant été exécuté par un tailleur dont les enfants étaient typhiques[4].

Si les vertus antiseptiques du blanchissage sont souvent illusoires, les blanchisseuses sont exposées à des dangers réels.

Le malheur d'être blanchisseuse

À la fin du siècle, la blanchisserie est une industrie en pleine expansion. En 1905, 20 000 personnes y travaillent dans la région parisienne. Mais les bateaux-lavoirs disposés le long des fleuves et des rivières, les buanderies urbaines et les mares rurales indiquent la subsistance d'un lessivage artisanal plus pittoresque qu'hygiénique.

1. Remlinger, *op. cit.*, p. 602.
2. « La maladie des chiffons », *Annales d'hygiène publique*, 1879, t. 2, p. 480.
3. *Report of the medical officer board*, 1886, p. 61-72.
4. Remlinger, *op. cit.*, p. 594-595.

Le lavage du linge à froid pollue sans pour autant désinfecter. L'analyse bactériologique de l'eau des lavoirs montre sa pauvreté en microbes aérobies. En revanche, les microbes anaérobies, qui sont à l'origine de la putréfaction, y pullulent. Le savon, qui n'est pas un désinfectant sérieux, épargne un grand nombre de bactéries pathogènes qui aggravent la souillure des eaux et la centaine de bateaux-lavoirs qui ponctuent la Seine à Paris constituent autant de foyers de pollution[1].

L'essor du blanchissage serait un bienfait si le linge était toujours porté à ébullition dans une eau additionnée de soude caustique. En fait, seul le linge blanc est soumis à ce traitement, les couleurs ne supportant pas la chaleur. Quant à la manipulation du linge sale, elle est l'opération la plus dangereuse[2].

Tout commence au logis où la maîtresse de maison, ou sa servante, prépare le linge avant l'arrivée du commissionnaire. Elle en fait l'inventaire, le secoue et le trie. Il est ensuite transporté jusqu'à la blanchisserie et manipulé, à côté du linge propre, dans une voiture de livraison. Arrivé à destination, on le dispose en tas, draps avec draps, mouchoirs avec mouchoirs, linge blanc d'un côté, linge de couleur de l'autre. On marque avec du fil rouge les initiales du client. Ces opérations infectent les muqueuses respiratoires et les mains. Les épingles égarées sont à l'origine de panaris. Le marquage au fil rouge expose à l'infection, les ouvrières le coupant avec les dents pour abréger l'opération.

Le linge est ensuite *essangé*, c'est-à-dire lavé à l'eau froide, ce qui supprime les taches de sang. Vient enfin le *coulage*, ou lessivage, qui s'effectue dans des cuviers ou des machines « américaines ».

Les cuviers sont des récipients dans lesquels le linge blanc, disposé par strates en fonction de sa saleté, est plongé dans une eau additionnée de carbonate de soude et de soude caustique et porté à ébullition. Le mouvement est assuré par un tube fixé sur un double fond. L'eau y monte et se répand à la surface.

Ancêtres de nos machines à laver, les machines « américaines » sont le plus répandues aux États-Unis et en Angleterre. Un dispositif automatique agite le linge dans une eau en ébullition. En France, où on leur reproche d'abîmer le linge, elles ne sont guère utilisées que pour les draps les plus grossiers.

Au sortir du cuvier, le linge est lavé, rincé, azuré, essoré, séché et repassé. Mais il reste en contact avec le linge sale jusqu'à la livraison, en dépit d'une loi de 1905 qui interdit ce mélange.

1. Dr Tachard, « Des lavoirs publics ou privés », *Revue d'hygiène*, 1902, p. 572.

2. Sur cet aspect du problème, voir Dr Marquet, *La Contagion par le linge sale*, thèse de doctorat, Paris, 1911 ; Dr A. Joltrain, « L'hygiène des blanchisseries », *Journal d'hygiène*, 1905, p. 25-26 ; Dr R. Wurtz et Dr L. Tanon, « Au sujet du décret relatif aux précautions édictées pour la manipulation du linge sale dans le blanchissage du linge », *Revue d'hygiène*, 1905, p. 569-574.

Ces opérations cumulent les facteurs d'insalubrité. Un sondage réalisé auprès de 650 blanchisseuses indique que 162 d'entre elles, soit 25 %, sont tuberculeuses. Plus de la moitié meurent phtisiques.

Si le problème du linge est délicat, celui de la literie est insoluble.

Literie et tapis d'Orient

La fabrication du matelas est un morceau de bravoure. Laine d'Orient, plumes, vieux chiffons y sont mis à contribution.

Entre la tonte des moutons et le marché, la laine d'Orient a déjà servi au couchage du nomade et de sa famille. Les bêtes et les hommes pouvant à peine étancher leur soif, on se garde bien de se laver, ce qui entretient les maladies de peau.

Quant aux plumes arrachées sur les animaux de basse-cour, elles conservent des restes de sang et de peau qui, au contact de la chaleur humaine, forment, dans l'oreiller ou le traversin, des foyers d'infection à portée des muqueuses respiratoires.

Contaminée dès l'origine, la literie est également souillée par les personnes contagieuses qui l'utilisent dans les hôtels, les meublés, les hospices ou les hôpitaux. Et que dire des matelas déposés au mont-de-piété ! Lorsqu'ils ne sont pas retirés, on les vend à des brocanteurs qui procèdent à leur cardage sommaire ou à leur « renaissance », procédé consistant à les restaurer en y introduisant des chiffons sales ou des vieux vêtements, déchiquetés dans une machine qui rejette les boutons, les boucles et objets métalliques[1]. Au cours de l'épidémie de choléra qui frappe Paris en 1884, le directeur du mont-de-piété envisage de procéder à la désinfection des matelas dans une étuve, mais il doit y renoncer par crainte que certains n'en profitent pour s'offrir une désinfection gratuite[2].

Le cardage des matelas reste une industrie aussi florissante que malsaine. Les quartiers sont sillonnés par des cardeurs ambulants qui, plusieurs fois par semaine, déploient leurs tréteaux sur les trottoirs ou dans les cours pour y battre les matelas et soulever des nuages de poussière. Le témoignage du Dr Vallin est éloquent :

> « Nous connaissons un hôpital, situé dans un quartier misérable et populeux, dont l'une des façades est exposée depuis longtemps à la répugnante industrie des cardeurs ambulants. Les tréteaux sont installés sur le trottoir, devant les fenêtres du rez-de-chaussée. Quelques mètres plus haut s'ouvrent les vastes baies d'un hangar où sèchent le linge de corps et la literie sortant de la lessive ; un peu plus loin

1. « Hygiène de la literie », *Journal d'hygiène*, 1907, p. 2.
2. Dr E. Vallin, « Le cardage des matelas et l'hygiène », *Revue d'hygiène*, 1885, p. 445.

se trouve un grand réservoir découvert servant à recueillir l'eau destinée à l'alimentation des malades. Plusieurs fois par semaine des nuages de poussière pénètrent dans l'hôpital par ces ouvertures. Nous avons souvent regardé de près les matelas soumis au battage et au cardage. Le plus souvent, ils sont sordides et proviennent des foyers les plus pauvres. La laine est tachée et parfois agglutinée par des liquides desséchés. On peut se demander s'ils n'ont pas servi à des malades atteints, sinon morts, de fièvre typhoïde, de variole, de scarlatine, de diphtérie [...]. Cette poussière ne provient-elle pas des selles, des lochies, du sang ou du pus qui ont pénétré les matelas et s'y sont desséchés[1] ? »

Les tapis exotiques inspirent une terreur identique. Les tapis et les tentures fabriqués en Europe sont moins dangereux. Mais, de médiocre facture, ils s'usent et se décolorent vite, font rarement l'objet de transactions et ne se transmettent pas par héritage. Rien de tel avec les tapis venus d'Orient. D'une qualité supérieure, ils bravent les injures du temps et prennent de la valeur en vieillissant. Mais, d'un passé inavouable, ils sont suspects dès l'achat.

En Orient, les colporteurs vont de village en village, achetant à vil prix les tapis des personnes décédées ou dans le besoin. Or, les miséreux les enroulent autour d'eux pendant leur sommeil. Pour leur donner la patine du temps, ils sont « brûlés » selon des procédés peu avouables. On les enterre au contact d'une épaisse couche d'excréments desséchés de cheval, de mouton et d'homme. Après avoir macéré plusieurs jours, ils ont perdu l'éclat du neuf mais restent imprégnés d'une poussière brune nauséabonde. Dans les grands centres, les marchands les « éteignent » en les saupoudrant de poussière, en les faisant piétiner, en y installant les ouvrières chargées du raccommodage.

Chez le grossiste, tout concourt à entretenir la virulence des germes. Dans une pièce obscure, les tapis sont empilés et présentés un à un dans un nuage de poussière. Aussi les maladies des voies respiratoires prolifèrent-elles dans la profession : pneumonie, broncho-pneumonie, asthme bronchique, tuberculose.

Chez les bourgeois aisés, ces tapis exhumés des fosses fixes d'Orient sont les pièces maîtresses d'un luxe ostentatoire. Le chic suprême consiste à les empiler les uns sur les autres. Au mur, des tentures de Caramanie, de Djidim ou de Kilim remplacent le papier peint. En guise de tableaux, on y suspend d'autres tapis de Siné, de Tibris ou de Modjour. Aux germes d'origine s'ajoutent les poussières indigènes venues du macadam. Ainsi les microbes baignent-ils dans l'atmosphère conviviale des foyers bourgeois où l'on s'étonne d'être visité par des maladies réservées aux pauvres[2].

1. *Ibid.*, p. 443.
2. Dr P. Remlinger, « Transmission des maladies infectieuses par les tentures et tapis exotiques », *Hygiène générale et appliquée*, 1907, p. 257 *sq.*

Vieux papiers

Comme les vieux chiffons, les vieux papiers conservent une valeur marchande qui fait le bonheur des petites gens. Sans cesse recyclés, ils se retrouvent, en bout de course, chez l'épicier ou sur les marchés pour l'emballage des denrées alimentaires. En 1892, le laboratoire municipal d'hygiène de Montpellier examine plusieurs papiers destinés à cet usage et découvre avec étonnement qu'on y trouve non seulement de vieux journaux mais aussi d'anciens registres de commerce, de douanes, d'octrois et du fisc. Toute la flore pathogène s'y trouve représentée.

Les Anglais interdisent l'usage des vieux journaux et autres bouillons de librairie dans le commerce alimentaire, mais ils trouvent agréable de les exporter et c'est ainsi que les marchés français en sont inondés.

Les archives et les registres, souillés de bacilles de Koch par les tuberculeux qui les feuillettent de leurs doigts humectés de salive, expliquent la permanence de la tuberculose dans certains bureaux et dans certaines administrations. Sur une page de livre, on trouve trois germes par centimètre carré et 34 sur la couverture. Dans un vieux livre d'anatomie, chaque page héberge 2 000 à 3 500 germes. Le bacille du choléra et de la fièvre typhoïde en est absent, mais le staphylocoque, le bacille du charbon et de la tuberculose occupent le terrain[1].

Les livres d'omnibus ou de cabinets de lecture, qui se retrouvent souvent au chevet des malades, sont les plus dangereux. Dès 1892, les Anglais en interdisent la location aux contagieux sous peine de poursuites[2]. Plus rarement consultés, les livres des grandes bibliothèques sont les moins contaminés. Les magasiniers, qui vivent dans la vieille poussière, sont seulement victimes de manifestations allergiques (coryza, irritation oculaire, bronchorrhée) qu'on attribue alors à un vibrion animé[3].

Les billets de banque donnent asile à une flore surprenante. Chacun d'entre eux peut abriter plus de 20 000 micro-organismes mortels chez les cobayes. Un médecin, le Dr Talamon, s'imagine même avoir isolé le germe spécifique du billet de banque qu'il baptise d'un nom de circonstance : *bacillus septicus aureus*[4].

1. Dr Pellier, « Les vieux papiers et l'hygiène », *Annales d'hygiène*, 1902, t. 2, p. 400 *sq*.
2. « Le transport des maladies infectieuses par les livres », *Annales d'hygiène*, 1892, t. 2, p. 557.
3. Dr Layet, « Influence des poussières de bibliothèques sur la santé », *Gazette hebdomadaire et sciences médicales de Bordeaux*, 1883, p. 444.
4. Deniker, « La flore des billets de banque », *Science et Nature*, 1885, t. 3, p. 257.

L'impossible désinfection

Lorsque la loi sur la santé publique du 15 février 1902 impose la désinfection des effets, de la literie et du logis de toute personne atteinte d'une maladie infectieuse, il n'existe aucun procédé capable de répondre aux besoins.

Depuis la découverte des microbes, les hygiénistes s'efforcent pourtant de mettre au point l'appareil idéal. Pour la désinfection de la literie et des vêtements, l'air chaud et la vapeur sous pression dans l'étuve ou l'autoclave sont d'une grande efficacité, mais seuls les tissus de lin et la literie résistent à l'épreuve. La flanelle et la laine en ressortent décolorées et rétrécies, les objets en cuir détruits, les tissus maculés de taches de sang et d'albumine[1].

Encore les germes des matelas sont-ils très protégés dans leur forteresse. Pour bien faire, il faudrait en extraire la laine au risque de se contaminer. Le transport du linge et de la literie jusqu'au lieu de désinfection est lui-même dangereux. Aussi les hygiénistes recommandent-ils d'exposer les objets souillés au soleil ou de les plonger dans un liquide antiseptique ou dans l'eau bouillante.

Vers 1890, le problème de la désinfection des locaux contaminés semble résolu grâce aux pulvérisateurs de substances, de gaz ou de vapeurs antiseptiques. Les procédés se succèdent, stimulés par un « marché porteur ». Après la loi de 1902, 58 fabricants soumettent leurs appareils à la commission instituée par le bureau d'hygiène. Innombrables sont les produits essayés, mais rares sont ceux qui détruisent les microbes sans détruire le mobilier. Vers 1900, l'aldéhyde formique a la faveur des microbiologistes, mais il faut déserter le logis durant plusieurs jours et le vider de ses aliments. Encore la désinfection reste-t-elle superficielle, les substances et les gaz épargnant les niches et les profondeurs des tapis, des tentures et de la literie[2].

La désinfection des livres est encore plus délicate, voire impossible. L'étuve les transforme en lambeaux, et, dans un souci d'efficacité, il faudrait procéder à une désinfection page par page. Quelques systèmes ingénieux mais peu pratiques voient le jour. En 1907, à l'asile des estropiés de Montreuil-sous-Bois, on suspend les livres, au moyen de pinces, par leurs couvertures ouvertes de façon à déployer les pages en éventail, avant de les soumettre, dans une armoire hermétique, aux émanations qui se dégagent d'un linge imbibé de chlorure de calcium cristallisé[3].

1. Dr W.-M. Symons, « The desinfection of books and other articles injuried by steam », *The british medical Journal,* 1899, p. 588.

2. Dr A.-J. Martin, « La pratique de la désinfection », *Revue d'hygiène,* 1904, p. 865 *sq.*

3. Dr Miquel, « Sur un mode de désinfection des livres », *Hygiène générale et appliquée,* 1907, p. 650 *sq.*

Un an plus tard, le Dr Fournier met au point un procédé de désinfection « industrielle ». Il consiste à exposer les livres aux vapeurs de formacétone dans une atmosphère portée à la température de 80° C. Mais pour les débarrasser de l'odeur de formol dont ils s'imprègnent, il faut ensuite les exposer aux vapeurs d'ammoniaque. Seuls les livres anciens à base de fibre textile supportent cette torture, les ouvrages récents en pâte de bois s'effritant [1].

Vers la fin du XIXe siècle, les problèmes de désinfection semblent loin d'être résolus. En fait, ils ne le seront jamais en raison de leur inefficacité relative et de la complexité des opérations qui rebutent les particuliers comme les pouvoirs publics. La société de consommation, seule, apportera la solution en rendant les vieux chiffons inutiles.

Or, d'autres vecteurs microbiens, d'un traitement encore plus délicat, menacent la santé publique : les animaux.

1. Dr Fournier, « De la désinfection industrielle des livres », *Journal d'hygiène*, 1908, p. 5-6.

CHAPITRE XXXVII

Le péril animal

En 1985, la presse française faisait grand cas de quatre « mystérieux » décès de nourrissons survenus dans des maternités parisiennes. Cette tragédie, qui obéissait à la loi des séries, ne présentait rien d'anormal, mais il fallait un coupable et les médecins, relayés par les médias, incriminèrent les chiens.

Le XXe siècle a l'obsession de la crotte. Dans son livre *Les Lieux*, Roger-Henri Guerrand s'étend avec complaisance sur les fosses d'aisance et les voiries, mais, lorsqu'il aborde le problème des crottes canines, c'est avec un sentiment d'épouvante qu'il dénonce « un nouveau péril fécal ». Pareille réaction relève d'une hantise de luxe. Relativement récente, elle signifie que le problème des excréments humains est résolu. C'est en 1928 que le Dr Clerc y fait pour la première fois allusion dans un article sur « les déjections des chiens à Paris » publié dans les *Annales d'hygiène publique, industrielle et sociale*[1].

Détail insolite, aujourd'hui même, les Parisiens qu'une crotte porte au bord de la défaillance, sont loin de se douter qu'ils font leurs délices quotidiens de légumes engraissés avec leurs propres excréments sur les champs d'épandage d'Achères.

Les animaux domestiques

Le XIXe siècle avait d'autres chats à fouetter. Dans la thèse qu'il consacre en 1905 aux dangers présentés par les *Hôtes habituels de nos appartements*, le Dr Henri Letourneur n'aborde nulle part le problème des crottes. Il faut attendre 1910 pour qu'un médecin, le Dr Courmont, démontre que le bacille d'Eberth peut traverser l'intestin du chien sans y proliférer, s'en échapper avec les crottes et souiller légumes et eaux potables. Mais l'agent de contage reste

1. Roger-Henri Guerrand, *Les Lieux*, *op. cit.*, p. 195.

discret[1]. Si les déjections canines sont aussi inoffensives qu'inesthétiques, les animaux domestiques ne favorisent pas la bonne hygiène.

Vers 1900, la population canine de Paris compte plus de 50 000 individus et de partout s'élève l'éternelle clameur : « À aucune époque l'amour des bêtes n'a été aussi effréné qu'à l'heure actuelle. » Ainsi commence la thèse de Letourneur sur le péril animal. « La caninomanie, poursuit-il, est surtout à l'ordre du jour. On inaugure des expositions de chiens, on crée des magasins de mode pour chiens, on fait même des cimetières de chiens. Là-bas, du côté d'Asnières, il y a une grande propriété où on les enterre sous des monuments à épitaphes emphatiques ».

On relève dans la prose de Letourneur un authentique « racisme » anti-animal et misogyne : « Les chiens de régiment, qui souvent ont pris part à des expéditions militaires, ont leur cimetière dans la citadelle d'Édimbourg. On comprend cet hommage rendu à des compagnons de danger. Mais créer des cimetières pour des vieilles filles inconsolables de leur célibat prolongé[2] ! »

À travers l'animal, c'est la peur du cimetière qui remonte à la surface. En 1899, dans deux articles consacrés aux « cimetières de chiens » dans les *Archives de parasitologie*, le Pr Blanchard dénonce l'entreprise comme immorale et ressuscite l'antique chimère des miasmes morbifiques échappés de la terre[3].

Plus sérieusement, le chien et le chat peuvent communiquer la rage et des affections cutanées comme la gale ou la teigne. Mais peu de maladies vétérinaires sont transmissibles à l'homme. Les animaux domestiques n'en restent pas moins, au même titre que les chiffons, des agents passifs de contage. Des poils de chiens et de chats ensemencés ont permis d'isoler des bacilles de la tuberculose, de la fièvre typhoïde et de la diphtérie[4]. Le Pr Remlinger, directeur de l'Institut Pasteur de Constantinople, cite encore un cas de scarlatine transmise par un chat angora dont la fourrure somptueuse avait été « l'agent hypocrite du contage ».

Les oiseaux domestiques sont peut-être plus dangereux. On cite le cas d'une femme de 71 ans atteinte au pouce d'un lupus tuberculeux à la suite d'un coup de bec de moineau en cage. Les perruches sont sujettes à une entérite qui peut déterminer chez l'homme une broncho-pneumonie connue sous le nom de psittacose. Les poules et les pigeons propagent une variété de croup voisine de la diphtérie.

1. Dr Jules Courmont, « Le chien, porteur de bacilles d'Eberth », *Bulletin de l'Académie de médecine,* 1910, p. 660.

2. Dr Henri Letourneur, *Les Hôtes habituels de nos appartements (chiens, chats, oiseaux) et du danger qu'ils présentent,* thèse de médecine, Paris, 1905, p. 3-4.

3. Pr Blanchard, « Cimetières pour chiens », *Archives de parasitologie,* 1899, p. 318 *sq.*, et 1900, p. 185 et 358 *sq.*

4. Pr Remlinger, « Transmission des maladies infectieuses par les animaux d'appartement », *Hygiène générale et appliquée,* 1906, p. 483 *sq.*

Les animaux sauvages sont des vecteurs microbiens plus difficiles à contrôler. La chauve-souris, qui héberge une multitude de puces, joue un rôle dans la transmission de la peste. Le Dr Rossignol affirme que les étourneaux disséminent la clavelée. Ils se nourrissent de la vermine qui prolifère sur la toison des moutons ou la peau des ruminants et voltigent du troupeau contaminé au troupeau sain[1]. Le Dr Guégan suppose que les oiseaux migrateurs véhiculent le choléra. Se sentant menacés, ils désertent les localités atteintes, emportant le vibrion avec eux. Et puis, rien n'empêche un oiseau qui se baigne dans une mare souillée d'aller s'ébattre ensuite dans un bassin d'eau potable[2].

Les lézards, qui cherchent leur nourriture dans les détritus, peuvent transporter des vibrions cholériques à de grandes distances en raison de la rapidité de leurs déplacements[3]. Plus dangereux seraient les vers de terre qui, venus des profondeurs où reposent les cadavres, feraient affleurer les bacilles de Koch et d'Eberth.

Les limaces pullulent en été sur les parois des chambres de captage et des réservoirs d'eau potable. Elles peuvent les contaminer de leurs déjections ou se putréfier. Les conduites parisiennes contiennent plus de mollusques que la Seine ou la Marne qui les alimentent, les naissains se développant dans les courants paresseux. Leur prolifération favorise parfois l'engorgement du réseau et, dans leur corps, on a trouvé des bacilles coli et des œufs d'ascaris. Des expériences ont même démontré la présence dans leur tube digestif de bacilles tuberculeux mêlés à leur nourriture[4].

Une fois livrés à la consommation, les animaux peuvent être encore plus redoutables.

La contamination alimentaire

Après avoir soulevé de vaines illusions, la tuberculine de Koch, reconvertie en test de dépistage de la tuberculose bovine, suscite, à partir de 1894, la hantise de la viande infectée. Certes, la tuberculose se contracte surtout dans une atmosphère imprégnée de bacilles de Koch et, induit en erreur par la rareté des tuberculoses intestinales, Robert Koch a nié l'invasion par les voies

1. Dr Rossignol, « De la transmission indirecte de la clavelée par les étourneaux », *Recueil de médecine vétérinaire*, 1879, p. 918.
2. Dr Guégan, « Du rôle des oiseaux migrateurs dans la transmission des maladies contagieuses », *La Caducée*, 1911, p. 222.
3. Dr J. Goéré, « Le choléra et la fièvre typhoïde peuvent-ils être propagés par les lézards ? », *Comptes rendus hebdomadaires des séances de la Société de biologie*, 1913, p. 91.
4. « Les mollusques des conduites d'eau de Paris », *Génie civil*, 1893, p. 3 ; Dr Galli-Valerio, « Le rôle des limaces dans la dissémination des maladies parasitaires de l'homme et des animaux », *Revue suisse de médecine*, 1919, p. 44-45.

digestives. C'est Behring qui démontre la réalité du phénomène, les bacilles étant avalés avant de rejoindre les poumons par les voies lymphatiques. Difficile à quantifier, l'origine alimentaire de la tuberculose, par le lait ou la viande, surviendrait dans 5 % des cas.

En 1896, la proportion de bêtes infectées est officiellement estimée en France à 1 %. Mais les quelques abattoirs contrôlés par le service d'hygiène fournissent des données édulcorées. Dans la crainte d'une saisie, les éleveurs y apportent leurs plus belles bêtes, les animaux suspects étant dirigés, à l'abri de toute surveillance, vers des « tueries particulières ».

La réalité s'avère donc consternante. À Saint-Étienne, un seul bovin sur 100 est reconnu tuberculeux, mais le taux de contamination oscille dans les étables de 30 % à 60 %. Dans les Vosges, cette proportion s'élève à 40 %. Elle est encore plus forte dans le Sud-Est et, dans certaines vallées des Pyrénées la moitié des bêtes sont tuberculeuses. Le pasteurien Nocard découvre d'ailleurs que dans les étables réputées indemnes le taux de contamination est supérieur à 50 %.

Le phénomène est général dans les autres pays. En Belgique, où le bétail est soumis au test de la tuberculine en vertu d'un règlement de 1895, 60 % des bovins sont infectés. En Allemagne, en Hollande et aux États-Unis, cette proportion oscille de 10 % à 30 %, tout comme en Angleterre où elle peut atteindre 80 % dans l'Ayrshire. L'Afrique est épargnée. En Algérie, un seul animal sur 10 000 s'avère contaminé.

En 1896, le Dr Leclainche pousse un cri d'alarme dans la *Revue de la tuberculose* : « La tuberculose bovine est envahissante ; elle progresse avec une effrayante rapidité. » Dans la première moitié du siècle, elle était rare et sa marche galopante remonterait à 1850. En Grande-Bretagne, les plus belles races auraient été décimées et les espèces survivantes seraient menacées d'extinction.

Dans la genèse des épidémies, l'étranger est souvent montré du doigt. Le chemin de fer, qui permet l'importation de reproducteurs étrangers, est donc le grand coupable. Tout serait parti de la perfide Albion, explication d'autant plus étrange que le taux de tuberculose humaine y est plus faible que partout ailleurs. « La Grande-Bretagne, écrit le Dr Leclainche, en livrant ses Durhams à prix d'or, semait en même temps la contagion dans le monde entier. C'est avec le bétail anglais que la tuberculose pénètre au Danemark, en Suède, en Russie, au Japon, aux États-Unis, au Chili, en Australie. C'est à lui que nous devons de voir nos Nivernais actuellement décimés[1]. »

En fait, la tuberculose bovine n'est pas une nouveauté, l'inquiétude procédant surtout d'une prise de conscience récente. Communiquée à l'animal par l'homme, elle épouse la courbe ascendante de la tuberculose humaine. Dans les étables, où l'isolement des sujets contaminés est impossible, rares sont les veaux qui échappent à la contagion.

1. Dr E. Leclainche, « Fréquence et distribution géographique de la tuberculose des bovidés », *Revue de la tuberculose,* 1896, p. 301 *sq.*

Les vétérinaires ne cessent de réclamer l'institution d'une réglementation sanitaire, mais la loi du 8 janvier 1905 sur les abattoirs reste de pure forme. Pour bien faire, il faudrait abattre tous les individus malades ou suspects, ce qui entraînerait l'élimination du cheptel. Aussi se contente-t-on de sanctions exemplaires. En 1894, un boucher est condamné à un mois de prison pour avoir livré une viande frelatée au 99e régiment d'infanterie stationné à Gap. Pour la somme de 31 francs, il avait acheté une vache étique dont il avait escamoté le foie et raclé les côtes pour faire disparaître les tubercules[1].

Que faire ? L'abattage des bêtes contaminées étant impossible, tout contrôle sanitaire devient illusoire. Soumettre un bifteck à une cuisson prolongée est une solution efficace d'un point de vue bactériologique mais désastreuse sur le plan nutritionnel. En définitive, l'individu ne peut rien, le problème relevant de la lutte sociale contre la tuberculose humaine et des progrès de la vaccinothérapie.

Dénoncé à partir de 1894, le lait de vaches tuberculeuses est tributaire des mêmes avatars. En 1881, le Dr Vallin n'y faisait pas encore allusion dans un article consacré à « la souillure du lait par les germes morbides ». Mais il le considérait déjà comme un excellent bouillon de culture pour toutes sortes de germes dont celui de la fièvre typhoïde.

La prolifération microbienne y est fantastique. Deux heures après la traite, un centimètre cube de lait contient 9 000 germes. Leur nombre atteint 67 000 au bout de dix heures et 5 600 000 au bout d'un jour. La souillure ne vient pas de la vache mais de son pis, des mains de la laitière ou des récipients. Le phénomène est aggravé par le préjugé selon lequel le lait ne se conserverait pas à l'abri de l'air. Aussi reste-t-il exposé aux poussières des métairies, des étables, de la chambre à coucher du fermier, des établissements collectifs et des hôpitaux[2]. En revanche, dans les campagnes, les femmes ne peuvent entrer dans une laiterie pendant leurs règles sous peine de le faire tourner, croyance à laquelle le Dr Vallin accorde un certain crédit en 1881, le sang menstruel libérant, a son avis, des « germes putrides »[3].

Plusieurs cas de fièvre typhoïde proviennent du lait mais ce mode de contage reste plus difficile à établir pour la tuberculose, même si des bacilles de Koch ont été repérés dans un fromage fabriqué depuis plus d'un mois et dans du beurre baratté depuis quatre mois. Dans la région parisienne, 44 % des vaches laitières sont tuberculeuses et 5 % du lait est contaminé[4].

1. « Boucher criminel. Vente de viandes tuberculeuses », *Revue de la tuberculose,* 1894, p. 375.

2. Dr Miquel, « La teneur du lait en bactéries », *Revue scientifique,* 1890, p. 317.

3. Dr E. Vallin, « La souillure du lait par les germes morbides », *Revue d'hygiène,* 1881, p. 459.

4. Dr Panisset, « Danger du lait des animaux tuberculeux », *Hygiène générale et appliquée,* 1906, p. 159.

Mais c'est pour les nourrissons que le lait constitue une menace majeure. Parmi les 110 000 enfants qui, chaque année en France au début de ce siècle, décèdent dans les premiers mois de la vie (1 sur 7), la plupart sont victimes de gastro-entérites provoquées par la prolifération des ferments lactiques. Le phénomène est encore plus inquiétant en Prusse où le quart des nourrissons meurent victimes du fléau.

Le phénomène est aggravé par le recours croissant à l'allaitement artificiel lié à l'importance croissante de la main-d'œuvre féminine, et par l'inadaptation du matériel. Les biberons à longs cols, que les médecins dénoncent comme un réceptacle à germes, et la malpropreté des tétines entretiennent le péril.

Il existe pourtant une technique efficace de purification du lait. Soumis à la température de 68°C pendant 35 minutes, refroidi rapidement et exposé pendant un certain temps à 10°C, il se conserve deux à trois jours à l'air libre. C'est la stérilisation ou « pasteurisation » du lait. En 1890, elle est rendue pour la première fois obligatoire à Copenhague.

La stérilisation étant une opération trop délicate pour être réalisée dans les foyers, l'ébullition reste l'unique recours domestique. Mais les mères, et les médecins eux-mêmes, donnent leur préférence au lait cru qu'on crédite d'une plus grande valeur nutritive. Chauffé à plus de 70 %, il perd son goût et prend une couleur brunâtre causée par l'altération de la caséine, et devient, dit-on, indigeste. Toujours mal pratiquée, l'ébullition offre d'ailleurs une insidieuse sécurité, l'opération étant le plus souvent interrompue à la montée du lait. Or, le lait monte à 70° C tandis que les microbes sont tués à 102° C. Le lait correctement traité lui-même n'est pas sans danger. S'il est purgé de microbes, il contient encore des spores qui ont résisté au feu et le rendent dangereux s'il n'est pas consommé sur-le-champ.

Peu à peu, pourtant, la technique impose ses solutions. La mécanisation de la traite élimine les germes à la source, des biberons hygiéniques remplacent les biberons à long col et des tétines en caoutchouc vulcanisé qui supportent l'ébullition sont mises au point. Un peu partout, enfin, une réglementation s'impose. En Allemagne, au Danemark, en Belgique, en Suisse et aux États-Unis, la vente du lait est réglementée et l'inspection des laiteries obligatoire. Mais la France, qui compte 8 millions de vaches laitières et produit chaque année 79 millions d'hectolitres de lait, ignore toute législation[1].

Pour bien faire, il semble que l'homme de la Belle Époque soit condamné à mourir de faim. Ses légumes sont empoisonnés à l'eau d'égout, ses fruits exposés sur les étalages aux poussières microbiennes, sa viande tuberculeuse et son lait transformé en bouillon de culture. Et voilà que le mets qui fait les délices des gourmets le mettrait aussi en danger de mort.

1. Sylvaine Garderet, *Mères et médecins face à la pollution microbienne vers 1900*, mémoire de maîtrise, 1998, centre Roland-Mousnier, Paris-IV, p. 95-105.

En 1896, l'ostréiculture française est un secteur en pleine expansion. En l'espace de huit ans, la production d'huîtres a triplé tandis que les prix se sont effondrés de moitié. En 1888, la récolte était de 600 millions d'huîtres d'une valeur de 13 millions de francs. En 1896, elle dépasse le milliard et demi pour une valeur de 17,5 millions. Dans le même temps, le prix de l'huître à la consommation passe de 23 à 11 centimes. Or cette prospérité risque soudain de voler en éclats[1].

En 1892, deux savants anglais, les Pr Herdman et Bazer, lancent un avertissement : les huîtres peuvent provoquer des infections gastriques graves. Le 2 juin 1896, le Pr Chantemesse, grand spécialiste de la fièvre typhoïde, évoque à l'Académie de médecine une épidémie de gastro-entérite suraiguë survenue chez plusieurs personnes après ingestion d'huîtres du parc de Cette. Quelques-unes ont même contracté une fièvre typhoïde qui a fait deux morts.

Amplifiée par les quotidiens et la très sérieuse revue de vulgarisation *Nature*, l'affaire fait grand bruit[2].

De partout, les témoignages affluent. Des personnes venues de divers endroits à l'occasion d'un repas où les huîtres étaient au menu développent la fièvre typhoïde deux jours plus tard. Dans sa thèse sur *L'Origine ostréiaire de la fièvre typhoïde*, le Dr Le Maignan cite le cas de cinq convives réunis autour de la même table dont trois attraperont la typhoïde tandis que les deux autres, qui n'avaient pas touché aux huîtres, seront épargnés[3].

La typhoïde « ostréaire » est de surcroît plus dangereuse que la typhoïde d'origine alimentaire ou hydrique. L'huître peut aussi provoquer de graves troubles chlériformes ou dysentériformes. En soi, elle est inoffensive. Sa contamination provient de l'insalubrité des parcs situés au voisinage de bouches d'égout. Paradoxalement, les huîtres fraîches sont les plus redoutables. Une fois sortie de son élevage, l'huître épure l'eau de sa coquille et ne présente plus de danger[4].

La contamination par les huîtres peut revêtir d'autres formes. Depuis que la chute des cours a fait de ces mollusques le luxe des petites gens, elle se vend à la pièce dans les quartiers populaires. Peu soucieux de la pureté de l'eau qui sert à leur « rafraîchissement », les marchands, souvent ambulants, la puisent dans les bassins des ports, voire dans le caniveau. Or, selon le Dr Mosny, c'est dans les quartiers populaires que la consommation d'huîtres est la plus importante[5].

1. Pr Alfred Giard, « Sur la prétendue nocivité des huîtres », *Revue d'hygiène*, 1904, p. 674-675.
2. Dr Ladreit de Lacharrière, « Note sur la contagion de la fièvre typhoïde », *Journal d'hygiène*, p. 19-20.
3. Dr J. Le Maignan, *L'Origine ostréiaire de la fièvre typhoïde*, thèse de médecine, Bordeaux, 1903.
4. Dr E. Mosny, « La nocivité des huîtres et l'insalubrité des établissements ostréicoles », *Annales d'hygiène publique*, 1904, t. 2, p. 467.
5. *Ibid.*, p. 463.

Les « parqueurs » crient au scandale et se plaignent de la mévente orchestrée par les hygiénistes. À leur demande, le ministère de la Marine ordonne une enquête. Le rapport d'Alfred Giard, professeur à la faculté des sciences, est lénifiant. Publié dans le *Journal officiel* du 28 juillet 1904 sous le titre « Sur la prétendue nocivité des huîtres », il les disculpe de toute incidence sur la fièvre typhoïde et se contente d'incriminer l'avarie causée par le temps et la détestable manie des restaurateurs qui servent les huîtres sur un plateau de glace. Pétrifiées par le froid, elles ne réagissent plus au citron, ce qui empêche de dépister celles qui sont mortes. La glace fondante présente un autre inconvénient : elle délaye les impuretés de la coquille qui finissent par souiller les chairs[1].

En fait, la mévente n'est pas aussi catastrophique que le disent les « parqueurs ». À l'exception de l'année 1901, la quantité d'huîtres vendues en France dépasse chaque année le milliard. En revanche, la contamination par les huîtres est bien réelle. En 1911, on recense, dans la région parisienne, 385 cas de typhoïde « ostréaire » et 66 décès[2]. L'aménagement de parcs salubres pourrait résoudre le problème, mais, en 1919, les huîtres vendues à Marseille sont encore élevées à proximité des bouches d'égout et leur eau contient, par centimètre cube, 2 800 000 germes dont 150 bacilles du groupe coli. Pour en éliminer les quatre cinquièmes, il existe un moyen simple et agréable : les arroser, huit minutes avant la consommation, de jus citron aux vertus antiseptiques bien connues[3]. Mais pour les plus prudents, le supplice de Tantale reste la seule alternative.

Les hygiénistes n'auraient essuyé que des revers si toutes les sources de contamination avaient été aussi appétissantes que les huîtres. Le péril animal comporte une autre composante qui inspire une répugnance si grande qu'on serait tenté d'en exagérer le danger : le rat. Contre lui, c'est une guerre totale qui s'engage.

Un animal horrifique

Dans l'imaginaire de la fin du XIXe siècle, le rat est devenu synonyme de peste. Depuis la découverte de son rôle dans l'étiologie du fléau, la hantise est générale, renforcée par l'extension des moyens de transports maritimes. Or, si la peste a disparu de nos régions, elle reste un fléau redoutable en Extrême-Orient. Entre 1896 et 1907, elle fauche plus de cinq millions de personnes aux Indes où les services de santé se montrent incapables de généraliser l'usage du vaccin et du sérum, sinon parmi les Européens[4].

1. Pr A. Giard, « Sur la prétendue nocivité des huîtres », *Revue d'hygiène,* p. 696.
2. *Revue d'hygiène,* 1912, p. 43.
3. Pr Ch. Richet, « Action des condiments antiseptiques sur le pouvoir infectant des huîtres », *Comptes rendus de la Société de biologie,* 1919, p. 322-324.
4. « The Plague in India », *The Lancet,* 1907, p. 1437.

Chaque navire en provenance des régions contaminées ne risque-t-il pas de provoquer une explosion digne de l'ancien temps ? En 1903, un médecin marseillais s'affole : « Depuis que la peste menace de franchir nos portes et de s'établir sur notre territoire, on n'a négligé aucun effort pour s'en préserver. Les moyens radicaux de quarantaine et d'arrêt prolongé au lazaret des bâtiments venant de pays contaminés ont dû être renforcés[1]. »

En 1899 et 1900, quelques cas de peste sont signalés à bord des navires *Niger* et *Équateur* en provenance du Levant et à destination de Marseille. Il n'en faut pas davantage pour réveiller les souvenirs de la peste de 1720. Un demi-siècle plus tard, Albert Camus écrira une chronique imaginaire de la ville d'Oran ravagée, en 1947, par une peste digne du Moyen Âge. À cette date, le mal occupe encore une si grande place dans l'imaginaire que plusieurs lecteurs croiront en l'authenticité du récit.

Or, Oran a bien connu la peste, mais en 1907. Les personnes touchées, au nombre d'une dizaine, ont toutes guéri grâce au sérum de Yersin et la vaccination antipesteuse a brisé net l'extension du fléau[2]. C'est dire la dimension archaïque de cette forme de panique sous nos latitudes. Malgré tout, le problème des rats inquiète si fort les membres du Congrès international de la Marine qu'une Association internationale pour la destruction des rats est fondée. Il est vrai que l'animal a de quoi torturer les esprits.

Dans l'Antiquité, le rat noir, ou rat domestique (*mus ratus*), vivait dans les maisons en commensal de l'homme. Au début du XVe siècle, le surmulot ou rat migrateur venu d'Orient, mieux connu sous le nom de rat brun ou rat d'égout, fait son apparition en Europe dont il achève la conquête trois siècles plus tard. Il s'empare des égouts, des marchés, des caves, des docks, contraignant le sympathique rat domestique à se réfugier dans les campagnes. Deux types de rats se partagent dès lors le territoire : le rat des villes et le rat des champs.

Le rat des villes mesure un demi-mètre. La tête et le corps occupent 31 centimètres, la queue 19. Sa capacité de reproduction est formidable. La femelle à des portées de sept à neuf petits. Certaines mettent bas jusqu'à quatorze ratons qui peuvent se reproduire au bout de trois mois[3].

La faculté d'adaptation des rats est non moins prodigieuse. Dans les bateaux frigorifiques, ils se couvrent de fourrure et se nichent avec leur couvée dans les carcasses d'animaux congelés. Rien ne résiste à leur voracité. Ils dévastent les récoltes et les poulaillers, s'introduisent dans les magasins et les entrepôts. Au Danemark, on a calculé qu'un rat consomme chaque jour pour quatorze centimes de marchandises. Chacun d'eux coûterait donc 4,35 francs

1. Dr R. Jacques, « Destruction des rats à bord des navires... », *Revue d'hygiène*, 1903, p. 120.
2. Dr Béral, *Une petite épidémie de peste à Oran*, thèse de médecine, Montpellier, 1909.
3. Dr Albert Calmette, « La lutte internationale contre les rats », *Journal de médecine de Paris*, 1911, p. 588.

par mois à la collectivité (250 de nos francs). Sur les 80 000 sacs de café transportés par un navire, les rats en éventrent 10 000. Le café se répand dans la cale, les différentes espèces se mélangent. À eux seuls, le raccommodage et le tri des grains éparpillés occasionnent une dépense de 10 000 francs (600 000 de nos francs)[1]. Mais les rats se nourrissent surtout d'immondices.

En 1898, un pasteurien en mission à Bombay, le Dr Simond, découvre qu'ils peuvent être atteints, sans en mourir eux-mêmes, d'une forme chronique de peste transmissible à l'homme et mortelle. Ils interviennent aussi dans l'étiologie de la trichinose en communiquant la trichine aux porcs qui dévorent leurs cadavres avant de servir à l'alimentation humaine. Vers 1910, Remlinger signale encore des cas de transmission de la rage du chien par morsures de rats[2]. Aussi, tous les moyens sont-ils bons pour les exterminer.

Guerre aux rats

Vers le début du siècle, les savants déclarent la guerre chimique aux rats en procédant à la sulfuration des cales vides. Le procédé, utilisé pour la première fois en octobre 1901, se révèle décevant, les rats ayant quitté les navires blottis dans les marchandises. En l'espace de quinze mois, 10 054 rats sont asphyxiés par les vapeurs de soufre à bord de 555 navires, mais, en un an, 38 207 ont été capturés en cours de route dans ces mêmes navires.

L'administration tente alors d'imposer la sulfuration des cales pleines contre l'avis des compagnies maritimes qui redoutent l'avarie des marchandises et la détérioration de la tôle humide sous l'effet d'un gaz toxique[3].

Des études réalisées en Angleterre montrent que des fumigations de gaz sulfurique à 3 % détruisent en dix heures tous les microbes pathogènes, tous les rats et toutes les puces d'une cale pleine et hermétiquement close. Mais le blé en sac est gâté, la farine ne lève pas et le pain a un goût de soufre. En revanche, le blé déposé en vrac au fond d'une cale n'est que faiblement altéré sur une épaisseur de 12 centimètres et donne un pain de bonne qualité. L'orge, même en sac, résiste mieux. La viande fraîche, les fruits et les légumes frais prennent un goût détestable. Seule la viande congelée résiste à l'épreuve[4].

Les armateurs répugnent donc à livrer leurs navires aux vapeurs de soufre. Le gaz carbonique, qui est asphyxiant sans être délétère, semble donner de meilleurs résultats mais il ne parvient pas à s'imposer.

1. « Congrès international de la marine de 1910 », *Revue d'hygiène*, 1911, p. 193.
2. Dr A. Calmette, « La lutte... », *op. cit.*, p. 589.
3. Dr R. Jacques, « Destruction des rats à bord des navires », *Revue d'hygiène*, p. 124-125.
4. Ohn Wade, « Further experiments on sulfur dioxyde, as applied in the destruction of rats and in disinfection on shipboard », *Report of the Local Governement Board*, Londres, 1907, p. 472 *sq*.

À terre, le problème est aussi crucial. Les rats s'installent en maîtres dans les caves et dans l'entrevous des planchers. Le phénomène atteint des proportions effrayantes dans certains hôpitaux parisiens. Les rats de la Salpêtrière et de Cochin sont si célèbres que la *Gazette médicale de Paris* suggère plaisamment à l'Assistance publique la création d'un poste d'« interne ratier des hôpitaux de Paris ». S'il faut en croire le rapport que le Pr Widal adresse au ministère de l'Intérieur en 1902, l'interne en question aurait fort à faire à Cochin.

Cet hôpital, note Widal, est un véritable « charnier ». Sous un plancher vermoulu où stagne une boue fétide commence le royaume des rats. Les germes s'y accumulent, apportés par l'eau de lavage. Dès le printemps s'en échappent des odeurs nauséabondes. En 1901, l'administration a bien décidé de déclarer la guerre aux rongeurs en utilisant l'arme du poison. Mais le remède s'est révélé pire que le mal. Des charognes putréfiées s'exhalaient des relents putrides qui portaient les malades au bord de la suffocation. Aussi préfère-t-on laisser vivre les rats. Désormais, ils pullulent de nouveau, mais on les épargne, on compose avec eux[1].

L'Institut Pasteur leur déclare alors la guerre bactériologique. En 1900, le Dr Danysz isole un cocco-bacille semblable au bacille du typhus, mortel chez le rat mais inoffensif chez l'homme et les autres animaux. Il suffit de donner aux rongeurs un morceau de pain imprégné de ce germe pour les faire périr de septicémie en quelques jours.

À l'hôpital Beaujon, les rats sont exterminés en quinze jours et l'autopsie confirme l'efficacité du cocco-bacille de Danysz. Le deuxième étage de l'Imprimerie nationale, occupé par les ateliers de brochure et de reliure, était infesté par un millier de rats. Ils sont foudroyés dix jours après l'ingestion de cultures virulentes. Un tronçon d'égout situé sous la place de l'Alma est isolé par des grilles et semé de morceaux de pains empoisonnés. Quatre-vingts cadavres de rats en sont retirés quinze jours plus tard. Aussi le Dr Danysz peut-il prophétiser l'extinction prochaine de l'espèce des rats gris[2].

Quelques mois plus tard, il faut déchanter. Plus malins que l'homme, les rats ne touchent plus au pain pathogène. S'ils se délectent une première fois d'un saucisson mortel, ils le dédaignent ensuite[3].

L'expérience est reprise en 1912 dans certains immeubles de Rouen. Des rats sont capturés, nourris, arrosés de bacilles et remis en liberté. L'opération est mal accueillie par les habitants qui ne comprennent pas ce lâcher de rats dans leurs appartements. D'autant qu'ils font un effroyable tapage sous l'ef-

1. *Gazette médicale de Paris*, 1902, p. 36-37.

2. Dr J. Danysz, « La destruction des rats par une maladie contagieuse », *Revue d'hygiène*, 1900, p. 321 ; « Un microbe pathogène pour les rats », *Annales de l'Institut Pasteur*, 1900, p. 193.

3. *Annales d'hygiène publique*, 1901, t. 1. p. 553.

fet de la fièvre avant de mourir[1]. Mais, faute de résultats durables, l'arme bactériologique ne sera plus utilisée.

Un peu partout, c'est le vieux système de la prime qui semble avoir donné les meilleurs résultats. En 1907, le parlement danois consacre un crédit annuel de 10 000 couronnes (14 000 francs) à la distribution d'une prime de 7 à 14 centimes par rat capturé. Le système n'est pas sans danger. L'article 5 de la loi du 22 mars sur la destruction des rats stipule en effet : « Sera passible d'une amende de 100 à 500 couronnes, toute personne qui, pour bénéficier ou faire bénéficier un autre de la prime, sera convaincue d'avoir entretenu, élevé ou importé des rats de l'étranger. La même peine est applicable à quiconque aura remis des rats entretenus, élevés ou importés de l'étranger dans le but de gagner la prime. »

L'opération est toutefois couronnée de succès. Aux « postes récepteurs » de Copenhague et de Frederiksberg, il n'est pas rare de voir des chasseurs apporter une cinquantaine de rats à la fois. Certains « sportsmen », facilement reconnaissables à leur tenue, poussent l'amour de l'art au point de distribuer leur prime aux nécessiteux[2].

En 1912, le bureau d'hygiène de Rouen instaure le système de la prime. Le tableau de chasse est séduisant. 15 000 cadavres de rats sont collectés en l'espace de quelques semaines, ce qui fait flamber le cours du rat vivant, les organisateurs de concours de chiens ratiers étant contraints de se les procurer au marché noir.

Répugnante en soi, la chasse aux rats peut devenir dangereuse en cas de peste. En outre, une partie du butin est constituée de rats morts trouvés par les chiffonniers dans les boîtes à ordures. Enfin, le manège est sans fin. Au bout d'un certain temps, la raréfaction du rat décourage les ardeurs et les survivants peuvent se reproduire à leur aise[3].

En 1919, la petite « peste des chiffonniers » agite de nouveau les conseils municipaux sur le thème de la chasse aux rats. La ville du Havre, peu soucieuse de voter des crédits pour un résultat incertain, invoque le mythe antique de l'étranger contaminant adapté au rat. « La municipalité, déplore le Dr Loir, ne veut pas donner d'argent. Elle prétend que les rats dangereux sont des rats étrangers et que, par conséquent, il n'est pas besoin de prendre des précautions contre les rats domiciliés dans la cité[4]. » En revanche, le conseil municipal de Paris affecte à la prime un crédit de 300 000 francs. Il

1. Dr Panel, « Service de la destruction méthodique et permanente des rats, organisé au Bureau d'Hygiène de la ville de Rouen », *Revue d'hygiène*, 1913, p. 1333-1334.

2. « La nouvelle loi danoise sur la destruction rationnelle des rats », *Revue d'hygiène*, 1908, p. 608-612.

3. Dr Panel, *op. cit.*, p. 1332-1333.

4. Cité par le Dr Loir au cours d'une séance de la société de médecine publique, *Revue d'hygiène*, 1920, p. 856.

permet de recueillir 180 000 cadavres pour une population ratière estimée à plusieurs millions d'individus[1].

Le problème des rats sera résolu par une bonne gestion des immondices. Au lendemain de la Grande Guerre, le Dr Marchoux rappelle que, « dans les cantonnements anglais où les détritus étaient soigneusement détruits, où rien qui puisse servir à l'alimentation des murins ne traînait à terre, on ne voyait pas de rats. Il en était tout autrement dans les cantonnements français où les murins pullulaient parce qu'ils y trouvaient à se nourrir des déchets répandus de toutes parts[2]. »

Si les rats ont fait en Europe plus de peur que de mal, on ne saurait en dire autant des mouches qui y ont fait plus de mal que de peur.

1. *Ibid.*
2. *Ibid.*, p. 858.

CHAPITRE XXXVIII

La troisième plaie : les mouches

La mouche n'a jamais eu bonne réputation. Dans l'Antiquité, les Orientaux adoraient Belzébuth, le « Seigneur des mouches », qui les exterminait. Les Grecs rendaient un culte à Zeus aponymos, c'est-à-dire « Zeus chasse-mouches ». Dans la Bible, Dieu menace Pharaon d'une nuée de mouches. Au Moyen Âge, saint Bernard les excommunie et les sorcières sont accusées d'entretenir de bonnes relations avec elles.

Certains savants de l'époque moderne, Mercurialis, Paré ou Sydenham, leur assignent un rôle dans la propagation de la peste et des maladies infectieuses, mais ils sont l'exception. Les premiers micrographes qui, au XVIe siècle, s'émerveillent devant leur anatomie, ne sont pas hérissés de défiance et la mouche est surtout haïe comme symbole de décomposition cadavérique ou comme insecte persécuteur. C'est seulement vers la fin du XIXe siècle qu'on découvre son immense pouvoir de dissémination microbienne. D'autres insectes « domestiques » retiennent aussi l'attention des microbiologistes.

Punaises, poux et moustiques

Les maladies tropicales ont éclairé le problème des « hôtes intermédiaires ». Le moustique transmet le paludisme et la fièvre jaune, la mouche tsé-tsé la maladie du sommeil. Aussi les microbiologistes se tournent-ils d'abord, en Europe, vers les insectes piqueurs.

Les punaises ne les déçoivent pas. De longue date, la rumeur voulait qu'elles fussent utiles à la santé, dernier écho des doctrines professées par Dioscoride qui les recommandait en cas de fièvre quarte ou de morsure de serpent. Mais, dès 1892, leur rôle dans l'étiologie de la tuberculose est établi par le Dr Dewèvre. Dans le lit d'une pulmonaire, il recueille une trentaine de punaises et les inocule à trois cobayes qui meurent de tuberculose. Leur mise en culture révèle par ailleurs que 60 % d'entre elles sont porteuses de bacilles de Koch[1].

C'est de sang humain qu'elles s'abreuvent le plus volontiers, mais elles ne dédaignent pas celui des rats et des souris. Outre la tuberculose, elles peuvent transmettre la variole et certaines maladies exotiques.

Les punaises hospitalières sont les plus dangereuses. Celles de Cochin stimulent la verve épique du Pr Widal : « Voyez-les, aux premières chaleurs, s'avancer, sanguinaires, innombrable et sombre armée, plus funeste encore et plus cruelle que les rongeurs. Elles jaillissent de terre, elles pleuvent du toit, elles nous submergent. Elles tombent dans la soupe des malades. Elles les dévorent la nuit et, le matin, ils les ramassent, repues, par centaines sur leurs draps. C'est leur cauchemar, c'est leur supplice[2]. »

En 1925 les pulvérisations de pyréthrine au 1/25 000, ou « Fly-tox », permettent enfin de les combattre efficacement.

Les poux sont le fléau des armées en campagne, des trimardeurs, des habitués des asiles de nuit et des dépôts de mendicité. Mais ils s'adaptent mal aux classes aisées qui changent souvent de vêtements. On les accuse de transmettre la typhoïde, la septicémie et surtout le typhus. Aussi les hygiénistes recommandent-ils de fuir les vagabonds[3].

Depuis la découverte de son rôle dans la transmission du paludisme, le moustique, surtout l'anophèle, jusque-là redouté comme insecte persécuteur, inquiète les hygiénistes. Certes, grâce à l'assèchement des Landes, de la Sologne, des Dombes et de la Crau, le paludisme a pratiquement disparu de France, comme de presque toutes les régions d'Europe, à l'exception de quelques poches de résistance (Corse, région de Saintes, marais Pontins).

À Paris, la fièvre paludéenne, endémique au XVIIe, était devenue plus rare au XVIIIe siècle. La vallée de la Bièvre, les bords de la Seine et la plaine alluvionnaire étaient pourtant de perpétuels réservoirs de moustiques et certains accès pernicieux du XIXe siècle ont laissé des traces dans les mémoires : épidémie de 1810-1811 à la suite du creusement du canal de l'Ourcq ; épidémie de 1840 causée par les travaux des fortifications. En 1886, on recense encore 131 cas de paludisme dans le quartier de Maison-Blanche. Les dernières séquelles du mal sont observées au cours de l'Exposition de 1900[4].

Pour se débarrasser des moustiques, il faut neutraliser les zones d'éclosion en asphyxiant les larves par épandage de pétrole sur les eaux stagnantes. Lorsqu'il s'agit d'étangs, de bassins ou de mares trop étendues, il suffit de les peu-

1. « Transmissibilité de la tuberculose par la punaise de lit », *Revue de médecine*, 1892, p. 271.

2. *Gazette médicale*, 1902, p. 36-37.

3. Dr Lagane, « Les dangers du pou », *La Presse médicale*, 1912, p. 949.

4. Dr R. Wurtz, « Sur la nécessité de donner aux autorités sanitaires en France le droit de rechercher et de détruire les larves de moustiques », *Revue d'hygiène*, 1916, p. 786-787.

pler de poissons gourmands de larves : tanches, épinoches et surtout poissons rouges.

Dans une grande ville comme Paris, où les plaintes sont quotidiennes, la recherche des lieux d'éclosion, à laquelle participent les pompiers, est plus délicate. Il s'agit parfois de réservoirs déclassés comme ceux des rues de l'Estrapade et de Jussieu, mais, le plus souvent, ce sont de minuscules pièces d'eau qui se forment dans les cours, les écuries, les chenaux, voire à l'intérieur de boîtes de conserve[1]. Avec l'extension du tout-à-l'égout, le pullulement des moustiques s'accroît de façon paradoxale, les anciennes fosses d'aisance ou les réservoirs des *water-closets* d'appartements vides se transformant en zones d'éclosion.

La peur du paludisme, comme celle de toutes les autres maladies épidémiques, est exacerbée par les événements de 1914. Des troupes venant d'Afrique ne vont-elles pas réintroduire l'hématozoaire en France? En 1915, la petite épidémie en Lorraine, qui semble de mauvais augure, sera sans suite.

L'anophèle, pas plus que les poux ou les punaises, ne sont en fait de véritables facteurs de mortalité. On ne saurait en dire autant des mouches qui, voltigeant partout, sont de grandes semeuses de mort.

La mouche homicide

De tous les pièges à microbes, la patte de mouche est le plus perfectionné. Hérissée de poils et terminée par une palette dont la face inférieure est également recouverte de poils encore plus ténus, elle constitue une brosse microscopique qui retient tous les germes. Or, la mouche traîne sur les immondices, les crachats et les excréments avant de se poser sur les aliments. Elle est ainsi le vecteur de la tuberculose, de la fièvre typhoïde, du choléra, de l'érysipèle, des diarrhées épidémiques, des dysenteries et des ophtalmies.

Plongeons une mouche dans une fiole remplie d'eau distillée. Agitons. Mettons une goutte en culture. À partir du nombre de colonies formées, il est facile de calculer le nombre total de microbes pullulant à la surface de l'insecte. Mais alors que l'air et l'eau font l'objet de recherches bactériologiques depuis 1880, c'est seulement à partir de 1900 que les microbiologistes se penchent sur la mouche. Les résultats sont ahurissants.

Une mouche domestique capturée dans un appartement au mois de septembre véhicule, en moyenne, 250 000 à 900 000 germes. Sa virulence varie d'un quartier et d'une époque à l'autre. Elle est moins importante dans les quartiers résidentiels que dans les quartiers pauvres. Dans les zones insalubres, les résultats dépassent l'imagination. Une mouche capturée dans les locaux

1. Dr J. Chatin, « Les moustiques à Paris, moyens d'arrêter leur développement », *Annales d'hygiène*, Paris, 1904, t. 2, p. 97 *sq*.

du service de destruction des immondices contient 500 millions de bactéries, chiffre porté à 100 milliards dans la chambre d'abattage d'un équarrisseur[1]. Les mouches sont moins pathogènes en juillet qu'en septembre, époque à laquelle elles ont traîné dans les endroits les plus ragoûtants.

Vers 1900, les mouches pullulent par milliards. Elles trouvent dans le fumier de cheval, dans les immondices et la marée fécale, un gîte d'élection. S'y ajoutent les mouches « d'élevage ». Dans les environs de Paris, en Seine-et-Oise notamment, existent des ateliers clandestins où de petits artisans abandonnent des morceaux de viande à la pourriture pour en recueillir les asticots destinés aux pêcheurs[2].

La mouche possède un fantastique pouvoir de reproduction. Au XVIIIe siècle, Linné affirmait que trois mouches à viande étaient capables, en raison de leur fécondité, de dévorer un cadavre de cheval plus rapidement qu'un lion[3].

Les savants du début du XXe siècle calculent qu'une mouche peut pondre 100 à 150 œufs en moins d'une journée. Huit heures lui suffisent par temps chaud. L'œuf éclos donne naissance à une larve, ou asticot, qui devient une nymphe au bout de cinq jours et, trois ou quatre jours plus tard, un insecte parfait. Ainsi, de semaine en semaine, chaque mouche se multiplie au centuple, ce qui, au terme d'une vie de quatre mois, représente des trillions de descendants[4].

Cent vingt œufs pondus le 15 avril donnent 6000 milliards d'individus le 10 septembre. En 1935, un savant affirme : « Si tous les œufs d'une mouche, pondus du 1er mai au 21 septembre, donnaient naissance à des adultes, on arriverait à un total de 400 trillions de mouches et, en les plaçant bout à bout, on pourrait former un ruban mesurant 266 fois la distance de la terre au soleil[5]. »

Bonne mère, la nature se charge d'en éliminer l'immense majorité. Les survivantes n'en sont pas moins éprouvantes. On peut se faire une idée du paysage à la lumière des résultats obtenus lors des chasses à la mouche.

Un médecin-major, le Dr Delamare, utilise une eau formolée à 10 %, « véritable tombeau de mouches et moustiques ». Il en remplit plusieurs assiettes et les dépose dans une salle de caserne de 521 mètres cubes. « Pendant une semaine du mois d'août, écrit-il, nous avons fait compter les cadavres ailés par deux militaires. Ces derniers se sont intéressés à ce genre de sport et ont rempli consciencieusement leur consigne. Nous avons pu ainsi calculer que nous avions détruit, du 1er au 7 août, une moyenne de 4000

1. Dr Stéphen Coudray, *La Mouche et l'hygiène*, thèse de médecine, Paris, 1913, p. 127-128.
2. *Ibid.*, p. 174.
3. G.-W. Poore, « Flees and the science of scavenging », *The Lancet*, 1901, p. 1381.
4. Dr O. Arnaud, « La mouche homicide », in *La Lutte contre les mouches et autres insectes nuisibles*, Paris, 1935, p. 11-12.
5. Georges Risler, « La guerre aux mouches », in *La Lutte contre les mouches…*, *op. cit.*, p. 63.

mouches par jour. » L'expression « tomber comme des mouches » n'a pas toujours été une métaphore.

Un médecin des troupes coloniales, le Dr Legendre, capture à l'aide d'un filet à papillons 686 mouches dans sa cuisine en l'espace d'un quart d'heure. « À la fin de la chasse, écrit-il dans *Nature* du 7 septembre 1912, on plonge la queue de la papillonnette dans l'eau bouillante qui tue les mouches instantanément, ou bien on l'immerge dans l'eau froide pour leur mouiller les ailes : on retourne le sac, on les vide, et on écrase les insectes. »

À Worcester, où la municipalité organise un concours de « gobe-mouches », le premier prix de 500 francs est attribué à un enfant de 12 ans qui, au moyen d'un piège de son invention, a capturé 1 219 000 mouches en deux semaines. Mais le record appartient à un jeune homme de Washington, Layton Burdette qui, avec un piège rempli de marmelade, parvient à tuer 7 millions de mouches en quinze jours[11].

Le phénomène atteint des proportions hallucinantes sur les champs de bataille. Dans les feuillées, sorte de sillons qui servent de latrines aux soldats, les mouches sont au paradis. Lorsque ces fosses sont abandonnées sans avoir été recouvertes de terre, elles se transforment en masses grouillantes de larves et de pupes dont s'échappent à tout instant des myriades de mouches. Durant la guerre du Transvaal, au moindre bruit, elles s'envolaient par milliards en produisant une détonation semblable à celle du canon.

On n'en finirait jamais de décrire les horreurs de la Grande Guerre. Les mouches y ont joué leur rôle dans le cauchemar des tranchées. Dès l'automne 1914, elles envahissent les Flandres et la vallée de la Marne, livrées à la putréfaction de milliers de cadavres d'hommes et de chevaux. Dans les mois qui suivent, la situation ne cesse de s'aggraver. Les tranchées se remplissent de cadavres qu'on ne peut ni enterrer ni enlever. Les épaulements eux-mêmes sont constitués de terre et de corps. Mais c'est le *no man's land* entre les lignes ennemies qui offre le spectacle le plus atroce. Le témoignage d'un contemporain, seul, peut donner la dimension de l'horreur :

> « [Cet espace] est couvert de blessés qu'il faut laisser mourir sur place, vu l'impossibilité de leur porter secours, et de cadavres qui gisent là depuis des semaines ou des mois, sans qu'il soit possible de les inhumer : quiconque apparaît entre les lignes est fauché par le feu. Il n'y a d'immunité que pour des nuées de corbeaux qui viennent dépecer les morts sous les yeux de vivants [...].
>
> « Ces chairs en voie de putréfaction attirent des essaims de mouches d'une incroyable densité. De toutes parts on se plaint de leurs invasions et des tourments qu'ils infligent sans trêve ni répit aux soldats dans les tranchées ou dans les cantonnements [...].

1. Cité par Coudray, *ibid.*, p. 140 *sq.* Le nombre de mouches capturées est sans doute calculé par pesage.

« Il y a pire. Les blessés, abandonnés au milieu des morts entre les lignes, sont attaqués par des mouches qui pondent leurs œufs ou leurs larves sur les plaies, dans le nez, l'oreille ou l'œil. Ils sont dévorés vivants par ces larves carnassières. S'il est possible de les relever avant qu'ils n'aient succombé à leurs souffrances, on ne ramène plus à l'ambulance que des chairs grouillantes d'asticots. Il est souvent trop tard pour les arracher à une mort par infection du sang[1]. »

Aussi le Pr Blanchard propose-t-il de traiter les cadavres à la chaux vive ou, lorsqu'il n'est pas possible de les atteindre, de les asperger d'acide sulfurique au moyen de pulvérisateurs utilisés dans l'agriculture. Certains ont même songé à des appareils fonctionnant sous pression d'acide carbonique et donnant un jet de dix mètres[2]. Mais alors, il aurait fallu soumettre les blessés au même traitement !

La lutte contre les mouches

La lutte contre les mouches est souvent illusoire et pour en préserver le logis, le mieux est de leur en interdire l'accès. Dans les campagnes, l'habitat se prête à une protection efficace. Les fenêtres sont tendues de filets dont les mailles peuvent atteindre jusqu'à 2 ou 3 centimètres de largeur. Les mouches n'osent pas s'y aventurer, surtout lorsque l'intérieur est plongé dans la pénombre. Les portes sont garnies de rideaux constitués de cordelettes de verroterie qui s'écartent seulement au passage de l'habitant. Des châssis amovibles tendus de toile métallique sont aussi d'une grande efficacité.

Dans les villes, où de telles installations sont impossibles en raison de la taille des fenêtres, on recommande de peindre en bleu clair, couleur que les mouches détestent, les murs et les plafonds des chambres, des salles d'hôpitaux, des crémeries ou des restaurants[3]. On a même imaginé de garnir les fenêtres de vitres bleues dont l'une, mobile, permettrait aux mouches qui se sont introduites par mégarde de s'échapper.

L'homme de la Belle Époque, qui, comme les mouches, déteste le bleu clair, préfère s'en remettre aux papiers-glu vendus dans le commerce. De simples cordes enduites d'un mélange de glu et de miel peuvent rendre les mêmes services. Mais, vite saturées de mouches, elles doivent être souvent renouvelées et leur manipulation n'est ni agréable ni hygiénique.

Les papiers ou pastilles tue-mouches permettent de préparer une solution insecticide que l'on dispose dans une assiette, mais ils sont dangereux en raison de l'arsenic qu'ils renferment. De plus, les mouches qui ne sont pas tuées

1. Pr R. Blanchard, *La Lutte contre les mouches,* Paris, 1915, p. 28-29.
2. *Ibid.*, p. 30-31.
3. *Ibid.*, p. 22-23.

sur place vont mourir ailleurs, parfois sur les aliments qu'elles empoisonnent de microbes et de substances toxiques.

Le lait additionné de formol placé dans des assiettes est d'une réelle efficacité mais il est peu pratique et inesthétique. Les pulvérisations de poudre de pyrètre, de pétrole, de benzine ou de xylol se contentent d'étourdir les mouches. Il faut ensuite les balayer et les exterminer.

Il existe différents types de pièges à mouches constitués de nasses en toile métallique contenant du sucre ou de la confiture. Les carafes à fond percé, contenant de l'eau savonneuse, sont très répandues. On a même conçu des pièges mécaniques équipés d'un mouvement d'horlogerie. Ils sont constitués d'un disque horizontal pourvu de godets dans lesquels on dépose de la confiture ou du sirop. Lorsqu'il tourne, les godets passent sous une nasse qui rafle les mouches. On peut ainsi en capturer des milliers en une journée. L'appareil est ensuite passé à l'eau bouillante ou au four domestique[1].

Si fructueuse soit-elle, la chasse domestique est incapable de résoudre le problème. On peut purger une chambre de ses mouches mais, à moins de la garder toutes fenêtres closes, d'autres reprendront possession des lieux. Les hygiénistes ont donc reporté leurs espoirs sur le traitement social de la mouche et sur des armes de destruction massive.

Le traitement social de la mouche

Des savants ont d'abord envisagé de déclarer la guerre bactériologique aux mouches. Certaines infections mortelles n'ont-elles pas opéré des ravages chez les insectes ? En isoler le germe, le cultiver et le transmettre à l'espèce est un objectif séduisant. Le Pr Herelle parvient à exterminer les criquets et les sauterelles en fournissant aux agriculteurs des cultures de *coccobacillus acridiorum*. Deux autres pasteuriens, Picard et Blanc, réussissent à isoler le germe d'une septicémie bacillaire des chenilles qui permet de les éliminer des vignobles du midi de la France.

Réfractaire à la plupart des germes, la mouche est seulement sensible à un champignon, l'*empusca muscae*, qui cause chez elle de sévères ravages en automne. Malheureusement, les savants ne parviennent pas à l'isoler[2].

Aussi décide-t-on de s'en prendre aux sources vives d'éclosion : les tas de fumier. « Tous les autres milieux, écrit le Pr Blanchard, jouent un rôle tellement secondaire qu'ils peuvent être tenus pour négligeables. » À lui seul, Paris produit 80 000 tonnes de fumier de cheval par an et, chaque jour, s'échappent des milliers de moucherons d'un seul tas. Aussi le Conseil d'hygiène du département de la Seine prend-il un certain nombre de mesures en

1. Pr Blanchard, *op. cit.*, p. 25.
2. Coudray, *La Mouche et l'hygiène*, *op. cit.*, p. 156-157.

juin 1913 : destruction des gîtes dans les étables par fumigations de crésol, enlèvement du purin toutes les trois semaines, traitement au lait de chaux. Mais toutes ces prescriptions resteront lettre morte.

On cherche à stériliser le fumier en l'aspergeant d'huiles lourdes de goudron, de sulfate ferrique, de kérosène ou de pétrole lampant. Mais ces méthodes sont inefficaces ou nuisibles au fumier dont elles détruisent les bactéries, le privant ainsi de toute vertu agricole.

L'arsenic est un insecticide excellent et sans action sur les bactéries, mais il est toxique. Le chlorure de chaux tue les larves mais il libère des vapeurs irritantes de chlore. L'aniline et la pyridine donnent de bons résultats mais elles sont trop coûteuses.

Devant l'échec des procédés de stérilisation chimique, les hygiénistes cherchent à introduire en Europe la « réforme du fumier » qui a fait ses preuves aux États-Unis. Il s'agit de déposer le tas de fumier sur une plate-forme à claire-voie aménagée au-dessus d'un bassin rempli d'eau. Les larves finissent par y tomber et mourir noyées. Un hygiéniste américain a calculé que, du 25 juin au 1er octobre, 112 000 larves se sont ainsi échappées d'un seul tas de fumier. Encore est-on en deçà de la réalité, car, précise-t-il, « pendant cette période, une bande de jeunes dindons était lâchée dans le champ et venait à chaque instant visiter le bassin pour se repaître des larves ». Dans le même temps, le nombre de mouches capturées chaque jour dans une cuisine des environs tombait de 2 131 à 692. Mais l'eau stagnante attirant les moustiques, il faut l'asperger de pétrole[1].

Aux États-Unis, la lutte sociale contre les mouches prend une ampleur considérable dès le début du siècle. Une importante législation est mise en place ; des ligues se forment, composées de médecins, d'entomologistes, de responsables sanitaires et de personnes de toutes les professions. Elles répandent dans le public des circulaires, des affiches, des notices. Des conférences sont organisées avec la participation de la presse.

C'est à Worcester, dans le Massachusetts, qu'est lancée la première croisade contre les mouches. Un concours de « gobe-mouches » réunit 232 concurrents. En 1910, une ligue est fondée à New York à l'instigation du directeur du Jardin zoologique. Avec l'appui des instituteurs, elle lance les écoliers dans la chasse aux mouches. Chacun d'eux recevra 20 cents par centaine de têtes de mouches adressée au bureau municipal d'hygiène. Selon Blanchard, « le Dr A.-L. Murray passa une grande partie de l'été 1910 à compter et à peser ce singulier gibier ». En 1914, les boy-scouts de Philadelphie se donnent pour mission l'extermination des mouches de la région[2].

En France, le journal *Le Matin* institue, dès le 19 octobre 1905, un prix de 10 000 francs destiné à récompenser quiconque découvrira le meilleur pro-

1. Blanchard, *op. cit.*, p. 52-54.
2. *Ibid.*, p. 48.

cédé de destruction des mouches. 265 mémoires sont adressés à la rédaction et soumis à un jury composé de sommités médicales : Brouardel, Chantemesse, Émile Roux. Le prix est attribué à un concurrent anonyme, qui n'est autre que le Pr Bordas. Dans un mémoire intitulé *Delenda musca,* il recommande l'extermination des mouches par l'huile de schiste.

À partir de 1913, les pouvoirs publics prennent l'affaire en main. En juin, la préfecture de police de la Seine fait distribuer aux écoliers et aux directeurs des administrations une courte notice tirée à 500 000 exemplaires. Peu après, l'Institut national d'hygiène sociale édite, sous le titre *Conseils à la population*, une grande affiche illustrée. Quelques conseils généraux votent des crédits. Celui de la Seine inscrit 300 000 francs sous la rubrique : « Subvention aux communes pour la destruction des mouches [1] ».

Le tapage est sans effet. Que peuvent quelques instructions contre des milliards de milliards de mouches. Chercher à les exterminer est un travail de Sisyphe. À partir de 1920, leur nombre ne cessera pourtant de décroître. Ce sera l'un des bienfaits de l'automobile.

1. *Ibid.*, p. 36-39.

CHAPITRE XXXIX

L'homme contaminant

Pourquoi le miasme aurait-il fait peur ? Qui aurait songé à fuir un principe abstrait qui, venu des entrailles de la terre ou des profondeurs de chaque individu, était sensé être partout et nulle part ? Le microbe, lui, fait peur. Et cette peur, qui consacre le succès populaire des nouvelles théories, aura des effets à la fois bénéfiques et pervers.

L'eau, l'air, les immondices ou les animaux ne sont jamais que des vecteurs microbiens. C'est l'homme qui est la source de toutes les infections, c'est lui qui souille les poussières et les mouches de bacilles de Koch, qui contamine l'eau et les légumes de bacilles d'Eberth. Dans sa forme la plus éprouvante, la peur de la contagion se confond d'abord avec la peur de l'homme malade.

Par extension, tout homme sain ayant été en contact avec un malade devient suspect. Une même suspicion plane sur les personnes mal connues, transformant en parias vagabonds et étrangers. La phobie culmine avec la peur de l'homme en bonne santé qui héberge des germes inoffensifs pour lui-même mais pathogènes pour le voisinage. Ainsi commence la malédiction du porteur sain.

L'homme contagieux

Dans un article publié en 1891 dans la *Revue générale de clinique et de thérapeutique* sous le titre « Du délire de la contagion, ses dangers et son traitement », le Dr Dauchez dénonce, exemples à l'appui, les effets délétères de la hantise du microbe. Un cours de danse de la rue de Tournon est déserté lorsqu'on apprend qu'une voisine rend visite tous les jours à sa fille atteinte de scarlatine. Un étudiant en médecine, pensionnaire d'un hôtel de la rue Saint-Sulpice, est prié de déguerpir parce qu'il est atteint de fièvre typhoïde. « Au train où vont les choses, s'exclame un médecin, on ne trouvera plus personne pour soigner les malades. »

La famille d'un contagieux le devient elle-même et des voix s'élèvent pour l'exclure de la cité. « Devra-t-on, proteste Dauchez, défendre à un père de famille d'aller à l'atelier, à son bureau, à l'église, de circuler en tramway parce qu'il a un enfant atteint de scarlatine[1] ? » « Si, déclare un autre médecin, nous devions prendre à la lettre les conséquences pratiques des doctrines contemporaines, les mesures de prophylaxie jetteraient dans la vie sociale un trouble profond[2]. »

C'est bien vu. Mais ce sont les hygiénistes qui attisent la braise. La microbiologie est une science balbutiante et, dans l'ignorance de tous les modes de contage, certaines de leurs initiatives semblent avoir été conçues pour semer la panique.

Un peu partout, les villes d'Europe suivent l'exemple d'Anvers qui, depuis 1878, s'est dotée de voitures destinées au transport des contagieux. Auparavant, ils se rendaient à l'hôpital en omnibus. L'intérieur de ces voitures est de bois verni. Les coins sont arrondis pour en faciliter le nettoyage. Quatre strapontins permettent à l'infirmière et aux parents de prendre place aux côtés du malade couché dans un hamac. Sage précaution. Mais dès lors que l'enclos est réputé pestiféré, qui s'y jettera de bon cœur ?

Comment reprocher à certains leur hantise de la contagion quand la tenue des infirmières parisiennes chargées d'accompagner les malades en ambulance semble leur donner raison ? Pour se protéger des microbes, elles sont revêtues d'une longue blouse de coton écru serrée au cou et tombant jusqu'aux talons, et coiffées d'une mantille de laine. Une fois rendue sur place, cette carapace est soumise à la désinfection.

Si grande est la prévention de certains hygiénistes qu'ils trouvent la protection insuffisante. Les commentaires de l'un d'eux témoignent de la phobie ambiante : « Il nous a paru que la blouse ne se boutonnait pas assez bas ; on peut craindre que, l'infirmière une fois assise face au malade dans la voiture, les deux pans ne s'écartent et que sa robe ordinaire, qui n'est pas soumise à la désinfection, ne soit exposée aux germes contagieux. La mantille de mohair est élégante et corrige la sévérité de la blouse, mais elle ne saurait être maintenue, non pas pour être d'un tissu spongieux offrant asile aux poussières, mais parce qu'elle ne garantit nullement la chevelure ; or, en temps de presse, l'infirmière peut être obligée de repartir sans avoir eu le temps de se brosser et de se désinfecter les cheveux. » Avant de rentrer chez elles, les infirmières sont de surcroît tenues de prendre une douche et de se désinfecter à la liqueur de Van Swieten et au thymol[3].

1. Dr Dauchez, « Du délire de la contagion », *Revue générale de clinique et de thérapeutique*, 1891, p. 605-606.

2. *Ibid.*, p. 607.

3. « La première station de voitures pour le transport des contagieux de la ville de Paris », *Revue d'hygiène*, 1890, p. 85.

La hantise est poussée si loin que des médecins en viennent à redouter que l'air des hôpitaux ne contamine le voisinage. Certains envisagent même de le purifier par le feu et l'idée reçoit une application pratique en Angleterre. En 1895, l'hôpital des fiévreux de Londres traite chaque jour les 350 000 mètres cubes d'un air respiré par 12 malades. Aspiré par des orifices aménagés au-dessus de leur lit, il est soumis à la chaleur d'un incinérateur. Par an, chaque malade nécessite 120 tonnes de charbon d'un coût de 66 livres[1].

Le médecin est la première victime de cette hantise. En contact permanent avec les contagieux, il devient un hôte intermédiaire de choix. En 1907, le pasteurien Remlinger s'en inquiète. Infirmiers, gardes-malades et médecins sont les agents idéaux d'un grand nombre de maladies : coqueluche, rubéole, diphtérie, variole, typhus exanthématique. Après l'examen d'un contagieux, la plupart d'entre eux se contentent de se savonner les mains. Rares sont les praticiens qui terminent leur tournée par les contagieux. Leur garde-robe étant limitée, c'est toujours avec les mêmes germes qu'ils vont de l'un à l'autre. Leur barbe et leur moustache, réceptacles naturels des gouttelettes virulentes expectorées par le malade, sont les plus dangereuses. Rarement lavées et désinfectées, les germes y trouvent un confortable asile[2]. Mais comment soumettre le médecin à une désinfection complète après chaque visite ?

Le public, qui le croit réfractaire aux microbes par suite d'une longue accoutumance, n'est pas gagné par cette phobie. En revanche, comme les hygiénistes, il redoute l'étranger.

La peur de l'étranger

La mise en cause de l'étranger dans la propagation des maladies infectieuses est un phénomène coutumier. Faute d'étranger, on accuse son voisin. Dans un rapport sur la mortalité infectieuse à Rouen, ville la plus insalubre de France, le Dr Levillain écrit : « Les épidémies ne prennent jamais naissance dans l'intérieur de notre ville, ni même dans les hôpitaux ; elles nous sont toujours transmises des communes voisines par leurs malades, par leurs cours d'eau dans lesquels se déversent leurs eaux industrielles, ménagères et contaminées[3]. »

Au début du siècle, l'accélération des moyens de transports et l'arrivée d'immigrants venus d'Orient réveillent la peur du choléra. « L'établissement de voies ferrées entre l'Inde et l'Europe, prophétise le professeur Chantemesse,

1. William Henman, « On the purification of air emitted from hospitals for the treatment of Infections diseases », *The Journal of the Sanitary Institut,* 1895, p. 641.

2. Dr P. Remlinger, « Transmission des maladies infectieuses par l'intermédiaire du médecin », *Hygiène générale et appliquée,* 1907, p. 68-70.

3. « Projet d'assainissement de la ville de Rouen », *Revue d'hygiène,* 1895, p. 4.

va avoir pour conséquence l'envahissement prochain de nos contrées par le choléra. » Or, après la pandémie de 1892, le choléra ne cessera de décroître à mesure que les relations entre l'Orient et l'Occident se feront plus nombreuses.

Le corps médical unanime, doyen Brouardel en tête, dénonce pourtant le péril exotique. L'arrivée d'immigrants à destination des États-Unis et de pèlerins en provenance de La Mecque font peser sur l'Europe une épée de Damoclès. Jusqu'en 1870, la marine à voile et les caravanes constituaient un glacis efficace. Un groupe de pèlerins traversant le désert purgeait sa quarantaine dans les sables. Les cadavres contagieux étaient laissés sur place et les survivants, épurés par une longue aération, laissaient derrière eux tout germe de contagion. Au large, on jetait par-dessus bord les corps contaminés. En 1885, l'émigration et le rapatriement des pèlerins s'opère par vapeurs ou chemins de fer et, comme le souligne Brouardel, « l'Égypte est à la porte de l'Europe[1] ».

Or, le mouvement d'émigration vers les États-Unis prend des proportions gigantesques. En 1904, 145 000 Russes, 193 000 Italiens, 177 000 Austro-Hongrois et 70 000 « Orientaux » ou « Levantins » s'expatrient outre-Atlantique. Les Russes transitent par Hambourg et les Orientaux par Le Havre. Les uns font peur aux Allemands, les autres aux Français. « Tout le monde, note un hygiéniste, a vu dans les halls de la gare Saint-Lazare ou de celle de Lyon ces troupeaux d'individus aux costumes bizarres, au langage heurté, aux bagages hétéroclites, qui, du paquebot les ayant amenés à Marseille, sont poussés sur la ligne de Lyon puis sur celle de l'Ouest et enfin, après avoir traversé Paris, échouent au milieu de la nuit sur le quai d'embarquement du Havre[2]. »

Le service de santé est assuré de façon incohérente. C'est au Havre, et non à Marseille, que les émigrants sont examinés et vaccinés. Les individus suspectés d'être refoulés des États-Unis pour raison de santé sont renvoyés chez eux, la compagnie maritime étant responsable de leur retour. Les malades curables sont envoyés à l'hôpital ou à l'hôtel sous la surveillance d'un médecin de l'émigration. Tout se passe donc comme si l'administration française se substituait aux services de santé américains. « Des individus considérés comme suspects par les Américains errent à travers les rues, prêts à répandre la contagion[3] », note un témoin.

Dix mille « Levantins », Syriens, Arméniens et Grecs en provenance de Beyrouth échouent chaque année à Marseille, « sales, éreintés par le voyage, ahuris par le brouhaha de la grande ville, où ils vont vivre pendant six à huit jours environ ». Ils ont payé 80 francs une traversée au cours de laquelle ils ont été « transportés comme du bétail ». À terre, ils sont abordés par des « pis-

1. Pr Brouardel, « Préservation de l'Europe des maladies infectieuses », *Annales d'hygiène publique,* 1885, t. 2, p. 238.
2. « L'émigration et la santé publique », *Hygiène générale et appliquée,* p. 96.
3. *Ibid.*, p. 96-97.

teurs » qui les drainent vers quelque chambrette où ils s'entassent à dix, couchant sur des nattes et n'ayant aucun moyen pour se laver ou pour faire une lessive. En 1904, un négociant marseillais fonde, au voisinage de la Joliette et des docks, l'Hôtel des émigrants. L'initiative, qui permet un meilleur contrôle sanitaire, suscite un tollé parmi les logeurs lésés et dans le voisinage de l'établissement, mais elle est bien accueillie par les hygiénistes[1].

Le système allemand est aussi incohérent et peut-être plus cruel. Tout émigrant venant de Russie ou d'Allemagne est soumis à Hambourg à une quarantaine terrestre de deux semaines. Pour les armateurs, c'est le seul moyen de conserver une clientèle qu'ils ont monopolisée depuis des années. Mille à deux mille personnes sont ainsi retenues dans des « casernes quarantenaires » où, selon le *British Medical Journal*, on leur impose, pour la somme d'un mark par jour, une incarcération plus rigoureuse que dans n'importe quelle prison d'Angleterre ou d'Allemagne.

Comme au Havre, il s'agit d'éviter tout refoulement du territoire américain. Mais l'hygiène n'y trouve pas son compte. Vivant dans des conditions de promiscuité et de saleté éprouvantes, on craint que ces malheureux ne forment des foyers d'infection qui rayonneraient avec les immondices et les excréta[2].

Ce n'est donc pas l'étranger qui est en cause dans la genèse des maladies infectieuses, mais l'entassement. En revanche, la contagion indigène par la salive est une réalité quotidienne.

Le baiser mortifère

La contagion buccale commence avec le baiser, comme l'indique le Dr Féré : « La nature du baiser et les conditions multiples où il se produit comportent des dangers variés, surtout pour la propagation des maladies parasitaires ou infectieuses, principalement chez les enfants, à cause de la diphtérie, des fièvres éruptives, des dermatoses, de la tuberculose. Le baiser tient une grande place dans l'histoire des chancres extra-génitaux. Il peut aussi produire des lésions traumatiques par le mécanisme de la succion à la suite d'impulsions fétichistes[3]. »

Tombée dans la mouvance du discours médical, l'érotisme du baiser a inspiré des morceaux d'anthologie d'un comique réjouissant. Dans la très sérieuse *Revue de médecine*, on peut lire sous la plume du Dr Féré :

> « Non seulement il [le baiser] extériorise le sentiment, mais il le provoque et l'exalte ; il produit une excitation physiologique par le seul fait de l'irritation du

1. Dr Gustave Reynaud, « L'hôtel des émigrants syriens », *Revue d'hygiène*, p. 408 *sq.*
2. « Hambourg "fin de siècle" Quarantaine », *British Medical Journal*, 1893, p. 715.
3. Dr Féré, « Hygiène du baiser », *Revue de médecine*, 1903, p. 450.

tégument. Les lèvres et la langue, d'une sensibilité exquise, entrent en jeu dans le baiser et les sensations sont d'autant plus intenses que la mobilité des régions est plus active, que la multiplication des contacts entre organes similaires est plus développée, comme dans le cataglottisme célébré par Tibulle.

« Dans cet acte, le flair intervient chez les Mongoliques. Chez les Occidentaux, la succion est utilisée pour augmenter l'étendue de l'application, parfois, elle est poussée jusqu'à la morsure ; d'autres excitations sensorielles de la vue, de l'odorat, se combinent avec celle de la peau et des muqueuses ; aussi le baiser a-t-il ses idiosyncrasies, son fétichisme, ses perversions. Il exige des organes normaux, des lèvres soutenues par les dents, des voies naso-pharyngées perméables. Il n'est pas favorisé par une haleine empreinte de saveurs et d'odeurs d'alcool et de tabac, pas plus que par les saveurs autochtones liées à des lésions des organes respiratoires ou digestifs. Il semble qu'il y ait un rapport entre l'évolution du baiser et l'évolution de l'hygiène de la bouche [...].

« Les adultes, renseignés sur les risques du baiser, peuvent l'éviter ou s'en défendre ; l'enfant, sans cesse soumis aux manifestations d'affection de son entourage, de proches, d'amis, est exposé à la contagion. Par le fait de la répulsion, il détermine un choc moral qui aboutit à une crise d'épilepsie chez les dégénérés. Chez les sujets à l'âge de la puberté, il entraîne une certaine perversion sexuelle, etc.[1] »

Derrière le prétexte médical se devine l'intention moralisatrice. Le Dr Greletty, dont la prose ferait plutôt référence aux prédicateurs du XVIe siècle, ne cache même plus ses intentions dans la brochure qu'il publie en 1900 sous le titre *Guerre aux microbes*.

« On a cherché à le proscrire, surtout le baiser passionné, goulu, prolongé, sans y réussir, pas plus en Amérique qu'ailleurs. Les intéressés se sont empressés de dire que si la bouche ne devait plus avoir que des usages profanes, que si elle ne devait plus avoir d'autre rôle que d'ingurgiter des aliments et des liquides, ou de dire des mensonges, il n'y avait plus qu'à la dissimuler comme une plaie honteuse.

« Cette campagne [contre le baiser] a appris que les lèvres les plus attirantes peuvent donner d'épouvantables maladies, comme la syphilis, et les jeunes gens eux-mêmes, malgré leur inconscience, appréhendent ce mal redoutable. Ils deviendraient moins timorés encore et chercheraient moins à se conjoindre avec d'autres muqueuses s'ils pouvaient se douter ce que cachent les quenottes les plus saines. La bouche de certaines personnes est un vrai cloaque, un foyer d'immondices, un égout collecteur. Voilà le plaisir, mesdames et messieurs, régalez-vous ! L'odorat ne suffit pas toujours à dépister l'insalubrité de la région et les langues les plus disposées aux pérégrinations feront bien de ne se risquer qu'à bon escient.

1. Dr Féré, « L'hygiène du baiser », *Revue d'hygiène*, 1904, p. 814-815.

Les explorations de cet organe vers d'autres parages non moins receleurs de virulence sont tout aussi dangereuses et constituent les châtiments de prétendues bonnes fortunes dont on abuse au jour et à la nuit, au grand détriment de la race et de l'individu[1]. »

Le contrôle des bonnes mœurs tombe dès lors dans l'escarcelle de la médecine. Au-delà de la syphilis, dont l'origine n'est que trop évidente, d'autres maladies versent leur tribut à Vénus. Muni d'un droit de perquisition sur la vie privée des malades, le médecin mène une enquête policière qui lui permet de remonter aux sources du crime.

Tel jeune homme, sans hérédité pathologique ni prédisposition à la tuberculose, présente des abcès tuberculeux à la gorge. À force d'interrogatoires, le Dr Petit découvre que plusieurs de ses camarades sont morts phtisiques. Or, tous avaient la même maîtresse. Et quelle maîtresse! « Encore, avoue le malade, ce ne sont pas les seuls à être devenus poitrinaires après avoir eu des relations avec elle. Cela ne m'étonne pas, car elle était insatiable, lassée parfois mais jamais assouvie. À tel point que, lorsque les forces de ses amants étaient à bout, ils étaient obligés de recourir aux rapports *ab ore.* » Plus tard, on pratiquera sur cette femme l'ablation d'organes génitaux criblés de tubercules[2].

Le cannibalisme sexuel n'est pas le seul ingrédient de la contagion buccale. La littérature médicale cite des cas d'ulcérations tuberculeuses ou syphilitiques communiquées à des nourrissons, pendant la succion de la plaie préputiale, par des rabbins malades.

Si ces formes directes de contagion sont évitables dans le principe, la contagion buccale indirecte, par l'intermédiaire d'objets souillés, est plus difficile à dépister.

La contagion buccale indirecte

Rien n'échappe au test de la numération microbienne. Des choses banales, des habitudes innocentes, des gestes anodins se révèlent lourds de conséquences. Des timbres ensemencés produisent des colonies de bacilles de Koch. Avis aux collectionneurs! Les prospectus que distribuent de pauvres hères, pour la plupart tuberculeux ou candidats à la tuberculose, après les avoir feuilletés d'un doigt humecté de salive pour les saisir plus aisément, sont souillés de germes pathogènes. Dans les tramways, les contrôleurs manipulent de la même façon les titres de transport que les usagers conservent par-

1. Dr Greletty, *Guerre aux microbes*, Mâcon, 1900, p. 22-23.
2. Dr Petit, « Contagion de la tuberculose par voie buccale », *Revue de la tuberculose*, 1894, p. 234-236.

fois entre les lèvres dans l'éventualité d'un contrôle. L'analyse microbienne de ces tickets révèle la présence de streptocoques et de staphylocoques[1].

En Italie, des recherches bactériologiques entreprises sur 42 masques d'étoffe ou de carton loués à l'occasion du carnaval permettent d'isoler des germes qui, inoculés à des cobayes, provoquent l'éclosion de lésions tuberculeuses. Un musicien militaire contracte la tuberculose en soufflant dans la trompette d'un phtisique. Le médecin-major ordonne très sérieusement la désinfection de tous les instruments à l'eau bouillante, fussent-ils en bois[2] !

Dans les écoles, les porte-plume ou les crayons que mâchonnent les élèves transmettent la diphtérie. Dans les cafés, le contact de verres ébréchés avec une lèvre légèrement écorchée suffit à communiquer la syphilis. « Excuse de mari libertin », dira-t-on, mais aujourd'hui même, qui se risquerait au contact d'instruments tranchants souillés de tréponèmes pâles. Le Dr Foveau de Courmelles cite des cas d'« avarie » ainsi survenus pendant l'Exposition de 1900. Parfois, c'est la brosse à dents d'un syphilitique qui contamine l'épouse, sa sœur et le neveu[3].

C'est au terme d'une enquête policière que le médecin découvre le coupable, l'arme et les circonstances du crime. La tuberculose s'abat soudain sur une femme en pleine santé. Le Dr Petit passe son entourage au crible et remonte à l'origine du mal. « Le caissier, écrit-il, en mettant ses livres à jour, était obligé de les feuilleter en plaçant son porte-plume dans sa bouche, en travers. Le soir, sa patronne vérifiait la comptabilité en feuilletant le livre après avoir mis, elle aussi, le porte-plume en travers de ses lèvres[4]. »

Les mégots constituent de redoutables vecteurs. Ils sont collectés par des *ramasseurs* qui se réunissent dans des *assommoirs* où les *éplucheurs* recueillent le tabac et le mettent en paquets. Saupoudré de microbes provenant de la bouche des fumeurs, du macadam et des mains des artisans, il est revendu, au marché spécialisé de la place Maubert, à des ouvriers pour la somme avantageuse de 20 à 25 centimes. On le trouverait même dans certains bureaux de tabac[5].

La contagion buccale a ses lieux de prédilection. Ce sont les cafés, avec les risques inhérents aux verres toujours lavés dans la même eau. Les bureaux de tabac bafouent les règles de l'hygiène. Les timbres-poste traînent partout et passent de main en main avant d'être portés à la langue, les éponges humides

1. « Transmission des maladies infectieuses par les prospectus et les billets de tramways », *Journal d'hygiène*, 1907, p. 45-46.

2. Dr Maljean, « De la transmissibilité de la tuberculose par l'embouchure des instruments de musique », *Archives de médecine militaire*, 1890, p. 190.

3. Dr Foveau de Courmelles, « Prophylaxie sociale », *Journal d'hygiène*, 1906, p. 5.

4. Dr L.-H. Petit, « Contagion de la tuberculose par voie buccale », *Revue de la tuberculose, op. cit.*, p. 238.

5. Julie-Anne Fosse, *Tabac : poison ou remède ? tabagisme et antitabagisme en France du XVIe au début du XXe siècle*, mémoire de maîtrise, 1998, centre Roland-Mousnier, Paris-IV, p. 78-79.

imposées par les bureaux d'hygiène n'étant jamais utilisées. Posé à portée de main, le traditionnel coupe-cigare a servi à des générations de fumeurs qui mouillent la pointe de leur *puro* afin d'en faciliter le *coupage*.

Autre lieu de contage, le bureau de poste. Cible des postillons, les demoiselles des postes présentent un taux de morbidité tuberculeuse élevé. Les téléphones, avec leurs « plaques vibrantes » constamment souillées, inspirent de vives alarmes. Les médecins multiplient les recommandations : désinfection avec une solution antiseptique, apposition d'une feuille de papier jetable. En Angleterre et aux États-Unis, on met à la disposition du public des poudres antiseptiques dont on saupoudre la plaque avant usage. Mais les hygiénistes rêvent du « téléphone à haut-parleur » qui éviterait tout contact avec l'appareil[1].

L'Église constitue un autre bouillon de culture. Certaines d'entre elles, surtout en Italie, abritent des statues et des reliques que les fidèles ont coutume de baiser. Deux savants italiens, Cassagrandi et Mazza, ont examiné, à Rome et à Turin, les zones en contact avec les lèvres. Ils y ont trouvé des bacilles de Koch, de Loeffler (diphtérie) et des pneumocoques.

Quant à l'eau bénite, elle est une bénédiction pour les microbes. Exposée aux poussières et aux doigts des malades, elle pullule de germes. En 1898, le Dr Abba en prélève 34 échantillons dans les églises de Turin et y découvre un nombre plus important de germes que dans les eaux d'égouts. Inoculés à des cobayes, ils les tuent en quelques jours. Au cours d'une épidémie de diphtérie, un microbiologiste analyse l'eau bénite de plusieurs églises sardes. Toutes pullulent de bacilles de Loeffler et de staphylocoques. Celle de l'église Sainte-Croix (Tunis) rivalise d'impureté avec les pires eaux italiennes. Le fond du bénitier est occupé par un dépôt glaireux dans lequel le Dr Remlinger découvre 63 000 bactéries au centimètre cube. Et que dire de la croyance populaire, assez répandue dans certaines régions, selon laquelle avaler de l'eau bénite hâte la guérison[2] !

Les hygiénistes recommandent une eau bénite mêlée d'antiseptiques ou proposent aux curés des appareils qui, par simple pression du doigt, libèrent un liquide immaculé. Ils dénoncent encore la coutume du baiser sur la patène et la communion protestante au cours de laquelle tous les fidèles boivent dans la même coupe.

Mais la forme la plus redoutable de contagion buccale s'opère dans les restaurants et les collectivités (écoles, casernes, hôpitaux) où les couverts, sommairement trempés dans la même eau, restent souillés de microbes. C'est pour résoudre le problème que la maison Steinmetz, de Cologne, met au

1. Dr O'Followell, « L'administration des Postes et Télégraphes au point de vue hygiénique », *Journal d'hygiène*, 1901, p. 71 *sq*.
2. Dr Paul Remlinger, « Les églises au point de vue de l'hygiène », *Revue d'hygiène*, 1900, p. 584-585.

point la machine à laver la vaisselle en 1904. Le premier modèle, appelé *Columbus*, se répand rapidement en Allemagne et en France. Elle se compose de deux cylindres verticaux. Dans le premier, on plonge un panier en fil de fer contenant la vaisselle et les couverts. Une eau à 50° additionnée de soude et de savon est soumise, pendant une trentaine de secondes, à un rapide mouvement de rotation imprimé par l'électricité qui la débarrasse des matières grasses. Le panier est ensuite rincé, pendant une minute, dans le second cylindre qui contient une l'eau bouillante en mouvement. Le séchage est rapide et la stérilisation totale[1].

En 1906, les microbiologistes font une découverte ahurissante. Il existe des individus en bonne santé qui hébergent des germes pathogènes auxquels ils sont eux-mêmes insensibles. Ce sont des ennemis publics qui peuvent, dans l'ombre et en toute impunité, propager le mal. Comment éliminer cette source d'infection sans porter atteinte à leur liberté, à leur intégrité ? Ainsi commence la douloureuse histoire des « porteurs sains ».

La douloureuse histoire des porteurs sains

Tout homme est porteur sain, mais à des degrés divers. En 1895, le Russe Vigoura se livre à l'examen bactériologique des membres d'une quarantaine de personnes. Détail curieux, son enquête repose sur des critères socioprofessionnels et sur le degré d'instruction. Des prélèvements sont opérés sur 16 infirmiers, 8 cochers, 8 tisserands et 8 « personnes instruites ». Les résultats confirment l'existence de « classes dangereuses ». Il y a moins de germes chez les sujets instruits que chez les ignares. La moitié des cochers et des ouvriers hébergent des staphylocoques dorés et blancs, des microcoques dorés et des staphylocoques pyogènes liquéfiants. Or, Vigoura ne retrouve la même flore que chez un seul « sujet instruit[2] ». L'instruction immuniserait-elle contre le péril microbien ? Faudra-t-il isoler les incultes ? Le problème des « porteurs sains » est autrement complexe.

Les germes de certaines maladies peuvent subsister dans l'organisme guéri plusieurs mois, plusieurs années et, parfois, s'y installer à demeure pour la vie. Leurs hôtes, désignés par l'expression de « contagifères occultes » ou de « porteurs sains », peuvent être porteurs « temporaires » ou « chroniques ». En Allemagne, on leur appose le label encore moins flatteur de *Dauerausscheider* (« excréteurs durables »).

Le phénomène, évident dans la fièvre typhoïde et la diphtérie, s'observe aussi dans la méningite cérébro-spinale, le choléra et la dysenterie. Sans présenter le moindre symptôme, les porteurs sains sèment la graine autour d'eux.

1. *Revue d'hygiène*, 1907, p. 1127-1128.
2. Cité dans la « Revue des journaux », *Revue d'hygiène*, 1895, p. 929-930.

Une fois dépistés, ils deviennent des parias, perdent quelquefois leur emploi, sont placés sous surveillance médicale et se voient imposer un traitement, voire une opération chirurgicale visant à éliminer les foyers supposés d'infection[1].

Dans plusieurs familles harcelées sans raison par la typhoïde, on découvre l'existence d'un porteur sain. De 1877 à 1907, l'une d'elle voit éclore 13 cas d'origine mystérieuse. Un médecin ayant évoqué l'hypothèse des « maisons à typhus », elle change de domicile. En vain ! Le bacille d'Eberth colle aux talons de ses membres. En 1906, on découvre que la grand-mère est un réservoir de germes depuis sa typhoïde de 1877 !

La femme dépistée par Soper, en 1906, est encore plus dangereuse. Dans la petite ville d'Oster-Bay, ou la typhoïde est rare, sept familles maudites en sont seules affectées. C'est un médecin de famille qui découvre le « coupable ». Il s'agit d'une femme de ménage ayant contaminé ses victimes dans les semaines qui ont suivi son entrée en fonction. Bilan : 27 cas, 2 morts. Une autre servante contamine 24 personnes entre 1889 et 1886 ; la patronne d'une « pension bourgeoise » 7 entre 1905 et 1908.

Dans 80 % des cas, les porteurs chroniques de bacilles d'Eberth sont des femmes que leurs occupations mettent en contact avec une communauté : cuisinières, femmes de ménage, maîtresses de maison. C'est par leurs fèces ou leurs urines qu'elles transmettent le mal, ce qui incite certains médecins à supposer qu'elles peuvent aussi le disséminer pendant les rapports sexuels[2].

Le phénomène joue un rôle aussi important dans la transmission de la diphtérie. Peuvent être porteurs sains les convalescents comme leur entourage. En 1912, le Dr Sacquépée estime leur proportion à 6 % dans les pays d'endémie, à 12 % dans les hôpitaux d'enfants, à 25 % dans les écoles en cas d'épidémie. Dans une caserne de Stockholm, la diphtérie frappe 25 soldats entre le 12 décembre 1894 et la fin du mois de février 1895. Le Dr Hellström ensemence des mucosités prélevées dans toutes les gorges et découvre 151 porteurs sains sur un effectif de 782 hommes (20 %). Tout le mal viendrait de la sœur de l'un des militaires[3].

Le phénomène des porteurs sains a parfois suscité un climat de psychose. Certains iront jusqu'à réclamer l'ensemencement des selles de tous les travailleurs de l'alimentation et l'exclusion des suspects. Aux États-Unis, une servante est isolée 16 mois durant. Est-il possible de généraliser la mesure ? Le Dr Sacquépée calcule qu'« il faudrait isoler 4 % des anciens typhiques pendant

1. Dr Vaillard, « Les porteurs de germes en épidémiologie », *Revue scientifique*, 1912, t. 1, p. 298.

2. Dr E. Sacquépée, « Les porteurs chroniques de bacilles typhiques », *Revue d'hygiène*, 1901, p. 132-135 ; Dr Remlinger, « Fièvre typhoïde et rapports sexuels », *Comptes rendus de la Société de biologie*, 1910, p. 360.

3. Dr Sacquépée, « Les porteurs chroniques de bacilles diphtériques et l'hygiène », *Revue d'hygiène*, 1912, p. 580-582.

un an au moins. Avec environ 80 000 malades par an, l'isolement porterait sur 3 200 personnes, soit une dépense de 9 600 francs par jour[1]. »

Aussi s'efforce-t-on de « guérir » les porteurs sains. L'application locale d'antiseptiques est recommandée chez les diphtériques « occultes ». L'Institut Pasteur met au point une pastille de sérum qu'on hésite à diffuser, plusieurs personnes l'ayant confondue avec le sérum lui-même. Dans le domaine de la fièvre typhoïde « occulte », la plupart des thérapies s'avèrent inefficaces : administration de sels et d'extraits biliaires, diète, laxatifs, salicylate de soude à fortes doses.

En désespoir de cause, des chirurgiens allemands entrent en lice avec des idées tortueuses. Les personnes en bonne santé déclarées « coupables », ou seulement suspectées d'abriter des bacilles d'Eberth, seront condamnées à l'ablation de la vésicule biliaire, foyer présumé de contamination. Dehler, Grimm et Kamm ne s'en prennent certes pas aux femmes de la bonne bourgeoisie mais à des pensionnaires d'asiles. Au prix de résultats médiocres, les opérées sortent traumatisées de l'épreuve. L'une d'elles, déclarée responsable de cinq typhoïdes, mourra d'une pneumonie un mois après l'intervention. Or, l'autopsie montrera que les bacilles, loin d'avoir été éliminés, ont migré dans la bile, le foie et le duodénum[2].

Le problème des porteurs sains, largement surestimé, aura une conséquence salutaire. Les convalescents seront désormais invités à garder le logis durant une période de deux à trois semaines avant de renouer avec la vie collective. Ainsi sera éliminé l'un des facteurs de contagion longtemps ignoré.

Avec les premiers succès du BCG, en 1923, le péril microbien semble en grande partie jugulé. S'il fauche encore de façon douloureuse, des solutions existent et toutes les mesures prophylactiques destinées à le faire disparaître se mettent en place.

Vingt ans plus tard, le but final semblera à portée de main grâce à la découverte des antibiotiques, mais ce sera compter sans la prodigieuse faculté d'adaptation des microbes.

1. Dr E. Sacquépée, « Les porteurs chroniques de bacilles typhique », *op. cit.*, p. 146.
2. *Ibid.*, p. 144.

ÉPILOGUE

Enjeux nouveaux ou éternels ?

1946 : La pénicilline est en vente libre dans des pharmacies. Avec elle commence la période contemporaine de la microbiologie. Vaccins, sérums et antibiotiques triomphent de toutes les maladies infectieuses. Dans l'euphorie du moment, on accorde peu d'importance aux enjeux nouveaux qui se mettent en place.

L'aventure des antibiotiques a commencé depuis longtemps. Pendant des siècles, les Arabes d'Afrique ont pansé les plaies à l'aide de moisissures prélevées sur les harnais des chevaux. Plusieurs peuplades indiennes d'Amérique abrégeaient la suppuration des blessures en les recouvrant de bois pourri. Au début du XXe siècle, les habitants d'Europe centrale conservaient des morceaux de pain moisi dont ils tiraient une pâte qu'ils appliquaient sur les plaies [1].

À cela, rien d'impossible. Vers la fin du XIXe siècle, le professeur Desprez n'était-il pas, au milieu de ses collègues épouvantés, resté fidèle à la pratique des pansements sales ? Il substituait ainsi une « maladie intercurrente » à la maladie en place, obéissant à la sagesse populaire qui veut que de deux maux il faille choisir le moindre. Malheureusement, Desprez faisait souvent le mauvais choix et tuait ses malades. Mais les pansements arabes ou indiens, imprégnés d'une moisissure appelée *penicillium glaucum*, peuvent avoir hâté la cicatrisation de certaines plaies, même si ce n'était qu'un traitement local dont l'efficacité n'avait rien de commun avec celle de nos antibiotiques.

Dès 1877, Pasteur et Joubert pressentent l'importance d'un phénomène alors appelé, dans un esprit darwiniste, « concurrence vitale des micro-organismes » ou « antibiose ». Dans un bouillon de bactéridies charbonneuses, ils ont semé des organismes aérobies qui s'installent en maîtres, chassant les

1. Cité par Pierre Mainguy, *Recherches historiques sur la concurrence vitale entre les micro-organismes,* thèse de médecine vétérinaire, Paris, 1949, p. 29-30.

autres germes. Leur conclusion est prophétique : « Tous ces faits autorisent peut-être les plus grandes espérances du point de vue thérapeutique. »

Tel est le principe sur lequel repose la mise au point des antibiotiques. Les phénomènes de « concurrence vitale des micro-organismes » dès lors observés se comptent par centaines.

En 1885, Emmerlich constate que le streptocoque de l'érysipèle vaccinerait les animaux contre le charbon et les en guérirait. Peu après, Bouchard établit que le bacille pyocyanique aurait le même effet sur le lapin. En 1904, Charles Nicolle démontre que plusieurs espèces bactériennes produisent des substances capables d'inhiber le développement du bacille de Koch. En 1909, le Danois Schiotz observe que les malades atteints d'une angine banale ne contractent jamais la diphtérie, même au contact de diphtériques. Aussi inocule-t-il avec succès le staphylocoque de l'angine à des porteurs de bacilles de Loeffler. Il en conclut : « L'expérience a réussi dans tous les cas et j'ai, dans l'avenir, l'intention de la répéter pour empêcher les malades de rester porteurs de germes. » Deux ans plus tard, un médecin de Manille, le Dr Page, n'hésite pas à ensemencer la gorge de son propre fils avec les staphylocoques du furoncle[1].

L'inoculation de germes infectieux reste pourtant un procédé barbare qui ferait plutôt référence à l'inoculation variolique. Or, en 1897, un étudiant en médecine de vingt-sept ans, Ernest Duchesne, découvre les vertus prophylactiques de la pénicilline.

Dans une thèse soutenue à Lyon sous le titre *Contribution à l'étude de la concurrence vitale chez les micro-organismes. Antagonisme entre les moisissures et les microbes,* Duchesne démontre, en s'appuyant sur une série d'expériences rigoureuses, qu'une moisissure appelée *Penicillium glaucum*, moisissure du bleu d'Auvergne qui se développe aussi sur les vieux morceaux de pain ou de cuir humide, est capable d'anéantir toute une flore microbienne. Mieux ! Il injecte à des cobayes un mélange de *Penicillium* et de cultures pathogènes tandis qu'un lot de bêtes témoins reçoivent des microbes purs. Ces dernières succombent tandis que les animaux traités au *Penicillium* sont épargnés.

Duchesne se trouve alors dans la position de Pasteur venant de découvrir, dix-huit ans auparavant, les propriétés immunisantes du bouillon vieilli de germes du choléra des poules. Que fait-il de sa découverte ? Que font les membres du jury devant lesquels il soutient sa thèse ? Rien ! N'est pas Pasteur qui veut.

En 1912, le pasteurien Albert Vaudremer se penche de nouveau sur le *Penicillium glaucum* et constate son « action empêchante » sur le développement de certains germes infectieux. Un an plus tard, le Pr Rappin, directeur de l'Institut Pasteur de Nantes, démontre l'action de certaines moisissures sur le bacille de Koch. En 1921, Lieske découvre que certains micro-organismes

1. *New York medical Journal*, 1911, p. 1282.

du sol, les *actinomycètes*, contiennent des principes anti-infectieux. Vers 1923, les Belges Gratia et Dath et les Russes Zoukerman et Minkewitz établissent, avec la même précision que Fleming cinq ans plus tard, le pouvoir thérapeutique du *Penicillium notatum*. En 1928, les docteurs Papacostas et Gaté, de l'Institut Pasteur de Lyon, citent des dizaines de découvertes semblables dans leur livre *Les Associations microbiennes, leurs applications thérapeutiques*.

Cette même année 1928 se produit l'événement qui va orienter le phénomène de la concurrence vitale des micro-organismes dans une voie décisive.

Jadis boutiquier, Alexander Fleming (1881-1955) est parvenu à faire des études de médecine grâce à un héritage providentiel. Sous la direction vivifiante de Sir Almorth Wright, l'un des pères du vaccin contre la typhoïde, il travaille maintenant sur les staphylocoques dans un petit laboratoire du Saint-Mary's Hospital de Londres. L'endroit est vétuste et toutes sortes de moisissures flottent dans l'air. Un jour, il redécouvre avec surprise qu'une culture de staphylocoques qu'il a oublié de déposer dans l'étuve présente un étrange phénomène. Une moisissure, le fameux *Penicillium glaucum* de Duchesne, s'y est développée au détriment des microbes [1].

Fleming parvient à isoler une moisissure encore plus microbicide, le *Penicillium notatum*, qu'il appelle pénicilline, et vérifie qu'elle n'a aucun effet toxique sur les plaies superficielles. Mais, pour venir à bout d'infections plus graves, il faut la produire en quantité et la purifier. Surtout, son instabilité est si grande qu'il abandonne ses recherches de découragement. Une fois de plus, nous voici ne sachant que faire du bouillon vieilli de germes du choléra des poules ! Le Pr Jean Bernard s'en attristera vingt ans plus tard : « Et les hommes pendant plus de dix ans continuent à mourir de septicémie ou de méningite tandis qu'existe dans les tubes d'un laboratoire londonien un champignon qui pourrait les sauver. Les raisons de cet oubli sont assez mystérieuses. »

Fleming rédige plusieurs articles mais, en 1935, un nouveau médicament miracle contre les infections semble devoir enterrer sa pénicilline : le Prontosil, premier des sulfamidés mis au point par un savant d'Iéna, Gerhard Dogmak. Deux ans plus tard, Tréfouel, Nitti et Bovet, de l'Institut Pasteur, découvrent l'activité du noyau sulfamidé.

Rien ne semble alors devoir résister aux sulfamides. Quelques comprimés suffisent à suspendre le cours de maladies autrefois incurables : érysipèle, méningite cérébro-spinale, gonorrhée. Mais il faut déchanter. Le spectre microbien des sulfamidés, qui ne détruisent pas les staphylocoques, reste

1. Plusieurs ouvrages ont été consacrés à l'histoire des antibiotiques : Jean Bernard, *La Pénicilline*, Paris, Corréa, 1947 ; Fernand Lot, *Antibiotiques, médicaments miracles*, Paris, Mame, 1954 ; Williams Berryl et Samuel Epstein, *Des microbes qui guérissent*, Paris, 1966 ; P.-E. Baldry, *The battle against Bacteria*, Cambridge, 1965 ; Gwyn Macfardane, *Fleming, l'homme et le mythe*, traduit de l'anglais par Anne-Marie Delrieu, Paris, Belin, coll. « Un savant, une époque ».

limité. De plus, les cas de « sulfamido-résistance » se multiplient et le remède se révèle d'une toxicité inattendue. Les savants, qui ne s'avouent pas vaincus, cherchent d'autres antiseptiques, mais la lumière va venir de cet antagonisme microbien que beaucoup considèrent comme une chimère poussiéreuse.

En 1938, le mot « antibiotique » fait son apparition dans le vocabulaire médical grâce à un savant français émigré aux États-Unis depuis 1927. Diplômé de l'Institut agronomique national de Paris, René Dubos s'est spécialisé dans l'étude des microbes du sol. Si l'œuvre de Fleming semble avoir été surestimée, la sienne a été sous-estimée, en France du moins. D'un micro-organisme appelé *bacillus brevis* il tire la tyrothricine, mélange de deux antibiotiques au pouvoir bactéricide immense et aux effets sur l'animal prometteurs. Mais sa toxicité est extrême, la rumeur allant jusqu'à accuser Dubos d'avoir tué sa femme.

En revanche, son application locale fait merveille. Elle prévient l'infection des blessures par arme à feu et cicatrise les plaies infectées par les staphylocoques et les streptocoques. La tyrothricine se révèle aussi efficace dans les infections du nez et de la gorge ou, sous forme de pommade, dans les affections de la peau. C'est grâce à René Dubos que les antibiotiques entrent dans la réalité lorsque la guerre éclate.

En 1939, une équipe de savants anglais de l'université d'Oxford sous la direction de Howard Florey (1898-1968) et de Ernst Boris Chain (1906-1979), se met à l'ouvrage, bien décidée à exploiter les propriétés du *Penicillium notatum* en prévision d'un conflit qui s'annonce sanglant. Chain a eu connaissance des travaux de Fleming qui lui devra d'accéder à la postérité.

Pour faire entrer la pénicilline dans le domaine de la thérapie, il faut relever trois défis : celui de la production massive, de l'épuration du produit et de sa stabilisation.

Rien de plus facile, en effet, que de faire germer le *Penicillium* sur un morceau de pain. Mais la quantité ainsi produite ne suffit même pas à faciliter la cicatrisation d'une écorchure. Pour obtenir des résultats substantiels, des millions de tartines seraient nécessaires. On commence par récolter le filtrat de moisissures dans des bidons de lait. Plus tard seront utilisées des cuves à bière. L'opération, qui est délicate, doit se dérouler en atmosphère stérile sous peine d'anéantir les vertus de la précieuse moisissure, mais les quantités obtenues sont devenues appréciables.

À forte dose, la pénicilline est toxique en raison des impuretés qu'elle colporte. Un fois épurée, son pouvoir prophylactique est multiplié par cent.

Vers le début du mois de février 1941, Chain et Florey disposent enfin de quelques grammes de pénicilline opérationnelle. Dans un hôpital londonien se meurt, de septicémie causée par une piqûre de rosier, un policier de 43 ans, Albert Alexander. Ni la chirurgie ni les sulfamides ne sont venus à bout d'une infection qui a gangrené une partie de son visage et gagné les poumons. Le 12 février, il reçoit une dose de 200 milligrammes de pénicilline suivie d'une injection de 100 milligrammes toutes les trois heures. Au bout de vingt-quatre heures, l'amélioration est spectaculaire. Le 17, les injections sont arrêtées, la guérison semblant acquise. Le 22 février commence avec succès le traitement d'un jeune homme de 15 ans atteint de septicémie. Mais l'état d'Alexander empire brusquement. Or, le stock de pénicilline est épuisé. Il meurt le 15 mars alors que le second malade échappera à une mort certaine.

Par la suite, des quantités plus importantes de pénicilline sont administrées sur deux cents malades avec des résultats inespérés. Les recherches s'étendent alors aux États-Unis où le laboratoire de Peoria (Illinois) fait les choses en grand. Ici survient un détail curieux de l'histoire des antibiotiques.

Dans l'espoir de trouver une souche de *Penicillium* plus active, les savants américains se font adresser des moisissures de toutes les régions du monde. Or, c'est une laborantine de Peoria, Mary, surnommée Mouldy-Mary (Marie-la-Moisie), qui, un jour, rapporte du marché voisin un melon pourri dont on retire le *penicillium chrysogenum*. Aujourd'hui encore, la moisissure de Marie reste à la base de toutes les pénicillines.

C'est durant l'été 1943, au cours du débarquement en Sicile, que la pénicilline est pour la première fois administrée sur une grande échelle avec des résultats miraculeux. En 1944, sa production est suffisante pour traiter tous les soldats du front de l'Ouest et son secret de fabrication est livré aux Soviétiques. Dans les rangs alliés, la mortalité par blessures s'effondre, mais chez les Allemands qui, ayant eu l'excellente idée de chasser Ernst Chain en 1933, épuisent des tonnes de sulfamides, elle se maintient à un niveau à peine inférieur à celui de 1914. L'histoire des antibiotiques se double dès lors d'un suspense.

En France, le Pr Frédéric Nitti, de l'Institut Pasteur, est parvenu à isoler une souche de *Penicillium notatum* dont il a tiré quelques décigrammes de pénicilline. Administrés à un enfant atteint de méningite à pneumocoques, ils provoquent une rémission spectaculaire qui, faute de quantités suffisantes, est suivie comme à Londres d'une rechute mortelle.

Or, des oreilles stipendiées par l'occupant traînent partout, même à l'Institut Pasteur. Un jour, un Allemand en civil s'y présente et, fort poliment, demande à Nitti de lui remettre ses souches de *Penicillium*. Celui-ci répond qu'il les a égarées. Un mois plus tard, branle-bas de combat. Cette fois, c'est un militaire rugueux qui exige les souches, faute de quoi les pasteuriens se retrouveront à l'ombre et les laboratoires fermés. Nitti fait mine de résister avant de s'incliner et l'Allemand, tout fier, s'en retourne avec sa souche. Et comment aurait-il pu se douter qu'on lui avait offert un *Penicillium* amorphe spécialement cultivé à son intention ?

Au lendemain de la guerre, la pénicilline est rare et strictement réservée aux hôpitaux militaires. La nouvelle de Graham Greene, *Le Troisième Homme*, dont est tiré le film de Carol Reed (1949), est la pathétique illustration de cette disette, avec ses flacons dérobés par des laborantins peu scrupuleux et vendus à prix d'or aux trafiquants du marché noir. Selon le Pr Jean Bernard, le coût d'un flacon de 100 000 unités pouvait alors atteindre 100 000 francs. Encore pouvait-on s'estimer heureux lorsqu'on n'héritait pas d'une pénicilline frelatée, diluée dans un liquide coloré et transformée en poison mortel.

Dès 1946, la miraculeuse moisissure est produite en quantité suffisante pour être vendue en pharmacie. Elle opère des miracles en cas de pneumonie, de méningite, de syphilis et de blennorragie, mais reste sans effet sur la tuberculose, les affections gastro-intestinales et les maladies à virus (variole, poliomyélite, grippes).

Fort heureusement, de nouvelles moisissures arrivent à la rescousse. En 1944, la streptomycine élaborée à partir d'un champignon du sol, l'*Actinomyces griseuus,* est découverte par Waksmann, Bugie et Schatz dans un laboratoire du New Jersey. Avec elle commence le dernier acte de la lutte contre la tuberculose, les streptocoques et les diarrhées infantiles. La typhomicine, disponible à partir de 1949, liquide le problème de la fièvre typhoïde. Viennent enfin l'actinomycine, l'auréomycine, la terramycine...

En 1945, Chain, Florey et Fleming reçoivent le prix Nobel. C'est à Fleming que le public attribue, on ne sait trop pourquoi, la paternité de la pénicilline. Mais René Dubos, père du premier antibiotique, restera le grand oublié de l'histoire.

Pour l'instant, c'est la fête. Il faut remonter à la révolution pasteurienne pour retrouver pareil emballement. Contre la médecine toute-puissante, les maladies livrent un combat d'arrière-garde. En 1955, les vaccins de l'Américain Salk et du Français Lépine viennent à bout cette « polio » qui semait la terreur dans les foyers. Vers 1960, il ne fait aucun doute que le cancer est lui-même sur le point d'expirer et les spécialistes se divisent en deux catégories : les optimistes, qui lui accordent une survie de dix ans, et les pessimistes qui vont jusqu'à vingt ans.

À partir de 1970, une nouvelle molécule anticancéreuse, l'interféron, flamboie à l'horizon de la recherche scientifique. C'est elle qui assénera le coup de massue aux cellules ravageuses. Or, produite en grande quantité vers la fin de la décennie 1970-1980, elle ne tient pas ses promesses et ses limites sonnent le glas des illusions. Pire ! L'ombre du sida commence alors à planer sur l'humanité comme une résurgence de la peste. Ne l'appelle-t-on pas, dans un langage devenu mythologique, la « peste rose » ?

La vie, apparue sur terre avec les microbes, disparaîtra avec eux. C'est dire que le problème des maladies infectieuses est sans fin. Le monde des micro-organismes est en perpétuel mouvement et une victoire de trente, de cinquante ou de cent ans, si profitable soit-elle, acquiert une signification relative dans la longue durée.

Il n'est pas dans le propos de cet ouvrage de brosser un tableau de la pathologie infectieuse contemporaine mais d'éclairer certaines de ses manifestations à la lumière du passé. Le sida, dit-on, est une maladie « nouvelle ». Or, chaque époque a eu ses maladies infectieuses « nouvelles » dont le germe est peut-être vieux comme le monde.

Tout viendrait d'un « renversement » de terrain. La drogue et une plus grande liberté sexuelle auraient fait le lit du sida dont le virus frappait jadis de façon si ponctuelle que la maladie passait inaperçue, la mort étant attribuée à la dernière infection provoquée par la défaillance du système immunitaire.

Le germe de la maladie de Kreuzfeld-Jacob, qui ne s'attaque d'ordinaire qu'aux personnes âgées, aurait, quant à lui, trouvé une virulence nouvelle dans l'alimentation industrielle des bovins.

Or, dans leur dimension historique, la variole et la poliomyélite, elles-mêmes, peuvent être considérées comme des maladies « nouvelles ».

L'origine de la petite vérole, qui tuait 10 % des populations au XVIIIe siècle, est mal attestée. On n'en parle guère dans l'Antiquité. Les Romains, qui affectionnaient les surnoms dérivés d'attributs ou de difformités physiques, n'ont ni « grêlés » ni « tachetés » alors que les singularités les plus variées colorent leurs sobriquets : Tullius *Cicero*, Carius *Dentatus*, Horatius *Cocles*.

C'est à partir du XIIe siècle que les textes commencent à faire mention d'une maladie que les auteurs appellent *variolae*, de *vari* (tubercules, boutons) ou *varius* (varié, tacheté). Les Anglais la désignent sous le nom de *smallpox* et les Allemands de *Pocken*. En France, c'est Arnauld de Villeneuve qui, pour la première fois semble-t-il, la baptise *picote* (de pic-vert, oiseau piqueur, ou de pic, outil à faire des trous). Au XVIe siècle, elle fait irruption en Amérique. En 1652, les Hollandais l'introduisent en Afrique australe et, en 1733, les Danois contaminent le Groenland.

Mais d'où vient cette variole ? D'Asie, où elle existait de toute éternité, soutiennent certains auteurs. C'est peu probable. Les liens commerciaux avec l'Extrême-Orient remontent à l'Antiquité et, si tel avait été le cas, elle aurait fait irruption en Europe depuis des siècles en raison de son extrême contagiosité. Reste, ici aussi, l'hypothèse du renversement de terrain et d'un germe qui, pour des raisons mal élucidées, se met soudain à proliférer avec une terrifiante virulence.

On comprend mieux les fulgurantes conquêtes de la poliomyélite à partir du début du XXe siècle. Jadis appelée « paralysie spinale infantile », elle fait l'objet d'une description clinique dès 1774 (Underwood) et 1840 (Heine). En 1855, Duchenne de Boulogne brosse le tableau des caractères cliniques qui la distinguent des autres affections paralytiques de l'enfance et, en 1870, Charcot établit son anatomie pathologique en montrant qu'elle procède d'une destruction progressive des cellules des cornes antérieures.

La maladie semble avoir existé dans l'Égypte des pharaons, comme l'indiquent des ossements atrophiés découverts dans plusieurs tombeaux. Durant la plus grande partie du XIXe siècle, elle frappe isolément. La première mention d'une attaque collective remonte à 1885. Cette année-là, le Dr Cordier signale 13 cas de paralysie infantile à Sainte-Foy-l'Argentière, bourgade de 1 400 âmes située dans la région lyonnaise [1]. Plusieurs petites épidémies du même genre sont sans doute passées jusque-là inaperçues, mais l'extension soudaine du fléau ne laisse planer aucun doute sur la nouveauté du phénomène épidémique.

Les pays du nord de l'Europe et les États-Unis reçoivent l'estocade de plein fouet : 50 cas à Stockholm en 1888, 250 en 1890; 95 cas en Norvège en 1895; 120 au Canada, dans le Vermont. Après une accalmie d'une dizaine d'années, le phénomène prend d'un coup des allures explosives : 2 000 cas à New York en 1907, 8 000 en Suède en 1911 et 1912. Aux États-Unis, le mal devient un fléau national en 1916 avec la terrible épidémie qui frappe 29 000 personnes dont 9 000 pour la seule ville de New York. Désinfections hâtives, quarantaines, routes barrées traduisent un mouvement de panique digne des temps de peste. C'est le début d'une endémie progressive dont la virulence redoublera à partir de 1943.

L'Europe n'est pas épargnée. Si l'Espagne et l'Italie s'en tirent à bon compte, des foyers épidémiques éclatent en France à partir de 1930 (1 570 cas dont 400 pour les départements du Bas-Rhin et de la Moselle). Les pays nordiques sont le plus éprouvés. Avec une morbidité de 126 pour 100 000 en 1934, le Danemark détient un triste record. Et le mal ne cessera d'étendre ses ravages pour atteindre son acmé en 1952 avec 100 000 cas pour toute l'Europe [2]. En 1955, on peut enfin pousser un soupir de soulagement grâce aux vaccins de Salk et de Lépine.

Mais pourquoi cette soudaine explosion? Et pourquoi les pays nordiques sont-ils les plus touchés? Pour une fois, c'est le développement de l'hygiène qui est à l'origine du «renversement» de terrain. Le virus de la poliomyélite, que le microscope électronique permettra d'apercevoir en 1952, pullule partout en l'absence d'hygiène, conférant l'immunité à la faveur d'une sorte de primo-infection. Mais l'avènement de l'hygiène le force à la dispersion, exposant l'individu réceptif à la moindre souillure. C'est pourquoi l'Afrique et l'Asie, qui sont restées à l'écart du mouvement hygiénique, ont été épargnées par l'épidémie.

Pour des raisons qui prennent les bactériologistes au dépourvu, certains germes assoupis retrouvent localement une virulence accrue mais éphémère. Telle est, au XXe siècle, l'origine de la maladie du légionnaire et, au XVIe siècle, de l'étonnante suette anglaise.

1. Dr R. Dumas, *Contribution à l'étude de la paralysie infantile épidémique,* thèse de médecine, Toulouse, 1910, p. 17-18.

2. Statistiques fournies par Hélène Cadenat, *L'Essor mondial de la poliomyélite,* thèse de médecine, Paris, 1954, n° 530, p. 20-25.

Au cours de l'été 1976, une maladie à sensation fait soudain la « une » des quotidiens du monde entier. Appelée la « maladie du légionnaire », elle illustre les caprices de la pathologie infectieuse et la capacité de réaction des bactériologistes. Lorsqu'elle éclate, tous les ingrédients d'un bon suspense sont en place.

Tout commence à Philadelphie dans une atmosphère de kermesse. La célébration du bicentenaire de l'Indépendance a transformé la capitale de la Pennsylvanie en centre touristique et nombreux sont les congrès qui s'y tiennent. L'un deux, la Convention des légionnaires, réunit 4 500 vétérans de la Deuxième Guerre mondiale et de la guerre de Corée venus festoyer du 21 au 24 juillet. En toile de fond, quelques ombres ternissent le paysage : une grève des éboueurs a transformé la ville en noyau d'insalubrité, la Convention des légionnaires a fait l'objet de menaces terroristes et, détail anodin, la climatisation du Bellevue Stratford Hotel fonctionne mal.

Deux jours après la clôture de la Convention, deux légionnaires sont pris de maux de tête, de douleurs thoraciques et de fièvre intense avant de décéder. On diagnostique une pneumonie banale mais, dans les trois semaines qui suivent, onze légionnaires meurent de la même façon. La « légionellose », ou maladie du légionnaire, vient d'entrer dans la légende. Vers la fin de l'année, 224 cas et 34 décès seront dénombrés.

L'enquête est aussitôt confiée au Centre épidémiologique d'Atlanta. C'est un play-boy de 35 ans, le Dr David Frazer, qui en prend la direction. Des échantillons de poussière, d'eau, d'air, d'excréments de rats et de pigeons sont passés au crible. L'identification du mal est complexe. Différentes affections sont envisagées : grippe porcine, psittacose, peste, oreillons, grippe, empoisonnement alimentaire, excès alcooliques et sexuels.

Un instant, on peut croire en une nouvelle forme de blennorragie et, pour pimenter l'affaire, des terroristes revendiquent un attentat au carbonyle de nickel dont l'absorption peut engendrer le même type de symptômes. En effet, le foie de certaines victimes est criblé de particules de nickel. Aussitôt, le FBI prend l'affaire en main. Mais la piste est abandonnée lorsqu'on s'aperçoit que le nickel en question provient des scalpels, les cadavres autopsiés à l'aide d'instruments en plastique n'en contenant aucune trace.

Les recherches étiologiques sont plus fructueuses. D'un questionnaire adressé à tous les légionnaires, il ressort que les victimes sont pour la plupart âgées de plus de cinquante ans et que, parmi eux, figurent un grand nombre de fumeurs. Rien d'étonnant : l'âge et le tabac entraînent une érosion du système immunitaire. Surtout, le mal n'est pas contagieux, des légionnaires indemnes ayant partagé leur chambre avec des collègues contaminés. L'étau se resserre donc autour de l'air et de l'eau.

Or, voilà le plus stupéfiant : toutes les victimes sont descendues dans le même hôtel, le Bellevue Stratford Hotel ! On apprend de surcroît que des piétons ont été frappés par la légionellose pour avoir seulement emprunté le trottoir qui longe l'édifice. Un chauffeur de bus en est mort après y avoir conduit des musiciens. La peur aidant, il n'y aura presque personne à son enterrement. La hantise des lieux maudits, des maisons maudites refait surface. On évite le funeste trottoir. L'hôtel est déserté bien que le personnel, constitué de personnes jeunes, ait été épargné.

Mais quel est l'agent du mal? En vain les bactériologistes le traquent-ils. Vers la fin de l'année, l'épidémie s'est éteinte et les chances de le retrouver sur les lieux du sinistre sont bien minces. En présence des caméras de télévision, le Dr Léonard Backman, ministre de la Santé, doit même confesser : « Nous ne trouverons peut-être jamais la réponse. »

Dans la nuit de Noël, pourtant, un chercheur, le Dr MacLoad, a décidé de réveillonner au laboratoire d'Atlanta. Dans le sang d'un cochon d'Inde contaminé qu'il examine pour la centième fois, il découvre une nouvelle bactérie. Mise en contact avec le sérum d'un rescapé, elle réagit aux anticorps et devient verte. Après l'avoir baptisée *Legionnella Philadelphia*, il faut reconstituer son mode de propagation, l'épidémie étant terminée. Peu à peu, toutes les pièces du puzzle sont assemblées.

La *Legionnella* vit dans l'eau. Retrouvant sa virulence à la faveur d'un mauvais fonctionnement de la climatisation, elle se met à pulluler dans les réservoirs de refroidissement, véritables bouillons de culture placés sur le toit du Bellevue Stratford Hotel. De là, elle retombe dans la rue avec les gouttelettes pulvérisées dans l'air par le système de ventilation. Elle est ensuite aspirée à l'intérieur de l'immeuble par les ventilateurs.

En fait, la maladie du légionnaire n'est pas une nouveauté. Elle tue de façon épisodique depuis longtemps, les savants ayant découvert des *Legionnella* dans le sang de personnes jadis décédées dans les mêmes conditions. Une épidémie a sévi à Austin, en 1957, et, en 1965, à Washington où 16 décès ont été enregistrés. Les savants disposent désormais d'un antibiotique efficace contre les embardées de la *Legionnella* et l'attention des industriels a été attirée sur les défaillances des systèmes de climatisation. Mais l'alerte a été chaude et le problème reste d'actualité. S'en tirerait-on à si bon compte si le germe de la suette anglaise se réveillait à son tour?

Entre 1485 et 1551, l'extrémité occidentale de l'Europe, l'Angleterre surtout, est frappée à cinq reprises par une maladie appelée successivement *pestis britannica, ephemera britannica, sudor anglica* (suette ou sueur anglaise)[1].

1. La suette anglaise est bien connue grâce aux témoignage de plusieurs témoins : John Kayne, J. Schiller, Gottfridus Gruner. Des auteurs du XIXe siècle en parlent à propos de la suette miliaire. Reydellet, art. « suette » du *Grand dictionnaire des sciences médicales,* Paris, 1819, t. 53, p. 185 *sq.*; Davaine, art. « suette » du *Dictionnaire encyclopédique des sciences médicales,* Paris, 1821, t. 13, p. 2 *sq.*; C. Anglada, *Études sur les maladies éteintes et les maladies nouvelles,* Paris, 1869, p. 449 *sq.*

Elle éclate tout d'un coup en 1485, sous le règne d'Henri VIII, exerçant ses ravages à l'intérieur d'un périmètre bien délimité, un village pouvant être décimé tandis que le village voisin est épargné. Le mal ne ressemble à rien de connu. Sa marche est expéditive : sueur profuse et fétide (d'où le nom de suette), maux de tête, somnolence, asphyxie, syncope cardiaque. Les victimes sont terrassées en moins de cinq heures et, dans certains cas, en quelques minutes ou quelques secondes. « Les uns, écrit John Kaye, étaient saisis en cheminant, les autres tombaient morts en fermant leur porte ou leur fenêtre. Un grand nombre rendirent l'âme au milieu des jeux et des fêtes. Il y en eut qui furent foudroyés en dormant. » Une décomposition cadavérique instantanée s'ensuivait.

La suette anglaise frappe de façon étrangement sélective en fonction de critères sociaux et ethniques. Elle a une prédilection pour les vigoureux jeunes gens de bonne famille. Surtout, elle n'aime que les Anglais. Une seule des cinq épidémies frappe le nord de l'Europe et, s'il lui arrive de s'aventurer sur le continent au cours des autres épidémies, c'est pour s'en prendre aux seuls Anglais.

En Grande-Bretagne même, elle épargne les Écossais et les Celtes d'Irlande. « Cette maladie, soupire John Kaye, nous suit comme notre ombre dans tous les pays. » « C'étoit, écrit le chroniqueur J. Legrand, un fléau dont Dieu ne voulut punir que les Anglois. En quelques lieux qu'ils fussent, ils en étoient attaqués, sans que les étrangers avec lesquels ils vivoient en fussent incommodés [1]. »

En fouillant les textes anciens, des auteurs ont cru retrouver la suette anglaise à travers le « mal cardiaque » décrit par Galien et Caelius Aurelius. D'autres l'ont attribuée à la colère de Dieu irrité par l'incroyance des Anglais et le divorce d'Henri VIII. La constitution climatique, l'humidité, les marécages, les comètes ont été invoqués.

La suette anglaise disparaît en 1551 aussi soudainement qu'elle était apparue. En 1718, une suette qualifiée de « miliaire » ou « picarde » est signalée pour la première fois dans le nord de la France. Mais la dissemblance des symptômes, caractérisés par une sueur abondante, certes, mais aussi par une éruption cutanée en forme de grains de millet, réduit à la simple homonymie ses affinités avec sa cousine d'outre-Manche. Tantôt bénigne, tantôt mortelle, mais moins grave qu'elle, elle frappe de façon ponctuelle jusqu'en 1906, date de sa dernière éruption épidémique grave.

Actuellement tapis dans l'ombre, les germes des suettes anglaise et miliaire attendent-ils le providentiel renversement de terrain qui consacrera le retour à leur virulence ? Trouvera-t-on alors l'antibiotique, le vaccin ou le sérum adéquat ? Nul n'est prophète en microbiologie.

1. Jean Legrand, *Histoire du divorce d'Henri VIII,* Paris, 1688, p. 93.

Si l'idée de maladie nouvelle terrorise les populations, une maladie aussi vieille que le monde les laisse indifférentes : la grippe. Maladie domestique par excellence, compagne traditionnelle de la saison froide, elle ferait sa proie privilégiée des vieillards dont elle précipiterait la chute. Or, routinière et conviviale dans le principe, il lui arrive de prendre les attributs des maladies nouvelles les plus dévastatrices. Éternel mutant, le virus de la grippe est le casse-tête des microbiologistes. De 1580 à nos jours, il s'est manifesté à vingt-cinq reprises environ sous sa forme la plus virulente qualifiée par les lettres A, B ou C[1].

En soi, ce virus ne serait pourtant pas dangereux. Certains savants de la fin du XIXe siècle ont même nié son existence, allant jusqu'à parler d'agents physiques et météorologiques susceptibles d'ébranler la constitution pulmonaire. En réalité, il tue par personne interposée en exaltant la virulence de son acolyte le pneumocoque ou en poussant au crime d'autres bacilles non moins patibulaires. On ne meurt pas de la grippe mais de ses complications.

Les pandémies de 1580, 1658, 1733, 1775, 1803, 1859, 1889, 1918 et 1957 sont restées célèbres dans les fastes de la médecine. Les complications ophtalmiques ou intestinales étaient jadis nombreuses. Avec la flambée microbienne de l'air et l'érosion des voies pulmonaires, les broncho-pneumonies et les bronchites aiguës ou chroniques se partagent l'exclusivité de la constitution grippale du XIXe siècle.

Les premières statistiques précises apparaissent avec la pandémie de 1889. Entre le 1er décembre 1889 et le 11 février 1890, 10 956 décès sont enregistrés à Paris. Or, pour même période, leur nombre s'élevait à 5 860 un an auparavant. La mortalité a donc doublé et, contre toute attente, les personnes jeunes ne sont pas les moins touchées. Si les enfants sont épargnés, les adultes de 20 à 60 ans meurent trois fois plus et ceux de plus de 60 ans deux fois. Selon Bertillon, cette poussée grippale aurait été plus funeste que n'importe laquelle des épidémies de choléra. Elle n'est pourtant pas restée gravée dans les mémoires. On ne saurait en dire autant de la « grippe espagnole » de 1918.

Vingt millions de morts ! Deux fois plus que n'en fit la guerre. Tel serait, selon une source anglaise, le bilan de cette grippe dont les premiers cas sont signalés dans les tranchées anglaises en mars 1918. Après une accalmie estivale, elle redouble de virulence à partir du mois de septembre pour culminer à Paris pendant les fêtes de l'armistice. Cruelle ironie ! Des blessés convalescents sont foudroyés en une journée. Des personnes jeunes et vigoureuses, elles-mêmes fauchées par la pleurésie, meurent asphyxiées, les poumons gor-

1. Dr E. Vallin, « L'influenza », *Revue d'hygiène*, 1890, p. 1 *sq.* ; Bertillon, « La grippe », *Revue d'hygiène*, 1890, p. 150 *sq.* ; Dr Arnold Netter, « L'épidémie d'influenza de 1918 », *Revue d'hygiène*, 1918, p. 543 *sq.* ; *Paris médical* du 16 novembre 1918 est entièrement consacré à la grippe espagnole ; François Theillet, « Encore la grippe », *L'Histoire*, décembre 1890, n° 29, p. 91-92.

gés de mucus. Au nombre des victimes figurent Guillaume Apollinaire et Edmond Rostand. Divers antiseptiques font le seul bonheur des pharmaciens et les médecins désarmés en sont réduits à recommander le port de « masques respirateurs » qui transforment les narines en foyers microbiens.

À côté de la grippe espagnole, la grippe asiatique, qui alitera le quart de la planète en 1957, fera figure, en raison de son inocuité, d'aubaine pour les malades au repos. Mais les microbiologistes vivent dans la hantise d'une embardée comparable à celle de 1918. Certes, chaque année, un vaccin spécifique sort des laboratoires au terme d'une course contre la montre. Il s'agit d'isoler le virus nouveau au plus vite, trois mois étant nécessaires à la mise au point d'un vaccin. Trois mois sereins lorsque la grippe est douce. Mais que se passerait-il en cas de grand cru ?

La variole fait encore moins peur que le grippe. Et pour cause : son éradication a été proclamée par l'OMS le 8 mai 1980. En 1967, elle tuait encore deux millions de personnes dans les pays sous-développés. Cette année-là commence la campagne mondiale d'éradication. Son objectif : la faire disparaître en dix ans par des vaccinations massives. 687 responsables de l'OMS et 200 000 membres du personnel sanitaire des pays d'endémie se mettent à l'œuvre. C'est la plus gigantesque des batailles pour la santé qui commence. Elle se terminera, en octobre 1977, avec la guérison du dernier varioleux recensé, le Somalien Ali Maow Maali.

Privé de son support humain, le virus variolique aurait donc cessé d'exister. C'est une grande première dans l'histoire du monde. S'il est facile de faire disparaître des espèces aussi complexes que les baleines ou les éléphants, les virus, comme tous les êtres unicellulaires, ont vocation à l'éternité. Au lendemain de la victoire, l'OMS a recommandé l'abandon pur et simple des vaccinations antivarioliques. Ne coûtaient-elles pas un milliard de dollars par an ? Ne comportaient-elles pas un risque infime, certes, mais désormais injustifié ?

Le pari semble gagné. Aucun cas de variole n'a été signalé depuis plus de vingt ans. Pourtant, un doute subsiste, les singes n'ayant jamais été vaccinés. Or, la fièvre jaune, que l'on a cru un instant éradiquée, a opéré un retour offensif après avoir trouvé refuge dans le réservoir animal.

De tous les *poxvirus* (*ratpox, camelpox, gerbilpox*), le *monkeypox* virus, isolé en 1958 par le Dr Preben von Magnus au *Statens Serminstitut* de Copenhague, est celui qui suscite le plus d'inquiétude. Transmissible à l'espèce humaine, il a, de 1960 à 1968, contaminé l'homme à plusieurs reprises avec une mortalité de 12,6 % [1]. De 1970 à 1978, 63 personnes ont officiellement contracté la variole du singe, et sans doute davantage dans les faits. 99 cas ont été signalés entre 1980 et 1983. L'un des derniers en date concerne une fillette de deux mois qui s'était amusée avec un chimpanzé. On a cru l'affaire termi-

1. Docteurs H. Wolff et J. Croon, *Bulletin de l'OMS,* 1968, p. 492-493.

née mais, en 1997, de nouveaux cas de variole du singe communiquée à l'homme ont été signalés au Tchad.

Le *monkeypox virus* semble en bonne position pour combler un jour la « niche écologique » laissée vacante par le virus variolique. Cette éventualité, l'OMS la repousse tout en baptisant la variole du singe communiquée à l'homme du nom pudique d'« orthopoxviruse simienne de l'homme ». Peu contagieuse, atypique, elle n'effraie pas les scientifiques. Elle a pourtant été mortelle dans 12,6 % des cas entre 1960 et 1968. Qui ne connaît l'histoire « bête » de ce brave homme bouleversé par le décès de son meilleur ami avant de pousser un soupir de soulagement en apprenant qu'il est seulement mort de la grippe ? Ce pourrait être l'histoire du microbiologiste glacé d'effroi à la vue d'un cadavre varioleux, mais rassuré en constatant que le malheureux n'est pas mort de la variole de l'homme mais du singe.

Un retour offensif naturel de la variole de l'homme ou du singe, vite neutralisé par un cordon de vaccinations, ne serait pas grave à l'échelle collective. Qu'en adviendrait-il si des milliers de personnes dépouillées d'anticorps spécifiques se trouvaient soudain au contact d'un poxvirus ?

La guerre bactériologique n'a rien d'une nouveauté. En 1155, Frédéric Barberousse s'emparait de la ville de Tortona en contaminant ses eaux. En 1343, les Tartares catapultaient des cadavres de pestiférés par-dessus les murs de Caffa. Telle fut l'origine de la peste noire qui, via Gênes, allait dépeupler l'Europe. Les cadavres jetés dans les puits pour souiller les eaux potables de l'ennemi sont autant d'épisodes de la guerre bactériologique. En 1990, Saddam Hussein a fait frémir la planète en brandissant ses armes biologiques.

Les menaces d'attentats microbiens existent. En 1978, la police de Francfort a, *in extremis*, neutralisé un maître chanteur qui s'apprêtait à déverser dans le Main un bouillon de germes de la peste bubonique. En mars 1998, la police anglaise a intercepté un extrémiste qui transportait des bacilles du charbon. Dans tous les cas, l'affaire a été minimisée. Mais…

Depuis l'arrêt des vaccinations antivarioliques, l'humanité se dépouille de ses réserves d'anticorps spécifiques. Bientôt, elle en sera aussi vierge que l'étaient, au XVIe siècle, les populations d'Amérique centrale fauchées à 90 % par la variole. Certes, le virus variolique n'existe plus, en principe, sinon à l'intérieur de deux fioles gardées sous clé aux États-Unis et en Russie. Mais le *monkey-pox* continue sa promenade. Quelques ampoules de pus simiesque semées en des lieux bien choisis pourraient contaminer des milliers de personnes. Quelle serait l'ampleur du sinistre avant la mise en service d'un vaccin fabriqué à la hâte ? On n'ose l'imaginer [1]. À l'heure du terrorisme d'État, ce pourrait être la revanche d'un pays frustré de l'arme atomique.

1. Sur cet aspect du problème, voir les professeurs H. Marchovitch et Henri H. Mollaret, « La variole, arme bactériogique de demain ? », *Le Monde*, 15 juin 1980.

Une dernière incertitude plane sur des maladies qui, jugulées par les antibiotiques, n'effrayent pas plus que la grippe ou la variole. Les savants vivent pourtant dans la hantise des mutants. Les quelques germes qui survivent à la pénicilline ou à la streptomycine ne présentent aucun danger pour les convalescents, mais, plus vigoureux que les autres, ils donnent naissance à de nouvelles souches résistantes. Depuis cinquante ans, les microbiologistes sont restés les plus forts en déployant toutes sortes de ruses : antibiotiques nouveaux, association de plusieurs produits. Mais, en mars 1988, des savants anglais ont isolé un staphylocoque qui résiste à tous les antibiotiques. La résistance aux sulfamides s'est manifestée au bout d'une seule année tandis que les antibiotiques sont restés maîtres du terrain infectieux depuis un demi-siècle. Qu'en sera-t-il dans vingt, dans trente, dans cent ans ?

Dernier avatar épidémiologique du siècle, la maladie de la vache folle, ou encéphalite spongiforme bovine, apparue en Angleterre en 1986, prend à rebours toutes les conceptions biologiques établies. Chez l'homme, une maladie identique et rarissime, la maladie de Kreutzfeld-Jacob, affecte un vieillard sur 50 000. L'élément contaminant, qui s'est accumulé dans le cerveau depuis des années, le transforme alors en éponge (spongiforme), entraînant une dégénérescence mortelle. Or, cet élément ne ressemble à rien de connu.

Imaginons un agent infectieux qui résiste à une chaleur de plusieurs milliers de degrés, aux ultraviolets, aux micro-ondes et à tous les antiseptiques. Jadis, les savants auraient juré qu'un tel monstre relevait de la fiction. Aujourd'hui, ils ne peuvent que constater la réalité de son existence et de son immortalité. Tel est le *prion* qui s'abat surtout sur les vaches anglaises, frappant leur système nerveux, les condamnant à une mort certaine.

Peu nombreux sont d'abord ceux qui croient en sa transmissibilité à l'homme. Le précédent de la *tremblante* qui, depuis deux siècles, affecte les troupeaux de moutons, est rassurant : aucun consommateur n'ayant jamais été contaminé, la « barrière d'espèce » est réputée infranchissable. Pourtant, la *tremblante* est passée du mouton à la vache et les plus lucides se remémorent avec effroi la mystérieuse maladie qui, au début du XXe siècle, se mit à décimer une tribu montagnarde de Papouasie, en Nouvelle-Guinée.

Les autochtones l'appelaient *kourou*, c'est-à-dire « trembler de peur ». Elle commençait par des troubles de l'équilibre pour se terminer par une paralysie totale et, en l'espace de neuf mois, la mort. De façon étrange, elle n'affectait que les femmes et les enfants en bas âge. En 1957, une mission scientifique perçait l'énigme.

La tribu infectée était anthropophage et, marque ultime d'amour, honorait ses morts en les mangeant. Les hommes se réservaient les muscles, plus savoureux, tandis que les femmes et les enfants se contentaient des viscères et de la cervelle où, des années durant, s'étaient accumulés les germes du *kou-*

rou, pratique aggravée par l'ingestion de cadavres contaminés. La fin du cannibalisme a neutralisé le mal mais la période d'incubation est parfois si longue qu'il n'a toujours pas fait ses dernières victimes.

C'est le cannibalisme qui est aussi à l'origine de l'épidémie qui ravage les troupeaux anglais. Mais un cannibalisme bovin. Depuis 1980, un ingrédient bon marché à base de carcasses de moutons, puis de vaches infectées, complétait l'alimentation des bovins, reproduisant le *kourou* dans les élevages. En 1988, un comité de savants anglais, le comité Southwood, formule pourtant des conclusions rassurantes : quoique possible dans le principe, les chances de transmission à l'homme resteraient faibles. Aussi se contente-t-il d'émettre quelques recommandations prophylactiques qui resteront d'ailleurs sans effet jusqu'en 1996, date des premières contaminations à l'homme.

Certes, le phénomène, limité à une vingtaine de cas, reste exceptionnel voire, pour certains, sujet à caution. Mais les plus pessimistes ou les plus lucides, invoquant la longueur de la période d'incubation, osent à peine invoquer l'ampleur d'une possible catastrophe en gestation. D'autant que les savants lancés dans la recherche d'un traitement se sont heurtés d'emblée au mystère de l'agent infectieux.

Aucun microbe, aucun virus ne résiste au feu, aux rayons et aux antiseptiques. Aussi certains ont-ils cherché ailleurs. Bien avant l'apparition de la maladie de la vache folle, le problème des encéphalites spongiformes avait fait l'objet de recherches poussées. Dès 1967, un mathématicien, J.-S. Griffith, formulait une théorie audacieuse et prophétique en incriminant une « protéine infectante ». C'est quatorze ans plus tard, en 1981, que la protéine en question, connue sous le nom de TRP ou prion, sera enfin observée, grossie 10 000 fois par le microscope électronique.

Mais l'affaire relève de l'hérésie scientifique. Comment des protéines pourraient-elles être infectantes alors que, privées d'ADN, elles ne peuvent même pas répliquer ? En 1985, on découvre qu'il existe en fait deux sortes de protéines, les unes saines et les autres, d'une extraordinaire stabilité chimique, pathogènes et indestructibles. Tels sont les diaboliques prions. Ils ne répliquent pas mais convertissent les protéines saines en protéines pathogènes.

Si elle était vérifiée, cette hypothèse, d'ailleurs controversée mais restée seule en lice, constituerait une révolution biologique. Toujours est-il qu'une certitude demeure : le mythe de la « barrière d'espèce » est renversé. En 1990, la maladie a fait son apparition chez les chats et, depuis, elle a été transmise en laboratoire à toutes sortes d'espèces animales.

L'abattage du cheptel anglais et de tous les troupeaux chez lesquels un seul cas d'encéphalite spongiforme est signalé reste pour l'instant la seule parade.

Ainsi, rien n'est jamais gagné avec les maladies infectieuses et les microbes. En 1979, un historien écrivait à propos de trois « mystérieux » cas d'infection survenus à Baudelocque, La Pitié et Tenon : « Ces accidents soulignent, par leur caractère exceptionnel, la disparition presque totale, dans nos régions, du danger microbien à l'échelle collective. Mais qu'arriverait-il si un virus oublié faisait sa réapparition ? » Peu après, ce « virus oublié » frappait ses premières victimes en Californie. Avec le sida commençait l'un des scénarios catastrophes que les savants ont toujours redouté sans oser y croire.

Malgré tout, le bilan du siècle reste positif. La mortalité par maladies infectieuses ne ressemble en rien, aujourd'hui, à ce qu'elle était jadis. Dans nos régions du moins. Car la typhoïde ou la tuberculose exercent encore de terribles ravages dans les pays pauvres. Et si, grâce à la tri-thérapie, on a désormais bon espoir de contenir le sida, il n'en sera pas moins la peste du XXIe siècle chez les plus démunis.

La pollution microbienne du XIXe siècle, que l'on croirait volontiers d'un autre âge avec ses eaux souillées, ses immondices, ses poussières empoisonnées et ses milliards de mouches, restera elle-même pour longtemps la réalité quotidienne d'une majorité de peuples miséreux.

Dans les pays riches, où les hommes et les microbes se battent depuis plus d'un siècle, la microbiologie peut remporter des batailles. Mais dans ce combat difficile, pourra-t-elle un jour gagner la guerre si les problèmes humains ne sont pas résolus ?

Chronologie

(Les événements présentés en gras concernent l'histoire de la microbiologie, ceux en italique concernent les problèmes d'hygiène et de pollution microbienne.)

Fin du XIIIe siècle

Apparition des premiers verres correcteurs.

1546

Dans un ouvrage intitulé *Trois Livres de la contagion*, Frascator prétend que des micro-organismes pathogènes sont à l'origine des maladies infectieuses. Ce n'est encore qu'une intuition.

1590-1600

Mise au point des premiers microscopes composés en Italie, pour les uns, en Hollande pour les autres. Les microscopes simples, formés d'une seule lentille à haut pouvoir de résolution, font leur apparition vers la même époque.

XVIIe SIÈCLE

1610

Galilée met au point un microscope composé qu'il appelle « perspicillus ».

1630

Francesco Stelluti publie à Rome le premier livre avec gravures d'insectes observés au microscope, *Apiarum*. L'abeille et le charançon du blé y sont représentés avec des détails invisibles à l'œil nu.

1632

Naissance à Delft du micrographe Antony van Leeuwenhoek.

1645

Naissance à Bar-le-Duc du micrographe Louis Joblot.

1654

Athanasius Kircher découvre l'existence d'animalcules, ou infusoires, dans diverses infusions, mais l'observation, à laquelle il ne donne aucune suite, passe inaperçue.

1665

Publication en Angleterre du premier traité de micrographie, *Micrographia*, de John Hook. Des objets invisibles à l'œil nu y sont représentés avec une définition digne du microscope électronique.

1668

Francesco Redi démontre pour la première fois par l'expérience que les asticots qui apparaissent sur les chairs putréfiées ne naissent pas spontanément mais proviennent d'œufs déposés par les mouches. Son élève Vallisnieri complète ses expériences.

1672

Le Hollandais De Graaf publie le *Nouveau Traité des organes génitaux* dans lequel il démontre que le fœtus des vivipares se forme à l'intérieur d'un œuf comme celui des ovipares.

1674

Leeuwenhoek adresse à la *Royal Society* la première description des animalcules.

1675

Grâce à la technique des coupes transversales et longitudinales, Leeuwenhoek décrit la structure du nerf optique et de l'écorce cérébrale du bœuf.

1677

Le Hollandais De Ham découvre les animalcules du sperme (spermatozoïdes). Leeuwenhoek en envoie aussitôt une première description à la *Royal Society*.

1678

Leeuwenhoek évoque pour la première fois le rôle des animaux spermatiques dans la procréation.

1680

Leeuwenhoek réalise sur la mite et la mouche la première microdissection.

1685

Microscope composé de Bonani. Il possède un pouvoir de résolution de 300 mais donne des images illisibles.
Microscope composé de Grindl von Asch équipé de six lentilles plan-convexes.

1688

Microscope composé de Bonani. Long de 45 centimètres, il donne un grossissement de 141.

XVIIIe SIÈCLE

1701

Nicolas Andry publie *De la génération des vers dans le corps de l'homme*. Il y attribue la cause de plusieurs maladies infectieuses, dont le mal vénérien, à « de petits vers » imperceptibles à l'œil nu.

1710

Vallisnieri imagine l'existence de *vermiculi pesti* ou petits vers responsables de la peste.

1711

Le micrographe Louis Joblot démontre pour la première fois par l'expérience que les infusoires proviennent de germes aériens. Sa découverte passe inaperçue et lui-même n'en mesure par la portée.

1714

Carlo Francesco Cogrossi, de Milan, énonce une théorie « microbienne » des maladies infectieuses. En l'absence d'expérimentation, elle reste une vue de l'esprit.

1715

Hertel et Hallé réunissent dans le même microscope l'inclinaison variable du tube, la platine, la vis micrométrique et l'éclairage par transparence. Le microscope d'allure moderne est né, mais l'image est encore parasitée par le chromatisme et les aberrations sphériques.

1718

Joblot publie à Paris son traité *Descriptions et usages de plusieurs microscopes.*

1720

Baptiste Goiffon attribue la peste de Marseille à de petits insectes invisibles à l'œil nu.

1721

À son retour de Turquie, Lady Wortley Montagu introduit l'inoculation variolique en Angleterre. L'opération immunise contre la variole au prix d'une variole bénigne. En raison de ses dangers, elle connaîtra des succès divers jusqu'à la découverte de la vaccine par Jenner, en 1796.

1723

Mort à Delft du micrographe Leeuwenhoek.
Mort à Paris du micrographe Louis Joblot.

1726

Escroquerie au microscope. Robert Boile montre à ses patients les insectes invisibles à l'œil nu qui seraient à l'origine de leurs maladies. Son microscope à double foyer est truqué, mais la réussite de l'opération montre le succès populaire des théories animalculistes des maladies infectieuses.

1729

Naissance de Spallanzani. En 1747, il démontrera par l'expérience l'inexistence de la génération spontanée.

1741

Giovanni Battista Bianchi imagine que les maladies infectieuses sont dues à des insectes invisibles à l'œil nu et capables de sauter, voler et ramper.

1744

Trembley décrit les mœurs du polype d'eau douce. Ses observations confèrent à la microscopie une dimension métaphysique.

1747-1748

Spallanzani démontre par l'expérience la réalité de la dissémination aérienne des germes. Une polémique l'oppose à Needham et aux partisans de la génération spontanée, dont Buffon et Maupertuis. Elle préfigure, avec 110 ans d'avance, la polémique entre Pasteur et Pouchet.

1796

Jenner observe les propriétés prophylactiques du cow-pox, ou petite vérole des vaches, qui immunise contre la variole. La même année, il vaccine pour la première fois un enfant, James Phibbs. La vaccine se répand dans le monde à partir de 1801, consacrant un effondrement spectaculaire de la mortalité variolique.

Giovanni Rasori, de Milan, soutient qu'un « contagium vivum » est à l'origine des maladies infectieuses.

1799

Mort de Spallanzani.

1800-1855

1810

Appert met au point le procédé de fabrication des conserves alimentaires. Ignorant tout de la putréfaction microbienne, il pense avoir neutralisé la puissance vitale de l'air.

1813

Naissance de Claude Bernard, fondateur de la méthode expérimentale.

1816

Agostino Bassi démontre qu'un parasite microscopique est à l'origine de la pébrine, ou maladie du ver à soie. Il énonce des règles prophylactiques, mais personne ne l'écoute.

1818

Bretonneau reconnaît la « spécificité » de la fièvre typhoïde en tant qu'entité nosologique.

1820

Bartolomeo Bizio montre que la polenta s'altère et vire au rouge sous l'influence d'un micro-organisme.

1821

Bretonneau reconnaît la « spécificité » de la diphtérie qui était confondue avec les angines et diverses affections pharyngées.

1822

Naissance de Louis Pasteur à Dole. Il passera son enfance à Arbois (Franche-Comté) où son père, Jean-Joseph, possède une tannerie.

Christian Persoon suppose que la bière fermente sous l'impulsion d'un champignon microscopique qu'il appelle *Mycoderma Cervisiae.*

1823-1830

Mise au point des premiers microscopes achromatiques par les lunetiers Huet et Chevalier. Ils permettront la découverte des microbes.

1827

Naissance de Joseph Lister à Upton, dans l'Essex. Il mettra au point les méthodes d'antisepsie en 1867.

1834

Renucci constate qu'un acarien microscopique est à l'origine de la gale. Bonomo et Cestosi avaient fait la même observation en 1687.

1837

Cagniard de Latour observe pour la première fois un ferment au microscope achromatique et suppose que la transformation du sucre en alcool est l'œuvre de germes qu'il appelle *séminules*.

1839

L'Allemand Schwann soutient que la levure, qui est à l'origine de la fermentation, est un champignon. Il ne s'attire que railleries.

1840

Henle publie ses *Pathologische Untersuchungen*. Il y développe la théorie du *contagium animatum*.

1841

Pasteur, âgé de 21 ans, obtient un poste de maître supplémentaire au collège de Besançon.

1843

Naissance de Robert Koch à Clausthal (Hanovre).

1845

Naissance de Laveran.

1846

Pasteur est reçu à l'agrégation de physique et de chimie. Il est nommé professeur au lycée de Tournon.

1847

Semmelweis constate que des mesures d'hygiène provoquent l'effondrement de la mortalité par fièvre puerpérale, mais il ne suscite que railleries et réprobation.

Pasteur, simple préparateur à l'École normale, perce l'énigme de Mitscherlich en montrant la raison pour laquelle le tartrate et le paratartrate de soude ont des propriétés optiques différentes avec une même structure moléculaire. Pour en arriver à cette conclusion, il a sondé la structure intime des cristaux et fondé la stéréochimie.

1848

Pasteur est nommé assistant à la faculté des sciences de Strasbourg. Il épouse Marie Laurent, fille du doyen.

Virchow observe pour la première fois des vibrions dans les selles de malades atteints de choléra mais il n'en tire aucune conclusion.

1849

Aloïs Pollender découvre de petits « bâtonnets filiformes » dans le sang d'animaux malades du charbon mais il ne les rend pas responsables du mal.

1850

Rayer et Davaine observent, chacun de leur côté, les petits « bâtonnets filiformes » de Pollender dans le sang des animaux charbonneux. Ils n'y voient pas encore l'agent causal du charbon.

Naissance de Vaillard à Montauban.

1852

Le Belge Louis Willems met au point une méthode d'inoculation préventive contre la péripneumonie des bœufs.

Décret loi français prévoyant que toute nouvelle construction sera équipée d'une chute conduisant à l'égout.

1853

Pasteur parvient à transformer en laboratoire le tartrate en paratartre de soude. Ses travaux de chimiste acquièrent une audience internationale.

Naissance d'Émile Roux à Confolens (Charentes). Avec Yersin, il isolera la toxine diphtérique en 1888.

1854

Naissance d'Emil von Behring en Prusse orientale. Il mettra au point le sérum antidiphtérique en 1890.

Pasteur est nommé professeur et doyen de la nouvelle faculté des sciences de Lille.

LA RÉVOLUTION PASTEURIENNE (1855-1881)

1855

Pasteur se lance dans l'étude des fermentations, phénomène que Liebig et Berzelius croyaient d'origine chimique.

Bretonneau soutient, sans en apporter la preuve, que chaque maladie infectieuse est causée par un germe spécifique.

L'Allemand Aloïs Pollender pressent que les bâtonnets trouvés dans le sang des animaux charbonneux sont à l'origine de la maladie.

1857

Pasteur est nommé directeur des études scientifiques à l'École normale.

1858

Pasteur isole le ferment lactique, démontrant ainsi l'origine virale et non chimique de la fermentation. Il réalise, par là même, la première culture pure d'un germe.

1859

Pasteur se lance dans le problème des générations spontanées. C'est le début de la grande polémique qui l'opposera à l'hétérogéniste Pouchet.

1860

Pasteur identifie et isole le ferment de l'acide butyrique et découvre qu'il s'agit d'un micro-organisme *anaérobie* qui, à la différence des *aérobies*, vit à l'abri de l'oxygène.

1861

Pasteur isole le *mycoderma aceti*, ou ferment du vinaigre, qui lui permet de mettre au point un procédé rationnel de fabrication du vinaigre.

1863

Pasteur s'installe à Arbois et se lance dans l'étude des maladies du vin qui ravagent les vignobles du monde entier.

Influencé par la découverte par Pasteur du vibrion butyrique, Davaine déclare pour la première fois que les bactéridies charbonneuse communiquent le charbon aux élevages. Il met aussi en évidence le rôle de la septicémie chez les animaux à l'agonie.

Naissance d'Albert Calmette à Nice. Il mettra au point le BCG entre 1902 et 1921.

Naissance d'Alexandre Yersin à Morgues (Suisse). Il découvrira, en 1895, le bacille de la peste et mettra au point un vaccin et un sérum.

1864

Au terme d'une série d'expériences qui l'ont conduit jusqu'à la mer de Glace, Pasteur démontre que les bouillons de culture sont contaminés par des germes aériens et que la génération spontanée n'existe pas. Démonstration couronnée par l'Académie des sciences. Il pressent dès lors que toutes les maladies infectieuses proviennent de germes disséminées dans l'air ou l'eau.

1865

Claude Bernard définit les principes fondamentaux de la recherche scientifique dans *Introduction à l'étude de la médecine expérimentale.*

Pasteur démontre que les maladies du vin sont provoquées par des micro-organismes parasites et qu'il suffit de chauffer les vins à 55° centigrades pendant une minute pour les en préserver.

Pasteur s'installe à Alais avec ses assistants Maillot, Guernez et Raulin, et se lance dans l'étude de la maladie des vers à soie, ou *pébrine*, qui ravage la sériciculture mondiale.

Casimir Davaine décrit pour la première fois le rôle pathogène d'une « bactéridie » dans la genèse d'une maladie infectieuse, le charbon.

1866

Koch est reçu médecin à l'université de Göttingen.

1867

Pasteur met au point un procédé de sélection précoce qui permet de neutraliser le développement de la maladie du ver à soie ou *pébrine*. Il découvre aussi le vibrion de la *flacherie* qui dévastait les élevages et parvient à éradiquer le mal par élimination des vers malades.

Chirurgien à l'hôpital de Glasgow, Lister redécouvre, après Semmelweis, la méthode qui fait tomber la mortalité post-opératoire de 80 %. Mais ses travaux passent d'abord inaperçus.

Obermaier observe pour la première fois le spirochète de la fièvre récurrente.

Koch obtient la direction médicale d'un établissement pour enfants arriérés.

Un arrêté préfectoral prévoit que les propriétaires parisiens pourront faire écouler les eaux-vannes de leurs fosses d'aisance à l'égout. C'est le début du tout-à-l'égout.

1868

Dix-sept ans avant la découverte du bacille de Koch, Villemin met en évidence la transmissibilité de la tuberculose au lapin par inoculation, sa contagiosité et la nécessité de mesures prophylactiques. Ses travaux passent sur le moment inaperçus.

Pasteur est victime d'une attaque cérébrale qui le laissera paralysé du côté gauche.

1869

Robert Koch s'installe comme médecin de campagne à Rakwitz, petite ville polonaise de Silésie.

Just Lucas-Championnière essaie sans succès de faire connaître en France la méthode antiseptique de Lister.

Aménagement des champs d'épandage de Gennevilliers. Les eaux usées, riches en azote, feront fructifier la terre tout en se purifiant. En Angleterre, la pratique est en usage depuis des siècles.

1870

Pasteur publie *Études sur la maladie des vers à soie, moyen assuré de la combattre et d'en prévenir le retour.*

1871

Pasteur isole le ferment de la levure de bière, mettant ainsi au point le procédé de fabrication d'une bière inaltérable.

Converti aux théories de Pasteur, Alphonse Guérin invente un « pansement ouaté » qui protège les blessures du milieu infecté de germes pathogènes. Essayé sur les blessés de la Commune, la méthode est couronnée de succès.

Un ingénieur anglais, Bailey Denton, parvient à épurer les eaux usées d'une ville de 3000 âmes sur un terrain nu d'une superficie d'un hectare. Mais la pratique ne parvient pas à s'imposer en raison du triomphe des champs d'épandage.

1872

Koch est nommé médecin sanitaire de canton à Wollstein.

1873

Klebs identifie le bacille de la diphtérie dans les fausses membranes.

Pasteur est reçu à l'Académie de médecine en qualité d'associé libre à une seule voie de majorité. Il n'a qu'un but : prouver et imposer l'idée de l'origine parasitaire des maladies infectieuses.

Sous l'impulsion de Virchow, les premiers champs d'épandage allemands sont aménagés près de Berlin.

1874

Lister publie *Mémoire sur le principe de l'antiseptie dans ses applications à la chirurgie*. L'antiseptie triomphe après n'avoir rencontré qu'indifférence sept ans durant.

1875

Koch s'installe comme médecin à Wollstein et commence tout seul ses travaux sur le charbon.

Le Belge Van Beneden découvre que le fœtus provient de la fusion des deux noyaux de la cellule mâle (spermatozoïde) et femelle (ovule).

Création à Berlin de l'Office impérial de Santé. Sous l'impulsion de Koch, il s'orientera plus tard vers l'étude des maladies infectieuses

Dérivation de la Vanne qui alimente Paris en eau de source réputée pure. On ignore encore qu'elle est souillée de micro-organismes pathogènes par de multiples fissures communiquant avec les fosses d'aisance, les tas de fumier ou les clos d'équarrissage.

L'Anglais Buchanam fait triompher sa « sewer gas theory ». Les odeurs d'égout

seraient à l'origine des maladies épidémiques. L'idée aura des conséquences néfastes. Toutes les bouches d'égout londoniennes seront condamnées, hâtant les phénomènes de putréfaction, aggravant la pollution de la Tamise.

1876

Koch publie le résultat de ses travaux sur la bactéridie charbonneuse et démontre, après l'avoir isolée, qu'elle est à l'origine du charbon. C'est la première mise en culture d'un germe pathogène.

Pasteur publie *Études sur la bière* à compte d'auteur.

1877

À la demande du ministre de l'Agriculture, Pasteur se penche sur le problème du charbon. Il confirme les travaux de Koch sur la bactéridie charbonneuse et approfondit l'étiologie du mal, démontrant le rôle de la septicémie découverte par Davaine dès 1863.

Koch publie ses découvertes dans le domaine de la technique micrographique : frottis et colorations. C'est dans la cuisine de sa maison de Wollstein qu'il met au point les techniques de culture bactérienne en milieu solide. Le premier milieu est la rondelle de pomme de terre.

Pasteur et Joubert pressentent l'importance d'un phénomène alors appelé « concurrence vitale des micro-organismes » ou « antibiose », qui sera à l'origine des antibiotiques. Plusieurs antagonismes microbiens seront dès lors observés jusqu'à la mise au point de la pénicilline, en 1940, par Chain et Florey.

1878

Mort de Claude Bernard.

Entrée de Roux à l'Institut Pasteur. Médecin de quartier dans la misère, il devient, au bout de quelques semaines, le principal collaborateur de Pasteur.

Pasteur, aidé de ses assistants Roux et Chamberland, commence ses recherches sur le charbon en pays chartrain, cœur de l'épizootie. Il démontre que le bacille charbonneux envahit l'animal par les voies digestives et dicte les premières mesures de prophylaxie.

1879

Pasteur découvre le principe du vaccin de laboratoire en inoculant à des poules une culture vieillie de germes du choléra des poules, les *Pasteurella multocida*. Ils ont perdu leur virulence mais conservé leur pouvoir immunisant.

Sédillot prononce pour la première fois le mot *microbe* à l'Académie de médecine de Paris.

Pacini affirme que le vibrion observé chez les cholériques est l'agent causal de la maladie, mais il n'en apporte pas la preuve.

Galtier démontre que le lapin est l'animal qui se prête le mieux à la transmission de la rage.

Deux savants français, Schloesing et Muntz, découvrent l'existence de deux microbes nitrificateurs, le nitromanias et le nitrobacter. Ces microbes convertissent les matières azotées des eaux usées en nitrates, opérant ainsi un travail de fructification de la terre et d'épuration des eaux. Ainsi s'éclaire le mécanisme des champs d'épandage. Winogradsky et Oméliansky parviendront en 1890 à isoler ces germes bienfaisants.

1880

Eberth découvre le bacille de la fièvre typhoïde, ou « bacille d'Eberth ».

Pasteur s'attaque au problème de la rage.

Koch est nommé directeur de l'Office impérial de Santé de Berlin. Loeffler et Gaffky sont ses assistants. Ils orientent les travaux de l'Office vers la microbiologie.

Laveran attribue le paludisme à un hématozoaire et soupçonne le moustique d'en être le vecteur.

Griffith Evans découvre au Penjab que le sang des chevaux affligés de *surra*, ou maladie du sommeil des équidés, contient un trypanosome. Il recevra le nom de *Trypanosoma Evansi.*

Le vétérinaire Toussaint met au point un vaccin contre le charbon qui s'avère défectueux. Mais son idée d'atténuer la bactéridie au bichromate de potassium sera reprise par Pasteur, Roux et Chamberland.

Affaire des « odeurs de Paris ». Une commission d'enquête où figurent Brouardel et Pasteur disculpent les égouts. Les effluves pestilentiels proviennent en fait des industries de la périphérie parisienne.

1881

Mise au point par Pasteur, Roux et Chamberland du vaccin anticharbonneux qui fait la preuve de son efficacité lors de la célèbre expérience de Pouilly-le-Fort (5 mai).

Pasteur se penche sur le problème de la fièvre puerpérale et renforce dans les maternités parisiennes les mesures d'asepsie qui feront disparaître cette cause de mortalité des femmes en couches. Il semble avoir ignoré les découvertes de Semmelweis.

Pasteur est à Bordeaux avec l'espoir d'examiner des malades atteints de fièvre jaune. Mais les bateaux en provenance du Sénégal ne débarquent que des convalescents.

Gaffky isole et cultive le bacille de la fièvre typhoïde, ou « bacille d'Eberth ».

Galtier prétend avoir provoqué l'immunité antirabique chez un mouton par inoculation de salive virulente dans la jugulaire.

Le Cubain Carlos Juan Finlay soutient que le germe de la fièvre jaune est transmis par un moustique de l'espèce *culex fasciatus*, mais il faudra attendre 1901 pour que sa découverte soit prise au sérieux.

L'ESSOR DE LA BACTÉRIOLOGIE

1882

Koch découvre le bacille de la tuberculose. Il se propage par les crachats et la poussière.

Metchnikoff découvre le phénomène de la phagocytose.

Empoignade Koch-Pasteur au Congrès international d'hygiène de Berlin. Koch soutient que le vaccin contre le charbon de Pasteur est inefficace.

L'abbé Moignon met au point une « vidangeuse automatique » plus tard connue sous le nom de fosse septique. Les eaux ménagères et de vidange y sont fluidifiées, à l'abri de l'air, par le travail des bactéries anaérobies. Mais l'eau ainsi clarifiée n'est pas stérilisée.

Les premiers appareils « fumivores » sont installés en Angleterre. Les procédés vont se multiplier avec de modestes résultats.

1883

Le choléra éclate en Basse-Égypte. Une mission allemande dirigée par Koch et une mission française organisée par Pasteur s'y rendent avec l'intention d'identifier le germe de la maladie. C'est Koch qui met en évidence le rôle du « bacille virgule » ou vibrion cholérique. Mais un doute subsiste, la maladie ne pouvant être transmise à l'animal. Thuillier décède du choléra au cours de la mission.

Pasteur et Borel mettent au point un vaccin contre le rouget du porc qui ravageait les troupeaux porcins.

Calmette, âgé de vingt ans, est nommé aide médecin de la Marine à bord de *La Triomphante*. Ses voyages en Orient attirent son attention sur plusieurs maladies infectieuses exotiques.

La législation française sur les garnis prévoit l'installation d'un water-closet pour vingt personnes. Mais c'est dans les casernes parisiennes que des W.-C. sont aménagés pour la première fois en France où le procédé, déjà largement répandu en Angleterre, aura du mal à concurrencer la fosse d'aisance.

Le Dr Vallin met au point le premier « enduit pulvérifuge » ou encaustique. Répandu sur le plancher, il neutralise la virulence de la poussière.

À Paris, une ordonnance de la préfecture de police restreint la durée de stationnement des immondices sur la voie publique et interdit aux chiffonniers d'y répandre les ordures. Elle institue l'usage d'une boîte à ordures réglementaire : la poubelle.

1884

Pasteur, Roux et Chamberland mettent au point le vaccin antirabique par atténuation sous vide de moelle de lapin contaminée. Le Congrès médical de Copenhague reconnaît son efficacité. Première « rue Pasteur » en France.

Loeffler colore, isole et cultive le bacille de la diphtérie.

Nicolaier découvre dans la terre le « bacille en épingle » du tétanos ou « bacille de Nicolaier ».

Carle et Rattone réussissent la transmission expérimentale du tétanos.

Gaffky publie ses études sur la culture pure du bacille d'Eberth.

Première exposition d'hygiène à Berlin. L'Allemagne cherche à ravir à la France son leadership dans le domaine de la bactériologie.

Chamberland met au point une bougie filtrante qui permet de recueillir des filtrats microbiens, et un autoclave où les cultures bactériennes peuvent être soumises sous contrôle à la température voulue.

1885

Pasteur expérimente pour la première fois le vaccin antirabique sur un enfant de 10 ans, Joseph Meister (juillet).

Koch découvre le milieu de culture à la gélose.

Brieger crée le terme de « toxine ».

Ouverture à Villeneuve-l'Étang d'une annexe de l'Institut Pasteur consacrée à l'expérimentation sur les chiens enragés.

1886

Naissance de Gaston Ramon. En 1923, il mettra au point les vaccins contre la diphtérie et le tétanos.

Fondations de centres antirabiques à Vienne, Londres, Iéna, New York, Saint-Pétersbourg, Odessa.

1887

Robert Philip fonde à Édimbourg le premier dispensaire antituberculeux en vue du dépistage précoce et de l'aide sociale.

Médecin à Saint-Pierre-et-Miquelon, Calmette s'initie tout seul à la microbiologie et parvient à isoler le germe du « rouge de morue » qui rend les morues inaptes à la consommation. Aussitôt après, il met au point un procédé pour le neutraliser.

Polémique Pasteur-Peter à l'Académie de médecine. Le Pr Peter échoue dans sa tentative de discréditer le vaccin antirabique de Pasteur, consacrant ainsi le triomphe officiel de la microbiologie.

1888

Inauguration de l'Institut Pasteur, rue Dutot.

Roux et Yersin isolent la toxine diphtérique (ils emploient le terme de « poison diphtérique ») au moyen de laquelle Behring fabriquera un sérum deux ans plus tard.

Charrin et Roger découvrent la « bactériolyse » ou agglutination de certains bacilles au contact d'animaux immunisés contre ces mêmes bacilles. Tous les sérodiagnostics des maladies microbiennes reposeront sur ce principe.

Kitasato et Behring obtiennent des cultures pures de bacilles tétaniques.

Chantemesse et Widal décrivent le bacille de la dysenterie épidémique.

Behring découvre que le sérum de rat blanc tue la bactéridie charbonneuse. Il en conclut que certains sérums peuvent avoir un pouvoir bactéricide. C'est deux ans plus tard qu'il met au point les sérums contre la diphtérie et le tétanos.

Metchnikoff entre à l'Institut Pasteur avec le titre de chef de service. Pasteur est le premier savant à prendre au sérieux sa théorie de la phagocytose.

Vaillard crée le premier laboratoire de bactériologie militaire au Val-de-Grâce.

Widal démontre, dans sa thèse pour le doctorat de médecine, que le streptocoque de la fièvre puerpérale et celui de l'érysipèle ne forment qu'un seul et même germe.

Médecin de l'armée, Behring est détaché à l'Institut d'hygiène de Berlin alors dirigé par Koch.

Une chaire de bactériologie est pour la première fois créée à la Faculté de médecine de Paris. Elle est attribuée au Pr Cornil.

Richet et Héricourt échouent dans leur tentative d'inoculation à des tuberculeux de sérum d'animaux (âne, chien) réputés réfractaires au bacille de Koch.

1889

Terrier fait triompher l'asepsie dans son service de l'hôpital Bichat.

1890

Behring et Kitasoto parviennent à atténuer la virulence de la toxine diphtérique au moyen du trichlorure d'iode, ce qui leur permet de fabriquer un sérum anti-dysphtérique. C'est selon le même protocole qu'ils mettent au point un sérum anti-tétanique à partir de la toxine isolée par le danois Knud Faber.

Koch annonce la découverte d'une substance capable d'enrayer la marche de la tuberculose (tuberculine). Les désillusions seront cruelles. Mais la tuberculine permet le dépistage de la tuberculose chez les bovins et, en 1907, elle servira à la mise au point de la cuti-réaction.

Le 25 décembre, Behring expérimente pour la première fois avec succès le sérum antidiphtérique sur un enfant.

Calmette fonde l'Institut Pasteur de Saigon.

Winogradsky et Oméliansky isolent le nitromanias et le nitrobacter, microbes responsables de la nitrification des matières azotées des eaux usées.

Installation à Vienne des premiers urinoirs à huile. L'urine glisse sur les stalles huilées sans entraîner de putréfaction ni de corrosion.

Pour lutter contre la poussière dans les casernes, le Dr Vallin impose la « coaltarisation » ou goudronnage des planchers. Le procédé fera long feu.

La stérilisation du lait est pour la première fois rendue obligatoire à Copenhague.

1891

Koch décrit le phénomène qui porte son nom : les animaux tuberculeux sont insensibles à de nouvelles injections de bacilles de Koch, à l'inverse des animaux sains.

Vaillard, Vincent et Rouget publient un article sur la sécrétion de la toxine tétanique.

Des savants allemands, dont Siemens, mettent au point le procédé de purification des eaux potables par ozonisation.

1892

Widal parvient à transmettre la typhoïde au cobaye après avoir exalté la virulence du bacille typhique. Il met au point le sérodiagnostic de la fièvre typhoïde. Avec la collaboration de Chantemesse, il fabriquera un vaccin antityphique.

La préparation industrielle du sérum antidiphtérique est entreprise dans les usines Hoechst.

Le chimiste londonien Dibbin met au point la première station d'épuration biologique des eaux usées à Barking. Un « lit bactérien » composé de coke sert de support aux microbes nitrificateurs. Le procédé permettra de résoudre radicalement le problème des eaux usées.

Découverte du pouvoir pathogène de l'huître. Elle peut être à l'origine d'infections gastro-intestinales graves, dont la fièvre typhoïde.

1893

Calmette met au point un sérum contre le venin de cobra qui s'applique aux morsures de tous les serpents venimeux.

Travaux de Roux et Vaillard sur le sérum antitétanique.

Laveran incrimine le moustique dans la propagation du paludisme.

Adrien Loir, neveu de Pasteur, fonde à Tunis le premier Institut Pasteur d'Afrique. Un centre du même type ouvre ses portes à Alger dans les mois qui suivent.

Calmette fonde l'Institut Pasteur de Lille.

Échaudé par le choléra de 1892, Hambourg s'équipe de filtres à sable destinés à purifier l'eau potable. D'autres villes allemandes suivront l'exemple, mesure sanctionnée par un effondrement de la mortalité typhique.

1894

Le pasteurien Haffkine met au point un vaccin contre le choléra composé de vibrions dont la virulence a été exaltée avant d'être atténuée à 39°. Employé aux Indes, il donne de bons résultats.

Le Figaro lance une souscription en faveur de la fabrication massive de sérum antitétanique. Avec plus d'un million de francs recueillis, le succès dépasse tous les espoirs.

Inspirée par le préfet Poubelle et l'ingénieur Bechmann, la loi d'assainissement de Paris et de la Seine fait obligation aux propriétaires d'envoyer leurs eaux-vannes à l'égout. L'utilité du tout-à-l'égout est officiellement reconnue en dépit des réserves émises par Pasteur et Brouardel. En l'absence de stations d'épuration des eaux usées, le tout-à-l'égout condamne effectivement la Seine à une pollution mortelle.

Un pavage en pierre artificielle est essayé à Munich, Hambourg, Nuremberg et Berlin. Le procédé s'inscrit dans le cadre de la lutte contre les poussières pathogènes.

La législation française interdit certaines professions « poussiéreuses » aux enfants de moins de dix ans.

Pratiqué sur les animaux de boucherie, le test de la tuberculine indique que 30 % à 60 % d'entre eux sont tuberculeux partout en Europe.

1895

Mort de Pasteur. Duclaux devient le deuxième directeur de l'Institut Pasteur.

Au cours de son séjour à Hong-Kong, Yersin montre le rôle du rat dans l'étiologie de la peste, il isole et cultive le bacille de la maladie, ou bacille de Yersin, et,

à son retour à Paris, met au point un vaccin et un sérum avec la collaboration de Calmette et Borel.

Créations des Instituts Pasteur de Lille, Marseille, Lyon, Bordeaux et Montpellier.

Patrick Manson met en évidence le rôle du moustique dans l'étiologie du paludisme.

David Bruce incrimine la *glossina palpalis*, ou mouche tsé-tsé, dans la transmission à l'homme du trypanosome de la maladie du sommeil.

La première exposition d'hygiène française ouvre ses portes à Paris au Champ-de-Mars.

La première station française de stérilisation des eaux potables à l'ozone est installée à Lille où elle traite les eaux de l'Emmerin.

Inauguration des champs d'épandage d'Achères. De nouveaux chantiers s'ouvrent à Méry, Pierrelaye, Carrières-sous-Poissy. Mais ils ne suffiront pas au traitement des eaux d'égout de la région parisienne dont le débit ne cesse de croître.

1896

Petri et Koch découvrent la présence d'un bacille paratuberculeux dans le lait et le beurre.

Wright et Koll vaccinent des soldats britanniques contre la typhoïde au moyen de cultures éberthiennes tuées par chauffage à 56°. En Allemagne, Pfeiffer met au point un autre vaccin antityphique qui s'inspire du même procédé.

Calmette démontre l'efficacité de son sérum antivenimeux dont l'usage se répand dans tous les pays infectés de serpents.

Yersin fonde l'Institut Pasteur de Nha Trang. Peu après sont créés les instituts de Dalat et de Hanoi.

La première station biologique d'épuration des eaux usées de structure moderne entre en fonction à Exeter. Elle se compose d'un septic tank, ou fosse septique géante de Cameron, qui clarifie l'eau, et d'un lit bactérien qui l'épure. Le système se répand en Angleterre, en Allemagne et aux États-Unis, mais les premières stations biologiques françaises d'envergure attendront 1910 pour voir le jour.

Premiers crachoirs publics.

1897

Dans une thèse soutenue à Lyon sous le titre *Contribution à l'étude de la concurrence vitale chez les micro-organismes*, un médecin de 27 ans, Ernest Duchesne, démontre les vertus prophylactiques d'une moisissure appelée *Penicillium glaucum* qui se développe sur le bleu d'Auvergne. Mais il n'en tire aucune application pratique.

1898

Ronald Ross réalise la transmission expérimentale du paludisme aviaire d'un oiseau à l'autre par piqûre de moustique.

Naissance, à Adélaïde, de Howard Florey, l'un des pères de la pénicilline.

Essais de pavage en verre compressé à Genève et à Nice.

1900

Les deux premiers bassins filtrants à sable français sont installés à Choisy-le-Roi et Neuilly-sur-Marne. La mortalité s'effondre de moitié dans les communes desservies en eau potable par ces stations.

Huilage des routes californiennes. Le procédé, efficace contre les poussières, s'impose aux États-Unis et en Angleterre où l'huile lourde de pétrole est bon marché, mais il ne fera jamais la conquête de l'Europe continentale.

Invention du linoléum, ou tapis synthétique imperméable permettant une élimination efficace des poussières pathogènes.

Le Dr Danysz, de l'Institut Pasteur, isole un cocco-bacille mortel pour le rat et inoffensif pour l'homme et les autres animaux. Mais les rats apprendront vite à déjouer les pièges de la guerre bactériologique.

Débuts de la lutte contre les mouches. Tous les moyens mécaniques et chimiques seront essayés en pure perte. Seul le développement de l'automobile mettra un terme à leur pullulation, les mouches trouvant dans le fumier un gîte idéal pour leur reproduction.

Débuts de la hantise des « porteurs sains ». Des personnes peuvent semer les bacilles de la fièvre typhoïde ou de la diphtérie sans en présenter les symptômes.

1901

Behring, lauréat du prix Nobel. Dans son discours, il soutient que le bacille humain de la tuberculose immunise les bovins. Peu après, il met au point un vaccin vétérinaire, le bovovaccin, composé de bacilles humains desséchés mais vivants. Plusieurs expériences semblent lui donner raison, mais l'entreprise se soldera par un échec.

Koch soutient de façon erronée que le bacille tuberculeux des bovins n'est pas transmissible à l'homme, mais il ne rencontre que scepticisme.

Calmette se lance dans l'étude de la tuberculose et crée à Lille, sous le nom « Préventorium Émile-Roux », un dispensaire dont l'organisation fera école.

Naissance à Chaumont-en-Vexin de René Dubos. En 1938, il mettra au point le premier antibiotique : la tyrothricine.

Tentatives décevantes de destruction des rats par sulfuration dans les cales de bateaux.

1902

Behring soutient la thèse révolutionnaire selon laquelle le bacille de Koch s'introduirait par les voies digestives avant de rejoindre les poumons par le système lymphatique.

Loi française sur la santé publique. Elle impose de nombreuses mesures inspirées par les hygiénistes.

L'efficacité du goudronnage des routes est pour la première fois démontrée sur un tronçon de 200 mètres entre Nogent-sur-Marne et Champigny. Peu à peu, le goudron va se substituer au macadam dont s'échappait une poussière riche en bacilles de Koch et en pneumocoques

L'Anglais Cecil Booth met au point le premier aspirateur. C'est un appareil de deux mètres cubes adapté aux seules collectivités. Le procédé permettra de résoudre de façon efficace le problème de la poussière de maison.

1903

Roux reçoit le grand prix Osiris de 100 000 francs. Il consacrera cet argent à l'achat de singes sur lesquels il fera, en collaboration avec Metchnikoff, l'essai infructueux d'un vaccin contre la syphilis.

Mise au point des premiers parquets de synthèse destinés à permettre l'élimination hygiénique des poussières : « aires minérales », stucolith, xylolith, porphyrolith. Ils sont composés de sciure de bois, de sels minéraux, de sable et de déchets calcaires.

1904

Mort de Duclaux. Roux lui succède à la direction de l'Institut Pasteur.

1905

Robert Koch, lauréat du prix Nobel.

Au cours de sa sixième mission coloniale, Robert Koch traite les malades atteints de la maladie du sommeil à l'*Atoxyl*, médicament à base de sels arsenicaux qui ralentit l'évolution de la maladie mais provoque des cas de cécité.

L'Américain Cottrell met au point un procédé électrique de captation des poussières.

1906

Schaudin et Hoffman découvrent le tréponème pâle de la syphilis.

Naissance à Berlin de Ernst Chain, l'un des pères de la pénicilline.

1907

Laveran, lauréat du prix Nobel.

1908

Mort de Chamberland.
Metchnikoff, lauréat du prix Nobel pour ses travaux sur l'immunité.

1909

L'Allemand Kleine démontre que la mouche tsé-tsé ne devient dangereuse que dix-sept jours après avoir piqué un individu atteint de la maladie du sommeil, ce laps de temps étant nécessaire au trypanosome pour atteindre les glandes salivaires de l'insecte.

Mise au point de la technique de stérilisation des eaux potables par les rayons ultra-violets.

1910

Ehrlich met au point le « 606 », ou Salvarsan, médicament utilisé contre la syphilis et composé de sels arsenicaux. Les effets secondaires sont douloureux (cécité).

1912

Calmette et Guérin obtiennent, au terme de 230 repiquages, la première culture de BCG (Bacille cilié Calmette-Guérin), bacille de Koch atténué, qui ne sera essayé sur un enfant que neuf ans plus tard.

Quinze ans après Ernest Duchesne, le pasteurien Albert Vaudremer se penche sur le *Penicillium glaucum* et constate son « action empêchante » sur le développement de certains germes infectieux.

1914

Sous la pression des événements, les eaux potables sont désinfectées à la javel et au chlore. Le procédé donne de si bons résultats qu'il ne tombera jamais en désuétude.

1916

Mort de Metchnikoff.

1917

Albert Calmette devient sous-directeur de l'Institut Pasteur.

1918

Mort d'Emil von Behring.

1919

Le BCG est mis à l'épreuve avec succès sur 110 veaux de deux exploitations de Seine-Maritime.

1920

Expérimentation du BCG sur des singes de l'Institut Pasteur de Kindia.

1921

Albert Calmette expérimente pour la première fois le BCG avec succès sur un enfant.

L'Allemand Lieske démontre que certains micro-organismes du sol, les actinomycètes, contiennent des principes anti-infectieux. Vingt-cinq ans plus tard, on en tirera un antibiotique : l'actinomycine.

1923

Ramon met au point les vaccins antidiphtérique et antitétanique composés de toxines atténuées au formol plus connues sous le nom d'anatoxines.

Les Belges Gratia et Dath et les Russes Zoukerman et Minkewitz montrent, avec autant de précision que le fera Fleming, le pouvoir thérapeutique du *Penicillium notatum.*

1924

25 juin, communication de Calmette à l'Académie de médecine : 317 enfants vaccinés au BCG ont contracté l'immunité antituberculeuse et sont en excellente santé.

1928

L'Anglais Hindle met au point le premier vaccin efficace contre la fièvre jaune.

Fleming redécouvre le pouvoir bactéricide du *Penicillium glaucum* et en tire une moisissure encore plus efficace, le *Penicillium notatum* dont il isole la pénicilline. Mais il abandonne ses recherches en raison de l'instabilité du produit.

1930

Tragédie de Lübeck. À la suite d'une erreur de manipulation, une culture virulente de bacille de Koch, et non de bacille atténué (BCG), est administrée à des enfants. Ce cruel malentendu discréditera durablement la réputation du vaccin.

1933

Mort de Roux et de Calmette à cinq jours d'intervalle.

1935

L'Allemand Gerhard Dogmak, d'Iéna, met au point le Prontosil, premier des sulfamidés.

1937

Tréfouel, Nitti et Bovet, de l'Institut Pasteur, découvrent l'activité du noyau sulfamidé. Mais le spectre microbien des sulfamides, qui sont impuissant face aux staphylocoques, reste étroit. De plus, les cas de « sulfamido-résistance » se multiplient.

LA SECONDE RÉVOLUTION MICROBIOLOGIQUE

1938

René Dubos extrait la tyrothricine d'un micro-organisme du sol, le *bacillus brevis*. C'est le premier antibiotique connu. Trop toxique pour être utilisé à fortes doses, son application locale fait merveille dans le traitement des plaies à staphylocoques et streptocoques et dans les affections de la peau, du nez et de la gorge.

1940

Une équipe de chercheurs de l'université d'Oxford sous la direction de Howard Florey et Ernst Boris Chain isole la pénicilline du *Penicillium notatum* et la font entrer dans la thérapeutique. Essayée sur l'homme en 1941, elle est utilisée pour la première fois de façon massive au cours du débarquement allié en Sicile, en 1943.

1942

Mort d'Alexandre Yersin à Nha Trang sous occupation japonaise.

1944

Découverte de la streptomycine par Waksmann, Bugie et Schatz. Isolée à partir d'un champignon du sol, elle viendra à bout de la tuberculose et des maladies à streptocoques.

1945

Chain, Florey et Fleming prix Nobel de médecine.

1946

La pénicilline en vente libre dans les pharmacies.

1948

La typhomicine jugule la fièvre typhoïde. D'autres antibiotiques voient le jour : actinomycine, auréomycine, terramycine.

1955

Mise au point du vaccin contre la poliomyélite par Salk, aux États-Unis, puis Lépine en France.
Mort de Fleming

1968

Mort de Howard Florey

1979

Mort de Ernst Chain

1982

Mort à New York de René Dubos.

Sources

I

PÉRIODIQUES SCIENTIFIQUES
(XIXe - début du XXe siècle)

1. Revues généralistes

British medical Journal (depuis 1857).
Bulletin de l'Académie de médecine (depuis 1836).
Comptes rendus de l'Académie des sciences.
Gazette hebdomadaire et sciences médicales de Bordeaux (1880-1839).
Deutsche Medizinische Wochenschrift (depuis 1875).
Gazette hebdomadaire de médecine et de chirurgie (1853-1902).
Gazette médicale de France.
Journal de médecine de Paris (depuis 1881).
Journal des Sçavans (depuis 1661).
The Lancet (depuis 1823).
Philosophical Transactions (jusqu'en 1886).
Presse médicale.
Revue générale des Sciences (depuis 1890).
Revue moderne de médecine et de chirurgie.
Revue scientifique (depuis 1871).
Science et Nature (depuis 1883).
Semaine Médicale (depuis 1881).

2. Revues d'hygiène et de microbiologie

Annales d'hygiène publique et de police sanitaire (depuis 1829).
Annales de l'Institut Pasteur (depuis 1887).
Annales de micrographie (depuis 1888).
Archives de parasitologie (depuis 1898).
Bulletin de l'Institut Pasteur (depuis 1888).
Génie sanitaire (1892-1894 - 1897-1900).
Hygiène générale et appliquée (1906-1910).

Journal d'hygiène (1875-1914).
Journal of Bacteriology (depuis 1916).
Journal of the Record Sanitary Institut.
Revue d'hygiène publique et de police sanitaire (1879-1921).
Revue pratique d'hygiène municipale (1905-1908; 1912-1913).
Revue sanitaire de Bordeaux.
Revue de la tuberculose (1895-1915; 1920-1932).
The Sanitary Record (1974-1916).
Zeitschrift für Hygiene (depuis 1886).

3. Bulletins statistiques (pour certaines années)

Annuaire sanitaire de la France (1902).
Annuaire statistique de la France (1878-1879; 1884-1894; 1912-1939).
Annuaire statistique de la ville de Paris (1880-1888).
Statistique générale de la France (1901-1905; 1901-1910).
Statistique sanitaire mensuel des villes de France et d'Algérie (1888-1905; 1905-1918).

4. Revues spécialisées

Annales de gynécologie et d'obstétrique (depuis 1874).
Annales des ponts et chaussées (depuis 1831).
Archives de médecine et de pharmacie militaire (depuis 1883).
Bulletin de la Société internationale des électriciens (depuis 1884).
La Caducée (Revue de médecine militaire, depuis 1901).
Gazette des Eaux (depuis 1869).

5. Revues d'histoire de la médecine et des sciences

Bibliographie d'histoire hospitalière (1957-1959).
Biographies médicales (1927-1939).
Bulletins de la Société française d'histoire de la médecine
Conférences d'histoire de la médecine (1980...).
Histoire des sciences médicales (1967-1982).
Janus (1896-1919).
Mémoires de la Société française d'histoire de la médecine (1945-1951).
Pasiflora (1931-1939).
Revue d'histoire des sciences.

II

TRAVAUX RÉCENTS

BOURDELAIS (Patrice) et RAULOT (Jean-Yves), *Une peur bleue, histoire du choléra en France, 1832-1854,* Paris, Payot, 1987.

BOUTIBONNES, *Van Leeuwenhoek. L'exercice du regard,* Paris, Belin, coll. « Un savant, une époque », 1994.

CORBIN (Alain), *Le Miasme et la jonquille. L'odorat et l'imaginaire social, XVIIIe-XIXe siècles,* Paris, Aubier, 1983.

CSERGO (Julia) *Liberté, égalité, propreté. La morale de l'hygiène au XIXe siècle,* Albin Michel, 1988.

FORD (B.), « La naissance de la microscopie », *La Recherche,* 1992, 249, p. 1371-1378.

FOSSE (Julie-Anne), *Tabac, poison ou remède ? Tabagisme et antitabagisme en France de la fin du XVe siècle au début du XXe,* mémoire de maîtrise, Paris-IV Sorbonne, 1998.

GARDERET (Sylvaine), *Mères et médecins face à la pollution microbienne vers 1900,* mémoire de maîtrise, Paris-IV Sorbonne, 1998.

GOUBERT (Jean-Pierre), *La Conquête de l'eau,* Paris, Robert Laffont, 1985.

GUERRAND (Roger-Henri), *Les Lieux. Histoire des commodités,* Paris, La Découverte, 1985.

—, *Mœurs citadines,* Paris, Quai Voltaire.

JACQUEMET (Gérard), « Urbanisme parisien. La bataille du tout-à-l'égout à la fin du XIXe siècle », *Revue d'histoire moderne et contemporaine,* 1979.

MOLLARET (Henri H.) et BROSSOLLET (Jacqueline), *Alexandre Yersin ou le vainqueur de la peste,* Paris, Fayard, 1985.

MOULIN (Anne-Marie), *L'Aventure de la vaccination* (collectif), Paris, Fayard, 1996.

QUÉTEL (Claude), *Le Mal de Naples,* Paris, Seghers, 1986.

ROGER (Jacques), *Les Sciences de la vie dans la pensée française du XVIIIe siècle. La génération des animaux de Descartes à l'Encyclopédie,* Paris, Armand Colin, 1963, rééd. Albin Michel, 1993.

SALOMON-BAYET (Claire), *Pasteur et la révolution pastorienne,* préface par André Lwoff, prix Nobel, Paris, Payot, 1986 (collectif, articles de Bernard P. Lécuyer, Jacques Léonard, Viviane Thévenin, Robert Carvais, Bruno Latour et Claire Salomon Bayet, « Penser la révolution pastorienne », p. 15-62).

SOURNIA (Pr Jean-Charles), *Histoire de la médecine,* Paris, La Découverte, 1992.

THÉODORIDÈS (Jean), *Histoire de la biologie*, Paris, PUF, coll. « Que sais-je ? » 1984.
—, *Casimir Davaine et les débuts de la bactériologie médicale*, Paris, Conférences du Palais de la Découverte, 1963.
—, « Le rôle novateur de Davaine en biologie et en médecine », *Archives internationales Claude-Bernard,* 1961, t. 1.
VIGARELLO (Georges), *Le Sain et le malsain. Santé et mieux-être depuis le Moyen Âge*, Paris, Seuil.

III

BIBLIOGRAPHIE

ADAMS (l'aîné, George), *Micrographia illustrata,* Londres, 1747.
ADAMS (le jeune, George), *Essays on the microscope*, Londres, 1787.
AMBRAM (Dr Élie-Benjamin), *Le Captage des poussières de l'air*, thèse pour le doctorat en médecine, Paris, 1925, n° 67.
ANDRY DE BOISREGARD (Nicolas), *De la génération des vers dans le corps de l'homme*, Paris, 1700.
ANGLADA (Charles), *De la contagion considérée chez l'homme,* Paris, 1846.
—, *Traité de la contagion*, Paris, 1853, 2 vol.
APERT (Dr), *Vaccins et sérums*, Paris, 1922.
APPERT (Charles), *Le Livre de tous les ménages ou l'Art de conserver pendant plusieurs années toutes les substances animales et végétales*, Paris, 1813.
AULANIER (Dr Charles), *Contribution à l'étude de la destruction des poussières des habitations*, thèse pour le doctorat en médecine, Paris, 1925, n° 223.
BAKER (Dr de), *Les Ferments thérapeutiques*, Paris, 1896.
BAKER (Henri), *Le microscope à la portée de tout le monde... avec le détail des découvertes les plus surprenantes faites par le moyen du microscope... traduit de l'Anglois de Henry Baker,* Paris.
BARRAT (Charles), *L'Industrie du chiffon à Paris*, Paris, 1903.
BARON, *L'Œuvre intellectuelle et économique de Louis Pasteur. Conférence faite à Chartres le 6 juin 1897,* Chartres, 1897.
BASSI (Agostino), *De la manière la plus profitable d'élever les vers à soie et du meilleur moyen de diminuer en général les dommages occasionnés par la muscardine*, Montpellier, 1852.
BECKING (D.), « Antoni van Leeuwenhoek, immortal dilettant (1632-1723) », *The Scientific Monthly*, 1924, n° 18, p. 121-126.
BELLONI (Luigi), *Le Contagium vivum*, Paris, Conférences du Palais de la Découverte, 1961.

BEHRING (Emil) *Die Geschichte der Diphterie mit besonderer Berücksichtung der Immunitätslehre*, Leipzig, 1893.

BELLE (Dr Jean), *La Maladie du sommeil. Contribution à l'étude de l'étiologie*, thèse pour le doctorat de médecine, Paris, 1908, n° 18.

BÉRAL (Dr.), *Une petite épidémie de peste à Oran*, thèse de médecine, Montpellier, 1909, n° 28.

BERNARD (Noël), *Les Initiateurs de la pathologie infectieuse*, Paris, 1942.

—, *La Vie et l'œuvre d'Albert Calmette (1863-1933)*, Paris, 1961.

—, *Yersin, pionnier, savant, explorateur (1863-1943)*, Paris, 1955.

BERYL (William) et EPSTEIN (Samuel), *Des microbes qui guérissent*, Paris, 1966.

BESREDKA (A.), *Histoire d'une idée. L'œuvre d'Élie Metchnikoff*, Paris, 1921.

BLANCHARD (Pr R.), *La Maladie du sommeil*, Paris, 1907.

—, *La Lutte contre la mouche*, Paris, 1915.

BONNET (Charles), *Œuvres d'histoire naturelle et de philosophie*, Neuchâtel, 1774, t. 5, « Considérations sur les corps organisés ».

BOGHALLI (Richard), *Robert Koch, der Schöpfer der Modern Bacteriologie*, Stuttgart, 1954.

BORY (Paul), *Les Métamorphoses d'un chiffon*, Abbeville, 1897.

BORY DE SAINT-VINCENT (Jean-Baptiste), *Essai sur les microscopiques*, Paris, 1826.

BOSREDON (Jean), *Histoire de la fièvre jaune à La Havane et dans l'île de Cuba*, Le Havre, 1908.

BOUCHARD, *Actions des produits sécrétés par les microbes pathogènes*, Paris, 1890.

BOURREL (J.), *Traité complet de la rage chez le chien et chez le chat, moyen de s'en préserver*, Paris, 1874.

—, *Réponse à quelques objections faites à la méthode de l'émoussement de la pointe des dents des chiens comme moyen préventif de l'inoculation du virus rabique*, Paris, 1876.

BOUTET (J.F.), *Pasteur et ses élèves. Histoire abrégée de leurs découvertes et de leurs doctrines*, Paris, 1898.

BOYLE (Robert), *Système d'un médecin anglois*, Paris, 1727, 2 t. en 1 vol.

BROCARD (H.), *Louis Puget, François Lamy, Louis Joblot. Leur action scientifique d'après de nouveaux documents*, Bar-le-Duc, sd.

BUFFON, *Histoire générale et particulière*, 1749-1767 ; éd. de 1884-1885.

BULLOCH (W.), *The History of Bacteriology*, Londres, Oxford University Press, 1938.

BURNET (Dr Étienne), *La Lutte contre les microbes*, Paris, 1908.

CADENAT (Hélène), *Essor mondial de la poliomyélite*, thèse de médecine, Paris, 1954, n° 577.

CALMETTE (Albert), *Les venins, les animaux venimeux et la sérothérapie antivenimeuse*, Paris, 1907.

—, *Déclarons la guerre aux rats*, Paris, 1908, brochure.

—, *L'Infection bacillaire et la tuberculose*, Paris, Masson, 1920, 3e éd.

—, *La Vaccination préventive contre la tuberculose par le BCG,* Paris, Masson, 1928.
—, *Documents pour servir à l'étude de la vaccination préventive de la tuberculose par le BCG,* Paris, Masson, 1931.
CALMETTE (A.) et ROLANTS (E.), *Recherches sur l'épuration biologique et chimique des eaux d'égout,* Paris, Masson, 1911.
CAMBON (Dr Paul), *La Maladie du sommeil et son traitement,* thèse pour le doctorat de médecine, Montpellier, n° 54, 1908.
CAMERON (Hector Charles), *Joseph Lister,* Londres, 1956.
CARRIER (Henriette), *Les Origines de la maternité de Paris. Les maîtresses sages-femmes et l'office des accouchées (1378-1796),* Paris, 1888.
CARSTENSEN (Richard), *Kampf mit unsichtbaren Feinden,* Kiel, 1955.
CAZENEUVE (P.), « La génération spontanée d'après les livres d'Henry Baker et de Joblot (1754) », *Revue scientifique,* 1894, p. 161-166.
CHADELAT (Jacques), *Semmelweiss et l'asepsie,* thèse de médecine, Limoges, 1973, n° 15.
CHRÉTIEN (Jean), *Les Odeurs de Paris,* Paris, 1881, brochure.
COCHIN (Deny), *Quatre Français. Pasteur, Brunetière, Chevreul, Vandal,* Paris, Hachette, 1912.
COLE (F.J.), « Leeuwenhoeck's zoological researches », *Annals of Sciences,* 1937, n° 2, p. 1-46 et p. 185-235.
COLIN (Louis-Jean), *Paris, sa topographie, son hygiène, ses maladies,* Paris, 1885.
—, *Rapport sur la désinfection du linge,* Paris, 1880.
COUDRAY (Dr Stéphen), *La Mouche et l'hygiène,* thèse pour le doctorat en médecine, Paris, 1913.
CRESSAC (Mary), *Le Docteur Roux, mon oncle,* Paris, 1951.
CROZAT (Dr Roger Gustave), *Contribution à l'étude du traitement moderne de la paralysie infantile,* thèse pour le doctorat de médecine, Paris, 1935, n° 577.
CRUCHET (René), *Jean Hameau, médecin de campagne, et les précurseurs de Pasteur,* Bordeaux, 1924.
DAIRE (Dr Paul), *Les Microbes dans l'industrie laitière,* 1914.
DALY (Dr Amor), *Rôle pathogène de la mouche domestique,* thèse pour le doctorat de médecine, Paris, 1949, n° 325.
DAVAINE (Casimir Joseph), *L'œuvre de C. J. Davaine, charbon, septicémie, parasitisme, microbisme...,* Paris, 1889.
DELPECH (Émile), *Notice sur l'eau anti-méphitique,* Paris, 1857.
DESCHAMBRE, *Dictionnaire encyclopédique des sciences médicales.*
DELAUNAY (Albert), *L'Institut Pasteur des origines à aujourd'hui,* Paris, France Empire, 1962.
—, *Pasteur et la microbiologie,* Paris, PUF, coll. « Que Sais-je ? ».
—, « Le Siècle de Pasteur », *le Monde* du 5 juin 1985.
DELAVAULT (R.), *Le Drapier de Delft. Un découvreur de génie,* 1989, Jonas, Elbeuf-sur-Andelle.

DELPECH (Jacques Mathieu), *Précis élémentaire des maladies chirurgicales*, Paris, 1816, 3 vol. in 8°.
DE WIT (H. C. D.), *Histoire du développement de la biologie*, Lausanne, 1992.
DIDIER (Maurice), *L'Épuration des eaux d'égout*, thèse pour le doctorat en médecine, Paris, 1908.
DOBELL (Clifford), *Antony van Leewenhoek and his « little animals »*, Londres, 1932, réed. Amsterdam, 1960.
DOBELL (Clifford), « A Protozoological bicentenary : Antony van Leeuwenhoek (1632-1722) and Louis Joblot (1645-1723) », *Parasitology*, 1923, n° 15, p. 308-319.
DROUIN (Louis), *La Vie de Pasteur*, Abbeville, 1930.
DUBOS (René), *Louis Pasteur, franc tireur de la science*, Paris, PUF, 1955.
—, *La Leçon de Pasteur*, traduit de l'anglais par le Pr J.-P. Escande, Paris, Albin Michel, 1987.
DUCHESNE (Dr Ernest), *Contribution à l'étude de la concurrence vitale chez les micro-organismes. Antagonisme entre les moisissures et les microbes*, thèse de médecine, Lyon, 1897-1898, n° 59.
DUCLAUX (Émile), *Histoire d'un esprit*, Paris, 1896.
—, *Louis Pasteur*, Sceaux, 1895.
DUJARDIN (Félix), *Histoire naturelle des Zoophytes infusoires*, Paris, 1841, 2 vol in 8°.
DUMAS (Dr Raoul.), *Paralysie infantile épidémique*, thèse pour le doctorat de médecine, Toulouse, 1910, n° 876.
FABRE (Louis), *De l'action des mains sur les microbes*, 1904.
FLECK (J.-M.), « Quels sont les premiers observateurs des infusoires ? » *Mémoires de l'Académie de Metz*, 1876, p. 651-652.
FONSSAGRIVE (Dr Jean-Baptiste), *L'hygiène et l'assainissement des villes*, Paris, 1871.
FONTENELLE (J.), *Les Microbes et la mort*, Paris, 1899.
FRACASTOR (Jérôme), *Les Trois Livres sur la contagion, les maladies contagieuses et leur traitement*, traduction et notes par le Dr Léon Meunier, Paris 1893.
FRANCON (M.), *La Microscopie*, 1988, Paris, PUF, coll. « Que sais-je ? ».
FREUNDENREICH (Edmond de), *Les Microbes et leur rôle dans la laiterie*, Paris, 1894.
FRIEDMANN (F.), *La Vaccinothérapie curative*, Paris, 1921.
FRISCH, *Die Behandlung der Wuthkrankheit. Eine experimentelle Kritik des Pasteur'schen Verfahrens*, Vienne 1887.
FUCHEZ (Jean), *Base et évolution de la vaccination contre la fièvre jaune*, thèse de médecine, Paris, 1946, n° 859.
GATÉ (Jean) et PAPACOSTAS (Georges), *Les Associations microbiennes, leurs applications thérapeutiques*, Paris, 1928.
GAUDUCHEAU (Dr A.), *Les Bons Microbes dans l'alimentation*, 1918.
GEORGE (André), *Pasteur*, Paris, Albin Michel, 1958.

GILLET (Dr René), *Pamphlet médical contre la légende ou le roman médical des microbes*, s.l.n.d.
GOMEZ-CAMEJO (Mario), *Remarque sur la disparition de la fièvre jaune à Cuba au commencement du XXe siècle*, thèse pour le doctorat de médecine, Paris, 1934.
GOOD (Dr Paul), *Hygiène et morale*, 1902.
GRELETTY (Dr), *Guerre aux microbes*, Mâcon, 1900.
GUERIN (Alphonse), *Du pansement ouaté et de son application à la thérapeutique chirurgicale*, Paris, 1889.
—, *Origine de la doctrine microbienne*, Paris, 1893.
HARTSOEKER (Nicolas), *Essay de dioptrique*, Amsterdam, 1711, 2 vol.
—, *Cours de physique. Extrait critique des lettres de Leeuwenhoek*, 1730, 3 parties en 1 vol.
HASSAN (Dr Ibrahim), *La Lutte contre les mouches en temps de guerre*, thèse de médecine, Lyon, 1940, n° 543.
HEGAR (Alfred), *Ignaz Philipp Semmelweis, Sein Leben und seine Lehre*, Fribourg, 1882.
HÉMON (Félix), *Bersot et ses amis*, Paris, Hachette, 1911.
HENLE (Jacob), *Pathologishe Untersuchungen*, Berlin, 1840.
HOOKE (Robert), *Micrographia or Some Philosophical Descriptions of Minutes Bodies Made by Magnifying Glasses*, Londres, 1665.
HOOLE (S.), *The Select works of Antony van Leewenhoek Containing his Microcopical Discoveries in Many of the Works of Nature*, Londres, 1798-1807, 2 vol.
HOR, *Contribution à l'étude de l'histoire ancienne du paludisme*, thèse pour le doctorat de médecine, Montpellier, 1920, n° 7.
HUE (Dr Jude), *Rapport sur l'assainissement de Rouen*, Rouen, 1894.
HUARD (P.) et THEODORIDES (J.), « Comment vivait Casimir-Joseph Davaine », *Clio Medica*, 2, 1967.
HUYGHENS (Christiaan), *Œuvres complètes*, La Haye, 1888-1950, 22 vol. Concernant la microscopie : tomes VIII (correspondance, 1676-1684) et XIII (journal de ses observations).
JASINSKI (R.), « Sur les deux infinis de Pascal », *Revue d'histoire de la philosophie et d'histoire générale de civilisations*, 1933, n° 56, p. 135-159.
JOBLOT, *Description et usage de plusieurs nouveaux microscopes... avec de nouvelles observations faites sur une multitude innombrable d'insectes et d'autres animaux de diverses espèces*, Paris, 1718, 2 vol.
—, *Observations d'histoire naturelle faites avec le microscope sur un grand nombre d'insectes et sur les animalcules qui se trouvent dans les liqueurs préparées et dans celles qui ne le sont pas*, 2 t. en un vol, Paris, 1754-1755.
KLEIN, *Microbes et maladies*, Paris, 1887.
KOCH (Robert), *L'Inoculation préventive du charbon. Réplique au discours prononcé à Genève par M. Pasteur*, Berlin, 1883.

KONARSKI (W), « Un savant barrisien précurseur de M. Pasteur : Louis Joblot (1754) », *Mémoire présenté à l'Académie des Lettres, Sciences et Arts de Bar-le-Duc*, 1895, t. IV, 3e série, p. 205-333.
KOPAEZEWSKI (W.), *Les Bâtisseurs de la science moderne. Pasteur et la bactériologie*, Rabat.
KRUIF (Paul de), *Chasseurs de microbes*, traduit de l'américain par le Dr Bl. Jacquet et Eugène Rocard, Bruxelles, 1948 (éd. originale, 1928).
—, *La Guerre contre les microbes*, Paris, Marabout université, 1963.
LATOUR (B.), *Pasteur. Bataille contre les microbes*, Paris, Nathan, 1985.
LAGRANGE (Émile), *Robert Koch, sa vie, son œuvre*, Paris, 1938.
—, *Monsieur Roux*, Bruxelles, s.d. (1954).
LATREILLE (Pierre-André), *Précis des caractères génériques des insectes disposés dans l'ordre naturel*, Paris, 1796.
LAVERAN (A.), *Traité des fièvres palustres*, Paris, 1907, 2e éd.
LEBRUN (Félix), *La Microbiologie*, Comédie en un acte, Paris 1901.
LEEUWENHOEK (Antoni van), *The Collected Letters of Antoni van Leewenhoeck*, 12 vol. Amsterdam, 1939-1989. éd. bilingue hollandais-anglais.
—, *The Collected letters*, Amsterdam, 1939-1949, 8 vol.
LEDERMULLER (Martin Frobenius), *Amusements microscopiques*, 1760-1764, 4 parties en 3 vol.
—, *Traité de physique et de microscopique*, 1765.
LETOURNEUR (Dr Henri), *Les Hôtes habituels de nos appartements (chiens, chats, oiseaux) et du danger qu'ils présentent*, Paris, 1905, n° 276.
LÉVY (Lucien), *Microbes et distillerie*, Paris, 1900.
—, *Microbes et infusoires*, 1899.
LISTER (Baron Joseph), *The Collected papers*, Oxford, 1909, 2 vol.
—, *Letters and Recollections, with a Memoir by his Father Lors Ribblesdale*, Londres, 1916.
—, *Centenary Volume (1827-1927)*.
LOT (Fernand), *Antibiotiques, médicaments miracles*, s.l., 1944.
LUMET (Louis), *Pasteur, sa vie, son œuvre*, Paris, Hachette, 1922.
MAIGNAN (Dr J.), *L'Origine ostréiaire de la fièvre typhoïde, thèse de médecine*, Bordeaux, 1903.
MAINGUY (Dr Pierre), *Recherches historiques sur la concurrence vitale entre micro-organismes*, thèse pour le doctorat vétérinaire, Paris, 1949, thèse n° 30.
MARCHAL (Pierre Édouard), *À la découverte des grands savants de France*, Paris, 1946.
MARCHAND (Léon), *Les Microbes*, Bibliothèque à bon marché, Paris, 1887.
MARQUET (Dr), *La Contagion par le linge sale*, thèse de doctorat, Paris, 1911.
MARTELLIÈRE, *De la fréquence et de la répartition de la fièvre typhoïde dans Paris*, Paris, 1884.

MARTIN (Dr René), *Étude sur la désinfection des crachats*, thèse pour le doctorat de médecine, Lyon, 1910, n° 21.

MAUBEUGE (Dr J.), *Du rôle et de l'importance de la sédimentation des germes atmosphériques*, thèse de médecine, Lyon, 1895.

MAUPERTUIS (Pierre Louis de), *Vénus physique, contenant une dissertation sur l'origine des hommes et des animaux*, 1745.

MAYNARD (G.D.), *The Trypanosomas of Sleeping Sickness*, Johannesburg, 1915.

Dr MEIRIEU (fils, Dr Auguste-Pierre), *Influence des miasmes marécageux sur l'économie animale*, thèse de médecine, Montpellier, 1829, n° 93.

METCHNIKOFF (Élie), *Trois Fondateurs de la médecine moderne. Pasteur, Lister, Koch*, Paris, Alcan, 1933.

METCHNIKOFF (Olga), *Vie d'Élie Metchnikoff (1845-1916)*, Paris, Hachette, 1920.

MIALL (L.C.), *The Early naturalists, their lives and works*, Londres, Macmillan and Co, 1912.

MILLAUD (Maurice), *Les Microbes* (monologue), 1885.

MILNE-EDWARDS, *Leçons sur la physiologie et l'anatomie comparée de l'homme et des animaux*, 71e leçon, Paris, 1863, « Réfutation de l'hypothèse des générations spontanées », t. 8, p. 237-298.

MÖLLERS, *Robert Koch. Persönlichkeit und Lebenswork (1843-1910)*, Hanovre, 1955.

MONDOR (Henri), *Pasteur*, Paris, Correa, 1945.

MULLIN (A.), *Microbes et maladies*, 1901.

NAPIAS (Dr Henri) et MARTIN (A.-J.), *L'Étude et les progrès de l'hygiène publique en France*, Paris, 1884.

NEEDHAM (abbé John Turbeville), *Nouvelles Recherches faites avec le microscope*, 1747.

NEUMAN, *Les Antibiotiques*, 1968.

NIELS ROLL-HANSEN, « Experimental method and spontaneaous generation : the controversy between Pasteur and Pouchet, 1859-1864 », *Journal of History of Medecine*, p. 273-292.

NICOLLE (Charles), *Naissance, vie et mort des maladies infectieuses*, 1930.

NICOLLE (Jacques), *Un maître de l'enquête scientifique*, Paris, La Colombe, 1953.

NOSNY (Yvette), *La Fièvre jaune. Prophylaxie en Afrique inter-tropicale*, thèse de médecine, Paris, 1945, n° 678.

ORBIGNY (d'), *Dictionnaire d'histoire naturelle*, 1841-1849, 9 volumes, art. « Génération spontanée », tome 5.

OZANAM (J.-A.-F.), *Histoire médicale générale et particulière des maladies contagieuses et épizootiques*, 1817-1823, 5 vol in 8°.

PALM (L.C.), SNELDERS (H.A.M.), *Antony van Leewenhoek, 1623-1723. Studies on the Life and Work of the Delft Scientist Commemorating the 350th Anniversary of his Birthday*, Amsterdam.

PARSY (Paul), *Au milieu des chiffonniers*, Reims, 1908.

PASTEUR (Louis), *Œuvres de Pasteur réunies par Pasteur Vallery-Radot*, Paris, Masson, 1922.
T. I. *Dissymétrie moléculaire*, 1922.
T. II. *Fermentations et générations dites spontanées*, 1922.
T. III. *Études sur le vinaigre et sur le vin*, 1924.
T. IV. *Études sur la maladie des vers à soie*, 1926.
T. V. *Études sur la bière. Ses maladies, causes qui la provoquent. Procédé pour la rendre inaltérable, avec une théorie nouvelle de la fermentation*, 1928.
T. VI. *Maladies virulentes. Virus, vaccins, prophylaxie de la rage*, 1933.
—, *Correspondance de Pasteur (1840-1895) réunie et annotée par Pasteur Vallery-Radot*, Paris, Flammarion, 1940-1951, 4 vol.
—, *Études sur la bière, ses maladies, les causes qui les provoquent, procédé pour la rendre inaltérable, avec une théorie nouvelle de la fermentation*, Paris, 1876, VIII-387 p. fig et pl.
—, *Études sur la maladie des vers à soie*, Paris, 1870, 2 vol in 8°.
—, *Études sur le vin, ses maladies, causes qui les provoquent, procédés nouveaux pour le conserver et pour le vieillir*, Paris, 1866.
—, *Études sur le vinaigre, sa fabrication, ses maladies, moyens de les prévenir. Nouvelles observations sur la conservation des vins par la chaleur*, Paris, 1868.
—, en collaboration avec Tyndall, *Les Microbes organisés, leur rôle dans la fermentation, la putréfaction et la contagion*, Paris, 1878.
—, *Sur les corpuscules organisés qui existent dans l'atmosphère, examen de la doctrine des générations spontanées, leçon professée à la Société clinique de Paris, le 19 mai 1861, par M. Louis Pasteur*, Paris, 1862.
—, *La Théorie des germes et ses applications à la médecine et à la chirurgie, lecture faite à l'Académie de médecine par M. Pasteur en son nom et au nom de MM. Joubert et Chamberland, le 30 avril 1878*, Paris, 1878.
PINARD (Adolphe), « Ignace-Philippe Semmelweis (1818-1865) », *Annales de gynécologie et d'obstétrique*, novembre 1906, 2e série, t. 3, p. 641-654.
PINNERT, *Les Antibiotiques*, Paris, 1971.
POINCARÉ (Léon), *Prophylaxie et géographie médicale des principales maladies tributaires de l'hygiène*, Nancy, 1884.
PORTER (J.), « Antony van Leewenhoeck : tercentenary of his discovery of bacteria », *Bacteriological Reviews*, 1976, n° 40, p. 260-269.
POUCHET (Félix Archimède), *Génération spontanée. État de la question en 1860*, Paris, 1861.
—, *Génération spontanée. Résumé des travaux physiologiques sur cette question et ses progrès jusqu'en 1863*, Paris 1863.
—, *Nouvelles expériences sur la génération spontanée et la résistance vitale*, Paris, 1864.
—, (en collaboration avec Musset et Joly), « Expériences sur l'hétérogénie exécutées dans l'intérieur des glaciers de la Maladetta », *Comptes rendus de l'Académie des sciences*, séance du 2 novembre 1863, t. 107, p. 724-726.

RAPPIN (Dr Gustave), *La Vaccination de la tuberculose. Trente années de recherches expérimentales (1894-1924)*, Paris, 1924.
RENAUD-BADET (Dr Albert Pierre), *Les Vaccins microbiens*, 1919.
RICART (Dr Elpidio E. Ricart), *Les Vieux Traitements de la fièvre jaune*, thèse pour le doctorat de médecine, Paris, 1935.
RICHET (Charles), *L'Œuvre de Pasteur*, Paris, Alcan, 1923.
ROBIN (Charles Philippe), *Histoire naturelle des végétaux parasites qui croissent sur l'homme et sur les animaux vivants*, Paris, 1853.
ROBINET (Jean-Baptiste), *Considérations philosophiques de la gradation naturelle des formes de l'être ou les Essais de la nature qui apprend à faire l'homme*, Paris, 1768.
ROHAULT (Jacques), *Traité de physique sur l'acare*, Paris, 1671, 2 t. en 1 vol. in 4°.
ROOSENBOOM (M.), « Antoni van Leeuwenhoek vu dans le milieu scientifique de son époque », *Archives internationales d'histoire des sciences*, 1959, n° 1, p. 27-46.
ROSTAND (Jean), *Les Origines de la biologie expérimentale et l'abbé Spallanzani*, Paris, 1951.
ROUSSEL (Pierre), *Système philosophique de la constitution organique de la femme*, Paris, 1755, 2 vol. en 1.
ROUX (Émile), « L'œuvre médicale de Pasteur », *Agenda du chimiste*, 1896, p. 527-548.
—, *L'Œuvre agricole de Pasteur*, Alger, 1922.
SCHADEWALDT (Hans), *Robert Koch et la bactériologie de son temps*, Paris, 1969, Conférences du Palais de la Découverte.
SCHIERBEEK (A), *Measuring the Invisible World. The Life and Works of Antoni Leewenhoek*, Londres-New York, 1959.
SÉDILLOT (C.), « De l'influence des découvertes de M. Pasteur sur les progrès de la chirurgie », *Comptes rendus de l'Académie des Sciences*, 1878, t. 86, pp. 634-640.
SIMONNET (Henry), *L'Œuvre de Louis Pasteur*, Paris, 1947.
SERRES (Michel), *Éléments d'histoire des sciences*, 1989, Bordas, Paris.
SIEBOLD (Edgar-Gaspard), *Essai d'une histoire de l'obstétricie traduite et annotée par le Pr. F-J Herrgott*, Paris, 1892, 3 vol. in 8°.
SPALLANZANI (Lazzaro), *Nouvelles Recherches sur les découvertes microscopiques et la génération des corps organisés avec notes de M. de Needham*, Londres et Paris, s.d., 2 t. en 1 vol.
—, *Expériences pour servir à l'histoire de la génération des animaux et des plantes, avec une ébauche de l'histoire des êtres organisés avant leur fécondation, par Jean Sennebier*, Genève, 1785.
—, *Observations d'expériences faites sur les animalcules des infusoires*, Paris, Gauthier-Villars, coll. « Les maîtres de la pensée », 2 vol. in 16°.
TABAKIAN (Dr Garbis), *État actuel de la sérothérapie antituberculeuse*, Poitiers, 1909.

TABAKIAN, *État de la sérothérapie anti-tuberculeuse*, Paris, 1909.
THIROUX (Dr A.), *La Maladie du sommeil et les trypanosomiases animales au Sénégal*, Paris, 1911.
TIERS (Henri), *Les Substances antibactériennes produites par les micro-organismes*, thèse pour le doctorat de médecine, Paris, 1946, n° 845.
TREMBLEY (A.), *Mémoires pour servir à l'histoire d'un genre de polypes d'eau douce à bras en forme de cornes*, Leyde, 1744.
TREMBLEY (Maurice), *La Découverte des polypes d'eau douce d'après la correspondance inédite de Réaumur et d'Abraham Trembley*, Genève, 1902.
TREMBLEY, *Mémoire pour servir à l'histoire du Polype d'eau douce*, 1743, 3 vol.
TRUTAT (Eugène), *Le traité élémentaire du microscope*, Orsay, 1883.
TYNDALL (John), *les Microbes organisés*, Paris, 1878.
—, « Poussières et maladies », *Revue de cours scientifiques*, Paris, mars 1870.
VALLERY-RADOT (Pr Dr Louis Pasteur), *Abrégé de la vie de Pasteur*, Paris, Flammarion, 1950.
—, *Pasteur*.
—, *Pasteur inconnu*, Paris, Flammarion, 1947.
VALLERY-RADOT (Maurice), *Un génie au service de l'homme*, Lausanne-Paris, Éditions Pierre-Marcel Favre, 1985.
VALLERY-RADOT (René), *Vie de Pasteur*, Paris, Hachette, 1900.
VAN BENEDEN (Pierre-Joseph), *Les Commensaux et les parasites dans le règne animal*, Paris, 1875.
VAN ZUYLEN (J.), « On the microscopes of Antoni van Leeuwenhoek », *Janus*, 1981, n° 68, p. 159-198.
VILLECHAUVAIX (Dr), *Microbes et homéopathie*, Paris, 1901.
VINCEY (Dr Paul), *L'Assainissement de la Seine et les champs d'épandage de la ville de Paris*, Paris, 1910.
—, *L'Eau d'égout et la fertilité agricole*, Paris, 1896.
—, *Les Gadoues de Paris et l'agriculture du département de la Seine*, Paris, 1896.
WALKER (Kenneth), *Joseph Lister*, Londres, 1956.
WELLER (C.V.), « Antony van Leeuwenhoek, 1632-1723 », *Annals of International Medicine*, n° 6, p. 573-584.
WÉRY (P.), « Il y a cinquante ans mourait Robert Koch », *Médecine et hygiène*, 1960, 450.
WIART, *Mémoires d'un microbe*, Paris-Caen, 1882.
WIDAL (Pr F.), *Œuvres scientifiques*, Paris, Masson, 1932.
WILLEMS (Dr Louis), *Encore un mot sur l'inoculation de la pleuropneumonie exsudative dans l'espèce bovine. Avec la lettre de Willems au ministre de l'Intérieur*, Hasselt, 1853.
—, *Résultats de trois années de pratiques de l'inoculation de la pleuropneumonie*, Bruxelles, 1855.

IV

OUVRAGES COLLECTIFS

Les Conquérants de la science, Paris, 1946, 3 vol.
Le Monument international de Semmelweiss à Budapest, Budapest, 1909, textes français, p. 229 à 291.
Rapport de l'Académie royale de médecine sur la fièvre jaune, Paris, 1827.
Rapport de M. Brouardel sur l'infection produite à l'intérieur même de la ville, Paris, Imprimerie nationale, 1881.
Rapports de la Commission de l'assainissement de Paris, Paris, Imprimerie nationale, 1881.
Rapport de la mission d'études de la maladie du sommeil au Congo français, Paris, Masson, 1909.
Sewage disposal, par KINNICUT, WINSLOW et PRATT, New York et Londres, 1919.
Le Sol et l'eau, par LAUNAY, BONJEAN, MARTEL et OGIER, Paris, 1906.
Sous le signe de Pasteur, Institut franco-brésilien de haute culture, s.l.n.d.

Index

C

D

G

H

I

J

K

L

M

N

O

P

Q

R

S

T

U

V

W

Y

Z

Table

Cinquième partie

LA BATAILLE DE L'AIR PUR

Sixième partie
LES VECTEURS MICROBIENS

Ouvrage réalisé en Garamond
par Dominique Guillaumin, Paris

Impression réalisée sur CAMERON par
BRODARD ET TAUPIN
La Flèche

pour le compte des Éditions Fayard
en décembre 1998

Imprimé en France
Dépôt légal : janvier 1999
N° d'édition : 3426 – N° d'impression : 1997V
ISBN : 2-213-60291-3
35-66-0491-01/7